土库曼斯坦气田地面工程技术丛书
**Инженерно-технический сборник по работе наземного обустройства
на газовых месторождениях Туркменистана**

第三册　油气处理
Том III　Подготовка нефти и газа

杜通林　王　非　肖秋涛　主编
Главные редакторы: Ду Тунлинь, Ван Фэй, Сяо Цютао

石油工业出版社
Издательство «Нефтепром»

内 容 提 要

本书全面地介绍国内外天然气净化处理方面的技术现状和发展趋势，深入阐述天然气净化处理各个环节的典型技术，特别融入现有的在各类天然气净化处理方面的技术沉淀和科技创新成果，主要对天然气净化处理的总工艺流程及工艺方法选择原则进行扼要说明，对天然气脱硫、脱碳、脱水、脱烃及凝液回收，凝析油处理，天然气液化，硫黄回收及尾气处理等方面的工艺方法、主要控制回路、主要工艺设备的选用、主要操作要点等进行较为详细的介绍。

本书可供从事气田地面工程建设和生产运行技术管理人员及大专院校相关专业人员使用。

图书在版编目（CIP）数据

油气处理 . 第三册 / 杜通林，王非，肖秋涛主编 .
—北京：石油工业出版社，2018.8
（土库曼斯坦气田地面工程技术丛书）
ISBN 978-7-5183-2587-0

Ⅰ . ① 油… Ⅱ . ① 杜… ② 王… ③ 肖… Ⅲ . ① 油气集
输—生产工艺—技术培训—教材 ② 油气处理—技术培训—
教材 Ⅳ . ① TE866 ② TE624.1

中国版本图书馆 CIP 数据核字（2018）第 075869 号

出版发行：石油工业出版社
　　　　　（北京安定门外安华里 2 区 1 号　　100011）
　　　　网　　址：www.petropub.com
　　　　编辑部：（010）64523736　　图书营销中心：（010）64523633
经　　销：全国新华书店
印　　刷：北京中石油彩色印刷有限责任公司

2018 年 8 月第 1 版　　2018 年 8 月第 1 次印刷
889×1194 毫米　开本：1/16　印张：32.75
字数：850 千字

定价：240.00 元

《土库曼斯坦气田地面工程技术丛书》

编 委 会

主 任： 宋德琦

副主任： 郭成华　向　波

委 员： 刘有超　陈意深　杜通林　汤晓勇　王　非　陈　渝　刘永茜

专 家 组

组 长： 陈运强

组 员： 姜　放　雒定明　谌贵宇　杨　勇　唐胜安　何蓉云　任启瑞
梅三强　胡　平　王秦晋　谭祥瑞　李文光　王声铭　龚树鸣
殷名学　郑世同　李仁义　胡达贝尔根诺夫·萨巴姆拉特
巴贝洛娃·维涅拉

编写协调组

组 长： 王　非

副组长： 刘永茜

组 员： 肖春雨　何永明　张玉坤　傅贺平　夏成宓

翻 译 组

组 长： 先智伟

组 员： 张　楠　陈　舟　王淑英　张　娣

«Инженерно-технический сборник по работе наземного обустройства на газовых месторождениях Туркменистана»

Редакционная коллегия

Начальник: Сун Дэчи

Заместитель начальника: Го Чэнхуа, Сян Бо

Член коллегии: Лю Ючао, Чэнь Ишэнь, Ду Тунлинь, Тан Сяоюн, Ван Фэй, Чэнь Юй, Лю Юнцянь

Группа специалистов

Начальник: Чэнь Юньцян

Член группы: Цзян Фан, Ло Динмин, Шэнь Гуньюй, Ян Юн, Тан Шэнань, Хэ Жунюнь, Жэнь Цижуй, Мэй Саньцян, Ху Пин, Ван Циньцзинь, Тань Сянжуй, Ли Вэньгуан, Вань Шэнмин, Гунн Шумин, Инь Минсюе, Чжэн Шитун, Ли Жэньи, Худайбергенов-Сапармурат, Бабылова-Венера

Координационная группа по составлению

Начальник: Ван Фэй

Заместитель начальника: Лю Юнцянь

Члены группы: Сяо Чуньюй, Хэ Юймин, Чжан Юйкунь, Фу Хэпин, Ся Чэнми

Группа переводчиков

Начальник:Сянь Чживэй

Члены группы: Чжан Нань, Чэнь Чжоу, Ван Шуин, Чжан Ди

丛书前言

中国石油工程建设有限公司西南分公司作为中国石油参与土库曼斯坦气田建设的主要设计和地面工程技术支持单位，自 2007 年开始开展土库曼斯坦气田地面工程的设计和建设工作，历经 8 年的工作与实践，承担并完成了阿姆河右岸巴格德雷合同区域 A 区、B 区及南约洛坦复兴气田一期、二期等所有中国石油在土库曼斯坦参与建设气田地面工程的设计工作，已经投产的气田产能达到 $285 \times 10^8 m^3/a$，正在设计建设中的气田产能达 $345 \times 10^8 m^3/a$。为了充分总结经验、提升水平和传承技术，中国石油工程建设有限公司西南分公司以"充分总结研究、传承技术经验、编制适应当地特点的技术标准和教材"为基本出发点，在其近 60 年在气田地面工程设计和建设方面的技术沉淀和研究成果基础上，组织各个专业的专家共同编制完成了《土库曼斯坦气田地面工程技术丛书》。

《土库曼斯坦气田地面工程技术丛书》共分为 8 册，第一册为总体概论，总体说明气田地面工程的建设内容、总体技术路线、技术现状、发展趋势、常用术语、遵循标准等方面内容；第二册至第八册分别为内部集输、油气处理、长输管道、自控仪表、设备、腐蚀与防护及公用工程，分专业介绍其技术特点、方法、数据、资料和相关图表。

《土库曼斯坦气田地面工程技术丛书》遵循"技术理论与工程实践并重、主体专业与公用工程配套、充分体现土库曼斯坦气田特点、准确可靠方便实用"的编写原则，系统总结了中国石油工程建设有限公司西南分公司 8 年来在土库曼斯坦各个气田建设、投产与生产过程中的设计经验和技术实践，反映了中国石油工程建设有限公司西南分公司在土库曼斯坦多个建设实践中的科技进步和技术创新，也全面融入了中国石油工程建设有限公司西南分公司自 1958 年创建以来在各类气田地面建设领域的丰富技术经验积累和科研创新成果，同时对于气田地面工程在国际上的技术现状和发展趋势也进行了相关介绍。丛书的出版，可对在土库曼斯坦已经、将要和有志于从事气田地面工程建设和生产运行的中方与土方技术管理干部、技术人员提高技术业务能力和水平起到重大的促进作用，也将有助于对土库曼斯坦气田地面工程技术进行有益的传承。

《土库曼斯坦气田地面工程技术丛书》的主编单位中国石油工程建设有限公司西南分公司截至目前已经承担并完成了中国及国际上 9380 余项工程、1035 座集输配气厂（站），60000 多千米油气输送管道，为中国天然气行业指导性甲级设计单位，国际工程咨询联合会会员，已主编中国国家及行业标准 79 项，取得科研成果 709 项，具有专利、专有技术 142 项，自主知识产权成套技术 14 项。本套丛书历时近两年的时间编制完成，参与编审人员 130 余人，编审人员大多来自设计一线具有丰富实践经验的技术骨干,并有部分在生产、建设一线的专家全程参与。该套丛书充分体现了该单位、该单位专家及参编专家在气田地面建设领域的技术实力和水平。编审人员在承担繁重工程设计任务的同时,克服种种困难,完成了丛书的编制工作,同时编委会也多次组织和聘请天然气行业的资深专家,参加了各阶段书稿的审查,这些专家都没有列入编审人员名单,他们这种无私奉献的敬业精神,非常值得敬佩和学习。在中国石油土库曼斯坦协调组的统一组织和安排下,中国石油阿姆河天然气公司、中国石油西南油气田公司、中国石油川庆钻探工程公司、中国石油工程建设有限公司的领导和专家对丛书的编制和出版给予了大力的支持和帮助。值此《土库曼斯坦气田地面工程技术丛书》出版之际,对所有参与此项工作的领导、专家、工程技术人员和编辑致以最诚挚的谢意。

《土库曼斯坦气田地面工程技术丛书》涉及专业范围宽、技术性强,气田地面工程技术日新月异,加之编者经验和水平的局限,书中错误、疏漏和不妥之处,恳请读者不吝指正。

《土库曼斯坦气田地面工程技术丛书》编委会
2018 年 4 月

Предисловие в Сборнике

Юго-западный филиал Китайской Нефтяной Инжиниринговой Компании, является основной конструкторской и технологической компанией, подведомственной КННК, которая оказывает должную техническую поддержку для работ с наземным обустройством газовых месторождений в Туркменистане. Филиал уже с 2007 года начал свои работы по проектированию и строительству по наземному обустройству газовых месторождений Туркменистана. Имея за собой 8 летний опыт работы, филиал закончил свои конструкторские работы в блоках А и В на договорной территории «Багтыярлык», на первом и втором этапах работ на газовом месторождении Галкыныш и во всех других проектах наземного обустройства месторождений, в реализации которых участвовала КННК. Производительность введенных в эксплуатацию газовых месторождений достигает $285 \times 10^8 \text{м}^3/\text{г}$, проектирующихся и строящихся месторождений - $345 \times 10^8 \text{м}^3/\text{г}$. Для обобщения опыта, поднятия уровня и передачи технологий, Юго-западный филиал КНИК посредством полного изучения, исследований, передачи технологического опыта, формирования соответствующего местного технологического стандарта, в целях создания основной исходной точки, на основании за 60 летнего опыта работы по наземного обустройству газовых месторождений, привлекая специалистов, выпустил «Инженерно-технический сборник по работе наземного обустройства на газовых месторождениях Туркменистана».

«Инженерно-технический сборник по работе наземного обустройства на газовых месторождениях Туркменистана» всего состоит из 8 томов. Том I – общая часть. В целом описывается наземное обустройство газовых месторождений, комплексные технологии по маршруту, сведения о технологиях, тенденции развития, часто употребляемые термины, придерживаемые стандарты и другая информация по данному направлению. ТомII～ТомVIII соответственно описываются сбор и внутрипромысловый транспорт, подготовка нефти и газа, магистральные трубопроводы, автоматические приборы, оборудование, коррозия и консервация, коммунальные услуги, по отдельности описываются технические особенности, методы работы, данные, материалы и соответствующие графики.

«Инженерно-технический сборник по работе наземного обустройства на газовых месторождениях Туркменистана» был подготовлен на основании технологической теории и инженерной практики. При составлении сборника во внимание принималась основа данной отрасли и соответствующий комплекс инженерных работ. В полной мере учитывались особенности газовых месторождений Туркменистана. Все основные положения, описанные в сборнике предоставлены точно и достоверно, кроме того эти положения очень легко применять на практике. В данном сборнике, системно обобщен 8 летний опыт работы Юго-Западного филиала КНИК на различных газовых месторождениях Туркменистана, демонстрируется применение опыта и инженерной практики в таких процессах как ввод в эксплуатацию и производство. Также описывается научно-технологический прогресс и технологические инновации, которые применялись на практике Юго-Западным филиалом КНИК в Туркменистане. Помимо всего прочего, в сборнике описывается накопленный технический опыт и результаты научно-исследовательской работы, начиная с 1958 года, когда произошло создание юго-западного филиала КНИК. Одновременно с этим, в сборнике описывается мировая актуальная технологическая обстановка и тенденция развития по направлениям связанным с наземными обустройствами на газовых месторождениях. Данный сборник окажется очень полезным для работы китайско-туркменского технического персонала на газовых месторождениях Туркменистана, как в процессе инженерных работ, так во время самого производства. Сборник позволит повысить рабочую квалификацию и уровень знаний в данной сфере, сможет способствовать эффективной передаче технологий, для их последующего применения в работах наземных обустройств на газовых месторождениях Туркменистана.

Юго-западный филиал КНИК руководил составлением «Инженерно-технического сборника по работе наземного обустройства на газовых месторождениях Туркменистана» описывает свой опыт работы по 9380 проектам в Китае и за рубежом, по 1035 сборно-распределительным газовым пунктам (станциям), более чем 60000 километрам трубопроводов для транспортировки нефти и газа, являясь при этом ведущей первоклассной проектной организацией в сфере газа и членом международного союза по консультировании в сфере инженерии. Компания имеет 79 собственных отраслевых стандарта, добилась 709 пунктов достижений в области научных исследований, имеет 142 эксклюзивные технологии и патента, кроме того обладает 14 эксклюзивными интеллектуальными собственностями. Работа над данным сборником продолжалась более одного года. В создании сборника активно принимали участие более чем 130 человек. Большая часть техников и специалистов, которые принимали участие в создании данного сборника, имеют очень богатый практический опыт работы и высокий уровень знаний. Данный сборник в полной мере отображает уровень и технический потенциал самой компании и ее специалистов-составителей в сфере наземного обустройства газовых месторождений. Авторам данного сборника получилось удачно завершить работу со сложнейшими техническими заданиями, удалось преодолеть все возникшие во время работы трудности. Кроме того редакционная коллегия многократно обращалась за помощью к ведущим специалистам в сфере работы с природным газом для участия на различных этапах подготовки материалов для сборника, эти специалисты не были добавлены в список редакторов сборника. Их труд был бескорыстным и полностью заслуживает уважения. Инициатива для организации и составления данного сборника исходит со стороны Китайской Национальной Нефтегазовой Корпорации в Туркменистане, также большую поддержку и помощь оказали руководители и специалисты таких компаний как: КННК Интернационал (Туркменистан), компания «Юго-западные нефтяные и газовые месторождения» при КННК, Чуаньцинская буровая инженерная компания с ограниченной ответственностью при КННК, Китайская нефтяная инженерно-строительная корпорация. Пользуясь случаем, мы бы хотели выразить искреннюю благодарность всем руководителям, специалистам, инженерно-техническому персоналу и редакторам, которые принимали участие в создании «Инженерно-технический сборник по работе наземного обустройства на газовых месторождениях Туркменистана».

«Инженерно-технический сборник по работе наземного обустройства на газовых месторождениях Туркменистана» обширно затрагивает профессиональную сферу, техническую сторону, инжиниринговые тенденции по работе на газовых месторождениях. В виду того что опыт и уровень авторов данного сборника ограничен, в процессе подготовки данного сборника возможно допущены какие-либо ошибки или имеются определенные недочеты, поэтому убедительная просьба, чтобы наши читатели не упускали возможность внести соответствующие коррективы в данный сборник.

Редакционная коллегия
«Инженерно-технический сборник
по работе наземного обустройства
на газовых месторождениях Туркменистана»
Апрель, 2018 г.

前　　言

本书为《土库曼斯坦气田地面工程技术丛书》第三册，共分15章，系统总结了CPECC西南分公司8年来在土库曼斯坦各个气田天然气净化处理方面的技术成果和经验认识，同时较全面地介绍了国内外天然气净化处理方面的技术现状和发展趋势，特别融入了CPECC西南分公司在各类天然气净化处理方面的技术沉淀和科技创新成果。主要内容涉及天然气净化处理各个环节的典型技术，对天然气净化处理的总工艺流程及工艺方法选择原则进行了扼要说明，对天然气脱硫脱碳，脱水，脱烃及凝液回收，凝析油处理，天然气液化，硫黄回收及尾气处理等方面的工艺方法、主要控制回路、主要工艺设备的选用、主要操作要点等进行了较为详细的介绍。

本书由杜通林、王非、肖秋涛担任主编。第1章由汤国军、王用良编写，蒲远洋、程林、肖春雨、肖秋涛审核；第2章由肖秋涛编写，蒲远洋、程林审核；第3章由李超群编写，卢任务、肖秋涛审核；第4章由王用良、张玉坤编写，程树、肖秋涛审核；第5章由周昱、房欣编写，刘改焕、肖秋涛审核；第6章由周昱编写，刘慧敏、肖秋涛审核；第7章由汪宏伟编写，李莹珂、肖秋涛审核；第8章由陈韶华编写，刘棋、肖秋涛审核；第9章由汤国军、何永明编写，周明宇、肖秋涛审核；第10章由游龙编写，周明宇、肖秋涛审核；第11章由韩青飞编写，赵海龙、肖秋涛审核；第12章由刘健编写，刘改焕、肖秋涛审核；第13章由周英编写，刘棋、肖秋涛审核；第14章由林利编写，刘慧敏、肖秋涛审核；第15章由魏云编写，肖春雨、肖秋涛审核。

本书既可作为土库曼斯坦从事气田地面工程建设和生产运行的中方及土方技术和管理人员的技术交流书籍，也可作为培训教材，帮助新员工快速掌握天然气净化处理的相关技术。

本书从筹备至统稿、校稿、定稿，CPECC西南分公司领导进行了全程跟踪指导，全体编制人员积极收集、参考、整理相关技术资料，各级领导和全体编制人员倾注了大量心血，在此致以最诚挚的谢意。

由于编写人员水平有限，本书难免存在疏漏和不当之处，望读者斧正。

2018年4月

Предисловие данного тома

Данная книга представляет собой том III «Инженерно-технического сборника по работе наземного обустройства на газовых месторождениях Туркменистана». Том III состоит из 15 глав, систематизирует и обобщает технические достижения и практические знания, полученные Юго-западным филиалом Китайской Нефтяной Инженерно-Строительной Корпорации в течение 8 лет работы в сфере подготовки природного газа на газовых месторождениях в Туркменистане; одновременно с этим относительно полно представлены данные по современному техническому положению и тенденциям развития сферы подготовки природного газа в Китае и во всем мире, особенно сконцентрировано внимание на техническом опыте и результатах научно-технических инноваций, накопленных Юго-западным филиалом Китайской Нефтяной Инженерно-Строительной Корпорации в сфере разных видов подготовки природного газа. Содержание тома главным образом включает в себя описание типовых технологий, применяемых в каждом звене подготовки природного газа, сжатое описание принципов по выбору генерального технологического процесса и технологического метода; представлено описание основных технологии обессеривания и обезуглероживания, осушки, очистки газа от углеводородов, получения конденсата, подготовки конденсата, сжижения природного газа, получения серы и очистки хвостового газа; также представлена подробная информация о выборе основных контур регулирования, основного технологического оборудования, основных положении при управлении.

Данный том составлен под руководством ответственных редакторов Ду Тунлинь, Ван Фэй и Сяо Цютао. Первая глава, составил: Тан Гоцзюнь, Ван Юнлян; проверили: Пу Юаньян, Чэн Линь, Сяо Чуньюй, Сяо Цютао; Вторая глава, составил: Сяо Цютао; проверили: Пу Юаньян, Чэн Линь; третья глава, составил: Ли Чаоцюнь; проверили: Лу Жэньу, Сяо Цютао; четвертая глава, составили: Ван Юнлян, Чжан Юйкунь; проверили: Чэн Шу, Сяо Цютао; пятая глава, составили: Чжоу Юй, Фан Синь; проверили: Лю Гайхуань, Сяо Цютао; шестая глава, составил: Чжоу Юй; проверили: Лю Хуэйминь, Сяо Цютао; седьмая глава, составил: Ван Хунвэй; проверили: Ли Инкэ, Сяо Цютао; восьмая глава, составил: Чэнь Шаохуа; проверили: Лю Ци, Сяо Цютао; девятая глава, составили: Тан Гоцзюнь, Хэ Юнмин; проверили: Чжоу Минъюй, Сяо Цютао; десятая глава, составил: Ю Лун; проверили: Чжоу Минъюй, Сяо Цютао; одиннадцатая глава, составил: Хань Цинфэй; проверили: Чжао Хайлун, Сяо Цютао; двенадцатая глава, составил: Лю Цзянь; проверили: Лю Гайхуань, Сяо Цютао; тринадцатая глава, составил: Чжоу Ин; проверили: Лю Ци, Сяо Цютао; четырнадцатая глава, составил: Линь Ли; проверили: Лю Хуйэминь, Сяо Цютао; пятнадцатая глава, составил: Вэй Юнь; проверили: Сяо Чуньси, Сяо Цютао.

Данный том может использоваться в качестве литературы для технического взаимодействия техническим управленческим персоналом и сотрудниками Китайской и Туркменистанской сторон, занятыми в работах по строительству и эксплуатации объектов наземного устройства газовых месторождений в Республике Туркменистан, а также может использоваться для внутреннего обучения и подготовки, оказания помощи в оперативном освоении соответствующих технологий подготовки природного газа новыми сотрудниками.

Руководство Юго-западного филиала Китайской Нефтяной Инженерно-Строительной Корпорации осуществляла отслеживание и контроль на всем протяжении процесса подготовки, систематизации, редактуры и утверждения текста данного тома; все составители провели активную работу по сбору, отбору и упорядочению соответствующих технических данных; выражаем искреннюю благодарность руководителям всех уровней и всему коллективу составителей за огромный объем усилий и энергии, приложенных ими при составлении данного тома.

Вследствие наличия определенных пределов в уровне знаний и подготовки составителей сложно избежать полного отсутствия недостатков и ошибок при составлении данного текста. Будем рады рассмотреть любые замечания и предложения касательно содержания данного тома.

Апрель, 2018 г.

目　　录

СОДЕРЖАНИЕ

1　概述

天然气是洁净、高效的优质能源,也是优良的化工原料,与煤、石油并称世界一次能源三大支柱,在能源结构中占有重要地位。作为理想燃料和化工原料的天然气从油、气井开采出来通常含有 H_2S、CO_2 等酸性组分及 H_2O,有的还有 RSH(硫醇)、RSR(硫醚)、COS(羰基硫)等有机硫化物,酸性组分的存在会导致设备和管道的腐蚀,影响人体健康,对大气环境造成污染,水的存在可能使天然气形成水合物,堵塞设备和管线。因此,为满足商品气使用要求,通常需对井口采出气进行天然气净化处理后才能输送给用户使用。

1.1　天然气净化处理的主要工艺及装置简介

天然气净化处理是气田建设地面工程的重要组成部分,是将井口采出的天然气转变为商品气

1　Общие седения

Природный газ является чистым и эффективным источником высококачественной энергии, а также отличным химическим сырьем. Вместе с углем и нефтью он также называется тремя основными элементами мировой первичной энергии и занимает важное место в энергетической структуре. Природный газ как идеальное топливо и химическое сырье извлекается из нефтяных и газовых скважин и обычно содержит кислотные компоненты, такие как H_2S, CO_2, и H_2O, а также некоторые органические сульфиды, такие как RSH (меркаптан), RSR (тиоэфир) и COS (карбонилсульфид). Кислотные компоненты могут вызвать коррозию оборудования и трубопроводов, повлиять на здоровье человека и вызвать загрязнение окружающей среды. Присутствие воды может привести к образованию гидратов природных газов и засорению оборудования и трубопроводов. Поэтому, в целях соответствия требованиям к использованию товарного газа, обычно газ, добываемый из устья скважины, может быть использован пользователем только после подготовки и очистки газа.

1.1　Краткое описание основных технологий и установок очистки газа

Важной составной частью наземного обустройства газового месторождения является

的过程。通常包含天然气脱硫脱碳、脱水、脱烃及凝液回收、凝析油处理、硫黄回收及尾气处理等工艺过程。通过脱硫脱碳、脱水、脱烃,脱除原料天然气中的有害组分,使天然气达到商品天然气和管输天然气的质量指标。质量指标包括总硫、硫化氢、二氧化碳含量及水露点、烃露点等。通过硫黄回收与尾气处理达到综合利用的目的及满足尾气排放环保要求。

一座完整的天然气净化处理厂通常包括脱硫脱碳、脱水、脱烃、硫黄回收、尾气处理、凝析油处理等主体工艺装置,硫黄成型、污水处理、火炬及放空系统、分析化验等辅助生产设施及新鲜水处理、循环水处理、锅炉及蒸汽、空氮站、燃料气系统等公用工程。

очистка газа в качестве процесса превращения добываемого из скважины газа в товарный газ. Обычно, он включает в себя обессеривание и обезуглероживание, осушку газа, очистку газа от углеводородов и получение конденсационной жидкости, подготовку конденсата, получение серы и очистку хвостового газа и прочие технологические процессы. Очистка сырьевого газа от вредных составных примесей осуществляется путем обессеривания и обезуглероживания, осушки газа, очистки газа от углеводородов, чтобы качество газа достигло показателей товарного газа и газа транспортируемого по трубопроводам. Показатели качества включают в себя общее содержание серы, содержание сероводорода и двуокиси углерода, точку росы по влаге и по углеводороду и т.д. Цель заключается в комплексном пользовании и соответствии требованиям к охране окружающей среды при выбросе путем получения серы и очистки хвостового газа.

Обычно, один целостный газоперерабатывающий завод (далее – ГПЗ) включает в себя основные технологические установки обессеривания и обезуглероживания, осушки газа, очистки газа от углеводородов и подготовки конденсата, получения серы и очистки хвостового газа; и вспомогательные производственные сооружения по гранулированию серы, подготовке сточных вод, факельно-сбросной системы, лабораторному анализу; а также коммунальные услуги по подготовке свежей воды, подготовке оборотной воды, котлов для подготовки пара, станцию выроботки воздуха и азота, систему топливного газа и т.д.

1.2 天然气净化处理厂的分布状况 1.2 Расположение ГПЗ

中国石油在土库曼斯坦建设和拟建设的天然气处理厂见表 1.1。

ГПЗ, построенные и запланированные для постройки КННК в Туркменистане приведены в таблице 1.1.

表 1.1 中国石油在土库曼斯坦建设和拟建设的天然气处理厂

Таблица 1.1 ГПЗ, построенные и запланированные для постройки КННК в Туркменистане

处理厂名称 ГПЗ в Туркменистане	装置规模 $10^4 m^3/d$ Масштаб установки 10^4 м^3/сут.	处理工艺 Технология подготовки	投产时间 Время пуска в эксплуатацию
土库曼斯坦巴格德雷合同区域 A 区天然气处理厂（$55 \times 10^8 m^3/a$） ГПЗ блока А на договорной территории Багтыярлык Туркменистана（55×10^8 м^3/год）	420×4	MDEA 脱硫 + 分子筛脱水 + 丙烷制冷脱烃 + 低温克劳斯硫黄回收 + 凝析油稳定装置 Обессеривание MDEA + осушка газа молекулярными ситами + очистка газа от углеводородов путем пропанового охлаждения + получение серы низкотемпературной технологией Клауса +установка стабилизации конденсата	2009 年 12 月 1 日 1 декабря 2009г.
土库曼斯坦巴格德雷合同区域 A 区天然气处理厂改建扩能至 $65 \times 10^8 m^3/a$ ГПЗ с реконструкцией и расширением производительности до 65×10^8 м^3/год в блоке А на договорной территории Багтыярлык Туркменистана	500×4	MDEA 脱硫 + 分子筛脱水 + 丙烷制冷脱烃 + 低温克劳斯硫黄回收 Обессеривание MDEA + осушка газа молекулярными ситами + очистка газа от углеводородов путем пропанового охлаждения + получение серы низкотемпературной технологией Клауса	2013 年 7 月 5 日 5 июля 2013г.
土库曼斯坦巴格德雷合同区域 A 区天然气处理厂改建扩能至 $80 \times 10^8 m^3/a$ ГПЗ с реконструкцией и расширением производительности до 80×10^8 м^3/год в блоке А на договорной территории Багтыярлык Туркменистана	500×4 450×1	MDEA 脱硫 + 分子筛脱水 + 丙烷制冷脱烃 + 低温克劳斯硫黄回收 + 凝析油稳定装置 Обессеривание MDEA + осушка газа молекулярными ситами + очистка газа от углеводородов путем пропанового охлаждения + получение серы низкотемпературной технологией Клауса +установка стабилизации конденсата	2015 年 12 月 Намечено в декабре 2015г.
土库曼斯坦巴格德雷合同区域 B 区天然气处理厂 $90 \times 10^8 m^3/a$ ГПЗ блока Б на договорной территории Багтыярлык Туркменистана（90×10^8 м^3/год）	680×4	MDEA 脱硫 + 分子筛脱水 + 膨胀机制冷脱烃 + 低温克劳斯硫黄回收 + 凝析油稳定装置 Обессеривание MDEA + осушка газа молекулярными ситами + очистка газа от углеводородов путем охлаждения детандера + получение серы низкотемпературной технологией Клауса +установка стабилизации конденсата	2014 年 4 月 13 日 13 апреля 2014г.

续表

продолжение табл

处理厂名称 ГПЗ в Туркменистане	装置规模 $10^4 m^3/d$ Масштаб установки 10^4 м³/сут.	处理工艺 Технология подготовки	投产时间 Время пуска в эксплуатацию
土库曼斯坦南约洛坦气田 $100 \times 10^8 m^3/a$ 商品气天然气处理厂（中国设计） ГПЗ товарного газа м/р «Южный Елотен» в Туркменистане（100×10^8 м³/год）（Проектирование осуществлено китайской стороной）	596×6	MDEA 脱硫 + 分子筛脱水 + 膨胀机制冷脱烃 + 低温克劳斯硫黄回收 + 凝析油稳定装置 Обессеривание MDEA + осушка газа молекулярными ситами + очистка газа от углеводородов путем охлаждения детандера + получение серы низкотемпературной технологией Клауса +установка стабилизации конденсата	2013 年 8 月 22 日 22 августа 2013г.
土库曼斯坦加尔金内什气田 $200 \times 10^8 m^3/a$ 商品气天然气处理厂（韩国现代负责 $100 \times 10^8 m^3/a$，阿联酋 Petrofac 负责 $100 \times 10^8 m^3/a$） ГПЗ товарного газа м/р Галкыныш в Туркменистан（200×10^8 м³/год）（южнокорейская компания Hyundai отвечает за 100×10^8 м³/год, компания Petrofac Саудовской Аравии отвечает за 100×10^8 м³/год）	910×2（脱硫） 1642×4（脱水脱烃） 910×2 （обессеривание） 1642×4（осушка газа и очистка газа от углеводородов）	MDEA 脱硫 +TEG 脱水 + 膨胀机制冷脱烃 +SUPERCLAUS® 工艺硫黄回收 + 凝析油稳定装置 Обессеривание MDEA + осушка газа TEG + очистка газа от углеводородов охлаждением детандера + получение серы технологией SUPERCLAUS® +установка стабилизации конденсата	无气源,投产时间待定 Отсутствие источника газа, дата ввода в эксплуатацию не определена
土库曼斯坦加尔金内什气田 $300 \times 10^8 m^3/a$ 商品气天然气处理厂（中国设计） ГПЗ товарного газа м/р Галкыныш в Туркменистане（300×10^8 м³/год）（Проектирование осуществлено китайской стороной）	820×12（脱硫） 1622×6（脱水脱烃） 820×12（обессеривание） 1622×6 （осушка газа и очистка газа от углеводородов）	MDEA 脱硫 + 分子筛脱水 + 膨胀机制冷脱烃 + 低温克劳斯硫黄回收 Обессеривание MDEA + осушка газа молекулярными ситами+ очистка газа от углеводородов путем охлаждения детандера + получение серы низкотемпературной технологией Клауса	2017 年 Намечено в 2017г.

2 天然气净化处理总工艺流程及工艺方法选择原则

土库曼斯坦境内开发的天然气田主要为含硫凝析气田,常用的天然气处理工艺流程描述如下。

2.1 总工艺流程

含硫天然气进入脱硫装置,脱除 H_2S、硫醇和大部分 CO_2 后,进入脱水、脱烃装置脱除天然气中的水和重烃,得到合格的产品气。脱硫装置产生的酸气进入硫黄回收装置及尾气处理装置,回收酸气中的硫黄,液体硫黄输送至硫黄成型及装车设施,经成型包装后外运。自集气装置、脱硫、脱水装置来的凝液进入凝析油稳定装置进行处理,得到合格的凝析油产品。为提高经济效益,可将经脱烃后得到的天然气凝液经脱乙烷、脱丁烷处理获得液化石油气(LPG)和轻油产品。

2 Принцип по выбору основного технологического процесса и технологического метода

Разработанные газовые месторождения на территории Туркменистана являются серосодержащими газоконденсатными месторождениями. Как обычно, технологический процесс подготовки газа описывается по следующим.

2.1 Основной технологический процесс

Серосодержащий газ поступает на установку обессеривания газа, где осуществляется очистка газа от H_2S, меркаптана и большинства CO_2, затем подается на установки очистки газа от углеводородов и осушки газа для очистки газа от воды и тяжелого углеводорода, в последнем получается подготовленный газ годный к дальнейшему использованию. Из установки обессеривания газа кислый газ поступает на установку получения серы и установку очистки хвостового газа, получив серу в кислом газе, жидкая сера подается на сооружение гранулирования и погрузки серы, и транспортируется после гранулирования для упаковки. Конденсационная жидкость, происходящая из газосборной установки, установки осушки и обессеривания газа, поступает на установку стабилизации конденсата с целью подготовки, и получается готовый конденсат. Сжиженный нефтяной газ（LPG）и легкий нефтепродукт получаются при помощи подготовки по деэтанизации и дебутанизации в конденсационной жидкости газа, полученной очисткой газа от углеводородов, чтобы повысился экономический эффект.

2.2 工艺方法选择原则

对于天然气处理厂,其总工艺流程的制定通常是综合考虑了原料天然气的条件(组成、压力、温度等)、处理规模、产品的质量指标要求、工艺技术的可靠性和经济性以及国家与地方政府的法规要求等多种因素后确定的。

2.2.1 脱硫脱碳工艺方法

按土库曼斯坦国家标准的相关要求,产品气中 H$_2$S 含量≤6mg/m³、硫醇硫含量≤16mg/m³、CO$_2$ 含量≤3%（摩尔分数）。因此必须几乎全部脱除天然气中的 H$_2$S,而原料天然气中的 CO$_2$ 只需部分脱除即可。在选择工艺方法时应充分考虑脱硫溶剂须具有较好的选择性(即对 H$_2$S 具有极好的吸收性,对 CO$_2$ 仅部分吸收)。甲基二乙醇胺（MDEA）具有选择性好、解吸温度低、能耗低、腐蚀性弱、溶剂蒸汽压低、气相损失小、溶剂稳定性好等优点,因此采用 MDEA 溶剂的胺法脱硫工艺,是目前天然气工业中普遍采用的脱硫方法。如若原料气含有机硫,一般推荐采用 Sulfinol-M 法。

2.2 Выбор технологии

Как правило, комплексно учтены характеристики сырьевого газа（состав, давление, температура и т.д.）, масштаб подготовки, требования к показателям качества продукции, надежность и экономность технологии и техники, и требования правил и законов государства и местного правительства, и многие прочие факторы при разработке основного технологического процесса ГПЗ.

2.2.1 Технология обессеривания и обезуглероживания

Содержание H$_2$S в подготовленном газе должно быть не более 6мг/м³, содержание меркаптановой серы должно быть не более 16мг/м³, содержание CO$_2$ должно быть не более 3%（мол）в соответствии с установленными требованиями государственных стандартов Туркменистана. Ввиду этого необходимо полностью очистить газ от H$_2$S, а сырьевой газ частично от CO$_2$. Для выбора технологии следует учесть достаточно хорошую относительную избирательность растворителя обессеривания（то есть, он очень хорошо абсорбирует H$_2$S, и только частично абсорбирует CO$_2$）.

该法也具有一定的选择性,并能脱除约 75% 的有机硫。

В связи с хорошей избирательностью, низкой температурой десорбции, низким рассеянием энергии, слабой коррозийностью, низким давлением пара растворителя, малой потерей газовой фазы, хорошей стабильностью растворителя и прочих преимуществ для метилдиэтаноламина (MDEA), технология аминного обессеривания газа в растворителе MDEA является общепринятым методом обессеривания газа в газовой промышленности в настоящее время. Вообще, рекомендуем принять метод Sulfinol-M, обладающий определенной избирательностью, возможный очистить газ от около 75% органической серы в случае если содержание органической серы в сырьевом газе.

2.2.2 脱水工艺方法

三甘醇脱水法工艺成熟可靠,是广泛应用的天然气脱水工艺,脱水后的干天然气水露点可低于 -10℃,能够满足管输对天然气的水露点要求,多应用于油气田无压降可利用,下游无采用深冷法回收轻烃的场合。

分子筛脱水技术成熟可靠,脱水后干气含水量可低至 1mg/L,露点低至 -100℃。该法一般应用于水露点要求较高以及需要深度脱水的场合,如下游有采用深冷法回收乙烷或液化石油气的轻烃回收装置,则必须采用分子筛法脱水,以避免形成水合物,堵塞管道、阀门以及膨胀机入口。对于分子筛脱水,其吸附塔数量可根据工程需要优化

2.2.2 Технология осушки газа

Надежная технология осушки газа ТЭГ широко распространяется для осушки газа, после выполнения осушки газа, точка росы по влаге для сухого газа может быть ниже -10℃, что соответствует требованиям к транспортируемому газу по трубопроводу, данная технология больше применяется в условиях без использования перепада на нефтегазовом месторождении и без возможности получения легкого углеводорода путем глубокого охлаждения в нижнем течении.

Технология осушки газа молекулярными ситами оказывается надежной, содержание влаги в сухом газе может снизиться до 1 мг/л, и точка росы может снизиться до -100 ℃ после проведения осушки газа. Как обычно, данный метод применяется в условиях с высокими требованиями к точке росы по влаге и к глубокой осушке,

确定。对于再生流程通常有干气再生和湿气再生两种方案，采用湿气再生不用设置再生气压缩机，但通常需要损耗 0.1～0.2MPa 的天然气压降，分子筛不能再生彻底，需要增加分子筛装填量及再生气量，对于残留 H_2S 的湿净化天然气分子筛脱水处理，会造成整个系统 H_2S 富集，需将再生气增压返回脱硫装置处理，因此通常情况下推荐使用干气再生。

　　脱硫装置脱除天然气中的硫化氢和部分硫醇。湿净化气再进入分子筛脱水脱硫醇装置脱除天然气中的水和剩余硫醇，使天然气的水露点 ≤-40℃（出厂压力下），硫醇硫含量≤16mg/m³。

в случае если в нижнем течении применяется метод глубокого охлаждения с целью получения этана или существует установка получения легкого углеводорода в сжиженном нефтяном газе, то необходимо осуществить осушку газа молекулярными ситами во избежание образования гидрата, и закупоривания трубопровода, клапана и входа детандера. Количество адсорберов оптимизируется и определяется по инженерной потребности при осушке газа молекулярными ситами. Существуют варианты регенерации сухим газом и влажным газом при выборе процесса регенерации. При выборе регенерации влажным газом не требуется установка компрессора регенерационного газа, но происходит потеря перепада давления газа на 0,1-0,2МПа, и молекулярное сито не может полностью осуществить регенерацию, требуется добавить объем заполнения молекулярных сит и объем регенерационного газа, осушка молекулярными ситами для влажного очищенного газа с остатком H_2S приводит к обогащению H_2S во всей системе, и требуется повышение давления регенерационного газа для обратной подготовки, поэтому, в обычном случае рекомендуем регенерацию сухим газом.

　　Установка обессеривания газа очищает его от сероводорода и частично от меркаптанов в газе. Влажный очищенный газ вновь поступает на установку осушки и демеркатанизации молекулярными ситами для очистки газа от воды и остаточных меркаптанов, чтобы точка росы по влаге газа составила не более -40 ℃ (под выпуском давлением), содержание меркаптана - не более 16мг/м³ .

2.2.3 脱烃及轻烃回收工艺方法

J—T 阀节流制冷法、膨胀机制冷法、循环冷剂制冷法等低温法,除了可以脱水外,均可控制天然气的烃露点。具体采用何种脱烃工艺方案需与脱水工艺的选择统筹考虑。如若仅为脱除原料气中的重烃来控制烃露点以满足产品气的管输要求,建议采用注醇+低温分离工艺同时脱水脱烃,通常在气流中注入水合物抑制剂,以防止水合物形成。常用的水合物抑制剂有甲醇(MeOH)、乙二醇(EG)或二甘醇,分离温度较高,投资较少;如若为从原料气中分离出重烃,以生产经济价值较高的轻烃产品,如液化石油气(LPG)、丙烷、丁烷和轻油等,分离温度需较低,建议选择制冷温度低,凝液回收率高的工艺,为满足制冷温度的要求,脱水装置一般采用分子筛脱水工艺。通常要求天然气的水露点比制冷温度低约10℃。

2.2.3 Технология очистки газа от углеводородов и получения легкого углеводорода

С помощью метода охлаждения за счет дросселирования клапаном J-T, метода охлаждения дестандером, метода охлаждения оборотным хладагентом и прочих методов низкой температуры, не только выполняется осушка, но и контроль точки росы по углеводороду для газа. Подробный технологический вариант по очистке газа от углеводородов должен быть учтен вместе с выбором технологии осушки газа. Рекомендуем провести осушку и очистку от углеводородов одновременно с технологией инжекции гликоля + сепарации до низкой температуры, при которой происходит добавление ингибитора гидрата для предотвращения образования гидрата при контроле точки росы по углеводороду , для очистки сырьевого газа от тяжелого углеводорода с целью приведения к соответствию требованиям к транспортировке по трубопроводу для подготовленного газа. Распространенный ингибитор гидрата включает в себя метанол (MeOH), гликоль (EG) или ДЭГ, их температура сепарации относительно высокая, капиталовложение малое; при сепарации тяжелого углеводорода из сырьевого газа при производстве легкого углеводорода с высокой экономической ценностью, например, сжиженный нефтяной газ (LPG), пропан, бутан и легкая нефть, тогда температура сепарации должна быть относительно низкой, рекомендуем выбрать технологию с низкой температурой охлаждения и высоким коэффициентом получения конденсационной жидкости. Для удовлетворения

有压力能可供利用的高压气田,可采用注醇和 J-T 阀节流制冷法同时完成脱水脱烃。无压力能可以利用的原料气,可采用注醇和丙烷制冷工艺同时完成脱水脱烃。对于原料气预冷分离部分,当原料气温度较高,为减少乙二醇的注入量,可考虑将原料气预冷至水合物形成温度的 5℃以上分离,再进行二级预冷和注醇。EG 贫液通常可以选用质量分数分别为 80% 和 85% 两种,选用 80% 的 EG 溶液,注入量大,但溶液黏度小;选用 85% 的 EG 溶液,注入量小,但溶液黏度大,乙二醇再生塔负荷大。需根据工程特点具体确定,为了减小注醇量,推荐选用 85% 的乙二醇溶液。

требованиям к глубине охлаждения следует использовать технологию осушки молекулярными ситами на установке осушки газа. Как обычно, требуется, чтобы точка росы по влаге для газа была ниже температуры охлаждения 10℃.

Существует метод инжекции гликоля и метод охлаждения за счет дросселирования клапаном J-T для одновременного выполнения осушки и очистки газа от углеводородов на газовом месторождении с использованием энергии давления. И принята (существует) технология инжекции гликоля и охлаждения пропана для одновременного выполнения осушки и очистки сырьевого газа без использования энергии давления от углеводородов. В части сепарации и предварительного охлаждения сырьевого газа, когда температура сырьевого газа относительно высокая, для снижения объема инжекции гликоля следует учесть предварительное охлаждение сырьевого газа выше температуры образования гидрата на 5 ℃ и выше и потом производить сепарацию, в последующем провести предварительное охлаждение второй ступени и инжекцию гликоля.Как правило, допускается выбрать бедный раствор EG с массовой долей 80% и 85%. При выборе раствора EG с массовой долей 80%, объем инжекции большой, но вязкость раствора малая; при выборе 85%, объем инжекции малый, но вязкость раствора большая, и тогда нагрузка регенерационной колонны МЭГ тоже большая. Это определяется по подробной инженерной особенности, рекомендуем выбрать раствор МЭГ с массовой долей 85% в соответствии с потребностью в снижении объема инжекции гликоля.

对于原料气压力较高,有一定压差可利用,脱烃装置制冷深度仅仅为 -15℃左右,可采用丙烷制冷工艺与膨胀机致冷工艺。两者的总投资基本相当,但膨胀机制冷运行费用低,工作性能稳定,不需要外制冷剂,土库曼斯坦工程师有膨胀机运行维护的丰富经验,有利于技术管理。同时,可与片区其他项目一致,具有维护维修技术相互支持相互依托的优势。

对于无过多的压力能可利用的原料气,为提高全厂整体经济效益,最大限度地回收 C$_3$ 及 C$_{3+}$ 以上组分,可采用膨胀机 + 丙烷制冷工艺进行深度脱烃,采用丙烷外部制冷将天然气冷到 -35℃,经膨胀机膨胀进一步冷到 -64℃;采用三塔分馏工艺生产产品液化气、产品丙烷和产品丁烷。充分利用所能达到的低温温位,将原料气的温度降至 -64℃,不仅满足产品气外输时对烃露点的要求,而且可尽可能多地回收轻烃。

Допускается выбрать технологию охлаждения пропана и технологию охлаждения детандера в случаях высокого давления сырьевого газа, и наличия необходимого перепада давления, температура охлаждения для установки очистки газа от углеводородов около -15 ℃ . Хотя общее капиталовложение двух технологий в основном эквивалентное, стоимость охлаждения детандера ниже, и его рабочее свойство стабильное, не требуется дополнительный хладагент, при этом инженеры Туркменистана обладают богатым опытом в текущем обслуживании детандера, что полезно при технической эксплуатации . В то же время, технология охлаждения детандера может обеспечить согласованность с прочими объектами того района , и обладает преимуществами взаимной поддержки по технике обслуживания и ремонта.

С целью повышения экономического эффекта целого завода и максимального получения компонентов C$_3$ и C$_{3+}$, разрешается принять детандер + технологию пропанового охлаждения для глубокой очистки газа от углеводородов, принять внешнее пропановое охлаждение для охлаждения газа до -35℃, потом продолжить охлаждение детандером до -64 ℃; выбрать технологию дефлегмации трех колонн для производства подготовленного сжиженного газа, подготовленного пропана, подготовленного бутана для сырьевого газа без использования избыточной энергии давления. Снижение температуры сырьевого газа до -64℃ путем достаточного использования доступной низкой температуры, что не только сможет удовлетворить требованиям к точке росы по углеводороду при экспорте подготовленного газа, но и получить легкий углеводород насколько это только возможно.

在天然气凝液回收工艺中,除采用单组分烃类作为冷剂制冷外,还广泛采用混合烃类作为冷剂,由独立设置的冷剂制冷系统向原料气提供冷量。常用的烃类冷剂有甲烷、乙烷、丙烷、丁烷、乙烯及丙烯等。对于原料气中 C_3 及以上组分较高(体积分数 >4%)的天然气,脱烃装置宜采用深度脱烃工艺,尽量多地回收液化气和稳定轻烃产品,提高气田开发的整体经济效益。

Кроме однокомпонентных углеводородов, широко распространены смешанные углеводороды как хладагент в технологии получения конденсационной жидкости газа, и подача холода для сырьевого газа осуществляется отдельно установленной системой охлаждения хладагентом. В общепринятые углеводородные хладагенты входят метан, этан, пропан, бутан, этилен и пропилен, и прочие. Использована технология глубокой очистки газа от углеводородов для установки очистки газа от углеводородов при высоком содержании компонентов C_3 и выше в сырьевом газе (объемное содержание >4%)для того, чтобы получить сжиженный газ и стабильный легкий углеводород насколько это возможно, повысить экономическую эффективность для разработки газового месторождения.

2.2.4　硫黄回收及尾气处理工艺方法

2.2.4　Технология получения серы и очистки хвостового газа

随着环保要求越来越高,为尽可能降低 SO_2 排放量,一般中等规模的硫黄回收装置的硫黄回收率确定为99%,建议采用低温克劳斯工艺。对于中高含硫、中大型规模,例如日产数百吨硫黄的硫黄回收装置,宜尽量减少 SO_2 的排放量,有利于环境保护,硫黄回收率宜大于99.8%,通常采用常规克劳斯工艺 + 还原吸收类尾气处理的组合工艺流程。

Вслед за повышением требования к охране окружающей среды, коэффициент получения серы для обычной средне-масштабной установки получения серы составляет 99%, рекомендуем низкотемпературную технологию Клауса с целью снижения сброса SO_2 насколько это возможно. Для установки получения серы со средним и высоким содержанием серы, и средним и большим масштабом как установка получения серы с суточной производительностью несколько сотен тонн серы, следует снизить их сброс SO_2 насколько возможно в пользу охраны окружающей среды, коэффициент получения серы должен быть более 99,8%, для этого проведен технологический процесс сочетающий:обычный Клаус + очистка хвостового газа для восстановления и абсорбции.

2.2.5 凝析油处理工艺方法

凝析油的处理,通常采用气提脱硫和汽提塔稳定的工艺进行处理以满足产品凝析油的蒸汽压及 H_2S 含量要求。对于闪蒸汽的去处有以下方案:(1)若闪蒸汽量较小,则可进入燃料气系统;(2)若闪蒸汽量较大,流程中具有脱盐工艺,可提高凝析油稳定塔的压力,将闪蒸汽送入脱硫闪蒸塔;(3)若闪蒸汽量较大,流程中不具有脱盐工艺,凝析油稳定塔的压力较低,则可增压进入脱硫吸收塔。

凝析油脱盐工艺有两种工艺:(1)电脱盐工艺;(2)水洗工艺。若供水条件较好,可采用水洗方式;若缺水,外排水限制严格,则采用电脱盐方式。含硫凝析油进行汽提脱硫化氢处理后的 H_2S 含量指标,目前没有标准规范要求,但为了保证设备管线的安全平稳运行,应控制凝析油中的 H_2S 含量以不造成外输管线腐蚀为原则。根据工程经验,气提脱硫之后的凝析油, H_2S 含量建议≤50mg/L。含硫凝析油处理时,应统筹考虑、合理设置凝析油脱硫和凝析油稳定工艺。

2.2.5 Технология подготовки конденсата

Технология обессеривания отпаркой (не правильное какое то определение, может тут конденсацией газа) газа и технология стабилизации отпарной (тогда тут конденсационной колонной) колонной, как обычно, осуществляются для подготовки конденсата, чтобы удовлетворить требованиям к давлению пара подготовленного конденсата и содержанию H_2S. Существуют следующие варианты по очистки флаш-газа: (1) При малом объеме флаш-газа, флаш-газ поступает в систему топливного газа; (2) При большом объеме флаш-газа и наличии технологии обессоливания, допускается повысить давление колонны-стабилизатора конденсата для подачи флаш-газа на флаш-тауэр обессеривания; (3) При большом объеме флаш-газа и наличии в процессе технологии обессоливания, а так же низком давлении стабилизатора конденсата, допускается повысить давление для подачи флаш-газа на абсорбер обессеривания. Технология обессоливания конденсата разделяется на две: (1) технология электрообессоливания; (2) технология водной промывки. Метод водной промывки выбирается при хороших условиях водоснабжения; а метод электрообессоливания выбирается при недостатке воды и строгом ограничении внешнего водоотвода. В настоящее время, отсутствует стандарты и правила, выдвигающие требования к показателям содержания H_2S в серосодержащем конденсате после отпарки газа, очистки сероводорода, но для обеспечения безопасной, стабильной эксплуатации трубопроводного оборудования, следует

（1）气提脱硫工艺外输凝析油指标：

温度：50℃；

凝析油中 H_2S 含量：≤50mg/L；

气提后气田水 H_2S 含量：≤5mg/L。

（2）气提塔稳定工艺外输凝析油指标：

温度：40℃；

Reid 蒸汽压：≤66.7 kPa（37.8℃时）。

контролировать содержание H_2S в конденсате по принципу отсутствия воздействия коррозии на экспортный трубопровод. Рекомендуемое содержание H_2S в конденсате после обессеривания отпаркой газа не более 50 мг/л по инженерному опыту. Едино предусмотрена и установлена рациональня технология обессеривания и стабилизации конденсата при подготовке серосодержащего конденсата.

（1）В показатели экспортного конденсата в технологии обессеривания газовой отпаркой входят：

Температура：50℃；

Содержание H_2S в конденсате：≤50 мг/л；

Содержание H_2S в промысловой воде после стрипперования：≤5 мг/л.

（2）В показатели экспортного конденсата в технологии стабилизации газовой отпаркой входят：

Температура：40℃；

Давление пара Reid：≤66,7кПа（при37,8℃）.

3 天然气脱硫脱碳

来自地下储层的天然气通常不同程度地含有 H_2S、CO_2 和有机硫化物等酸性组分,在开采、集输过程中会造成设备和管道腐蚀,而且含硫组分可能会污染环境和威胁人员安全;CO_2 含量过高将降低天然气热值,因此当天然气中 H_2S、CO_2 等酸性组分含量超过商品气气质标准时,必须进行脱除处理,该工艺过程称为脱硫脱碳。

3.1 工艺方法简介

天然气酸性组分的脱除,要求把天然气中的酸性组分脱除到商品天然气技术指标规定的范围内。酸气脱除方法有近百种,对于不同的方法其作用机理是不同的,按其脱硫(碳)剂的不同可分为液体脱硫(碳)法和固体脱硫(碳)法两大类。

3 Обессеривание и обе-зуглероживание

Природный газ из подземных резервуаров обычно содержит кислотные компоненты, такие как H_2S, CO_2 и органические сульфиды, в разной степени, что может вызвать коррозию оборудования и трубопроводов во время добычи, сбора и транспорта. Серосодержащие компоненты могут загрязнять окружающую среду и угрожать безопасности персонала. Высокое содержание CO_2 уменьшает теплотворную способность природного газа, поэтому, когда содержание кислотных компонентов, таких как H_2S и CO_2 в природном газе, превышает стандарты качества товарного газа, их необходимо удалить. Этот технологический процесс называется обессериванием и обе-зуглероживанием газа.

3.1 Краткое описание технологии

Для очистки кислых составных частей в газе следует очистить кислые составные части в газе до предела, установленного техническими показателями товарного газа. Существуют почти сто методов очистки кислого газа, но их механизм действия разный, они разделяются на два по обессеривателю (обезуглероживателю) :метод твердого обессеривания (обезуглероживания) и метод жидкостного обессеривания (обезуглероживаниця).

3.1.1　液体脱硫（碳）法

按溶液的吸收和再生方式,该法可分为化学溶剂吸收法、物理吸收法、物理—化学吸收法和氧化还原法四类。

3.1.1.1　化学溶剂吸收法

化学溶剂吸收法又称化学吸收法,是以可逆化学反应为基础,以碱性溶液为吸收溶剂(化学溶剂),在低温高压下,溶剂与原料气中的酸性组分(主要是 H_2S 和 CO_2)反应生成某种化合物,在升高温度、降低压力的再生条件下该化合物又能释放出酸性组分并使溶剂得以循环使用。这类方法中最具有代表性是醇胺法和碱性盐溶液法。醇胺法是最具代表性的天然气脱硫脱碳方法,不但应用历史较长,而且取得的技术进展十分显著。目前用于脱硫脱碳的醇胺主要包括一乙醇胺（MEA）、二乙醇胺（DEA）、甲基二乙醇胺（MDEA）、二异丙醇胺（DIPA）和二甘醇胺（DGA）等。碱性盐溶液法主要有改良热钾碱法（Catacarb法、Benfield 法）和氨基酸盐法（Alkacid）等。

3.1.1　Метод обессеривания（обезуглероживания）жидкостями

Данный метод разделяется на 4 типа по абсорбции и регенерацию раствора:метод абсорбции химическими растворителями, метод физической абсорбции, физико-химической абсорбции, метод окисления-восстановления.

3.1.1.1　Метод абсорбции химическими растворителями

Метод абсорбции химическими растворителями, также называется «методом химической абсорбции», при котором обратимая химическая реакция играет роль основы, и щелочной раствор - растворитель абсорбции（химический растворитель）, растворитель и кислый состав（в основном H_2S и CO_2 ）в сырьевом газе реагируют и образуют соединение в условиях низкой температуры и высокого давления, при этом данное соединение выделяет кислый состав для повторного пользования растворителя в условиях регенерации с повышением температуры, снижением давления. Самый（заменить это слово на другое, например используемый）из таких методов - метод обессеривания спиртоамином и метод обессеривания щелочным солевым раствором. Метод обессеривания спиртоамином является самым（используемым）методом обессеривания и обезуглероживания газа, он не только обладает относительно долгой историей, но и получил очень значительный технический прогресс. В настоящее время, спиртоамины для обессеривания и

所有醇胺法工艺都采用基本类似的工艺流程和设备。因此,该工艺的发展过程实质上是各种醇胺溶剂及与之复配的溶剂和添加剂的选择、改进的过程。由于 MDEA 溶剂的一系列优越性,近30年来发展势头迅猛。

(1)常规醇胺法。

醇胺类化合物分子中至少含有一个羟基和一个氨基。羟基的作用是降低化合物的蒸汽压,并增加在水中的溶解度;而氨基则使溶液呈碱性,能促进溶液对酸性组分的吸收。醇胺根据其氮原子上所连接的有机基团的数目可分为伯胺($R-NH_2$,如 MEA)、仲胺(R_2NH,如 DEA)、叔胺(R_3N,如 MDEA)三类,它们与 H_2S、CO_2 的反应见表3.1.1。

ob
обезуглероживания в основном включают в себя -МЭА (MEA), ДЭА (DEA), МДЭА (MDEA), ДИПА (DIPA) и ДЭА (DGA) и т.д. Метод обессеривания щелочным солевым раствором в основном включает в себя метод горячей поташной очистки (метод Catacarb, Benfield) и. метод обессеривания аминокислотной солей (Alkacid).

В технологии всех методов обессеривания спиртоамином применяются в основном аналогичный технологический процесс и оборудование. Поэтому, процесс развития данной технологии по сути является процессом выбора, улучшения разных растворителей спиртоамина и сочетании с ними растворителей и добавок. За последние 30 лет растворитель MDEA развивается стремительно благодаря серийным преимуществам.

(1) Распространенный метод обессеривания спиртоамином.

Один гидроксил и один амидоген содержат, по крайней мере, молекулу соединения спиртоамина. Назначение гидроксила заключается в снижении давления пара соединения, и повышении растворимости в воде; амидогена в обеспечении раствора щелочным эффектом, стимулировании абсорбции кислых составных частей раствора. Спиртоамин разделяется по количеству соединенных органических функциональных групп на азотном атоме на три:первичный амина ($R-NH_2$, например MEA), вторичный амин (R_2NH, например DEA), третичный амин (R_3N, например MDEA), в таблице 3.1.1 приведены их реакции с H_2S, CO_2.

表 3.1.1 醇胺吸收 H_2S 和 CO_2 的主要反应

Таблица 3.1.1 Основные реакции при абсорбции H_2S и CO_2 спиртоамином

醇胺类别 Категория спиртоамина	H_2S	CO_2
伯胺 Первичный амин	$2RNH_2+H_2S\ (RNH_3)_2S$ $(RNH_3)_2S+H_2S\ 2RNH_3HS$	$2RNH_2+CO_2\ RNHCOONH_3R$ $2RNH_2+H_2O+CO_2\ (RNH_3)_2CO_3$ $(RNH_3)_2CO_3+H_2O+CO_2\ 2RNH_3HCO_3$
仲胺 Вторичный амин	$2R_2NH+H_2S\ (R_2NH_2)_2S$ $(R_2NH_2)_2S+H_2S\ 2R_2NH_2HS$	$2RNH_2+CO_2\ RNHCOONH_3R$ $2RNH_2+H_2O+CO_2\ (RNH_3)_2CO_3$ $(RNH_3)_2CO_3+H_2O+CO_2\ 2RNH_3HCO_3$
叔胺 Третичный амин	$2R_3N+H_2S\ (R_3NH)_2S$ $(R_3NH)_2S+H_2S\ 2R_3NHHS$	$2R_3N+H_2O+CO_2\ (R_3NH)_2CO_3$ $(R_3NH)_2CO_3+H_2O+CO_2\ 2R_3NHHCO_3$

从表 3.1.1 中可以看出,醇胺和 H_2S 和 CO_2 的主要反应均为可逆反应。在吸收塔内,由于酸性组分的分压较高,温度较低,反应平衡向右移动,原料气中的酸性组分被脱除;在再生塔内,由于酸性组分的分压较低,温度较高,反应平衡向左移动,溶液释放出酸性组分,从而实现溶液再生。从实验数据表明,各种醇胺吸收热数值,伯胺最高,仲胺次之,叔胺最低,这是由其结合的键能决定的;各种胺法的能耗也是伯胺最高,仲胺次之,叔胺最低。吸收热对能耗的影响通过溶液再生的难易即回流比的高低而显示出来的。表 3.1.2 给出了常规的 MEA、DEA、DIPA 和 DGA 脱硫脱碳的技术特点。

Из вышеуказанной таблицы 3.1.1 видно, что основные реакции между спиртоамином и H_2S и CO_2 являются обратимыми. Из-за относительно высокого парциального давления кислых составных частей и низкой температуры, равновесие реакции перемещается направо в абсорбере, вследствие этого кислые составные части в сырьевом газе удалены; из-за относительно низкого парциального давления кислого компонента и высокой температуры, равновесие реакции перемещается налево в регенерационной колонне, вследствие этого раствор выделяет кислые составные части и осуществляет регенерацию раствора. Из экспериментальных данных видно, что значение для первичного амина занимает первое место по теплоте адсорбции, вторичного амина - второе место, третичного амина - самое низкое, все это зависит от сочетаннии их энергии связи; первичный амин тоже заниманает первое место по рассеянию энергии, вторичный амин - второе место, третичный амин – последнее место. Влияние абсорбции теплоты на рассеяние энергии связано с трудностью регенерации раствора, то есть флегмового числа. Технические особенности для распространенного обессеривания и обезуглероживания методами МЕА, DEA, DIPA и DGA приведены в таблице 3.1.2.

表 3.1.2 醇胺法常规脱硫工艺的主要技术特点

Таблица 3.1.2 Основные технические особенности распространенной технологии обессеривания спиртоамином

工艺 Технология	技术特点 Технические особенности	
	优势 Преимущества	不足 Недостатки
MEA	（1）溶剂价格相对较低；（2）可脱除 COS 和 CS$_2$；（3）反应活性较高，在中低压条件下可达到净化气指标（H$_2$S 含量 4mg/L，CO$_2$ 含量 100 mg/L）；（4）再生压力条件下可加热蒸馏复活 （1）Стоимость растворителя относительно низкая；（2）Существует возможность очистить COS и CS$_2$；（3）Активность реакции относительно высокая, существует возможность достичь показателя очищенного газа（содержание H$_2$S 4 частей на миллион по объёму，содержание CO$_2$ – 100 частей на миллион по объёму в условиях среднего и низкого давления；（4）Существует возможность осуществить нагрев, перегонку и оживление в условиях использования давления регенерации	（1）蒸汽压较高的导致溶剂损失较高；（2）腐蚀性较高；（3）能量消耗较高；（4）与 CO$_2$、COS 和 CS$_2$ 生成不可逆降解产物 （1）Высокая потеря растворителя вызывается относительно высоким давлением；（2）Высокая коррозийность；（3）Высокие энерготраты；（4）Не-обратимый продукт деградации образуется вместе с CO$_2$, COS и CS$_2$
DEA	（1）与 MEA 相比，溶液循环量较低，投资和操作费用降低；（2）溶剂价格相对较低；（3）与 COS 和 CS$_2$ 不发生降解；（4）蒸汽压较低，溶剂损失较低；（5）烃类溶解度较低；（6）与 MEA 相比，腐蚀性较低 （1）По сравнению с MEA, объем циркуляции раствора относительно низкий, снижаются инвестиция и операционные расходы；（2）Цена растворителя относительно низкая；（3）Не возникает деградация вместе с COS и CS$_2$；（4）Давление пара низкое, потеря растворителя низкая；（5）Растворимость углеводородов относительно низкая；（6）По сравнению с MEA, коррозийность относительно низкая	（1）与 MEA 和 DGA 相比，反应活性较低；（2）对酸气脱除不具选择性；（3）在高温条件下，与 CO$_2$ 反应生成降解产物；（4）再生压力条件下常规加热蒸馏无法复活 （1）По сравнению с MEA и DGA, активность реакции относительно низкая；（2）Не существует избирательность при очистке кислого газа；（3）В условиях высокой температуры, реакция с CO$_2$ образует продукт деградации；（4）В условиях регенерационного давления, невозможно восстановить при обыкновенном нагреве и перегонке
DIPA	（1）与 MEA 相比，溶液循环量较低，投资和操作费用降低；（2）对 CO$_2$ 进行限制脱除，对 H$_2$S 脱除具有一定选择性；（3）与 COS 和 CS$_2$ 不发生降解；（4）蒸汽压较低，溶剂损失较低；（5）与 MEA 相比，腐蚀性较低 （1）По сравнению с MEA, объем циркуляции раствора относительно низкий, снижаются инвестиция и операционные расходы；（2）где пункт 2？（3）Не образуется деградация вместе с COS и CS$_2$；（4）Давление пара низкое, потеря растворителя низкая；（5）По сравнению с MEA, коррозийность низкая	（1）与 MEA 和 DGA 相比，反应活性较低；（2）在高温条件下，与 CO$_2$ 反应生成降解产物；（3）再生压力条件下常规加热蒸馏无法复活 （1）По сравнению с MEA и DGA, активность реакции относительно низкая；（2）В условиях высокой температуры, реакция с CO$_2$ образует продукт деградации；（3）В условиях регенерационного давления, невозможно восстановить при обыкновенном нагреве и перегонке
DGA	（1）与 MEA 相比，溶液循环量较低，投资和操作费用降低；（2）可脱除 COS 和 CS$_2$；（3）反应活性较高，在低压和高温条件下可达到净化气指标（H$_2$S 含量 4 mg/L）；（4）硫醇脱除能力有所提高；（5）即使达到 50%（m）的溶液浓度，凝固点温度也较低；（6）再生压力条件下可加热蒸馏复活 （1）По сравнению с MEA, объем циркуляции раствора относительно низкий, снижаются инвестиции и операционные расходы；（2）Возможность очистки COS и CS$_2$；（3）Активность реакции высокая, и в условиях низкого давления и высокой температуры может достичь показателя очищенного газа（содержание H$_2$S 4 мг/л）；（4）Способность очистки меркаптана повышается；（5）В случае достижения концентрации раствора до 50%（m），температура в точке затвердения тоже низкая；（6）В условиях регенерационного давления, возможно восстановить при обыкновенном нагреве и перегонке	（1）对酸气脱除不具选择性；（2）能量消耗较高；（3）烃类溶解度较高；（4）溶剂价格相对较高；（5）与 CO$_2$、COS 和 CS$_2$ 生成降解产物，在溶液再生条件下不可逆，需要专门加热蒸馏复活 （1）Не существует избирательность при очистке кислого газа；（2）Энерготрата высокая；（3）Растворяемость углеводородов высокая；（4）Цена растворителя высокая；（5）Вместе с CO$_2$, COS и CS$_2$ образует продукт деградации, необратимый в условиях регенерации раствора, требует специальные нагрев и перегонку для восстановления

① 单乙醇胺(MEA)法。

在醇胺中 MEA 碱性最强。它与酸性组分迅速反应,能很容易地使 H_2S 含量降至 $5mg/m^3$ 以下。它既可脱 H_2S,也可脱 CO_2,对两者无选择性。MEA 因在醇胺中相对分子质量最小,故以单位重量或体积计算具有最大的酸气负荷。

MEA 化学性质稳定,但在脱硫过程中能与 CO_2 发生副反应而生成难以再生的噁唑烷酮等化合物,使溶剂部分丧失脱硫能力。MEA 还可与 COS 或 CS_2 发生不可逆反应,造成溶剂损失和某种固体副产物在溶液中积累。

② 二乙醇胺(DEA)法。

DEA 是仲醇胺,和 MEA 的主要差别是其与 COS 与 CS_2 的反应速度比 MEA 慢,故 DEA 与有机硫化物反应造成的溶剂损失较低。对含有机硫化物较多的炼厂气、人造煤气等气体的脱硫用 DEA 较为有利。DEA 对 H_2S 和 CO_2 也没有选择性。20 世纪 60 年代中期开发的改进型 SNPA-DEA 法能采用较高的 DEA 浓度,提高了该方法的净化度,目前已在工业上广泛使用。

① Метод МЭА (MEA).

Самая сильная щёлочность MEA существует в спиртоамине. Легкое снижение H_2S ниже $5мг/м^3$ осуществляется быстрой реакцией с кислыми компонентами. Данный метод распространяется на очистку от H_2S, и очистку от CO_2, не имеет избирательность между двумя. Минимальная относительная молекулярная масса MEA существует в спиртоамине, поэтому максимальная нагрузка кислого газа существует при расчете по единичному весу или объему.

MEA имеет стабильное химическое свойство, но в процессе обессеривания MEA и CO_2 вместе образуют вторичную реакцию и выделяет трудно регенерационный оксадиксил и прочие соединения, что вызовет частичную потерю способности обессеривания растворителя. MEA, так же может вызвать необратимую реакцию с COS или CS_2, что приведет к потере растворителя и накоплению каких-то твердых вторичных продуктов в растворе.

② Метод ДЭА (DEA).

DEA является вторичным спиртоамином, он отличается от MEA более малой скоростью реакции с COS и CS_2 по сравнению с MEA, поэтому реакция DEA и органического сульфита вызывает низкую потерю растворителя. DEA, что полезно для обессеривания нефтезаводского газа с многими органическими сульфитами, искусственного газа и прочих газов. DEA, не имеет избирательность для H_2S и CO_2. Улучшенный метод SNPA-DEA, разработанный в середине 60-ых годов двадцатого века, может обеспечить высокую концентрацию DEA, повышает степень очистки для данного метода, и в настоящее время широко распространяется в промышленности.

③ 二异丙醇胺(DIPA)法。

DIPA 是仲胺,对 H_2S 有一定选择性。它既是 Sulfinol 溶液的一个组分,也可单独以水溶液的形式用于脱硫,称为阿迪普(Adip)法。20 世纪 60 年代后该法已广泛应用于炼厂气和石油产品的脱硫,其特点是具有部分脱除有机硫化物的能力,且腐蚀性较小。

④ 甲基二乙醇胺(MDEA)法。

MDEA 是叔胺。虽然它和 H_2S 的反应能力稍差,但在 H_2S 和 CO_2 共存时,对 H_2S 的吸收有良好的选择性,因而自 20 世纪 80 年代以来,在气体脱硫工业上应用日益广泛,MDEA 成为当前最受重视的一种醇胺。

MDEA 溶剂特别适用于处理 CO_2 与 H_2S 比率较高的气体,不仅可以提高商品气率和酸气中 H_2S 的浓度(有利于提高下游硫回收装置的硫回收率),而且溶液酸气负荷较高,节能效益显著,除用作天然气或炼厂气的脱硫剂外,目前还用于克劳斯硫回收工艺酸气提浓及在斯科特(SCOT)法尾气处理工艺中取代 DIPA 溶剂。

③ Метод ДИПА (DIPA).

DIPA является вторичным амином, обладает определенной избирательностью для H_2S. Он не только является одной из составных частей раствора Sulfinol, но и отдельно применяется для обессеривания, с помощью водяного раствора, что называется методом АДИП (Adip). С 60-ых годов двадцатого века, данный метод широко распространяется при обессеривании для нефтезаводского газа и нефтепродукта, особенностями которого являются способность частичной очистки органического сульфита, и малая коррозийность.

④ Метод МДЭА (MDEA).

MDEA является третичным амином. При совместном существовании H_2S и CO_2, он обладает хорошей избирательностью для абсорбции H_2S, хотя его способность реакции с H_2S немного плохая, поэтому с 80-ых годов двадцатого века, широко распространяется в промышленности обессеривания газа, и является одним из самых важных спиртоаминов в настоящее время.

Растворитель MDEA оказывается очень полезным для очистки газа с высоким коэффициентом CO_2/H_2S, не только может повысить коэффициент товарного газа и концентрацию H_2S в кислом газе (полезно для повышения коэффициента получения серы в установке получения серы в нижнем течении), но и обладает значительным энергоэкономичным эффектом от высокой нагрузки кислого газа в растворе, кроме обессеривателя для газа и нефтезаводского газа, так же применяется для повышения концентрации кислого газа в технологии получения серы Клаус и замены растворителя DIPA в технологии очистки хвостового газа в методе содержания СКОТ (SCOT).

（2）MDEA 配方溶剂脱硫工艺。

目前醇胺法脱硫脱碳工艺已由使用单一水溶液发展到与不同溶剂复配而成的配方型系列溶剂,以 MDEA 为基础溶剂,加入各种不同添加剂（或活化剂）后,可构成一系列配方溶剂（或活化溶剂）,用以处理天然气时,可达到以下不同的目的。具有以下优点:

① 进一步提高对 H_2S 的选择性。

② 降低能耗或提高处理量。

③ 添加活化剂,加速对吸收 CO_2 的速度。

3.1.1.2 物理吸收法

物理吸收法是基于有机溶剂对天然气中酸性组分的物理吸收而将其脱除。溶剂的酸气负荷正比于气相中酸性组分的分压,当富液压力降低时,随即放出所吸收的酸气组分。该法适于处理酸气分压高的天然气,具有溶剂不易变质、比热容低、腐蚀性小、能脱除有机硫化物等优点,但不宜处理重烃含量高的天然气,且多数方法由于受溶剂再生程度的限制,其净化度不能与化学吸收法相比。目前在工业上应用的有机溶剂主要有 Flour 法使用的碳酸丙烯酯,Purisol 法使用的 N- 甲基吡咯烷酮（NMP）,Estasolven 法使用的磷酸三丁酯（TBP）以及塞 Selexol 法使用的聚乙二醇二甲醚等 4 种。该类方法能同时脱除 H_2S 和 CO_2,且流程简单,主要设备为吸收塔、闪蒸罐和循环泵。溶剂的再生通

（2）Технология обессеривания растворителем рецепта MDEA.

В настоящее время, технология обессеривания и обезуглероживания спиртоамином развивается от отдельного водораствора до серийного растворителя смеси , подготовленного комплексно из разных растворителей, приняв MDEA как основной растворитель, после добавки разных добавок（активаторов）, образуется серийные растворители（или активные растворы）, которые смогли достичь разных целей при применении для очистки газа:Данная технология обладает следующими преимуществами:

① Дополнительное повышение избирательности для H_2S.

② Снижение энергозатраты или повышение производительности.

③ Добавка активатора, ускорение абсорбции CO_2.

3.1.1.2 Метод физической абсорбции

В методе физической абсорбции, кислые компоненты в газе очищены путем физической абсорбции органическим растворителем. Нагрузка кислого газа растворителя прямо пропорциональна парциальному давлению кислотных компонентов в газовой фазе, при снижении давления насыщенного раствора выпускаются абсорбированные кислотные компоненты. Данный метод распространяется на очистку газа с высоким парциальным давлением кислого газа, обладает следующими преимуществами:растворитель нелегко перерожденный（не понятно что это?）, удельная теплоемкость низкая, коррозийность низкая, способность очистки органического сульфита,

常靠多级闪蒸进行,不需加热,能耗较少。只有在净化度要求高时才采用真空解吸、惰性气体吹脱或加热溶剂等方法,以提高再生溶液的质量。

（1）聚乙二醇二甲醚法。

聚乙二醇二甲醚法是物理溶剂法中最重要的一种方法。此法是美国 Allied 化学公司首先开发的,商业名称为 Selexol,现已建设 50 余套工业装置,其中约三分之一用于天然气脱硫。

以 Selexol 溶剂对 CH_4 的溶解度为 1.0,其他各种气体的相对溶解度见表 3.1.3。

но вредный для подготовки газа с высоким содержанием тяжелого углеводорода, и его степень очистки ниже метода химической абсорбции из-за ограничения степени регенерации растворителя. В настоящее время, пропиленкарбонат метода Flour, N-метилпирролидон метода Purisol（NMP）, трибутилфосфат метода（TBP）и диметиловый эфир полиэтиленгликоля метода Selexol входят в основном в органический растворитель в промышленности. Данные методы могут одновременно очистить H_2S и CO_2, процесс простой, в основное оборудование входят абсорбер, флаш-испаритель и циркуляционный насос. Обычно, регенерация растворителей осуществляется многоступенчатым мгновенным выделением газа, не требует нагрев, и рассеяние энергии низкое. Применяются вакуумная десорбция, отдувка инертного газа или нагрев растворителя и прочие методы только при требовании к высокой степени очистки, чтобы повысить качество регенерационного раствора.

（1）Метод абсорбции диметиловым эфиром полиэтиленгликоля.

Одним из самых важных методов является метод абсорбции диметиловым эфиром полиэтиленгликоля. Данный метод разработан американской химической компанией Allied, имеет коммерческое название Selexol, в настоящее время уже построены более 50 промышленных установок, одна третья из которых, применяется для обессеривания газа.

Приняв растворимость CH_4 в растворителе Selexol как 1,0, приведена относительная растворимость прочих газов в следующей таблице 3.1.3.

表 3.1.3 各种气在 Selexol 溶剂中的相对溶解度

Таблица 3.1.3 Относительная растворимость разных газов в растворителе Selexol

气体 Газ	相对溶解度 （v/v） Растворимость （v/v）	气体 Газ	相对溶解度 （v/v） Растворимость （v/v）	气体 Газ	相对溶解度 （v/v） Растворимость （v/v）	气体 Газ	相对溶解度 （v/v） Растворимость （v/v）	气体 Газ	相对溶解度 （v/v） Растворимость （v/v）
H_2	0.2	C_2H_4	7.2	COS	35.0	H_2S	134	SO_2	1400
N_2	0.3	CO_2	15.2	iC_5	68.0	C_6	167	C_6H_6	3800
CO	0.43	C_3H_8	15.4	C_2H_2	68.0	CH_3SH	340	C_4H_4S	8200
CH_4	1	iC_4	28.0	NH_3	73	C_7	360	H_2O	11000
C_2H_6	6.5	nC_4	36.0	nC_5	83	CS_2	360	HCN	19000

从表 3.1.3 可以看出：

① H_2S 在 Selexol 溶剂中的溶解度是 CH_4 的 134 倍，CO_2 是 CH_4 的 15.2 倍。这些溶解度的差别不仅提供了从天然气中脱除 H_2S 及 CO_2 的可能性，而且也提供了在 H_2S 及 CO_2 同时存在下选择脱除 H_2S 的可能性。

② 相对 H_2S 及 CO_2 来说，Selexol 溶剂对有机物质具有较好的亲和力，甲硫醇的溶解度为甲烷的 340 倍，COS 为 35 倍，CS_2 为 360 倍，噻吩达到 8200 倍；Selexol 溶剂对 SO_2 也有非常好的溶解力，达到 1400 倍。

③ Selexol 溶剂对水分有极好的亲和力，水分的溶解度为 CH_4 的 11000 倍，为 H_2S 的 82 倍，可以同时脱硫脱水。

（2）碳酸丙烯酯法。

美国 Fluor 公司首先研究开发了碳酸丙烯酯法，其商业名称为 Fluor Solvent。以 CO_2 在碳酸丙烯酯中的溶解度为 1，各种气体在其中的相对溶解度见表 3.1.4。

Из вышеуказанной таблицы видно：

① Растворимость H_2S в растворителе Selexol более CH_4 в 134 раза，CO_2 более CH_4 в 15,2 раз，такая разница по растворимости не только предоставляет возможность очистить газ от H_2S и CO_2，но и предоставляет возможность выборочной очистки от H_2S при одновременном существовании H_2S и CO_2.

② По сравнению с H_2S и CO_2，растворитель Selexol обладает хорошим сродством с органическими веществами，растворимость метилмеркаптана，по сравнению с метаном более чем в 340 раз，COS - в 35 раз，CS_2 - в 360 раз，тиофен - 8200 раз；Selexol обладает очень хорошей растворимостью для SO_2 в 1400 раз.

③ Растворитель Selexol обладает очень хорошим сродством с влагой，растворимость влаги более чем CH_4 в 11000 раз，более чем H_2S в 82 раз，тоже может осуществить обессеривание и осушку.

（2）Метод абсорбции пропиленкарбонатом.

Американская компания Fluor разработала метод абсорбции пропиленкарбонатом，его коммерческое название «Fluor Solvent». Приняв растворимость CO_2 в растворителе пропиленкарбоната как 1,0，относительная растворимость прочих газов приведена в следующей таблице 3.1.4.

表 3.1.4 各种气在碳酸丙烯酯中的相对溶解度

Таблица 3.1.4 Относительная растворимость разных газов в растворителе пропиленкарбоната

气体 Газ	相对溶解度 （v/v） Растворимость （v/v）	气体 Газ	相对溶解度 （v/v） Растворимость （v/v）	气体 Газ	相对溶解度 （v/v） Растворимость （v/v）	气体 Газ	相对溶解度 （v/v） Растворимость （v/v）
H_2	7.8×10^3	CO_2	1.0	nC_5	5	CS_2	30.9
N_2	8.4×10^3	C_3H_8	0.51	H_2S	3.29	Cyclo-C_6	46.7
O_2	2.6×10^3	iC_4	1.13	NO_2	17.1	nC_8	65.6
CO	2.1×10^3	nC_4	1.75	nC_6	13.5	SO_2	68.6
CH_4	3.8×10^3	COS	1.88	2.4DMP	17.5	C_6H_6	200
C_2H_6	0.17	iC_5	3.5	CH_3SH	27.2	nC_{10}	284
C_2H_4	0.35	C_2H_2	2.87	nC_7	29.2	H_2O	300

碳酸丙烯酯与多乙二醇二甲醚相比,前者对 H_2S 及 CO_2 的溶解能力不如后者,此外,前者 H_2S 对 CO_2 的相对溶解度的比值为 3.29,而后者达到 8.8 以上,可见多乙二醇二甲醚较碳酸丙烯酯更适合用于脱除 H_2S,特别是选择脱除 H_2S 的工况。

По сравнению с многодиметилгликолевым эфиром, растворимость H_2S и CO_2 в пропиленкарбонате ниже чем многодиметилгликолевый эфир, кроме того, отношение относительной растворимости H_2S и CO_2 составляет 3,29, для многодиметилгликолевого эфира данное отношение составляет 8,8 и более, очевидно, что по сравнению с пропиленкарбонатом многодиметилгликолевый эфир более годный к очистке H_2S, особенно при рабочем режиме очистки H_2S.

3.1.1.3 物理—化学吸收法

物理—化学吸收法使用化学溶剂和物理溶剂的混合液,兼有化学吸收和物理吸收两类方法的特点。迄今为止,工业上应用最广泛的物理—化学吸收法是 Sulfinol 法,此法所采用的物理溶剂为环丁砜,而化学溶剂则是一乙醇胺（MEA）、二异丙醇胺（DIPA）或甲基二乙醇胺（MDEA）等,溶液中还含有一定量的水。在 Sulfinol 法溶剂中,由于有物理溶剂环丁砜的存在,不仅使混合溶剂具有脱除有机硫化物的良好效果,而且使它的酸气负荷大为提高,因此该法迄今仍是处理高酸气分压、

3.1.1.3 Метод физико-химической абсорбции

Метод физико-химической абсорбции обладает особенностями методов физической абсорбции и методов химической абсорбции с пользованием смешанного раствора из физического и химического растворителя. До сих пор, метод Sulfinol является одним из самых широко распространенных методов физико-химической абсорбции, в данном методе применяется сульфолан как физический растворитель, и МЭА（MEA）, ДИПА（DIPA）или МДЭА（MDEA）как химический

含有机硫天然气的主要工业方法。由于它与其他物理吸收法一样易吸收重烃，所以砜胺法也不宜用于处理重烃含量高的天然气。20 世纪 60 年代发展起来的 Sulfinol 法脱硫，醇胺主要指 MEA、DGA、DIPA、MDEA 等，但工业化后最常用的主要有 DIPA(Sulfinol-D 法)和 MDEA(Sulfinol-M 法)，主要原因是它们对设备的腐蚀轻微，不易变质和发泡，且可以兼顾到一定选择性。溶液中水的存在不仅是醇胺与 CO_2 反应所必需的，同时可以降低溶液的黏度，改善换热器传热效率，减少溶液对烃类的吸收量，提高再生效果。不过含水量过高会导致溶液的酸气负荷下降，热容升高等问题。因此，溶液中的水含量应根据实际情况严格控制。

　　各种烷醇胺及环丁砜的物化性质见表 3.1.5，各种烷醇胺特性见表 3.1.6。

растворитель, так же раствор содержит в определенном объеме воду. В растворителе для метода Sulfinol существует сульфолан физического растворителя, это не только придает смешанному растворителю хороший эффект по очистке органического сульфита, но и повышает его нагрузку кислого газа, поэтому данный метод является одним из основных промышленных методов очистки газа с высоким парциальным давлением кислого газа и органической серой. Данный метод легко абсорбирует тяжелый углеводород как прочие физические методы, поэтому метод МДЭА тоже вредный для очистки газа с высоким содержанием тяжелого углеводорода. Метод Sulfinol для очистки серы и спиртоамина, развивающийся в 60-ых годах двадцатого века, в основном имеет в виду MEA, DGA, DIPA, MDEA, но после индустриализации общепринятый метод в основном включает DIPA(метод Sulfinol-D)и MDEA(метод Sulfinol-M), их слабая коррозийность к оборудованию, нелегкое перерождение и пенистость, и определенная избирательность являются основными причинами. Вода в растворе необходимая для реакции спиртоамина и CO_2, при этом может снизить вязкость раствора, улучшить теплопередающий эффект теплообменника, снизить объем абсорбции углеводородов раствором, повысить эффект регенерации. Но слишком высокое содержание воды вызывает снижение нагрузки кислого газа в растворе, повышение теплоемкости и прочие проблемы. Поэтому, содержание воды в растворе должно быть быть проконтролировано строго по фактическому обстоятельству.

　　Физико-химические свойства разных алифатических аминоспиртов и сульфоланов приведены в таблице 3.1.5, характеристики разных алифатических аминоспиртов приведены в таблице 3.1.6.

表 3.1.5 各种醇胺和环丁砜的物化性质

Таблица 3.1.5 Физико-химические свойства разных алифатических аминоспиртов и сульфоланов

参数 пармула	单位 Ед.	MEA (一乙醇胺) MEA (МЕА)	DEA (二乙醇胺) DEA (ДЭА)	TEA (三乙醇胺) TEA (ТЭА)	DGA (二甘醇胺) DGA (ДГА)	DIPA (二异丙醇胺) DIPA (ДИПА)	MDEA (甲基二乙醇胺) MDEA (МДЭА)	环丁砜 (二氧化四氢噻吩) Сульфолан (тетраметиленсульфон)
分子式 молекулярная формула		$HOC_2H_4NH_2$	$(HOC_2H_4)_2NH$	$(HOC_2H_4)_3N$	$H(OC_2H_4)_2NH_2$	$(HOC_3H_6)_2NH$	$(HOC_2H_4)_2NCH_3$	$C_2H_8SO_2$
相对分子质量 Относительная молекулярная масса		61.08	105.14	149.19	105.14	133.19	119.16	120.17
沸点 (101.325MPa) Точка кипения (101,325кПа)	C	170.5	269	360（分解） 360（Разложение）	221.1	248.7	247.2	285
凝固点 Температура затвердения	C	10.5	28	22.4	−12.5	42	−21	27.6
临界压力 Критическое давление	kPa	5985	3273	2448	3772	3770	3877	5290
临界温度 Критическая температура	K	623.2	715.3	787.4	675.7	672.3	595.2	818.2
密度（20℃） Плотность（20℃）	kg/m³	1018	1095	1124	1058（15.6℃）	999（30℃）	1042.6	1265
比热容（15.6℃） Удельная теплоемкость（15,6℃）	kJ/(kg·K)	2.55（20℃）	2.51	2.93	2.39	2.89（30℃）	2.23（20℃）	1.51（30℃）
导热率（20℃） Теплопроводность（20℃）	W/(m·K)	0.256	0.220	—	0.209		0.275（21.5℃）	0.197（37.8℃）
气化热 Скрытая теплотаиспарения	kJ/kg	826（101.3kPa）	670（9.7kPa）	535（101.3kPa）	510（101.3kPa）	430	519	523（101.3kPa 100℃）

续表
продолжение табл

参数 пармула		单位 Ед.	MEA (一乙醇胺) MEA (МЭА)	DEA (二乙醇胺) DEA (ДЭА)	TEA (三乙醇胺) ТЕА (ТЭА)	DGA (二甘醇胺) DGA (ДГА)	DIPA (二异丙醇胺) DIPA (ДИПА)	MDEA (甲基二乙醇胺) MDEA (МДЭА)	环丁砜 (二氧化四氢噻吩) Сульфолан (тетраметиленсульфон)
反应热[①] Теплота реакции	H_2S	kJ/kg	-1905	-1190	-930	-1568	-1140	-1050	随溶剂和负荷而异 Разный в зависимости от растворителя инагрузки
	CO_2	kJ/kg	-1920	-1510	-1465	-1977	-2180	-1420	
粘度 Вязкость Коэффициент		mPa·s	24.1 (20℃)	350 (20℃) (90%)	1013 (20℃) (95%)	40 (15.6℃)	870 (30℃)	101 (20℃)	10.3 (30℃)
折射率 n_D (20℃) преломления n_D (20℃)			1.4539	1.4776	1.4852	1.4598	1.4542 (45℃)	1.4694	1.481 (30℃)
闪点(开杯) Точка вспышки (открытая чашка)		℃	93.3	137.8	185	126.7	123.9	135.5 (闭口) 135.5 (Закры)	177
安东尼 (Antoine) 方程常数 Постоянная уравнения Антоний (Antonie)	A		7.14891	7.24793	8.7835	7.7460	8.9947	6.47922	—
	B		1921.6	2315.46	4055.05	2721.1	3600.3	1795.4	—
	C		203.3	173.3	237.67	249.54	265.54	154	—

① 表中所列的反应热为概略值，严格来说，此值随酸气负荷和溶液浓度而变化。

① Перечисленная теплота реакции в таблице является ориентировочным значением.Говоря строго, данное значение изменяется в зависимости от нагрузки кислого газа и концентрации раствора.

表 3.1.6　各种醇胺的一些特性

Таблица 3.1.6　Характеристики для разных спиртоаминов

参数	MEA	DEA	TEA	DGA	DIPA	MDEA
相对分子质量 Относительная молекулярная масса	61.08	105.14	149.19	105.14	133.19	119.17
蒸汽压，Pa（37.8℃） Давление пара, Па（37,8℃）	140	7.7	0.84	21.3	1.37	0.81
相对负荷，% Относительная нагрузка, %	100	58	41	58	46	51

3.1.1.4　氧化还原法

氧化还原法指使用含有氧载体的溶液将天然气中的 H_2S 氧化为元素 S，被还原的氧化剂经空气再生又恢复了氧化能力的一类气体脱硫方法。由于其主反应是液相中的氧化还原反应，因此被称为氧化还原法或湿式氧化法。氧化还原法所使用的氧载体主要有铁法、钒法及其他一些方法，由于钒是一种重金属，故当前国内外更重视铁法的开发和利用。下面以 Lo-Cat 为例做简要介绍。

Lo-Cat 工艺是一种铁基液相催化氧化还原脱硫工艺，由 ARI 公司开发成功，专利权人为美国 USFilter 公司。分常规 Lo-Cat 工艺和自循环 Lo-Cat（即 Lo-Cat II）工艺，适宜于潜硫量 0.2～10t/d 的含硫气净化。Lo-Cat 工艺脱硫原理与胺法脱硫的不同点在于 Lo-Cat 法是氧化还原过程，只脱除 H_2S，基本不脱除 CO_2；而胺法是利用温度、压力对酸碱化学反应平衡的影响，不仅脱除 H_2S，还

3.1.1.4　Метод окисления-восстановления

Метод окисления-восстановления имеется в виду метод обессеривания газа с применением раствора с аэробным носителем для окисления H_2S в газе на элемент S, восстановлением окислительной способности восстановленного окислителя с помощью регенерации воздуха. Данный метод еще называется методом окисления - восстановления или методом влажного окисления, так как главная реакция является реакцией окисления - восстановления в жидкой фазе. Кислородный носитель, используемый в методе прямого окисления, в основном включает метод железа, метод ванадия и прочие методы, ванадий является одним из тяжелых металлов, поэтому в настоящее время, внимание уделено на разработку и использование метода железа в стране и за рубежом. Далеее описнаие Lo-Cat как пример для краткой рекомендации.

Технология Lo-Cat является одной из технологий обессеривания окисления-восстановления под катализом жидкой фазы с ферритовой основой, успешно разработанный компанией ARI, владельцем монопольного права является американская компания USFilter. Эта технология разделяется на обыкновенную технологию Lo-Cat и технологию самоциркуляции Lo-Cat

脱除 CO_2。Lo-Cat 工艺采用铁基催化剂,无毒,且较好地解决了堵塞和腐蚀问题,从 20 世纪 80 年代开发成功以来发展迅速,至 1998 年,国外已建和在建的装置已达 200 多套。

常规 Lo-Cat 流程简图见图 3.1.1。吸收和氧化(再生)分别在两个容器内完成。在吸收塔中,酸气中的 H_2S 被氧化为单质硫,氧化剂 Fe^{3+} 被还原为 Fe^{2+};在氧化塔中,来自鼓风机的空气与溶液接触再生,Fe^{2+} 被氧化为 Fe^{3+}。氧化再生后的溶液进入缓冲罐中,由循环泵输送到吸收塔中完成溶液循环。含硫溶液经过滤器得到硫饼。由于各种化学药剂被硫滤饼不断带走,加之化学药剂自身降解,为保持其在系统中浓度和 pH 值,流程中设置数台加药泵。

(то есть Lo-Cat Ⅱ), они распространяются на очистку серосодержащего газа с потенциальным содержанием серы 0,2-10т/сут. Разница между принципом обессеривания технологии Lo-Cat и методом амина заключается в том, что метод Lo-Cat является окислительно-восстановительным процессом, очищает только H_2S, в основном не очищает CO_2; метод амина очищает H_2S и CO_2 с помощью влияния температуры и давления на равновесие кислотно-щелочной химической реакции. Технология Lo-Cat может хорошо решать проблемы по заделки и коррозии путем использования нетоксичного катализатора с ферритовой основой, приобрел быстрое развитие после разработки в 80-ых годах двадцатого века, до 1998г., существующие и строящие установки за рубежом достигли количества 200.

Обыкновенная технологическая блок-схема Lo-Cat приведена на рисунке 3.1.1. Абсорбция и окисление (регенерация) выполняются отдельно в двух сосудах. В абсорбере, H_2S в кислом газе окислен на элементарную серу, окислитель Fe^{3+} восстановлен на Fe^{2+}; в окислительной колонне воздух из воздуходувки контактирует с раствором и регенерируется, где Fe^{2+} окислен на Fe^{3+}. Раствор после окисления и регенерации поступает на буферную емкость, и перекачивается циркуляционным насосом в абсорбер для выполнения циркуляции раствора. Серосодержащий раствор проходит через фильтр, образует улавливание серы. Разные химикаты непрерывно унесены отфильтрованной серой, химикат расщепился сам, для обеспечения концентрации и требуемого значения pH в системе в технологии установлены несколько дозировочных насосов.

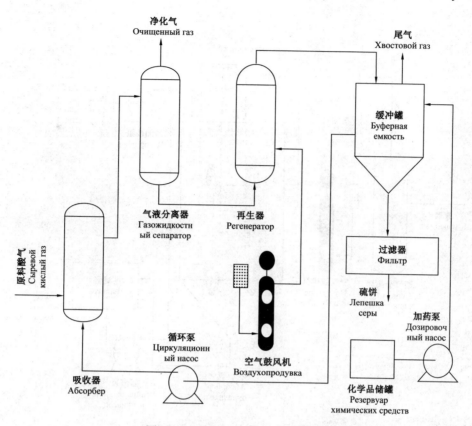

图 3.1.1　常规 LO-CAT 工艺流程图

Рис. 3.1.1　Обыкновенная технологическая схема LO-CAT

自循环工艺流程简图见图 3.1.2。与常规 Lo-CAT 工艺相比,吸收和氧化(再生)在一个容器内完成,反应器分内区和外环区,酸气和空气不相混溶,分两路进入反应器。在吸收区(内区)酸气中的 H_2S 被氧化为单质硫,氧化剂 Fe^{3+} 被还原为 Fe^{2+},同时在这个吸收 / 氧化器内,来自鼓风机的空气与溶液接触,Fe^{2+} 被氧化为 Fe^{3+}。由于吸收区域与氧化区域溶解气体量的不同造成了不同的溶液密度,溶液的密度差形成了溶液的自循环,正因为如此,该系统称为自循环 Lo-CAT 系统,也称 Lo-CAT Ⅱ。

Самоциркуляционная технологическая блок-схема приведена на рисунке 3.1.2. По сравнению с обыкновенной технологией Lo-CAT, абсорбция и окисление (регенерация)выполнены в одной емкости, реактор разделяется на внутренний контур и внешний кольцевой контур, кислый газ и воздух не смешиваются взаимно, и отдельно по двум каналам поступает на реактор. В зоне абсорбции (в зоне)H_2S в кислом газе окислен на элементарную серу, окислитель Fe^{3+} восстановлен на Fe^{2+}; при этом в данном окислителе / абсорбере воздух из воздуходувки контактирует с раствором, и затем Fe^{2+} окислен на Fe^{3+}. Разница по растворяемому объему газа между зоной абсорбции и зоной окисления вызывает разницу по плотностям растворов, так что разница по плотностям приводит к самоциркуляции раствора, таким образом, данная система называется «системой Lo-CAT с самоциркуляцией» или «Lo-CAT Ⅱ ».

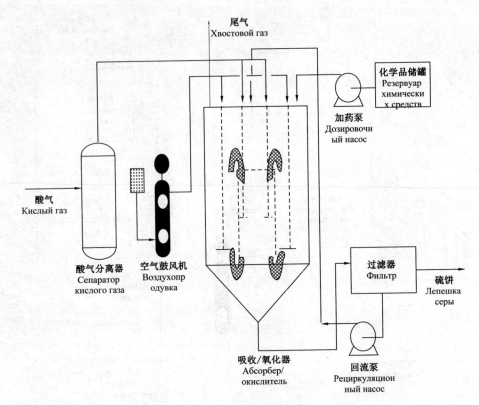

图 3.1.2 自循环 LO-CAT 工艺流程图

Рис. 3.1.2 Самоциркуляционная технологическая схема LO-CAT

3.1.2 固体脱硫（碳）法

固体脱硫(碳)法中可分为吸附法和膜分离法。

3.1.2.1 吸附法

在固体吸附法中,常用的吸附剂有氧化铁(海绵铁)、活性炭、泡沸石和分子筛等。由于它们吸附硫(碳)容量较低,再生和更换脱硫(碳)剂费用较高等问题,通常只适于含硫(碳)量很低的天然气处理,其应用远没有液体脱硫法那样广泛。最具有代表性的就是海绵铁法,其简单的流程如图3.1.3所示。在反应塔内填充有一定高度的海绵铁,气体由上至下通过反应塔。此时,Fe_2O_3 与 H_2S 反应生成 Fe_2S_3,气体得到净化。在再生过程中,反应

3.1.2 Метод обессеривания（обезуглероживания）твердыми телами

Метод обессеривания（обезуглероживания）твердыми телами разделяется на метод абсорбции и метод мембранной сепарации.

3.1.2.1 Метод абсорбции

Для метода абсорбции твердыми телами, общепринятые адсорбенты включают в себя окись железа（губчатое железо）, активный уголь, цеолит и молекулярные сита, обычно, они только распространяются на очистку газа с низким содержанием серы（угля）из-за низкой емкости для абсорбции серы（угля）, высокой стоимости для регенерации и замены обессеривателя（обезуглероживателя）и прочих проблем, ввиду этого

塔即成再生塔,不断向塔内鼓入空气,Fe₂S₃与空气中的氧反应再生转化为Fe₂O₃并释放出元素硫。当出口气体中氧浓度达到4%～6%,出海棉铁层的气体温度开始下降时,即认为再生结束。也可在原料气中注入少量空气,在气体净化同时,使海绵铁再生并释放出元素硫,达到连续再生。

они не распространяются так широко, как метод обессеривания жидкостями. Самым распространенным методом является методом губчатого железа, его простая технология приведена на рисунке 3.1.3. Реакционная колонна заполненаяе губчатым железом с определенной высотой, газ проходит через данную реакционную колонну сверху до-низу. Тогда, Fe_2O_3 и H_2S реагируют и образуют Fe_2S_3, таким образом, выполняется очистка газа. В процессе регенерации, реакционная колонна в качестве регенерационной колонны непрерывно подает воздух на колонну, Fe_2S_3 реагируют с кислородом в воздухе и превращается в Fe_2O_3, при этом выделяется элементарная сера . Когда концентрация кислорода в выходном газе достигает 4%-6% и температура газа из губчатого железа началась снижаться, тогда регенерация считается завершенной. Еще допускается подавать воздух малым количеством в сырьевой газ, чтобы вместе с очисткой газа губчатое железо регенерировалось и выделяло элементарную серу с целью непрерывной регенерации.

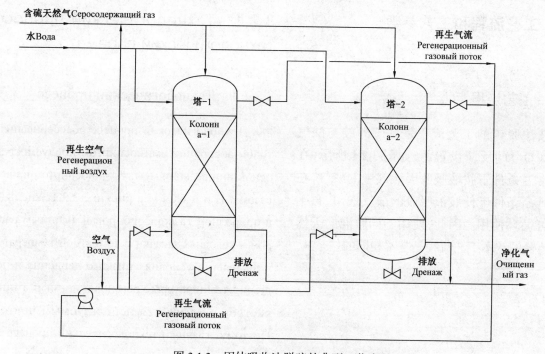

图 3.1.3　固体吸收法脱硫的典型工艺流程

Рис. 3.1.3　Типовой технологический процесс обессеривания методом абсорбции твердыми телами

3.1.2.2 膜分离法

膜分离法是 20 世纪 80 年代以来迅速兴起的气体分离方法。它利用气体对薄膜渗透能力的差异进行物理分离,其优点是能耗低、无化学污染、可实现无人操作,缺点是烃损耗较大以及低压渗透气的处理等问题。膜分离法较适用于井场橇装装置。目前该法主要用于从天然气或伴生气中脱除 CO_2 和 H_2O。

3.2 醇胺法脱硫

3.2.1 工艺流程和工艺参数

3.2.1.1 工艺流程

醇胺法脱硫的工艺流程是基于醇胺与酸气(H_2S 及 CO_2)的反应设置的,如图 3.2.1 所示,在加压及常温条件下胺液吸收天然气中的酸气,在低压及升温条件下使胺液吸收的酸气逸出,再生的胺液可循环使用。因此,使用不同胺液的天然气脱硫装置的基本工艺流程是基本相同的。

3.1.2.2 Метод мембранной сепарации

Метод мембранной сепарации с 80-ых годов двадцатого века является быстро развивающимся методом сепарации газа. В данном методе применяется мембранная проникающая способность газа для проведения физической сепарации, данный метод обладает следующими преимуществами:низкое рассеяние энергии, отсутствие химического загрязнения, возможность реализации необслуживаемого управления, и следующими недостатками:большая потеря углеводородов, очистка проникающего газа низкого давления и т.д. Метод мембранной сепарации годится для использования в блочной установке на буровой площадке. В настоящее время, данный метод в основном применяется для очистки газа или попутного газа от CO_2 и H_2O. (здесь закончил)

3.2 Обессеривание методом абсорбции аминоспиртом

3.2.1 Технологический процесс и технологический параметр

3.2.1.1 Технологический процесс

Технологический процесс обессеривания методом абсорбции аминоспиртом предусмотрен на основании реакции между аминоспиртом и кислым газом (H_2S и CO_2) на рисунке 3.2.1.;кислый газ в природном газе абсорбирован аминным раствором в условиях закачки и комнатной температуры, и выделен в условиях низкого давления и повышения температуры, регенерационный аминный раствор оказывается используемым повторно. Поэтому, главный технологический процесс в основном одинаковый при пользовании разных аминных раствором для установки обессеривания газа.

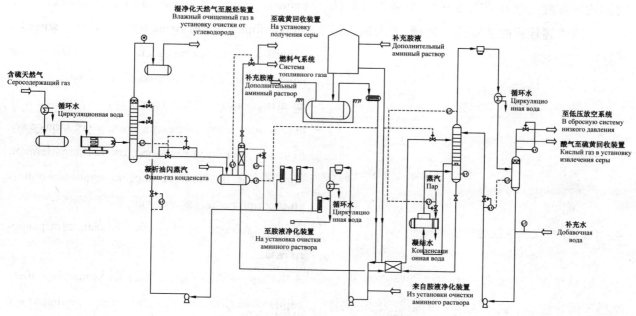

图 3.2.1 醇胺法脱硫的典型工艺流程

Рис. 3.2.1 Типовой технологический процесс обессеривания методом абсорбции аминоспиртом

（1）原料天然气预处理部分。

脱硫装置经常发生的腐蚀和溶液发泡、换热设备热阻增加等都与溶液中存在过多的外来物质有关。通常烃液和固体杂质是引起溶液系统发泡的原因。此外，加入气井中的缓蚀剂、钻井液及酸化液等都有可能带入装置，从而污染溶液。因此，原料天然气在进入脱硫装置之前，应首先将原料天然气中夹带的凝析油、水、固体杂质等有效分离下来。

原料天然气进入重力分离器分离出绝大部分凝析油、游离水和固体杂质后，再进入过滤分离器（一般为两台同样规格的过滤分离器，其中一台运行，另一台带压备用）进一步脱除所携带的微小液滴和固体杂质。被分离下来的凝析油、游离水和

（1）Предварительная очистка сырьевого газа.

Частая коррозия установки обессеривания газа и пенообразование раствора, повышение теплового сопротивления теплообменника связаны с существованием слишком многих инородных веществ в растворе. Как обычно, причиной пенообразования системы раствора являются углеводородная жидкость и твердая примесь. Кроме того, ингибитор коррозии, буровой раствор и подкисленный раствор, может быть, внесены в установку и вызываются загрязнение раствора. Поэтому, до поступления сырьевого газа на установку обессеривания газа, следует эффективно очистить сырьевой газ от конденсата, воды, твердой примеси.

Сырьевой газ поступает на гравитационный сепаратор для сепарации большинства конденсатов, свободных вод и твердых примесей, затем поступает на фильтр-сепаратор (обычно, существуют два фильтра-сепаратора, один для

固体杂质排放至油水分离器分离,分离出来的油进入储罐或轻烃回收装置进行处理,水则进入污水处理装置处理。

（2）原料天然气脱硫吸收部分。

原料气在一定温度压力下进入脱硫装置,经原料气预处理单元脱除气体中可能携带的小固体颗粒和液滴,分离出的液体去凝析油处理装置。经过滤分离后的含硫天然气进入脱硫吸收塔下部。在塔内,含硫天然气自下而上与自上而下的 MDEA 贫液逆流接触,气体中几乎所有的 H_2S 和部分 CO_2 被胺液吸收脱除。在脱硫吸收塔上部数层塔盘通常分别设置贫胺液入口,用于调节塔的操作,以适应原料气中气质条件的变化,确保湿净化气的质量指标。脱硫吸收塔顶湿净化天然气经湿净化气分离器分液后,送往脱水脱烃装置处理。

работы, один для резерва под давлением ）для дальнейшей очистки несущих малых жидких капелей и твердых примесей. Выделенные из газа конденсаты, свободные воды и твердые примеси выпускаются в нефтеотделитель, отделенная нефть поступает на резервуар или установку получения легких углеводородов для дальнейшей подготовки, и вода поступает на установку очистки сточной воды для очистки.

（2）Абсорбция при обессеривании сырьевого газа.

Сырьевой газ поступает на установку обессеривания газа при определенной температуре и давлении, очистив сырьевой газ от возможно несущих малых твердых частиц и жидки капелей в блоке предварительной подготовки сырьевого газа, отделенная жидкость подается на установку подготовки конденсата. Проходив через фильтрацию и сепарацию, серосодержащий газ поступает на нижнюю часть абсорбера обессеривания. И серосодержащий газ двигается снизу доверху и встречает с обратным потоком бедного раствора MDEA сверху донизу в абсорбере, и таким образом, почти все H_2S и частичные CO_2 в газе очищены. На несколько верхних этажей абсорбера обессеривания соответственно установлены входы бедных аминным раствором, применяемые для управления регулировочной колонной, чтобы соответствовать изменению условий качества в сырьевом газе и обеспечить указатель качества влажного очищенного газа. Влажный очищенный газ на верхе абсорбера обессеривания подается на установку осушки и очистки от углеводородов для дальнейшей очистки, отделив жидкость в сепараторе влажного очищенного газа.

（3）富胺液闪蒸部分。

吸收了酸气的富胺液经液位控制从脱硫吸收塔底部抽出。经调节阀调压后，压力降至约0.6MPa（g）后进入脱硫闪蒸罐下部罐内，闪蒸出部分溶解的烃类气体，溶液中溶解的凝析油在闪蒸罐内分离并撇出溶液系统，保证溶液的洁净度。闪蒸罐上的闪蒸塔内设有一段填料，闪蒸汽在塔内自下而上流动与自上而下流动的贫胺液逆流接触，脱除闪蒸汽中的大部分H_2S气体，闪蒸塔顶出来的闪蒸汽送至燃料气系统或硫黄回收装置。当酸气不经克劳斯装置处理，而直接焚烧后排入大气或溶液循环量较小，重烃含量低时可以不设闪蒸罐，在采用砜胺法脱硫或进料气重烃含量较高的情况下必须设置闪蒸罐，通常仍以设置闪蒸罐为好。首先，可以回收闪蒸汽，作为工厂燃料，有利节能；其次，可以降低下游溶液换热器中解吸出的酸气量。

（3）Мгновенное испарение насыщенного аминного раствора.

Насыщенный аминный раствор с абсорбцией кислого газа выкачивается из дна абсорбера обессеривания с помощью регулирования уровня. Регулировав регулирующим клапанов, раствор поступает на нижнюю часть флаш-испарителя обессеривания для мгновенного испарения частичных растворяемых углеводородов после снижения давления до 0,6МПа（изб.），и растворяемый в растворе конденсат отделяется в флаш-испарителе и выпускается из системы раствора с целью обеспечения чистоты раствора. В флаш-тауэре на флаш-испарителе устанавливается участок заполнителя, флаш-газ, двигается в флаш-тауэре снизу доверху и соприкасается с бедным аминным раствором, текущим сверху донизу, чтобы очистить флаш-газа от большенства H_2S, из верха флаш-тауэра флаш-газ подается на систему топливного газа или установку получения серы. В случае, если кислый газ непосредственно выпускался в атмосферу после сжигания без очистки в установке Клаус или объем циркуляции малый, допускается не установить флаш-испаритель при низком содержании тяжелого углеводорода, но необходимо установить флаш-испаритель в случае обессеривания методом МДЭА или высокого содержания тяжелого углеводорода в входном газе, как обычно, лучше установить флаш-испаритель. Во-первых, получается флаш-газ в качестве топлива завода, что полезно для экономии в энергии；во-вторых, снижается объем кислого газа, десорбированного в теплообменнике раствора в нижнем течении.

（4）溶液再生部分。

从脱硫闪蒸罐底部出来的富胺液经 MDEA 贫/富胺液换热器与脱硫再生塔底来的贫胺液换热,温度升至约 90℃ 后进入再生塔,自上而下流动,与塔内自下而上的蒸汽逆流接触,上升蒸汽汽提出富液中的 H_2S、CO_2 气体。再生热量由再生塔重沸器提供。加热介质可选用饱和水蒸气、热油(或乙二醇水溶液)和燃料气燃烧产生的高温烟气。饱和水蒸气具有冷凝潜热大,给热系数高,加热均匀,不会出现局部过热现象,且输送方便,易于用改变压力来调节蒸气温度等优点,因而,通常采用蒸汽做热载体。乙二醇溶液的凝固点很低,比热容也相对较高,特别适用于在气候极寒冷的地区作为重沸器的热载体使用。直接火焰加热所需的公用设施最为简单,更适合于橇装装置。究竟采用何种热源应与下游硫黄回收装置产生蒸汽量和工厂热平衡统一考虑。

（4）Регенерация раствора.

Из дна флаш-испарителя обессеривания насыщенный раствор обменивается теплотой с бедным раствором из дна регенерационной колонны обессеривания в теплообменнике бедного/насыщенного раствора MDEA, потом поступает на регенерационную колонну после достижения температуры до 90℃, течет сверху донизу и контактирует с противоточным паром снизу доверху в колонне, подъемный пар отпаривает газ H_2S и CO_2 в насыщенном растворе. Теплота для регенерации снабжается ребойлером регенерационной колонны. Допускается выбрать насыщенный пар, горячую нефть (или водораствор МЭГ) и дым высокой температуры, образующий сжиганием топливного газа как нагревательная среда. Насыщенный пар обладает следующими преимуществами:большая скрытая теплота конденсации, высокий коэффициент теплоотдачи, равномерный нагревательный эффект, отсутствие явления локального перегрева, удобство перекачки, легкое регулирование температуры пара с помощью изменения давления и прочие, так что, обычно применяется пар как теплоноситель. Раствор МЭГ обладает очень низкой температурой замерзания и относительно высокой удельной теплоемкостью, очень распространяется на районы с очень холодным климатом в качестве теплоносителя ребойлера. Непосредственный нагрев пламени требует более простое коммунальное хозяйство, более годно для блочной установки. Следует учесть источник теплоты едино с объемом пара из установки получения серы в нижнем течении и тепловым равновесием завода.

热贫胺液自脱硫再生塔底部引出,经 MDEA 贫 / 富胺液换热器与富胺液换热,温度降至约 95℃,后由热贫胺液泵送至冷却器冷却至 40～45℃。溶液冷却方式有 3 种,即全空冷、全水冷和空冷加水冷。

① 全水冷方案。此方案具有能耗高、耗水量大、投资高和高温部位冷却水易结垢等缺点。

② 全空冷方案。可取消工厂循环水系统,投资、能耗和操作费用均最低,还可避免对环境水体的污染。适用于气温不太高和缺水或水质较差的地区,以及在橇装装置上采用。由于夏季气温高,致使净化气和酸气温度偏高、含水量增大,从而加大了脱水装置的负荷和降低了克劳斯硫黄回收装置的转化率,要经过分析论证才可采用。采用干湿联合空冷器可以使溶液或酸气冷却到接近环境温度。

Горячий бедный аминный раствор выведен из дна регенерационной колонны обессеривания и обменивается теплотой с насыщенным аминным раствором в теплообменнике бедного / насыщенного раствора MDEA с целью снижения температуры до 95℃, затем подается на охладитель насосом горячего бедного раствора для снижения его температуры до 40-45℃. Метод охлаждения раствора разделяется на воздушное охлаждение, водяное охлаждение, и воздушное и водяное охлаждение.

① Вариант водяного охлаждения. В недостатки данного варианта входят высокое рассеяние энергии, большое потребление воды, высокое капиталовложение и легкое накипеобразование охлаждающей воды в частях с высокой температурой, и т.д.

② Вариант воздушного охлаждения. При применении данного варианта, допускается отмена системы циркуляционной воды завода, капиталовложение, рассеяние энергии и стоимость эксплуатации оказываются самыми низкими, еще предупреждается загрязнение окружающим водоемам. Данный вариант распространяется на районы с невысокой температурой воздуха и недостатком воды или плохим качеством воды, и также применяется на блочной установке. Но данный вариант применяется только после анализ и обоснования, так как высокая температура воздуха летом приводит к завышенной температуре очищенного и кислого газов, и повышению влагосодержания, таким образом, вызывает повышение нагрузку установки осушки газа и снижение коэффициент конверсии для установки получения серы Клаус. Возможность охлаждения раствора или кислого газа до температуры окружающей среды обеспечивается применением влажного и сухого объединенного АВО.

③ 空冷加水冷方案。这是大型装置通常采用的溶液冷却方式。热贫液先经过空冷器冷却至约55℃之后再进行水冷，大大缓解了冷却水的结垢问题。

（5）溶液清洁部分。

冷却后的贫胺液进入溶液过滤器以除去溶液中的机械杂质以及变质、降解产物。过滤后贫胺液经贫胺液循环泵送至脱硫吸收塔，完成整个溶液系统的循环。部分贫胺液从溶液过滤器出口引出，经 MDEA 胺液净化系统去除悬浮固体、热稳定盐后返至热贫胺液泵入口。溶液的过滤不仅应滤除溶液中的固体杂质，胺液中的一些降解产物也应及时清除，前者用机械过滤，后者用活性炭过滤。当采用 MDEA 法时，因不设复活釜，更应加强活性炭过滤，以除去溶液中的变质产物，减轻装置腐蚀和溶液发泡。若采用贫胺液过滤，需设置过滤泵，若采用富胺液过滤，则可利用富胺液的压力能，省去过滤泵。

③ Вариант воздушного и водяного охлаждения. Этот вариант охлаждения раствора, как обычно, применяется для крупной установки. Горячий бедный раствор проходит водяное охлаждение, охладив АВО до 55℃, такой образ значительно облегчает накипеобразование охлаждающей воды.

（5）Очистка раствора.

Бедный аминный раствор поступает на фильтр раствора после охлаждения с целью очистки раствора от механических примесей, продуктов перерождения и деградации. После фильтрации бедный аминный раствор подается на абсорбер обессеривания циркуляционным насосом бедного раствора для выполнения циркуляции целой системы раствора. Частичные бедные аминные растворы выведены из выхода фильтра раствора, и затем возвращаются на вход насоса горячего бедного раствора, очистив от взвевающих твердых веществ, термостабильных солей в системе очистки аминного раствора MDEA. При фильтрации раствора, не только следует отфильтровывать твердые примеси в растворе, но и очистить аминный раствор от продуктов деградации, твердые примеси очищены механической фильтрацией, а продукты деградации - фильтром из активированного угля. При выборе метода MDEA, следует усилить фильтрацию активированного угля для очистки раствора от продуктов перерождения и облегчения коррозии установки и пенообразования раствора, исходя из отсутствия регенератора. При фильтрации бедного раствора, то следует установить фильтровальный насос; при фильтрации насыщенного раствора, то возможно использовать энергию давления из насыщенного раствора без пользования фильтровального насоса.

（6）酸性气体的冷却和装置的水平衡部分。

由脱硫再生塔顶部出来的酸性气体经酸气空冷器冷至约40℃后，再进入酸气分离器，分离出酸性冷凝水后的酸气在0.08MPa（g）送至硫黄回收装置进行处理。分离出的酸性冷凝水由酸水回流泵送至脱硫再生塔顶部作回流。

由于出装置的湿净化气、闪蒸汽和酸气温度均高于进装置的原料气温度，湿净化气和酸气中所含饱和水量将高于原料气所含的水量，因此，装置水量不平衡，在正常生产过程中需向溶液循环系统不断补充水，以维持MDEA溶液浓度。通常在再生塔塔顶向系统补水。

（7）溶液保护部分。

MDEA溶液配制罐、溶液储罐均引入压力约2kPa的氮气，用于密封容器内的溶液，以免溶液发生氧化变质，或者平衡常储罐内外压力，防止由于泵抽取溶液时造成容器内负压，损坏储罐。

（8）溶液配制和引入系统。

（6）Охлаждение кислого газа и водное равновесие установки.

Из верха регенерационной колонны обессеривания кислый газ охлаждается АВО кислого газа до 40 ℃ и затем поступает на сепаратор кислого газа, отделив кислую конденсационную воду, кислый газ подается на установку получения серы для очистки под давлением 0,08МПа（изб.）. Отделенная конденсационная вода подается на верх регенерационной колонны обессеривания рефлюксным насосом кислой воды в качестве рефлюкса.

Температура для выходного из установки влажного очищенного газа, флаш-газа и кислого газа выше температуры для сырьевого газа, поступающего на установку, и поэтому содержание насыщенной воды в влажном очищенном газе и кислом газе выше содержания в сырьевом газе, что вызывает не равновесие объема воды, для этого необходимо дополнить воду непрерывно в систему циркуляции раствора в процессе нормального производства с целью поддержки концентрации раствора MDEA. Как обычно, дополнение воды в систему выполняется на верху регенерационной колонны.

（7）Защита раствора.

Введение азота 2Кпа в резервуар приготовления раствора MDEA, резервуар раствора осуществляется для уплотнения раствора в емкости во избежание перерождения и окисления раствора, или для равновесия внутреннего и внешнего давления резервуара во избежание повреждения резервуара, вызванного отрицательным давлением в емкости при закачке раствора насосом.

（8）Система приготовления и ведения раствора.

首次开工时,配制新鲜 MDEA 溶液所需的除盐水由处理厂除盐水系统提供,自系统来的除盐水进入 MDEA 溶液配制罐,再配入新鲜 MDEA 溶剂直至达到要求的 MDEA 浓度,并用 MDEA 补充泵将配置好的溶液送入溶液储罐、储存备用。

装置开工加入溶液时,可通过热贫液泵抽 MDEA 储罐中的溶液经 MDEA 循环泵再加压送至脱硫吸收塔。

(9)阻泡剂的加入部分。

当溶液系统有严重起泡倾向或起泡时,可将阻泡剂直接倒入热贫液泵出口的阻泡剂加入器中,以向系统注入阻泡剂。如果阻泡剂黏度较大时,可用除氧水或 MDEA 溶液适当稀释。阻泡剂可分一次或多次注入,具体加入量按阻泡剂加入溶液后系统溶液中阻泡剂浓度为 5～10mg/L(质量分数)计算得出。

(10)污水排放部分。

原料气预处理系统分离出来的含油污水,直接送至凝析油稳定装置污油罐处理。含胺污水和设备冲洗污水集中排放至污水总管后自流至工厂污水收集池处理。装置停工时,用除氧水首次冲洗设备的含胺水可回收至稀溶液储罐,作为配制

При первом пуске, нужная бессолевая вода для приготовления свежего раствора MDEA снабжается системой бессолевой воды ГПЗ, бессолевая вода из системы поступает на резервуар приготовления раствора MDEA с добавкой свежего растворителя MDEA вплоть до требуемой концентрации MDEA, насосом добавки MDEA подается приготовленный раствор на резервуар раствора для хранения и резерва.

При пуске установки и вводе раствора, раствор в резервуаре MDEA откачивается насосом горячего бедного раствора и подается на абсорбер обессеривания после закачки циркуляционным насосом MDEA.

(9)Ввод пеногасителя.

При наличии серьезной тенденции пенообразования в системе раствора или при наличии пенообразования, следует непосредственно вливать пеногаситель в узел ввода пеногасителя на выходе насоса горячего бедного раствора для вливания пеногасителя в систему. В случае относительно большой вязкости пеногасителя, следует надлежащим образом разбавить деаэрационной водой или раствором MDEA. Допускается вливать пеногаситель в один или несколько раз, подробный объем ввода определяется по концентрации пеногасителя в растворе системы 5～10 миллионных долей (весовой процент) после ввода пеногасителя в раствор.

(10)Сброс сточных вод.

Нефтесодержащие сточные воды, отделенные из системы предварительной подготовки сырьевого газа, непосредственно подаются на емкость загрязненной нефти для установки стабилизации конденсата для очистки. Сточные воды с

溶液及系统补充用水。

（11）撇油设施。

富胺液闪蒸罐撇出的油进入污油闪蒸罐,将含硫含油污水中的一部分 H_2S 闪蒸出来去硫黄回收装置灼烧炉处理;同时,将其中夹带的胺液分离出来并流至 MDEA 溶液配制罐。分离后的污油用氮气压至凝析油稳定装置处理。

3.2.1.2　工艺参数

（1）溶液质量浓度。

① MEA 法。MEA 的浓度一般为 15%～25%,常用浓度为 15%。

② SNPA—DEA 法。DEA 的浓度一般为 25%～30%。

③ 砜胺法（Sulfinol 法）。环丁砜浓度为 35%～45%,通常为 45%;DIPA（Sulfinol–D）或 MDEA（Sulfinol–M）的浓度为 30%～50%,通常为 40%。

④ MDEA 法。MDEA 的浓度一般为 20%～50%。

（2）溶液酸气负荷。

амином и сточные воды для промывки оборудования централизованно сбрасываются в магистраль сточных вод и затем текут в приемник сточных вод ГПЗ для очистки. При остановке установки, промыв оборудование в первый раз, деаэрационная вода с амином может быть получена в резервуар редкого раствора в качестве воды для приготовления раствора и дополнения в систему.

（11）Установка снятия нефти.

Нефть, снятая из флаш-испарителя насыщенного аминного раствора, поступает на флаш-испаритель загрязненной нефти, очистив частичных H_2S в серосодержащих нефтесодержащих сточных водах, подается на печь дожига установки получения серы; при этом, аминный раствор из них отделен и течет в резервуар приготовления раствора MDEA. Загрязненная нефть после отделения подкачивается азотом в установку стабилизации конденсата.

3.2.1.2　Технологические параметры

（1）Массовая концентрация раствора.

① Метод MEA. Как обычно, концентрация MEA составляет 15%-25%, общепринятая концентрация составляет 15%.

② Метод SNPA-DEA. Концентрация DEA составляет 25%-30%.

③ Метод МДЭА（метод Sulfinol）. Концентрация сульфолан находится в пределах 35%-45%, общепринятая 45%; концентрация DIPA（Sulfinol–D）или MDEA（Sulfinol–M）составляет 30%-50%, принято 40%.

④ Метод MDEA. Концентрация DEA составляет 20%-50%.

（2）Нагрузка кислого газа раствора.

脱硫溶剂不同,溶液的酸气负荷也不同,通常选用的胺溶液酸气负荷为 0.3~0.4mol 酸气 /mol 胺。在使用合金钢(如 1Cr18Ni9 和 OCr18Ni9)制造设备时,溶液酸气负荷可控制在 0.7mol/mol 胺以下。砜胺法的溶液酸气负荷通常大于 0.5mol 酸气 /mol 胺。在确定溶液酸气负荷时,还应考虑到吸收塔底气液平衡条件,富液中酸气含量与平衡浓度之比值:MDEA 法为 0.65~0.75;DEA 法为 0.8~0.85;砜胺法可达 0.90。

(3)富胺液流速和富胺液换热温度。

为减轻富胺液管道和贫 / 富胺液换热器的腐蚀,醇胺法的富胺液流速一般为 0.6~1.0m/s,砜胺法的富胺液流速不宜超过 1.5m/s。经换热后富胺液温度一般约为 94℃。

(4)闪蒸罐压力。

闪蒸罐压力:醇胺法通常为 0.7~0.8MPa;砜胺法通常为 0.5MPa。

(5)贫胺液入吸收塔温度。

贫胺液入吸塔温度通常不大于 45℃。

(6)再生塔压力及回流比。

При пользовании разных растворителей обессеривания, нагрузка кислого газа раствора по-разному, общепринятая нагрузка кислого газа аминного раствора составляет 0,3-0,4моль(кислый газ)/ моль(амин). При изготовлении оборудования легированной сталью(как 1Cr18Ni9 и OCr18Ni9), нагрузку кислого газа раствора допускается контролировать ниже 0,7моль/моль(амин). В обычных случаях, нагрузка кислого газа раствора в методе МДЭА более 0,5моль(кислый газ)/ моль(амин). При определении нагрузки кислого газа раствора, еще следует учесть условия равновесия газа и жидкости на дне абсорбера, и отношение содержания кислого газа в насыщенном растворе к концентрации равновесия составляет 0,65-0,75 в методе MDEA; и 0,8-0,85 в методе DEA; 0,90 в методе МДЭА.

(3)Скорость течения и температура теплообмена насыщенного раствора.

Для облегчения коррозии трубопровода и теплообменника бедного и насыщенного раствора, как обычно, принят 0,6-1,0м/с как скорость течения насыщенного раствора в методе спиртоамином, и в методе МДЭА - не более 1,5м/с. Температура насыщенного раствора после теплообмена составляет 94℃.

(4)Давление флаш-испарителя.

Давление флаш-испарителя:0,7-0,8MPa - в методе спиртоамином; 0,5MPa - в методе МДЭА.

(5)Температура бедного раствора при входе в абсорбер.

Температура бедного раствора при входе в абсорбер не должна быть более 45℃.

(6)Давление регенерационной колонны и флегмовое число.

考虑到后续的克劳斯硫黄回收装置进料酸气的压力要求,再生塔压力一般为 60~80kPa（表）。再生塔顶的回流比（即再生塔顶排出气体中水汽摩尔数与酸气摩尔数之比）通常小于2。采用MEA 法为 2.5~3.0,采用 DEA 法为 0.9~1.8。砜胺法和 MDEA 法回流比可取较低数值。

（7）重沸器的加热温度。

不论选用何种方式（低压蒸汽、火管或乙二醇热载体等）加热,采用胺法时,重沸器中溶液的温度宜低于 120 ℃,重沸器管内壁温度最高不超过 127 ℃;砜胺法重沸器中溶液温度为 110~138 ℃。

3.2.2　主要控制回路

脱硫装置主要采用单回路控制、串级控制回路用于液位、压力、流量和温度等工艺参数的控制,采用联锁回路用于紧急情况下装置的安全自保,现简要介绍脱硫装置主要控制回路。

С учетом последующих требований к давлению кислого газа, поступающего на установку получения серы Клаус, обычно, давление регенерационной колонны находится в пределах 60-80кПа（изб.）. Как обычно, флегмовое число регенерационной колонны（то есть отношение между числом Моля водяного пара в газе из верха регенерационной колонны и числом Моля кислого газа）должно быть менее 2. При применении метода MEA, флегмовое число составляет 2,5-3,0, при применении метода DEA - составляет 0,9-1,8. Для метода Sulfinol и метода MDEA следует принять малое значение как флегмовое число.

（7）Температура нагревания ребойлера.

Независимо от выбранного способа нагревания（паром низкого давления, жаровой трубой или теплоносителем МЭГ）, при осуществлении метода обессеривания аминами, температура раствора в ребойлере не должна быть ниже 120 ℃, максимальная температура внутренней стенки трубы ребойлера - не более 127℃; при осуществлении метода МДЭА, температура раствора в ребойлере составляет 110-138℃.

3.2.2　Основной контур регулирования

Для установки обессеривания газа в основном применяется одноконтурное регулирование, для уровня, давления, расхода, температуры и прочих технологических параметров применяется каскадный контур регулирования, для безопасности и самозащиты установки в аварийных случаях - контур блокировки, настоящим кратко изложим основные контуры регулирования для установки обессеривания газа.

3.2.2.1 原料气、产品气系统压力控制

通常原料气、产品气系统压力控制调节阀设置在产品气出装置管线上,采用单回路控制方式,用于调节整个原料气、产品气系统压力,保证装置处于一个压力平稳的环境中生产。该压力控制调节阀的设定值与原料气压力控制设计值相对应,不能随意改变,因为它影响着原料气处理量、上下游各输气站压力控制、原料气和产品气带液情况等。

3.2.2.2 脱硫吸收塔的液位控制

脱硫吸收塔的液位控制采用单回路控制方式,调节阀位置设在脱硫吸收塔底与脱硫闪蒸罐之间富胺液管线上,根据脱硫吸收塔液位设定值来进行自动调节。通常为了避免高压原料气串入闪蒸罐造成超压、爆炸等事故,在脱硫吸收塔的液位调节阀前设置脱硫吸收塔低液位联锁阀,采用联锁回路以防止事故的发生。

3.2.2.1 Регулирование давления для систем сырьевого и подготовленного газов

Как обычно, регулирующий клапан для регулирования давления систем сырьевого и подготовленного газов установлен на выходном трубопроводе подготовленного газа из установки с применением одноконтурного регулирования, чтобы регулировать давление систем сырьевого и подготовленного газов, и обеспечивать производство установки в условиях со стабильным давлением. Заданное значение для данного регулирующего клапана давления, соответствующее проектному значению для регулирования давления сырьевого газа, не допускается изменить произвольно, так данное значение влияет на объем очистки сырьевого газа, регулирование давления на всех газотранспортных станциях в верхнем и нижнем течениях, содержание жидкости в топливном и подготовленном газах.

3.2.2.2 Регулирование уровня в абсорбере обессеривания

Для уровня абсорбера обессеривания применяется одноконтурное регулирование, и положение регулирующего клапана устанавливается на трубопроводе насыщенного раствора между абсорбером обессеривания и флаш-испарителем обессеривания, и автоматично регулируется по заданному значению уровня абсорбера обессеривания. В обычных случаях, для предотвращения сверхдавления, взрыва и прочих аварий, вызванных входом сырьевого газа высокого давления в флаш-испаритель, установлен блокировочный клапан при низком уровне абсорбера обессеривания перед регулирующим клапаном уровня на данном абсорбере, при этом для него применяется контур блокировки для предотвращения аварий.

3.2.2.3　吸收塔贫胺液流量控制

控制脱硫吸收塔贫胺液流量主要是在原料气气质气量改变的情况下,在保证产品气质量的前提下,为节能降耗而对其进行的控制。吸收塔贫胺液流量调节阀通常设置在溶液循环泵至吸收塔之间。调节阀为气开式。为了避免高压原料气从离心式溶液泵串入低压系统造成超压、爆炸等事故,通常在吸收塔贫胺液流量调节阀上设置联锁回路,在溶液循环泵处于停运或流量过低的情况下调节阀将自动全关,保证装置处于安全状态。

3.2.2.4　脱硫闪蒸罐的液位控制

脱硫闪蒸罐的液位控制采用单回路控制方式,为了防止在贫/富胺液换热器中逸出过多的酸气,调节阀位置通常设在靠近进再生塔的富胺液管线上,根据脱硫闪蒸罐液位设定值来进行自动调节,以减少富胺液换热后酸气大量解吸加剧对富胺液管线的腐蚀和振动。

3.2.2.3　Регулирование расхода для бедного раствора абсорбера

Регулирование расхода для бедного раствора абсорбера обессеривания в основном осуществляется для экономии в энергии и редукции расходования в случаях изменения качества и объема сырьевого газа, исходя из обеспечения качества подготовленного газа. Регулирующий клапан расхода для бедного раствора абсорбера, как обычно, установлен между циркуляционным насосом раствора и абсорбером. Регулирующий клапан является клапаном с пневмоуправлением. Для предотвращения сверхдавления, взрыва и прочих аварий, вызванных входом сырьевого газа высокого давления из центробежного насоса раствора на систему низкого давления, как обычно, установлен контур блокировки на регулирующем клапане расхода для бедного раствора абсорбера, чтобы регулирующий клапан автоматично полно закрылся в случаях остановки циркуляционного насоса раствора или чрезмерно низкого расхода и обеспечил безопасность установки.

3.2.2.4　Регулирование уровня в флаш-испарителе обессеривания

Применяется одноконтурное регулирование для уровня флаш-испарителя обессеривания, обычно, с целью предотвращения от перелива слишком многих кислых газов в теплообменнике бедного / насыщенного раствора, положение регулирующего клапана предусмотрено на трубопроводе насыщенного раствора, входящем в регенерационную колонну, и автоматично урегулировано по заданному значению для уровня флаш-испарителя обессеривания, чтобы снизить коррозию и вибрацию трубопровода насыщенного раствора, вызванную усилением масштабной десорбции кислого газа после теплообмена насыщенного раствора.

3.2.2.5 再生系统压力控制

再生系统包括再生塔、酸气冷却器、酸水分离罐及连接管线,其压力控制采用单回路控制方式,由于维持再生系统的压力主要是由其脱硫富胺液解析出的酸气控制,为了保证硫黄回收装置酸气流量的平稳,调节阀位置通常设在靠近硫黄回收装置的酸气管线上,根据酸水分离罐压力设定值来进行自动调节。

3.2.2.6 脱硫溶液再生塔顶温度控制

影响再生塔顶温度的因素很多,但主要是进重沸器的蒸汽量,通常将再生塔顶温度调节器和重沸器蒸汽流量调节器投入串级控制,进行自动跟踪。再生塔顶温度与重沸器蒸汽流量串级控制回路,再生塔顶温度调节为主调节回路,重沸器蒸汽流量调节为副调节回路。

3.2.2.5 Регулирование давления системы регенерации

В систему регенерации входят регенерационная колонна, охладитель кислого газа, сепаратор-резервуар кислой воды и соединительный трубопровод, для их давления применяется одноконтурное регулирование, исходя из того, что поддержка давления системы регенерации в основном обеспечивалась кислым газом, десорбированным из насыщенного раствора при обессеривании, в обычных случаях, с учетом обеспечения стабильного расхода кислого газа в установке получения серы, положение регулирующего клапана предусмотрено на трубопроводе кислого газа около установки получения серы, при этом автоматично урегулировано по заданному значению для давления сепаратора-резервуара кислой воды.

3.2.2.6 Контроль температуры на верху регенерационной колонны раствора обессеривания

Существуют многие факторы, влияющие на температуру на верху регенерационной колонны, но главным из них является объем пара в ребойлер, в обычных случаях, регулятор температуры на верху регенерационной колонны и регулятор расхода пара ребойлера впускаются в каскадное регулирование для автоматического слежения. В контуре каскадного регулирования температуры на верху регенерационной колонны и расходом пара ребойлера, главным регулирующим контуром является регулирование температуры на верху регенерационной колонны, а вспомогательным - регулирование расхода пара ребойлера.

3.2.3 主要工艺设备的选用

3.2.3.1 吸收塔和再生塔

填料塔和板式塔皆可应用。通常认为,当直径≥800mm 时,用板式塔。但近年来国外不少大型装置采用规整填料。板式塔中常用泡罩塔和浮阀塔,由于浮阀塔盘具有弹性大,效率高、处理能力比泡罩塔高,兼有泡罩塔和筛板塔的特点,应优先选用。至于处理能力与浮阀塔相当的筛板塔,虽然结构简单,但弹性小,不适宜于矿场预处理采用。

由于考虑到溶液发泡的特点,在计算塔径时,设计泛点百分数,对乱堆填料不大于 60%,浮阀塔不大于 70%。

板式塔不宜用过小的板间距,通常采用的板间距为 600mm。

3.2.3 Выбор основного технологического оборудования

3.2.3.1 Абсорбер и регенерационная колонна

Насадочная колонна и каскадная колонна допускаются. Обычно считается, что следует применить каскадную колонну при диаметре не менее 800мм. Но в последние годы, за рубежом на многих крупных установках принята регулярная насадка. Общепринятой каскадной колонной является тарельчатая колонна и колонна с плавающим клапаном, но следует выбрать колонну с плавающим клапаном преимущественно, так как колонна с плавающим клапаном обладает большой упругостью, высоким эффектом, и высокой производительностью перед тарельчатой колонной, и так же особенностей этих двух колонн. Колонна с ситчатыми тарелками, обладающая эквивалентной производительностью с колонной с плавающим клапаном, имеет простую структуру, но малую упругость, не пригодится к предварительной подготовке на руднике.

С учетом пенообразования раствора, при расчете диаметра колонны, проектный процент точек захлебывания должен быть не более 60% при неупорядоченной насадке, и не более 70% для колонны с плавающим клапаном.

Для каскадной колонны не предусмотрен слишком малый шаг между пластинами, в обычных случаях, шаг между пластинами принят на 600мм.

吸收塔应有 4~5 块理论板,塔板效率为 25%~40%,要求使用塔板数为 20 块左右,最多可达 30 块以上(例如需脱除大量的有机硫时)。吸收塔塔板数要通过计算确定。吸收塔宜有两个以上的贫液进口,以便调节。

再生塔需要 3~4 块理论板,通常在富液进塔口以下设 20 块塔板,用于脱硫溶剂汽提,在进塔口以上还有几块塔板,用于降低溶剂的蒸发损失。

浮阀塔盘是板式塔中较为常用的塔盘。用下述方法可确定浮阀塔盘的规格。

(1)计算所需要的浮阀数(N)。

一般在正常负荷情况下希望浮阀处在刚全开时操作,多采用浮阀刚全开时的阀孔动能因数 F_0 的经验值来设计。F_0 的定义为阀孔气速 w_0 与气相密度 ρ_g 的平方根的乘积,即 $F_0 = w_0 \sqrt{\rho_g}$,临界阀孔动能因数,即浮阀刚好全开时的阀孔动能因数。对于 33g F1 型重阀,临界阀孔速度可由下式计算:

Для абсорбера предусмотрено 4-5 теоретических тарелок, и эффект тарелки составляет 25%-40%, требуемое количество тарелок около 20, может достичь 30 и более максимально（например, при необходимости очистки большого количества органических сер）. Количество тарелок абсорбера определяется расчетом. На абсорбере лучше предусмотреть два и более входа бедного раствора, чтобы удобно для регулирования.

Для регенерационной колонны предусмотрены 3-4 теоретических тарелки, как обычно, предусмотрены 20 тарелок ниже входа насыщенного раствора в колонну для отпарки растворителя обессеривания, и предусмотрены несколько тарелок выше входа колонны для снижения потери растворителя при испарении.

Самой общепринятой каскадной колонной является колонна с плавающим клапаном. Определение характеристики тарелки для колонны с плавающим клапаном осуществляется по следующим методам.

（1）Расчет суммы нужных плавающих клапанов（N）.

Как обычно, в случаях нормальной нагрузки надеется управление плавающим клапаном при начальном полном открытии, в большинством принята опытная величина множителя кинетической энергии для отверстия плавающего клапана при начальном полном открытии при проектирование. Множитель кинетической энергии F_0 определяется как произведение скорости газа через отверстие клапана на квадратный корень плотности газовой фазы, то есть $F_0 = w_0 \sqrt{\rho_g}$, критический множитель кинетической энергии для отверстия клапана представляет собой множитель кинетической энергии для отверстия клапана

$$\left(w_0\right)_C = \left(72.8/\rho_g\right)^{0.548} \qquad (3.2.1)$$

式中 $\left(w_0\right)_C$——浮阀刚好全开时的气速(临界速度),m/s;

ρ_g——操作状态下气相密度,kg/m^3。

F1 型浮阀的孔径 $d_0=39$mm,故 N 为:

$$N = 2.22\times10^{-2}V\rho_g^{0.548} \qquad (3.2.2)$$

式中 N——浮阀数;

V——操作状态下气相体积流量,m^3/h;

(2)计算所需降液管面积(AD)。

由于胺液易于发泡,降液管内溶液的流速不宜过高,宜在 0.1m/s 以下,常用流速为 0.08~0.1m/s。由于胺吸收塔比再生塔更易发泡,其降液管流速不宜超过 0.08m/s,再生塔流速不应大于 0.12m/s,降液管面积由下式计算:

$$A_f = L/\left(3600\mu_d\right) \qquad (3.2.3)$$

式中 A_f——降液管截面积,m^2;

L——液相流量,m^3/h;

при начальном полном открытии плавающего клапана. Критическая скорость через отверстие тяжелого клапана тип F1 33г определяется по формуле:

$$\left(w_0\right)_C = \left(72.8/\rho_g\right)^{0.548} \qquad (3.2.1)$$

Где $\left(w_0\right)_C$——скорость газа при начальном полном открытии плавающего клапана (критическая скорость), м/с;

ρ_g——плотность газовой фазы в режиме эксплуатации, кг/м^3.

Когда диаметр отверстия плавающего клапана типа F1 $d_0=39$мм, количество плавающих клапанов N определяется по формуле:

$$N = 2.22\times10^{-2}V\rho_g^{0.548} \qquad (3.2.2)$$

Где N——количество плавающих клапанов;

V——объемный расход газовой фазы в режиме эксплуатации, м^3/ч;

(2)Расчет нужной площади сливной трубы (AD).

С учетом легкого пенообразования аминного раствора, скорость течения раствора в сливной трубе не должна быть слишком высокой, ниже 0, 1м/с, общепринятая скорость течения находится в пределах 0, 08-0, 1м/с. Исходя из более легкого пенообразования в абсорбере аминного раствора по сравнению с регенерационной колонной, его скорость течения в сливной трубе не должна быть выше 0, 08м/с, скорость течения в регенерационной колонне не должна быть более 0, 12м/с, и площадь сливной трубы определяется по формуле:

$$A_f = L/\left(3600\mu_d\right) \qquad (3.2.3)$$

Где A_f——площадь сечения сливной трубы, м^2;

L——расход жидкой фазы, м^3/ч;

μ_d——降液管内液相流速，m/s。

关于降液管内液体停留时间，其定义为降液管容积与液相流量之比，即：

$$\tau = A_f H_T / L_S \qquad (3.2.4)$$

式中 τ——降液管内液相停留时间，s；

A_f——降液管截面积，m^2；

H_T——板间距，m；

L_S——液相流量，m^3/s。

对再生塔一般应采用 $\tau \geqslant 4\sim5s$；对吸收塔应采用 $\tau > 7s$。

（3）根据计算出的浮阀数和降液管面积，参照标准浮阀塔盘系列及参数，确定塔径、塔盘结构，在确定塔径后应进行水力学计算。

3.2.3.2　气液分离器

原料气分离器、净化气分离器、回流罐等均属气液分离设备，可选用立式，也可选用卧式。为提高分离效率，均应在气体出口处设一层除雾丝网，以除去粒径 $\geqslant 10\mu m$ 的雾滴。通常可按沉降分离直径 $\geqslant 100\mu m$ 液滴计算分离器尺寸，但在实际过程中多用经验公式（式3.2.5）计算出允许的气体质量流率 $W[kg/(m^2 \cdot h)]$，然后由式（3.2.3）计算出气液重力分离器直径 D。

μ_d—— скорость течения жидкой фазы в сливной трубе, м/с.

Время пребывания жидкости в сливной трубе определяется как отношение между объемом сливной трубы и расходом жидкой фазы, то есть:

$$\tau = A_f H_T / L_S \qquad (3.2.4)$$

Где τ—— Время пребывания в сливной трубе, с;

A_f—— площадь сечения сливной трубы, $м^2$;

H_T—— расстояние между пластинами, м;

L_S—— расход жидкой фазы, $м^3/с$.

Обычно, для регенерационной колонны следует принять $\tau \geqslant 4\text{-}5с$; для абсорбера - $\tau > 7с$.

（3）По полученным количеству плавающих клапанов и площадь сливной трубы, определяются диаметр тарелки и структура тарелки колонны в соответствии со стандартными сериями и параметрами тарелок для колонны с плавающим клапаном. После завершения расчета диаметра колонны, следует провести гидравлический расчет.

3.2.3.2　Газожидкостный сепаратор

Сепаратор сырьевого газа, сепаратор очищенного газа, рефлюксная емкость относятся к газожидкостному сепаратору, допускается выбрать и горизонтальный, и вертикальный. Для повышения эффекта сепарации, следует установить сетчатый тумансниматель на всех выходах газа для очистки капли тумана с крупностью более 10мкм. Как правило, расчет сепаратора выполняется по каплям диаметром отстойного центрифугирования не менее 100мкм, но практически вычисляется допустимая массовая скорость газа $W[кг/(м^2 \cdot ч)]$ по эмпирической формуле（3.2.5）, затем вычисляется диаметр D газожидкостного гравитационного сепаратора по формуле（3.2.3）.

$$W = C\left[(\rho_L - \rho_g)\rho_g\right]^{0.5} \qquad (3.2.5)$$

$$D = \left(\frac{1.27m}{FC}\right)^{0.5} / [(\rho_L - \rho_g)\rho_g]^{0.25} \qquad (3.2.6)$$

式中 W——气体允许质量流率,kg/(m²·h);

ρ_L,ρ_g——操作条件下,液相和气相的密度,kg/m³;

m——气体质量流量,kg/h;

C——经验常数,m/h,见表3.2.1;

F——分离器内可供气体流过的面积分率,对立式分离器 $F=1.0$。

$$W = C\left[(\rho_L - \rho_g)\rho_g\right]^{0.5} \qquad (3.2.5)$$

$$D = \left(\frac{1.27m}{FC}\right)^{0.5} / [(\rho_L - \rho_g)\rho_g]^{0.25} \qquad (3.2.6)$$

Где W——допускаемый массовый расход газа, кг/(м²·ч);

ρ_L,ρ_g——плотность жидкой фазы и газовой фазы, кг/m³;

m——массовый расход газа, кг/ч;

C——эмпирическая постоянная, м/ч, см. таблицу 3.2.1;

F——доля используемой площади для течения газа в сепараторе, для вертикального сепаратора - $F=1,0$.

表 3.2.1 分离器速度因数 C 的量值

Таблица 3.2.1 Значение скоростного фактора C сепаратора

分离器形式 Тип сепаратора	分离器长度 L 或高度, m Длина или высота сепаратора, м	C 值范围, m/h Предел значения C, м/ч
立式 Вертикальный	1.5	132～263
	3.0	198～384
卧式 Горизонтальный	3.0	439～549
	L	(439～549)(L/3.05)0.56

回流罐尺寸主要由回流液的停留时间决定,其长径比可以小于3.0。

Размер рефлюксной емкости в основном зависит от времени пребывания рефлюксной жидкости, допускается его отношение длины к диаметру менее 3,0.

3.2.3.3 冷换设备

(1)重沸器。再生塔底重沸器可选用釜式或卧式热虹吸式重沸器(当溶液循环量小时用立式热虹吸式)。从防腐角度看,由于釜式重沸器气液分相流动,动能较低,腐蚀情况优于卧式热虹吸式

3.2.3.3 Оборудование охлаждения и теплообмена

(1)Ребойлер. Допускается выбрать котел-ребойлер или горизонтальный термосифонный ребойлер для дна регенерационной колонны (при малом объеме циркуляции раствора, выбрать

重沸器。但只要设计和操作得当,选用热虹吸式
重沸器仍是可行的。

卧式热虹吸式重沸器气提效果差,小于一块
理论板,但重量轻,占地少。虽然允许气化率不及
釜式重沸器,但完全能满足胺法和砜胺法装置重
沸器中溶液气化率的要求。当选用卧式热虹吸式
重沸器时,由于气液两相同时返入再生塔中,能利
用塔底储液段作溶液缓冲容积,无须架高重沸器。
若用安装在地面上的釜式重沸器时,则应设置溶
液缓冲罐。

重沸器的热负荷包括溶液升温的显热、酸气
解吸热和塔顶水蒸汽带出热量三部分,通常以单
位体积溶液循环量消耗的蒸汽量表示,大致范围
为 $100 \sim 180 kg/m^3$。此值取决于所要求的贫液质
量、溶液类型和塔高等,准确值可由重沸器和再生
塔的热平衡计算得到。

вертикальный термосифонный ребойлер). С точки зрения защиты от коррозии, благодаря отдель-
ному течению жидкой и газовой фаз, и так же
низкой кинетической энергии, состояние коррозии котла-ребойлера слабее чем горизонтальный
термосифонный ребойлер. Но выбор термосифонного ребойлера тоже допускается при проектировании и эксплуатации надлежащим образом.

Горизонтальный термосифонный ребойлер
обладает плохим эффектом отправки, теоретической тарелкой в количестве менее 1, и малым
весом, но занимает малую территорию. Хотя его
допускаемая степень газификации ниже чем для
котла-ребойлера, которая полностью соответствует требованиям к степени газификации раствора
в ребойлере установки для метода обессерывания
амином и МДЭА. При выборе горизонтального
термосифонного ребойлера, допускается использовать участок хранения раствора на дне колонны как буферный объем раствора без подъема
ребойлера, так как жидкая и газовая фазы могут
одновременно возвратить в регенерационную
колонну. При пользовании котла-ребойлера, мон-
тированного на поверхности земли, следует установить буферную емкость раствора.

В тепловую нагрузку ребойлера входят физи-
ческая теплота при повышении температуры раствора, теплота десорбции кислым газом и теплота, вынесенная водным паром из верха колонны,
которые, как правило, выражена на затраченном
объеме пара при циркуляции раствора удельного объема, и находятся в пределах 100-180кг/м³.
Данное значение зависит от требуемого качества
бедного раствора, типа раствора и высоты колонны, точное значение получается расчетом теплового равновесия ребойлера и регенерационной
колонны.

（2）贫、富液换热器。通常用浮头式热交换器。为了提高管壳式溶液换热器的温差校正系数，不应只用一台，须选用两台或两台以上串联。选用两台串联时，应将富液流经的第二台换热器的管材采用不锈钢，以节省投资。

若采用板式换热器，应考虑换热器能适应较高富液温度、采用不锈钢板材，并需考虑设置备用。

（3）溶液和酸气冷却器。设计时选用全水冷、全空冷或空冷加水冷的方案，须针对具体情况经过技术经济比较后决定。若选用水作冷却介质，冷却溶液采用浮头式换热器，冷却酸气采用浮头式冷凝器。

3.2.3.4 溶液闪蒸罐

溶液闪蒸罐通常为卧式，长径比为2左右，溶液停留时间取5~6min。为降低闪蒸汽中的H_2S含量，在闪蒸罐上设一吸收段，用不锈钢乱堆填料（直径>600mm可用板式塔）。

（2）Теплообменник бедного и насыщенного растворов В обычных случаях, выбирается теплообменник с плавающей головкой. Для повышения коэффициента исправления температурной разности для кожухотрубчатого теплообменника раствора, не следует только использовать один теплообменник, а выбрать два или более теплообменника и их соединить последовательно. При выборе двух теплообменников для последовательного соединения, следует выбрать трубу из нержавеющей стали для повторного теплообменника, через которую тек насыщенный раствор с целью экономии в капиталовложении.

При принятии пластинчатого теплообменника, следует учесть приспособляемость теплообменника к более высокой температуре насыщенного раствора, выбрать пластины из нержавеющей стали, и предусмотреть резервный теплообменник.

（3）Охладитель раствора и кислого газа. При проектировании выбор вариантов водяного охлаждения, воздушного охлаждения, и водяного и воздушного охлаждения решается после технико-экономического сравнения по подробному обстоятельству. При выборе воды как среда охлаждения, для охлажденного раствора применяется теплообменник с плавающей головкой, для охлажденного кислого газа - конденсатор с плавающей головкой.

3.2.3.4 Флаш-испаритель раствора

Как правило, применяется горизонтальный флаш-испаритель с отношением длины к диаметру около 2, временем пребывания раствора 5-6мин. Предусмотрен один участок абсорбции на флаш-испарителе для снижения содержания H_2S в флаш-газе, и для которого принята неупорядоченная насадка из нержавеющей стали（допускается каскадная колонна при диаметре более 600мм）.

3.2.3.5 过滤器

（1）原料气过滤分离器。以前常采用的是成熟的圆筒形玻璃纤维过滤元件,其尺寸为$\phi117mm \times 1829mm$纤维直径为$10\mu m$,能滤除气体中$5\mu m$以上的微粒。当压降超过规定值后,切换清洗过滤元件,每根元件过滤气量与气体绝压的平方根成正比。

由于目前对原料气的清洁要求越来越高,通常可采用专业过滤器生产厂提供的产品,虽然投资较高,但能提高过滤器的过滤精度,可有效保护脱硫（碳）装置的正常操作。

（2）溶液机械过滤器。可采用滤袋或滤芯式过滤器,应除去$5\mu m$以上的固体杂质,当压降超过一定值后,切换清洗过滤元件。

（3）溶液活性炭过滤器。可选用固定床深层过滤器,活性炭床层高度至少为$1500mm$,活性炭过滤器至少要处理溶液循环量的$10\% \sim 20\%$,过滤速度为$2.5 \sim 12.5m^3/（m^2 \cdot h）$。

3.2.3.5 Фильтр

（1）Фильтр-сепаратор сырьевого газа. В прошлом общепринятым являлся развитый цилиндрический стекловолокнистый фильтрующий элемент с размером $\phi117мм \times 1829мм$, и диаметром волокна $10мкм$, он может отфильтровывать микрочастицу более $5мкм$ в газе. Переключение и очистка фильтрующих элементов осуществляются при превышении установленного значения для перепада, объем фильтрованного газа для каждого элемента прямо пропорционально квадратному корню абсолютного давления газа.

Вслед за повышения требования к чистоте сырьевого газа в настоящее время, как обычно, применяется продукция из изготовителя - завода по изготовлению специальных фильтров, несмотря на высокое капиталовложение, такая продукция может повысить точность фильтрации фильтра и эффективно обеспечить нормальную эксплуатацию установки（обезуглероживания）обессеривания.

（2）Механический фильтр раствора. Можно использовать рукавный фильтр или патронный фильтр для очистки твердой примеси более $5мкм$, и переключение и очистка фильтрующего элемента осуществляются при превышении установленного значения для перепада.

（3）Фильтр на основе активированного угля. Предоставляется глубокий фильтр со стационарным слоем для выбора, высота слоя активированного угля не должна быть менее $1500мм$, фильтр на основе активированного угля должен подготовить 10%-20% от объема циркуляции раствора по крайней мере, скорость фильтрации составляет $2,5-12,5м^3/（м^2 \cdot ч）$.

溶液活性炭过滤器后宜设置一台机械过滤器,过滤精度可和前过滤器相同,以控制溶液中活性炭粉末的含量。

4.2.3.6　溶液循环泵

（1）应根据装置物料平衡计算的流量和水力计算所得的扬程增加5%～10%的裕量后作为选泵时的基本参数。

（2）溶液循环泵宜选用离心式油泵,泵体和主要零件应选用"耐中等硫腐蚀"的材料,为降低溶剂损耗和减少污水处理装置的负荷,应选用机械密封。

（3）溶液循环泵一般采用电动机驱动,若工厂有1.3MPa或2.5MPa等压力的蒸汽系统,宜用背压式汽轮机作溶液循环泵的驱动机,背压蒸汽可供重沸器使用,以便节能。经验表明,当功率高于150kW时采用背压式汽轮机更经济合理。对溶液循环量很大、富胺液压力很高的装置,为了回收富胺液的部分压力能、降低电耗,选用水力透平驱动泵是合理的。

И лучше установить один механический фильтр с одинаковой точностью с передним фильтром после фильтра на основе активированного угля раствора для контроля содержания порошка активированного угля в растворе.

4.2.3.6　Циркуляционный насос раствора

（1）Следует принять рассчитанный по балансу материалов установки расход, и полученный при гидравлическом расчете напор с сложением припуска на 5%-10%, как основные параметры для выбора насоса.

（2）Лучше выбрать центробежный насос как циркуляционный насос раствора, корпус и главные детали которого изготовлялись из материалов «со средней коррозийностойкостью к сере», при этом следует выбрать механическое уплотнение с целью снижения потери растворителя и нагрузки установки очистки сточных вод.

（3）Циркуляционный насос, как обычно, приводится электродвигателем, при наличии системы пара с давлением 1,3 или 2,5МПа, лучше использовать противодавленческую турбину в качестве привода циркуляционного насоса раствора, и противодавленческий пар может податься для пользования ребойлера с целью экономии в энергии. Опыты показались, что более экономным и рациональным является применение противодавленческой турбины при мощности выше 150кВт. Для получения частичных энергий давления из насыщенного раствора и снижения электрической потери на установке с большим объемом циркуляции и очень высоким давлением насыщенного раствора, рациональным вариантом является выбрать насос, приведенный гидравлической турбиной.

3.2.4 主要操作要点

3.2.4.1 原料气重力分离器

原料气重力分离器在日常生产过程中,要监视其油水液位变化情况,注意防止油水带入脱硫装置,污染脱硫溶液。其日常排油水操作注意事项如下:

(1)在排油水之前,首先要检查确认油水储罐处于低液位,油水储罐的安全附件完好,排气及排污管线通畅,阀门开关状态正确。

(2)应有两人在现场进行操作和监护,一人缓慢打开排油阀,并监视重力分离器液位高低情况,另一人监视油水储罐受液情况(如压力、液位等的变化情况)。

(3)在排油水过程中,如果油水储罐液位上涨很快,而压力上涨缓慢或压力基本维持不变,则说明重力分离器内有油水,则应继续排油操作;如果液位不再上涨,而压力上涨很快,则说明重力分离器内无油水,排出的是天然气,此时应立即停止排油操作,关闭排液阀。

3.2.4 Основные положения при управлении

3.2.4.1 Гравитационный сепаратор сырьевого газа

Следует наблюсти изменение уровня нефти и газа в гравитационном сепараторе сырьевого газа в процессе бытового производства, и обратить внимание на предотвращение входа нефти и воды в установку обессеривания газа и ее загрязнения. При бытовом дренаже нефти и воды, внимание должно быть обращено на следующие:

(1)Прежде всего, следует проверить и утвердить низкий уровень в резервуаре для хранения нефти и воды низкий, целостность предохранительных принадлежностей резервуара, бесперебойный трубопровод для спуска газа и сточных вод, и правильность состояния открытия и закрытия клапана.

(2)Следует назначить двух людей для эксплуатации и контроля, один человек медленно открывает выпускной клапан и наблюдает уровень гравитационного сепаратора, другой наблюдает состояние при приеме жидкости резервуаром для хранения нефти и воды (например, изменение давления, уровня и т.д.).

(3)В процессе выпуска нефти и воды, наличие нефти и воды в гравитационном сепараторе поясняются быстрым повышением уровня в резервуаре для хранения нефти и воды, и медленным повышением давления или прекращением изменения давления, тогда следует продолжить выпускать нефть; отсутствие нефти и воды в гравитационном сепараторе и выход природного газа поясняются прекращением повышения уровня, и быстрым повышением давления, тогда следует немедленно прекратить выпускать нефть и закрыть выпускной клапан.

在装置正常生产排油水过程中,由于原料气分离设备为高压设备,而油水储罐则为低压设备,因此一定要监视液位和压力变化情况,排污阀门严禁猛开或全开,严防串气或严重气液夹带,避免设备发生爆炸事故。

В процессе нормальной работы и выпуска нефти и воды из установки, обязательно наблюсти изменение уровня и давления, так как сепаратор сырьевого газа является оборудованием высокого давления, и при этом резервуар для хранения нефти и воды - низкого давления. Строго запрещается внезапное или полное открытие дренажного клапана, строго защищается от входа газа или серьезного выноса газа и жидкости во избежание взрыва оборудования.

3.2.4.2　原料气过滤分离器

为了保证过滤过程的连续性,天然气过滤分离器一般设计为两台,一用一备以满足天然气连续性生产的要求。当其中一台的过滤元件堵塞后,可启用另外一台,保证过滤的连续性。过滤分离器的操作主要有:

（1）日常排油水操作。

其日常排油水操作同原料气重力分离器的排油水操作相同。

（2）切换操作。

原料气过滤分离器内装过滤元件,在生产运行中,如果过滤器前后差压达到规定值时,需要对过滤元件进行检查、清洗或更换,假定原料气过滤分离器由生产运行的 A 台切换至备用的 B 台,其切换操作步骤如下:

3.2.4.2　Фильтр-сепаратор сырьевого газа

Как правило, для обеспечения непрерывности процесса фильтрации предусмотрены два фильтр-сепаратора газа, один для работы, и другой для резерва в соответствии с требованиями к непрерывному производству газа. После того как фильтрующий элемент одного из них был заделан, запускается другой для обеспечения непрерывной фильтрации. В управление фильтром-сепаратором в основном входят:

（1）Управление при бытовом дренаже нефти и воды.

Его управление при бытовом дренаже нефти и воды одинаковое с управлением при дренаже нефти и газа из гравитационного сепаратора сырьевого газа.

（2）Переключение.

Внутри фильтра-сепаратора сырьевого газа установлены фильтрующие элементы, которые должны проходить проверку, очистку или замену тогда, когда разница давлений перед и за фильтром достигла установленного значения в процессе работы, предполагается переключение фильтра-сепаратора сырьевого газа А в работе на резервный фильтр-сепаратор В, тогда следует осуществить следующие процедуры управления:

① 确认 B 台具备运行条件,设备正常、仪表完好等。

② 缓慢打开 B 台进口阀(确认出口阀是全开的),AB 两台并列运行,确认 B 台运行正常,缓慢关闭 A 台进口阀,检查 B 台运行正常后,再关闭 A 台出口阀,A 台停用。

③ 打开 A 台放空阀,缓慢泄压至较低压力时(比如 0.8MPa),关闭放空阀,打开排油阀,排尽其储液筒内油水后,关闭排油阀,再打开放空阀泄压至 0。

④ 打开 A 台氮气阀,置换一段时间,置换气排至火炬灼烧放空。

⑤ 取样分析 $H_2S < 10mg/m^3$、$CH_4 < 3\%$(体积分数)时为合格,然后关闭放空阀和氮气阀。

⑥ 拆开 A 台检查,清洗或更换过滤元件,并用工业水冲洗干净设备内部的杂质。

① Утвердить возможность эксплуатации фильтра-сепаратора Б, нормальность оборудования, целостность прибора и т.д.

② Медленно открыть входной клапан фильтра-сепаратора Б (утверждать полное открытие выходного клапана), при параллельной эксплуатации фильтров-сепараторов А и Б утвердить нормальность эксплуатации фильтра-сепаратора Б, затем медленно закрыть входной клапан фильтра-сепаратора А, закрыть выходной клапан фильтра-сепаратора А после поступления в нормальную эксплуатацию фильтра-сепаратора В, на конец остановить фильтр-сепаратор А.

③ Открыть сбросной клапан фильтра-сепаратора А, после медленного декомпрессирования давления до низкого уровня (как 0,8МПа), закрыть сбросной клапан, затем открыть выпускной клапан нефти, и закрыть выпускной клапан нефти после выпуска полностью нефти и воды из цилиндра для хранения жидкости, еще раз открыть сбросной клапан для декомпрессирования давления до 0.

④ Открыть клапан азота для фильтра-сепаратора А, и сбросить вытесненный газ на факел для дожигания и сброса после проведения вытеснения на определенное время.

⑤ Когда H_2S менее 10мг/м³, CH_4 менее 3% (V) при анализе отобранных образцов, то проба признана годной, потом закрыть сбросной клапан и клапан азота.

⑥ Разобрать фильтр-сепаратор А для проверки, очистить или заменить фильтрующий элемент, и промыть полностью оборудование от внутренних примесей с помощью промышленной воды.

⑦ A 台复位后,打开氮气置换一段时间,置换气排大气,当取样分析 O_2 < 3%(体积分数)时为合格,然后关闭氮气阀。

⑧ 确认连接 A 台的所有阀门处于正确的开或关位置,打开氮气阀,用氮气建压在较低压力下进行检漏(比如 0.6MPa),当氮气检漏合格后,再缓慢进原料气升压检漏,升压速度每分钟小于 0.3MPa,按压力等级分别进行检漏。

⑨ 检漏合格后,打开 A 台出口阀,使其处于带压备用状态。

由于原料天然气预处理装置涉及的是含硫原料天然气,其原料天然气中含有的 H_2S 是一种无色剧毒气体,CH_4 是一种无色无味的易燃易爆气体,对装置和人身的安全存在隐患。因此,必须精心操作,防止原料气泄漏发生爆炸和引起人员中毒。在原料气过滤分离器切换过程中,应注意:

① A 台停运过程中,当泄压至 0 以后,要进行氮气置换,防止打开时残存原料天然气中的 H_2S 引起人员中毒。

⑦ Ввести азот для вытеснения на определенное время после восстановления фильтра-сепаратора А, вытесненный газ сброшен в атмосферу, когда O_2 менее 3% (V) при анализе отобранных образцов, то проба признана годной, потом закрыть клапан азота.

⑧ Утвердить все клапаны в правильных положениях открытия или закрытия, соединенные с фильтром-сепаратором А, открыть клапан азота, создать давление азотом и проверить утечку под низким давлением (как 0,6МПа), и после получении положительного заключения при проверке на утечку медленно пропустить сырьевой газ и провести испытание на утечку при повышении давления, скорость повышения давления менее 0, 3МПа/мин., испытание на утечку выполняется по категориям давления.

⑨ Открыть выходной клапан фильтра-сепаратора А после получения положительного заключения при испытании на утечку, чтобы фильтр-сепаратор А находился в резервном состоянии под давлением.

Установка предварительной подготовки сырьевого газа подготовляет серосодержащий сырьевой газ, H_2S в котором представляет собой бесцветный и сильно ядовитый газ, а CH_4 - бесцветный огнеопасный и взрывоопасный газ без запаха, они оказывают скрытую угрозу на безопасность установки и личности. Поэтому, требуется управлять осторожно во избежание взрыва и отравления, вызванных утечкой сырьевого газа. В процессе переключения фильтра-сепаратора сырьевого газа, внимание уделяется на:

① После декомпрессирования давления до 0 и в процессе остановки фильтра-сепаратора А, следует провести вытеснение газа для предотвращения отравления личности при открытии, вызванного H_2S в остаточном сырьевом газе.

②A台停运过程中,氮气置换合格后打开设备期间,由于过滤元件积存的FeS因燃点较低而容易引起自燃,所以工业水应随时处于备用状态,以避免造成严重的设备损害和引发火灾。

③在A台检修完成之后,首先要对A台进行氮气置换,置换出设备内的空气,以避免空气进入系统,引起天然气爆炸或脱硫溶液变质。

④在A台进原料天然气升压检漏之前,要检查确认氮气等公用工程管线上的阀门及盲板处于关闭状态,以避免高压原料天然气串压进入工业水、氮气等公用工程系统,进而造成其他事故发生。

⑤在原料天然气升压过程中,要控制升压速度(一般控制在0.3MPa/min内),以避免在高压差时,由于节流而造成阀门、管线等堵塞和损坏。

3.2.4.3　脱硫吸收塔

吸收塔一般都设计成多个贫胺液进口,以提高吸收塔对不同气质的选择性吸收适应范围。在实际操作中,由于塔是在较高压力下操作,与富胺液出口相连设备为低压,必须要严防吸收塔出现串气现象。吸收塔的正常液位控制在50%,最低也

② В период открытия оборудования после получения положительного заключения при вытеснении азотом в процессе остановки фильтра-сепаратора А, с учетом легкого самовоспламенения от низкой точки воспламенения FeS, накопленный в фильтрующих элементах, следует обеспечить промышленную воду в резервном состоянии в любое время во избежание серьезного повреждения оборудования и вызванного пожара.

③ После завершения ремонта фильтра-сепаратора А, прежде всего, следует провести вытеснение азотом для вытеснения воздуха в оборудовании во избежание поступления воздуха на систему и взрыв газа или перерождения раствора обессеривания.

④ Перед испытанием на утеку при повышении давления сырьевого газа в фильтре-сепараторе А, необходимо утвердить клапаны и заглушки на коммунальных трубопроводах как трубопровод азота в закрытом состоянии, чтобы предотвратить поступление сырьевого газа высокого давления на коммунальные системы промышленной воды и азота, и вызванные прочие аварии в следствие этого.

⑤ В процессе повышения давления сырьевого газа, необходимо контролировать скорость повышения (обычно, не более 0,3МПа/мин.), чтобы предотвратить заделку и повреждение клапанов, трубопроводов и прочих, вызванных дросселированием при высоком перепаде давления.

3.2.4.3　Абсорбер обессеривания

Как обычно, абсорбер обессеривания проектируется со многими входами бедного раствора для повышения его области приспособления избирательной абсорбции к разным характерам газа. В практике, необходимо строго предотвратить

不能小于设计的联锁液位。同时,由于在吸收塔内进行的是放热反应,要求进入塔内的气体温度一般要求不超过35℃,贫液入塔温度则一般不超过40℃。

脱硫吸收塔在正常运行时,应注意以下几点:

(1)密切注意产品气 H_2S 含量的变化趋势,根据原料气处理量和 H_2S 的含量,随时调整溶液循环量以及贫胺液的入塔层数,以保证产品气质量合格。

(2)严密监视脱硫吸收塔液位,防止液位过低而造成串气事故。

(3)注意观察吸收塔的压差,及时分析塔压差发生变化的原因,判断塔的工作情况,防止因溶液发泡或拦液而造成损失。

(4)调整系统压力时应缓慢进行,避免骤升骤降,防止大量胺液被湿净化气带走。

перетекание газа на абсорбере, так как управление абсорбером осуществляется под относительно высоким давлением, и управление оборудованием, соединенным с выходом насыщенного раствора - под низким давлением. Нормальный уровень абсорбера контролируется в 50%, и не должен быть ниже проектного уровня блокировки по крайней мере. При этом, в связи с экзотермической реакцией в абсорбере, требуется, что температура входного газа в абсорбер не более 35℃, температура входного бедного раствора в абсорбер не более 40℃.

При нормальной эксплуатации абсорбера обессеривания, следует обратить внимание на следующие:

(1)Внимательно наблюсти тенденцию изменения содержания H_2S в подготовленном газе, своевременно регулировать объем циркуляции раствора и этаж входного бедного раствора в абсорбер по объему подготовки сырьевого газа и содержанию H_2S, чтобы обеспечить годность подготовленного газа.

(2)Внимательно контролировать уровень в абсорбере обессеривания во избежание перетекания газа, вызванного слишком низким уровнем.

(3)Внимательно наблюсти перепад давления абсорбера, немедленно анализировать причину изменения перепада, судить рабочее обстоятельство абсорбера, чтобы предотвратить потерю, вызванную пенообразованием раствора или перехватыванием раствора.

(4)Медленно регулировать давление системы и избегать внезапного повышения и снижения давления, чтобы предотвратить унос аминного раствора в большом количестве влажным очищенным газом.

脱硫吸收塔的操作要点如下：

（1）控制适宜的气液比，根据产品气质量及时调整循环量和贫胺液入塔层数。

（2）控制好脱硫吸收塔压力、液位。

（3）控制好溶液浓度、入塔贫液温度。

3.2.4.4 闪蒸罐

富胺液闪蒸罐的操作要点可归纳为三条，即闪蒸压力、闪蒸温度、溶液在罐内停留时间。闪蒸压力越低，溶解度越低，闪蒸效果越好。针对不同的吸收塔操作压力，闪蒸压力通常设置在0.4～0.6MPa，可以得到良好的闪蒸效果；闪蒸温度越高，闪蒸效果越好，可根据实际情况对富胺液进行预热后再进行闪蒸，通常能达到更好的闪蒸效果，闪蒸罐内溶液停留时间从工业实践来看，一般以停留3～5min为宜。

富胺液闪蒸罐在正常运行时，应注意以下几点：

Управление абсорбером обессеривания осуществляется при соблюдении следующих основных положений:

（1）Управлять отношение между газом и жидкостью подходящим образом, и немедленно регулировать объем циркуляции этаж входа бедного раствора по качеству подготовленного газа.

（2）Управлять давлением и уровнем абсорбера обессеривания.

（3）Управлять концентрацией раствора, и входной температурой бедного раствора, поступающего на абсорбер.

3.2.4.4 Флаш-испаритель

Основное положение при управлении флаш-испарителем насыщенного раствора разделяется на давление мгновенного испарения, температуру мгновенного испарения, время пребывания раствора в флаш-испарителе. При более высоких давлениях растворимость ниже, и получается более хороший эффект мгновенного испарения. Под разными рабочими давлениями абсорбера, давление мгновенного испарения, как правило, установлено в пределах 0,4-0,6МПа, под которым смогло получиться хороший эффект мгновенного испарения; при более высокой температуре мгновенного испарения, эффект мгновенного испарения лучше, но как обычно, может получиться более хороший эффект мгновенного испарения после предварительного подогревания по фактическому обстоятельству, с точки зрения промышленной практики, считается время пребывания в пределах 3-5мин. соответствующим.

При нормальной эксплуатации флаш-испарителя насыщенного раствора, следует обратить внимание на следующие:

（1）根据闪蒸汽中 H_2S 含量分析数据,调节小股贫胺液流量,以保证作为燃料气的闪蒸汽 H_2S 含量合格。

（2）富胺液流入再生塔流量波动的大小,决定了酸气流量的稳定程度,在溶液循环系统出现较大波动时,闪蒸罐液位调节阀应置于手动位置,尽可能减少至再生塔富胺液流量波动,以提高再生质量和减小进入硫黄回收装置酸气的波动。

3.2.4.5　再生塔

再生塔的操作是在低压下进行的,影响其再生效果的最主要因素为温度。在再生塔内,影响再生温度的因素主要有:溶液的循环量(进入再生塔的富液量)、溶液的酸气负荷、重沸器蒸汽用量以及塔顶的酸水回流量大小、再生压力,且它们之间是相互影响的。

再生塔在正常运行时,应注意以下几点:

（1）应尽量避免再生塔液位大幅度波动,从而造成酸气大幅度波动,且要保持再生塔的液位和压力,以免溶液循环泵发生抽空、气蚀等故障。

（1）Анализировать данные и регулировать малый расход бедного раствора по содержанию H_2S в флаш-газе с целью обеспечения годного содержания H_2S в флаш-газе в качестве топливного газа.

（2）Стабильность расхода кислого газа зависит от колебания расхода насыщенного раствора при течении в регенерационную колонну, при большом колебании в системе циркуляции раствора, регулирующий клапан уровня флаш-испарителя должен находиться в положении ручного управления, чтобы снизилось колебание расхода насыщенного раствора в регенерационную колонну насколько возможно, и повысилось качество регенерации и снизилось колебание кислого газа в установку получения серы.

3.2.4.5　Регенерационная колонна

Управление регенерационной колонной осуществляется под низком давлением, и температура является основным фактором, влияющим на эффект регенерации. В факторы в регенерационной колонне, влияющие на температуру регенерации входят:объем циркуляционных растворов (объем входящих насыщенных растворов в регенерационную колонну), нагрузка кислого газа раствора, потребление пара для ребойлера, объем рефлюксных кислых вод на верху колонны, давление регенерации, и также взаимное влияние между ними.

При нормальной эксплуатации в регенерационной колонны обессеривания, следует обратить внимание на следующие:

（1）Предотвратить масштабное колебание уровня в регенерационной колонне насколько возможно, вследствие которого вызывается масштабное колебание кислого газа, при этом следует

（2）控制好再生塔顶的再生温度,避免出现大幅度波动,补充溶液和补充水时应缓慢进行,以稳定酸气量和再生贫液质量。

（3）确保再生塔酸水回流量、重沸器的蒸汽用量、富胺液进再生塔流量的平稳,避免再生塔的温度出现大的波动,保证溶液的再生质量。

поддержать уровень и давление регенерационной колонны во избежание разрежения, кавитации и прочих неисправностей на циркуляционном насосе раствора.

（2）Контролировать температуру регенерации на верху регенерационной колонны подходящим образом во избежание масштабного колебания, и медленно осуществить дополнение раствора и воды для стабилизации объема кислого газа и качества регенерационного бедного раствора.

（3）Обеспечить стабильный объем рефлюксных кислых вод регенерационной колонны, потребление пара ребойлера, расход входа насыщенных растворов в регенерационную колонну для предотвращения масштабного колебания температуры в регенерационной колонне и обеспечения качества регенерации растворов.

4 脱水

　　自地层中采出的天然气及脱硫(碳)后的净化天然气,一般都有饱和水,天然气中饱和水的存在,减少了输气管道的输送能力,降低了天然气的热值。当天然气被压缩或冷却时,饱和水会从气流中析出形成液态水。在一定条件下,液态水和气流中的烃类、酸性组分等其他物质一起将形成像冰一样的水合物。水合物的存在会增加输气压降,减少输气管道通过能力,严重时还会堵塞阀门、管道及过滤分离设备,影响正常供气。在输送含有酸性组分的天然气时,液态水的存在还会加速酸性组分(H_2S、CO_2等)对管壁、阀件的腐蚀,减少管道的使用寿命。因此,天然气一般必须经过脱水处理,达到规定的水含量指标后,才允许进入输气干线。

　　管输天然气的水含量指标,有"绝对含水气量"及"露点温度"两种表示方法。绝对含水量指单位体积天然气中含有的水的质量。天然气的露点温度指在一定的压力下天然气中饱和水冷凝析出第一滴水时的温度。各国对管输天然气水含量指标的表示方法和要求不一。

4　Осушка

　　Добываемый из пласта газ и очищенный газ после обессеривания (обезуглероживания), обычно, содержат насыщенную воду, и насыщенная вода в газе снижает провозоспособность газопровода и теплотворность газа.При компрессии и охлаждении газа, насыщенная вода выделяется из газового потока и превращается на жидкую воду. Углеводороды, кислые составные части и прочие вещества в газовом потоке вместе образуют гидрат как лед в определенных условиях.При наличии гидрата, перепад давления транспортировки газа повышается, и пропускная способность газопровода снижается, при серьезности гидрат заделает клапаны, трубопроводы и фильтры-сепараторы и в дальнейшем влияет на нормальную подачу газа. При транспортировке газа с кислыми составными частями (H_2S, CO_2 и т.д.), наличие в нем жидкой воды ускоряет коррозию стенки трубопровода и клапанов, при этом сокращает срок службы трубопроводов.Поэтому, допускается газ в магистраль транспорта газ только после осушки и удовлетворения установленным показателям содержания воды.

　　Показатель содержания воды в газе, транспортированном через трубопровод, выражается на «абсолютной влагоемкости» и «температуре точки росы».Абсолютная влагоемкость имеет в виду массу воды, содержимой в газе удельного объема. Температура точки росы для газа имеет в виду температуру газа при выделении первой капли воды из насыщенной воды под определенным давлением. Разные страны осуществляют разные выражения и требования к показателю водосодержания в газе, транспортированном через трубопровод.

美国等西方国家多控制脱水后气体的绝对含水量,如美国石油学会《天然气甘醇脱水装置规范》(API SPEC12GDU)指出,脱水后气体的最大含水量一般为 110mg/m³(7lb 水 /10⁶ft³ 气体)。中国和原苏联国家采用露点温度指标,露点温度指标与天然气管输条件和环境条件的联系更为直接,使用方便。中国石油天然气行业标准《天然气脱水设计规范》(SY/T 0076—2008)规定,管输天然气水露点在起点输送压力下应比输送条件下最低环境温度低 5℃。

4.1 工艺方法简介

可用于天然气脱水的工业化方法有多种,如冷却法、固体吸附法、溶剂吸收法、膜分离法等。

4.1.1 冷却法

如图 4.1.1 所示,随着天然气压力升高,温度降低,天然气中饱和水含量也降低。因此,含饱和水的天然气可采用通过冷却至低温的方法脱水,天然气冷却达到的温度必须低于管输天然气要求的水露点温度。

Америка и прочие западные страны в большинством контролируют абсолютное водосодержание в газе после осушки, например, в «Спецификации для установки осушки газа гликолем» (API SPEC12GDU) от Американского института нефти указывается, что максимальное водосодержание в газе после осушки, как обычно, составляет 110мг/м³ (вода на 7 фунтов/газ на миллион стандартных фут³).В Китае и странах бывшего СССР принимается показатель температуры точки росы, показатель температуры точки росы непосредственно связан с условиями транспортировки газа через трубопровод и условиями окружающей среды, и пользуется удобно.В китайском нефтегазовом отраслевом стандарте «Норма на проектирование осушки газа» (SY/T 0076—2008) предусмотрено, что точка росы по влаги для газа под начальным транспортным давлением, транспортированного через трубопровод, должна быть ниже окружающей температуры на 5℃ .

4.1 Краткое описание технологических методов

Промышленные методы для осушки газа включают в себя охлаждение, абсорбцию твердым телом, абсорбцию растворителем, мембранную сепарацию и т.д.

4.1.1 Охлаждение

Видно из рисунка 4.1.1 «Содержание насыщенной воды в газе», что по мере повышения давления газа температура снижалась, и также снижалось содержание насыщенной воды в газе. Поэтому, газ с насыщенной водой может повергаться осушке путем охлаждения до низкой температуры, температура охлаждения газа должна быть ниже температуры точки росы по влаге, требуемой для газа, транспортированного через трубопровод.

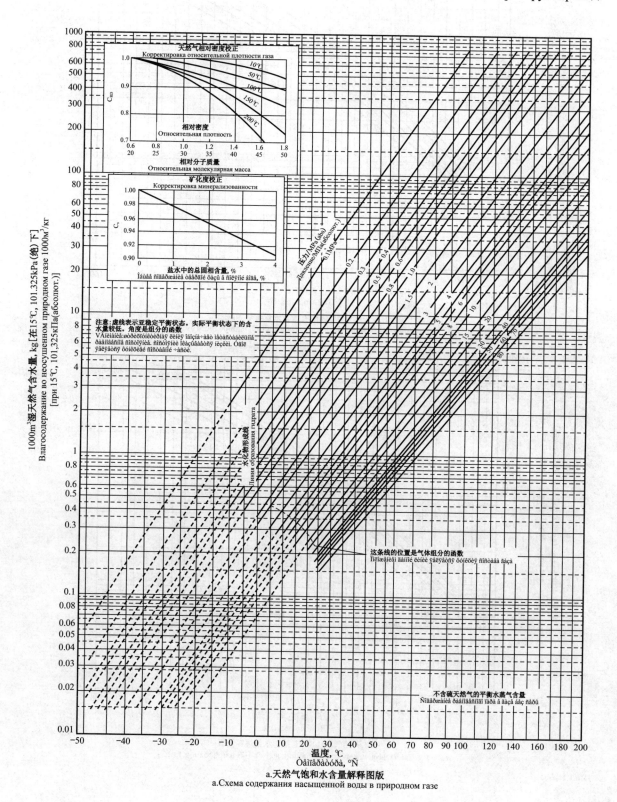

a.天然气饱和水含量解释图版

a.Схема содержания насыщенной воды в природном газе

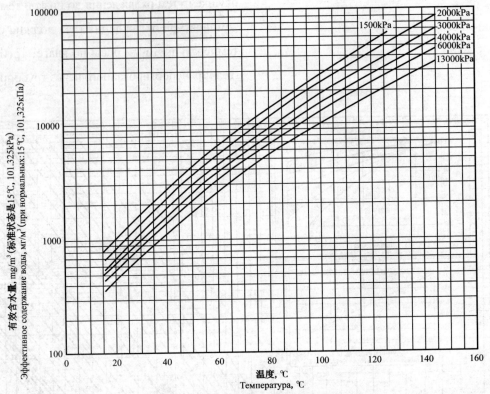

b.天然气中CO₂的有效含水量解释图版

b.Схемаэффективногосодержанияводыв CO₂ вприродномгазе.

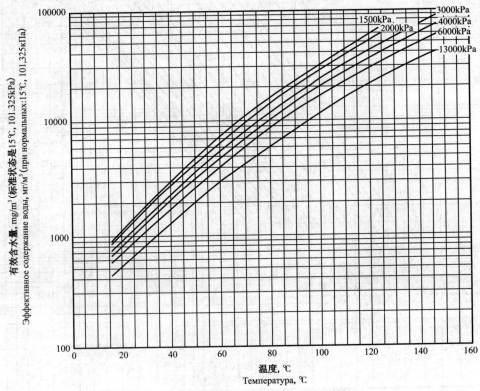

c.天然气中H₂S的有效含水量解释图版

c.Схема эффективного содержания воды в H₂S в природном газе.

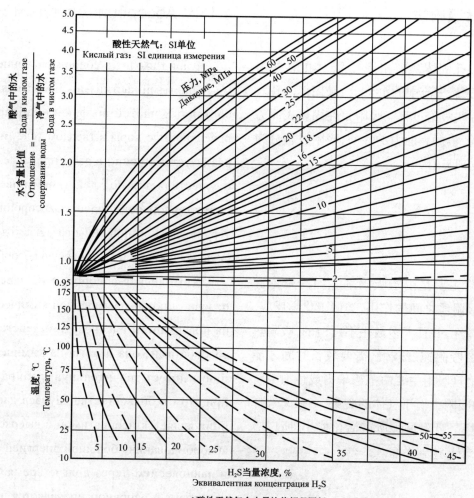

d.酸性天然气含水量比值解释图版
d.Отношение содержания воды в кислом газе

图 4.1.1　天然气含水量解释图版

Рис.4.1.1　Содержание насыщенной воды в газе

冷却脱水又可分为直接冷却、加压冷却、膨胀制冷冷却和冷剂制冷冷却 4 种方法。

天然气冷却法脱水要解决水合物形成的问题,通常在气流中注入水合物抑制剂。水合物抑制剂常用的有甲醇(MeOH)、乙二醇(EG)或二甘醇(DEG)。

Метод осушки охлаждением еще разделяется на непосредственное охлаждение, охлаждение закачкой, охлаждение расширением и охлаждение хладагентом.

Для решения проблемы в образовании гидрата при осушке газа охлаждением, как правило, в газовый поток вводится ингибитор гидрата.Распространенным ингибитором гидрата являются метанол (MeOH)и гликоль (EG) или ДЭГ (DEG).

4.1.2 固体吸附法

流体与多孔固体颗粒相接触,流体中某些组分的分子(如天然气流中的水分子)被固体内孔表面吸附的过程叫吸附过程。吸附是在固体表面力作用下产生的,根据表面力的性质,吸附过程分为化学吸附和物理吸附。

化学吸附主要是由于吸附剂表面的未饱和化学键力和吸附质之间的作用,类似于化学反应,有显著的选择性,并且大多数是不可逆的,吸附热大,活化能大,吸附速度较慢,需要较长时间才能达到平衡。物理吸附主要由范德华力或色散力所引起,气体的吸附类似于气体的凝聚,一般无选择性,是可逆过程,吸附过程所需活化能小,所以吸附速度很快,较易达到平衡。

吸附过程在天然气处理工业中的应用正在不断发展,用化学吸附过程脱除天然气中的饱和水,因吸附水后的吸附剂不能用一般方法再生,故工业上很少应用。物理吸附过程是可逆的,吸附了水的吸附剂可用改变温度和压力的方法改变平衡方向,达到吸附剂再生的目的。目前用于天然气处理(包括脱硫、脱水)的吸附过程多为物理吸附过程。

4.1.2 Абсорбция твердым телом

Флюид входит в соприкосновение с твердыми пористыми частицами, и молекулы каких-то составных частей во флюиде абсорбированы поверхностью поры в твердом теле, и абсорбция реализуется именно в этом процессе.Абсорбция осуществляется под действием поверхностной силы твердого тела, процесс абсорбции по характеру поверхностной силы разделяется на физическую абсорбцию и химическую абсорбцию.

Химическая абсорбция осуществляется в основном под ненасыщенной химической связью на поверхности адсорбента и действием между абсорбатами, она похожа на химическую реакцию и имеет значительную избирательность, при этом в большинстве случаев данная абсорбция является необратимой с высокой теплотой абсорбирования, большой энергией активации, и равновесием через долгое время.Физическая абсорбция в основном проявляется под действием вандервальсовскими или дисперсионными силами, абсорбция газа похожа на конденсацию газа без избирательности, данный процесс оказывается обратимым, нуждается малой энергии активации, так что легко достигает равновесия при большой скорости абсорбции.

Распространение процесса абсорбции непрерывно развивается в промышленности подготовки природного газа, но процесс химической абсорбции редко применяется в промышленности из-за невозможности регенерации адсорбента после абсорбции насыщенной воды из газа.Процесс физической абсорбции оказывается обратимым, адсорбент с абсорбцией воды может изменить направление равновесия путем изменения

用于天然气处理工业的吸附剂应具有较大的吸附表面积；对脱除的物质具有较好的吸附活性及对要脱除的组分具有较高的吸附容量，在使用过程中活性保持良好，使用寿命长；有较高的吸附传质速度；能简便而经济的再生；吸水后能保持较好的机械强度；具有较大的堆积密度，有良好的化学稳定性、热稳定性以及价格便宜、原料充足等特性。用于天然气脱水过程的吸附剂主要有活性铝土矿、活性氧化铝、硅胶、分子筛等，其主要物理特性见表 4.1.1。

температуры и давления, чтобы реализовать цель в регенерации адсорбента. В настоящее время, при подготовке газа (включая обессеривание, осушку) применяется процесс физической абсорбции в большинстве случаев.

Адсорбент, распространенный на промышленности подготовки газ, должен обладать относительно большой площадью абсорбции; и обладать относительно хорошей адсорбционной активностью к очищенным веществам и большой емкостью абсорбции к очищенных составных частей, при этом поддержать хорошую активность в процессе пользования, и долгим сроком службы; обладать высокой скоростью абсорбции и массопередачи; при этом осуществить регенерацию просто и экономично; поддержать хорошую механическую прочность после абсорбции воды; обладать большой насыпной плотностью, хорошей химической стабильностью, термостабильностью, низкой ценой и достаточным сырьем, и т.д. В общепринятый адсорбент для процесса осушки газа в основном входят активный боксит, активный алюмин, силикагель, молекулярные сита, их основные физические характеры приведены в таблице 4.1.1.

表 4.1.1 常用吸附剂的主要物理特性

Таблица 4.1.1 Основные физические характеры для общепринятых адсорбентов

物理性质 Физическое свойство	活性铝土矿 Активный боксит	硅胶 Силикагель			活性氧化铝 Активированный алюмин		分子筛 Молекулярное сито
		0.3 型 Тип 0, 3	R 型 Тип R	H 型 Тип H	H-151 型 Тип H-151	F-1 型 Тип F-1	4～5A
表面积, m²/g Площадь поверхности, м²/г	100～200	700～830	550～650	740～770	350	210	700～900
孔体积, cm³/g Объем отверстия, см³/г	—	0.4～0.45	0.3～0.34	0.50～0.54	—	—	0.27
孔直径, nm Диаметр отверстия, нм	—	2.1～3.3	2.1～2.3	2.7～2.8	—	—	0.42

物理性质 Физическое свойство	活性铝土矿 Активный боксит	硅胶 Силикагель			活性氧化铝 Активированный алюмин		分子筛 Молекулярное сито 4～5A
		0.3 型 Тип 0,3	R 型 Тип R	H 型 Тип H	H-151 型 Тип H-151	F-1 型 Тип F-1	
平均孔隙率, % Средняя пористость, %	35	50～65	—	—	65	51	55～60
真实密度, g/L Реальная плотность, г/Л	3400	210～2200	—	—	3100～3300	3900	
堆积密度, g/L Насыпная плотность, г/Л	800～830	720	780	720	830～880	800～880	660～690
比热容, J/（g·K） Удельная теплоемкость, Дж/（г.К）	1.00	0.92	1.05	1.05	—	1.00	0.84～1.05
导热系数, W/（m·K） Коэффициент теплопередачи Вт/（м·К）	0.157 （132℃ 4～8 目） （132℃ 4～8ячеек）	0.14℃ 4	—	0.144（38℃） 0.209（94℃）	—	—	0.59 （已脱水） （После осушки）
再生温度, ℃ Температура регенерации, ℃	180	120～230	150～230		180～450	180～310	150～310
再生后水含量, % Водосодержание после регенерации, %	4～6	4.5～7			6.0	6.5	变化 Переменная
静态吸附容量, % Статическая сорбционная емкость, %	10	35	33.3		22～25	14～16	22
颗粒形状 Форма частицы	粒状 Зернистая	粒状 Зернистая	粒状 Зернистая	球状 Шаровидная	球状 Шаровидная	粒状 Зернистая	圆柱状 Цилиндрическая

采用不同吸附剂的天然气脱水装置其工艺流程基本上是相同的,吸附剂可以互换而装置无须特别的改动。含硫天然气的分子筛吸附法脱水时,应使用抗酸性分子筛。目前天然气工业用的脱水吸附设备为固定床吸附塔。为保证装置连续操作,每套装置至少需要两个吸附塔。在双吸附塔的流程中,一塔进行脱水,另一塔进行吸附剂的再生和冷却,两塔切换操作。在三塔或多塔装置中,切换程序有所不同,对于普通的三塔流程,一般是一塔脱水,一塔再生,另一塔冷却。

Технологические процессы в основном одинаковы для установок осушки газа с применением разных адсорбентов, и адсорбенты могут замениться друг другом без особого изменения к установкам.При осушке серосодержащего газа путем абсорбции молекулярными ситами, следует использовать кислотоустойчивые молекулярные сита.В настоящее время, применяемым оборудованием осушки абсорбцией в промышленности газа является абсорбером со

与甘醇吸收法比较,固体吸附法具有以下优点:

（1）脱水后的干气中水含量可低于1mg/L,水露点可低于-100℃。

（2）对进料气体温度、压力和流量的变化不敏感。

（3）装置设计和操作简单,占地面积小。

（4）一般情况下,对于小流量气体的脱水成本较低。

固体吸附法的缺点是:

（1）对于大型装置,由于需要两个或两个以上吸附塔切换操作,其设备投资和操作费用较高。

（2）气体压降较大。

（3）天然气中的重烃、H_2S 和 CO_2 等可使固体吸附剂污染。

стационарным слоем.Следует установить два абсорбера для каждой установки по крайней мере с целью обеспечения непрерывной работы установки.В технологическом процессе двух абсорберов, один абсорбер применяется для осушки, другой для регенерации и охлаждения адсорбента, и два абсорбера работают переключением.Но на установке с тремя абсорберами или более процесс переключения отличается, в обыкновенном процесс с тремя абсорберами, один абсорбер применяется осушки, один для регенерации, остальной для охлаждения.

Абсорбция твердым телом обладает следующими преимуществами перед абсорбцией гликолем:

（1）Водосодержание в сухой газе после осушки может быть ниже 1мг/л, точка росы по влаге ниже -100℃ .

（2）Данный метод нечувствителен к изменению температуры, давления и расхода входящего газа.

（3）Установка обладает простым проектом и методом управления, и занимает малую площадь.

（4）В обычных случаях, себестоимость осушки для газа малого расхода относительно ниже.

Но этот метод еще обладает следующими недостатками:

（1）Капиталовложение в оборудование и стоимость эксплуатации относительно высокие, так как требуется переключение между двумя или более абсорберами при применении на крупной установке.

（2）Перепад давления газа оказывается относительно большим.

（3）Загрязнение твердому адсорбенту может быть вызвано тяжелым углеводородом, H_2S и CO_2 в газе.

（4）固体吸附剂在使用过程中可产生机械性破碎。

（5）吸附剂再生时耗热量较高,在低处理量操作时尤为显著。

固体吸附法适用于天然气凝液回收（NGL）、天然气液化（LNG）、压缩天然气（CNG）装置等要求水露点降低幅度大,需要深度脱水的场合。

4.1.3 膜分离法

气体膜分离技术是一项高效且经济、正在发展中的新技术。有望取代某些高能耗精馏技术的膜分离过程,是 20 世纪 90 年代兴起的分离技术之一并进入工业化应用阶段。气体膜分离系统操作维护简便、运行稳定可靠且可实现无人操作、占地少、易橇装,利用膜分离技术将为海上石油钻井平台、偏远地区的井口天然气处理带来不少好处。

气体膜分离是利用混合气体中各组分在膜中渗透速率的不同使各组分分离的得分离的过程。气体膜分离过程的推动力是膜的两侧的压力差,在压力差的作用下,气体首先在膜的高压侧溶解,并从高压侧通过分子扩散而传递到膜的低压侧,然后从低压侧解析而进入气相,由于各种物质溶

（4）В процессе пользования может проявиться механическое дробление твердого адсорбента.

（5）Количество затраченного тепла большое при регенерации адсорбента, и это оказывается значительным при низкой производительности.

Абсорбция твердым телом распространяется на установку получения газоконденсатной жидкости（NGL）, установку сжиженного природного газа（LNG）, установку сжатого природного газа（CNG）, где требовались большое снижение точки росы по влаге и глубокая осушка.

4.1.3 Мембранная сепарация

Мембранная сепарация газов является одной высокоэффективной и экономной, развивающейся новой технологией.Это процесс мембранной сепарации в возможность заменить некоторые ректификационные технологии с высокими энергозатратами, является одной из технологий сепарации, развивающих в 90-ых годах двадцатого века, и поступает в стадию промышленного применения.Система мембранной сепарации газа обслуживается просто и удобно, работает стабильно и надежно, при этом может осуществить безвахтенное обслуживание, занимает малую площадь, и удобно монтируется блочно, технология мембранной сепарации применяется в пользу буровой платформы на море, подготовки газа из скважины в отдаленных и глухих районах.

Мембранной сепарацией газов является процессом сепарации разных составных частей на основании разных скоростей фильтрации разных составных частей смешанных газов в мембране.И процесс мембранной сепарации газов выполняется движущей силой из разности давлений на двух

解、扩散速率的差异而达到分离的目的。

常用于气体分离的固体膜按材料可分为有机膜和无机膜(包括金属、非金属膜)两类;按膜结构可分为均质膜、非对称膜和复合膜。

膜分离设备(组件)有板框式、卷式、管式、中空纤维式。目前可供气体分离的膜器件主要有中空纤维式和螺旋卷式。

天然气中的饱和水较 CO_2、H_2S 具有更好的渗透性能,例如对于醋酸纤维膜,水分的渗透率是 CH_4 的 100 倍、CO_2 的 17 倍、H_2S 的 10 倍。

膜分离法天然气脱水的核心部件是非对称醋酸纤维素中空纤维膜分离器。膜分离器在 4～8MPa 的压力下运行,以进料量的 2%～5% 为反吹气,可脱除进料气中 95% 的饱和水。图 4.1.2 是美国空气及化学品公司用于天然气脱水的 Prism 膜分离器的结构形式。

сторонах мембраны, прежде всего, газы растворяются на стороне высокого давления мембраны под действием разности давлений, и потом передаются на сторону низкого давления мембраны через молекулярную диффузию, и после этого из стороны низкого давления поступают на газовую фазу после анализирования, и сепарированы с помощью разницы скорости, возникающие при растворении, диффузии разных веществ.

Общепринятая твердая мембрана для сепарации газов по материалам разделяется на органическую и неорганическую (включая металлическую и неметаллическую);по структуре мембраны разделяется на однородную, несимметричную и композитную.

Оборудование (узел)мембранной сепарации включает в себя рамное, намотанное, трубчатое, пустотелое волокнистое.В настоящее время, в мембранную деталь для сепарации газов в основном входят пустотелая волокнистая и спирально намотанная.

По сравнению с CO_2, H_2S, насыщенная вода в газе обладает лучшим свойством фильтрации, например, коэффициент фильтрации воды через ацетилцеллюлозную мембрану более чем CH_4 в 100 раз, CO_2-в 17 раз, H_2S-в 10 раз.

Ядерной частью для осушки газа методом мембранной сепарации является антисимметрический ацетилцеллюлозный пустотелый мембранный сепаратор.Мембранный сепаратор работает под давлением 4-8MPa, может очистить питающий газ от 95% насыщенных вод с помощью 2%-5% питающих газов как обратный продувочный газ.Конструктивное выполнение мембранного сепаратора Prism для осушки газа из американской компании Air Products&Chemicals приведено на рисунке 4.1.2.

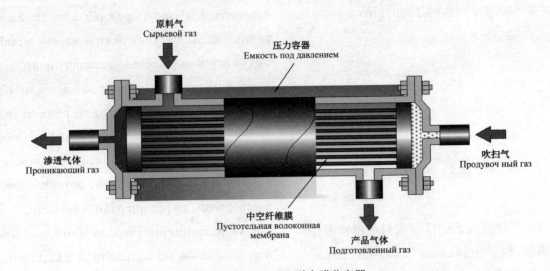

原料气
Сырьевой газ

压力容器
Емкость под давлением

渗透气体
Проникающий газ

吹扫气
Продувоч ный газ

中空纤维膜
Пустотельная волоконная
мембрана

产品气体
Подготовленный газ

图 4.1.2　PRISM 脱水膜分离器
Рис.4.1.2　Мембранный сепаратор осушки газа PRISM

天然气经预处理脱除其中夹带过多的固体颗粒及液态水和烃类,然后经一加热器将原料气的温度提升 10℃以上,加热后的原料气进入膜分离器再进行分离,尽管温度提升后原料气处于水气不饱和状态,且渗透侧的压力降低、露点温度提高,但由于水的渗透速率相对较大,水在渗透侧聚集形成液态水,因此,采用一定比例(原料气流量的 2%～5%)干燥后的天然气或干燥氮气作为反吹气,将渗透气侧的水带出膜分离系统。

随着反吹气量的增加,脱水深度也随之增加。但当反吹气量超过原料气流量的 5% 时,其反吹气量对降低产品气露点的影响明显降低。若想进一步提高脱水深度,则需通过增加膜面积,即增加膜组件来实现。但渗透气的量也会相应增加。

Сначала, газ подвергается предварительной подготовке для очистки несущих твердых частиц и жидких вод, и углеводородов, потом проходит через один нагреватель для повышения температуры сырьевого газа на 10℃ и более, после нагревания сырьевой газ поступает на мембранный сепаратор для повторной сепарации, хотя после повышения температуры сырьевой газ находится в ненасыщенном состоянии газа и воды, и при этом давление на стороне фильтрации снижается и температура точки росы повышается, вода накопляется и образует жидкую воду на стороне фильтрации из-за относительно большой скорости фильтрации, поэтому применяется природный газ или сухой азот по определенному отношению (2%-5% от объема сырьевого газа) как обратный продувочный газ для уноса воды на стороне фильтрации газа из системы мембранной сепарации.

Вслед за повышением объема обратного продувочного газа, глубина осушки газа повышается.Но когда объем обратного продувочного газа превысил 5% от объема сырьевого газа, его объем обратного продувочного газа оказывает

如果不考虑排除渗透气中比例相对较高的 CO_2 及 H_2S，或上述酸气已处理过，则可将反吹气与渗透气的混合气体重新压缩以进入膜分离系统，这样可使天然气膜分离脱水系统无烃类损失。重新压缩将需要耗能，膜的选择性越高，需要压缩的气体就越少，能耗也就越低。

世界上，天然气膜分离法脱水已有数十套工业装置运行，最大处理能力为 $600 \times 10^4 m^3/d$。

1998 年，中国科学院大连化学物理研究所在陕西长庆气田开展了处理气量为 $12 \times 10^4 m^3/d$ 的天然气膜分离脱水工业实验研究。装置由前处理、膜分离单元和后处理 3 个部分组成，使用 8 根 $\phi200mm \times 2000mm$ 的聚砜—硅橡胶复合膜组件构成 4 组膜分离单元并联运行。在 5.13MPa 压力下工作，每组膜分离单元处理天然气 $3 \times 10^4 m^3/d$。实验结果表明：采用膜分离技术能够有效脱除天然气中的饱和水，保证天然气管道正常输气。经膜净化后的天然气水露点达到 $-19 \sim -11℃$，甲烷回收率 $\geqslant 97\%$，对天然气中的水蒸汽含量变化有一定适应能力。这是该项技术在中国天然气处理领域的首次工业使用。

пониженное влияние на точку росы для подготовленного газа.Дальнейшее увеличение глубины осушки должно выполниться путем увеличения площади мембраны, то есть увеличения мембранного узлов.Но объем фильтрационного газа повышается соответственно.

В случае без очистки CO_2 и H_2S с высокой пропорцией в фильтрационном газе, или если кислый газ подвергался подготовке, то можно обеспечить отсутствие потерю углеводородов в системе осушки мембранной сепарацией путем повторно сжимания смешанного газа из обратного продувочного газа и фильтрационного газа для поступления на систему мембранной сепарации. Но повторное сжимание будет расходовать энергию, тем выше избирательности мембраны, чем ниже газа для сжимания ниже рассеяния энергии.

Во всем мире уже работают несколько десяток промышленных установки с применением мембранной сепарации для осушки газа, и максимальная производительность составляет $600 \times 10^4 м^3/сут$.

В 1998г.на газовом месторождении Чанцин в провинции Шэньси, где находится Даляньский физический и химический институт при Академии Наук Китая, было проведено промышленное экспериментальное исследование для осушки мембранной сепарацией газов с максимальной производительностью $12 \times 10^4 м^3/сут$.Установка состоится из предварительной подготовки, блока мембранной сепарации и последующей подготовки,4 блока мембранной сепарации образуется из 8 узлов полисульфоновой-силиконовой резиновой композитной мембраны $\phi200мм \times 2000мм$ и работают параллельно.При работе под давлением 5,13МПа, производительность каждого блока мембранной сепарации составляет $3 \times 10^4 м^3/сут$.

Экспериментальные результаты показали, что техника мембранной сепарации может эффективно осушить насыщенную воду в газе, и обеспечить нормальную транспортировку газопровода. Точка росы по влаге для газа после осушки мембраной может достичь −19 до −11℃, коэффициент получения метана не менее 97%, тогда газ обладает определенной приспособляемостью к изменению содержания водяного пара в газе.В этом исследовании данная техника применялась первый раз в китайской отрасли подготовки газа.

4.1.4　溶剂吸收法

溶剂吸收法是目前天然气工业中普遍采用的脱水方法。溶剂吸收脱水是根据吸收原理,采用一种亲水液体与天然气逆流接触,从而脱除气体中的水。用作脱水吸收剂的物质应对天然气有高的脱水深度,对化学反应和热作用较稳定,容易再生,蒸汽压低,黏度小,对天然气和液烃组分具有较低溶解度,发泡和乳化倾向小,对设备无腐蚀性等性质,同时还应是价格低廉,容易得到的物质。常用的脱水吸收剂有甘醇类化合物和金属氯化物盐溶液(主要是氯化钙水溶液)两大类,目前广泛采用的是甘醇类化合物。各种吸收剂的主要优缺点见表4.1.2。

4.1.4　Абсорбция растворителем

Абсорбция растворителем является общепринятым методом осушки в промышленности газа в настоящее время.Осушка путем абсорбции растворителем осуществляется противоточным контактом между гидрофильной жидкостью и газом по принципу абсорбции для очистки воды в газе.Вещество, применяемое как абсорбент осушки, должно обладать большой глубиной осушки, и и устойчивостью к химической реакции и тепловому действию, легкостью регенерации и низким давлением пара, малой вязкостью, и относительно низкой растворяемостью к составным частям газа и жидкого углеводорода, малой тенденцией к пенообразованию и эмульгации, и при этом не оказывать коррозию на оборудование, вместе с этим данное вещество должно быть дешевым и доступным с легкостью.Общепринятый абсорбент осушки включает в себя гликолевое соединение и солевой раствор металлического хлорида (в основном, водораствор хлорида кальция), в настоящее время широко распространяется гликолевое соединение.Главные преимущества и недостатки для разных абсорбентов приведены в таблице 4.1.2.

表 4.1.2　不同脱水溶剂的比较
Таблица 4.1.2　Сопоставление разных растворителей осушки

脱水溶剂 Растворитель для осушки газа	优点 Преимущество	缺点 Недостаток
氯化钙水溶液 Водораствор хлорида кальция	投资及操作费用低, 补充量小 Капиталовложение и затраты эксплуатации низкие, добавочный объем малый	与重烃会形成乳化液; 能产生化学腐蚀; 吸水容量小; 露点降较低且不稳定; 与 H_2S 会形成沉淀; 更换溶液劳动强度大且有废 $CaCl_2$ 溶液处理问题 Вместе с тяжелым углеводородом образует эмульсол; может привести к химической коррозии; емкость абсорбции воды малая; падение точки росы низкое и неустойчивое; реагирует с H_2S и образует осаждение; интенсивность труда для замены раствора большая и существует проблема обработки отработанного раствора $CaCl_2$
甘醇胺溶液 Раствор спиртоамина （10%～30% 一乙醇胺, 60%～85% 二甘醇, 5%～10% 水） （10%-30%-моноэтаноламин, 60%-85%-ДЭГ, 5%-10%-вода）	可同时脱除 H_2O、CO_2 和 H_2S; 甘醇能降低醇胺溶液发泡倾向; 在一个装置中同时实现脱水和脱硫 Возможность одновременной очистки H_2O, CO_2 и H_2S; гликоль может снизить тенденцию пенообразования раствора с низким содержанием спиртоамина; и осуществить одновременно осушку и обессеривание в одной установке.	携带损失量较三甘醇大; 需要较高的再生温度, 这样会产生严重腐蚀; 露点降小于三甘醇脱水装置, 从实用性看, 此过程仅限于低酸气含量天然气脱水 Объем потери при уносе больше чем ТЭГ; Требует высокую температуру регенерации, и что приведет к серьезному коррозии; Падение точки росы менее чем для установки осушки ТЭГ, с точки зрения утилитарности, данный процесс только распространяется на осушку газа с низким содержанием кислого газа
二甘醇水溶液 Водораствор ДЭГ（DEG）	浓溶液不会固化; 天然气中有 O_2、CO_2 和 H_2S 存在时, 在一般操作温度下溶液是稳定的; 吸水容量大 Густой раствор не отверждается; При наличии O_2, CO_2 и H_2S в газе, раствор устойчивый при нормальной температуре эксплуатации; Емкость абсорбции воды большая	蒸汽压较三甘醇高, 携带损失量比三甘醇大; 溶剂容易再生, 但用一般方法再生的二甘醇水溶液浓度不超过 95%; 露点降小于三甘醇溶液, 当贫液浓度为 95%～96%（质量）时, 露点降约为 28℃ По сравнению с ТЭГ, давление пара выше, объем потери при уносе больше; при легкой регенерации растворителя, регенерационный водораствор ДЭГ через обычный метод не превышает 95%; падение точки росы менее чем раствор ТЭГ, когда концентрация бедного раствора составила 95%-96%（по массе）, падение точки росы около 28℃
三甘醇水溶液 Водораствор ТЭГ（TEG）	浓溶液不会固化; 天然气中有 O_2、CO_2 和 H_2S 存在时, 在一般操作温度下溶液是稳定的; 吸水容量大 Густой раствор не отверждается; При наличии O_2, CO_2 и H_2S в газе, раствор устойчивый при нормальной температуре эксплуатации; Емкость абсорбции воды большая	投资及操作费用较 $CaCl_2$ 水溶液法高; 当有轻质烃液体存在时会有一定程度的发泡倾向, 有时需要加入消泡剂 По сравнению с водораствором $CaCl_2$, капиталовложение и затраты на эксплуатацию выше При наличии жидкости легкого углеводорода, существует определенная тенденция к пенообразованию, иногда требуется добавить пеноуничтожающий агент

脱水溶剂 Растворитель для осушки газа	优点 Преимущество	缺点 Недостаток
三甘醇水溶液 Водораствор ТЭГ （TEG）	容易再生,用一般再生方法可得到浓度为98.7%的三甘醇水溶液; 蒸汽压低,携带损失量小,三甘醇浓度可高于99.96%（质量）,露点降可达70℃以上 Легко регенерировать, можно получить водораствор ТЭГ с концентрацией 98,7% с помощью обычного способа регенерации; Давление пара низкое, объем потери при проносе малый, концентрация ТЭГ может быть выше 99,96%（масса）, точка росы может быть выше 70℃	

氯化钙水溶液是最早用于天然气脱水的吸收溶剂,现在很少采用,但是对于交通不便、产气量不大的边远气井和井站,或严寒地区,这种方法仍有其方便之处,故这种脱水装置至今仍有应用。

甘醇类化合物是吸收法天然气脱水装置中用得最广泛的吸收溶剂,常用的甘醇类化合物有二甘醇和三甘醇,其主要物理性质见表4.1.3。

Водораствор хлорида кальция является растворителем абсорбции для осушки газа ранее всего, и редко применяется в настоящее время, но такой метод удобен для отдаленных газовых скважин и станций с неудобным транспортом и малой продуктивностью газа, и суровых мест, поэтому такая установка осушки газа применяется до сих пор.

Гликолевое соединение является растворителем абсорбции, самым общепринятым распространенным осушки газа, общепринятое гликолевое соединение включает в себя ДЭГ и ТЭГ, их основные физические свойства приведены в таблице 4.1.3.

表 4.1.3　甘醇溶剂的主要物理性质

Таблица 4.1.3　Основные физические свойства для растворителей гликоля

甘醇物性 Физическое свойство гликоля	二甘醇 ДЭГ	三甘醇 ТЭГ
分子式 Молекулярная формула	$C_4H_{10}O_3$	$C_6H_{14}O_4$
相对分子量 Относительная молекулярная масса	106.1	150.2
沸点（101.3kPa）,℃ Точка кипения（101,3кПа）,℃	244.8	285.5
密度（25℃）,kg/m³ Плотность（25℃）,кг/м³	1113	1119

续表

продолжение табл

甘醇物性 Физическое свойство гликоля	二甘醇 ДЭГ	三甘醇 ТЭГ
折射率（25℃） Коэффициент преломления（25℃）	1.446	1.454
凝固点，℃ Точка затвердения，℃	-8	-7
闪点，℃ Точка вспышки，℃	124	177
燃点，℃ Точка воспламенения，℃	143	166
蒸汽压（25℃），Pa Давление пара（25℃），Па	＜1.33	＜1.33
黏度（25℃），mPa·s Вязкость（25℃），мПа·с	28.2	37.3
比热容（25℃），kJ/（kg·K） Удельная теплоемкость（25℃），кДж/（кг·К）	2.3	2.22
表面张力（25℃），mN/m Поверхностное натяжение（25℃），мН/м	44	45
分解温度，℃ Температура разложения，℃	164	206.7

甘醇溶液有很好的吸水性能是由于甘醇和水的分子有很好的互溶性，因甘醇分子具有醚基和羟基基团，液态水分子通过氢键与之有强的缔合力，水分子与甘醇分子缔合成不稳定的较大的复分子，极大地降低了甘醇溶液的水蒸气压。而只要与溶液相接触的气相中水蒸气分压高于溶液的水蒸气压，则气相中的水蒸气就要被溶液吸收，此即甘醇溶液脱水的机理。

天然气脱水装置由于进装置原料气的不同，分为站场脱水和净化厂脱水两种。在集气站的站场脱水装置若原料气中含 H_2S，则存在 H_2S 的处

Раствор гликоля обладает хорошей способностью абсорбции воды, благодаря хорошей взаиморастворимости между молекулами гликоля и воды, так как молекула гликоля имеет эфирную и гидроксильную группы, молекула жидкой воды имеет большую силу ассоциация с молекулой гликоля с помощью водородной связи, молекулы воды и гликоля составляют нестабильные большие сложные молекулы, которые значительно снизили давление пара для раствора гликоля. Но когда парциальное давление водяного пара в газовой фазе, контактирующей с раствором, выше давления пара раствора, то водяной пар в газовой фазе абсорбирован раствором, и это является механизмом осушки раствором гликоля.

Установка осушки газа по разности сырьевых газов, поступающих на установку, разделяется на установки осушки на станционной

理问题,如 TEG 脱水装置的闪蒸汽和重沸器精馏柱排出的再生气,以及分子筛脱水装置的再生气均应考虑去火炬或废弃焚烧炉。而净化厂脱水装置闪蒸汽可作为工厂燃料气,可不考虑 H₂S 的处理问题。

4.2 三甘醇脱水法

4.2.1 工艺流程和工艺参数

4.2.1.1 工艺流程

三甘醇脱水装置的工艺流程比较简单,采用汽提再生的脱水流程见图 4.2.1。自 1949 年第一套三甘醇脱水装置采用至今,其设备外观并无很大变化,但在甘醇溶液浓度提高、溶液净化、设备结构、节能等方面都有不少改进。对于不同的使用场合,工艺流程稍有差别。典型工艺流程图如图 4.2.1 所示,流程简述如下。

(1)湿进料气的分离器与吸收塔往往合在一起,塔下部为进料分离段,塔的上段为吸收段。在天然气净化厂内,脱水装置的进料气,即上游脱硫装置吸收塔顶的湿净化气,气质清洁,且该塔顶往

площадке и на ГПЗ.Для установки осушки на станционной площадке на газосборном пункте,при наличии H_2S в сырьевом газе,то существует проблема очистки H_2S,например,флаш-газ из установки осушки ТЕG и регенерационный газ из перегонной колонки,и регенерационный газ из установки осушки молекулярными ситами должны податься на факел или печь дожига отработанных газов.Флаш-газ из установки осушки газа на ГПЗ может применяться в качестве топливного газа ГПЗ,и его H_2S не требует очистку.

4.2 Осушка газа ТЭГ

4.2.1 Технологический процесс и параметры

4.2.1.1 Технологический процесс

Для установки осушки газа ТЭГ применяется простой технологический процесс,принятый процесс осушки с отправкой и регенерацией приведен на рисунке 4.2.1.От первой установки осушки газа ТЭГ в 1949г.до сир пор,внешний вид оборудования не изменяется значительно,но концентрация раствора гликоля повышается,оборудование улучшается в сторонах очистки раствора,структуры оборудования,экономии в энергии.И технологический процесс тоже отличается немножко в разных условиях применения. Типовой технологический процесс приведен на рисунке 4.2.1,краткое описание процесса указано в следующем.

(1)Сепаратор влажного питающего газа и абсорбер обычно сочетаются вместе,нижняя секция абсорбера для сепарации,верхняя секция для абсорбции.На ГПЗ,питающий газ в установку

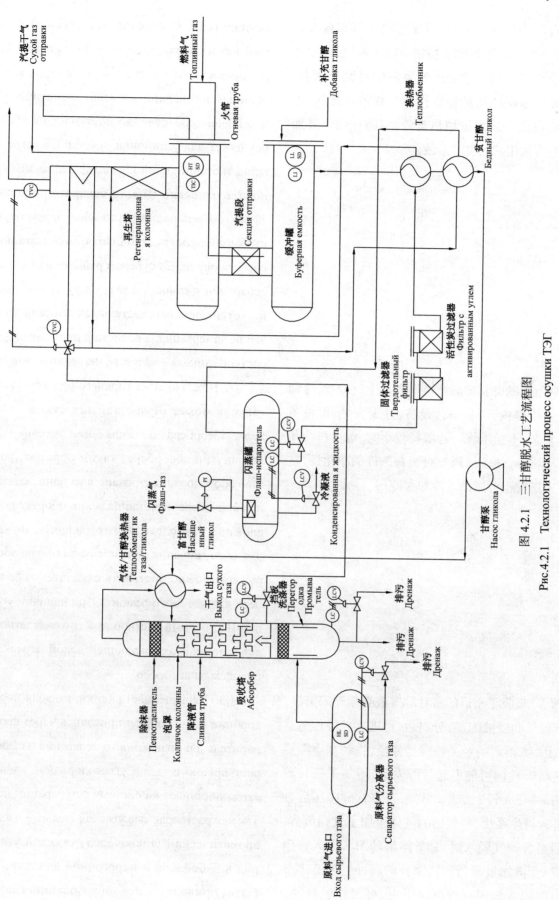

图 4.2.1 三甘醇脱水工艺流程图

Рис.4.2.1 Технологический процесс осушки ТЭГ

往设有湿净化气分离器,因此进料气可直接进入脱水吸收塔;对于井口及场站的脱水装置,脱水吸收塔前必须单独设置分离效果好的过滤分离器,以确保脱水吸收塔的稳定操作。在严寒地区,进料分离段底部应增设加热盘管,以防冻结。其加热介质可采用热的贫甘醇液。

（2）热的贫甘醇溶液可用塔顶干气冷却,冷却盘管置于塔内,可少一台设备,减少占地,但设备制作复杂,不便维修。若塔径较小时,也可将冷却器置于塔外,便于检修。对于有条件的净化厂,贫溶液入塔前也可用循环冷却水冷却。

（3）吸收了水后的富甘醇溶液必须经闪蒸罐,将溶解气和烃液闪蒸、分离后,再进入甘醇再生系统。因为,溶解的烃类特别是芳烃、重烃在重沸器及其精馏柱内可能引起甘醇发泡,增加了三甘醇损耗,并在火管上结焦;另外,若富甘醇降压后直接进入再生系统,释放出的气体增加了气相负荷,特别是含硫气脱水时,甘醇溶解的 H_2S 进入再生系统,会增加重沸器和精馏柱的腐蚀。闪蒸罐分离出的闪蒸汽因有较高的压力,可用作燃料气。

осушки газа, то есть чистый влажный очищенный газ из верха абсорбера установки обессеривания в верхнем течении, и на верхе которого установлен сепаратор влажного очищенного газа, может непосредственно поступает на абсорбер осушки;а для установки осушки на устье скважины и станционной площадке необходимо установить отдельно фильтр-сепаратор с хорошим эффектом сепарации перед абсорбером осушки, чтобы обеспечить стабильную эксплуатацию абсорбера осушки.В суровом районе, на дне секции сепарации питающего газа следует дополнительно установить нагревательный змеевик во избежание замерзания.И возможно применить бедный раствор гликоля в качестве нагревательной среды.

（2）Охлаждение горячего бедного раствора гликоля может осуществиться сухим газом на верхе абсорбера, охлаждающий змеевик поставлен внутри абсорбера, таким образом, количество оборудования снижается на одно, снижается и также потребная площадь, но оборудование со сложной технологией изготовления, не удобно для обслуживания.При малом диаметре абсорбера, еще можно поставить охладитель вне абсорбера для удобного ремонта.При наличии условий на ГПЗ, бедный раствор может охлаждаться циркуляционной охлаждающей водой перед поступлением на абсорбер.

（3）Насыщенный раствор гликоля после абсорбции воды должен проходить через флаш-испаритель для мгновенного испарения и сепарации растворяемого газа и углеводородной жидкости, затем поступает на систему регенерации гликоля. Так как растворяемые углеводороды, в частности ароматический углеводород, тяжелой углеводород в ребойлере и перегонной колонке, может быть, приводят к пенообразованию гликоля,

对 H_2S 含量较高的闪蒸汽则应送去火炬焚烧。若直接进入再生系统,溶解气将与水汽一起从精馏柱顶部排入大气,这将污染环境。

甘醇闪蒸罐用于两相(气相、甘醇液)分离时宜采用立式分离器;用于三相(气相、甘醇和烃液)分离时宜采用卧式分离器。

(4)通常将重沸器(包括上面的富胺液精馏柱)通过贫液精馏柱与下面的缓冲罐结合在一起,使得设备布置十分紧凑。

一方面,通常在富胺液精馏柱顶部设有冷却盘管,可使部分水蒸汽冷凝,成为精馏柱顶的内回流,从而控制富胺液精馏柱顶部温度,减少甘醇损失量。另一方面,预热富胺液可以降低溶液黏度有利于烃类—富甘醇的分离。

повышению потери ТЭГ, и коксообразования на огневой трубе;кроме того, если насыщенный гликоль поступал непосредственно на систему регенерации после снижения давления, то выделенный газ повышает нагрузку газовой фазы, особенности при осушке серосодержащего газа, растворяемый H_2S из гликоля поступает на систему регенерации, и усиливает коррозию ребойлера и перегонной колонки.Отделенный из флаш-испарителя флаш-газ может применяться как топливный газ благодаря высокому давлению. Флаш-газ с высоким содержанием H_2S подается на факел для сжигания.В случае, если флаш-газ непосредственно поступает на систему регенерации, растворяемый газ и водяной пар сбросятся в атмосферу из верха перегонной колонки, это приведет к загрязнению окружающей среды.

При сепарации двух фаз (газовая фаза, жидкость гликоля) на флаш-испарителе гликоля, лучше принять вертикальный сепаратор;при сепарации трех фаз (газовая фаза, жидкость гликоля и углеводорода),лучше принять горизонтальный сепаратор.

(4) Обычно сочетаются вместе ребойлер (включая верхнюю перегонную колонку насыщенного раствора) и нижняя буферная емкость с помощью перегонной колонки бедного раствора для компактного расположения оборудования.

Как правило, на верху перегонной колонки насыщенного раствора установлен охлаждающий змеевик, который смог реализовать конденсацию частичных водяных паров в качестве внутреннего рефлюкса на верху перегонной колонки для контроля температуры верха перегонной колонки насыщенного раствора и снижения потери гликоля.В другой стороне, подогревательный насыщенный раствор может снизить вязкость раствора, что полезно для сепарации углеводородов-насыщенных гликолей.

常压再生重沸器的甘醇温度控制在甘醇分解温度以下,一般为200℃左右,如用蒸汽加热,需要压力至少为 2.5MPa 的饱和蒸汽,而此压力的饱和蒸汽无论在气田的场站还是在大型的净化厂内都是难于得到的,因此尽管火管重沸器的热效率较低,仍然被广泛采用。

在贫甘醇溶液进泵前的缓冲罐内设有贫 / 富甘醇溶液换热盘管,以提高富液的入塔(富液精馏柱)温度,并冷却贫液。近年来有的国内外公司在缓冲罐内增设第二组换热盘管,第二组换热盘管用于加热闪蒸前的富甘醇溶液,以提高闪蒸效果。

(5)富甘醇溶液常压再生流程中,常采用加入汽提气的方法来提高贫甘醇溶液的浓度,再生后的三甘醇贫液浓度可达 99.2%～99.98%(质量分数),以使脱水后的干气具有更低的水露点。汽提气可直接通入重沸器内,但采用将汽提气在重沸器内预热后再通入贫液精馏柱底部的方式,效果更好。汽提气可采用脱水后的干气,也可采用闪蒸汽,若采用闪蒸汽可能存在波动和气量不足的问题。

Температура гликоля для ребойлера регенерации атмосферного давления контролируется ниже температуры разложения гликоля, обычно, около 200℃, при нагревании паром, то следует использовать насыщенный пар с давлением не менее 2,5МПа, но насыщенный пар с давлением 2,5МПа трудно получается на станции газового месторождения и также на крупном ГПЗ, так что широко распространяется ребойлер огневой трубы, не смотря на его низкий тепловой коэффициент.

Внутри буферной емкости перед поступлением бедного раствора гликоля на насос, установлен змеевик теплообмена бедного/насыщенного раствора гликоля для повышения входной температуры насыщенного раствора в колонну (перегонную колонку насыщенного раствора) и охлаждения бедного раствора.За последние годы, некоторые внутренние и зарубежные компании дополнительно установили второй теплообменный змеевик внутри буферной емкости, второй теплообменный змеевик распространяется на нагревание насыщенного раствора гликоля перед мгновенным испарением с целью повышения эффекта мгновенного испарения.

(5)В технологии регенерации насыщенного раствора гликоля при атмосферном давлении, обычно, повышается концентрация бедного раствора гликоля путем добавки отпарного газа, концентрация бедного раствора ТЭГ может достичь 99,2%-99,98%после регенерации, чтобы сухой газ после осушки обладал ниже точкой росы по влаге.Отпарный газ может подключиться непосредственно в ребойлер, но получается более хороший эффект при подключении в дно перегонной колонки бедного раствора после предварительного подогревания отпарного газа в ребойлере.Можно использовать не только сухой газ после осушки, но и флаш-газ в качестве отпарного газа, при пользовании флаш-газа, может быть , существует проблема в колебании и недостатке объема газа.

4.2.1.2 工艺参数

（1）天然气含水量。

天然气饱和水含量如图 4.1.1 所示,天然气含水量为相对密度等于 0.6 的天然气与纯水的平衡值。若相对密度不等于 0.6 和(或)接触水为盐水时,应乘以图中的修正系数,按下式计算:

$$W=0.983W_0C_{RD}C_S \qquad （4.2.1）$$

式中　W——天然气饱和水含量, mg/m^3;

　　　W_0——由图4.1.1a查得的含水量, mg/m^3(SI 单位);

　　　C_{RD}——相对密度校正系数,由图4.1.1a查得;

　　　C_S——含盐量校正系数,由图4.1.1a查得。

对于酸性天然气,当总压高于 4800 kPa（绝）时,其饱和水含量应用 H_2S 和(或)CO_2 含量按下式校正:

$$W=0.983 （y_{HC}W_{HC}+y_{CO_2}W_{CO_2}+y_{H_2S}W_{H_2S} ）\qquad （4.2.2）$$

4.2.1.2 Технологические параметры

（1）Влагосодержание газа.

Содержание насыщенной воды в газе определяется по содержанию насыщенной воды （Рис.4.1.1）.На данном рисунке, ордината обозначает влагосодержание газа, которое являлось уравновешенным значением между газом с относительной плотность 0,6 и чистой водой. Когда относительная плотность не ровна 0,6 и/ или контактная вода являлась солевой, то следует умножить содержание на коэффициент поправки на рисунке, и осуществляется расчет по формуле （4.2.1）:

$$W=0.983W_0C_{RD}C_S \qquad （4.2.1）$$

Где　W——Содержание насыщенной воды в газе, мг/м^3;

　　　W_0——Влагосодержание, полученное из рисунка 4.1.1а, мг/м^3（ единица по SI ）;

　　　C_{RD}——Коэффициент поправки относительной плотности, полученный из рисунка 4.1.1а;

　　　C_S——Коэффициент поправки солесодержания, полученный из рисунка 4.1.1а.

Когда суммарное давление для кислого природного газа выше 4800КПа （ абсолютное ）, его содержание насыщенной воды должно поправиться по формуле （4.2.2）с помощью содержания H_2S и/или CO_2.

$$W=0.983 （y_{HC}W_{HC}+y_{CO_2}W_{CO_2}+y_{H_2S}W_{H_2S} ）\qquad （4.2.2）$$

式中 W ——酸性天然气饱和水气含量，mg/m^3；

y_{CO_2}，y_{H_2S}——气体中 CO_2、H_2S 的摩尔分数；

y_{HC}——气体中除 CO_2、H_2S 外的所有组分的摩尔分数；

W_{HC}——由图 4.1.1a 查得的烃类气体含水量，mg/m^3（SI 单位）；

W_{CO_2}——CO_2 气体的有效含水量，由图 4.1.1b 查得，mg/m^3（SI 单位）；

W_{H_2S}——H_2S 气体的有效含水量，由图 4.1.1c 查得，mg/m^3（SI 单位）。

当天然气中"H_2S 当量摩尔百分数"（H_2S 的摩尔百分数加上 75% 的 CO_2 摩尔百分数）为 5%～55% 时，其水含量受酸气含量影响的校正系数也可以"H_2S 当量摩尔百分数"从图 4.1.1d 查得。

另外，从 HYSYS 软件中查得的天然气含水量值与查图值稍有偏差，设计水含量时可做调整。

（2）进塔贫甘醇溶液浓度的确定。

出吸收塔的干气露点取决于进塔贫甘醇溶液的浓度、流量以及吸收塔的实际板数和操作条件。

当吸收塔操作压力小于 13.8MPa 时，出吸收塔顶的干天然气的水露点温度基本上和操作压力无关。一般吸收塔操作压力均低于此值，故在计

Где W —— Содержание насыщенной воды в кислом природном газе, мг/м³；

y_{CO_2}，y_{H_2S}—— молярная доля для CO_2, H_2S в газе；

y_{HC}—— молярная доля для всех составных частей в газе, кроме CO_2, H_2S；

W_{HC}—— Влагосодержание углеводородных газов, полученное из рисунка 4.1.1a, мг/м³ (единица по SI)；

W_{CO_2}—— Полезное влагосодержание в газе CO_2, полученное из рисунка 4.1.1b, мг/м³ (единица по SI)；

W_{H_2S}—— Полезное влагосодержание газа H_2S, полученное из рисунка 4.1.1c, мг/м³ (единица по SI).

Когда «мольная концентрация эквивалента H_2S» (мольная концентрация H_2S плюс 75% от мольной концентрации CO_2) в газе составила 5%-55%, его коэффициент поправки для влагосодержания с влиянием от кислого газа тоже получается из рисунка 4.1.1d.

Кроме того, при отклонении между полученным влагосодержанием газа из программы HYSYS и полученным значением из рисунка, допускается регулирование проектного влагосодержания.

（2）Определение концентрации бедного раствора гликоля при поступлении на абсорбер.

Точка росы для сухого газа, выходящего из абсорбера, зависит от концентрации, расхода поступающего в абсорбер бедного раствора гликоля, и фактического числа тарелок и условий эксплуатации абсорбера.

Когда рабочее давление абсорбера ниже 13,8МПа, температура точки росы по влаге для сухого природного газа из верха абсорбера не имеет

算干气水露点时不考虑吸收塔操作压力的影响,也有文献指出,压力每增加689kPa,露点降低0.5℃。吸收塔操作温度对出塔干气水露点是有影响的,但是,入塔天然气的质量流量远大于进塔贫甘醇溶液的质量流量,吸收塔中各点温度差一般不超过2℃,因而基本上可认为吸收塔的有效吸收温度等于进塔天然气温度。

图4.2.2为出吸收塔顶的干气平衡露点和进料湿气温度与入塔贫甘醇溶液浓度的关系图。该图纵坐标表示的干气水露点为干气的平衡水露点。通过该图可查得需要的贫甘醇溶液浓度,此浓度为必须达到的最低浓度。因此,在确定操作浓度时应将要求的水露点降低至少5℃后使用该图,但降低温度不宜超过10℃,否则不经济。无论吸收塔理论板数和三甘醇循环量如何变化,低于此浓度时出塔干气就不能达到要求的水露点温度。

отношения к рабочему давлению.Как обычно, рабочее давление абсорбера ниже данного значения, поэтому допускается не учесть рабочее давление абсорбера при расчете точки росы по влаге для сухого газа, но в культурах отмечается, что точка росы снижается на 0,5℃ при повышении давления на 689кПа в каждый раз.Рабочая температура абсорбера оказывает влияние на точку росы по влаге для сухого газа, выходящего из абсорбера, но массовый расход входящего природного газа выше гораздо массового расхода входного бедного раствора гликоля, и разница температуры между разными точками, обычно, не превышает 2℃, поэтому в основном считается, что эффективная температура абсорбции абсорбера равно температуре природного газа, поступающего в абсорбер.

Отношение между равновесной точкой росы для сухого газа из верха абсорбера и температурой питающего влажного газа с концентрацией бедного раствора гликоля, поступающего на абсорбер, приведено на рисунке 4.2.2.На данном рисунке ордината обозначает равновесную точку росы по влаге для сухого газа.На рисунке можно получить нужную концентрацию бедного раствора гликоля, и данная концентрация является обязательно достигнутой минимальной.В связи с этим, при определении рабочей концентрации следует использовать данный рисунок после того, как снизить требуемую точку росы по влаге на 5℃ по крайней мере, но снижение температуры не должно превысить 10℃, зато проявляется неэкономичность.Не смотря на теоретическое число тарелок абсорбера и объема циркуляции ТЭГ, сухой газ из абсорбера не может достичь требуемую температуру для точки росы по влаге при концентрации ниже данной концентрации.

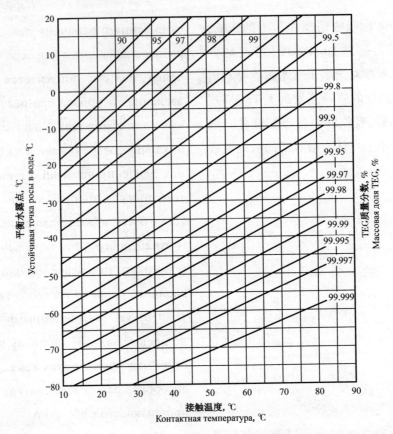

图 4.2.2 吸收塔操作温度，进塔贫甘醇溶液浓度和出塔干气的平衡露点的关系图

Рис.4.2.2 Отношение между рабочей температурой абсорбера и концентрацией бедного раствора ТЭГ，поступающего на абсорбер，с равновесной точкой росы для сухого газа，выходящего из абсорбера.

（3）甘醇吸收塔理论接触段数和贫甘醇溶液循环量的确定。

在吸收塔中三甘醇溶液循环量和理论接触段数的关系可用 Kremser—Brown 方程来描述，此基本吸收公式可写成如下形式：

$$E_a = \frac{y_{N+1} - y_1}{y_{N+1} - y_0} = \frac{A^{N+1} - A}{A^{N+1} - 1} \qquad （4.2.3）$$

$$A = L/（KV） \qquad （4.2.4）$$

式中 E_a——吸收效率；

y_{N+1}——进塔湿原料气中水的摩尔分数；

（3）Определение количества теоретических контактных секций абсорбера гликоля и объема циркуляции бедного раствора гликоля.

Отношение между объем циркуляции раствора ТЭГ в абсорбере и количеством теоретических контактных секций описывается уравнением Kremser—Brown，данная основная формула абсорбции написана по следующей форме：

$$E_a = \frac{y_{N+1} - y_1}{y_{N+1} - y_0} = \frac{A^{N+1} - A}{A^{N+1} - 1} \qquad （4.2.3）$$

$$A = L/（KV） \qquad （4.2.4）$$

Где E_a——Эффективность абсорбции；

y_{N+1}——Молярная доля воды во влажном сырьевом газе，поступающем на абсорбер；

y_1——离吸收塔的干气中水的摩尔分数;

y_0——与进塔贫甘醇溶液处于平衡的干气中水的摩尔分数;

A——吸收因子;

L——三甘醇溶液循环量,kmol/h;

V——入塔湿天然气流量,kmol/h;

K——水—天然气—三甘醇系统中水的气液平衡常数,$y=Kx$;

N——吸收塔理论接触段数。

整个吸收塔系统,参数 y_{N+1},y_1,V,操作压力 p 及接触温度 T 是确定的,贫甘醇溶液浓度也为干气所要求的水露点所规定,因此设计者的工作是选出合适的 L 和 N 值来满足克 Kremser—Brown 方程或 Kremser—Brown 吸收因子图(图4.2.3)。

在吸收塔中,L/V 值极其稳定,可视为常数;平衡常数 K 值与三甘醇溶液浓度有关,三甘醇贫液进塔后,自上而下流动,因吸收了天然气中的饱和水,浓度不断变化,因而平衡常数 K 值沿吸收塔也是变化的。在高浓度的三甘醇范围内,可忽略 K 值沿塔的变化。

解式(4.2.4)时,必须先确定 K 值,K 值可按下式较准确地计算出来:

y_1——Молярная доля воды в сухом газе, отходящем из абсорбера;

y_0——Молярная доля воды в сухом газе, равновесном с бедным раствором гликоля, поступающим в абсорбер;

A——Фактор абсорбции;

L——Объем циркуляции раствора ТЭГ, кмоль/ч;

V——Расход влажного природного газа, поступающего на абсорбер, кмоль/ч;

K——постоянная равновесия газа и жидкости для воды в системе воды—природного газа—ТЭГ, $y=Kx$;

N——Количество теоретических контактных секций абсорбера.

Параметры y_{N+1}, y_1, V, рабочее давление p и контактная температура T для целой системы известны, концентрация бедного раствора гликоля установлена точкой росы по влаге, требуемой для сухого газа, поэтому работа проектировщика заключается в выборе подходящего значения L и N для соответствия уравнению КРЕМСЕРА—БРАУНА или рисунку фактора абсорбции КРЕМСЕРА—БРАУНА (Рис.4.2.3).

Отношение L/V в абсорбере оказывается очень стабильным, и считается постоянным;значение K постоянной равновесия связано с концентрацией раствора ТЭГ, бедный раствор ТЭГ течет сверху донизу в абсорбере, и его концентрация изменяется непрерывно из-за абсорбции насыщенной воды в природном газе, поэтому значение K постоянной равновесия изменяется по абсорберу.В сфере высокой концентрации ТЭГ, допускается игнорировать изменение значения K по абсорберу.

При решении уравнения (4.2.4), необходимо определить значение K, которое определяется точно по следующей формуле:

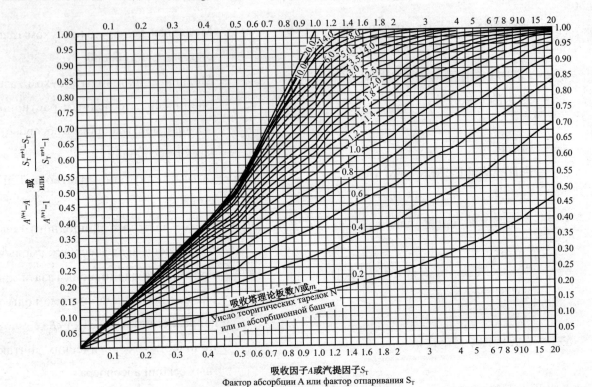

图 4.2.3 克莱姆瑟—勃朗吸收因子图

Рис.4.2.3 Фактор абсорбции Кремсера—Брауна

$$K=y_w\gamma \qquad (4.2.5)$$

式中 y_w——含饱和水的气相中水的摩尔分数，可按式（4.2.1）或式（4.2.2）所得计算结果换算；

γ——三甘醇水溶液中水的活度系数，可根据三甘醇水溶液的浓度由图 4.2.4 查出。

K 值确定后，按下式计算：

$$y_0=Kx_0 \qquad (4.2.6)$$

式中，y_0 及 K 的意义见式（4.2.3）及式（4.2.4），x_0 为进吸收塔的贫甘醇溶液中水的摩尔分数，通常，甘醇溶液中水的浓度采用质量百分浓度，可用图 4.2.5 换算成相应的摩尔分数（x_0）。

$$K=y_w\gamma \qquad (4.2.5)$$

Где y_w——Молярная доля воды в фазовой фазе с насыщенной водой, пересчитанная из результатов при расчете по формуле（4.2.1）или формуле（4.2.2）;

γ——Коэффициент активности воды в водорастворе ТЭГ, полученный из рисунка 4.2.4 по концентрации водораствора ТЭГ.

После определения, расчет значения y осуществляется по следующей формуле:

$$y_0=Kx_0 \qquad (4.2.6)$$

Где, обозначение y и K приведено в формуле（4.2.3）и формуле（4.2.4）, x_0-молярная доля воды в бедном растворе гликоля, поступающем на абсорбер, как обычно, концентрация воды в растворе гликоля выражена на массовой процентной концентрации, и может быть пересчитана на соответствующую молярную долю（x_0）по рисунку 4.2.5.

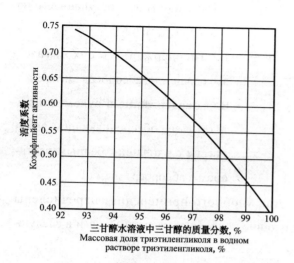

图 4.2.4　三甘醇—水溶液中水的活度系数

Рис.4.2.4　Коэффициент активности воды в
водорастворе ТЭГ

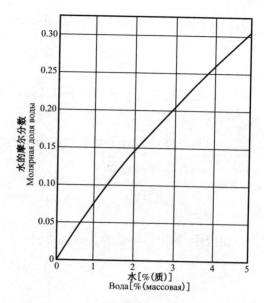

图 4.2.5　甘醇—水溶液中水的质量分数
分子分率浓度换算图

Рис.4.2.5　Массовый процент воды в водорастворе
гликола Рисунок пересчета концентрации
молекулярной фракции

式（4.2.3）中左边各项为天然气中水的摩尔分数,而一般天然气的水含量用单位体积气体中所含水的质量（mg 水 /m³ 天然气）来表示。可用下式将前者换算为后者:

Влево формулы（4.2.3）перечислены молярные доли воды в природном газе, но обычное влагосодержание в природном газе выражено на массе содержимой воды в газе удельного объема（мг H_2O/м³ природного газа）, допускается пересчет первого на последний по следующей формуле:

$$W=748020y \qquad （4.2.7）$$

$$W=748020y \qquad （4.2.7）$$

由于式（4.2.3）中左边为浓度的比值,与采用的浓度单位无关。为方便起见,用单位体积气体中所含水的质量表示气体中的水浓度,式（4.2.3）可改写成:

Влево формулы（4.2.3）перечислено отношение концентрации, которое не связано с единицей концентрации.Для удобства при расчете, концентрация воды в газе выражена на массе содержимой воды в газе удельного объема, тогда формула（4.2.3）изменяется на:

$$\frac{W_{N+1}-W_1}{W_{N+1}-W_0}=\frac{A^{N+1}-A}{A^{N+1}-1} \qquad （4.2.8）$$

$$\frac{W_{N+1}-W_1}{W_{N+1}-W_0}=\frac{A^{N+1}-A}{A^{N+1}-1} \qquad （4.2.8）$$

$$W_0=（\gamma）\cdot W\cdot（x_0） \qquad （4.2.9）$$

$$W_0=（\gamma）\cdot W\cdot（x_0） \qquad （4.2.9）$$

$$K=1.34\times10^{-6}W（\gamma） \qquad （4.2.10）$$

$$K=1.34\times10^{-6}W（\gamma） \qquad （4.2.10）$$

式中 W_{N+1}——进吸收塔湿原料气中含水量,mg/m³;

W_1——出吸收塔的干气中含水量,mg/m³;

W_0——与进塔贫液处于平衡时的干天然气的含水量,mg/m³。

为方便应用,列出具体计算步骤如下:

① 根据要求的贫甘醇溶液浓度,利用图4.2.5得到进塔甘醇溶液中水的摩尔分数 x_0,由图4.2.4得到三甘醇—水溶液中水的活度系数 γ。

② 根据天然气的入塔条件由式(4.2.1)或式(4.2.2)及相关算图得到饱和天然气的水含量 W_{N+1}、W_1、W_0。

③ 由 γ、W、x_0 按式(4.2.9)计算得到 W_0。

④ 计算出式(4.2.3)左边数值 E_a。

⑤ 由 W、γ 按式(4.2.10)计算平衡常数 K 值。

⑥ 假定理论接触段数为 N(1个理论接触段约相当于4块实际塔盘),由 E_a 值及 N 值查图4.2.3得吸收因子 A 值。

⑦ 计算1mol气体需要的贫三甘醇溶液的摩尔数。

Где W_{N+1}——влагосодержание во влажном сырьевом газе, поступающего на абсорбер, мг/м³;

W_1——Влагосодержание в сухом газе, выходящем из абсорбера, мг/м³;

W_0——Влагосодержание в сухом природном газе, обеспечивающем равновесие с входящим бедным раствором в абсорбер, мг/м³.

Для удобного применения, перечислены следующие подробные расчетные шаги в следующем:

① По требуемой концентрации бедного раствора гликоля, получается молярная x_0 доля воды в растворе гликоля, поступающем на абсорбер по рисунку 4.2.5, и получается коэффициент активности γ воды в водорастворе ТЭГ по рисунку 4.2.4.

② По условиям поступления природного газа в абсорбер, получается влагосодержание W_{N+1}, W_1, W_0 по формуле (4.2.1) или формуле (4.2.2) и связанным расчетным рисункам.

③ Расчет W_0 осуществляется из γ, W, x_0 по формуле (4.2.9).

④ Осуществляется расчет значения E_a влево формулы (4.2.3).

⑤ Расчет значение K для постоянной равновесия осуществляется из W, γ по формуле (4.2.10).

⑥ Предполагается количество теоретических контактных секций N (одна теоретическая контактная секция эквивалентно 4 фактическим тарелкам), получается значение A фактора абсорбции по значениям E_a и N из рисунка 4.2.3.

⑦ Осуществляется расчет числа Моля бедного раствора ТЭГ, требуемого газами на 1моль.

沿吸收塔各塔板上,液相流量是不相等的,近似的计算方法是假定沿塔上升的气体流量为常数,并令 $V_{N+1}=1.0\text{mol}$,利用 K 值及 A 值可求得 1mol 气体所需要的贫三甘醇溶液循环量 L_0,即 $L_0=AKV_{N+1}=AK\text{mol}_{三甘醇}/\text{mol}_{进料气}$。这种以 L_0 代替 L_N 的计算方法是偏保守的,由此算得的贫三甘醇溶液循环量并确定脱水系统的设备尺寸,可以留有适当的余地。

⑧ 将原料天然气体积流量换算为摩尔流量 V,mol/h。

⑨ 计算入塔贫三甘醇溶液摩尔流量 VL_0,kmol/h。

⑩ 计算贫三甘醇溶液摩尔质量:$M_{\text{w}}=18.015x_0+150$(1-$x_0$),kg/kmol。

⑪ 按入塔的贫三甘醇溶液温度查图得三甘醇溶液的密度 ρ_{L},kg/L。

⑫ 计算贫三甘醇溶液循环量:$V_{\text{L}}=\dfrac{L_0 M_{\text{w}}}{\rho_{\text{L}}}$,L/h。

⑬ 计算三甘醇溶液每小时的脱水负荷,W_{w},kg/h。

⑭ 计算循环率 $\dfrac{V_{\text{L}}}{W_{\text{w}}}$,L(贫三甘醇溶液)/kg(水)。

循环率在 25~60 范围内即认为是经济合理的,循环率过小或过大应减少或增加理论接触段数 N,按步骤⑥至⑭重新计算。一般理论接触段数在 1~2 范围内调整即可满足要求。

Расходы жидких фаз не равные по тарелкам абсорбера, сходный расчет осуществляется с предложением расхода подъемного газа по абсорбера в качестве постоянной, и $V_{N+1}=1,0$моль, получается объем циркуляции L_0 нужного раствора ТЭГ для газов на 1моль путем расчета по значениям K и A, то есть, $L_0=AKV_{N+1}=AK\text{моль}_{ТЭГ}/\text{моль}_{питающий газ}$. Такой расчет с заменой L_N на L_0 оказывается немножко консервативным, и следует обеспечить запас в подходящем размеру для полученного объема циркуляции бедного раствора ТЭГ и определенного размера оборудования систему осушки газа.

⑧ Осуществляется пересчет объемного расхода сырьевого природного газа на молярный расход V, моль/ч.

⑨ Осуществляется расчет молярного расхода VL_0 для бедного раствора ТЭГ, поступающего на абсорбер, кмоль/ч.

⑩ Расчет молярной массы для бедного раствора ТЭГ: $M_{\text{w}}=18,015x_0+150$(1-$x_0$), кг/кмоль.

⑪ Получается плотность ρ_{L} для бедного раствора ТЭГ из рисунка по температуре бедного раствора ТЭГ, поступающего на абсорбер, кг/Л.

⑫ Реализуется расчет объема циркуляции для бедного раствора ТЭГ: $V_{\text{L}}=\dfrac{L_0 M_{\text{w}}}{\rho_{\text{L}}}$, Л/h.

⑬ Осуществляется расчет ежечасной нагрузки осушки раствора ТЭГ, W_{w}, кг/ч.

⑭ Выполняется кратность циркуляции $\dfrac{V_{\text{L}}}{W_{\text{w}}}$, Л(бедный раствор ТЭГ)/кг(вода).

Контроль за кратностью в пределах циркуляции 25-60 считается экономным и рациональным, при слишком малой или большой кратности циркуляции, следует уменьшить или увеличить

（4）三甘醇溶液再生压力、温度的确定。

　　为使脱水后干天然气的水露点达到规定值，进塔贫三甘醇溶液应达到相应的浓度。贫三甘醇溶液来自再生系统重沸器，离开重沸器的贫三甘醇溶液的浓度取决于重沸器的压力和温度；当采用汽提再生时，还决定于汽提气的用量和汽提效率。重沸器的设计压力不小于 0.1013MPa 或其充满水的静压中之较大值。常压再生时，贫甘醇溶液的浓度决定于甘醇再生的温度。三甘醇的热分解温度为 206.67℃，因而，重沸器的操作温度不能高于此值，通常为 193～204℃。常压再生时贫三甘醇溶液可达到的浓度为 98.7%（质量分数），需要的贫三甘醇溶液浓度超过此值时，应在采用减压再生、共沸再生或向重沸器（或贫液精馏柱）通入汽提气的办法来提高贫三甘醇溶液的浓度。因后者流程简单，常常被采用。

количество теоретических контактных секций N, и выполняется перерасчет по шагам от ⑥ до ⑭.В общем случае, количество теоретических контактных секций регулируется в пределах 1-2, что тогда считается соответствующим требованиям.

（4）Определение давления, температуры регенерации раствора ТЭГ.

Поступающий на абсорбер раствор ТЭГ должен достичь соответствующей концентрации, чтобы точка росы по влаге для сухого природного газа достигла установленного для него значения. Бедный раствор ТЭГ происходит из ребойлера системы регенерации, его концентрация зависит от давления и температуры ребойлера; при отпарной регенерации, данная концентрация еще зависит от объема отпарного газа и эффективности отпарки. Проектное давление ребойлера не менее 0,1013МПа или более максимального в статических давлений при наполнении водой. При регенерации под атмосферным давлением, концентрация бедного раствора гликоля зависит от температуры регенерации гликоля. Температура термического разложения ТЭГ составляет 206, 67℃, ввиду этого, рабочая температура ребойлера не должна быть выше данного значения, обычно, составляет 193-204℃. Концентрация бедного раствора ТЭГ может достичь 98,7%（весовой процент）при регенерации под атмосферным давлением, требуемая концентрация бедного раствора ТЭГ должна превысить данное значение. Следует повысить концентрацию бедного раствора ТЭГ путем регенерации при снижении давления, ацеотропической регенерации и подачи отпарного газа на ребойлер（или перегонную колонку бедного раствора）.В обычных случаях, принят второй метод из-за его простой технологии.

图4.2.6可用于确定富三甘醇溶液再生系统的操作条件。使用该图,需先确定吸收塔出口富三甘醇溶液中三甘醇的质量百分浓度,此浓度可通过贫三甘醇溶液循环量及其脱水负荷算出。

Рис.4.2.6 допускается для определения рабочих условий для системы регенерации насыщенного раствора ТЭГ.Прежде всего, следует определить массовую процентную концентрацию ТЭГ в выходном насыщенном растворе ТЭГ из абсорбера перед пользованием данного расчетного рисунка, данная концентрация может получиться расчетом по объему циркуляции бедного раствора ТЭГ и его нагрузке осушки.

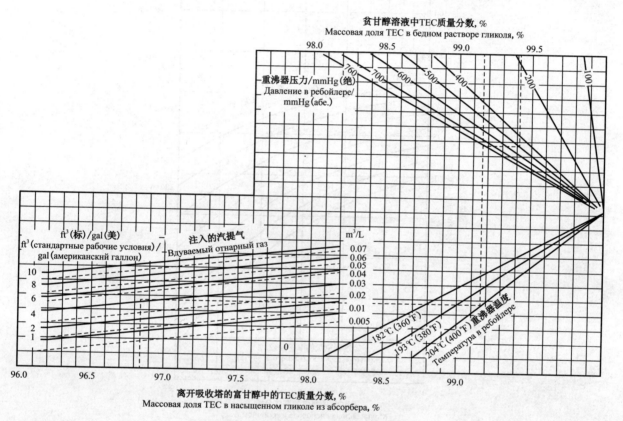

图4.2.6　确定再生塔操作条件的算图

Рис.4.2.6　Определение рабочих условий для регенерационной колонны

（5）重沸器的热负荷及火管热流强度。

（5）Тепловая нагрузка ребойлера и прочность теплопотока огневой трубы.

重沸器的热负荷包括加热甘醇溶液的显热、水的气化潜热、回流液的蒸发热和热损失。重沸器的热负荷在设计时通常不通过系统的热平衡求得,一般为250～300MJ/m³ 溶液,设计时取400MJ/m³。根据重沸器的热负荷及重沸器火管的燃烧效率、燃料气的热值即可计算出燃料气的消耗量。重

Тепловая нагрузка ребойлера включает в себя физическую теплоту, скрытую теплоту газообразования воды, теплоту испарения и тепловую потерю рефлюксной жидкости.Тепловая нагрузка ребойлера, как обычно, не рассчитана по тепловому равновесию системы при проектировании,

沸器火管的燃烧效率可由图4.2.7查得。

а составляет 250-300МДж/м³ раствора, и принято 400МДж/м³ при проектировании.Потребление топливного газа рассчитывается по тепловой нагрузке ребойлера и коэффициенту полноты сгорания его огневой трубы, теплотворности топливного газа. Коэффициент полноты сгорания для огневой трубы ребойлера получается из рисунка 4.2.7.

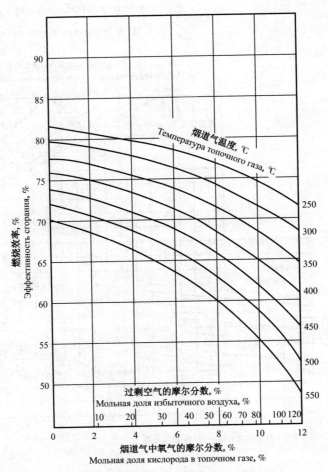

图4.2.7 天然气—甘醇脱水装置火管重沸器燃烧效率近似值（高发热值：38460kJ/m³）

Рис.4.2.7 Приближённое значение для коэффициента полноты сгорания ребойлера с огневой трубой на установки осушки газа-гликоля （высшая теплотворность： 38460 кДж/м³）

重沸器的火管热流强度一般为18～25kW/m²，最高不超过31kW/m²。

（6）汽提气的用量。

汽提气可使富三甘醇中水含量降低,汽提气可用干净化气。汽提气必须经过预热,通常在重沸器内预热后通入贫胺液精馏柱。

Прочность теплопотока для ребойлера, обычно, составляет 18-25кВт/м² и не превышает 31кВт/м² максимально.

（6）Объем отпарного газа.

Отпарный газ может снизить влагосодержание насыщенного ТЭГ, сухой очищенный газ может играть роль отпарного газа.Отпарный газ

汽提气用量可用图 4.2.8 确定。通过汽提，贫三甘醇浓度可达 98.7% 以上。

должен подвергаться предварительному подогреванию, и подается на перегонную колонку после предварительного подогревания в ребойлере.

Объем отпарного газа может определиться по рисунку 4.2.8.Концентрация бедного раствора ТЭГ может достичь 98,7% и более после отпарки.

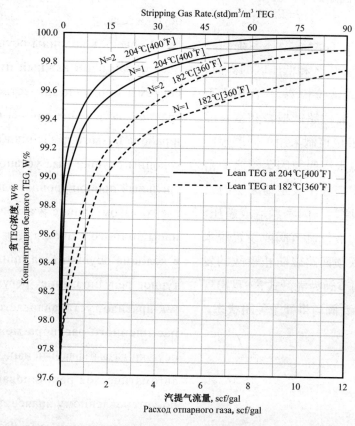

图 4.2.8　确定再生塔汽提气用量的算图

Рис.4.2.8　Определение потребного объема для отпарного газа регенерационной колонны

4.2.2　主要控制回路

脱水单元中使用到的控制回路相对脱硫、硫黄回收单元要简单些，主要采用单回路控制系统，用于液位、压力、流量和温度参数的控制。连锁保护系统主要有脱水塔超低液位联锁和明火加热熄火联锁系统，用于紧急情况下装置的安全自保。

4.2.2　Основной контур регулирования

Для контура регулирования в блоке очистки газа в основном применяется одноконтурная система регулирования, которая относительно проста по сравнению с блоками обессеривания и получения серы, и применяется для регулирования параметров уровня, давления, расхода, температуры.Система защитной блокировки в

4.2.2.1 控制回路

（1）脱水塔液位控制回路。

脱水塔液位是保持 TEG 溶液循环系统的一个重要控制点，也是隔夜高压区和低压区的界面。通常在脱水塔底设置双重液位检测，一台用于正常液位控制，另一台用于液位超低报警和富甘醇飞紧急切断。脱水塔的液位控制采用单回路控制方式，调节阀位置设在脱水塔底与闪蒸罐之间富液管线上，根据脱水吸收塔液位设定值来进行自动调节。为了避免高压原料与闪蒸罐造成超压、爆炸等事故，在脱水塔的液位调节阀前设置脱水塔低液位联锁阀，采用联锁回路以防止事故的发生。同时，脱水塔液位调节阀为气开式，一旦出现仪表风或者仪表电源故障，阀门将处于关闭状态。

основном выполняется из систем блокировки при сверхнизком уровне жидкости и блокировки гашением при нагревании огневой работой для самозащиты установки во время аварий.

4.2.2.1 Контур регулирования

（1）Контур регулирования уровня в колонне осушки газа.

Уровень в колонны осушки газа представляет собой один важный пункт управления в системы циркуляции раствора TEG, и также границу разделения района высокого давления и района низкого давления.Как правило, на дне колонны осушки газа установлен двойной контрольный прибор уровня, один для тревоги при сверхнизком уровне и аварийного отключения насыщенного гликоля.Для уровня жидкости в колонне осушки газа применяется одноконтурное регулирование, регулирующий клапан, как правило, устанавливается на трубопроводе насыщенного раствора между дном колонны осушки газа и флаш-испарителем, допускается автоматическое регулирование его положения по установленному значению уровня жидкости в колонне осушки газа.Для предотвращения сверхдавления, взрыва и прочих аварий, вызванных сырьем высокого давления и флаш-испарителем, установлен блокировочный клапан при низком уровне колонны осушки газа перед регулирующим клапаном уровня на данной колонне осушки газа, при этом для нее применяется контур блокировки для предотвращения аварий.При этом, регулирующий клапан уровня для колонны осушки газ является клапаном с пневмоуправлением, в случае неисправности приборного воздуха или питания прибора, клапан находится в закрытом состоянии.

（2）脱水塔压力控制回路。

脱水塔压力控制是通过控制出塔天然气管线上的调节阀来实现的。该调节阀前压力为脱水塔操作压力，阀后压力为出装置输气管线压力，采用单回路控制方式。该调节阀通常为气开式，一旦出现仪表风或仪表电源故障，阀门将处于关闭状态。

单独的脱水装置，从安全角度考虑，还应在脱水装置入口处设置压力安全联锁系统。当压力超出系统设计压力时，该联锁系统将自动打开通往火炬的放空联锁阀使系统泄压。

（3）闪蒸罐液位调节回路。

闪蒸罐液位调节回路与吸收塔液位调节回路一样，该调节回路为单调节回路，调节阀采用气开式，一旦出现仪表风与仪表电源故障，阀门将处于关闭状态。为保证溶液过滤有足够的推动力，该调节阀通常设置在脱水闪蒸罐后溶液过滤器的出口管线上。

（2）Контур регулирования давления в колонне осушки газа.

Регулирование давления в колонне осушки газа осуществляется регулирующим клапаном на газопроводе выходящего из колонны.Давление перед данным регулирующим клапаном является рабочим давлением колонны осушки газа, а давление после клапана-давлением газопровода из установки, для которого применяется одноконтурное регулирование.В обычных случаях, регулирующий клапан является клапаном с пневмоуправлением, в случае неисправности приборного воздуха или питания прибора, клапан находится в закрытом состоянии.

С точки зрения безопасности, для отдельной установки осушки газ следует установить систему предохранительной блокировки давления на входе установки осушки газа.Когда давление превысило проектное давление системы, данная система блокировки автоматично открывает сбросный блокировочный клапан на факел для декомпрессии давления.

（3）Контур регулирования уровня в флаш-испарителе.

Контур регулирования уровня в флаш-испарителе одинаков с контуром регулирования уровня в абсорбере, данный контур регулирования осуществляет одноконтурное регулирование, и для него применяется клапан с пневмоуправлением, в случае неисправности приборного воздуха или питания прибора, клапан находится в закрытом состоянии.Для обеспечения достаточной движущей силы для фильтрации, данный регулирующий клапан установлен на выходном трубопроводе фильтра раствора после флаш-испарителя осушки газа.

（4）入塔贫液流量控制回路。

TEG 循环量稳定是确保干气达到一定脱水深度的重要条件。循环量的控制有两种方法：一是采用调节阀控制入塔三甘醇的流量；二是采用变频调节器调节循环泵排量控制入塔流量。这两种方法在实际装置中都有采用。流量调节阀安装在泵进出口连通管线上将使泵消耗的功率大于实际需要的功率，特别是当脱水处理量减少需降低循环量时，电动机功率浪费更大，不利于节能，此时采用变频调速的方法更为合理。采用变频调速方案的另一个优点是对泵可以实现软启动，从而大大降低启动电流。

（5）再生釜燃料气流量控制回路。

再生釜再生温度控制是确保三甘醇再生质量的关键因素，当三甘醇再生温度超过 206℃时，三甘醇将会分界变质。为此，再生釜再生温度控制是确保三甘醇再生质量的关键因素。

（4）Контур регулирования расхода бедного раствора при поступлении на колонну.

Важным условием для обеспечения определенной глубины осушки сухого газа является объем циркуляции TEG.Регулирование объема циркуляции осуществляется по двум способам: В первом способе, регулирование расхода ТЭГ, поступающего на колонну, осуществляется регулирующим клапаном;во втором способе, регулирование входного расхода в колонну осуществляется регулированием производительности циркуляционного насоса с помощью частотно-преобразовательного регулятора.Регулирующий клапан расход монтируется на соединительном трубопроводе на входе и выходе насоса, при котором потребляемая мощность насоса более фактической нужной мощности, особенно при необходимости снижения объема циркуляции после уменьшения производительности осушки, неэкономная мощность электродвигателя больше, что не полезно для экономии в энергии, тогда способ частотно-преобразовательного регулирования скорости оказывается более рациональным. Вариант частотно-преобразовательного регулирования скорости обладает другим преимуществом: возможность реализации мягкого пуска, такое преимущество значительно снижает пусковой ток.

（5）Контур регулирования расхода топливного газа в регенераторе.

Ключевым фактором для обеспечения качества регенерации ТЭГ является регулирование регенерационной температуры регенератора, когда температура ТЭГ превысила 206℃, ТЭГ переродится по границе.Для этого, регулирование температуры регенератора является ключевым фактором для обеспечения качества регенерации ТЭГ.

如用蒸汽作为热源需要饱和蒸汽的压力等级为2.5MPa,在工厂没有高压蒸汽来源时,采用直接火焰加热的火管式重沸器是最简单的方法。由于在接近重沸器内溢流堰处的溶液温度最灵敏,温度控制点通常设置在此处。为加宽热负荷的调节范围,通常采用多火嘴燃烧,用切换火嘴数量来获得理想的温度调节范围。天然气净化厂再生釜燃料气流量控制回路为单调节回路,调节阀采用气开式;也可采用控制每个火嘴燃料气流量的方式进行温度调节,调节阀采用气开式,一旦出现仪表风或仪表电源故障,阀门将处于关闭状态。

4.2.2.2 联锁控制系统

为了保证装置处于安全状态下运行,脱水装置还采用联锁控制回路,主要有脱水塔超低液位联锁和明火加热炉熄火联锁。

(1)脱水塔超低液位联锁。

脱水单元在任何时候都不允许脱水塔液位过低,液位过低将造成窜气事故发生,导致设备损坏

Приняв пар как источник тепла, то требуется давление насыщенного пара 2,5МПа, при отсутствии источника пара высокого давления на заводе, допускается использовать ребойлер с огневой трубы, нагреваемой непосредственно пламенем, и этот метод оказывается самым простым.Как обычно, точка регулирования температуры установлена в месте около водосливной плотины ребойлера, где температура раствора оказывалась самой чувствительной.Для расширения диапазона регулирования тепловой нагрузки, обычно, применяется горение многими горелками и получается идеальный диапазон регулирования температуры путем переключения количества горелок. Контур регулирования расхода топливного газа для регенератора ГПЗ осуществляет одноконтурное регулирование, на котором применяется регулирующий клапан с пневмоуправлением;Тоже допускается регулирование температуры путем регулирования расхода топливного газа для каждой горелки, и применяется регулирующий клапан с с пневмоуправлением, в случае неисправности приборного воздуха или питания прибора, клапан находится в закрытом состоянии.

4.2.2.2 Система сблокированного управления

Для установки осушки газа применяется контура сблокированного управления, в основном включая блокировку при сверхнизким уровне в колонне осушки газа и блокировку при остановке нагревательной печи колонны осушки газа с целью обеспечения работы установки в безопасном режиме.

(1)Блокировка при сверхнизком уровне в колонне осушки газа.

В любое время не допускается сверхнизкий уровень колонны осушки газа в блоке осушки

或爆炸事故发生。因此,天然气净化厂的脱水系统设有低液位联锁保护系统。当脱水塔液位过低时,达到联锁给定值,该系统自动启动联锁装置。该联锁系统与脱硫单元脱硫吸收塔超低液位联锁相同。

（2）明火加热炉熄火联锁。

明火加热炉检测设备故障、负荷过低或燃料供给系统异常时,有可能引起炉膛熄火。火管式重沸器因无炉膛的蓄热作用,当熄火后,炉膛温度迅速降至燃料气自燃温度以下,此时再喷入燃料气很难再次燃烧。若此时燃料气继续进入炉膛,如不按照程序进行点火,可燃气体达到爆炸浓度范围,将可能造成爆炸事故。因此,脱水单元明火加热炉设置有熄火联锁保护系统。

通常火管炉再生三甘醇装置采用自动点火装置。自动点火程序和安全联锁系统考虑在一套设备中,并与控制系统进行信息连接,形成一个整体。

газа, сверхнизкий уровень приведется к перетеканию газа или взрыву. Поэтому, в системе осушки газа ГПЗ установлена блокирующая защитная система от низкого уровня. Когда уровень в колонне осушки газа оказался сверхнизким и достиг заданного значения для блокировки, данная система автоматично запускает блокирующую установку. Блокировка при сверхнизком уровне для блокирующей системы одинакова с абсорбером обессеривания в блоке обессеривания.

（2）Блокировка при гашении огневого нагревателя.

Происходит, может быть, гашение топки вследствие неисправности контрольной установки огневого нагревателя, чрезмерно низкой нагрузки или неисправности топливоподающей системы. На ребойлере с огневой трубой не имеется функция аккумуляции тепла в топке, поэтому, температура топки быстро снижается ниже температуры самовоспламенения топливного газа при гашении, при этом повторное сжигание трудно осуществляется путем повторного впрыска топливного газа. Если топливный газ продолжил поступать на топку в этот момент без осуществления зажигания по процедуре, то горючий газ достигает диапазона взрывной концентрации, и может быть, вызывает взрыв. Поэтому, для огневого нагревателя блока осушки газа предусмотрена система блокировочной защиты при гашении.

Как правило, на установке регенерационного ТЭГ для печи с огневой трубой применяется автоматический зажигатель. Программа автоматического зажигания и система предохранительной блокировки предусмотрены в одном оборудовании, и осуществляют информационный обмен с системой управления, и образуют с ней один целый комплект.

4.2.3 主要工艺设备的选用

4.2.3.1 脱水吸收塔

泡帽塔是脱水吸收塔应用最广泛的塔型,因为脱水系统所需甘醇循环量小,吸收塔内气液体积比值高,而泡帽塔盘漏液甚少,有一定液封,能保证气液良好接触并具有较大的操作弹性。

如前文所述,接触段数为1~2个理论接触段,约4~8块实际塔板,通常采用6~8块塔板。

当处理量较小,其塔径小到 0.8m 以下时,为简化塔的结构,宜采用填料塔,且选用规整填料。若用乱堆填料,为提高填料润湿率需增加甘醇溶液循环量,会使投资和操作费用略有增加。

脱水吸收塔可用桑德尔—布朗(Souders—Brown)公式计算吸收塔允许气体速度:

$$V_c = K[(\rho_L - \rho_g)/\rho_g]^{0.5} \qquad (4.2.11)$$

$$D = \left(\frac{1.27m}{C}\right)^{0.5} / [(\rho_L - \rho_g)/\rho_g]^{0.25} \qquad (4.2.12)$$

4.2.3 Выбор основного технологического оборудования

4.2.3.1 Абсорбер осушки газа

Самой общепринятой колонной в абсорбере осушки газа является колпачковая колонна, потому что в данном колонне система осушки газа требует малый объем циркуляционного гликоля, и в абсорбере существует высокое отношение газа/жидкости, на тарелках колпачковой колонны редко проявляется утечка жидкости и существует определенный гидрозатвор, который смог обеспечить хороший контакт между газом и жидкостью и обладал большой упругостью эксплуатации.

Как выше указано, количество теоретических контактных секций составляет 1-2, около 4-8 фактических тарелок, в обычных случаях, применяется 6-8 тарелок.

При малой производительности и диаметре колонны менее 0,8м, лучше использовать насадочную колонну для упрощения структуры колонны, и при этом выбрать регулярную насадку. Капиталовложение и затраты эксплуатации немножко повышаются для повышения влажности насадки путем повышения объему циркуляции раствора гликоля при пользовании неупорядоченной насадки.

Расчет допускаемой скорости газа для абсорбера осушки газа осуществляется по формуле Саудерса-Броуна (Souders-Brown):

$$V_c = K[(\rho_L - \rho_g)/\rho_g]^{0.5} \qquad (4.2.11)$$

$$D = \left(\frac{1.27m}{C}\right)^{0.5} / [(\rho_L - \rho_g)/\rho_g]^{0.25} \qquad (4.2.12)$$

式中 V_c——气体允许流速,m/s;

K——经验常数,m/s,除与塔板形式有关外,还与板间距及物料情况有关,通常不采用小于 0.6m 的塔板间距,当塔板间距为 0.6m 时,$K=0.0488$m/s;当采用规整填料时,$K=0.091\sim0.122$ m/s;

ρ_L, ρ_g——操作条件下,液相和气相的密度,kg/m³;

D——塔径,m;

m——气体质量流量,kg/s。

在脱水吸收塔顶需设置丝网除雾器,以除去脱水后天然气中夹带的甘醇液滴,减少甘醇损失。

入塔贫甘醇溶液利用出塔干气进行冷却时,需设置甘醇溶液—干气换热器,它可以是塔顶内部的一组盘管,也可以是吸收塔外的一个单独换热器。当采用塔顶内部盘管换热器时,其设计方法如下:

贫三甘醇溶液冷却管围绕一中心管一层一层往下盘绕:第一层由内向外(或由外往内)盘绕,第二层由外向内(或由内往外)盘绕……,最下一层盘管贫三甘醇溶液出口应落入最上一层塔盘之上。中心管直径 D_0 大于绕管外径 d 的 8~10 倍,主要是为了在绕管时靠中心管一圈绕管不会由于

Где V_c——допустимая скорость течения газа, м/с;

K——эмпирическая постоянная, м/с, связанная не только с формой тарелки, но и с расстоянием между тарелками и состоянием материальных ресурсов, в обычных случаях, не принято расстояние между тарелками менее 0,6м, когда расстояние между тарелками составило 0,6м, $K=0,0488$м/с.При пользовании регулярной насадки, $K=0,091$-$0,122$м/с;

ρ_L, ρ_g——Плотность жидкой фазы и газовой фазы в условиях эксплуатации, кг/м³;

D——Диаметр колонны, м;

m——Массовый расход газа, кг/с;

На верху абсорбера осушка газа следует установить сетчатый тумансниматель для устранения капли гликоля в природном газе после осушки и снижения потери гликоля.

При охлаждении бедного раствора гликоля, поступающего на абсорбер, с помощью сухого газа из абсорбера, следует установить теплообменник раствора гликоля-сухого газа, который представлял собой не только один внутренний змеевик на верху абсорбера, но и отдельный теплообменник вне абсорбера.При принятии внутреннего змеевика на верху абсорбера как теплообменник, осуществляется проектирование по следующим:

Труба охлаждения бедного раствора ТЭГ обвивает центральную трубу вниз по слоям, в первом слое обвивать осуществляется изнутри наружу (или снаружи внутрь), во втором слое обвивать осуществляется снаружи внутрь (или изнутри наружу), в последнем слое выход

过度弯曲而被压扁或折裂。

每层绕管的圈数由同层的管心距($d+\delta$）来确定，每层绕管的管间净空距δ需满足 $0.4d \geqslant \delta \geqslant 0.2d$。

绕管平均直径：

$$D_c = D_0 + m（d+\delta）$$

气体流动最窄面积：

$$F = \pi D_c m \delta$$

式中 D_0——中心管直径, m;

d——绕管外径, m;

δ——每层绕管的管间净空距, m;

m——每层绕管的圈数。

在排管时还应满足：

每层绕管管子之间（径向）相对间距 $S_1 = b_1 d = d+\delta$，应符合 $1.4 \geqslant b_1 \geqslant 1.2$；

上下两层管之间（轴向）相对间距 $S_2 = b_2 d$ 应符合 $1.2 \geqslant b_2 \geqslant 1.0$。

塔内部盘管换热管的传热计算与一般的换热器并无差异,但管外气体的膜传热系数需按下式计算:

бедного раствора гликоля трубы должен находиться над тарелкой колонны.Диаметр D_0 центральной трубы более внешнего диаметра d обвившей трубы в 8-10 раз, такой диаметр в основном применяется для предотвращения сплющения или ломины обвившей трубы около центральной трубы из-за чрезвычайного изгиба при обвивании трубы.

Количество витков обвившей трубы каждого слоя определяется расстоянием между центрами труб в том слое ($d+\delta$), габаритное расстояние между трубами каждого слоя δ должно соответствовать условиям: $0,4d \geqslant \delta \geqslant 0,2d.$

Средний диаметр обвившей трубы:

$$D_c = D_0 + m（d+\delta）$$

Минимальная площадь с течением газа:

$$F = \pi D_c m \delta$$

Где D_0——диаметр центральной трубы, м;

d——Внешний диаметр обвившей трубы, м;

δ——Габаритное расстояние между обвившими трубами каждого слоя, м;

m——Количество витков обвившей трубы каждого слоя.

Распределение труб еще должно соответствовать:

Относительное (радиальное) расстояние между обвившими трубами каждого слоя $S_1 = b_1 d = d+\delta$, должно соответствовать условиям: $1,4 \geqslant b_1 \geqslant 1,2$;

Относительное расстояние между трубами верхнего и нижнего слоев $S_2 = b_2 d$ должно соответствовать условиям: $1,2 \geqslant b_2 \geqslant 1,0.$

Расчет теплопередачи теплообменных труб для обвивших труб внутри абсорбера не отличается от обычного теплообменника, но пленочный коэффициент теплопередачи газов вне трубы должен определиться по формуле (4.2.13):

$$h_0 = \frac{\lambda}{d} 0.2058 Re^{0.64} \qquad (4.2.13)$$

式中　h_0——管外气体的膜传热系数，W/（m²·K）；

　　　Re——雷诺准数，无量纲；

　　　λ——管外气体在定性温度下的导热系数，W/（m·K）；

　　　d——绕管外径，m。

4.2.3.2　原料气分离器

　　三甘醇脱水装置的进料分离器，通常采用有内构件的分离器或过滤分离器。图4.2.9为典型的带叶片式捕雾器内构件的立式分离器。叶片式捕雾器内构件是专有技术，不易用标准公式设计。其细节问题应咨询制造商。但可利用气体动量式（4.2.11）及式（4.2.12）大致估算叶片式捕雾器表面积：

$$J = \rho_g v_t^2 = 29.8 kg/（m·s²） \qquad (4.2.14)$$

$$A = \frac{Q_A}{v_t} \qquad (4.2.15)$$

式中　J——气体动量，kg/（m·s²）；

　　　ρ_g——气相密度，kg/m³；

　　　v_t——气体通过叶片截面的速度，m/s；

　　　A——捕雾器表面积，m²；

　　　Q_A——气体实际流量，m³/s。

$$h_0 = \frac{\lambda}{d} 0.2058 Re^{0.64} \qquad (4.2.13)$$

Где　h_0——Пленочный коэффициент теплопередачи газов вне трубы，Вт/（м²·К）；

　　　Re——Критерий Рейнольдса，размерный；

　　　λ——Коэффициент теплопередачи газов вне трубы при определяющей температуре，Вт/（м·К）；

　　　d——Внешний диаметр обвившей трубы，м.

4.2.3.2　Сепаратор сырьевого газа

　　Как правила，распространенные питательные сепараторы для установки осушки ТЭГ выполняются с внутренними элементами или в исполнении фильтра-сепаратора.Типовой вертикальный сепаратор с внутренними компонентами пластинчатого брызгоулавливателя приведен на рисунке 4.2.9.Внутренние компоненты пластинчатого брызгоулавливателя являются собственной техникой，трудно спроектированы по стандартной формуле.О них подробностях следует обратиться к изготовителю.Но，приблизительная оценка для поверхности пластинчатого брызгоулавливателя осуществляется по формуле для расчета количества движения газов（4.2.11）и формуле（4.2.12）：

$$J = \rho_g v_t^2 = 29.8 kg/（м·с²） \qquad (4.2.14)$$

$$A = \frac{Q_A}{v_t} \qquad (4.2.15)$$

Где　J——Количество движения газа，кг/（м·с²）；

　　　ρ_g——Плотность газовой фазы，кг/м³；

　　　v_t——Скорость течения газа через сечение пластины，м/с；

　　　A——Площадь поверхности брызгоулавливателя，м²；

　　　Q_A——Фактический расход газа，м³/с.

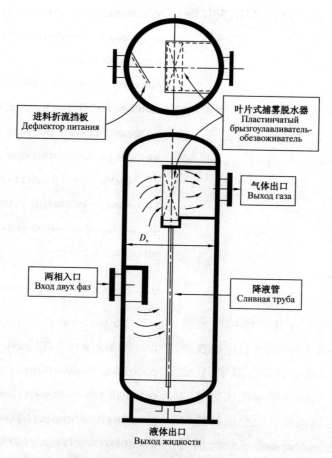

进料折流挡板
Дефлектор питания

叶片式捕雾脱水器
Пластинчатый
брызгоулавливатель-
обезвоживатель

气体出口
Выход газа

D_v

两相入口
Вход двух фаз

降液管
Сливная труба

液体出口
Выход жидкости

图 4.2.9 带叶片式捕雾器的立式分离器

Рис.4.2.9 Вертикальный сепаратор с пластинчатым брызгоулавливателем

原料气分离器可设置在吸收塔底部与吸收塔组成一个整体。当进料气较脏且含游离水较多时，最好单独设置进料气分离器。

4.2.3.3 溶液闪蒸罐

设置闪蒸罐是为了从富三甘醇溶液中闪蒸出溶解的烃类气体，以减少再生系统精馏柱顶的气体和甘醇损失。进料气中所含重烃较少时溶液闪蒸罐应选用两相分离器。当处理的气体重烃含量较高时，应设计成一个三相分离器，以分离出富甘醇溶液中可能存在的液烃。甘醇溶液在闪蒸罐中的停留时间需根据实际情况而定。当用作两相分离时为 5min；用作三相分离时为 20～30min。闪

Допускается установить сепаратор сырьевого газа на дне абсорбера как одна часть абсорбера.Лучше установить отдельно сепаратор питающего газа при грязном питающем газе и большом содержании свободной воды.

4.2.3.3 Флаш-испаритель раствора

Флаш-испаритель установлен для мгновенного испарения растворяемых углеводородных газов в насыщенном растворе ТЭГ, и снижения газа на верху перегонной колонки системы регенерации и потери гликоля.При малом содержании тяжелого углеводорода в питающем газе, следует выбрать двухфазный сепаратор для флаш-испарителя раствора.При высоком содержании тяжелого

蒸罐的闪蒸汽出口需设置除雾丝网,以减少甘醇的夹带损失。

4.2.3.4 甘醇重沸器

无论是站场或是天然气净化厂内的脱水装置,通常多采用火管直热式重沸器,火管应能在现场拆卸检查。由于火管浸没于甘醇溶液中,只要燃料气的燃烧控制得当,火管外壁温度比想象的温度要低得多,可低于用高温蒸汽或热油加热时的温度,这是因为火管内侧的高温低压燃烧烟气有很高的膜阻力的缘故。火管表面平均热通量的正常范围是 $18\sim25kW/m^2$,最高不超过 $31kW/m^2$。自然通风式燃烧器的火管横截面热流密度不宜大于 $6800kW/m^2$。当重沸器的热负荷 $Q<840MJ/h$ 时,加热管由一根火管和同径的回弯烟管组成;当重沸器热负荷较大时,加热管由一根火管及数根直径较小的回弯烟管构成。火管、烟管必须全部浸没于甘醇溶液中,液面上方应留有一定的蒸发空间。

углеводорода в газе для подготовки, следует проектировать трехфазный сепаратора для отделения возможного жидкого углеводорода в насыщенном растворе гликоля.Время пребывания раствора гликоля в флаш-испарителе должно определиться по фактическому обстоятельству.Время пребывания составляет 5мин.при двухфазной сепарации; 20-30мин.при трехфазной сепарации.Следует установить сетчатый тумансниматель на выходе флаш-газа флаш-испарителя для снижения потери гликоля.

4.2.3.4 Ребойлер гликоля

На установках осушки газа на станционной площадке или ГПЗ, как обычно, применяется ребойлер прямого подогрева с огневой трубой, огневая труба должна обеспечить возможность разобрать и проверить на месте.Огневая труба погружается в растворе гликоля, поэтому при регулировании сгорания топливного газа надлежащим образом температура ее внешней стенки может быть ниже много ожидаемой температуры, еще может быть ниже температуры в момент нагревания паром высокой температуры или горячим маслом, его причина заключается в том, что дым сгорания высокой температуры и низкого давления для внутренней стороны огневой трубы обладал очень высоким мембранным сопротивлением.Нормальный диапазон для среднего теплового потока на поверхности огневой трубы составляет 18-25кВт/м^2 и не превышает 31кВт/м^2 максимально.Плотность теплового потока на поперечном сечении огневой трубы для горелки с естественной вентиляцией не должна быть более 6800кВт/м^2.Когда тепловая нагрузка ребойлера $Q<840$МДж/ч, нагревательная труба образуется из одной огневой трубы и дымовой трубы обратного

重沸器中三甘醇温度不能超过204℃,火管壁温也应低于221℃。

甘醇重沸器相当于一个理论版,由于水和甘醇的沸点相差很大,因此富甘醇溶液通过重沸器加热很容易将溶液中的水分分离出。为了防止有一定量的甘醇蒸汽被水蒸气带走而造成损失,重沸器上方必须装有与重沸器连为一体结构的精馏柱,精馏柱通常按填料塔设计,其填料高度相当于1~2个理论接触段。其直径按填料塔的操作气速选取,喷淋密度按8~12m³/(h·m²)计算,贫液精馏柱和缓冲罐用法兰连接成一体。

4.2.3.5 甘醇换热器

甘醇贫/富溶液换热器一般采用罐式,该缓冲罐不必保温,只需设防烫网,其内设一层或多层换热盘管,在此盘管内的甘醇富液与罐内的热甘醇贫溶液进行换热。同时作为甘醇循环泵的进料缓冲罐,保证泵的吸入压头。

изгиба одинакового диаметра;при большой тепловой нагрузке ребойлера, нагревательная труба образуется из одной огневой трубы и многочисленных дымовых труб обратного изгиба с малым диаметром.Огневая труба и дымовая труба должны погрузиться полностью в растворе гликоля, и следует оставить определенное пространство испарения над уровнем раствора.

Температура ТЭГ в ребойлера не должна превысить 204℃, температура стенки огневой трубы должна быть ниже 221℃.

Ребойлер гликоля оказывается теоретическим, влага легко отделяется из насыщенного раствора гликоля путем нагревания ребойлера из-за большой разницы между точками кипения воды и гликоля.Для предотвращения потери определенного пара гликоля при уносе водяным паром, необходимо установить перегонную колонку над ребойлера, соединенная с ребойлером и образующую интегральную структуру, как обычно, перегонная колонка проектируется по насадочной колонне, ее высота насадки эквивалентна 1-2 теоретическим контактным секциям.Ее диаметр принят по скорости газа эксплуатации для насадочной колонны, плотность орошения рассчитана по 8-12м³/(ч.м²), и перегонная колонка и буферная емкость соединены вместе с помощью фланца.

4.2.3.5 Теплообменник гликоля

В обычных случаях, применяется теплообменник бедного/насыщенного раствора гликоля типа резервуара, данная буферная емкость не требует теплозащиту, только требует установить сетку предотвращения обжога, внутри которой установлен теплообменный змеевик одного или многих слоев, и теплообмен осуществляется между насыщенным раствором гликоля в данном

换热器的热负荷按进出罐的甘醇贫溶液流量及焓差决定。因壳程流速很低,其传热系数很小,总传热系数通常在 35W/（m²·K）以下选取。为提高传热系数,也可设计成套管式换热器或采用传热效率更高的其他形式换热器。

对于不采用汽提气的再生装置,罐式换热器应设有排气口,以防止气体积聚使泵产生气阻。

4.2.3.6 甘醇溶液循环泵

一般采用高压力低流量的电动往复泵。采用往复泵时,泵出口应设置缓冲设施。

4.2.4 主要操作要点

4.2.4.1 脱水吸收塔

（1）控制适宜的气液比,即按要求调整循环比。三甘醇循环比影响产品气水露点。加大循环量,可以降低产品气水露点,但是三甘醇循环量过

змеевике и горячим бедным раствором гликоля в емкости.При этом, буферная емкость питания в качестве циркуляционного насоса гликоля, обеспечивает высоту всасывания насоса.

Тепловая нагрузка теплообменника определяется по расходу бедного раствора гликоля, поступающего на и выходящего из емкости и разнице энтальпии.Коэффициент общей теплопередачи,как обычно,выбирается ниже 35Вт/（м²·К） от очень низкой скорости течения в межтрубном пространстве, и малого коэффициента теплопередачи.Допускается проектировать комплектный трубчатый теплообменник или выбрать прочие теплообменники с более теплопрозрачностью для повышения коэффициента теплопередачи.

На установке регенерации без отпарного газа, для теплообменника типа резервуара следует установить выхлопное сопло во избежание пневмосопротивления насоса, вызванного накоплением газов.

4.2.3.6 Циркуляционный насос раствора гликоля

Обычно, применяется поршневой электронасос с высоким давлением и низким расходом. Тогда следует установить буферное сооружение на выходе насоса при пользовании поршневого насоса.

4.2.4 Основные положения при эксплуатации

4.2.4.1 Абсорбер осушки газа

（1）Управлять отношением между газом и жидкостью в подходящий размер, то есть регулировать интенсивность циркуляции по требованиям.

大则增大了重沸器的负荷,会影响再生操作。所以操作中应根据进料气量和其含水量选择适当的循环比。

（2）控制好脱水塔的温度、压力、液位。

（3）控制好贫液浓度和贫液入塔温度。

（4）注意产品气水含量、甘醇溶液夹带量。

4.2.4.2 闪蒸罐

闪蒸罐的压力越低、闪蒸面积越大、闪蒸温度越高、停留时间越长,越有利于闪蒸。对于重烃含量低的天然气停留 10min 即可。但如果原料气中的重烃和 TEG 形成了乳状液,就会导致溶液发泡,这时应使溶液温度升至 65℃,停留时间 20min 才能闪蒸出烃类。故操作要点主要为控制好闪蒸罐的液位、压力、富液进罐温度。

Интенсивность циркуляции ТЭГ оказывает влияние на точку росы по влаге для подготовленного газа. Увеличение объема циркуляции может снизить точку росы по влаге для подготовленного газа, но чрезмерно большой объем циркуляции ТЭГ приводит к повышению нагрузки ребойлера, и оказывает влияние на регенерацию. Поэтому, следует выбрать подходящую интенсивность циркуляции по объему питающего газа и его влагосодержанию при эксплуатации.

（2）Управлять температурой, давлением и уровнем для колонны осушки газа надлежащим образом.

（3）Управлять концентрацией бедного раствора и входной температурой бедного раствора, поступающего на абсорбер надлежащим образом.

（4）Обратить внимание на влагосодержание подготовленного газа, объем выноса в растворе гликоля.

4.2.4.2 Флаш-испаритель

Более нижнее давление флаш-испарителя, большая площадь мгновенного испарения, высокая температура мгновенного испарения, долгое время пребывания благоприятствуют мгновенному испарению. Допускается время пребывание на 10мин. для природного газа с низким содержанием тяжелого углеводорода. Эмульсия тяжелого углеводорода в сырьевом газе и TEG приводит к пенообразованию раствора, тогда успешное мгновенное испарение углеводородов обеспечивается повышением температуры до 65℃, и временем пребывания на 20мин. Поэтому, в основные положения при эксплуатации входит регулирование уровня, давления в флаш-испарителе, и входной температурой насыщенного раствора в флаш-испаритель надлежащим образом.

4.2.4.3 重沸器

（1）虽然提高再生温度,可以降低三甘醇中贫液中的水含量,但鉴于三甘醇在高温下会分解变质,理论分解温度为206.7℃。故应控制好三甘醇温度不得超过204℃,管壁温度低于221℃。

（2）虽然加大重沸器的汽提气量,可以降低三甘醇贫液中的水含量,但汽提气量需要控制合理,不能太大,只要能满足贫液质量要求。

（3）鉴于再生压力升高,溶液沸点上升,三甘醇贫液中水含量会增加。故应控制好再生压力。

（4）重沸器的液位不得低于50%,否则立即停炉检查。

（5）经常检查火管加热炉的燃烧情况,调整风气比。

（6）定期检查废气分离情况,防止大量溶剂随废液带走。

4.2.4.4 过滤器

由于氧化、热分解、污染等原因,三甘醇溶液在循环过程中可能逐步变脏,给操作带来不利(如溶液发泡、甚至冲塔等),所以操作中应注意保持溶液清洁、纯净,保证其质量。

4.2.4.3 Ребойлер

（1）Теоретическая температура разложения должна составить 206,7℃, с учетом разложения и перерождения ТЭГ при высокой температуре, хотя повышение температуры регенерации может снизить влагосодержание в бедном растворе ТЭГ. Так что, необходимо управлять температурой ТЭГ ниже 204℃, и температурой стенки трубы ниже 221℃.

（2）Увеличение объема отпарного газа ребойлера может снизить влагосодержание в бедном растворе ТЭГ, но необходимо управлять объемом отпарного газа в подходящий размер, чтобы он соответствовал требованиям к качеству бедного раствора.

（3）С учетом подъема точки кипения раствора и повышения влагосодержания в бедном растворе ТЭГ вслед за повышением давления регенерации, необходимо управлять давлением регенерации надлежащим образом.

（4）Уровень в ребойлере не должен быть ниже 50%, зато немедленно остановить печь для проверки.

（5）Постоянно проверять состояние сжигания нагревательной печи с огневой трубой, и регулировать отношение между воздухом и газом.

（6）Регулярно проверять сепарацию отработанного газа во избежание уноса многочисленных растворителем вместе с отработанными газами.

4.2.4.4 Фильтр

В процессе эксплуатации, следует обратить внимание на поддержку чистоты, незагрязненности раствора и обеспечить его качество, так как возможное постепенное загрязнение раствора

注意:TEG 预过滤器、TEG 后过滤器压差,一旦达到规定值,应立即更换过滤元件。

4.3 分子筛脱水

4.3.1 工艺流程和设计参数

4.3.1.1 工艺流程

天然气分子筛脱水的核心设备是脱水吸附器。脱水吸附器常为固定床吸附塔,为保证装置连续操作,至少需要两个吸附塔。在三塔(或多塔)装置中,切换程序有多种选择,需根据进料气含条件、装置规模、再生气条件等诸多因素,经技术、经济比较确定。

(1)两塔流程。

图 4.3.1 是天然气分子筛脱水典型的双塔流程。它由装填有分子筛的两个塔组成,塔 2 在进行干燥,塔 1 在进行再生。在再生期间,所有被吸附的物质通过加热而被脱吸,为该塔的下一个吸附周期做准备。

ТЭГ в процессе циркуляции оказывает неблагоприятное влияние (например, пенообразование и промывка колонны раствором) на эксплуатацию из-за окисления, термического разложения, загрязнения и прочих факторов.

Внимание: следует немедленно заменить фильтрующий элемент тогда, когда перепад давления для предфильтра TEG, послефильтра TEG достиг установленного значения.

4.3 Осушка газа молекулярными ситами

4.3.1 Технологический процесс и проектные параметры

4.3.1.1 Технологический процесс

Ядерным оборудованием для осушки газа молекулярными ситами является абсорбер осушки.Абсорбер осушки часто является абсорбером со стационарным слоем, следует установить два абсорбера по крайней мере с целью обеспечения непрерывной работы установки.Программа переключения в установке с тремя колоннами (или многими колоннами) определяется по условиям питающего газа, производительности установки, условиям регенерационного газа и на основании технико-экономического сравнения.

(1) Процесс с двумя колоннами.

Типичный технологический процесс двух колонн для осушки газа молекулярными ситами приведен на рисунке 4.3.1.В данном процессе участвуют две колонны, колонна 2 находится в процессе осушки, колонна 1 находится в процессе регенерации.В период регенерации, все абсорбированные вещества десорбированы нагреванием и подготовлены к следующему циклу абсорбции.

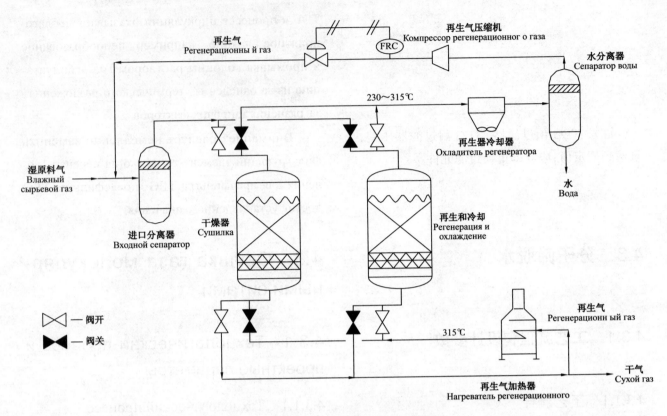

图 4.3.1 两塔分子筛脱水装置工艺流程图

Рис.4.3.1　Технологический процесс для установки осушки газа молекулярными ситами с двумя колоннами

湿原料气经进口分离器除去夹带的液滴后自上而下地进入分子筛脱水塔(左塔),进行脱水吸附过程。脱除水后的干气进入出口干气过滤器滤出分子筛粉尘后,作为本装置干气输送出去。

再生循环由两部分组成——加热与冷却。在加热期间,再生气由再生气加热器加热到204~288℃后,自下而上地进入分子筛脱水塔(塔1),进行分子筛再生过程。分子筛脱水塔(右塔)顶出来的再生气经过再生气冷却器冷却后,再进入水分离器分离出冷凝水,之后再生气可根据工程实际情况经压缩后可返回到湿原料气中;在一定条件下,可将再生气掺入出厂的产品气中,也可

После устранения ношенной капли жидкости влажный сырьевой газ поступает на колонну осушки газа молекулярными ситами (левую колонну)сверху донизу для осуществления процесса осушки и абсорбции.Сухой газ после осушки поступает на выходной фильтр сухого газа для отфильтровывания пыли молекулярных сит , и затем экспортируется в качестве сухого газа данной установки.

Регенеративный цикл образуется из двух частей-нагревание и охлаждение.В период нагревания,регенерационный газ поступает на колонную осушки газа молекулярными ситами (колонну 1) снизу доверху после нагревания нагревателем до 204-288℃ , затем проходит процесс регенерации молекулярными ситами.Из верха колонны осушки газа молекулярными ситами (правой колонны)

进入工厂燃料气系统中。分子筛床层被再生完全后,再生气可经再生气加热器旁通,进入分子筛脱水塔(右塔)以使床层冷却下来,当床层温度比入口气流温度高 10～15℃,冷却过程即可停止。

　　吸附操作时塔内气体流速最大,塔内气体从上向下流动,这样可使分子筛床层稳定。再生时,气体一般从下向上流动,一方面可以脱除靠近进口端被吸附的污染物质,不使其流过床层;另一方面可使床层底部分子筛得到完全再生,因为床层底部是湿原料气吸附干燥过程最后接触的部位,直接影响流出床层的干气的质量。再生时气体采用和吸附操作时相反的流向会增加切换阀门和配管,因此在影响不大时,也可采用由上至下的流动。在短周期操作时,由于床层上部脱附的水有助于床层下部烃类的脱附,故再生时气体一般采用与吸附操作时相同的流向。

регенерационный газ поступает на охладитель регенерационного газа, затем подается на сепаратор воды для отделения конденсационной воды, в дальнейшем регенерационный газ может возвратиться во влажный сырьевой газ после сжатия по фактическим условиям;в определенных условиях, регенерационный газ еще может добавиться в подготовленный газ, выпущенный с завода, и поступать на систему топливного газа завода.После полной регенерации слоев молекулярных сит, регенерационный газ может поступать на колонну осушки газа молекулярными ситами (правую колонну)через перепуск нагревателя регенерационного газа с целью охлаждения слоев, процесс охлаждения остановится тогда, когда температура слоев выше температуры входного газового потока на 10-15℃.

Стабильность слоев молекулярных сит обеспечивается течением газа в колонне сверху донизу при максимальной скорости течения газа в колонне при абсорбции.Обычно, при осуществлении регенерации газ течет снизу доверху, в одной стороне, такой метод течения может устранить абсорбированные загрязненные вещества около входа без течения через слои;кроме того, этот метод еще может обеспечить полную регенерацию молекулярных сит на дне слоев, так как дно слоев является последней контактной частью влажного сырьевого газа в процессе абсорбции и осушки, и оказывает непосредственное влияние на качество сухого газа из слоев.Во время регенерации, применяется направление течения газа в противоположность направлению абсорбции, необходимо увеличивать количество переключающих клапанов и трубопроводов, что оказывает незначительное влияние, допускается и течение сверху донизу.Вода, десорбционная из верхней

（2）三塔流程。

图 4.3.2 为采用三塔的分子筛脱水切换过程示意,两塔平行吸附操作,第三个塔再生和冷却。图中塔 1、塔 2 内的阴影区表示在床层或部分床层上吸附水的过程,在阴影区中床层基本上被水饱和,而在阴影区以下,分子筛可吸附更多的水。阴影区的底部表示吸附区前端随着时间而向下移动通过整个床层。床层 1 的吸附前端低于床层 2,因为床层 1 通过气流的时间长,当这个前端的前沿到达出口时,床层切换为再生,而床层 2 和床 3 进行吸附,这样任何时候均有两个脱水塔处于不同程度的饱和状态,当床层 2 准备再生时,床层 1 必须准备好返回到吸附态。

части слоя, содействует десорбции углеводородов из нижней части слоя во время кратковременной эксплуатации, в связи с этим, во время регенерации, газ течет в противоположенном направлении течения при абсорбции.

（2）Технологический процесс трех колонн.

Процесс переключения между режимом осушки газа тремя колоннами молекулярными ситами указан на рис.4.3.2, две из них выполняют адсорбцию в параллельном состоянии, третья-регенерацию и охлаждение.Затенённые зоны в колоннах 1 и 2 на рис.обозначают процесс адсорбции воды в слое или части слоя, в затененных зонах, слой почти насыщен водой, а под указанными зонами, молекулярное сито может абсорбировать больше вод.Нижняя часть затенённых зон обозначает перемещение передней зоны адсорбции вниз через полный слой с передвижением времени.Передняя часть адсорбции слоя 1 расположена ниже слоя 2, причиной является то, что продолжительный проход потока газа через слой 1, слой 1 переключает к режиму регенерации, а слои 2 и 3 выполняют адсорбцию при встрече указанной передней части с выходом, при этом, в любое время две колонны осушки газа находятся в разной степени насыщения, при подготовке слоя 2 к регенерации, слой 1 должен быть подготовлен к возврату в режим адсорбции.

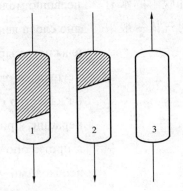

图 4.3.2 两塔平行吸附,第三塔再生和冷却的切换过程示意图

Рис.4.3.2 Процесс переключения между адсорбцией двух колонн в параллельном состоянии и регенерацией, охлаждением третьей колонны.

三塔吸附的操作程序是：1 和 2,2 和 3,1 和 3,1 和 2,…,无限次循环。类似的安排可用于 4 个塔,在同一时间有三个塔处于吸附。显而易见,流动安排影响到循环周期的选择。几个吸附床也可按串联布置,被部分饱和的床(前导床)的下游有新鲜床(后续床),这使得有较长的吸附周期,并充分利用干燥剂的平衡吸附能力,但在一个给定的流率下,需要较大直径的塔,并且系统压降也会增大。

三塔系统的另一种安排如图 4.3.3 所示。这个系统中,一塔吸附,一塔加热,一塔冷却,这种设计常用于短循环周期的装置或者需要同时脱除 C_{5+} 和水的轻烃回收装置。因为没有足够的时间在一个塔的再生期间去完成加热和冷却过程,因而需要分别在两个塔内完成。

图 4.3.3 中通过入口控制阀产生 Δp 压降,使阀后保持一个小的背压,这样从控制阀前引一股气流作再生气,就能使再生气通过整个循环。另一种办法就是在再生循环回路中设置压缩机进行增压。

Порядок адсорбции тремя колоннами：1 и 2,2 и 3,1 и 3,1 и 2 и бесконечный повтор цикла. Подробный вариант распространяется на режим работы 4 колонн, но при этом, одновременно три колонны выполняют адсорбцию. Очевидно, что вариант течения влияет на выбор периода циклов. Несколько адсорбционных слоев расположено последовательно, на последующем участке слоя (передней), часть которой была насыщена, располагается новый слой (последующий), что обеспечивает продолжительный период абсорбции и полное использование абсорбционной сорбционной способности сушильных агентов, но в заданном расходе потока, требуется колонны с большим диаметром, и при этом, перепад давления системы увеличивается.

Другой вариант работы трехколонной системы указан на рис.4.3.3. В этой системе, одна колонна выполняет абсорбцию, одна колонна выполняет нагревание, одна-охлаждение, этот проект постоянно распространяется на установки с коротким периодом циркуляции или установки получения легких углеводородов, требующие одновременной осушки C_{5+} и газа. В связи с недостатком времени выполнения нагревания и охлаждения во время регенерации одной колонны, поэтому процессы соответственно выполняют в двух колоннах.

С помощью регулирующего клапана на входе перепад давления образует Δp, и одно обратное давление после клапана поддерживает, что выводит поток газа из передней части клапана в качестве регенерационного газа, и полный процесс циркуляции регенерационного газа обеспечивается, что указано на рис.4.3.3. Другой вариант заключается в установке компрессора в контуре регенерации и циркуляции для повышения давления.

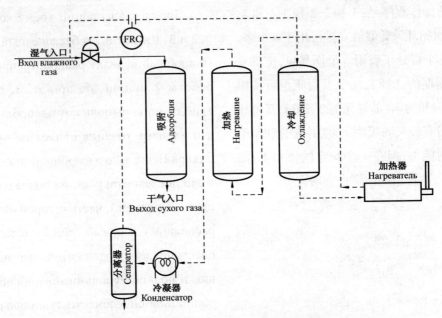

图 4.3.3 采用顺序吸附、冷却、加热的三塔流程示意图

Рис.4.3.3 Процесс последовательной абсорбции, охлаждения, нагревания трех колонн

分子筛脱水装置冷却气可采用进料气,也可采用产品气,还可采用后续脱烃装置(轻烃回收装置)的产品气。再生气可返回到装置的产品气,也可将再生气掺入到出厂的产品气中,还可进入工厂燃料气系统。

Для установки осушки газа молекулярными ситами охлаждающему газу служат входной газ и подготовленный газ, а также подготовленный газ из установки очистки газа от углеводородов (установки получения легких углеводородов) при дальнейшей работе.Допускаются возврат регенерационного газа в подготовленный газ установки, и добавление регенерационного газа в выпускном подготовленном газе, а также поступление регенерационного газа в систему топливного газа завода.

4.3.1.2 工艺参数

(1)分子筛脱水操作周期。

在装置处理气量、进口湿原料气含水量和出口干气水露点确定后,操作周期主要取决于分子筛的装填量和湿容量。操作周期还与吸附塔的几何尺寸有关,而吸附塔几何尺寸又直接影响到其工程投资。在确定分子筛脱水操作周期时,应考虑保证不处于吸附脱水的塔有足够的时间再生和冷却。

4.3.1.2 Технологические параметры

(1)Период осушки газа молекулярными ситами.

Определив объем подготовки газа установки, водосодержание в влажном сырьевом газа не входе, температуру точки росы по влаге сухого газа на входе, рабочий цикл в основном зависит от объема наполнения и влагоемкости молекулярных сит.Рабочий цикл зависит от геометрического размера адсорбера, а геометрический размер

吸附法天然气装置的操作周期可分为长周期和短周期两类,一般管输天然气脱水采用长周期操作,在达到转效点时进行吸附塔的切换,周期时间一般为 8 小时,有时也采用 16 小时或 24 小时。当要求干气露点较低时,对同一吸附塔应采用较短的操作周期。例如,在吸附传质段前端达到 $0.5\sim0.6$ 倍分子筛床层长度时结束吸附操作,此时可得到的干气露点为 $-90\,℃$。有时,还可能采用所谓短周期操作,这样不仅出床层气体露点很低,还可同时回收液态烃类。在一般分子筛天然气脱水装置中,吸附塔操作的切换是根据规定的时间表由程序控制器自动进行的。

（2）传质区（MTZ）长度。

传质区长度 h_Z 与湿原料气组成、流速、水的饱和度、分子筛的颗粒大小、分子筛对其他组分的共吸程度、床层的污染情况等因素有关,压力对其影响较小。h_Z 可在 $0.1\sim0.2m$ 和 $1.5\sim2.0m$ 变化。

адсорбера прямо влияет на капиталовложение на его строительство.Следует обеспечить достаточное время регенерации и охлаждения колонны, находящейся в режиме абсорбции и осушки газа при определении рабочего цикла колонны осушки газа молекулярными ситами.

Рабочий цикл установки подготовки газа при абсорбционном методе разделяется на длительный и короткий, как правило, для осушки газа, транспортирующего по трубопроводу применяется длительный период, а переключить между адсорберами при точках прерывания, период составляет 8ч, в некоторых случаях 16ч.или 24ч. Для одного адсорбера применяется короткий рабочий цикл при необходимости низкой температуры точки росы по сухому газу.Например, завершает абсорбция когда передняя часть участка массопередачи абсорбции составляет 0,5-0,6 раза длины слоя молекулярных сит, при этом, получается температура точки росы по сухому газу $-90\,℃$. В некоторых случаях, возможно применяется указанный короткий рабочий цикл, что не только обеспечивает низкую температуру точки росы газа из слоя, но и получает жидкий углеводород.В обычной установке осушки газа молекулярными ситами, переключение между режимами работ адсорбера автоматически осуществляется программным контроллером по установленному графику.

（2）Длина зоны массопередачи（MTZ）.

Длина зоны массопередачи（MTZ）Гц зависит от состава сырьевого газа, скорости течения, водонасыщаемости, размера молекулярных сит, степени совместной абсорбции другого состава молекулярными ситами, степени загрязнения слоя и т.д., влияние под действием давления является незначительным.Гц изменяется в пределах 0,1-0,2м и 1,5-2,0м.

《GAS CONDITIONING AND PROCESSING Volume 2 :The Equipment Modules（第八版）》中介绍了分子筛传质区（MTZ）长度 h_Z 的估算公式：

$$h_Z = 0.155 \frac{Q_F^{0.2389} W^{0.7895} R_S^{0.5249}}{D^{0.4778}} \frac{p}{TZ}^{0.5506} \quad (4.3.1)$$

式中　h_Z——传质区（MTZ）长度，mm；

Q_F——气体处理量，$10^6 m^3/d$（0℃，101.325kPa）；

W——进料气水含量，$kg/10^6 m^3$；

R_S——入口气含水相对饱和度，%；

D——分子筛床层直径，m；

p——进料压力，kPa·a；

T——进料温度，K；

Z——进料气压缩因子。

（3）分子筛的湿容量。

分子筛的湿容量通常以单位质量的分子筛所吸附的水的质量来表示，有以下三种湿容量：

静态平衡湿容量——新鲜无污染的分子筛在平衡密室中无流体流动的情况下测定的水容量。图 4.3.4 表示出几种工业上应用的分子筛的静态平衡容量。

动态平衡湿容量——流体以工业上常用的速率流过新的未用过的分子筛时的水容量。

В«GAS CONDITIONING AND PROCESSING Volume 2 : The Equipment Modules（версия 8）» указана формула 4.3.1 для расчета длины Гц зоны массопередачи（MTZ）с молекулярными ситами：

$$h_Z = 0.155 \frac{Q_F^{0.2389} W^{0.7895} R_S^{0.5249}}{D^{0.4778}} \frac{p}{TZ}^{0.5506} \quad (4.3.1)$$

Где　h_Z——длина зоны массопередачи（MTZ），мм；

Q_F——производительность по газу，$10^6 м^3/сут.$（0℃，101，325кПа）；

W——водосодержание во входном газе，$кг/10^6 м^3$；

R_S——относительная водонасыщаемость входного газа，%；

D——диаметр слоя молекулярных сит，м；

p——давление входного газа，кПА（абсол.）；

T——температура входного газа，K；

Z——коэффициент сжимаемости входного газа.

（3）Влагоемкость молекулярных сит.

Как правило, влагоемкость молекулярных сит выполнены в массе адсорбционной воды на молекулярных ситах удельной массы, ниже указаны три влагоемкости：

Влагоемкость при статическом равновеси-и-водяной объем, определенный в случае отсутствия течения потока через незагрязненные молекулярные сита в уравнительной герметизированной камере.Объем статического равновесия некоторых молекулярных сит промышленного назначения указан на рис.4.3.4.

Влагоемкость при динамическом равновесии-водяной объем флюида, переходящий через новые молекулярные сита на промышленной постоянной скорости.

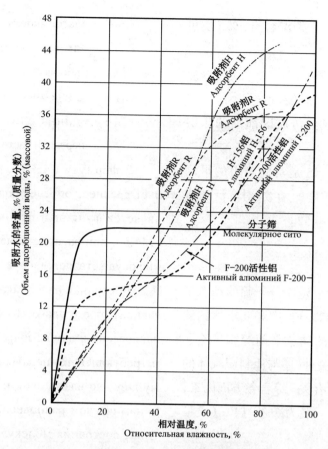

图 4.3.4　几种工业应用的干燥剂的静态平衡曲线

Рис.4.3.4　Кривая статического равновесия некоторых сушильных агентов промышленного назначения

有效湿容量——设计容量,由经验并考虑经济因素确定,事实上分子筛床层绝不可能完全被利用(即 MTZ 应小于床层高度)。

静态平衡湿容量,不能直接用作设计,虽然它表示出了压力、温度和水饱和度对湿容量的影响。动态平衡湿容量通常是静态平衡湿容量的 50%~70%。

分子筛的有效湿容量可由下式估算:

$$xh_B=x_S h_B-0.45h_Z x_S \qquad (4.3.2)$$

式中　x——分子筛的有效湿容量,%(质量分数);

Доступная влагоёмкость-проектное значение, определяющееся опытом с учетом экономических факторов, на деле, слой молекулярных сит невозможно была полностью использована (т.е.MTZ ниже высоты слоя).

Влагоемкость при статическом равновесии не прямо применяется в проекте, хотя обозначает влияние давления, температуры, водонасыщаемости на нее.Как правила, влагоемкость при динамическом равновесии составляет 50%-70% от влагоемкости при статическом равновесии.

Доступная влагоёмкость молекулярных сит рассчитывается по формуле (4.3.2):

$$xh_B=x_S h_B-0.45h_Z x_S \qquad (4.3.2)$$

Где　x——доступная влагоемкость молекулярных сит,%(весовой процент);

x_S——分子筛的动态平衡湿容量，%（质量分数）；

h_Z——传质区（MTZ）长度，m；

h_B——床层长度（或至传质区前沿的床层长度），m。

式（4.3.2）中的数值 0.45 是实验测得的平均值。它是传质区（MTZ）长度的函数，对广泛的应用情况，变化范围为 0.40~0.52。

分子筛的有效湿容量决定于分子筛的动态平衡湿容量，也与传质区（MTZ）长度和要求达到的干气露点有关，而分子筛的动态平衡湿容量除了与分子筛的种类、状态有关外，还与原料湿气体的相对湿度和吸附操作温度有关。综合各方面因素，4A 分子筛的有效湿容量一般为 7%~14%（质量分数）。

在操作过程中，吸附湿容量降低的原因有：

① 分子筛湿容量的正常降低是由于再生过程中分子筛在水蒸气和热的作用下损失了部分有效表面积，这种作用开始时很显著，随后变化逐渐平缓。

② 分子筛湿容量的不正常降低，是由于原料湿气体中含有比较不易挥发的化合物（如吸收油、压缩机油、醇胺化合物、甘醇类化合物等）以及缓蚀剂，元素硫等杂质，它们阻塞了分子筛晶格内部孔腔间通道，并且在再生时不能被脱除，因而减小了分子筛有效吸附表面，可在短时间内使分子筛

x_S—— влагоемкость молекулярных сит при динамическом равновесии, % （весовой процент）；

h_Z—— длина зоны массопередачи （MTZ）,м;

h_B—— длина слоя （или длина слоя до передней части зоны массопередачи）,м.

В формулу （4.3.2）, значение 0,45 составляет среднее, определяющееся испытанием.Что является функцией длины зоны массопередачи （MTZ）, при распространенных случаях, изменение осуществляется в пределах 0,40-0,52.

Доступная влагоемкость молекулярных сит зависит от его влагоемкости при динамическом равновесии и длины зоны массопередачи （MTZ） и требующей температуры точки росы по сухому газу, но влагоемкости молекулярных сит при динамическом равновесии зависит не только от типа, состояния молекулярных сит, но и относительной влажности влажного сырьевого газа и рабочей температуры абсорбции.В связи с вышеизложенным, обычно, доступная влагоёмкость молекулярных сит 4A составляет 7%-14%（весовой процент）.

Причинами снижения влагоемкости абсорбции в процессе работы являются:

① Нормальное снижение влагоемкости молекулярных сит, вызванное потерей части доступной эффективности под действием пара и тепла молекулярных сит в процессе регенерации, в начальном этапе, действие работает значительно, затем постепенно уменьшает.

② Ненормальное снижение влагоемкости молекулярных сит, вызванное содержанием труднолетучих соединений （как абсорбционного масла, компрессорного масла, алканоламинового соединения, гликоля и другие соединения） и ингибитора, элементарной серы в влажном

湿容量降至设计湿容量之下。4A 和 5A 分子筛的孔径不允许重烃等分子进入孔腔,故在操作中湿容量降低较慢,但是由于它们能吸附在颗粒外表面,对操作仍有一定影响。因此,在原料湿气体进吸附塔前,应脱除其中的有害杂质,可以显著地提高分子筛的使用寿命。

分子筛湿容量的降低不是在分子筛床层各部位均匀进行的,床层顶部(即气体进口处)分子筛湿容量降低特别迅速。必要时可在床层顶部加一层特殊吸附剂,以保护下部床层。

(4)分子筛的再生。

升高分子筛床层温度,使被吸附分子脱附,然后再用再生气将它们携带出吸附塔,这样就可达到吸附剂再生。分子筛再生所需的热量由再生气带入分子筛床,4A 或 5A 分子筛的再生温度一般为 260～288℃,而 3A 分子筛的再生温度一般为 180～220℃。当用分子筛进行气体深度脱水时,再生温度有时高达 260～371℃,此时干气露点可达 -101～-84℃。再生操作压力可与吸附操作压力相近,也可采用在较低压力再生,低压有利被吸附分子的脱附。

сырьевом газе, они заграждают проходы между внутренними поровыми пространствами молекулярных сит, невозможно быть десорбированы при регенерации, что уменьшает доступную поверхность абсорбции молекулярных сит, в короткий период уменьшает влагоёмкость молекулярных сит до проектного значения.Молекулярные сита диаметрами 4А и 5А не допускают пропуск тяжелых углеводородов и других элементов, поэтому при работе, влагоемкость медленно снижается, в связи с абсорбцией их на наружной поверхности частицы, что влияет на эксплуатацию. В связи с этим, перед поступлением влажного сырьевого газа в адсорбер, следует очистить его от вредных веществ, что значительно удлиняет срок службы молекулярных сит.

Снижение влагоемкости молекулярных сит осуществляется не в разных частях слоя, а на вершине слоя (входе газа), снижение влагоемкости оказывается значительно быстрым.При необходимости, предусмотреть один слой особого адсорбента на вершине слоя для защиты нижнего слоя.

(4)Регенерация молекулярных сит.

Температура слоя молекулярных сит повышается для десорбции адсорбированных элементов, затем с помощью регенерационного газа вывести их из адсорбера, чтобы регенерация адсорбента выполнила.Теплота, необходимая для регенерации молекулярных сит, вводится в слой молекулярных сит регенерационным газом, температура регенерации молекулярных сит 4А или 5А составляет 260-288℃, а молекулярными ситами 3А-180-220℃ .Во время углублённой осушки газа молекулярными ситами, иногда температура регенерационного газа достигает 260-371℃ , при этом, температура точки росы по сухому газу

图 4.3.5 是高压天然气分子筛脱水装置的典型的再生温度曲线。曲线 1 表示热再生气进床层温度 T_H，曲线 2 表示再生气出口温度，曲线 1 和曲线 2 之间的温差确定了传给分子筛床层的热量；曲线 3 表示原料湿气体温度 T_1，即环境温度。图中所示的温度和时间的关系是对操作周期为 8h 的过程而言，但图中表示的时间相对关系对任何超过 4h 的操作周期都是适用的。

достигает от −101℃ до −84℃ .Рабочее давление регенерации может быть поближе к рабочему давлению абсорбции, допускается регенерация под низким давлением, так как адсорбированным элементам легко десорбировать в среде низкого давления.

Типичная кривая температуры регенерационного газа колонны осушки газа молекулярными ситами для газа В.Д указана на рис.4.3.5.На кривой 1 указана температура теплого регенерационного газа на входе слоя T_H, на кривой 2 указана температура регенерационного газа на выходе слоя, разница температуры между кривами 1 и 2 определяет теплоту, переданную слою молекулярных сит;на кривой 3 указана температура влажного газа сырьевого газа T_1, т.е.температура окружающей среды.Зависимость температуры от времени, указанная на рис., распространяется на рабочий цикл продолжительностью 8ч., но указанная зависимость тоже распространяется на рабочий цикл продолжительностью более 4ч.

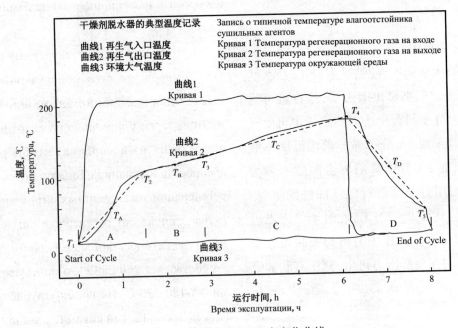

图 4.3.5 再生过程温度变化曲线

Рис.4.3.5 Кривая изменения температуры в процессе регенерации

在再生过程中,水的脱附并不是在全部时间内均匀进行的。各温度下的脱水速度可按热平衡公式用试算法进行计算,计算时先假定一个出床层气体温度,然后调整此温度直到再生气体放出的热量等于水脱附需要的热量和升高分子筛和吸附塔温度所需要的热量之和,在计算时认为水的汽化量等于再生气在此条件下的饱和含水汽量。对于天然气脱水装置,不管再生过程操作压力为多少,脱水主要在30~125℃的温度范围内进行,但压力不同时,最大脱水速度的温度范围也不同。

由图4.3.5可见,出加热器的再生气体进入分子筛床层加热分子筛后,出床层气体温度由 T_1 升至 T_2,是床层、壳体和吸附的物质的加热阶段。T_2 至 T_3 曲线开始平缓,输入分子筛床层的热量大部分用于水的脱附和汽化,到达温度 T_3 后,可以认为全部水已脱附。为简化计算,在设计时近似地认为全部吸附水在 T_B 下脱附。全部吸附水脱附后,出床层气体温度继续上升,一直达到所期望的最高再生温度 T_4,以脱除残余水分和重的污染物。加热过程结束后,再生气走加热器的旁通,用于冷却再生床层。当使用湿原料气作再生气时,冷却床层时将发生分子筛被水汽预饱和,为减小其影响,床层冷却到 $T_5=50$~55℃即停止。

В процессе регенерации, десорбиция воды не осуществляется равномерно. Скорость осушки газа при разной температуре рассчитается методом проб по формуле теплового баланса, т.е. во время расчета, предполагать температуру газа из слоя, затем регулировать данную температуру до того, что теплота, отданная регенерационным газом равняется сумме необходимой теплоты для десорбции воды и необходимой теплоты для повышения температуры молекулярных сит и адсорбера, во время расчета, объем парообразования воды считается равным объему пара, содержащем воду при этом условии. Касательно установки осушки газа, в не зависимости от рабочего давления в процессе регенерации, осушка газа выполняется в пределах 30-125℃, но предел температуры на макс.скорости осушки газа оказывается разным при разном давлении.

Из рис.4.3.5 получается, что регенерационный газ из нагревателя поступает в слой молекулярных сит для нагревания сита, температура газа из слоя повышается T_1 с до T_2, что является стадией нагревания слоя, корпуса, абсорбционных веществ. Кривые T_2-T_3 направляются отлого, большинство теплоты, входящей в слой молекулярных сит, предназначено для десорбции и парообразования, десорбция всех вод считается выполненной при T_3. Рассматривается приблизительно что, десорбция всех адсорбционных вод выполняется в T_B с целью упрощения расчета. Десорбируя все адсорбционные воды, температура газа, выходящего из слоя продолжительно повышается до проектной максимальной температуры регенерации после десорбции всех адсорбционных вод с целью десорбции остаточной влаги и тяжелых загрязняющих веществ. Завершив нагревание, регенерационный газ поступает для охлаждения слоя регенерации через байпас нагревателя.Происходит предварительное насыщение молекулярных сит парой во время охлаждения слоя в условии применения влажного сырьевого газа в качестве регенерационного газа, работа останавливает при охлаждении до T_5= 50-55℃ с целью уменьшения воздействия.

4.3.2 主要控制回路

分子筛脱水单元中使用到的控制回路主要采用单回路控制系统,用于液位、压力、流量和温度参数的控制。连锁保护系统主要有再生气加热炉熄火联锁,用于紧急情况下装置的安全自保。

4.3.2.1 控制回路

(1)分子筛脱水塔吸附及再生的自动切换控制回路。

在一般分子筛天然气脱水装置中,吸附塔操作的切换是根据规定的时间表由程序控制器自动进行的,这样不可能充分利用分子筛的湿容量,因而设计时应留有一定余量。装置处理气量增加或因分子筛使用年限增加湿容量降低,均会引起转效点时间的变化,因此,分子筛脱水塔吸附及再生的自动切换控制回路可以按照出口干气露点控制吸附塔切换时间或按固定的时间程序表执行。

4.3.2 Основной контур регулирования

Для контура регулирования в блоке очистки газа молекулярных сит в основном применяется одноконтурная систему регулирования, чтобы регулировали параметры уровня, давления, расхода, температуры.Система защитной блокировки в основном выполняется с блокировкой при гашении нагревательной печи регенерационного газа для самозащиты во время аварий.

4.3.2.1 Контур регулирования

(1)Контур автоматического переключения между режимами абсорбции и регенерации колонны осушки газа молекулярными ситами.

В обычной установке осушки газа молекулярными ситами,переключение между режимами работ адсорбера автоматически осуществляется программным контроллером по установленному графику, при этом, невозможно в полной мере использоваться влагоемкостью молекулярных сит, поэтому в проекте предусмотреть определенный припуск.Увеличение объема подготовки газа на установке или уменьшение влагоемкости молекулярных сит с вслед за продолжительностью срока службы вызывают изменение времени в точке прерывания, в связи с этим, по времени переключения адсорбера контроля точки росы по

（2）脱水塔压力控制回路。

脱水吸附塔压力控制是通过控制出塔天然气过滤器出口管线上的调节阀来实现的。该调节阀前压力为脱水吸附塔操作压力,阀后压力为出装置输气管线压力,采用单回路控制方式。

（3）再生气加热炉燃料气流量控制回路。

分子筛再生所需的热量由再生气带入分子筛床,4A 分子筛或 5A 分子筛的再生温度一般为 260～288℃,而 3A 分子筛的再生温度一般为 180～220℃。当用分子筛进行气体深度脱水时,再生温度有时高达 260～371℃。再生温度控制是确保分子筛再生效果的关键因素。再生加热炉的燃料气流量控制回路为单调节回路,采用控制火嘴燃料气流量的方式进行温度调节。

сухому газу на выходе или постоянной временной диаграмме, осуществляется работа контура автоматического переключения между режимами абсорбции и регенерации для колонны осушки газа молекулярными ситами.

（2）Контур регулирования давления в колонне осушки газа.

Регулирование давления в адсорбере осушки газа осуществляется регулирующим клапаном на трубопроводе на выходе фильтра газа, выходившего из адсорбера.Давление перед данным регулирующим клапаном является рабочим давлением адсорбера осушки газа, а давление после клапана-давлением газопровода из установки, для которого применяется одноконтурное регулирование.

（3）Контур регулирования расхода топливного газа в нагревательной печи регенерационного газа.

Теплота, необходимая для регенерации молекулярных сит, вводится в слой молекулярных сит регенерационным газом, температура регенерации молекулярных сит 4А или 5А составляет 260-288℃, а молекулярными ситами 3А-180-220℃ .Во время углублённой осушки газа через молекулярные сита, иногда температура регенерационного газа достигает 260-371℃ .Регулирование температуры регенерационного газа является ключевым фактором обеспечения эффективности регенерации молекулярных сит.Применяется одноконтурный режим регулирования расхода топливного газа для нагревательной печи регенерационного газа, а регулирование температуры осуществляется регулированием расхода топливного газа в горелке.

4.3.2.2 联锁控制系统

为了保证装置处于安全状态下运行,脱水装置还采用联锁控制回路,主要有再生气加热炉熄火联锁。

再生气加热炉检测设备故障、负荷过低或燃料供给系统异常时,有可能引起炉膛熄火。当熄火后,炉膛温度迅速降至燃料气自燃温度以下,此时再喷入燃料气很难再次燃烧。若此时燃料气继续进入炉膛,如不按照程序进行点火,可燃气体达到爆炸浓度范围,将可能造成爆炸事故。因此,再生气加热炉设置熄火联锁保护系统。

4.3.3 主要工艺设备的选用

4.3.3.1 脱水吸附塔

设计天然气脱水吸附塔时,必须考虑如下因素:如操作周期,允许气体流速,分子筛湿容量,要求的产品干气露点,要求脱除的水总量,吸附塔吸附动力学性质,对分子筛再生过程的要求,对天然气通过吸附塔的压降限制等。这些因素并不是孤立的变量,因此计算时必须首先确定某些参数的数值,有时需对各种方案进行计算和对比,才能得到各参数的最佳组合。

4.3.2.2 Система сблокированного управления

Для установки осушки газа применяется контура сблокированного управления, в основном блокировки при остановке нагревательной печи регенерационного газа с целью обеспечения работы установки в безопасном режиме.

Возможно происходит гашение топки вследствие неисправности контрольной установки нагревательной печи регенерационного газа, чрезмерно меньшей нагрузки или неисправности топливоподающей системы.При гашении, температура топки быстро снижается ниже температуры самовоспламенения топливного газа, при этом, повторное сжигание трудно осуществляется путем повторного впрыска топливного газа. Если топливный газ продолжил поступать на топку в этот момент без осуществления зажигания по процедуре, то горючий газ достигает диапазона взрывной концентрации, и может быть, вызывает взрыв.Поэтому, для нагревательной печи регенерационного газа предусмотреть систему блокировочной защиты при гашении.

4.3.3 Выбор основного технологического оборудования

4.3.3.1 Адсорбер осушки газа

Факторами, необходимо учитывать при проектировании адсорбера осушки газа, являются: рабочий цикл, допустимая скорость течения газа, влагоемкость молекулярных сит, требуемая температура точки росы по сухому газу, требуемый объем десорбционной воды, динамика адсорбции адсорбера, требование к регенерации молекулярных сит, предел перепада давления газа при

（1）吸附塔个数和操作周期。

对小装置通常采用 2 塔系统,对于大型装置,3 塔或 4 塔系统会更经济。增加吸附器数量,可使床层有更好的几何形状并能增加其操作弹性,但投资较高,并减少了再生时间,因再生时间 t_r 等于吸附时间 t_a 除以 $n-1$（n 为吸附塔个数）:

$$t_r = \frac{t_a}{n-1}$$

较短的再生时间会增加再生气流率从而增大再生设备的尺寸。

如果进料气含饱和水,循环周期采用 8~16h 为好。如果上游有甘醇装置,循环周期取 24~30h 是可行的。吸附塔个数和操作周期的确定务必使投资和操作费用最少。

（2）吸附塔允许空塔线速计算。

在吸附操作时吸附塔气相负荷最大,气体采用自上向下流动,因而可使用较高的空塔气速。对于 4~6 目硅胶,在 20℃ 和不同压力下的允许气体空塔线速度见表 4.3.1。

переходе через адсорбер и т.д.Указанные факторы не являются независимыми переменными, следует в первую очередь определить величины определенных параметров при расчете, а также рассчитать и сопоставить разные варианты для получения оптимальных сочетаний параметров.

（1）Количество и рабочий цикл адсорберов.

Для малогабаритной установки, как правила, применяется система с двумя колоннами, а для крупногабаритной установки, система с тремя или четырьмя колоннами является более экономичной.Получается подходящая геометрия слоя и увеличивается гибкость действий путем увеличения количества адсорберов, но указанная операция увеличивает капиталовложение и уменьшает продолжительность регенерации, в связи с этим, продолжительность регенерации составляет t_r частное от деления продолжительности абсорбции t_a на $n-1$（n=количество адсорберов）:

$$t_r = \frac{t_a}{n-1}$$

Короткая продолжительность регенерации увеличивает расход регенерационного газа, что повышает размер установки для регенерации.

Рабочий цикл составляет 8-16ч.если входной газ содержит насыщенную воду.Допускается принятие рабочего цикла в 24-30ч.если на предыдущем участке располагается гликолевая установка. Определение количества и рабочего цикла адсорберов позволяет минимальное капиталовложение и расходы на эксплуатацию.

（2）Расчет（линейной）допустимой часовой объемной скорости адсорбера.

Нагрузка газовой фазы адсорбера при абсорбции оказывается самой большой, газ течет сверху донизу, при этом допускается более высокая часовая объемная скорость газа.Для силикагеля меш 4-6, при 20℃ и разных давлениях,（линейная）допустимая часовая объемная скорость газа указано в таблице 4.3.1.

表 4.3.1 许气体空塔线速度

Таблица 4.3.1 （Линейная）Допустимая часовая объемная скорость газа

吸附塔操作压力，MPa（a） Рабочее давление адсорбера, МПа（абс.）	气体空塔线速，m/min （Линейная）Часовая объемная скорость газа, м/мин.
2.6	12～16
3.4	11～15
4.1	10～13
4.8	9～13
5.5	8～12
6.2	8～11
6.9	8～10
7.6	7～10
8.3	7～9

某些装置空塔线速最高用到 18m/min。空塔线速过高会降低吸附剂湿容量，空塔线速过小则吸附塔直径增大，对给定吸附剂装填量的吸附塔，则会减小吸附剂床层长度，最终也会影响吸附剂有效湿容量，但是气体通过床层的压降减少。

Максимальная（линейная）часовая объемная скорость каких-то установок достигает 18м/мин.Чрезмерно высокая часовая объемная скорость уменьшает влагоемкость адсорбента, в противоположенном случае-увеличивает диаметр адсорбера, а для адсорбера с заданным объемом наполнения адсорбента-уменьшает длину слоя адсорбера, а также влияет на доступную влагоемкость адсорбента, но перепад давления газа уменьшает при переходе через слой.

（3）吸附床层尺寸计算。

① 吸附床层直径。

吸附塔的床层直径可按下式计算：

$$D = \sqrt{\frac{328 Q_F TZ}{v_g p}} \qquad (4.3.3)$$

式中 v_g——空塔线速，m/min；

（3）Расчет размера слоя адсорбента.

① Диаметр слоя адсорбента.

что диаметр слоя адсорбента определяется по следующей формуле：

$$D = \sqrt{\frac{328 Q_F TZ}{v_g p}} \qquad (4.3.3)$$

Где v_g——（линейная）часовая объемная скорость, м/мин；

Q_F——气体处理量,$10^6 \text{m}^3/\text{d}$（0℃,101.325kPa）；

D——分子筛床层直径,m；

p——进料压力,kPa（a）；

T——进料温度,K；

Z——进料气压缩因子。

② 吸附床层高度：

$$h_B = \frac{127.4 W_T}{\rho_B D^2 X} \qquad (4.3.4)$$

式中　h_B——吸附床层高度,m；

W_T——吸附总量,kg/周期；

ρ_B——分子筛堆积密度,kg/m^3；

D——床层直径,m；

X——分子筛的有效湿容量,%(质量分数)。

实际塔高为吸附床层高度加上支撑床层的支撑高度以及床顶为确保气流分散好的足够空间。这些附加高度通常为 1～1.5m。图 4.3.6 是一个吸附塔的示例。

如果床层太短,则循环次数或塔数就会增加；而如果床层太长,则循环次数或塔数就会减少。

（4）气体通过吸附床的压降计算。

下式是基于 Ergun 方程式建立的：

$$\Delta p / L_D = B\mu v_g + C\rho_g v_g^2 \qquad (4.3.5)$$

式中　$\Delta p / L_D$——单位长度压降,kPa/m；

μ——气体黏度,mPa·s；

ρ_g——气体密度,kg/m^3；

v_g——气体空塔线速,m/min。

Q_F——производительность по газу, $10^6 \text{м}^3/\text{сут.}$（0℃, 101, 325кПа）；

D——диаметр слоя молекулярных сит, м；

p——давление входного газа, кПА（абсол.）；

T——температура входного газа, К；

Z——коэффициент сжимаемости входного газа.

② Высота слоя адсорбента：

$$h_B = \frac{127.4 W_T}{\rho_B D^2 X} \qquad (4.3.4)$$

Где　h_B——высота слоя адсорбента, м；

W_T——общий объем абсорбции, кг/цикл；

ρ_B——насыпная плотность молекулярных сит, кг/м^3；

D——диаметр слоя, м；

X——доступная влагоемкость молекулярных сит, %（весовой процент）.

Фактическая высота адсорбера составляет сумму высоты слоя адсорбента и высоты опора слоя, а также высоты достаточного пространства для обеспечения распыления потока газа. Как правило, указанная дополнительная высота составляет 1-1,5м. Пример одного адсорбера указан на рис.4.3.6.

Число циклов или колонн увеличивается, если слой оказывается чрезмерно коротким; число уменьшается в противоположенном случае.

（4）Расчет перепада давления при адсорбции газа через слой адсорбента.

Следующая формула（4.3.5）создается на основании формулы Ergun.

$$\Delta p / L_D = B\mu v_g + C\rho_g v_g^2 \qquad (4.3.5)$$

Где　$\Delta P / L_D$——перепад давления/длина, кПа/м；

μ——вязкость газа, сП；

ρ_g——плотность газа, кг/м^3；

v_g——（линейная）часовая объемная скорость газа, м/мин.

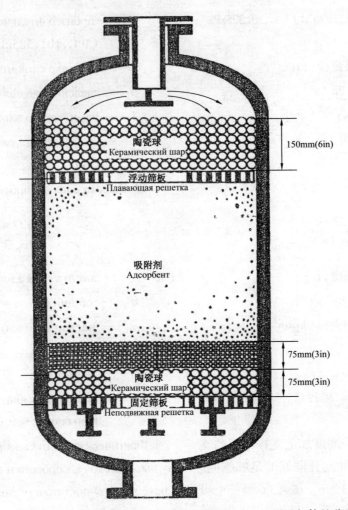

图 4.3.6　吸附器上部带有浮动的筛板和瓷球，以增进气体的分配

Рис.4.3.6　На вершине адсорбера предусмотрены плавающая решетка и керамический

шар для увеличения объема распределения газа

常数 B 和 C 见表 4.3.2。　　　　　　　Постоянные B и C в формуле（4.3.2）указа-

ны ниже.

表 4.3.2　**B、C 参数表**

Таблица 4.3.2　**B，C**

干燥剂颗粒形式 Форма частиц сушильных агентов	B	C
直径 3.2mm（1/8in）球状 Шаровая форма диаметром 3,2мм（1/8 in）	4.155	0.00135
当量直径 3.2mm（1/8 in）条状 Полосовая форма эквивалентным диаметром 3,2мм（1/8 in）	5.357	0.00188
直径 1.6mm（1/16 in）球状 Шаровая форма диаметром 1.6мм（1/16 in）	11.278	0.00207
当量直径 1.6mm（1/16in）条状 Полосовая форма эквивалентным диаметром 1,6мм（1/16in）	17.660	0.00319

条状当量直径 $=d_0/$ ($2/3+d_0/3l_0$)

式中　d_0——圆柱（条）直径，mm；

　　　l_0——条长度，mm。

多数设计取 $\Delta p/L$ 为 $7\sim10$ kPa/m。

（5）转效时间的计算。

由下式可估算出带水突破床层的时间

$$\theta_B=0.01X\rho_B L_D/q \qquad (4.3.6)$$

式中　θ_B——转效时间，h；

　　　X——分子筛的有效湿容量，%（质量分数）；

　　　ρ_B——分子筛堆积密度，kg/m³；

　　　L_D——吸附床层设计长度，m；

　　　q——分子筛床水负荷，kg/（h·m²）。

（6）分子筛再生和冷却过程的工艺计算。

确定了吸附塔的大小，下一步就是确定需要的再生气量和热量及冷却再生分子筛床需要的冷却气量和应取走的热量。对于双塔流程，分子筛的再生和冷却应在一个吸附周期内完成。对于三塔流程（一塔进行吸附脱水，一塔再生，一塔冷却），再生和冷却可占用双倍吸附周期时间。对于多塔流程，再生和冷却时间主要取决于采用的切换方式。

Эквивалентный диаметр полосовой формы$=d_0/$ ($2/3+d_0/3l_0$)

Где　d_0——диаметр цилиндра (полосы), мм；

　　　l_0——длина полосы, мм.

Принять $\Delta p/L=7-10$кПа/м в большинстве проектов.

（5）Расчет продолжительности прерывания.

Из формулы（4.3.6）вычисляется продолжительность прорыва слоя водой

$$\theta_B=0.01X\rho_B L_D/q \qquad (4.3.6)$$

Где　θ_B——продолжительность прерывания, ч；

　　　X——доступная влагоемкость молекулярных сит, % (весовой процент)；

　　　ρ_B——насыпная плотность молекулярных сит, кг/м³；

　　　L_D——проектная длина слоя адсорбента, м；

　　　q——водяная нагрузка слоя молекулярных сит, кг/ (ч.м²).

（6）Технологический расчет в процессах регенерации и охлаждения молекулярных сит.

Определив размер адсорбера, определяются необходимый объем регенерационного газа, необходимый объем охлаждающего газа на охлаждение слоя молекулярных сит для регенерации и теплоты, подлежащей выносу.Касательно процесса с двумя колоннами, регенерация и продолжительность регенерации и охлаждения составляет не более 1 рабочего цикла абсорбции. Касательно процесса с тремя колоннами (одна для абсорбции, осушки газа, одна для регенерации, одна для охлаждения), продолжительность регенерации и охлаждения составляет в 2 раза рабочего цикла абсорбции.Касательно процесса с несколькими колоннами, продолжительность регенерации и охлаждения в основном зависят от методов переключения.

再生过程中出床层气体的温度变化如图 4.3.5 所示。分子筛再生过程需要的全部热量称为分子筛再生过程的总热负荷,它必须包括下列所有各项内容:

① 将分子筛和瓷球至少加热到 180~288℃ (取决于分子筛的类型)。

② 加热并蒸发吸附的水。

③ 加热并蒸发吸附的烃类。

④ 加热容器(吸附塔)及钢制内构件(无内部隔热时)。

⑤ 加热再生加热器与吸附塔之间的管道与阀门。

⑥ 穿过隔热层的热损失。

严格说物质的解吸热与浓度有关,在一般情况下,对于分子筛,水的脱附热约为 4190kJ/kg,而烃的脱附热约为 465kJ/kg。

如前文所述,在设计吸附塔时,已计算出在操作周期内被吸附的水量,而被吸附的烃量取决于吸附塔切换时水吸附传质段的位置。在水的吸附传质段前的分子筛床中的烃的浓度约为 7~10kg 烃 /100kg 分子筛,在水的吸附传质段后面的分子筛床中的烃的浓度降至 1~2kg 烃 /100kg 分子筛。因为水的吸附传质段随吸附塔水负荷变化而变化,在操作切换时,水吸附传质段的位置很难预测,故对操作周期大于 4h 的吸附塔,通常假定脱附的烃类数量约为吸附水量的 10%,对于按短周期操作的吸附塔应进行实际测定。

Изменение температуры газа из слоя в процессе регенерации указано на рис.4.3.5.Пунктами, необходимо включающимися в общую тепловую нагрузку в процессе регенерации молекулярных сит, называющуюся всей теплотой для регенерации молекулярных сит, являются:

① Нагревание молекулярных сит и керамического шара до 180-288℃ (зависит от типа молекулярных сит).

② Нагревание и испарение адсорбционной воды.

③ Нагревание и испарение адсорбционных углеводородов.

④ Нагревание сосуда (адсорбера) и стальных внутренних деталей (при отсутствии внутренней теплоизоляции).

⑤ Нагревание трубопроводов и клапанов между нагревателем регенерационного газа и адсорбером.

⑥ Тепловая потеря при проникании через теплоизоляционный слой.

Строго говоря, теплота десорбции веществ зависит от концентрации, как правила, для молекулярных сит, теплота десорбции воды составляет примерно 4190кДж/кг, а теплота десорбции углеводорода составляет примерно 465кДж/кг.

На основании вышеизложенного, получился объем адсорбционной воды в рабочем цикле при проектировании адсорбера, а объем адсорбционного углеводорода зависит от места участка массопередачи, адсорбционного водой при переключения между адсорберами.Концентрация углеводородов в слое молекулярных сит перед участком массопередачи воды составляет примерно 7-10кг углеводородов/100кг молекулярных сит, а после участка-снижается до 1-2кг углеводородов/100кг молекулярных сит.Место

对于采用内部隔热层的吸附塔,不应计算加热吸附塔壳体需要的热量,考虑到可能产生的热损失,应在计算的热负荷数值上增加 10%～15%。

再生气流量通常为总处理量的 5%～15%,由具体操作条件而定。再生气流量应足以保证在规定时间内将分子筛的再生温度提高到规定的温度。

冷却气流量通常与再生气流量相同。

4.3.3.2 原料气分离器

分子筛脱水装置的进料分离器,通常采用有内构件的分离器或过滤分离器,相关计算参见4.2.3。吸附系统最常遇到的问题就是原料气的预处理。进入床层的气体应当没有夹带烃类、化学剂(如甘醇、胺)、游离水和固体杂质。大多数分子筛一般都能处理少量的这些夹带物,但如果夹带的量过大就会导致床层的吸附能力过早的降低和(或)分子筛被破坏。

участка массопередачи и адсорбции воды трудно определяется при переключении между режимами в связи с изменением участка массопередачи и адсорбции воды вслед за изменением водяных нагрузок адсорбера, поэтому количество десорбционных углеводородов предполагает 10% от количества адсорбционной воде для адсорбера с рабочим циклом более 4ч, а для адсорбера с коротким рабочим циклом, количество десорбционных углеводородов определяется по фактическому состоянию.

Не учесть теплоты нагревания корпуса адсорбера с внутренней теплоизоляцией, а с учетом возможной тепловой потери, следует увеличить значение расчетной тепловой нагрузки на 10%-15%.

Расход регенерационного газа, как правило, составляет 5%-15% от общего объема подготовки, зависит от конкретных рабочих условий. Расход регенерационного газа должен быть достаточным для обеспечения повышения температуры регенерации молекулярных сит до установленного значения.

Расход охлаждающего газа, как правило, равняется расходу регенерационного газа.

4.3.3.2 Сепаратор сырьевого газа

Как правило, распространенные питательные сепараторы для установки осушки газа молекулярными ситами выполняются с внутренними элементами или в исполнении фильтра-сепаратора, связанные расчеты указаны в п.4.2.3.Типичной проблемой в системе абсорбции является предварительная подготовка сырьевого газа.В газе, поступающем в слой, следует отсутствовать углеводороды, химагенты (как гликоль, амин), несвязанные воды и твёрдые примеси.Большинство

任何分子筛脱水装置的上游都应安装一台原料气分离器和一台过滤分离器。

4.3.3.3 再生气加热炉

由于分子筛脱水装置再生时再生气温度通常在 230~370℃，因此需要对再生气进行加热。分子筛脱水装置一般采用立式圆筒炉、导热油炉等加热炉作为再生气加热设备。由于立式圆筒炉结构相对简单，可靠性较高，立式圆筒炉无转动风机、循环泵等自身耗能设备，故在天然气分子筛脱水装置中使用非常广泛。

立式圆筒炉由燃烧器及点火控制系统、炉膛、炉管、烟囱等部件组成。为了充分利用燃料气燃烧后的能量，应合理设计加热炉节圆直径、耐火砖厚度、炉管高度、炉管直径、排列方式及数量等结构参数，使火墙温度、管内流速、过剩空气系数、烟囱抽力、排气温度等性能参数处于较佳的数值范围内。

молекулярных сит абсорбирует малый объем включений, но массовый объем включений вызывает предварительное уменьшение адсорбционной способности слой и/или нарушение молекулярных сит.

Следует установить 1 сепаратор сырьевого газа и 1 фильтр-сепаратор на предыдущем участке любой установки осушки газа молекулярными ситами.

4.3.3.3 Нагревательная печь регенерационного газа

Как правила, температура регенерационного газа при регенерации установки осушки газа с молекулярных сит составляет 230-370℃, в связи с этим, требуется нагревание регенерационного газа. Применяются вертикально-цилиндрическая печь, масляная теплопроводная печь на установке осушки газа молекулярными ситами в качестве нагревателя регенерационного газа. На установке осушки газа молекулярными ситами вертикально-цилиндрическая печь широко распространяется благодаря относительно простой конструкции, высокой надежности, отсутствию вращающего вентилятора, циркуляционного клапана и других поглощающих устройств.

Вертикально-цилиндрическая печь состоит из горелки, системы регулирования зажигания, топки, печной трубы, дымовой трубы и т.д. Конструкционными параметрами, необходимо проектируемые с целью полностью использования энергии после горения топливного газа, являются: диаметр делительной окружности нагревательной печи, толщина огнеупорного кирпича, высота печной трубы, диаметр печной трубы, порядок расположения, количество и т.д., чтобы температура топочного порога, скорость течения

对于加热炉的型式主要有纯辐射式和辐射＋对流式两种,纯辐射式加热炉采用燃料气直接对炉管加热,火焰在炉膛中的辐射热将再生气加热达到要求的再生温度。该类型的加热炉由于仅仅利用了火焰直接加热的热量,排烟温度较高,效率较低,燃料气用量大,能耗较高。同时,纯辐射式加热炉的体积较大,施工难度也相对较大。对于处理量较大的分子筛脱水装置,由于再生气量较大,故加热炉的热负荷也较大,为提高加热炉的热效率可在辐射段的基础上增设对流段。辐射＋对流式加热炉可利用高温的烟气。进入加热炉的再生气首先进入对流段通过烟气对其进行预热,对流段所承担的负荷约为总负荷的30%,然后再进入辐射段完成加热。对流室的增加,降低了排烟温度,减少了热损失,加热炉的效率比纯辐射式可提高15%以上。另外,减小了炉子的尺寸和投资,有利于降低设备的长期运行成本,实现节能环保的目的。此外,立式圆筒炉对流段通常水平布置对流管,对流段长度大于2m,故设对流段的立式圆筒炉直径应大于2.2m。设备结构对比见图4.3.7。

по трубопроводу, коэффициент избытка воздуха, тяга дымовой трубы, температура выходящего газа и другие характеристические параметры находились в допустимых пределах.

Распространенные типы нагревательной печи разделяется на чисто-радиантный и радиантный + конвекционный, первый тип выполняет прямое нагревание печной трубы топливным газом, т.е.нагревание регенерационного газа до требуемой температуры регенерации осуществляется излучаемой теплотой пламени в топке. Указанная нагревательная печь характеризуется высокой температурой выхлопы, низкой производительностью, большими расходами топливного газа, высоким энергическим расходом в связи с использованием теплоты от прямого нагревания пламени.Кроме того, происходит большая трудность в строительстве чисто-радиантной нагревательной печи в связи с большим объемом.Касательно установки осушки газа молекулярными ситами высокой производительностью, тепловая нагрузка оказывается высокой в связи с большим объемом регенерационного газа, при этом, дополнительно предусмотреть конвекционную секцию на основании радиантной секции с целью повышения термического КПД нагревательной печи.Радиантная + конвекционная нагревательная печь работает на высокотемпературном дымовом газе.Регенерационный газ, входящий в нагревательную печь, поступает на конвекционную секцию для нагревания ее с помощью дымового газа, при этом, на секции нагрузка составляет 30% от общей нагрузки, затем поступает на радиантную секцию для завершения нагревания. Увеличение количества конвекционных камер снижает температуру выхлопа, уменьшает тепловую потерю, по сравнению с чисто-радиантной печью, производительность увеличивается на 15% выше.Кроме того, уменьшение размера и капиталовложения печи уменьшает расходы на длительную эксплуатацию, осуществляет экономию энергии и охрану окружающей среды.Как правила, на конвекционной секции длиной 2м для вертикально-цилиндрической печи горизонтально располагаются конвекционные трубы, в связи с этим, диаметр указанной печи составляет более 2,2м.Сопоставление конструкции оборудования указано на рис.4.3.7.

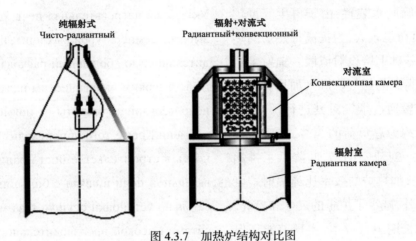

图 4.3.7　加热炉结构对比图

Рис.4.3.7　Сопоставление конструкции нагревательной печи

4.3.3.4　再生气分离器

再生气分离器属气液分离设备,可选用立式,也可选用卧式。为提高分离效率,均应在气体出口处设一层除雾丝网,以除去粒径大于10μm的雾滴。通常可按沉降分离直径不小于100μm液滴计算分离器尺寸,但在实际过程中多用经验公式计算出允许的气体质量流率 W,然后计算出气液重力分离器直径 D:

4.3.3.4　Сепаратор регенерационного газа

Сепаратор регенерационного газа относится к газожидкостному сепаратору, применяются и горизонтальный тип, и вертикальный тип.Для повышения эффекта сепарации, следует установить сетчатый тумансниматель на всех выходах газа для очистки капли тумана с крупностью более 10мкм.Как правила, расчет сепаратора выполняется по каплям диаметром отстойного центрифугирования не менее 100мкм, но практики вычисляется допустимая массовая скорость газа W по эмпирической формуле (4.3.7), затем вычисляется диаметр D газожидкостного гравитационного сепаратора по формуле (4.3.8):

$$W = C\left[(\rho_L - \rho_g)\rho_g\right]^{0.5} \quad (4.3.7)$$

$$D = \left(\frac{1.27m}{FC}\right)^{0.5} / [(\rho_L - \rho_g)\rho_g]^{0.25} \quad (4.3.8)$$

式中　W——气体允许质量流率,kg/（m²·h）;

　　　ρ_L,ρ_g——操作条件下,分别为液相和气相的密度,kg/m³;

　　　m——气体质量流量,kg/h;

　　　C——经验常数,m/h;

　　　F——分离器内可供气体流过的面积分率,对立式分离器 F=1.0。

4.3.3.5　再生气/冷吹气换热器

为节省燃料气耗量,增加装置的安全性,分子筛脱水装置采用4塔流程时可增设一台再生气/冷吹气换热器。当一台分子筛吸附塔处于热吹状态时,另一台正好处于冷吹状态。采用再生气/冷吹气换热器将出冷吹塔的再生气用正处于热吹状态的分子筛塔的再生气进行加热,这样,作热吹气的再生气就在进再生气加热炉前进行了预热,热吹后的再生气也在进空冷器前进行了预冷,大大降低了再生气加热炉及再生气空冷器的热负荷,使再生气加热炉燃料气消耗及再生气空冷器电耗也相对降低。

$$W = C\left[(\rho_L - \rho_g)\rho_g\right]^{0.5} \quad (4.3.7)$$

$$D = \left(\frac{1.27m}{FC}\right)^{0.5} / [(\rho_L - \rho_g)\rho_g]^{0.25} \quad (4.3.8)$$

Где　W——допускаемый массовый расход газа, кг/（м²·ч）;

　　　ρ_L,ρ_g——соответственно плотность жидкой фазы и газовой фазы при рабочих условиях, кг/м³;

　　　m——массовый расход газа, кг/ч;

　　　C——эмпирическая постоянная, м/ч;

　　　F——доля используемой площади для течения газа в сепараторе, для вертикального сепаратора-F=1,0.

4.3.3.5　Теплообменник регенерационного/холодного продувочного газа

Безопасность установки повышает для экономии расхода топливного газа, допускается дополнения одного дополнительного теплообменника регенерационного/холодного продувочного газа при работах 4 колоннами для установки осушки газа молекулярными ситами.При тепловой продувке одного адсорбера с молекулярными ситами, другой адсорбер-в холодной продувке. Теплообменник регенерационного/холодного продувочного газа нагревает регенерационный из продувочной колонны газ с помощью регенерационного газа из колонны молекулярными ситами, находящегося в режиме горячей продувки, при этом, для регенерационного газа, применяющегося в качестве горячего продувочного газа выполнился подогрев перед входом в нагревательную печь, а для регенерационного газа, прошедшего горячую продувку, выполнился предварительное охлаждение перед входом в АВО, что значительно

由于进出再生气/冷吹气换热器的热再生气及冷吹气流量、压力基本不变,但温度是不断变化的,通常采用进出口的平均温度作为再生气/冷吹气换热器的入口温度设计值,较能反映实际工况且设备投资较省。

4.3.3.6 再生气冷却器

分子筛脱水装置再生气加热分子筛后需进入再生气空冷器进行冷却,再经再生气出口分离器分离出液态水后出装置。通常再生气出装置温度控制在50℃以下即可。

空冷器的设计应根据当地气象条件,对管程数、管排数、管排尺寸、翅片管结构尺寸及排列方式、风量等参数进行优化。在压降合理的前提下,尽可能提高传热系数,降低风机电耗量。再生气空冷器多采用两管程的干式空冷器,设两台风机。每台风机采用高低速两档或变频调速的方式,根据气温及时调整供风量,减少风机电耗。另外,由于空冷器受环境温度、空气湿度、室外风速等因素影响较大,而空冷器通常是按较恶劣的气象条件进行设计的。因此,装置运行时应根据再生气出空冷器的温度及时调整百叶窗开度、风机运行台数及风机转速(如果有变频或快、慢速挡),在保证工艺条件的前提下,尽可能地降低空冷器电耗,从

уменьшает тепловые нагрузки нагревательной печи регенерационного газа и АВО регенерационного газа, чтобы расход их топливного газа относительно уменьшился.

Как правила применяется средняя температура на входе и выходе в качестве проектного значения температуры на входе теплообменника регенерационного/холодного продувочного газа в целях выражения фактического режима работы и экономии капиталовложения в установке в связи с тем, что температура постоянно изменяется, а расход, давление теплового регенерационного газа, холодного продувочного газа на входе и выходе теплообменника остаются без изменений.

4.3.3.6 Охладитель регенерационного газа

Нагрев молекулярных сит, регенерационный газ, выходящий из установки осушки газа молекулярными ситами, поступает в АВО регенерационного газа на охлаждение, затем выходит из установки после выделения жидкой воды в сепараторе регенерационного газа на выходе.Как правила, регулировать температуру регенерационного газа ниже 50℃ при выходе из установки.

Проектирование АВО оптимизируется по местным метеоусловиям, количеству трубчатых пространств, количеству рядов труб, размеру рядов труб, конструктивному размеру и расположению оребренной трубы, интенсивности вентиляции и т.д.Повышается коэффициент теплопередачи и снижается электропотребление вентилятора по мере возможности на основе рационального перепада давления.Большинство АВО регенерационного газа выполняется в сухом типе с двумя трубчатыми пространствами и 2 вентиляторами.Каждый вентилятор своевременно регулирует интенсивность вентиляции на высокой

·而降低装置的综合能耗。

и низкой скоростях или преобразованием частоты по температуре газа и уменьшает электропотребление.Как правила, АВО проектируются для работы в неблагоприятных метеоусловиях в связи с факторами, значительно воздействующими на АВО, являющимися: температура окружающей среды, влажность воздуха, наружная скорость ветра и т.д.Поэтому, следует своевременно регулировать апертуру жалюзи, количество рабочих вентиляторов, скорость вращения вентиляторов（при наличии преобразования частоты или передачи на высокой, низкой скорости）в соответствии с температурой выходящего из АВО регенерационного газа, по мере возможности снижается электропотребление АВО и общий расход энергии на основе обеспечения технологических условий.

4.3.3.7　再生气压缩机

对于分子筛脱水装置上游为脱硫装置的情况,经脱硫后的湿净化天然气中仍会含有微量 H_2S 组分。由于 H_2S 分子极性较强,分子筛在吸附脱水的同时会吸附天然气中的部分 H_2S,造成 H_2S 在分子筛中积累,在再生初期的短时间内大量 H_2S 将进入再生系统中。吸附在分子筛床层的 H_2S 被集中脱出将导致再生气中的 H_2S 含量超标,需要返回脱硫装置进行脱硫处理。由于脱硫装置吸收塔工作压力通常比分子筛脱水再生气分离器处压力高 0.3～0.5MPa,因此,需要设置再生气压缩机将富再生气增压后返回至上游脱硫脱碳装置进口,以脱除富再生气中的 H_2S。

4.3.3.7　Компрессор регенерационного газа

Возможно, обессеривав, влажный очищенный газ содержит незначительный H_2S, если на предыдущем участке установки осушки газа молекулярными ситами располагается установка обессеривания.Осушая молекулярными ситами, абсорбируя часть H_2S из газа в связи с сильной полярностью элемента H_2S, что вызывает накопление H_2S на молекулярных ситах, в кратчайший срок на начале регенерации, массовые H_2S поступает в систему регенерационного газа. Сосредоточенная десорбция H_2S, адсорбционного на слое молекулярных сит будет проводить к превышению нормы содержания H_2S в регенерационном газе, при этом, необходимо возвратить в установку обессеривания для подготовки.Рабочее давление абсорбера установки обессеривания выше давления в сепараторе регенерационного газа, прошедшего осушку газа молекулярными ситами на 0,3-0,5МПа в обычных случаях, при этом, необходимо предусмотреть компрессор регенерационного газа для того, чтобы повысив давление насыщенного регенерационного газа, регенерационный газ возвратил на вход верхнего установки обессеривания и обезуглероживания с целью десорбции H₂S от регенерационного газа.

4.3.4 主要操作要点

4.3.4.1 湿净化气聚结器

鉴于聚结器是通过调节阀和截断阀调整聚结器下部液位。操作要点是控制好液位。高液位时阀门打开,低液位时阀门关闭。需特别防止装置波动时高压气体流入排污管网。通常进料流量不平稳时,液位会剧烈波动,应平稳控制进口天然气流量。而液位急剧降低或上升,通常是调节阀故障,应立即到现场打开旁通阀,用旁通阀调整液位平稳,同时联系仪表维修。

4.3.4.2 再生气加热炉

为确保在规定时间内分子筛床层能得到有效再生,应确保分子筛再生气达到规定温度,一般为280~290℃。操作要点为控制好再生气加热炉的出口温度,通过调节导热油流量或燃料气流量,精确控制再生气温度。若再生气温度持续降低,建议检查供热装置高温位导热油系统;若再生气温

4.3.4 Основные положения при эксплуатации

4.3.4.1 Коалесцер влажного очищенного газа

Учитывая, что коалесцер регулирует уровень нижней части с помощью регулирующего клапана и отсечного клапана.Ключевым пунктом эксплуатации является регулирование уровня. Клапан открывает на высоком уровне, закрывает на низком уровне.Необходимо защищать установку от поступления газа высокого давления в сеть дренажных трубопроводов при вибрации.Происходит сильное колебание уровня при нестабильном расходе во время подачи, следует стабильно регулировать расход газа на входе.Как правила, сильное повышение или снижение уровня вызвано неисправностью регулирующего клапана, при этом, следует открыть байпасный клапан на месте для регулирования уровня и связаться с дисциплиной КИПиА на ремонт.

4.3.4.2 Нагревательная печь регенерационного газа

Следует обеспечить достижения температуры регенерационного из молекулярных сит газа указанного значения, т.е.в пределах 280-290℃ с целью обеспечения доступной регенерации слоя молекулярных сит в установленный срок.Ключевом пунктом эксплуатации является регулирование

度持续升高,表明再生气流量减少,需用调节阀调节导热油流量。

температуры на выходе нагревательной печи регенерационного газа, точное регулирование осуществляется регулированием расхода теплопроводного масла или топливного газа.Рекомендуется проверить систему теплопроводного масла установки теплоснабжения при высокой температуре и уровне если температура регенерационного газа постоянно уменьшается;а постоянное повышение температура обозначает уменьшение расхода регенерационного газа, при этом, следует регулировать расход теплопроводного масла регулирующим клапаном.

4.3.4.3 再生气冷却器

鉴于再生气冷却温度决定再生气气液分离效果。操作要点为控制好再生气冷却器出口温度,通常控制在 40~48℃。如果再生气冷却器出口温度过高,则气液分离效果差,带入再生气压缩机和脱硫脱碳装置的水分增多。再生气冷却器采用变频控制,通常再生气冷却温度升高是由于变频电机故障,应联系维修。

4.3.4.3 Охладитель регенерационного газа

Учитывая, что эффективность газожидкостной сепарации регенерационного газа зависит от температуры охлаждения регенерационного газа. Ключевым пунктом эксплуатации является регулирование температуры на выходе охладителя регенерационного газа в пределах 40-48℃.Получается плохая эффективность газожидкостной сепарации, а также влаги, вносившие в компрессор регенерационного газа и установку обессеривания и обезуглероживания газа увеличивается если чрезмерно высокая температура на выходе охладителя регенерационного газа.Охладитель регенерационного газа регулируется преобразованием частоты, как правила, повышение температуры регенерационного газа при охлаждении вызывает неисправностью электродвигателя преобразования частоты, при этом, следует отремонтировать.

4.3.4.4 再生气压缩机

在规定时间内分子筛床层能得到有效再生,应确保分子筛再生气的流量。操作要点为通过调节阀控制再生气压缩机出口的天然气补充量,为分子筛塔提供足够的再生气量。当开车时,再生

4.3.4.4 Компрессор регенерационного газа

Следует обеспечить расход регенерационного газа из молекулярных сит с целью осуществления доступной регенерации слоя молекулярных сит в установленный срок.Ключевом пунктом

气压缩机进口流量全部由该阀门控制。如若再生气流量急剧减少,应立即关闭调节阀截断阀,到现场用旁通阀调整流量平稳,同时联系仪表维修。

эксплуатации является регулирование объема дополнительного газа на выходе компрессора регенерационного газа регулирующим клапаном с целью обеспечения колонны молекулярными ситами достаточным регенерационным газом.Все расход на входе компрессора регенерационного газа регулируется данным клапаном при запуске. Следует своевременно закрыть регулирующий клапан и отсечной клапан, если сильно уменьшает расход регенерационного газа, на месте регулировать расход байпасным клапаном до стабильного состояния и связаться с дисциплиной КИПиА на ремонт.

5 天然气脱烃

天然气脱烃的指标通常以烃露点温度来衡量,烃露点温度通常指在一定压力下凝析出第一滴液态烃时的温度。一定组分的天然气,具有特定的相图,图5.1.1、图5.1.2是典型的天然气在脱烃前后的相图。经对2个相图的比较可以知道,天然气脱烃后,在温度很低的情况下才会有液烃析出。在实际的工程设计中,要结合具体情况,以确定天然气脱烃的烃露点要求。

5 Очистка газа от углеводородов

Показатели очистки газа от углеводородов определяются по температуре точки росы по углеводородам, под которой понимается температура выделения первой капли жидких углеводородов при определенном давлении.Газ с определенным составом имеет определенную фазовую диаграмму, типичные фазовые диаграммы перед и после очистки газа от углеводородов указаны на рис.5.1.1 и 5.1.2.Путем сравнения указанных двух диаграмм получается, что очистив газ от углеводородов, жидкие углеводороды выделяют при значительно низкой температуре.Требование к температуре точки росы по углеводородам во время очистки газа от углеводородов определяются с учетом конкретных условий в практическом проекте.

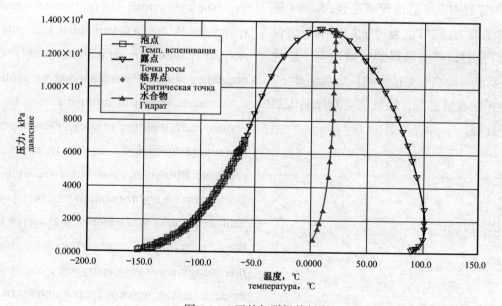

图 5.1.1　天然气脱烃前相图

Рис.5.1.1　Фаза газа перед очисткой от углеводородов

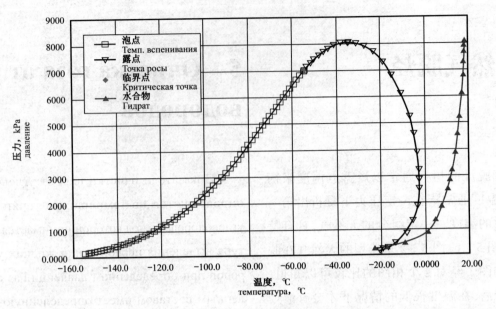

图 5.1.2　天然气脱烃后相图

Рис.5.1.2　Фаза газа после очистки от углеводородов

5.1　工艺方法简介

气井采出的天然气经过井口节流,内部集输进入处理厂时,一般都有液态烃析出。未经脱烃处理的产品气在外输过程中,随着管输压力及温度的变化,在管道中也可能出现液态烃,影响了输气管道的输送能力,同时也会严重的影响下游设备的生产运行,对该部分液烃的处理也有一定的难度。通常要求在天然气交接点的压力和温度下,天然气中应不存在液态烃。因此需要对原料天然气进行脱烃处理。

5.1　Краткое описание о технологии

Как обычно, жидкий углеводород выделяет при поступлении на ГПЗ газа, добывающего из газовой скважины, прошедшего дросселирование на устье скважины, внутрипромысловой сбор и транспорт.Вслед за изменением давления, температуры транспорта по трубопроводу, возможно выделяет жидкий углеводород в трубопроводе в процессе экспорта подготовленного газа, не прошедшего очистку газа от углеводородов, что влияет на производительности газопровода и серьезно влияет на производство, эксплуатацию устройства на последующем участке, устранение данных жидких углеводородов является трудным. В газе следует отсутствовать жидкий углеводород под давлением и температурой в соединительной точке газа.Так что требуется провести очистку газа от углеводородов.

控制天然气的烃露点采用的工艺方法主要有溶剂吸收、低温分离等方法。

溶剂吸收法系用对天然气中的较重烃类吸收能力好的溶剂来脱除其中的重烃,从而降低天然气的烃露点,属物理吸收过程。该法对重烃的吸收率低,能耗大,因此目前较少用于油气田中对天然气烃露点的控制。

低温分离法是利用天然气中的烃类随着温度的降低而部分液化,然后将凝结下来的液烃分离的方法,控制分离温度,可使天然气中的较重烃类得以脱除。低温分离法按照冷量来源的不同又分为制冷剂制冷和膨胀制冷。

5.1.1 节流膨胀制冷法

节流制冷法利用高压天然气的压力能,当高压天然气通过节流阀时,产生焦耳—汤姆逊(以下简称J—T)效应,使天然气的温度迅速降低,经分离后而实现水和液烃的脱除。为了防止天然气迅速降温时形成水合物,须在节流阀前加入水合物抑制剂。结合脱水方案的选择,不难看出,若气田天然气同时需要脱水脱烃只需要符合外输要求,

Для регулирования температуры точки росы по углеводородам природного газа в основном применяются метод абсорбции растворителем и технология низкотемпературной сепарации и т.д.

Метод абсорбирования растворителем заключается в удалении тяжелых углеводородов с помощью растворителя, имеющего хорошую способность абсорбции тяжелых углеводородов в пригодном газе, в результате чего снизить точку росы по углеводородам.Это процесс физической абсорбции.Коэффициент абсорбции тяжелых углеводородов оказывается низким и расход энергии оказывается большим при данном методе, в связи с этим, регулирование температуры точки росы по углеводородам для газа на нефтегазовых м/р узко распространяется.

Низкотемпературная сепарация заключается в том, что углеводороды в газа сжижают части вслед за снижением температуры, затем сепарируют конденсационные углеводороды, регулирование температуры сепарации содействует десорбции тяжелых углеводородов от газа. Низкотемпературная сепарация разделяется на охлаждение хладагентом и охлаждение за счет расширения по холодопроизводительности.

5.1.1 Охлаждение за счет расширения с дросселированием

Охлаждение за счет дросселирования заключается в десорбции вод и жидких углеводородов после сепарации при резком снижении температуры природного газа во время протекания газа высокого давления через дроссельный клапан и образования эффекта Джоль-Томсон (в дальнейшем J—T).Необходимо вводить ингибитор

且有很高的压力能可以利用,则节流制冷法是最好的选择。

另一种膨胀制冷是采用膨胀机或热分离机等使天然气温度降低的方法,该法对入口气体的含水量要求高,需经过分子筛脱水。

5.1.2 制冷剂制冷法

制冷剂外制冷法需要辅助的冷剂制冷循环,当制冷剂相变时从天然气中吸收热量,从而使天然气温度迅速降低,重烃在低温下冷凝而得以从天然气中脱除。制冷剂一般采用氨、丙烷等。该法主要用于没有压力能利用时的低温分离脱水脱烃过程。当气田无压力能可以利用时,也可选择外制冷的方法对天然气进行制冷,以达到低温分离的效果。丙烷制冷工艺除了制冷方法不同于 J—T 阀节流制冷外,其余工艺并无差别。故在下文中,主要讨论制冷工艺。原料气预冷与制冷后分离工艺不再赘述。

гидрата перед дроссельным клапаном во избежание гидратообразования вследствие быстрого снижения температуры газа. Учитывая варианты осушки газа легко получается, что одновременная осушка газа и очистка газа м/р от углеводородов осуществляются при соответствии требованиям к экспорту, возможности использования высокого перепада давления, поэтому, самым предпочтительным вариантом является охлаждение за счет дросселирования.

Другая технология охлаждения за счет расширения заключается в снижении температуры газа с помощью детандера или горячего сепаратора, данный метод имеет высокие требования к влажности входящего газа, который подлежит осушке молекулярными ситами.

5.1.2 Метод работы хладагентов

Для внешнего охлаждения применяется холодная циркуляция вспомогательным хладагентом, при изменении фазы хладагента из природного газа абсорбируется энергия, и температура газа быстро снижается, тяжелые углеводороды конденсируются при низкой температуре, и десорбируются из газа. В качестве хладагента обычно применяются аммиак, пропан и т.д.. Данный метод в основном распространяется на низкотемпературную сепарацию, осушку газа, очистку от углеводородов при невозможности использования перепада давлений. Допускается внешнее охлаждение газа для осуществления низкотемпературной сепарации при невозможности использования перепада давлений. Охлаждение пропаном отличается от охлаждения за счет дросселирования клапаном J—T только методом, а другая технология оказывается без различия. В связи с этим, в следующем тексте, речь в основном идет о технологии охлаждении. Технология предварительного охлаждения сырьевого газа и сепарации после охлаждения не повторно излагается.

Принципы работы систем охлаждения в основном одинаковые, хладагент выделяет холод в процессе его фазового превращения, парообразуя, хладагент подлежит компрессии, конденсируя и превращая в жидкую фазу на повторное использование. Фазовое превращение в процессе охлаждения хладагентом указано на рис.5.1.3.

制冷系统的原理基本相同,在制冷剂相变的过程中,释放出冷量,汽化后的制冷剂经压缩,冷凝后再次成为液相,循环使用。图5.1.3是制冷剂制冷过程的相变图。

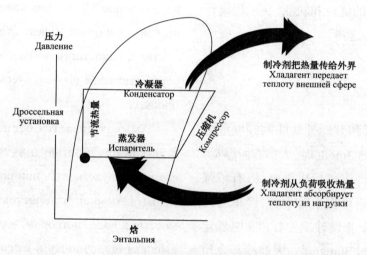

图 5.1.3　制冷剂制冷过程的相变图

Рис.5.1.3　Фазовое превращение в процессе работы хладагентов

液体制冷剂在蒸发器中吸收了热量后相变为气体。气体再进入压缩机,压缩后气体经冷凝冷却为液体。液体进入制冷剂储罐,再经节流阀降压后进入蒸发器,从而完成整个制冷过程的循环。图5.1.4是制冷系统工艺流程图。

Абсорбируя теплоту хладагентом жидкости в испарителе, жидкая фаза превращает в газовую. Газ повторно поступает в компрессор, конденсируя, охлаждая и превращая в жидкость после компрессии. Жидкость поступает в резервуар хладагентов, снизив давление дроссельным клапаном, поступает в испаритель, при этом, циркуляция всего процесса охлаждения завершается. Технологическая схема системы охлаждения указана на рис.5.1.4.

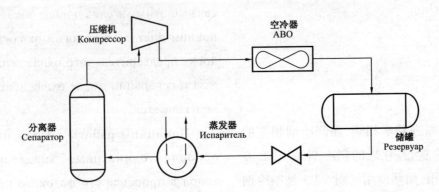

图 5.1.4   制冷系统工艺流程图

Рис.5.1.4   Технологическая схема системы охлаждения

常用的制冷剂为氨和丙烷,氨适用于冷冻温度高于 -28℃的工况,丙烷适用于冷冻温度高于 -37℃的工况。两种制冷剂均能达到很好的制冷效果,但是也各有各的优点和缺点,在工程设计中要根据实际情况进行选择。

氨为无色、具有强烈刺激性气味的轻度危害性物质,空气中含量达 5.3mg/L 时,人即有所感觉。氨对水的溶解度极高。溶解后成强碱性,有较强的腐蚀性。被人吸入后可发生肺水肿,严重者乃至死亡。中国《工业企业设计卫生标准》中规定在生产车间内不得超过 30mg/m³。因被冷却介质(天然气)为碳氢化合物,如果制冷系统对外发生渗漏,氨将会与天然气中化学物质发生无法预料的化学反应,改变工艺介质物性,导致下游产品质量不稳定,乃至增加危险性。氨需外购运输至现场。并且因其危险性,会给安全和储存都带来诸多不便,费用高。

Распространенными хладагентами являются аммиак и пропан, первый распространяется на режим температурой охлаждения выше -28℃, а второй-выше -37℃ .Два хладагента осуществляют благоприятный эффект охлаждение, но достоинства и недостатки по-разному, их применение осуществляется по фактическим состояниям при проекте.

Аммиак является бесцветным веществом с легкой вредностью и чуть острым запахом, возможно чувствовать при содержании в воздухе 5,3мг/л.Аммиак отличается высокой растворимостью в воде.Растворив, в растворе появляются высокая щелочность и высокая коррозийность. Вдохнув, возможно происходит отёк лёгких, в серьезном случае-ущерб здоровью.В китайских «Санитарных нормах проектирования промышленных предприятий» установлено, что ПДК в воздухе производственного цеха составляет не более 30мг/м³.Аммиак будет выполнить с химическими веществами в газе непредугаданную химическую реакцию если происходит утечка наружу из системы охлаждения в связи с тем, что охлаждаемой средой является углеводород, а изменение физических свойств технологической среды приводит к нестабильности качества

丙烷无毒性,无腐蚀性,不会对人体产生危害,使用安全。丙烷与天然气同为碳氢化合物,性能稳定,即便与工艺介质发生物理混合,也不会有化学反应的发生,因此可以保持生产稳定。在天然气处理厂和石油化工厂多有丙烷产品,因此,在选用和补充制冷剂时非常方便快捷,大大节约机组运行使用成本。作为制冷剂,丙烷与氨效率有较大差距,丙烷单位体积流量比氨制冷量大 10% 以上,容积效率高 8%。

продукции на последующем участке и увеличению опасности. Аммиак подлежит закупке и доставке до площадки. Его опасность затрудняет хранение, в связи с этим, расходы оказываются высокими.

Пропан не токсичен, не нарушает здоровья. Не характеризуется коррозийностью. Использование его является безопасным. Пропан и газ относятся к углеводородам, характеризуются устойчивыми свойствами и устойчивостью производства без химической реакции при физическом смешении с технологической средой. Распространяется на ГПЗ и нефтехимическом заводе продукция пропана, благодаря этому, хладагенты быстро и удобно выбираются и дополняются, расходы на эксплуатацию агрегатов значительно уменьшаются. Являясь хладагентом, пропан значительно различается от аммиака производительностью, удельный объемный расход пропана выше холодопроизводительности аммиака на более 10%, Объемный коэффициент полезного действия составляет выше 8%.

5.2 低温分离工艺

5.2.1 工艺流程和设计参数

5.2.1.1 工艺流程

工艺流程如图 5.2.1、图 5.2.2 所示。

(1)在原料气进入预冷器冷却之前,集气装置应设有分离器,分离出游离水和液烃。

5.2 Низкотемпературная сепарация

5.2.1 Технологический процесс и проектные параметры

5.2.1.1 Технологический процесс

Технологический процесс приведен в рисунке 5.2.1 и 5.2.2.

(1)На газосборной установке предусмотрен сепаратор для выделения несвязанной воды и жидких углеводородов перед охлаждением сырьевого газа в охладителе предварительного охлаждения.

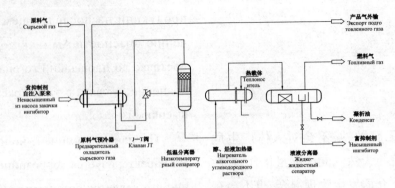

图 5.2.1 J—T 阀脱水脱烃工艺流程图

Рис.5.2.1 Технологический процесс осушки газа, очистки газа от углеводородов клапаном J—Т

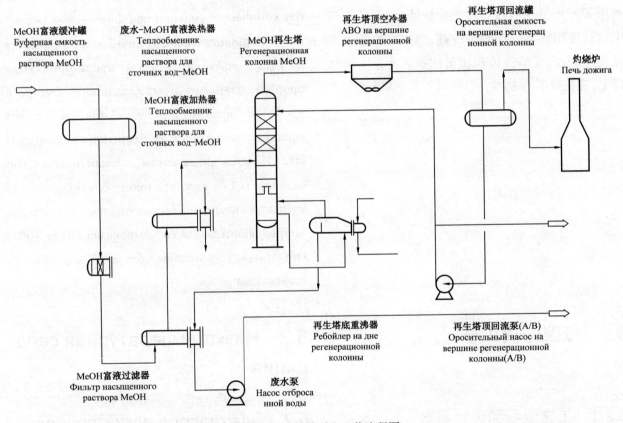

图 5.2.2 甲醇再生工艺流程图

Рис.5.2.2 Технологическая схема регенерации метанола

（2）低温分离器宜为有高效内构件的分离器。

（3）低温分离器分离出的醇烃液须经过加热才能进入醇烃液分离器分离,若温度过低,不利于醇烃液分离。加热的热源最好选用稳定可靠的热源,如导热油、蒸汽和其他热源。

（2）Предпочтительно применяется низкотемпературный сепаратор с высокоэффективными внутренними устройствами.

（3）Выделив в низкотемпературном сепараторе, поступление алкогольного углеводородного раствора в его сепаратор допускается только после нагревания, низкая температура не содействует

（4）醇烃液分离器为有高效内构件的分离器。

（5）冷天然气管道应采取很好的保冷措施，防止冷量的散失。

5.2.1.2　工艺参数

（1）节流温度及压力的确定。

节流温度及压力的确定主要取决于原料气组成及对产品天然气的烃、水露点及产品天然气的外输压力要求。

天然气的水含量可由图 4.1.1 查得，也可通过工艺模拟软件如 HYSYS 计算得到，天然气的烃露点在 HYSYS 软件中模拟出的天然气相包络图中查得。每种组分的天然气的相包络图都是一定的。在设计的过程中，考虑分离效率、操作工况变化等因素，计算的天然气水露点、烃露点应有 5℃ 以上的裕量。

（2）水合物抑制剂的选择及注醇量计算。

常用的水合物抑制剂是甲醇（MeOH）和乙二醇（EG），见表 5.2.1。

сепарации алкогольного углеводородного раствора.Предпочтительно применяется устойчивый, надежный источник тепла, как теплопроводное масло, пар и другие источники тепла.

（4）Все сепараторы алкогольного углеводородного раствора выполняются с высокоэффективными внутренними устройствами.

（5）Для газопроводов с холодной средой принимаются меры по изоляции от холода во избежание потери холодопроизводительности.

5.2.1.2　Технологические параметры

（1）Определение температуры и давления дросселирования.

Факторами, от которых зависит определение температуры, давления дросселирования, являются: состав сырьевого газа, температура точки росы по углеводородам, влаге для газа, давление экспорта подготовленного газа.

Содержание воды в газе определяется в рисунке 4.1.1 или путем расчета программным обеспечением HYSYS для моделирования технологии, а температура точки росы по углеводородам для газа определяется по огибающей схеме фазы газа, моделированной программным обеспечением HYSYS.Огибающая схема фазы газа с разным составом является определенной.Учитывая производительность сепарации, изменение рабочих режимов в процессе проектирования, для расчетной температуры точки росы по влаге, углеводородам газа предусмотреть запас 5℃.

（2）Выбор ингибитора гидрата и расчет объема ввода алкоголя.

Распространенным ингибитором гидрата, смотрите на таблицу 5.2.1 являются метанол（MeOH）и гликоль（EG）.

表 5.2.1 乙二醇、甲醇主要物性表

Таблица 5.2.1 Основные физические свойства гликоля и метанола

序号 П.п.	项目 Пункт	甲醇 Метанол	乙二醇 Гликоль
1	分子式 Молекулярная формула	CH_3OH	$C_2H_6O_2$
2	摩尔质量 Молярная масса	32.04	62.1
3	沸点（101.3kPa），℃ Точка кипения（101,3кПа），℃	64.5	197.3
4	蒸汽压（20℃），kPa Давление пара при（20℃），кПа	12.3	—
5	蒸汽压（25℃），kPa Давление пара при（25℃），кПа	16	0.016
7	密度（25℃），g/cm³ Плотность при（25℃），г/см³	0.79	1.110
8	凝固点，℃ Точка затвердения，℃	−97.8	−13
9	表面张力（25℃），dyn/cm Напряжение на поверхности при（25℃），дин/см²	22.5	47
10	比热容（25℃），J/（g·K） Удельная теплоемкость при（25℃），Дж/（г.K）	2.52	2.43
11	黏度（25℃），mPa·s Вязкость（при25℃），МПа·с	0.52	16.5
12	闪点，℃（PMCC） Точка возгорание，℃（PMCC）	12	116
13	燃点，℃（C.O.C） Точка воспламенения，℃（C.O.C）		118
14	折射率（25℃） Коэффициент преломления（25℃）	0.328	1.430
15	性状 Характер	无色易挥发、易燃液体，有中度危害 Бесцветная，легкоиспаряющаяся，легковоспламеняющаяся жидкость с вредом средней степени	无色、无嗅、无毒，有甜味的液体 Бесцветная，нетоксичная жидкость без запаха，с сладким вкусом

乙二醇和甲醇的损失曲线如图 5.2.3 和图 5.2.4 所示。在《Gas Conditioning and Processing》2 卷（2004 版）中认为,甘醇的主要损失不是蒸发损失,其损失出现在再生系统,泄漏、盐污染和烃与醇水溶液相分离。EG 在液烃中的溶解度相当小,设计选用的溶解度 40g/m³NGL,由于携带或其

Кривая потери гликола и метанола в рисунке 5.2.3 и рисунке 5.2.4.В выпуске 2 «Gas Conditioning and Processing»（2004）считают：основная потеря гликоля происходит в системе регенерации，от утечки，загрязнения солью，разделения фаз углеводородов и раствора гликоля，

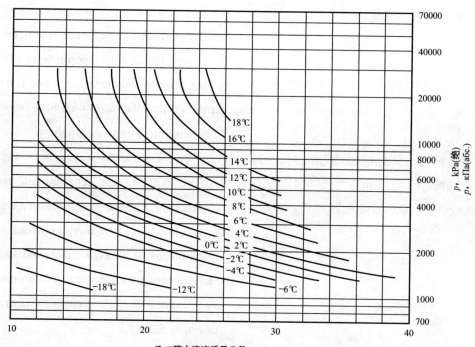

乙二醇水溶液质量分数，%
Массовая доля водного раствора этиленгликоля, %

图 5.2.3　乙二醇损失曲线

Рис.5.2.3　Кривая потери этиленгликоля

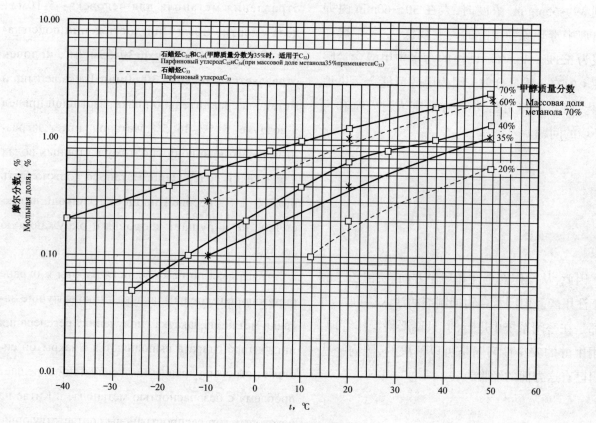

图 5.2.4　甲醇损失曲线

Рис.5.2.4　Кривая потери метанола

他损失使总损失明显高于此值液相分离。

当气体水合物冰点降低的温度相同时,甲醇的注入量比乙二醇小。乙二醇溶液黏度较大,注入后系统压降较高;甲醇水溶液凝固点低、黏度也低(图5.2.3)。

甲醇具有中度危害的毒性,可通过呼吸道、食道及皮肤侵入人体,甲醇对人中毒剂量为5~10mL,致死剂量为30mL。当空气中甲醇含量达到39~65mg/m³ 浓度时,人在30~60min 内即会出现中毒现象。甲醇的闪点较低,空气中爆炸极限为5.5%~36.5%。回注的污水中甲醇含量限制在<0.1%(质量分数),因为甲醇可能会污染地下水。而乙二醇无毒,不存在危害人身安全和污染环境的问题。

因此,从操作安全性和环保方面看,注乙二醇优于注甲醇。但因水合物抑制剂的注入、回收、再生都是在密闭系统中进行的,只要严格操作管理,使用甲醇的安全性问题是可以解决的,国内一些气田已有这方面的经验。

а не от испарения. Растворимость EG в жидких углеводородах оказывается значительно низкой, в проекте указана растворимость 40г/м³NGL, но общая потеря значительно выше потери от сепарации жидкой фазы при данном значении в связи с несением и другой потерей.

Объем закачки метанола меньше объема закачки гликоля при одинаковой уменьшенной температуре в точке замерзания газового гидрата. Закачав раствор гликоля, перепад давления системы высокий в связи с высокой вязкостью гликоля; закачав раствор метанола, понижение точки замерзания в связи с низкой вязкостью метанола (рисунок 5.2.3).

Метанол характеризуется токсичностью средней степени, отравляет организм человека по дыхательному пути, пищеводу и коже, доза отравления метанола для человека: 5-10мл, доза смерти: 30мл. При достижении содержания метанола в воздухе 39-65мг/м³, человек отравляется в течение 30-60мин. Точка вспышки метанола сравнительно низка, взрывной предел в воздухе: 5,5%-36,5%. Метанол может загрязнить грунтовую воду, поэтому в сточных водах для закачки содержание метанола должно быть ниже 0,1% (весовой процент). Гликоль нетоксичен, не нарушает здоровья и окружающую среду.

Учитывая по безопасности работы и охране окружающей среды, закачка гликоля лучше закачки метанола. Закачка, получения, регенерация ингибитора гидрата выполняются в закрытой системе, строгое управление эксплуатацией решает проблему с безопасностью метанола, в Китае на некоторых м/р распространены соответствующие опыты.

甲醇和乙二醇的使用各有其优缺点,一般来说,少量的甲醇可不需回收,而乙二醇黏度较大,低温情况下不易分离,乙二醇的损失主要是溶解在油中,甲醇的损失主要是在气相中蒸发,总的来说,甲醇的损失比乙二醇的大(图5.2.4)。

抑制剂注入量的计算方法都是1934年发表的Hammerschmidt式及其不同的表达式,现列出其中的两个公式供参考。

① Hammerschmidt 公式:

$$d = \frac{K_H X_1}{M_{W1}(1-X_1)} \qquad (5.2.1)$$

式中 d——水露点或气态烃冰点降低的度数,℉或℃;

X_1——液体的质量分率;

M_{W1}——抑制剂的分子量;

K_H——甲醇2335,甘醇类2335~4000,当d为℉;

(K_H——甲醇1297,甘醇类1297~2220,当d为℃)。

式(5.2.1)适用于甲醇20%~25%(质量分数),甘醇类60%~70%(质量分数)。

② Nielsen-Bucklin 公式。
该公式只适用于甲醇浓度高于50%:

$$d = -129.6\ln X^{H_2O} \qquad (5.2.2)$$

式中 X^{H_2O}——摩尔分率。

Недостатки и преимущества использования метанола и гликоля по-разному, как правила, метанол в малых количествах не требует получения, а вязкость гликоля оказывается высокой, что затрудняет сепарацию при низкой температуре, основная потеря гликоля происходит в масле от растворения, основная потеря метанола происходит в газовой фазе от испарения, в общем, потеря метанола выше потери гликоля (рисунок 5.2.4).

Объем закачки ингибитора вычисляется по формуле Hammerschmidt, опубликованной в 1934г.и ее разным выражениям, ниже указаны две из них для справки.

① Формула Hammerschmidt:

$$d = \frac{K_H X_1}{M_{W1}(1-X_1)} \qquad (5.2.1)$$

Где d——сниженная температура точки росы по влаге или точки замерзания газообразных углеводородов,℉/℃;

X_1——весовой процент жидкости;

M_{W1}——молекулярный вес ингибитора;

K_H——метанол 2335, гликоль 2335-4000 при d=℉;

(K_H——метанол 1297,гликоль 1297-2220 при d=℃).

Данная формула распространяется на метанол 20%-25%(весовой процент), гликоль 60%-70%(весовой процент).

② Формула Nielsen-Bucklin.
Данная формула распространяется только на метанол концентрацией выше 50%:

$$d = -129.6\ln X^{H_2O} \qquad (5.2.2)$$

Где X^{H_2O}——молярная доля.

（3）注醇点的选择。

为使注入的抑制剂能与天然气充分混合，从而达到降低天然气水合物冰点度数的目的。抑制剂应在天然气温度降低，水合物形成之前注入，注入点可选择在进料气 / 干气换热器的管板处。

（3）Выбор точки добавки метанола.

Целью являются полное смешение ингибитора с газом, понижение точки замерзания газового гидрата. Ингибитор следует перед понижением температуры газа, образованием гидрата закачать на трубной доске теплообменника входного/сухого газа.

5.2.2 主要控制回路

主要控制回路见表 5.2.2。

5.2.2 Основные контуры регулирования

приведены в таблице 5.2.2.

表 5.2.2 主要控制回路

Таблица 5.2.2 Основной контур регулирования

序号 П.п.	回路名称 Наим.контура	调节阀安装位置 Место установки регулирующего клапана	控制对象 Объект регулирования	备注 Примечание
1	原料气温度调节回路 Контур регулирования температуры сырьевого газа	产品气进原料气后冷器旁路管线上 На байпасном трубопроводе доохладителя сырьевого газа для входа подготовленного газа	原料气后冷器出口原料气温度 Температура сырьевого газа на выходе доохладителя сырьевого газа	
2	低温分离器塔里调节回路 Контур регулирования в колонне низкотемпературного сепаратора	低温分离器原料气入口管线上 На трубопроводе входа сырьевого газа из низкотемпературного сепаратора	低温分离器入口原料气压力 Давление сырьевого газа на входе низкотемпературного сепаратора	
3	装置出口压力调节回路 Контур регулирования давления на выходе установки	装置出口调压放空管线上 На трубопроводе регулирования и сброса давления на выходе установки	装置出口产品气调压放空 Регулирование и сброс давления подготовленного газа на выходе установки	
4	原料气分离器液位调节回路 Контур регулирования уровня в сепараторе сырьевого газа	原料气分离器排液管线上 На дренажном трубопроводе сепаратора сырьевого газа	原料气分离器的液位 Уровень в сепараторе сырьевого газа	
5	低温分离器液位调节回路 Контур регулирования уровня в низкотемпературном сепараторе	低温分离器排液管线上 На дренажном трубопроводе низкотемпературного сепаратора	低温分离器液位调节 Регулирование уровня в низкотемпературном сепараторе	
6	原料气分离器液位调节回路 Контур регулирования уровня в сепараторе сырьевого газа	原料气分离器排液管线上 На дренажном трубопроводе сепаратора сырьевого газа	原料气分离器液相切断 Отключение жидкой фазы в сепараторе сырьевого газа	原料气分离器液相切断 Отключение жидкой фазы в сепараторе сырьевого газа

序号 П.п.	回路名称 Наим.контура	调节阀安装位置 Место установки регулирующего клапана	控制对象 Объект регулирования	备注 Примечание
7	低温分离器液位调节回路 Контур регулирования уровня в низкотемпературном сепараторе	低温分离器排液管线上 На дренажном трубопроводе низкотемпературного сепаратора	低温分离器液相切断 Отключение жидкой фазы в низкотемпературном сепараторе	低温分离器液相切断 Отключение жидкой фазы в низкотемпературном сепараторе
8	装置出口压力调节回路 Контур регулирования давления на выходе установки	装置出口调压放空管线上 На трубопроводе регулирования и сброса давления на выходе установки	装置出口产品气调压放空管线切断 Отключение трубопровода регулирования и сброса давления подготовленного газа на выходе установки	产品气调压放空管线切断 Отключение трубопровода регулирования и сброса давления подготовленного газа
9	装置出口压力调节回路 Контур регулирования давления на выходе установки	装置出口火灾泄压放空管线上 На трубопровода сброса давления при пожаре на выходе установки	装置出口产品气火灾泄压放空管线切断 Отключение трубопровода сброса давления подготовленного газа при пожаре на выходе установки	产品气火灾泄压放空管线切断 Отключение трубопровода сброса давления подготовленного газа при пожаре
10	脱烃装置压力调节回路 Контур регулирования давления в установке очистки газа от углеводородов	脱水脱烃装置产品气出口管线上 На трубопроводе для выхода подготовленного газа из установки осушки газа и установки очистки газа от углеводородов	原料气切断 Выключение сырьевого газа	产品气切断 Отключение подготовленного газа

5.2.2.1 J—T 阀脱水脱烃工艺

在低温分离器前设置 J—T 阀压力调节,通过对湿天然气的节流和降压,使其温度降低到最佳气液分离温度;

产品天然气出口设置压力控制,以保证出口压力稳定;设置烃露点和水露点分析仪,检测脱烃后天然气烃露点和水露点;并设置产品气放空压力调节;

5.2.2.1 Технология осушки газа и очистки газа от углеводородов клапаном J—T

Предусматривается регулирование давления клапаном J—T перед низкотемпературным сепаратором, температура влажного газа снижается до оптимального значения газожидкостной сепарации путем дросселирования и снижения давления;

Предусматривается регулирование давления на выходе подготовленного газа для обеспечения стабильного давления; предусматривается анализатор температуры точки росы по углеводородам и влаге для проверки указанной температуры

低温分离器设置液位检测控制；低温分离器气相出口设置温度控制，可保证天然气入口的压力和温度的稳定；

醇烃液加热器设置温度检测控制；

三相分离器烃液和富乙二醇出口分别设置液位控制；闪蒸汽出口设置压力控制；

对注入的贫乙二醇进行计量，对三相分离器出口的富乙二醇及烃液分别进行计量；

在低温分离器、三相分离器、醇烃液加热器、原料气预冷器等容易有天然气泄漏的场合设置红外可燃气体检测仪。当发生气体泄漏或火灾时，通过中央控制室的操作站发出有针对性的报警信号，提醒操作人员采取相应措施，同时自动触发现场声光报警器，向装置区巡检人员发出报警。

5.2.2.2 丙烷制冷系统

为整个橇装设备，橇内控制系统主要见厂家说明书。其余控制回路见表5.2.2。此外，在产品

после очистки газа от углеводородов;а также предусматривается регулирование сбросного давления подготовленного газа;

Предусматривается регулирование уровня в низкотемпературном сепараторе;предусматривается регулирование температуры на выходе газовой фазы низкотемпературного сепаратора для обеспечения стабильного давления и температуры газа на входе;

Для нагревателя алкогольного углеводородного раствора предусматриваются проверка и регулирование температуры;

На выходе трехфазного сепаратора соответственно предусматривается регулирование уровня раствора углеводорода и насыщенного гликоля;предусматривается регулирование давления на выходе флаш-газа;

Для закачанного ненасыщенного гликоля провести замер, для насыщенного гликоля и раствора углеводорода на выходе трехфазного сепаратора соответственно провести замер;

Предусматривается инфракрасный детектор горючего газа в месте, где легко происходит утечка газа, как низкотемпературный сепаратор, трехфазный сепаратор, нагреватель алкогольного углеводородного раствора, охладитель предварительного охлаждения сырьевого газа.При утечке газа или пожаре, пульт управления в ЦПУ выдает направленную сигнализацию для напоминания операторам о принятии соответствующих мер, одновременно автоматически запускает местный свето-звуковой сигнализатор для напоминания лицам по обходному контролю в зоне установок.

5.2.2.2 Система охлаждения пропаном

Целое блочное оборудование, система контроля блока указаны в инструкции по эксплуатации

天然气出口设置压力控制,以保证出口压力稳定;设置水露点分析仪,检测脱烃后天然气水露点,并设置产品气放空压力调节。

湿净化分离器、高压分离器和低温分离器设置液位检测控制,设有低低液位报警和联锁。

膨胀机出口设置温度控制,可保证天然气入口的压力和温度的稳定。

在干气/湿气冷却器的进出口管线设置温度检测。

在湿净化分离器、低温分离器、干气/湿气冷却器等容易有天然气泄漏的场合设置可燃气体探测器。当发生气体泄漏或火灾时,通过处理厂中控室的操作站发出有针对性的报警信号,提醒操作人员采取相应措施,同时自动触发现场声光报警器,向装置区巡检人员发出报警。

产品气管线上设有紧急联锁切断及超压放空系统,确保出现异常情况时能及时实现安全紧急停车。

у завода-изготовителя.Другие контуры регулирования указаны в таблице 5.2.2.Кроме того, на выходе подготовленного газа предусматривается регулирование давления для обеспечения стабильного указанного давления;предусматривается анализатор точки росы во влаге для проверки ее после очистки газа от углеводородов, а также предусматривается регулирование сбросного давления.

Предусматриваются контроль, регулирование уровня, сигнализация и блокировка при чрезмерно низком уровне в сепараторе влажного очищенного газа, сепараторе В.Д.и низкотемпературном сепараторе.

Предусматривается регулирование температуры на выходе детандера для обеспечения стабильного давления и температуры газа на входе.

На трубопроводах на входе, выходе охладителя сухого/влажного газа предусматривается контроль температуры.

В месте, где легко происходит утечка газа, как сепаратор влажного очищенного газа, низкотемпературный сепаратор, охладитель сухого/влажного газа предусматривается детектор горючего газа.При утечке газа или пожаре, пульт управления в ЦПУ ГПЗ выдает направленную сигнализацию для напоминания операторам о принятии соответствующих мер, одновременно автоматически запускает местный свето-звуковой сигнализатор для напоминания лицам по обходному контролю в зоне установок.

На трубопроводе подготовленного газа предусматривается система аварийной блокировки и сбросная система при сверхдавлении для осуществления безопасного аварийного отключения в аномальных ситуациях.

5.2.2.3 甲醇再生系统

对甲醇（乙二醇）富液缓冲罐、甲醇（乙二醇）贫液缓冲罐和再生塔顶回流罐分别设置液位检测,信号送到控制室显示报警,并根据液位的高低自动启停泵;

在甲醇（乙二醇）再生塔、再生塔底重沸器设温度控制回路,控制稳定塔温度;在再生塔重沸器设置液位调节回路;

甲醇（乙二醇）富液缓冲罐、甲醇（乙二醇）贫液缓冲罐、再生塔顶回流罐、甲醇（乙二醇）再生塔和再生塔底重沸器等容易有天然气泄漏的场合设置红外可燃气体检测仪。当发生气体泄漏或火灾时,通过中央控制室的操作站发出有针对性的报警信号,提醒操作人员采取相应措施,同时自动触发现场声光报警器,向装置区巡检人员发出报警。

5.2.3 主要工艺设备的选用

5.2.3.1 预冷器

预冷器即原料天然气与产品天然气的换热器,起到预冷原料天然气及复热产品气,回收冷

5.2.2.3 Система регенерации метанола

Для буферных емкостей насыщенного, ненасыщенного раствора метанола (гликоля), оросительной емкости на вершине регенерационной колонны соответственно предусматривается контроль уровня, сигнал передается в ПУ для показания, насос автоматически запускает, останавливает по уровню.

В регенерационной колонне раствора метанола (гликоля), ребойлере на дне регенерационной колонны предусматривается контур для регулирования температуры колонны;в ребойлере регенерационной колонны предусматривается контур регулирования уровня;

В месте, где легко происходит утечка газа, как буферные емкости насыщенного, ненасыщенного раствора метанола (гликоля), оросительная емкость на вершине регенерационной колонны, регенерационная колонна раствора метанола (гликоля), ребойлер на дне регенерационной колонны предусматривается инфракрасный детектор горючего газа.При утечке газа или пожаре, пульт управления в ЦПУ выдает направленную сигнализацию для напоминания операторам о принятии соответствующих мер, одновременно автоматически запускает местный свето-звуковой сигнализатор для напоминания лицам по обходному контролю в зоне установок.

5.2.3 Выбор основного технологического оборудования

5.2.3.1 Охладитель предварительного охлаждения

Под охладителем предварительного охлаждения понимается теплообменник газа и

量,提高能量的利用率,节约能源的作用。图5.2.5为绕管式预冷器结构示意图。

подготовленного газа, выполняющий предварительное охлаждение сырьевого газа, повторное нагревание подготовленного газа, получение холода, повышение степени использования энергии, экономию энергии.В рисунке 5.2.5 показывается конструкция спирального охладителя предварительного охлаждения.

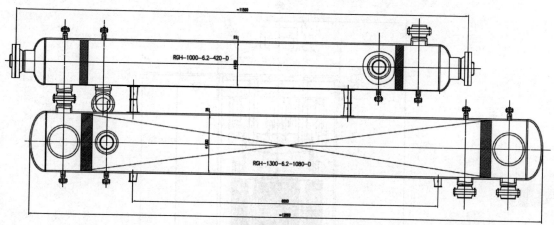

图 5.2.5　绕管式预冷器结构示意图

Рис.5.2.5　Конструкция спирального охладителя предварительного охлаждения

预冷器的结构选型一般可选用管壳式换热器、板翅式换热器等。管壳式换热器能承受高压,适应性广,制造工艺成熟,材质选择多样。对采用低温分离工艺的油气田,为满足外输压力的要求,往往进厂天然气压力都比较高,故管壳式换热器是合适的换热器形式。

由于原料气预冷过程中,容易生成水合物,发生冰堵,虽然注入了水合物抑制剂,但是该问题始终有可能发生,预冷器应使其在换冷过程中不生成水合物,不乳化和起泡,且有利于液体排出。

Как правило, для предварительного охладителя применяется кожухотрубчатый теплообменник, пластинчато-ребристый теплообменник и т.д., первый выдерживает высокое давление, широко распространяется с готовой технологией изготовления из разных материалов.Касательно нефтегазовых м/р с применением низкотемпературной сепарации, давление входного газа оказывается высоким для соответствия давлению экспорта, предпочтительно применяется кожухотрубчатый теплообменник.

В связи с легко возникновением забивания льдом от гидрата в процессе предохранительного охлаждения сырьевого газа несмотря на закачку ингибитора гидрата, применяться охладитель предохранительного охлаждения таким образом, чтобы не образовали гидрат, эмульгацию, вскипание и легко канализировала жидкость в процессе холодообмена.

5.2.3.2 低温分离器

低温分离器为该工艺的关键设备,分离器的分离效率将直接影响产品气的水烃露点是否合格。图 5.2.6 为立式低温分离器结构示意图。

5.2.3.2 Низкотемпературный сепаратор

Низкотемпературный сепаратор является ключевым устройством на данной технологии, производительность сепаратора прямо влияет на соответствие температуры точки росы подготовленного газа по углеводородам, влаге.

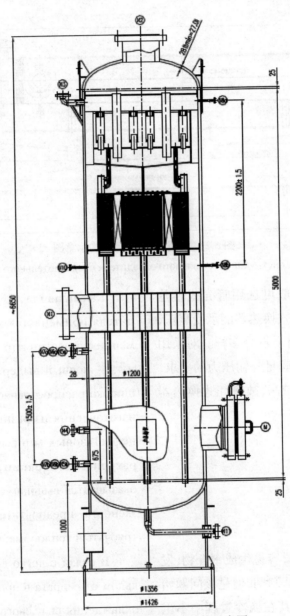

图 5.2.6 立式低温分离器结构示意图

Рис.5.2.6 Конструкция вертикального низкотемпературного сепаратора

分离器的直径与选用的内构件有很大关系,一般采用立式的分离器,入口设置进料分布器,有

Диаметр сепаратора значительно зависит от применимых внутренних устройств, обычно

多种内构件形式可供选择,分离效率也与内构件有关,一般低温分离的分离效率可达到99%~99.99%。通常可按沉降分离直径不小于100 μm 液滴计算分离器尺寸,但在实际过程中多用 Souder—Brown 公式计算出允许的气体质量流率 W,然后计算出气液重力分离器直径 D:

применяется вертикальный сепаратор, на входе предусматривается распределитель приемных материалов, допускается применение разных внутренних устройств, производительность сепарации зависит тоже от внутренних устройств, для низкотемпературного сепаратора, производительность сепарации составляет 99%-99,99%.Как правила, расчет сепаратора выполняется по каплям диаметром отстойного центрифугирования не менее 100мкм, но практики вычисляется допустимая массовая скорость газа W по формуле Souder—Brown, затем вычисляется диаметр D газожидкостного гравитационного сепаратора по формуле:

$$W = C\left[(\rho_L - \rho_g)\rho_g\right]^{0.5} \quad (5.2.3)$$

$$D = \left(\frac{1.27m}{FC}\right)^{0.5} / [(\rho_L - \rho_g)\rho_g]^{0.25} \quad (5.2.4)$$

$$W = C\left[(\rho_L - \rho_g)\rho_g\right]^{0.5} \quad (5.2.3)$$

$$D = \left(\frac{1.27m}{FC}\right)^{0.5} / [(\rho_L - \rho_g)\rho_g]^{0.25} \quad (5.2.4)$$

式中　W——气体允许质量流率,kg/(m²·h);

　　ρ_L, ρ_g——操作条件下,分别为液相和气相的密度,kg/m³;

　　m——气体质量流量,kg/h;

　　C——经验常数,m/h,见表5.2.3;

　　F——分离器内可供气体流过的面积分率,对立式分离器 F=1.0。

Где　W——допускаемый массовый расход газа, кг/(м²·ч);

　　ρ_L, ρ_g——соответственно плотность жидкой фазы и газовой фазы при рабочих условиях, кг/м³;

　　m——气 массовый расход газа, кг/ч;

　　C——эмпирическая постоянная, м/ч, см.таблицу 5.2.3;

　　F——доля используемой площади для течения газа в сепараторе, для вертикального сепаратора-F=1,0.

表 5.2.3　分离器速度因数 C 的量值

Таблица 5.2.3　Значение скоростного фактора C сепаратора

分离器形式 Тип сепаратора	分离器长度或高度, m Длина или высота сепаратора, м	C 值范围, m/h Предел значения C, м/ч
立　式 Вертикальный	1.5	132~263
	3.0	198~384
卧　式 Горизонтальный	3.0	439~549
	L	$(439~549)(L/3.05)^{0.56}$

5.2.3.3 三相分离器

三相分离器的主要功能是分离从低温分离器中分离出的醇烃液。在多数工程中,脱烃装置三相分离器以溶解有净化天然气的醇水溶液和凝析油混合物作为进料,进行天然气、醇水溶液和凝析油间的三相分离。分离器可以分为入口段,沉降段,收集段,液体停留时间一般按15~20min考虑。图5.2.7为典型的三相分离器结构示意图。

5.2.3.3 Трехфазный сепаратор

Трехфазный сепаратор в основном сепарирует алкогольный углеводородный раствор, выделенный из низкотемпературного сепаратора. В большинстве работ, трехфазный сепаратор установки очистки газа от углеводородов выполняет трехфазную сепарацию газа, алкогольного раствора, конденсата на алкогольном растворе, конденсате с растворенным очищенным газом. Сепаратор разделяется на участок входа, участок осаждения, участок сбора, учитывая продолжительность жидкости по 15-20мин. Типичный трехфазный сепаратор указан на рис.5.2.7.

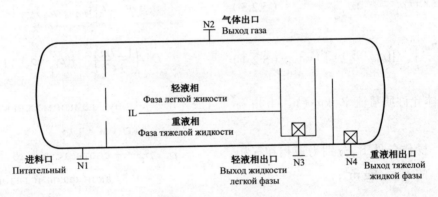

图 5.2.7　三相分离器结构图

Рис.5.2.7　Конструкция трехфазного сепаратора

5.2.3.4 抑制剂注入泵

由于原料气的压力比较高,考虑管路压降和雾化喷嘴本身的压降,注入泵的排出压力更高,对于这种小流量,高压力的工况,往复泵是最好的选择。一般注入泵入口需设过滤器,出口设安全阀和缓冲罐,保证抑制剂平稳安全的注入天然气中。

5.2.3.4 Насос для закачки ингибитора

Учитывая высокое давление сырьевого газа, перепад давления трубопровода, собственный перепад давления ствола-распылителя, а также более высокое давление выхлопа насоса закачки, в режим низкого расхода и высокого давления, предпочтительно применяется возвратно-поступательный насос.Как правила, предусматриваются фильтр на входе насоса закачки, предохранительный клапан и буферная емкость на выходе для обеспечения стабильной безопасной закачки ингибитора в газ.

5.2.3.5　丙烷制冷系统

丙烷压缩机：一般为螺杆压缩机，利用可变内容积比调节压比。

丙烷蒸发器：蒸发器按照冷却天然气的工艺要求采用合适的形式，一般为管壳式，可在天然气管程侧采用强化措施以提高传热效果。

蒸发式冷凝器：制冷系统丙烷冷凝器采用蒸发式冷凝器。

储液罐：按照工程实际情况选配储液器。

其他辅助设施：油分离器，油冷却器，经济器、回油器、气液分离器等，根据所选用的制冷厂家的不同略有不同。

5.2.3.6　甲醇再生系统

（1）再生塔，可采用规整填料型塔或板式塔。

甲醇再生装置的回收率一般为 95% 以上，可以获得 95%～97%（质量分数）的甲醇，塔底废水中含醇量为 1%～2%（质量分数）。

EG 常压再生，填料段为数个理论板；可获得 80%～90%（质量分数）的 EG。

5.2.3.5　Система охлаждения пропаном

Пропановой компрессор: применяется винтовой компрессор, регулирующий коэффициент давления переменным внутренним относительным объемом.

Испаритель пропана: применяется подходящий тип испарителя по технологическим требованиям газа, обычно применяется кожухотрубчатый, на стороне трубчатого пространства газа принимается интенсифицирующие меры для повышения теплопередачи.

Испарительный конденсатор: для системы охлаждения пропаном применяется испарительный конденсатор.

Резервуар жидкости: применяется по фактическим условиям работ.

Другие вспомогательные средства: сепаратор масла, охладитель масла, экономизатор, уборщик масла, газожидкостный сепаратор и т.д., отличающиеся заводами-изготовителями по охлаждению.

5.2.3.6　Система регенерации метанола

（1）Регенерационная колонна, Применяется колонна с структурированной насадкой или каскадная колонна.

Коэффициент получения установки регенерации метанола составляет выше 95%, из которой получается метанол 95%-97% (весовой процент), содержание метанола в сточных водах на дне колонны составляет 1%-2% (весовой процент).

Регенерация EG осуществляется под комнатным давлением, участок наполнителей выполняется из нескольких теоретических тарелок; получается EG 80%-90% (весовой процент).

（2）重沸器,主要有釜式重沸器和热虹吸重沸器(炼油及天然气处理厂常用卧式)。热虹吸重沸器的汽化率不能超过 25%～30%,釜式重沸器的汽化率可达 80%。

（3）再生塔顶冷凝冷却器,可采用列管式冷凝冷却器或空冷器。

5.2.4 主要操作要点

5.2.4.1 控制参数

以某工程为例,将从集气装置来的原料天然气进入脱烃装置,经预冷、分离、后冷、注乙二醇及 J—T 阀节流膨胀后,在低温分离器分离为符合管输条件的干气。则以下几点为关键的控制参数:

（1）原料天然气进原料气分离器的温度;

（2）按主要工艺操作指标规定的注乙二醇贫液量注醇;

（3）J—T 阀节后原料天然气进低温分离器的压力、温度;

（4）稳定原料气分离器、低温分离器的液面;

（5）确保干气出吸附塔、产品气过滤器后的固体杂质含量;

（2）Ребойлер, Имеются в основном термосифонный ребойлер и котел-ребойлер（на НПЗ и ГПЗ распространяется горизонтальный тип）. Паропроизводительность термосифонного ребойлера составляет не более 25%-30%, паропроизводительность котла-ребойлера составляет 80%.

（3）Конденсатор-охладитель на вершине регенерационной колонны, Применяется кожух-трубчатый конденсатор–охладитель или АВО.

5.2.4 Основные положения при эксплуатации

5.2.4.1 Контролируемые параметры

Взяв в пример какую-то работу: поступает из газосборной установки сырьевой газ в установку очистки газа от углеводородов, предварительно охлаждая, сепарируя, дохлаждая, закачивая гликоль, расширяя с дросселированием клапаном J-T, выделяет из низкотемпературного сепаратора сухой газа, соответствующий требованиям к транспортировке по трубопроводу.Ниже указаны ключевые контрольные параметры:

（1）Температура сырьевого газа на входе сепаратора сырьевого газа;

（2）Закачка гликоля по объему, установленному в основных технологических показателях работ;

（3）Дросселируя клапаном J-T, давление и температура сырьевого газа на входе низкотемпературного сепаратора;

（4）Уровень в сепараторе устойчивого сырьевого газа, низкотемпературном сепараторе;

（5）Содержание твердой примеси, обеспечивающее выхода сухого газа из адсорбера, подготовленного газа из фильтра;

（6）维持系统的压力、温度,保证干气的水烃露点规定及气液分离效果。

5.2.4.2　操作要点

（1）干气中水露点≤-5℃（6MPa 下）、烃露点在交气条件下无液烃析出;

（2）低温分离器的分离效果:对直径 0.3～0.5μm 液滴,气液分离效率≥99.6%;

（3）原料气分离器的分离效果:对直径 0.5μm 液滴,气液分离效率≥99%;

（4）产品气过滤器对粉尘的过滤效果:过滤目数≥120 目,对直径≥130μm 颗。

为确保能达到以上要求,需注意的地方有:

（1）原料气进入原料气分离器的温度。

由于原料气的水合物形成温度约为 18℃,且在 30℃以下即可将蜡析出。为保证原料气预冷器预冷后的原料气不会形成水合物堵塞管线及不会析蜡的要求,需维持原料天然气进原料气分离器的温度为 25℃。

（6）Поддерживающее давление и температура системы, обеспечивающие температуру точки росы по углеводородам, влаге и эффект газожидкостной сепарации.

5.2.4.2　Основные положения при эксплуатации

（1）Температура точки росы по влаге в сухом газе составляет не более −5℃（при 6МПа）, в условии обмена газом при температуре точки росы по углеводородам, не выделяются жидкие углеводороды;

（2）Эффект сепарации низкотемпературного сепаратора: коэффициент газо-жидкостной сепарации составляет не менее 99,6% для капли диаметром 0,3-0,5мкм;

（3）Эффект сепарации сепаратора сырьевого газа: коэффициент газо-жидкостной сепарации составляет не менее 99% для капли диаметром 0, 5мкм;

（4）Эффект фильтрации пыли фильтром подготовленного газа: меш фильтрации не менее 120 для частиц диаметром не менее 130мкм.

Пунктами, на которые обратить внимание с целью соответствия указанным требованиям, являются:

（1）Температура сырьевого газа на входе сепаратора сырьевого газа

Температура образования гидрата сырьевого газа составляет 18℃, при температуре ниже 30℃, выделяет воск.Температура сырьевого газа на входе его сепаратора поддерживается в 25℃ с целью обеспечения невозможности заделки трубопроводов гидратами сырьевого газа после предварительного охлаждения в предварительном охладителе и невозможности выделения воска.

（2）原料气进入低温分离器的温度。

操作中进入低温分离器的温度为 -26℃,如果温度过高,则会影响产品气质量要求;如果温度过低,则可能会有水合物形成。

（2）Температура сырьевого газа на входе низкотемпературного сепаратора.

Температура на входе низкотемпературного сепаратора при работе составляет -26℃, чрезмерно высокая температура влияет на качество подготовленного газа;чрезмерно низкая температура приводит к образованию гидрата.

6 凝液回收

对于凝析气田原料气,为提高工厂经济效益,可设置凝液回收装置对天然气中的烃类物质进行回收。

6.1 工艺方法简介

从经过脱水处理后的天然气中回收乙烷、丙烷、丁烷、戊烷、己烷等烃类混合物的过程,称为天然气凝液(NGL)回收,也叫轻烃回收。回收后的 NGL 可分离为几种产品:乙烷、丙烷和丁烷、液化石油气(LPG)及稳定轻烃或轻油。根据 NGL 的收率要求不同,分为两类:一类以控制烃露点为目的,只适度回收 NGL 的 C_{3+} 烃类;另一类以回收 C_{2+} 为目的。其工艺方法有涡流管技术、膜分离技术、变压吸附、吸附法、油吸收法和冷凝分离法。

6 Получение конденсата

Можно предусмотреть установку получения конденсата для получения углеводородов от природного газа с целью повышения экономического эффекта завода.

6.1 Краткое описание технологии

Осушив газа, процессом получения этана, пропана, бутана, пентана, гексана и другой смеси углеводородов называется получение газовых конденсатов (NGL), а также получение легких углеводородов.Получив, NGL разделяется на следующие виды:этан, пропан и бутан, сжиженный нефтяной газ LPG), а также стабильный легкий углеводород или легкое масло.NGL разделяется на 2 вида по коэффициенту получения:один для регулирования температуры точки росы по углеводородам, распространяется на получения углеводородов C_{3+} из NGL;другой для получения C_{2+}.Их технологические методы разделяется на метод с применением вихревых труб, метод мембранного разделения, адсорбцию при переменном давлении, адсорбцию, адсорбцию маслом и метод сепарации конденсата.

6.1.1 吸附法

吸附法是利用具有多孔结构的固体吸附剂对烃类组分吸附能力强弱的差异而实现气体中重组分与轻组分的分离。该法一般用于重质烃含量不高的天然气的加工,处理规模较小,其原理和流程与分子筛双塔吸附脱水相似。常用固体吸附剂有活性炭、硅胶、硅藻土等多孔的固体吸附剂。由于吸附剂的吸附容量等问题未很好解决,且能耗大,成本较高,该法在世界范围内都未能得到广泛应用。

6.1.2 油吸收法

油吸收法是基于天然气中各组分在吸收油中的溶解度的差异而使不同烃类得以分离的方法。按操作温度不同,油吸收法分为常温油吸收和低温油吸收法(冷油吸收法)。常温吸收法的操作温度为常温;冷油吸收法则利用冷剂制冷将吸收油冷至 -40～0℃进行操作,回收率较常温吸收法高。吸收油一般采用汽油、煤油或柴油,其相对分子质量为 100～200。吸收油相对分子质量越小,则天然气凝液收率越高,但吸收油蒸发损失越大。当要求乙烷回收率较高时,一般才采用相对分子质量较小的吸收油。在 20 世纪 60 年代中期前,该法一直是世界上轻烃回收的主要工艺方法。但油吸收法投资和操作费用较高,因而在 70 年代后已逐渐被更加经济与先进的冷凝分离法所取代。

6.1.1 Метод абсорбции

Метод адсорбции заключается в сепарации тяжелого и легкого состава газа на основе возможности адсорбции углеводородов пористым твердым абсорбентом.Данный метод предназначен для подготовки газа с низким содержанием тяжелых углеводородов, характеризующийся низкой производительностью, принцип и процесс аналогичны адсорбции, осушке газа двумя колоннами молекулярными ситами.Распространенные твердые адсорбенты разделяются на активированный уголь, силикагель, кизельгур и другие пористые адсорбенты.Данный метод не широко распространено в мире в связи с не решением проблем с емкостью абсорбции адсорбента, высоким расходом энергии, высокой себестоимостью.

6.1.2 Абсорбция маслом

Абсорбция маслом осуществляется на основе разной растворимости состава газа в масле для выделения углеводородов.Абсорбция маслом разделяется на абсорбцию маслом под комнатной температурой и абсорбцию маслом под низкой температурой (абсорбцию охлажденным маслом).Абсорбция под комнатной температурой выполняется в комнатной температуре;абсорбция маслом под низкой температурой заключается в охлаждении абсорбционного масла хладагентом до пределов от-40-0℃, коэффициент получения выше коэффициент абсорбции под комнатной температурой.Абсорбционным маслом являются бензин, керосин или дизелин, его относительная молекулярная масса составляет 100-200.Чем меньше относительная молекулярная масса абсорбционного масла, тем больше получение газового конденсата, и больше потеря абсорбционного масла от испарения.Как обычно, применяется абсорбционное масло с малой молекулярной массой при высоком требовании к получению этана.Являясь основным технологическим методом получения легких углеводородов, данный метод широко распространен в мире до середины 60-х годов 20-ого века.В 70-х годах, метод абсорбции маслом постепенно замен на экономный и передовой метод сепарации конденсата в связи с высоким капиталовложением и высокими расходами на эксплуатацию.

6.1.3　冷凝分离法

冷凝分离法是利用在一定压力下天然气中各组分的挥发度不同,将天然气冷却至商品天然气规定的烃露点温度以下,将轻烃冷凝分离的过程,分离出来的轻烃通常用精馏的方法进一步分离成所需要的各种产品。

冷凝分离法在低温下进行,故又可称为低温分离法。冷凝分离法一般可分为浅冷和中(深)冷。浅冷一般是以回收 C_{3+},同时满足烃露点要求为主要目的,制冷温度在 $-25\sim-15℃$,深冷以回收 C_{2+} 为目的,制冷温度一般在 $-100\sim-90℃$。而中冷温度一般在 $-80\sim-30℃$,以提高 C_{3+} 为目的。

6.1.3　Сепарация конденсата

Метод сепарации конденсата является процессом сепарации легких углеводородов от газа при охлаждении газа до температуры ниже точки росы в соответствии с разной улетучиваемостью всех составов в газе под определенным давлением,выделенные легкие углеводороды сепарируют на необходимую продукцию ректифицированием.

Сепарация конденсата приводится в низкой температуре, в связи с этим, называется низкотемпературной сепарацией.Сепарация конденсата разделяется на переохлаждённую сепарацию и сепарацию с промежуточным охлаждением (низкотемпературную ректификацию).Переохлаждённая сепарация предназначена для получения C_{3+} и соответствия точки росы по углеводородам в температуре от $-25--15℃$, а низкотемпературная ректификация предназначена для получения C_{2+} в температуре от $-100--90℃$.А сепарация с промежуточным охлаждением предназначена для повышения получения C_{3+} в температуре от $-80--30℃$.

对于回收 C_{3+} 烃类的工艺装置,为了保证达到较高的回收率,使工艺装置在最佳工况下运行,必须确定合理的冷凝压力与温度。现将不同压力下液化率与温度的关系列于表 6.1.1。

Необходимо определить давление и температур конденсации с целью обеспечения высокого коэффициента получения и работы технологической установки получения углеводородов C_{3+} в наилучшем режиме. Зависимость коэффициента сжижения от температуры при разном давлении указана в таблице 6.1.1.

表 6.1.1 几种烃类的液化率与压力、温度的关系

Таблица 6.1.1 Зависимость коэффициента сжижения от давления температуры нескольких углеводородов

组分 Компонент	压力, MPa Давление, МПа	不同温度下的液化率, % Коэффициент сжижения в разной температуре, %						
		−10℃	−20℃	−30℃	−40℃	−50℃	−60℃	−70℃
C_2	1.50	1.03	1.91	3.34	5.66	9.53	15.99	26.57
	2.50	2.45	4.22	7.00	11.43	18.44	29.34	45.29
	3.50	4.01	6.67	10.77	17.09	26.70	40.78	59.60
	4.00	4.78	7.85	12.53	19.65	30.29	45.56	65.71
C_3	1.50	4.64	9.59	18.10	31.02	47.78	65.50	80.50
	2.50	10.40	18.82	31.02	46.40	62.80	77.35	88.05
	3.50	15.54	25.92	39.46	54.83	69.76	82.09	90.81
	4.00	17.61	28.52	42.25	57.32	71.58	83.21	91.52
C_4	1.50	25.11	36.40	48.74	61.26	73.05	83.14	90.73
	2.50	35.31	47.33	59.49	70.96	80.93	88.75	94.13
	3.50	41.36	53.31	64.91	75.42	84.19	90.82	95.31
	4.00	43.28	55.10	66.42	76.56	84.93	91.23	95.56

从表 6.1.1 可得出, C_2、C_3、C_{3+} 的液化率是随着压力的增高,温度的降低而提高,但是各组分的液化速率是不相同的。随着压力的增加,液化率增加很快,但是当增加到 3.5MPa 以后,液化率增长幅度降低了。但若压力太低(1.5MPa 以下),想要使液化率增长,需要很低的冷凝温度。

Из таблицы 6.1.1 получается, что вслед за повышением давления, снижением температуры, коэффициент сжижения C_2、C_3、C_{3+} повышается, но скорость сжижения разных составов оказывается разной. Вслед за повышением давления, коэффициент сжижения ускоряется, но степень роста коэффициент сжижения уменьшается при давлении 3,5МПа. Требуется значительно низкая температура конденсации для повышения коэфициента сжижения при чрезмерно низком давлении (ниже 1,5МПа).

冷凝分离法的特点是在一定的压力下需要向天然气提供足够的冷量,使其降温。按照提供冷量的制冷系统不同,冷凝分离法可分为冷剂制冷法、直接膨胀制冷法和联合制冷法三种。

冷凝分离法特点是在一定的压力下需要向天然气提供足够的冷量,使其降温。按照提供冷量方式的不同,冷凝分离法可分为冷剂制冷法、直接膨胀制冷法和冷剂+直接膨胀的联合制冷法三种。

6.1.3.1　冷剂制冷法

外加冷源法是利用外部冷源与原料气换热,从而得到低温气体。外部冷源通常采用常压下沸点较低的物质作为冷剂,气体冷剂通过压缩—冷凝—节流—蒸发—再压缩的循环过程在蒸发器中为原料气提供冷量。现常用的冷剂主要有氨、乙烷、丙烷和氟利昂等。其中,氟利昂对大气污染较严重,其工业应用已受到很大的限制;氨具有刺激性气味,对人体有害,并且通常使用在制冷温度较高的地方。而丙烷不存在这些缺点,且制冷温度较低。若工厂生产丙烷,则丙烷制冷剂不需外购。因此,在天然气凝液回收装置中通常优先选用丙烷作为制冷剂。

Метод сепарации конденсата характеризуется обеспечением газа достаточным холодом под определенным давлением для снижения его температуры.Метод сепарации конденсата разделяется на охлаждение хладагентом, охлаждение за счет прямого расширения и совместное охлаждение по системам охлаждения.

Метод сепарации конденсата характеризуется обеспечением газа достаточным холодом под определенным давлением для снижения его температуры.Метод сепарации конденсата разделяется на охлаждение хладагентом, охлаждение за счет прямого расширения и охлаждение хладагентом + прямое расширение (совместное охлаждение)по видам холодопроизводительности.

6.1.3.1　Охлаждение хладагентом

Метод дополнения источника холода заключается в обмене теплотой с сырьевым газом на основе наружного источника холода для получения низкотемпературного газа.Применив низкокипящее вещество при нормальном давлении в качестве наружного источника холода, газовый хладагент обеспечивает холодом сырьевой газ в испарителе путем компрессии— дросселирования— испарения— повторной компрессии.Распространенными хладагентами являются аммиак, этан, пропан, фреон и т.д.В т.ч.фреон сильно загрязняет воздух, его промышленное назначение ограничивается;аммиак имеет острый запах, вредит здоровью, распространяется в месте с высокой температурой охлаждения.Но пропан не имеет указанные недостатки, и распространяется на месте с низкой температурой охлаждения. Хладагент из пропана не требует закупки при производстве пропана на заводе.В связи с этим, в установке получения газового конденсата широко применяется пропан в качестве хладагента.

外加冷源法还包括复叠式外制冷的深度制冷法，也称阶式制冷或串级制冷。该法常用的制冷系统为丙烷—乙烷复叠式制冷系统，即由丙烷制冷机提供 -40℃以上的冷量，同时提供部分冷量作为乙烷制冷机冷凝器的冷却剂，并由乙烷制冷机提供 -90～-40℃的低温冷量。

6.1.3.2 直接膨胀制冷法

直接膨胀制冷法也称自制冷法，此法不另外设置独立的制冷系统，原料气降温所需冷量是利用其自身的压力能直接通过各种膨胀制冷设备膨胀后获得的。主要有三种方法：J—T 节流制冷法、膨胀机制冷法和热分离机制冷法。

节流制冷法是一个等熵绝热过程，具体工艺方法简介见脱水脱烃装置部分，其优点为操作弹性大。当原料气负荷减小时，此过程仍可保持最佳回收率，节流膨胀过程对原料气组成变化具有很强的适应性。膨胀机或热分离机膨胀制冷法则属于等熵膨胀过程，其制冷效率较高，但操作弹性较小，投资费用高。膨胀机制冷工艺的主要优点是制冷系统设备数量少、操作方便、投资和操作费用低，制冷系数大，占地面积小，在外输干气压力要求较低的情况下，可大大降低装置能耗。其主要缺点是操作弹性范围小，根据膨胀机流量 - 效率曲线，流量在 80%～120%时效率最高，超过此

Включая в метод дополнения источника холода -метод глубокого охлаждения каскадной системы, называющийся ступенчатым или каскадным охлаждением.Распространенной системой охлаждения для данного метода является каскадная система охлаждения пропаном-этаном, т.е.пропановый холодопроизводитель обеспечивает холодом выше -40℃, часть из него служит для конденсатора этанового холодопроизводителя в качестве хладагента, этановый холодопроизводител обеспечивает низкотемпературным холодом в пределах от -90--40℃.

6.1.3.2 Охлаждение за счета прямого расширения

Охлаждение за счета прямого расширения называется самоохлаждение, при принятии данного метода, не требуется установка независимой системы охлаждения, холод, необходимый для снижения температуры сырьевого газа, получается на основе собственного перепада давления путем расширения устройствами охлаждения за счета расширением.Имеются три метода:охлаждение за счет дросселирования эффектом Джоуля —Томсона（J—T）, охлаждение детандером и охлаждение тепловым сепаратором.

Охлаждение за счет дросселирования является изоэнтальпическим процессом, характеризуется большим припуском работы, конкретные технологические методы указаны на установок осушки газа и очистки газа от углеводородов.В данном процессе поддерживается наилучший коэффициент получения при уменьшении нагрузки сырьевого газа, процесс расширения с дросселированием значительно соответствует изменению составов сырьевого газа.Охлаждение детандером или тепловым сепаратором относится к процессу изоэнтропического расширения, характеризуется

范围时,效率急剧下降到约设计值的 60%。因此,在凝液回收装置的操作中,保障膨胀机的稳定运转是很重要的。热分离机的结构较膨胀机简单,但其等熵效果比膨胀机低,因此它的应用不如膨胀机普遍。

высокой холодопроизводительностью, низким припуском работы и высоким капиталовложением.Основные достоинства охлаждения детандером являются:небольшое количестве устройств в системе охлаждения, удобная эксплуатация, низкое капиталовложение и низкие расходы на работу, высокий коэффициент охлаждения, малая площадь отвода земель, что значительно уменьшает расход энергии устройств при низком давления экспорта сухого газа.Основном недостатком является низкий припуск работы, по кривой зависимости расхода от производительности детандера получается, что самая высокая производительность происходит при расходе 80-120%, а производительность резко снижается до 60% проектного значения при превышении указанного предела.В связи с этим, обеспечение стабильной работы детандера является важным при работе установки получения конденсата.Конструкция теплового сепаратора проще конструкции детандера, но его изэнтропический КПД ниже детандера, в связи с этим, распространение детандера шире теплового сепаратора.

6.1.3.3 冷剂 + 直接膨胀的联合制冷法

通常,在要求回收大量 C_2 的深冷装置中,制冷温度要求低至 $-100 \sim -80℃$ 以下,此时,可采用混合制冷的工艺,即自制冷法与外加冷源法相结合。一般以膨胀机或热分离机制冷作为主制冷单元,再辅以外部制冷系统,如丙烷或氨压缩循环制冷系统,以获得较低的制冷温度。

6.1.3.3 Охлаждение хладагентом + прямое расширение (совместное охлаждение)

Как правила, в устройстве глубокого охлаждения, требующем получения массового C_2, температура охлаждения должна ниже $-100\text{-}-80℃$, при этом, применяется совместное охлаждение, т.е.объединение самоохлаждения и наружного источника холода.Применив детандер или тепловой сепаратор в качестве основного блока охлаждения, дополняется система наружного охлаждения, как компрессорная и оборотная система охлаждения пропаном или аммиаком для получения низкой температуры охлаждения.

6.2 冷凝分离工艺

6.2 Технология сепарации конденсата

冷凝分离工艺一般分为两个部分：制冷分离部分和凝液分馏部分。

Технология сепарации конденсата разделяется на сепарацию охлаждением и фракционирование конденсата.

6.2.1 工艺流程和工艺参数

6.2.1 Технологический процесс и технологические параметры

6.2.1.1 工艺流程

工艺流程如图 6.2.1 至图 6.2.4 所示。

6.2.1.1 Технологический процесс

Технологический процесс показан в рисуне 6.2.1 и рисунке 6.2.4.

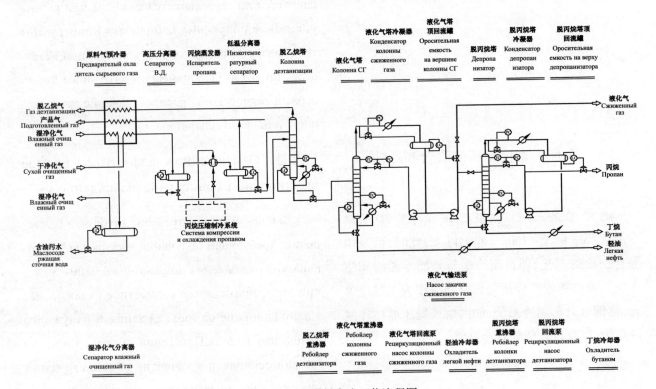

图 6.2.1　冷剂制冷法工艺流程图

Рис.6.2.1　Технологический процесс охлаждением хладагентом

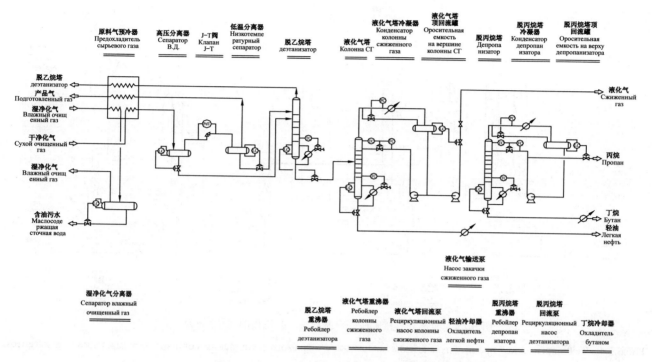

图 6.2.2 J—T 阀节流制冷法工艺流程图

Рис.6.2.2 Технологический процесс охлаждения за счет дросселирования клапаном J—T

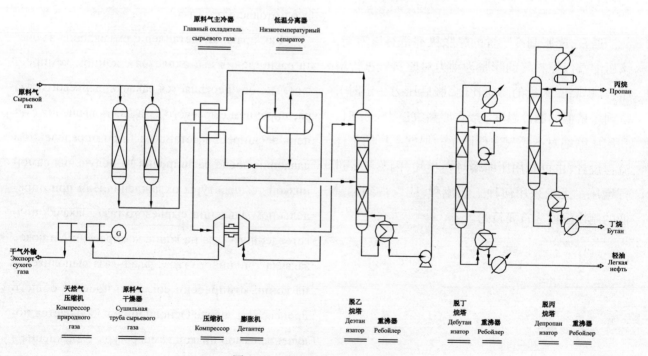

图 6.2.3 膨胀制冷法工艺流程图

Рис.6.2.3 Технологический процесс охлаждения за счета расширения

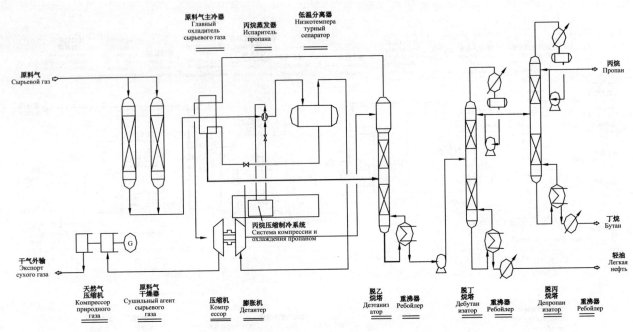

原料气主冷器
Главный
охладитель
сырьевого газа

丙烷蒸发器
Испаритель
пропана

低温分离器
Низкотемпера
турный
сепаратор

丙烷
Пропан

原料气
Сырьевой газ

丙烷压缩制冷系统
Система компресcии и
охлаждения пропаном

干气外输
Экспорт
сухого газа

丁烷
Бутан

轻油
Легкая
нефть

天然气
压缩机
Компрессор
природного
газа

原料气
干燥器
Сушильный агент
сырьевого
газа

压缩机
Компр
ессор

膨胀机
Детантер

脱乙
烷塔
Дэтаниз
атор

重沸器
Ребойлер

脱丁
烷塔
Дебутан
изатор

重沸器
Ребойлер

脱丙
烷塔
Депропан
изатор

重沸器
Ребойлер

图 6.2.4 冷剂和直接膨胀联合制冷法工艺流程图(制冷剂为丙烷)

Рис.6.2.4 Технологический процесс охлаждения хладагентом + прямого расширения(совместное охлаждение)(хладагентом является пропан)

（1）原料气(或产品气)的增压部分。

通常,膨胀制冷装置的膨胀机都带有压缩端,该压缩端以原料气的膨胀为动力对原料气进行增压,以提高膨胀机的膨胀比(膨胀后压力一定时),得到尽量低的制冷温度。或在原料气压力一定时,利用压缩端对产品气进行增压。根据工厂的整体流程设计,也可利用压缩端对燃料气、闪蒸汽等进行增压。无论采用何种工艺流程,应以得到尽量低的制冷温度为首要目的。

（2）原料气的预冷和分离。

（1）Повышение давления сырьевого газа (подготовленного газа).

Как правила, детандер с охлаждения за счета расширения выполняется с концом компрессии, где осуществляется закачка сырьевого газа расширением сырьевого газа для повышения степень расширения детандера (при определенном давлении после расширения) и получения самой низкой температуры охлаждения.Или при определенном давлении сырьевого газа, закачка подготовленного газа на конце компрессии.А также, закачка топливного газа, флаш-газа выполняется на конце компрессии согласно проекту общего процесса на заводе.Основной целью является получение самой низкой температуры охлаждения в независимости от технологического процесса.

（2）Предварительное охлаждение и сепарация сырьевого газа.

为充分利用装置冷量,降低装置能耗,通常凝液回收装置设置有原料气预冷部分以回收产品气的冷量。根据原料气的进气温度来决定原料气的预冷流程,如果原料气温度高于40℃,可采用先空冷或水冷至约40℃,再经过原料气/产品气换冷器换冷。但通常原料气进入凝液回收装置前都经过了脱水处理,其温度一般都不大于40℃,因此,只需考虑产品气或脱乙烷塔顶气与原料气的换冷。经过原料气的预冷,可降低膨胀制冷温度,提高凝液回收率。

预冷后的原料气进入高压分离器,分离出的天然气至膨胀机膨胀制冷,凝液则进入脱乙烷塔进行分馏。

如果低温分离器分离出的凝液量较大,可设置换热器与部分原料气换冷,以进一步回收凝液的冷量,降低装置能耗,提高凝液回收率。但该流程需经过详细的物料、能量计算和对比后确定。

В установке получения конденсата предусмотрено предварительное охлаждение сырьевого газа для получения холода подготовленного газа в целях полного использования холода и уменьшения расхода энергии установки.Процесс предварительного охлаждения сырьевого газа зависит от входной температуры сырьевого газа, провести воздушное охлаждение или водяное охлаждение сырьевого газа до 40℃, затем обмен холодом в холодообменнике сырьевого газа / подготовленного газа если температура сырьевого газа выше 40℃.Как правила, перед поступлением в установку получения конденсата, сырьевой газ подлежал осушке газа, температура составляет не более 40℃, при этом, учитывает только обмен холодом подготовленного газа или верхнего газа деэтанизатора с сырьевым газом.Предварительно охладив, температура охлаждения за счет расширения снижается, коэффициент получения конденсата увеличивается.

Предварительно охладив, сырьевой газ поступает в сепаратор высокого давления, выделенный газ поступает в детандер на охлаждение за счет расширения, выделенный конденсат поступает в деэтанизатор на фракционирование.

Теплообменник устанавливается для обмена холодом с частью сырьевого газа в целях дальнейшего получения холода конденсата, уменьшения расхода энергии установки и повышения коэффициента получения конденсата, если объем конденсата, выделенного из низкотемпературного сепаратора, оказывается большим.Указанный процесс определяется путем конкретного расчета материалов, энергии и сравнения.

（3）制冷分离部分。

原料气的膨胀制冷与分离：从高压分离器来的原料气进入膨胀机进行膨胀制冷，制冷后再进入低温分离器进行气液分离。分离出的天然气经过与原料气复热后，作为产品气外输，而凝液则进入脱乙烷塔进行分馏处理。若天然气处理量较小时，可省去低温分离器，直接进入脱乙烷塔进行分馏分离。

（4）凝液分馏部分。

① 脱乙烷塔部分：通常脱乙烷塔的进料为高压分离器和低温分离器分离出来的液烃。根据液烃温度的不同，低温分离器分离出的液烃进入塔顶，高压分离器分离出的液烃则进入塔的中部。经过脱乙烷塔的分馏，塔顶天然气可返回膨胀制冷系统的预冷器去复热，充分回收其冷量。然后根据全厂总工艺流程，或经增压与低温分离器分离出复热后的天然气一起作为产品气外输，或去燃料气系统作为补充用的燃料气。塔底分馏出的凝液则作为后续装置进料，进行下一步处理。

（3）Сепарация охлаждением.

Охлаждение за счет расширения и сепарация сырьевого газа:сырьевого газ, выделенный из сепаратора высокого давления, поступает в детандер на охлаждение за счет расширения, затем поступает в низкотемпературный сепаратор на газожидкостную сепарацию.Нагрев повторно с сырьевым газом, выделенный газ экспортируется в качестве подготовленного газа, а конденсат поступает в деэтанизатор на фракционирование.Допускается прямой вход в деэтанизатор на фракционирование без низкотемпературного сепаратора при низкой производительности по газу.

（4）Фракционирование конденсата.

① Деэтанизатор:приемными материалами деэтанизатора являются жидкие углеводороды, выделенные из сепаратора высокого давления и низкотемпературного сепаратора.Жидкие углеводороды, выделенные из низкотемпературного сепаратора, поступают на вершину деэтанизатора, выделенные из сепаратора высокого давления, поступают в среднюю часть деэтанизатора по разной температуре жидких углеводородов. Выполнив фракционирование в деэтанизаторе, верхний газ возвращается в предварительный охладитель системы охлаждения за счет расширения на повторное нагревание для полного получения его холода.Повторно нагрев, газ, выделенный из сепаратора высокого давления и низкотемпературного сепаратора, экспортируется с указанным газом в качестве подготовленного, или поступает в систему топливного газа на дополнение согласно общему технологическому процессу завода.Фракционируя на дне деэтанизатора, конденсат поступает на дальнейшую работу в качестве приемного материала последующих установок.

在天然气处理量较小时,可不设置低温分离器,膨胀机出口的低温天然气作为脱乙烷塔的进料,直接进入脱乙烷塔顶部。高压分离器分离出的液烃仍进入塔中部。

② 脱丙烷塔和脱丁烷塔部分:对于脱丙烷塔和脱丁烷塔的设计需根据所需要生产的产品来决定其流程,设置不同的工艺流程和设计参数以生产不同的产品。目前,国内天然气凝液回收装置设置脱丙烷塔和脱丁烷塔可得到液化石油气、丙烷、丁烷和轻油产品。主要工艺流程设计分三种方案:a. 顺序分馏生产丙烷、丁烷和轻油方案;b. 生产液化石油气和轻油方案;c. 用生产的液化石油气生产丙烷、丁烷方案。

顺序分馏生产丙烷、丁烷和轻油产品方案工艺流程图如图 6.2.5 所示。

生产液化石油气和轻油方案工艺流程图如图 6.2.6 所示。

以生产的液化石油气生产丙烷、丁烷方案工艺流程图如图 6.2.7 所示。

Низкотемпературный газ на выходе детандера работает в качестве приемного материала деэтанизатора, поступает на вершину деэтанизатора без установки низкотемпературного сепаратора при низкой производительности по газу.Жидкие углеводороды, выделенные из сепаратора высокого давления, поступает в среднюю часть деэтанизатора.

② Депропанизатор и дебутанизатор:их процессы зависят от необходимой производственной продукции, установить разные технологические процессы и проектные параметры для производства разной продукции.В настоящее время, в установке получения газового конденсата предусматриваются депропанизатор и дебутанизатор для получения сжиженного нефтяного газа, пропана, бутана, легкой нефти.Основные технологические процессы разделяются на три плана:а.План производства пропана, бутана, легкой нефти путем последовательного фракционирования;b.План производства сжиженного нефтяного газа и легкой нефти;с.План производства пропана, бутана произведенным сжиженным нефтяным газом.

Технологический процесс производства пропана, бутана, легкой нефти путем последовательного фракционирования указан на рис.6.2.5.

Технологический процесс производства сжиженного нефтяного газа и легкой нефти указан на рис.6.2.6.

Технологический процесс производства пропана, бутана произведенным сжиженным нефтяным газом указан на рис.6.2.7.

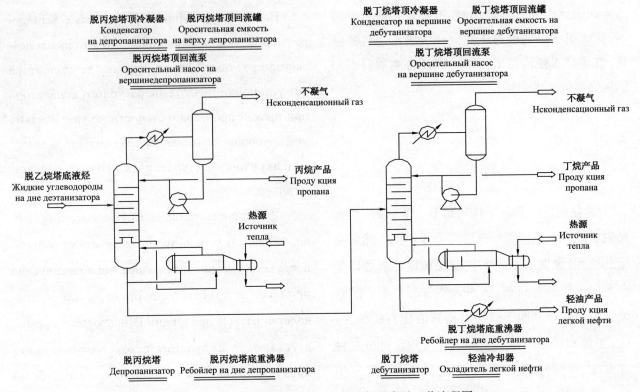

图 6.2.5 顺序分馏生产丙烷、丁烷和轻油产品工艺流程图

Рис.6.2.5 Технологический процесс производства пропана, бутана, легкой нефти путем последовательного фракционирования

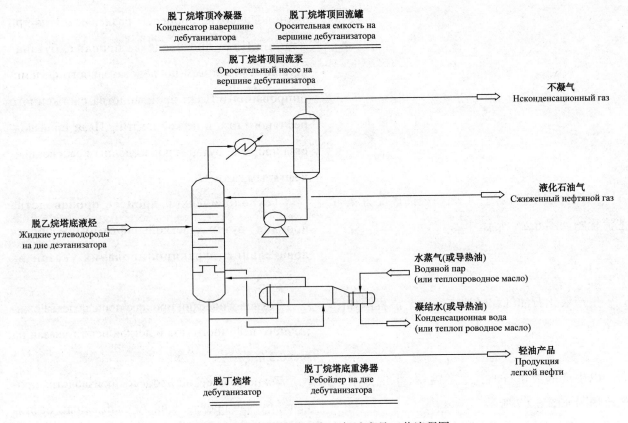

图 6.2.6 生产液化石油气和轻油产品工艺流程图

Рис.6.2.6 Технологический процесс производства сжиженного нефтяного газа и легкой нефти

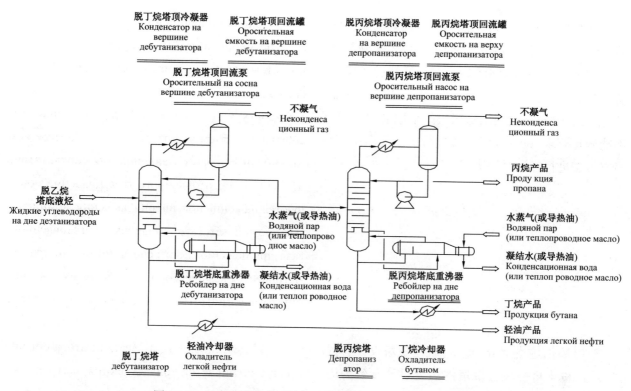

图 6.2.7 以生产的液化石油气生产丙烷、丁烷产品工艺流程图

Рис.6.2.7 Технологический процесс производства пропана, бутана произведенным сжиженным нефтяным газом

6.2.1.2 工艺参数

（1）原料气预冷温度应尽量低，以提高凝液回收率。但原料气预冷温度还与原料气预冷器所选用的设备形式有关，选择传热系数高，冷、热端的温差小的换热器，可回收较多产品气的冷量，得到较低的预冷温度。

（2）膨胀机的膨胀比宜为 2～4，不宜大于 7。如果膨胀比大于 7，可考虑采用两级膨胀。

6.2.1.2 Технологические параметры

（1）По мере возможности снижается температура предварительного охлаждения сырьевого газа для повышения коэффициента получения конденсата.Температура предварительного охлаждения сырьевого газа зависит от тип применимого устройства предварительного охладителя сырьевого газа, при выборе теплообменника с высоким коэффициентом теплопередачи, низкой разницей температуры на горячем, холодном концах, получаются больше холод подготовленного газа и нижняя температура предварительного охлаждения.

（2）Степень расширения детандера предпочтительно составляет 2-4, а не более 7.Учитывая двухступенчатое расширение при степени расширения более 7.

膨胀机的膨胀压力应根据所需达到的膨胀后的温度和产品气压力要求来确定。首先应满足降压后的低温能达到要求的分离温度，然后考虑保持尽量高的压力以满足产品气压力要求。若不能满足产品气要求，则利用膨胀机的增压端增压；仍不能满足要求，则设置压缩机进行产品气增压，但该方案需进行经济对比决定。

（3）脱乙烷塔部分：通常，脱乙烷塔仅设有提馏段，俗称半塔。脱乙烷塔的主要设计参数为塔的操作压力和操作温度。

对于一定组成的进料，塔的操作压力和温度是分馏好坏的决定因素。一般来说，塔压较低，则设备制造较易，设备投资也较小，但如果脱乙烷塔顶气作为产品气，需较高压力外输，则在低于膨胀后气体和凝液进料压力下，可尽量提高脱乙烷塔的压力，以减小产品气增压机的负荷。进料组成和塔压一定时，塔底的操作温度的上升，则塔底凝液中乙烷含量降低，以满足下游产品液化气的饱和蒸汽压合格为原则。

Давление расширения детандера определяется по необходимой температуре и давлению подготовленного газа после расширения.Следует сначала обеспечить что, снизив давление, низкая температура составляет необходимое значение сепарации, затем учесть поддержку по мере возможности высокого давления для соответствия давлению подготовленного газа.Давление повышается на конце повышения давления детандера, если не соответствует давлению подготовленного газа;при невозможности соответствия, то предусматривается компрессор для повышения давления подготовленного газа с учетом экономического сравнения.

（3）Деэтанизатор:для деэтанизатора обычно предусматривается только секция экстракции, называющаяся полуколонной.Основными проектными параметрами деэтанизатора являются рабочее давление, рабочая температура.

Для приемных материалов с определенным составом, рабочее давление и рабочая температура деэтанизатора являются ключевыми факторами фракционирования.Как правило, легко производят устройства с низким капиталовложением при низком давлении в деэтанизаторе, при необходимости высокого давления экспорта если верхний газ деэтанизатора работает подготовленным газом, по мере возможности повышается давление деэтанизатора для уменьшения нагрузки нагнетателя подготовленного газа под давлением, составляющим ниже давления входного газа, конденсата после расширения.Вслед за повышением рабочей температуры на дне деэтанизатора, содержание этана в конденсата на дне при определенном составе приемных материалов и давлении деэтанизатора, чтобы соответствовали давлению насыщенного пара сжиженного нефтяного газа последующей продукции.

重沸器加热介质的选择：加热介质的选取通常要根据全厂供热和用热情况来决定。在设有硫黄回收装置的净化厂内，采用蒸汽加热。因为硫黄回收装置可自产蒸汽，所以厂内装置采用蒸汽加热可回收蒸汽热源，充分利用废热，节约能源消耗。但在没有硫黄回收装置的天然气处理厂中，根据需要加热的最高温度，可选用蒸汽或导热油。目前，使用普遍的导热油有 T66 和 T55 两种型号的导热油，其推荐最高使用温度分别为 345℃、300℃。较之采用蒸汽加热，导热油的最大优点为不易发生泄漏，且较好保温，不需要伴热。在水质不好的地区，采用导热油加热还可避免因水垢产生而导致的加热不均匀，以及增加设备清洗难度。

（4）脱丙烷塔和脱丁烷塔部分：
①顺序分馏生产丙烷、丁烷和轻油产品方案。

a. 脱丙烷塔的主要设计参数。

脱丙烷塔操作参数的设定应以生产合格的产品丙烷为目的，合格产品丙烷应满足 GB 11174—2011《液化石油气》标准中规定：产品丙烷饱和蒸汽压应 < 1430kPa（37.8℃），其中 C_{4+} 含量小于 2.5%。

Выбор нагревательной среды ребойлера: зависит от состояния теплоснабжения и расхода тепла на заводе.Применяется пар для нагревания на ГПЗ с установкой получения серы. Благодаря самопроизводству пара установкой получения серы, применение пара для установки на заводе позволяет получение теплоты, полное использование отходящего тепла, экономию энергии.На ГПЗ без установки получения серы применяется пар или теплопроводное масло по максимальной необходимой температуре нагревания.В настоящее время, распространяются теплопроводные масла типов Т66 и Т55, рекомендуемая рабочая температура составляет 345 и 300℃ .Применяется пар для нагревания по сравнению, главными достоинствами теплопроводного масла являются низкая возможность утечки, лучшая теплоизоляция без обогрева.Применяется теплопроводное масло во избежание неравномерного нагревания и трудной очистки от образования накипи в районах с плохим качеством воды.

（4）Депропанизатор и дебутанизатор:

① План производства пропана, бутана, легкой нефти путем последовательного фракционирования.

a.Основные проектные параметры депропанизатора.

Целью установки рабочих параметров депропанизатора является производство готовой продукции пропана, указанная продукция должна соответствовать GB 11174—2011«Сжиженный нефтяной газ»:давление насыщенного газа продукции пропана должно менее 1430кПа(37,8℃), в т.ч.содержание C_{4+} менее 2,5%.

脱丙烷塔的主要设计参数为塔操作压力和操作温度、塔顶冷凝温度和回流比。

塔操作压力、操作温度和塔顶冷凝温度三者紧密相关。塔压越低,塔操作温度越低,且塔顶冷凝温度也越低,反之亦然。塔压越低,设备投资越小;塔操作温度越低,重沸器的热负荷越小,该部分操作费用越小;但塔顶冷凝温度越低,循环水用量或空冷器负荷越大,则该部分生产运行费用越大。经过能耗和投资的经济对比后,通常应选择较低的塔压生产更为经济。但是塔顶冷凝温度的确定又受冷凝设备和环境温度的限制,不能做到无限低的冷凝温度。通常,在气候温暖地区,气温变化不大,气温通常在 0~40℃,水源充足,因此,可选择循环水冷凝冷却器,受环境气温限制,循环水温度一般为 30~40℃,则冷凝温度一般约为 40℃。在水源较缺乏、而风力资源丰富的地区,则较多采用空气冷凝冷却器,冷凝温度一般为 40~55℃。而相对应的塔压通常为 1.3~2.2MPa。

Основными проектными параметрами депропанизатора являются рабочее давление, рабочая температура, температура конденсации на вершине депропанизатора и флегмовое число.

Рабочее давление, рабочая температура, температура конденсации на вершине депропанизатора тесно связаны.Чем меньше давление депропанизатора, тем меньше рабочая температура депропанизатора и температура конденсации на вершине, и наоборот.Чем меньше давление депропанизатора, тем меньше капиталовложение устройства;чем меньше рабочая температура депропанизатора, тем тепловая нагрузка ребойлера; но чем меньше температура на вершине депропанизатора, тем больше расхода оборотной воды или нагрузки АВО, и больше расходы на производство и эксплуатацию данной части.Применяется чаще всего более низкое давление в депропанизаторе для производства по экономическому сравнению расхода энергии и капиталовложения. Но температура на вершине депропанизатора определяется под ограничением конденсационной установки и температуры окружающей среды, бесконечная низкая температура конденсации невозможно осуществляется.Как обычно, в тепловых зонах с достаточным водоснабжением, температура незначительно изменяется, находится в пределах 0-40℃, при этом, применяется конденсатор-холодильник оборотной воды, под ограничением, температура оборотной воды составляет 30-40℃, а температура конденсации составляет 40℃.Воздушный конденсатор-холодильник распространяется в зонах с недостатком водоснабжения и богатыми ветровыми ресурсами, температура конденсации составляет 40-55℃.Соответствующее давление депропанизатора составляет 1,3-2,2МПа.

脱丙烷塔回流比的确定：回流比为塔顶回流进塔的物流量与产品量的比值。增加回流比，可提高产品的质量，但也会增加塔顶冷凝冷却器、回流泵和塔底重沸器的负荷，加大了生产操作费用。因此，应以生产合格的产品为前提，选择较小的回流比。根据处理的不同组成的物料，通常脱丙烷塔的回流比为 1.5～3。

脱丙烷塔重沸器加热介质的选择：见脱乙烷塔主要设计参数的选择。

b. 脱丁烷塔的主要设计参数。

脱丁烷塔操作参数的设定应以生产合格的产品丁烷为目的，合格产品丁烷应满足 GB 11174—2011 标准中规定：产品丁烷饱和蒸汽压应＜485kPa（37.8℃），其中 C_{5+} 含量＜2.0%。

脱丁烷塔的主要设计参数为塔操作压力和操作温度、塔顶冷凝温度和回流比，各参数的选择同脱丙烷塔。

②生产液化石油气和轻油方案。

Определение флегмового числа депропанизатора:флегмовое число составляет отношение расхода веществ на вершине депропанизатора, оросительных в депропанизатор к объему продукции.Увеличение флегмового числа повышает качество продукции, но увеличивает нагрузки конденсатора-холодильника на вершине депропанизатора, оросительного насоса, ребойлера на дне депропанизатора.В связи с этим, выбирается малое флегмовое число в принципе производства готовой продукции. Как обычно, флегмовое число депропанизатора составляет 1,5-3 согласно подготовленным материалам с разными составами.

Выбор нагревательных сред для ребойлера депропанизатора:см.основные проектные параметры деэтанизатора.

b.Основные проектные параметры дебутанизатора.

Целью установки рабочих параметров дебутанизатора является производство готовой продукции бутана, указанная продукция должна соответствовать GB9502.1-1998 «Сжиженный нефтяной газ с нефтегазового месторождения»: давление насыщенного газа продукции бутана должно менее 485кПа（37,8℃）,в т.ч.содержание C_{5+} менее 2,0%.

Основными проектными параметрами дебутанизатора являются рабочее давление, рабочая температура, температура конденсации на вершине дебутанизатора и флегмовое число, выбор его параметров совпадает с выбором параметров депропанизатора.

② План производства сжиженного нефтяного газа и легкой нефти.

脱丁烷塔操作参数的设定应以生产合格的产品液化石油气为目的,合格产品液化石油气应满足 GB 11174—2011 标准中规定:产品液化石油气饱和蒸汽压应＜ 1430kPa（37.8℃）,其中 C_{5+} 含量＜ 3.0%。

脱丁烷塔的主要设计参数为塔操作压力和操作温度、塔顶冷凝温度和回流比。

脱丁烷塔的操作压力、操作温度和塔顶冷凝温度,以及回流比的确定基本同"顺序分馏生产丙烷、丁烷和轻油产品方案"中脱丙烷塔的主要设计参数。脱丁烷塔的塔压通常为 1.3MPa,回流比为 1.0～1.5。

③以生产的液化石油气生产丙烷、丁烷方案。

脱丁烷塔的主要设计参数与"生产液化石油气和轻油方案"中的脱丁烷塔设计参数相同。

脱丙烷塔的主要设计参数"顺序分馏生产丙烷、丁烷和轻油产品方案"中脱丙烷塔设计参数相同。

一般分馏塔的设计参数见表 6.2.1。

Целью установки рабочих параметров дебутанизатора является производство готового сжиженного нефтяного газа, указанная продукция должна соответствовать GB9502.1 «Сжиженный нефтяной газ с нефтегазового месторождения»: давление насыщенного газа продукции сжиженного нефтяного газа должно менее 1430кПа（37, 8℃）, в т.ч.содержание C_{5+} менее 3,0%.

Основными проектными параметрами дебутанизатора являются рабочее давление, рабочая температура, температура конденсации на вершине дебутанизатора и флегмовое число.

Рабочее давление, рабочая температура, температура конденсации на вершине дебутанизатора, флегмовое число в основном совпадают с основными проектными параметрами депропанизатора, указанными в "Плане производства пропана, бутана, легкой нефти путем последовательного фракционирования".Как обычно, давление в дебутанизаторе составляет 1,3МПа, флегмовое число составляет 1,0-1,5.

③ План производства пропана, бутана произведенным сжиженным нефтяным газом.

Основные проектные параметры дебутанизатора совпадают с проектными параметрами дебутанизатора, указанными в "Плане производства сжиженного нефтяного газа и легкой нефти".

Основные проектные параметры депропанизатора совпадают с проектными параметрами депропанизатора, указанными в "Плане производства пропана, бутана, легкой нефти путем последовательного фракционирования".

Проектные параметры общего дефлегматора указаны в таблице 6.2.1.

表 6.2.1　一般分馏塔的设计参数表

Таблица 6.2.1　Проектные параметры общего дефлегматора

分馏塔 Дефлегматор	操作压力, kPa（g） Рабочее давление kpa（g）	实际塔盘数 Реальное количество тарелок	回流比 [1] Флегмовое число[1]	回流比 [2] флегмовое число[2]	塔盘效率, % Производительность та-релок, %
脱甲烷塔 Деметанизатор	1380～2750	18～26	全回流 Полное орошение	全回流 Полное орошение	45～60
脱乙烷塔 Деэтанизатор	2590～3100	25～35	0.9～2.0	0.6～1.0	60～75
脱丙烷塔 Депропанизатор	1650～1860	30～40	1.8～3.5	0.9～1.1	80～90
脱丁烷塔 Дебутанизатор	480～620	25～35	1.2～1.5	0.8～0.9	85～95
丁烷分离塔 Разделительная ко-лонна бутана	550～690	60～80	6.0～14.0	3.0～3.5	90～100
重油分馏塔 Дефлегматор для тяжелой нефти	900～1100	20～30	1.75～2.0	0.35～0.4	上半段 67 Верхний получасток 67 下半段 50 Нижний получасток 50
重油脱乙烷塔 Деэтанизатор для тяжелой нефти	1380～1725	40	—	—	上半段 25～40 Верхний получасток 25～40 下半段 40～60 Нижний получасток 40～60
凝析油稳定塔 Стабилизатор кон-денсата	690～2750	16～24	全回流 Полное орошение	全回流 Полное орошение	50～75

注: 1. 回流比以塔顶产品量为基准, mol/mol;

　　2. 回流比以进料量为基准, m³/m³。

Примечание: 1. Флегмовое число основывается на объеме продукции на вершине дефлегматора, моль/моль;

　　　　　　2. Флегмовое число основывается на объеме приемных материалов, м³/м³.

6.2.2　主要控制回路

脱丁烷塔操作是轻烃回收装置操作的重点,其塔顶产生液化气产品,塔底产生轻油产品。脱丁烷塔为精馏塔,中部进料,塔顶有液化气回流,有 4 个控制回路:塔压控制回路、温度控制回路、液位控制回路、回流控制回路。

6.2.2　Основные контуры регулирования

Важным пунктом эксплуатации установки получения легких углеводородов является эксплуатация дебутанизатора, на вершине которого производит сжиженный газ, на дне которого производит легкая нефть. Дебутанизатор представляет собой ректификационную колонну с входом материалов в средине, на вершине колонны происходит обратное течение сжиженного

脱丁烷塔的4个控制回路分别控制脱丁烷塔的4个主要工艺参数,这4个参数的稳定与否直接关系到产品是否合格。4个控制回路分别作用,但又相互影响。脱丁烷塔的塔压由塔内蒸发的轻组分形成,而轻组分的形成和塔底温度密切相关,塔底温度越高,塔压越高;塔底温度的稳定和液位密切相关,液位无法稳定塔底温度就不易控制;液位的高低又受回流量大小、塔底温度、塔压的影响,回流量增大液位增加,塔底温度升高液位随之下降,塔压越高液位下降越快。脱丁烷塔回流控制回路受回流罐液位控制回路的影响,因为脱丁烷塔回流调节阀和回流罐液位调节阀都是安装在回流泵的出口。如果回流罐液位调节阀开度太快太大,经过回流调节阀的流量就会明显降低。从上面分析可知,脱丁烷塔液位回路的影响因素最多,其中液位控制是关键,液位稳定,塔底温度容易稳定,而塔底温度稳定塔压就容易控制。因此,脱丁烷塔参数整定时应先整定回流控制回路,接着液位控制回路,最后是温度和压力控制回路。

газа, имеются 4 контура регулирования:контур регулирования давления колонны, контур регулирования температуры, контур регулирования уровня, контур регулирования флегмы.

4 основными технологическими параметрами дебутанизатора соответственно являются 4 контура регулирования дебутанизатора, годность продукции зависит от устойчивости 4 параметров.4 контура регулирования отдельно работают, но взаимно действуют.Давление дебутанизатора создается легкими составами, выделенным из дебутанизатора, а образование легких составов тесно связано с температурой на дне дебутанизатора, т.е.чем выше температура на дне, тем выше давлении в дебутанизаторе;колебание температуры на дне тесно связана с уровнем, т.е.температура не регулируется при колебании уровня;а уровень ограничивается объемом флегмы, температурой на дне, давлением в дебутанизаторе, т.е.уровень повышается при увеличении объема флегмы, уровень снижается при повышении температуры на дне, чем выше давлении в дебутанизаторе, тем быстрее снижается уровень. Контур регулирования флегмы дебутанизатора ограничивается контуром регулирования уровня оросительного резервуара, в связи с установкой регулирующего клапана флегмы дебутанизатора и регулирующего клапана уровня оросительного резервуара на выходе оросительного насоса.Расход через регулирующий клапан флегмы значительно уменьшается если быстро и значительно открывает регулирующий клапан уровня в оросительном резервуаре.Из указанной таблицы получается, что многие факторы влияют на контур регулирования уровня в дебутанизаторе, в т.ч.регулирование уровня является более важным, чем стабильнее уровень, тем стабильнее температура на дне дебутанизатора, и легче

脱丁烷塔温度、压力和产品质量控制包括调整塔底加热负荷,控制塔温度,保证轻油质量;调节塔顶空冷器气相冷凝面积,改变塔顶气冷凝速度,控制塔压;调整回流量,控制液化气质量,在参数调整过程中,要综合考虑各个部分的影响,如重组分超标。在蒸汽压较低时,表明不但可以通过降低塔顶和塔底温度来实现,也可以协助通过升高塔顶压力和降低塔低温度,来使轻组分的比例上调,从而可以降低重组分的百分比,达到产品质量合格的目的;开启塔顶空冷器旁通阀排放塔顶不凝气,降低塔压。

регулируется температура, давление на дне дебутанизатора.В связи с этим, уставка параметров дебутанизатора проводится в следующей последовательности:контур регулирования флегмы, контур регулирования уровня, контуры регулирования температуры и давления.

В объем работ по регулированию температуры, давления, качества продукции дебутанизатора входят регулирование нагревательной нагрузки на дне дебутанизатора, регулирование температуры дебутанизатора, обеспечение качества легкой нефти;регулирование размера конденсации газовой фазы АВО на вершине дебутанизатора;изменение скорости конденсации верхнего газа дебутанизатора, регулирование давления в дебутанизаторе;регулирование расхода флегмы, контроль качества сжиженного газа, учет влияния разными частями в процессе регулирования параметров, как превращение нормы тяжелых составов.Низкое давление пара обозначает возможности повышения пропорции легких составов путем не только снижения температуры на вершине и дне дебутанизатора, но и повышения давления на вершине, снижения температуры на дне, что уменьшает пропорцию тяжелых составов для обеспечения соответствия качества продукции;открывает байпасный клапан АВО на вершине для выпуска неконденсационного газа и снижения давления в дебутанизаторе.

6.2.3 主要工艺设备的选用

6.2.3.1 制冷分离装置

膨胀制冷装置的主要设备有膨胀机、原料气预冷器、高压分离器和低温分离器。

6.2.3 Выбор основного технологического оборудования

6.2.3.1 Сепаратор охлаждением

Основными устройствами на установке охлаждения за счет расширения являются:

（1）膨胀机。

膨胀机的绝热效率宜大于 75%，不宜低于 65%。

（2）原料气预冷器。

原料气预冷器一般是选择标准的换热器，其首要满足有较高的承压能力（通常自制冷法中原料气的压力都较高），其次应考虑传热系数高，换热器冷、热端的温差尽量小，以尽可能回收产品气的冷量，减小制冷负荷或降低制冷温度。板翅式换热器和绕管式换热器的热、冷端温差可取 3~5℃，管壳式换热器的冷、热端温差不宜小于 20℃，采用单管程时可取 10℃。目前，应用较好的原料气预冷器有板翅式换热器、绕管式换热器，且这两种换热器还能用于多股物流的换冷，省却了冷箱的设计。原料气预冷器结构如图 3.2.5 所示。

（3）高压分离器、低温分离器。

高压分离器和低温分离器通常为非标准设备，设计时应考虑设置高效分离元件以增加凝液回收率。

детандер, предварительный охладитель сырьевого газа, сепаратор высокого давления, низкотемпературный сепаратор.

（1）Детандер.

Адиабатический коэффициент детандера предпочтительно составляет выше 75%, а не ниже 65%.

（2）Предварительный охладитель сырьевого газа.

Применяясь в качестве предварительного охладителя сырьевого газа, типичный теплообменник характеризуется высокой несущей способностью（при самоохлаждении, сырьевой газа имеет высокое давление）и высоким коэффициентом теплопередачи, по мере низкой разницей температуры на горячем, холодном концах в целях получения холода подготовленного газа по мере возможности, уменьшения нагрузок охлаждения или снижения температуры охлаждения.Разница температуры на горячем, холодном концах пластинчатого теплообменника и спирального трубчатого теплообменника составляет 3-5℃, а кожухотрубчатого теплообменника -не менее 20℃, при применении одного трубного пространства -10℃ .В настоящее время, широко распространяются пластинчатый теплообменник и спиральный теплообменник для сырьевого газа, которые предназначены для обмена холодом нескольких материалов без охладителя.Конструкция предварительного охладителя сырьевого газа указана на рис.3.2.5.

（3）Сепаратор высокого давления, низкотемпературный сепаратор.

Учитывая предусмотреть разделительные элементы высокого давления для повышения коэффициента получения конденсата при проектировании в связи с тем, что сепаратор высокого давления, низкотемпературный сепаратор относятся к нестандартному оборудованию.

6.2.3.2 脱乙烷部分

脱乙烷塔为非标准设备,可选板式塔和填料塔。选择塔型应综合考虑物料性质、操作条件、塔设备的性能及塔设备的加工、安装、维修等多种因素。一般处理量较大时,选用板式塔,板式塔可选择的塔盘有泡罩塔盘、浮阀塔盘、筛板塔盘等;当处理量很小时,可选择规整填料塔。目前,因浮阀塔盘的操作弹性大、制造费用低、安装方便而使用较多。

重沸器的形式有热虹吸式重沸器、强制循环式重沸器和釜式重沸器,强制循环式重沸器的结构和管线比较复杂,制造费和泵送成本费高,因此只在某些特殊场合,比如要求汽化率很低、塔底物料黏度很高或者热敏性很强等情况时才考虑使用。脱乙烷塔底重沸器常用的形式有热虹吸式重沸器和釜式重沸器,热虹吸式重沸器和釜式重沸器的选择主要由汽化率决定。两者的简要性能比较见表6.2.2。

6.2.3.2 Деэтанизатор

Деэтанизатор относится к нестандартному оборудованию, имеет каскадный и насадочный типы.Учитывая свойство материалов, рабочие условия, свойство устройств деэтанизатора, обработку, монтаж, ремонт устройств деэтанизатора и т.д.при выборе типа деэтанизатора.Применяется каскадный деэтанизатор при высокой производительности, тарелки для деэтанизатора: барботажная, клапанная, сетчатая и т.д;в противоположенном случае -насадочный деэтанизатор. В настоящее время, клапанная тарелка характеризуется высоким припуском работы, низкими расходами на изготовление, удобным монтажом и широким распространением.

Ребойлер разделяется на термосифонный ребойлер, принудительный циркуляционный ребойлер, котел-ребойлер, а принудительный циркуляционный ребойлер характеризуется сложной конструкцией и трубопроводами, высокими расходами на изготовление и закачку насосом, поэтому, распространяется только в специальных местах, где требуются низкая интенсивность парообразования, высокая вязкость материалов на дне или высокая тепловая чувствительность.Распространенные ребойлеры на дне деэтанизатора: термосифонный ребойлер и котел-ребойлер, выбирающиеся по интенсивности парообразования.Примерное сравнение их свойств указано в таблице 6.2.2.

表 6.2.2　重沸器的性能比较

Таблица 6.2.2　Сравнение свойств ребойлера

重沸器型式 Тип ребойлера		立式热虹吸式 Вертикальный термосифонный ребойлер		卧式热虹吸式 Горизонтальный термосифонный		釜式 Котел-ребойлер
		一次通过式 Однопроход-ный ребойлер	循环式 Циркуляцион-ный ребойлер	一次通过式 Однопроход-ный ребойлер	循环式 Циркуляцион-ный ребойлер	
沸腾液体走向 Направление кипящей жидкости		管程 Трубчатое пространство	管程 Трубчатое пространство	壳程 Межтрубное пространство	壳程 Межтрубное пространство	壳程 Межтрубное пространство
气化率 Коэффициент газообразова-ния	最低 мини.	约5%	约10%	约10%	约15%	—
	常用设计上限 Типичный верхний предел при проектиро-вании	约25%	约25%	约25%	约25%	—
	最大 Макс.	约30%	约35%	约30%	约35%	80%
单台传热面积, m²/台 Единичная поверхность тепло-передачи м²/шт.		较小 Относитель но маленькая	较小 Относитель но маленькая	较大 Относитель но большая	较大 Относитель но большая	大 Большая
加热区停留时间 Время стоянки в зоне нагревания		短 Короткое	中等 Средняя	短 Короткое	中等 Средняя	长 Длительное
要求温度差 ΔT Требуемая разница температуры ΔT		高 Высокая	高 Высокая	中等 Среднее	中等 Среднее	可变范围较大 Большой предел допустимог о изменения
设计液位高差(循环推动力) Проектная разница уровня（на повторной движущей силе）		受高度限制 Ограничива ется высотой	受高度限制 Ограничивае тся высотой	可较大 Относитель но высокая	可较大 Относительно высокая	—
传热系数 Коэффициент теплопередачи		高 Высокий	高 Высокий	较高 Относитель но высокий	较高 Относительно высокий	较低 Относительно низкий
分离效果 Эффектность сепарации（相当理论板）（эквивалентная теоретическая тарелка）		接近一块 примерно 1 та-релки	低于一块 ниже 1 тарелки	接近一块 примерно 1 та-релки	低于一块 ниже 1 тарелки	一块 1 тарелка
清洗维护 Очистка и обслуживание		困难 Трудно（壳侧不能）（невозмож-ность на сторо-не корпуса）	困难 Трудно（壳侧不能）（невозможность на стороне кор-пуса）	较易 Относительно легко	较易 Относительно легко	易 Легко
塔裙座位置 Место юбки（要求液位高差）（Требуемая разница уровня）		高 Высокая	高 Высокая	较低 Относительно низкая	较低 Относительно низкая	低 Низкая

6.2.3.3 脱丙烷塔和脱丁烷塔部分

脱丙烷塔、脱丁烷塔的选用以及脱丙烷塔底重沸器、脱丁烷塔底重沸器的选择参见脱乙烷塔的工艺设备选用。

脱丙烷塔顶冷凝冷却器和脱丁烷塔顶冷凝冷却器：在水源充足的南方地区通常选用循环水冷凝冷却器，由于热端温差较大，因此，一般选用造价较低，承压较好的管壳式换热器。在水源较缺乏，而风力资源丰富的北方地区，则较多采用空气冷凝冷却器。空气冷凝冷却器又分为干空冷、湿空冷和干湿联合空冷。干空冷即利用风冷却天然气，根据环境温度一般冷凝冷却温度为50~55℃，湿空冷通常采用软化水喷淋在空冷器上，可得到较低的冷凝冷却温度（35~45℃），虽然软化水可循环使用，但水量消耗还是比较大的，需经过经济对比确定冷凝冷却方案。北方地区风沙大，含盐碱，不宜湿空冷。要得到较低的冷凝冷却温度，还可采用干湿联合空冷，或先空冷，后水冷的串联冷凝冷却方案，在冬天环境温度低时，可关闭水冷凝冷却器，节约操作成本。

6.2.3.3 Депропанизатор и дебутанизатор

Для выбора депропанизатора, дебутанизатора, ребойлера на дне депропанизатора, ребойлера на дне дебутанизатора смотреть выбор технологического оборудования в части деэтанизации.

Конденсатор-холодильники на вершине депропанизатора и дебутанизатора:на южных районах с достаточным водоснабжением распространяются конденсатор-холодильники с оборотной водой, но при большой разнице температуры на горячем конце, распространяется кожухотрубчатый теплообменник, характеризующийся низкой стоимостью и высокой несущей способностью. Воздушный конденсатор-холодильник распространяется в северных зонах с недостатком водоснабжения и богатыми ветровыми ресурсами. Воздушный конденсатор-холодильник разделяется на сухой, влажный и комплексный типы.Сухое воздушное охлаждение заключается в с помощью ветра охлаждении газа, по температуре окружающей среды, обычная температура конденсации, охлаждения составляет 50-55℃, а мокрое воздушное охлаждение заключается в орошении умягченной водой на АВО для получения более низкой температуры конденсации-охлаждения (35-45℃), следует провести экономическое сравнение для определения варианта конденсации-охлаждения в связи с большой потерей воды в независимости от повторного использования умягченной воды.В северных зонах мощный ветер, песок с солей и щелочью, не распространяется мокрое воздушное охлаждение.Применяется совместное воздушное охлаждение, или последовательное конденсация-охлаждение, т.е.сначала воздушное охлаждение, затем водяное охлаждение с целью получения более низкой температуры конденсации-охлаждения, выключает

6.2.4 主要操作要点

轻烃回收装置主要的设备一般有换热器、三相分离器、泵、脱乙烷塔、脱丁烷塔、脱戊烷塔以及塔相关的附属设备,如重沸器、空冷器、换热器、回流罐等。轻轻回收装置的操作也主要针对这些设备。换热器、三相分离器主要作用是为塔提供合格的进料;泵主要用来提供回流液回流和产品外输动力;脱乙烷塔是一提馏塔,主要的作用是脱除凝液中的甲烷、乙烷,为脱丁烷塔提供合格的进料;脱丁烷塔是一精馏塔,其塔顶的气相经过冷凝后即为液化气产品,塔底液相即为轻油产品;脱戊烷塔一般在脱丁烷塔底轻油不合格需要进一步脱除戊烷和比戊烷轻的组分时才使用。轻烃回收操作的关键是控制醇烃液三相分离器、闪蒸汽三相分离器的分离温度、压力和液位,防止分离器发泡、醇液跑损或进入脱乙烷塔,防止脱乙烷塔顶管线发生冻堵;稳定脱乙烷塔、脱丁烷塔以及轻烃稳定塔的操作温度和压力保证本装置及闪蒸汽增压装置平稳运行的同时,生产出合格的液化气、稳定轻烃产品。本节先以迪那轻烃回收装置的工艺流程为例,简要说明轻烃回收装置的主要流程,再简要介绍醇烃液三相分离器、闪蒸汽三相分离器、脱乙烷塔、脱丁烷塔的一些操作以及常见故障及其处理方法。

конденсатор-холодильник для экономии расходов при низкой температуре воздуха в зимний период.

6.2.4 Основные положения при эксплуатации

Основные устройства для установки получения легких углеводородов включают:теплообменник, трехфазный сепаратор, насос, деэтанизатор, дебутанизатор, депентанизатор и связанные приспособления, как ребойлер, АВО, теплообменник, оросительную емкость и т.д.Эксплуатация установки получения легких углеводородов распространяется на указанные устройства.Теплообменник, трехфазный сепаратор в основном презназначены для обеспечения колонн качественными приемными материалами;насос в основном предназначен для обеспечения флегмы и экспорта продукции силой;деэтанизатор является отпарной колонной, в основном предназначен для десорбции конденсата от метана, этана, и обеспечения дебутанизатора качественными приемными материалами;дебутанизатор является отпарной колонной, конденсируя, его верхний газ превращает в сжиженный газ, а нижний газ превращает в легкую нефть;а депентанизатор распространяется только при необходимости дальнейшей десорбции пентана из-за несоответствия нижней легкой нефти и при составе легче пентана.Ключевыми работами для получения легких углеводородов являются:регулирование температуры, давления, уровня в трехфазном сепараторе алкогольного углеводородного раствора, трехфазном сепараторе флаш-газа во избежание пенообразования в сепараторах, потери алкогольного раствора или поступления алкогольного раствора в деэтанизатор, вызывающего замерзание и забивание деэтанизатора;стабилизация рабочей температуры, рабочего давления деэтанизатора, дебутанизатора, стабилизатора легких углеводородов для обеспечения стабильной работы данной установки, установки нагнетания флаш-газа, и производства качественного сжиженного газа, стабильных легких углеводородов. Приняв в пример технологический процесс установки получения легких углеводородов Дины в данном пункте, кратко поясняется основные порядок работы установки, затем поясняются эксплуатация и распространенные неисправности, методы устранения трехфазного сепаратора алкогольного углеводородного раствора, трехфазного сепаратора флаш-газа, деэтанизатора, дебутанизатора.

6.2.4.1 醇烃液三相分离器操作

醇烃液三相分离器的操作主要有压力控制、液位控制和温度控制。

（1）压力控制。

①影响因素如下：a.进料温度变化；b.进料流量变化。

②调节方法：由气相出口调节阀控制好醇烃液三相分离器的压力。

6.2.4.1 Эксплуатация трехфазного сепаратора алкогольного углеводородного раствора

Основная эксплуатация трехфазного сепаратора алкогольного углеводородного раствора заключается в регулировании давления, регулировании уровня и регулировании температуры.

（1）Регулирование давления.

① Факторами, влияющими на регулирование, являются:a.изменение температуры приемных материалов;b.изменение расхода приемных материалов.

② Метод регулирования:регулировать давление в трехфазном сепараторе алкогольного углеводородного раствора регулирующим клапаном на выходе газовой фазы.

（2）液位控制。

① 影响因素如下:a. 进料量的变化;b. 烃相出口管线调节阀后结冰。

② 调节方法如下:a. 平稳脱水脱烃装置操作,使进料量稳定;b. 通过烃腔出口调节阀调节三相分离器烃相液位;c. 通过醇腔出口调节阀调节三相分离器醇相液位,为减小液位的波动对乙二醇回收单元的影响,可以手动控制该阀的开度;d. 提高三相分离器进料温度,通过开启电伴热,解决调节阀后冻堵问题。

（3）温度控制。

① 影响因素如下:a. 进料温度变化;b. 分离器压力变化。

② 调节方法如下:a. 平稳醇烃液三相分离器操作压力,醇烃液节流后温度稳定;b. 通过调节阀调节三相分离进料温度。

（2）Регулирование уровня.

① Факторами, влияющими на регулирование, являются:a.изменение объема приемных материалов;b.замерзание после регулирующего клапана трубопровода на выходе фазы углеводородов.

② Метод регулирования:a.стабилизация работы установки осушки газа, установки очистки газа от углеводородов для стабилизации приемных материалов;b.регулирование уровня фазы углеводорода в трехфазном сепараторе регулирующим клапаном на выходе углеводородов;c.регулирование алкогольной фазы углеводорода в трехфазном сепараторе регулирующим клапаном на выходе углеводородов для уменьшения влияния на блок получения гликоля под изменением уровня, допускается регулирование степени открытия данного клапана вручную;d.повышение температуры приемных материалов трехфазного сепаратора, устранение замерзания и забивания после регулирующего клапана включением электрообогрева.

（3）Регулирование температуры.

① Факторами, влияющими на регулирование, являются:a.изменение температуры приемных материалов;b.изменение давления в сепараторе.

② Метод регулирования:a.стабилизация рабочего давления в трехфазном сепараторе алкогольного углеводородного раствора для обеспечения стабильной температуры алкогольного углеводородного раствора после дросселирования;b.регулирование приемных материалов трехфазного сепаратора регулирующим клапаном.

6.2.4.2　闪蒸汽三相分离器操作

闪蒸汽三相分离器的操作主要有压力控制、液位控制和温度控制。

（1）压力控制。

① 影响因素如下：a. 进料温度变化；b. 进料流量变化；c. 系统压力升高。

② 调节方法如下：a. 由气相出口调节阀控制好闪蒸汽三相分离器的压力；b. 通过增加闪蒸汽压缩机的吸入量或对闪蒸汽进行调压放空，降低闪蒸汽系统压力。

（2）液位控制。

① 影响因素：进料量的变化。

② 调节方法如下：a. 通过烃腔出口调节阀调节三相分离器烃相液位；b. 通过醇腔出口调节阀调节三相分离器醇相液位。

（3）温度控制。

① 影响因素：进料温度变化。

② 调节方法：通过调节阀的旁通，调节闪蒸汽出换热器温度。

6.2.4.2　Эксплуатация трехфазного сепаратора флаш-газа

Основная эксплуатация трехфазного сепаратора флаш-газа заключается в регулировании давления, регулировании уровня и регулировании температуры.

（1）Регулирование давления.

① Факторами, влияющими на регулирование, являются：a.изменение температуры приемных материалов；b.изменение расхода приемных материалов；c.повышение давления системы.

② Метод регулирования：a.регулировать давление в трехфазном сепараторе флаш-газа с помощью регулирующего клапана на выходе газовой фазы；b.снижать давление системы флаш-газа путем увеличения объема всасывания компрессора флаш-газа или регулирования давления и сброса флаш-газа.

（2）Регулирование уровня.

① Фактором, влияющим на регулирование, является：изменение объема приемных материалов.

② Метод регулирования：a.регулировать уровень углеводородной фазы в трехфазном сепараторе регулирующим клапаном на выходе фазы углеводородов；b.регулировать уровень спиртовой фазы в трехфазном сепараторе регулирующим клапаном на выходе спиртовой полости.

（3）Регулирование температуры.

① Фактором, влияющим на регулирование, является：изменение температуры приемных материалов.

② Метод регулирования：регулировать температуру флаш-газа из теплообменника с помощью байпаса регулирующего клапана.

6.2.4.3　脱乙烷塔操作

（1）压力控制。

① 影响因素如下：a. 塔底温度升高,压力升高；b. 进料温度、组分和进料量等影响；c. 气相出口调节阀（PV-27104）阀后冻堵。

② 调节方法如下：a. 通过导热油流量调节阀控制好塔底温度,通过调节阀控制塔顶压力,通过塔底液位调节阀控制塔底液位；b. 通过闪蒸汽三相分离器烃相出口调节阀、醇烃液三相分离器烃相出口调节阀优先控制进塔烃液流量,调节好进料量。

（2）温度控制。

① 影响因素如下：a. 进料温度、组分和进料量等影响；b. 塔底液位波动大；c. 导热油流量波动。

② 调节方法如下：a. 通过闪蒸汽三相分离器烃相出口调节阀、醇烃液三相分离器烃相出口调节阀优先控制进塔烃液流量,调节好进料量；b. 通过导热油流量调节阀控制好塔底温度,通过调节阀控制塔顶压力；c. 通过塔底液位调节阀控制塔底液位。

6.2.4.3　Эксплуатация деэтанизатора

（1）Регулирование давления.

① Факторами, влияющими на регулирование, являются：a.повышение температуры и давление на дне колонны；b.температура, состав, объем приемных материалов；c.замерзание после регулирующего клапана на выходе газовой фазы（PV-27104）.

② Метод регулирования：a.управлять температурой дна колонны регулирующим клапаном расхода теплопередающего масла, управлять давлением верха колонны регулирующим клапаном, управлять уровнем жидкости на дне колонны регулирующим клапаном уровня жидкости на дне колонны；b.регулировать расход углеводородной жидкости, входящей в колонну, и регулировать объем приемных материалов с использованием регулирующих клапанов на выходах углеводородной фазы трехфазного сепаратора флаш-газа и трехфазного сепаратора алкогольного углеводородного раствора.

（2）Регулирование температуры.

① Факторами, влияющими на регулирование, являются：a.температура, состав, объем приемных материалов；b.большое изменение уровня на дне；c.изменение расхода теплопередающего масла.

② Метод регулирования：a.регулировать расход углеводородной жидкости, входящей в колонну, и регулировать объем приемных материалов с использованием регулирующих клапанов на выходах углеводородной фазы трехфазного сепаратора флаш-газа и трехфазного сепаратора алкогольного углеводородного раствора；b.регулировать температуру дна колонны регулирующим клапаном расхода теплопередающего масла,

（3）液位控制。

① 影响因素如下：a. 进料温度、组分和进料量等影响；b. 塔顶压力波动大；c. 脱丁烷塔压力波动大。

② 调节方法如下：a. 通过闪蒸汽三相分离器烃相出口调节阀、醇烃液三相分离器烃相出口调节阀优先控制进塔烃液流量调节好进料量；b. 通过导热油流量调节阀控制好塔底温度，通过调节阀控制塔顶压力；c. 通过调节阀控制好脱丁烷塔压力。

（4）产品质量控制（脱乙烷油乙烷含量）。

① 影响因素如下：a. 脱乙烷塔底温度和压力。在温度一定的情况下，压力升高，脱乙烷油乙烷含量升高，在压力一定的情况下，温度升高，脱乙烷油乙烷含量降低；b. 进料带醇液，在压力和温度稳定的情况下，脱乙烷油乙烷含量将升高；c. 进料组成变化。

регулировать давление на вершине колонны регулирующим клапаном；с.регулировать уровень жидкости на дне колонны регулирующим клапаном уровня жидкости на дне колонны；

（3）Регулирование уровня.

① Факторами, влияющими на регулирование, являются：a.температура, состав, объем приемных материалов；b.большое изменение давления на вершине；c.большое изменение давления в дебутанизаторе.

② Метод регулирования：a.регулировать расход углеводородной жидкости, входящей в колонну, и регулировать объем приемных материалов с использованием регулирующих клапанов на выходах углеводородной фазы трехфазного сепаратора флаш-газа и трехфазного сепаратора алкогольного углеводородного раствора.b.регулировать температуру дна колонны регулирующим клапаном расхода теплопередающего масла, регулировать давление на вершине колонны регулирующим клапаном；c.регулировать давление в дебутанизаторе регулирующим клапаном.

（4）Контроль качества продукции（содержание этана в нефти от этана）.

① Факторами, влияющими на контроль, являются：a.температура и давление на дне деэтанизатора.Чем выше давление, тем выше содержание этана в нефти от этана при определенной температуре, а при определенном давлении, с повышением температуры, содержание этана в нефти от этана снижается；b.Алкогольный раствор приемных материалов, содержание этана в нефти от этана повышается при стабильном давлении и температуре；c.Изменение состава приемных материалов.

② 调节方法如下：a. 根据工艺指标、产品质量，通过调节阀控制好脱乙烷塔塔底温度；b. 控制好脱乙烷塔压力；c. 调整上游三相分离器进料量和温度，保证醇烃液分离效果；d. 根据进料组成调整脱乙烷塔的压力、温度参数。

6.2.4.4　脱丁烷塔操作

（1）压力控制。

① 影响因素如下：a. 塔底温度升高，压力升高：b. 进料温度、组分和进料量等影响：c. 塔顶回流量减少，塔顶温度升高，压力升高。

② 调节方法如下：a. 通过流量调节阀调整导热油流量，控制塔底温度；b. 通过塔顶压力调节阀开度控制脱丁烷塔顶空冷器中的液化气流量，改变液化气冷凝速度，控制塔顶压力；c. 当环境温度高，液化气通过空冷器无法完全冷凝时，需启用液化水冷器通过循环水冷却液化气：d. 塔操作温度升高，同样导致塔压力升高，也可通过改变导热油量和回流量调整塔操作压力；e. 开工运行初期，或长期运行后压力有小幅度上升时，需排放不凝气以降低塔压，此时，可通过开启回流罐补压阀，不凝气经液化气回流罐调压阀排放，开工初期或环境温度低的情况下也可通过回流罐补压阀向液化气回流罐补压；f. 通过塔底液位调节阀控制脱丁烷塔塔底液位。

② Метод регулирования：a.регулирование температуры на дне деэтанизатора регулирующим клапаном по технологическим показателям, качеству продукции；b.регулирование давления в деэтанизаторе；c.регулирование объема и температуры приемных материалов трехфазного сепаратора на предыдущем участке для обеспечения эффекта сепарации алкогольного углеводородного раствора；d.регулирование давления, температуры по составу приемных материалов.

6.2.4.4　Эксплуатация дебутанизатора

（1）Регулирование давления.

① Факторами, влияющими на регулирование, являются：a.повышение температуры, давления на дне колонны；b.температура, состав, объем приемных материалов；c.уменьшение флегмы на вершине колонны, повышение температуры, давления на вершине колонны.

② Метод регулирования：a.Регулирование расхода теплопроводного масла регулирующим клапаном расхода температуры на дне колонны и регулирование температуры на дне колонны；b.Регулирование сжиженного газа в ABO на вершине дебутанизатора путем регулирования степени открытия регулирующего клапана давления на вершине колонны, изменение скорости конденсации сжиженного газа, регулирование давления на вершине；c.Запуск охладителя воды для охлаждения сжиженного газа с помощью оборотной воды при невозможности полной конденсации сжиженного газа с помощью ABO если температура воздуха повышается；d.Повышенная рабочая температура колонны также приводит к повышению давления в колонне, регулирование рабочего давления в колонне путем изменения объема теплопроводного

масла и объема флегмы;е.Выпуск неконденсационного газа для снижения давления в колонне на
начальном этапе работы или при незначительном
повышении давления после длительной работы,
при этом, открывать подпиточный клапан оросительного резервуара, неконденсационный газ
выпускает с помощью регулирующего клапана
оросительного резервуара сжиженногогаза, на
начальном этапе работы или при низкой температуры воздуха, закачка в оросительную емкость
сжиженного газа осуществляется подпиточным
клапаном оросительной емкости;f.Регулирование
уровня на дне дебутанизатора соответствующим
регулирующим клапаном.

（2）温度控制。

① 影响因素如下:a. 塔底液位波动;b. 进料温
度、组分和进料量等影响;c. 塔顶回流量减少,塔
顶温度升高;d. 导热油流量波动。

（2）Регулирование температуры.

① Факторами, влияющими на регулирование, являются:a.изменение уровня на дне колонны;b.температура, состав, объем приемных
материалов;c.уменьшение флегмы на вершине
колонны;d.изменение расхода теплопередающего
масла.

② 调节方法如下:a. 通过塔底液位调节阀控
制脱丁烷塔底液位:b. 控制好脱乙烷塔进料:c. 控
制好回流:d. 通过调整导热油流量,控制塔底温度。

② Метод регулирования:a.Регулирование
уровня на дне дебутанизатора регулирующим
клапаном уровня на дне;b.Регулирование приемных материалов деэтанизатора;c.Регулирование
флегмы;d.Регулирование температуры на дне
путем регулирования расхода теплопроводного
масла.

（3）液位控制。

① 影响因素如下:a. 塔底温度升高,液位变低;
b. 进料温度、组分和进料量等影响;c. 塔顶回流量
减少,塔顶温度升高,液位变低;d. 塔压升高,液位
变低。

（3）Регулирование уровня.

① Факторами, влияющими на регулирование, являются:a.повышение температуры, снижение уровня на дне колонны;b.температура,
состав, объем приемных материалов;c.умень-
шение флегмы на вершине колонны, повышение
температуры, снижение уровня на вершине колонны;d.повышение давления, снижения уровня
в колонне.

② 调节方法如下:a. 通过调节阀调整导热油流量,控制塔底温度;b. 控制好脱乙烷塔进料;c. 控制好回流;d. 控制好塔压。

(4)脱丁烷塔底轻油饱和蒸汽压控制。

① 影响因素如下:a. 脱丁烷塔底温度和压力,在温度一定的情况下,压力升高,丁烷含量升高:在压力一定的情况下,温度升高,丁烷含量降低;b. 进料组成变化。

② 调节方法如下:a. 根据工艺指标、产品质量,控制好脱丁烷塔塔底温度;b. 根据进料组成调节脱丁烷塔的压力与温度参数。

(5)液化气产品质量控制。

液化气产品质量包括液化气饱和蒸汽压和液化气中 C_{5+} 含量两方面要求。

① 影响因素如下:a. 脱乙烷油中的乙烷含量;b. 在脱丁烷塔温度一定的情况下,压力降低下,液化气中的 C_{5+} 含量升高:在压力一定的情况下,温度升高,C_{5+} 含量升高。

② Метод регулирования:а.Регулирование расхода теплопроводного масла и температуры на дне колонны регулирующим клапаном;b.Регулирование объема приемных материалов деэтанизатора;c.Регулирование флегмы;d.Регулирование давления в колонне.

(4)Регулирование давления насыщенного пара для легкой нефти на дне дебутанизатора.

① Факторами, влияющими на регулирование, являются:а.Температура и давление на дне дебутанизатора, т.е.чем выше давление, тем выше содержание бутана при определенной температуре, а при определенном давлении, с повышением температуры, содержание бутана снижается;b.Изменение состава приемных материалов.

② Метод регулирования:а.Регулирование температуры на дне дебутанизатора по технологическим показателям, качеству продукции;b.Регулирование давления и температуры дебутанизатора по составу приемных материалов.

(5)Контроль качества сжиженного нефтяного газа.

Качество продукции сжиженного газа включает давление насыщенного газа сжиженного газа и содержание C_{5+}в сжиженном газе.

① Факторами, влияющими на регулирование, являются:а.Содержание этана в нефти от этана;b.Со снижением давления, содержание C_{5+} в сжиженном газе повышается при определенной температуре дебутанизатора;а при определенном давлении, с повышением температуры, содержание C_{5+} повышается.

② 调节方法如下:a. 通过液化气产品质量指标,控制脱乙烷塔操作参数,降低脱乙烷油乙烷含量;b. 调整塔底温度、增加回流量(两者同时调整或只调整一个,建议调整塔底温度),降低塔顶温度,降低塔顶液化气中的 C_{5+} 含量;c. 根据进料组成适时调整脱丁烷塔的压力、温度参数。

6.2.4.5 轻烃稳定塔操作

轻烃稳定塔主要用于分离脱丁烷塔底轻油中的戊烷组分,进一步稳定轻烃。在实际生产过程中,可根据脱丁烷塔底轻油产品饱和蒸汽压情况及环境温度情况启用或停用轻烃稳定塔。

与脱丁烷塔相似,轻烃稳定塔为精馏塔,中部进料,塔顶有戊烷回流,其温度和压力控制包括调整塔底加热负荷;调节塔顶气相管线调节阀以控制塔压;调整回流量等。

(1)压力、温度、液位控制。

① 影响因素如下:a. 塔底温度升高,压力升高;b. 塔顶回流量减少,塔顶温度升高;c. 进料温度、

② Метод регулирования:a.Регулирование рабочих параметров деэтанизатора, снижение содержания этана в нефти от этана по показателям качества продукции сжиженного газа;b.Регулирование температуры на дне колонны, увеличение флегмы (одновременное регулирование или регулирование температуры при только регулировании одного параметра из них), снижение температуры на вершине колонны, снижение содержания C_{5+} в сжиженном газе на вершине колонны;c.Своевременное регулирование давления и температуры дебутанизатора по составу приемных материалов.

6.2.4.5 Эксплуатация стабилизатора легких углеводорода

Стабилизатор легких углеводородов в основном предназначен для сепарации пентана из легкой нефти на дне дебутанизатора с целью дальнейшей стабилизации легких углеводородов.Запуск или останов работы стабилизатора легких углеводородов по состоянию давления насыщенного пара в легкой нефти на дне дебутанизатора и температуре воздуха при реальном производстве.

Похож на дебутанизатор, для стабилизатора легких углеводородов служит ректификационная колонна с подачей на середине, на вершине происходит флегма пентана, регулирование его температуры и давления включает регулирование нагревательных нагрузок на дне;регулирование давления колонны регулирующим клапаном трубопроводов фазы верхнего газа;регулирование объема флегмы и т.д.

(1)Регулирование давления, температуры, уровня.

① Факторами, влияющими на регулирование, являются:а.повышение температуры и

组分和进料量等影响。

② 调节方法如下:a. 通过调整导热油流量控制塔顶温度;通过调节回流控制塔底温度;b. 通过调压阀控制轻烃稳定塔压力;c. 通过液位调节控制轻烃稳定塔塔底液位。

（2）轻烃饱和蒸汽压控制。

① 影响因素如下:a. 塔底温和压力,在温度一定的情况下,压力升高,稳定轻烃饱和蒸汽压升高;在压力一定的情况下,温度升高,稳定轻烃饱和蒸汽压降低;b. 进料组成变化。

② 调节方法如下:a. 根据工艺指标,调节流量调节阀,控制好脱丁烷塔塔底温度;b. 通过调压阀控制好塔压力;c. 根据进料组成调整塔的压力、温度参数。

③ 塔顶产品质量控制。

因轻烃稳定塔主要作用是对脱丁烷塔底轻油进一步稳定,塔顶蒸馏出来的戊烷产品被掺入了

давление на дне колонны; b. уменьшение флегмы и повышение температуры на вершине колонны; c. температура, состав, объем приемных материалов.

② Метод регулирования: a. Регулирование температуры на вершине путем регулирования расхода теплопроводного масла; регулирование температуры на дне колонны путем регулирования флегмы; b. Регулирование давления в стабилизаторе легких углеводородов регулирующим клапаном; c. Регулирование уровня на дне стабилизатора легких углеводородов путем регулирования уровня.

（2）Регулирование давления насыщающего пар для легких углеводородов.

① Факторами, влияющими на регулирование, являются: a. Температура и давление на дне колонны, т.е. чем выше давление, тем выше давление насыщенного пара в стабилизаторе легких углеводородов при определенной температуре, а при определенном давлении, с повышением температуры, давление насыщенного пара в стабилизаторе легких углеводородов снижается; b. Изменение состава приемных материалов.

② Метод регулирования: a. Регулирование температуры на дне дебутанизатора регулирующим клапаном расхода по технологическим показателям; b. Регулирование давления в колонне регулирующим клапаном; c. Регулирование давления, температуры колонны по составу приемных материалов.

③ Контроль качества продукции на вершине колонны.

Стабилизатор легких углеводородов в основном предназначен для дальнейшей стабилизации

稳定凝析油,不作为直接对外产品,因此无须严格控制塔顶产品质量。实际生产时,可根据戊烷的去向调整塔的操作(主要是调整塔顶回流比)。

легкой нефти на дне дебутанизатора, в связи с этим, не являясь внешней продукцией, продукция пентана, выделенная из вершины колонны выгонкой, поступает в стабильный конденсат, поэтому не требуется строгий контроль качества продукции на вершине колонны.Регулирование параметров колонне (в основном флегмовое число на вершине колонны)осуществляется по направлению пентана при реальном производстве.

7 天然气液化

因 LNG 储运机动性强,不受天然气气源和管网的限制,可用于燃气调峰,减轻城市高峰能源的紧张状态,可发展天然气液化工艺技术,满足城市用气需求。

7.1 原料气增压及深度预处理

7.1.1 原料气增压

进入 LNG 工厂的原料气压力过低,若不对原料气进行增压,将导致液化装置制冷剂压缩机的能耗大幅上升,工厂经济效益变差。大量的工程实践表明,对于天然气液化装置最适宜的进气压力为 4.5~6.0MPa(g),主要是考虑到提高原料气操作压力,有利于降低各装置设备尺寸、降低液化装置冷剂压缩机功率,以及天然气脱重烃的需要。

7 Сжижение

СПГ транспортируется с большим изменением, не ограничивая источником природного газа и установкой трубопроводной сети. Так что можно применять регулирование пикой нагрузки для облегчения большой потребности к пиковому использованию ресурсам в городах, и можно развивать технологию сжижения природного газа для обеспечения потребности к использованию природного газа в городах.

7.1 Нагнетание и глубинная предварительная очистка сырьевого газа

7.1.1 Нагнетание давления сырого газа

Оказывая значительным низким давлением, сырьевой газа, поступающий на завод LNG приводит к значительному повышению расхода энергии компрессора хладагента в установке сжижения, ухудшению экономического эффекта завода, если не проводится нагнетание сырьевого газа.Из массовой инженерной практики получается, что подходящее давление установки сжижения газа составляет 4,5-6,0МПа(ман.)с учетом уменьшения размера устройств установок, снижения мощности компрессора хладагента

同时考虑到装置内管道、阀门、法兰等的设计压力等级为 PN63,故原料气压缩机将原料气增压至 5.6MPa（g）较为适宜。为了防止压缩机润滑油进入脱碳装置对胺液的影响,原料气压缩机宜采用无油润滑压缩机或微油润滑压缩机。

установки сжижения путем повышения рабочего давления сырьевого газа.

Учитывая класс проектного давления PN63 трубопроводов, клапанов, фланцев в установке, сырьевой газа нагнетается компрессором сырьевого газа до 5,6МПа（ман.）Для компрессора сырьевого газа применяется компрессор без масла или компрессор с малым маслом во избежание влияния масла на аминный раствор при поступлении масла в компрессор.

7.1.2 原料气深度预处理

原料气进入天然气液化工厂后首先送至脱碳装置进行深度脱碳后,湿净化气至下游脱水及脱汞装置。天然气液化前,必须将原料气中的 H_2S、CO_2、H_2O、汞及重烃（主要是新戊烷、BTX、环状烃、C_{8+} 重烃）等脱除,以免 CO_2、H_2O、重烃在低温下冻结而堵塞设备和管线,H_2S、有机硫、汞会产生腐蚀。表 7.1.1 列出了满足 LNG 生产要求的原料气中最大允许杂质含量。

7.1.2 Глубинная предварительная очистка сырьевого газа

Поступив на завод сжижения газа, сырьевой газ поступает в установку обезуглероживания газа на глубинное обезуглероживание, а влажный очищенный газ поступает в установку осушки газа и установку демеркуризации на последующем участке.Перед сжижением газа, следует очистить сырьевой газ от H_2S, CO_2, H_2O, ртуть и тяжелых углеводородов（в основном от неопентана, BTX, циклических углеводородов, тяжелых углеводородов C_{8+}）во избежание замерзания CO_2, H_2O, тяжелых углеводородов при низкой температуре и забивания устройств, трубопроводов, а также коррозии под воздействием H_2S, органической серы, ртути.Максимальное допустимое содержание примеси в сырьевом газе, соответствующее производству LNG, указано в таблице 7.1.1.

表 7.1.1　原料气质量要求

Таблица 7.1.1　Требование к качеству сырьевого газа

杂质组分 Состав примеси	允许含量，mg/L Допустимое содержание	杂质组分 Состав примеси	允许含量 Допустимое содержание
H_2O	<0.1	总硫 Общая сера	10～50 mg/m³

杂质组分 Состав примеси	允许含量, mg/L Допустимое содержание	杂质组分 Состав примеси	允许含量 Допустимое содержание
CO_2	<50	汞 Ртуть	$< 0.01 \mu g/m^3$
COS	< 0.1	H_2S	$3.5 mg/m^3$
环状烃、芳烃类 Циклический углеводород, ароматический углеводород	<1	C_{8+}	$<70 mg/m^3$

注:H_2O、CO_2、COS、芳烃为体积分数。

Примечание:H_2O, CO_2, COS относятся к объемной доле.

若原料气经过上游脱碳、脱水装置后,脱除指标没有达到天然气液化要求时,冷箱天然气通道将容易出现低温堵塞现象,给工厂带来一定的经济损失并严重威胁装置安全运行。

天然气脱碳、天然气脱水工艺详见第3章、第4章,以下仅介绍天然气脱重烃工艺方法。

重烃常指 C_6 以上的烃类。在烃类,分子量由小到大时,其沸点是由低到高变化的。所以在冷凝天然气的循环中,重烃总是被先冷凝下来。如果未把重烃分离掉,或在冷凝器后分离,则重烃将可能冻结从而堵塞设备。

苯是具有对称性环状结构的芳烃,其化学性质比较稳定,不易被氧化。苯为无色,具有芳香味,沸点为80℃,熔点为5.5℃的可燃气体,与水不混溶,也难溶于LNG,并随着LNG温度的降低而降低。

Очистив сырьевой газ в установках обезуглероживания и осушки газа на предыдущем участке, легко происходят забивание в газопроводах холодильника при низкой температуре если показатели не соответствуют требованиям к сжижению газа, что приводит к экономическому ущербу завода и серьезно угрожает безопасной эксплуатации установки.

Технология обезуглероживания газа, осушки газа указана на главах 4 и 5 данной инструкции, а технологические методы очистки газа от тяжелых углеводородов указаны ниже.

Под тяжелым углеводородом понимается углеводороды выше C_6 Точка кипения молекулярного веса постепенно повышается при постепенной увеличения молекулярного веса в углеводородах.В связи с этим, прежде всего производится конденсация тяжелых углеводородов в циркуляции конденсационного газа.Возможно, происходят забивание тяжелых углеводородов и забивание устройств если не выполняется сепарация тяжелых углеводородов или выполняется сепарация после конденсатора.

Являясь ароматическим углеводородом с симметричной кольцевой конструкцией, бензол характеризуется стабильными химическими свойствами и трудностью окисления.Бензол

根据苯的相关性质,气在低温下容易结晶析出。苯在 -146℃ 条件下,在 LNG 中的溶解度为 5mg/L。

除 H_2O、CO_2 外,常见的引起低温堵塞的因素还包括苯、环己烷、新戊烷、苯的衍生物等。

目前,常用的脱苯及重烃技术主要有硅胶脱重烃法、吸收脱重烃法、深冷分离法。

（1）硅胶脱重烃法。

利用分子筛、活性氧化铝或硅胶对苯及重烃的选择性吸附加以去除天然气中的苯及重烃,通过对吸附塔的复热后除去吸附剂中吸附的苯及重烃,使吸附塔再生,用于下次循环吸附使用。此方法由于受到吸附剂对苯及重烃吸附容量的限制,仅用于原料天然气中的苯及重烃含量较低的情况,实用范围窄。故需要选用特殊孔径的硅胶,选择性吸附苯、乙苯、二甲苯和 C_{8+} 组分。

является бесцветным ароматным горючим газом с точкаой кипения 80℃, точкой плавления 5,5℃, не смешивается с водой, трудно растворяется в LNG, со снижением температуры LNG, растворимость бензола в LNG снижается.По связанным свойствам, бензол легко кристаллизуется и выделяется при низкой температуре.Растворимость бензола в LNG составляет 5 миллионных долей при -146℃.

Кроме H_2O, CO_2, распространенными факторами забивания при низкой температуре являются:бензол, циклогексан, неопентан, дериват бензола и т.д.

В настоящее время, распространенной технологией обезбензоливания и очистки от тяжелых углеводородов является:очистка газа от тяжелых углеводородов силикагелем, поглощение тяжелых углеводородов силикагелем, низкотемпературная ректификация.

（1）Очистка газа от тяжелых углеводородов силикагелем.

Очистка газа от бензола и тяжелых углеводородов с помощью молекулярных сит, активированной окиси алюминия или силикагеля, на основе избирательной абсорбции тяжелых углеводородов путем повторного нагревания адсорбера, чтобы адсорбер регенерировал для следующей абсорбции.Данный метод ограничивается возможностью абсорбции бензола и тяжелых углеводородов адсорбентом, что предназначен только для очистки сырьевого газа от бензола и при низком содержании тяжелых углеводородов, распространяется узко.В связи с этим, применяется силикагель с особым размером отверстий для избирательной абсорбции бензола, фенилэтана, ксилола, компонента C_{8+}.

（2）吸收脱重烃法。

吸收法脱苯及重烃利用"相似相溶"的原理,利用与苯的化学性质的原理洗涤苯,将天然气中所含的苯吸收下来,常用的主要吸收剂有柴油、醇类、异戊烷等。该法的优点是对天然气中苯含量适应范围广,操作稳定。缺点是工艺流程复杂,投资高,消耗大。

（3）低温精馏法。

低温精馏法通常应用于原料气重烃含量较多的场合,首先将原料天然气经冷箱预冷至 -70～-50℃,从冷箱中抽出,进入低温洗涤塔,塔顶由更低温度的液烃自上而下对低温天然气进行逆流接触,吸收天然气中的重组分,塔底采用常温天然气气提,提供热能。低温精馏塔内装填高效规整填料,洗涤效果好,目前在中国多个 LNG 工厂应用。

以上三种天然气脱重烃的工艺方法在 LNG 工厂中均有运用,具体选择哪种脱重烃方法需根据原料气中苯及重烃的含量确定。

（2）Поглощение тяжелых углеводородов силикагелем.

Поглощение тяжелых углеводородов силикагелем заключается в принципе "Подобное растворяется в подобном", очистке бензола на основе его химических свойств, с целью абсорбции бензола из газа, распространенные абсорбенты:дизельное топливо, алкоголь, изопентан и т.д.Достоинствами являются широкий предел содержания бензола в газе, устойчивость работы.Недостатками являются сложный технологический процесс, высокое капиталовложение, большой расход.

（3）Низкотемпературная ректификация.

Низкотемпературная ректификация типично распространяется в местах с более высоким содержанием тяжелых углеводородов в сырьевом газе, т.е.сначала сырьевой газ предварительно охлаждается до пределов от -70--50℃, затем выкачивается из холодильника, поступает в низкотемпературную промывную колонну, а на вершине колонны происходит противоточный контакт низкотемпературного газа сверху донизу жидкими углеводородами с более низкой температурой для абсорбции тяжелых составов из газа, на дне колонны применяется отпарная колонна газа с комнатной температурой для теплоснабжения.В низкотемпературной ректификационной колонне устанавливаются высокоэффективные структурированные наполнителя с лучшим эффектом промывки, распространяющиеся в настоящее время на многих заводах LNG в Китае.

Указанные технологии очистки газа от тяжелых углеводородов распространены на заводах LNG, конкретное применение определяется по содержанию бензола и тяжелых углеводородов в сырьевом газе.

7.2 天然气液化技术

由于天然气液化装置的投资大,能耗高(投资约占 LNG 工厂总投资的 30%～40%,能耗约占工厂总能耗的 90%),在进行天然气的液化工艺流程设计时,既要考虑设备投资,又要保证装置具有较低的单位能耗。应根据不同天然气液化厂处理规模,选择与之相适应的 LNG 液化工艺。

目前国内外天然气液化工艺技术大致可分为以下三种:

(1)阶式制冷循环流程;

(2)混合冷剂循环(又细分为带或不带预冷的单级混合冷剂循环或多级混合冷剂循环);

(3)膨胀循环(又细分为带或不带预冷的单级膨胀循环或多级膨胀循环)。

7.2.1 阶式制冷工艺、混合冷剂制冷工艺和膨胀制冷流程的简述和比较

7.2.1.1 阶式制冷循环工艺

阶式制冷循环工艺的基本原理是较低温度级的循环将热量转给相邻的较高温度级的循环。第一级丙烷制冷循环为天然气和乙烯和甲烷冷剂提

7.2 Сжижение газа

В связи с большим капиталовложением и высоким расходом энергии установок сжижения газа（капиталовложение составляет 30%-40% от общего капиталовложения завода LNG, расход энергии составляет 90% от общего расхода завода）, проект технологического процесса сжижения газа выполняется с учетом капиталовложения устройств и обеспечением более удельного низкого расхода энергии устройств.Применяется подходящая технология сжижения LNG по производительности заводов сжижения газа.

В настоящее время, в стране и за рубежом технология сжижения газа разделяется на три вида:

（1）Каскадный цикл охлаждения;

（2）Цикл со смешанным хладагентом（разделяется на одноступенчатый цикл с или без предварительного охлаждения или многоступенчатый цикл）;

（3）Цикл расширения（разделяется на одноступенчатый цикл с или без предварительного охлаждения или многоступенчатый цикл）.

7.2.1 Краткое описание и сравнение каскадного цикла охлаждения, цикла со смешанным хладагентом и цикла расширения охлаждения

7.2.1.1 Каскадный цикл охлаждения

Основной принцип каскадного цикла ожижения заключается в передаче теплоты цикла более низкой температуры соседнему циклу более

供冷量;第二级乙烯制冷循环为天然气和甲烷冷剂提供冷量;第三级甲烷制冷循环为液化天然气过冷提供冷量。通过多个换热器的冷却,天然气的温度逐渐降低,直至液化。

该流程多用于大型的基本负荷型天然气液化装置。

7.2.1.2 混合冷剂循环(MRC)工艺

混合冷剂制冷循环是采用 N_2 和 C_1—C_5 烃类混合物作为循环制冷剂液化天然气的工艺。该工艺的特点是在制冷循环中采用混合制冷剂,只需要一台压缩机,相比阶式制冷循环流程简单,投资低。混合冷剂的组成比例系根据原料气的组成、压力不同而异,但在实际生产过程中,要使整个液化过程(从常温到 -162℃)所需的冷量与冷剂所提供的冷量完全匹配是比较困难的。因此混合制冷剂循环流程的效率要比多个温度梯度的阶式循环流程低。

因为调节混合冷剂的组成使其整个液化过程按冷却曲线提供所需的冷量是比较困难的,故可以采用折中的办法,分段来实现供给所需的冷量,以使液化过程的熵增降至最小。

высокой температуры.Первая ступень цикла охлаждения пропаном обеспечивает газ, этилен, метан холодом;вторая ступень цикла охлаждения этиленом обеспечивает газ, метан холодом;третья ступень цикла охлаждения метаном обеспечивает сжиженный газ холодом.Охладив несколькими теплообменниками, температура газа постепенно снижается до сжижения.

Данный процесс широко распространяется на установки сжижения газа с основными нагрузками.

7.2.1.2 Цикл со смешанным хладагентом (МRC)

Цикл со смешанным хладагентом является технологией сжижения газа с применением смеси N_2 и углеводородов C_1—C_5 в качестве циркулярного хладагента.Данная технология характеризуется применением смешанных хладагентов в циклах охлаждения, требуется только один компрессора, различается от каскадного цикла охлаждения простым процессом, низким капиталовложением.Пропорция составов в смешанном хладагенте определяется по составу и давлению сырьевого газа, необходимый холод для всего процесса сжижения (от комнатной температуры до -162℃) трудно совпадает с обеспеченным холодом при реальном производстве.В связи с этим, эффект цикла со смешанным хладагентом ниже эффекта каскадного цикла охлаждения на нескольких температурных градиентах.

Регулирование состава смешанного хладагента затрудняет по кривой охлаждения обеспечение холода, необходимого для сжижения, в связи с этим, применяется среднее решение для

因而,在混合冷剂循环的基础上,发展成有丙烷或混合冷剂预冷的 MRC 工艺,简称 C₃/MRC 或 LP-DMRC 工艺,它的效率接近阶式循环。此法的原理是分两段供给冷量:高温段用丙烷或低压混合冷剂压缩制冷,按 3~4 个温位预冷原料天然气到 -60~-35℃;低温段的换热采用两种方式——高压的混合冷剂与较高温度的原料气换热,低压的混合冷剂与较低温度的原料气换热。充分体现了热力学上的特性,从而使效率得以最大限度的提高。

在 C₃/MRC 工艺的基础上,采用混合冷剂代替传统的丙烷进行原料气的预冷工艺,简称为 DMRC 工艺。采用混合冷剂代替丙烷冷剂,使预冷段加热冷却焓曲线更接近。同时可以为天然气液化提供更加合理的冷量,平衡两混合冷剂提供的冷量,两个循环之间动力平衡更易控制。同时流程操作更可靠,流程对不同组成原料气具有更强的适应性。

обеспечения необходимого холода по участкам, чтобы энтропия в процессе сжижения уменьшилась до минимального значения.

В связи с этим, развивается технология MRC с предварительным охлаждением пропаном или смешанным хладагентом на основе цикла со смешанным хладагентом, в дальнейшем «Технология C₃/MRC или LP-DMRC», ее эффект сходствует с эффектом каскадного цикла. Данный метод заключается в обеспечении холодом по двум участкам: на участке высокой температуры применяется пропан или смешанный хладагент низкого давления для охлаждения путем сжатия, сырьевой газ предварительно охлаждается по 3-4 уровням температуры до пределах от -60--35℃; на участке низкой температуры теплообмен осуществляется смешанным хладагентом высокого давления с сырьевым газом более высокой температуры, смешанным хладагентом низкого давления с сырьевым газом более низкой температуры. Что полностью объективирует особенность термодинамики и по мере возможности повышает эффективность.

Применение смешанного хладагента вместо традиционный пропан для предварительного охлаждения сырьевого газа на технологии C₃/MRC называется технологией DMRC. Применяется смешанный хладагент вместо пропана, чтобы энтальпийные кривые нагревания и охлаждения на участке предварительного охлаждения составили ближе. При этом, для сжижения газа обеспечивать подходящим холодом, балансировать холод от двух смешанных хладагентов, динамическое уравновешивание между двумя циклами легко контролируется. Работа процесса оказывается более надежной, процесс широко распространяется на сырьевой газ с разными составами.

7.2.1.3 膨胀制冷循环工艺

膨胀机制冷循环指利用高压制冷剂通过透平膨胀机绝热膨胀的克劳德循环制冷来实现天然气的液化。气体在膨胀机中膨胀降温的同时,能输出功,可用于驱动流程中的压缩机。

与阶式制冷循环和混合冷剂制冷循环工艺相比,氮气膨胀循环流程非常简单、紧凑,造价略低。起动快,热态起动2～4h即可获得满负荷产品,运行灵活,适应性强,易于操作和控制,安全性好,放空不会引起火灾或爆炸危险。制冷剂采用单组分气体,因而消除了像混合冷剂制冷循环工艺那样的分离和存储制冷剂的麻烦,也避免了由此带来的安全问题,使液化冷箱更加简化和紧凑。但能耗要比混合冷剂液化流程高出40%左右。

为了降低膨胀机制冷循环的功耗,采用N_2—CH_4双组分混合气体代替纯N_2,发展了N_2—CH_4膨胀机制冷循环。与混合冷剂循环相比,N_2—CH_4膨胀机制冷循环具有起动时间短、流程简单、控制容易、制冷剂测定和计算方便等优点。同时由于缩小了冷端换热温差,它比纯氮膨胀机制冷循环节省10%～20%的动力消耗。N_2—CH_4膨胀机制冷循环的液化流程由天然气液化系统与N_2—CH_4膨胀机制冷系统两个各自独立的部分组成。

7.2.1.3 Цикл расширения охлаждения

Под циклом охлаждения детандером понимается осуществление сжижения газа с помощью хладагента высокого давления путем циркуляционного охлаждения Клода адиабатического расширения в турбинном детандере.Во время расширения и понижения температуры газа в детандере, допускается отдать мощность, которая может быть использована для компрессора в процессе привода.

Цикл расширения азотом различается от каскадного цикла охлаждения и цикла со смешанным хладагентом простым компактным процессом, низкой стоимостью.Быстрым срабатыванием, в течение 2-4ч.пуска из горячего состояния получается полная нагрузка, свободной работой, высокой адаптируемостью, удобностью эксплуатации и контроля, высокой безопасностью, сброс не вызывает пожар или взрыв.Являясь хладагентом, однокомпонентный газ решает проблемы с сепарацией и хранением хладагент как в цикле со смешанным хладагентом, и проблемы с безопасностью, чтобы конструкция холодильника сжижения оказалась более простой и компактной.Но расход энергии выше расхода в цикле сжижения со смешанным хладагентом на 40%.

Применяется двухкомпонентный смешанный газ CH_4 вместо N_2, что развивает цикл охлаждения детандером с N_2—CH_4.Цикл охлаждения детандером с N_2—CH_4 различается от цикла со смешанным хладагентом короткой продолжительностью запуска, простым процессом, удобностью регулирования, удобным измерением и расчетом хладагентов.Цикл различается от цикла охлаждения детандером азотом:экономией расхода энергии на 10%-20%.Процесс

由于膨胀制冷工艺制冷效率低,能耗高,仅适用于小型 LNG 工厂,故不做主要介绍,本书将主要介绍混合冷剂制冷工艺技术和级联式液化工艺技术。

сжижения путем охлаждения детандером N_2—CH_4 состоит из двух независимых систем, т.е. системы сжижения газа и системы охлаждения детандером N_2—CH_4.

В связи с низкой холодопроизводительностью, высоким расходом энергии, технология охлаждения детандером распространяется только на минизаводы, в тексте не подробно указать ее, в основном перечисляются технология цикла охлаждения со смешанным хладагентом и технология каскадного цикла охлаждения.

7.2.2 PRICO 工艺

PRICO 工艺由美国博莱克·威奇(Black&Veatch)公司在 1950 年开发并不断改进而成,液化工艺采用单循环混合冷剂制冷系统,冷箱采用板翅式换热器。该工艺被认为是现今使用中最简单、最基本的混合冷剂制冷天然气液化流程。

在该工艺中,混合冷剂由一台压缩机进行两级增压、冷却、气液分离,气液两相冷剂在冷箱入口混合,由上至下通过板翅式换热器,在 -160~-150℃下流出冷箱,混合冷剂经过 J—T 阀减压后返回板翅式换热器,向上流动气化,提供冷量,然后回到压缩段完成闭路循环,工艺流程见图 7.2.1。

7.2.2 Технология PRICO

Технология PRICO, разработана американской компанией Black&Veatch в 1950г.с постоянным улучшением, в технологии сжижения применяется система прямоточного цикла охлаждения со смешанным хладагентом, в холодильнике применяется пластинчато-ребристый теплообменник. Данная технология считается самым простым, основным процессом сжижения газа путем охлаждения со смешанным хладагентом.

В данной технологии, смешанный хладагент двухступенчато нагнетается, охлаждается, сепарируется одним компрессором, газовый и жидкий хладагент смешается на входе холодильника, сверху вниз переходит через пластинчато-ребристый теплообменник, выходит из холодильника при температуре от −160--150℃, редуцируя клапаном J-T, смешанный хладагент возвращается в пластинчато-ребристый теплообменник, течет вверх для газификации и обеспечения холодом, затем возвращается на участок компрессии для завершения закрытого цикла, технологический процесс указан на рис.7.2.1.

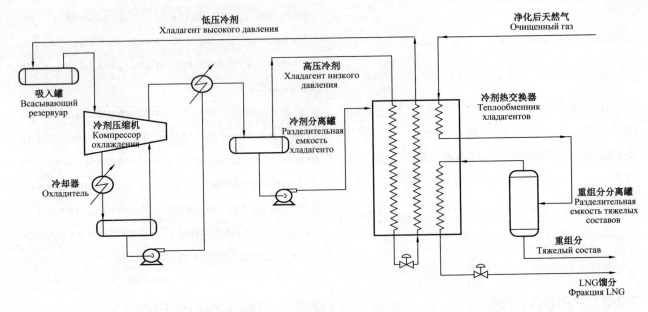

图 7.2.1 PRICO® 工艺流程图

Рис.7.2.1 Технологическая схема PRICO®

该工艺有如下主要特点：

（1）关键设备为 1 台混合冷剂压缩机和板翅式换热器；大大简化了 MRC 工艺，使得板翅式换热器等设备、管道和自控系统投资成本降低 30%；

（2）工艺流程及自动控制简单，投资费用较低，控制方便，操作可靠，对不同组成原料气也有很强的适应性；

（3）板翅式换热器物流通道少，造价低；

（4）采用该工艺能耗略高；

（5）被广泛应用于 LNG 调峰装置中。

Данная технология характеризуется следующими：

（1）Ключевыми устройствами являются 1 компрессор смешанных хладагентов и пластинчато-ребристый теплообменник；что значительно упрощает технологию MRC, чтобы капиталовложение пластинчато-ребристого теплообменника, трубопроводов, системы автоматического управления уменьшилось на 30%；

（2）Простой технологического процесса и автоматического управления, низкое капиталовложение, удобный контроль, надежная работа, соответствие сырьевому газу с разными составами；

（3）Пластинчато-ребристый теплообменник характеризуется малым количеством проходов материалов, низкой стоимостью；

（4）Высокий расход энергии при данной технологии；

（5）Широко распространяется на установке регулирования пикой нагрузки LNG.

7.2.3 MRC® 工艺

如图 7.2.2 所示，MRC® 工艺是由德国 Linde 公司开发的单循环混合冷剂液化工艺技术，混合冷剂压缩机为电驱式压缩机或是燃气透平驱动的离心式压缩机，换热器为绕管式换热器。

7.2.3 Технология MRC®

Как показано на рис.7.2.2, технология сжижения на основе прямоточного цикла охлаждения со смешанным хладагентом MRC® разработана немецкой компанией Linde, применяется компрессор с электрическим приводом или центробежный компрессор с приводом газовой турбины в качестве компрессора смешанного хладагента, для теплообменника применяется спиральный тип.

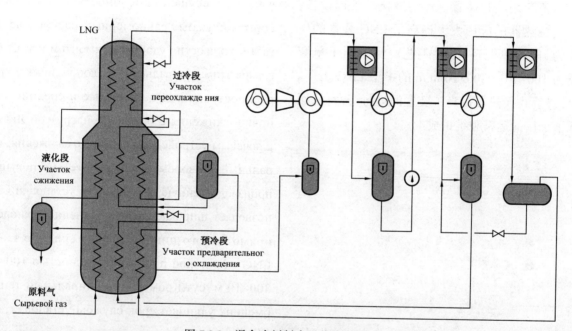

图 7.2.2 混合冷剂制冷工艺流程简图

Рис.7.2.2 Технологическая схема охлаждения смешанным хладагентом

该工艺有如下主要特点：

（1）采用混合冷剂级联式循环工艺，提高了冷箱换热效率，装置能耗低。

（2）冷箱为绕管式换热器，抗温度变化冲击能力强、承压能力强、使用寿命长、单台绕管式换热

Данная технология характеризуется следующими:

（1）Применение каскадный цикл охлаждения со смешанным хладагентом позволяет повышение теплопроизводительности холодильника, снижение расхода энергии установки.

（2）В холодильнике применяется спиральный теплообменник, характеризующийся высокой

器处理大等诸多优点;

（3）由于采用冷剂级联式循环,要设置多个J—T阀和分离设备,流程较复杂;

相对于板翅式换热器,绕管式换热器以单台设备处理能力大、承压性好、寿命长、气液分配均匀、方便维修等显著的优点,使之广泛应用于大中型基本负荷型液化装置。作为液化厂关键设备,绕管式换热器的应用大大提高了 LNG 装置的生产能力,使得单循环 MRC 工艺广泛应用于单套规模为 $100×10^4\sim300×10^4 m^3/d$ 的中型 LNG 工厂。同时,绕管式换热器提高了装置的运行寿命,从而降低了工厂的运营和维护成本。

7.2.4 C₃/MRC 工艺

C₃/MRC 工艺结合了阶式制冷与单循环混合制冷的优点,工艺流程相对简单,效率更高,运行费用较低。带丙烷预冷的混合冷剂液化流程结合了阶式液化流程和混合冷剂液化流程的优点,既高效又简单。所以自 20 世纪 70 年代以来,这类液化流程在基本负荷型天然气液化装置中得到了

стойкостью к изменению температуры, высокой несущей способностью, длительным сроком службы, высокой производительностью при одном спиральном теплообменнике и т.д.

（3）Необходимо предусмотреть несколько клапанов J—T и сепарирующих устройств при применении каскадного цикла охлаждения со смешанным хладагентом, при этом, процесс оказывается сложным;

Спиральный теплообменник различается от пластинчато-ребристого теплообменника высокой производительностью единичного устройства, высокой несущей способностью, длительным сроком службы, равномерный распределением газа и жидкости, удобным ремонтом и т.д., благодаря этим, спиральный теплообменник широко распространяется на крупные и средние установки сжижения с основной нагрузкой.Являясь ключевым устройством на заводе сжижения, спиральный теплообменник значительно повышает производственную возможность установки LNG, позволяет широкое распространение технологии прямоточного цикла MRC на средние заводы LNG единичной производительностью $100×10^4$-$300×10^4 м^3/сут$.Кроме того, спиральный теплообменник удлиняет срок службы установки, снижает расходы на эксплуатацию и обслуживание завода.

7.2.4 Технология C₃/MRC

Учитывая достоинства каскадного цикла охлаждения и прямоточного цикла со смешанным хладагентом, технология C₃/MRC характеризуется простым технологическим процессом, высокой производительностью, низкими расходами на эксплуатацию.Учитывая достоинства каскадного

广泛的应用,目前世界上 80% 以上的基本负荷型天然气液化装置中采用了带丙烷预冷的混合冷剂制冷液化流程。是基本负荷型 LNG 装置中的主导工艺。工艺流程图见图 7.2.3。

цикла охлаждения и прямоточного цикла со смешанным хладагентом, цикл сжижения смешанным хладагентом с предварительным охлаждением пропаном характеризуется высокой производительностью и простым процессом. С 70-ых годов 20-го века, указанный процесс сжижения широко распространен в установках сжижения газа с основной нагрузкой, в настоящее время, в более 80% указанных установках в мире применяется процесс сжижения смешанным хладагентом с предварительным охлаждением пропаном. Что является главной технологией в установке LNG с основной нагрузкой. Технологическая схема указана на рис.7.2.3.

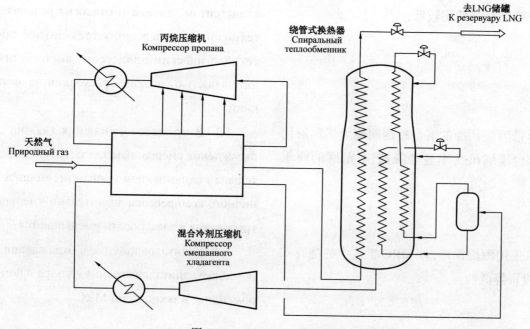

图 7.2.3　C_3/MRC 工艺流程图

Рис.7.2.3　Технологическая схема C_3/MRC

该工艺的高温段采用丙烷作为冷剂按几个不同的温度级别对原料气和混合冷剂预冷,低温段先后用不同压力级别的混合冷剂把原料气顺序液化。这种工艺结合了阶式制冷与一般的混合制冷的优点,工艺流程相对简单,效率更高,运行费用较低。

На участке высокой температуры при данной технологии применяются пропан для охлаждения сырьевого газа и смешанный хладагент по разным уровням температуры, на участке низкой температуры, для сырьевого газа проводится последовательное сжижение по уровням давления.

该工艺有如下主要特点：

（1）分段制冷效率更高,较单循环混合冷剂制冷工艺节省能耗 5%～10%；

（2）该工艺结合了阶式制冷与单循环混合冷剂制冷工艺的优点,流程相对三循环制冷工艺简单,效率更高,运行费用较低；

（3）带丙烷预冷的混合冷剂制冷天然气液化流程,单台压缩机功率显著降低,对电网的要求降低；

（4）采用丙烷预冷,较 MRC 工艺中的绕管式换热器投资降低。

7.2.5 Shell-DMR

如图 7.2.4 所示,DMR 工艺为 Shell 公司发明的天然气液化工艺,该工艺的预冷段采用异戊烷、丁烷和丙烷作为混合制冷剂循环,天然气预冷温度达到 -40℃。液化过冷段环采用丙烷、乙烯和甲烷、氮气作为混合冷剂,天然气过冷温度达到 -160℃,该工艺设备减少,灵活性更大,可在宽

Учитывая достоинства каскадного цикла охлаждения и распространенного цикла со смешанным хладагентом, данная технология характеризуется простым технологическим процессом, высокой производительностью, низкими расходами на эксплуатацию.

Данная технология характеризуется следующими:

（1）Охлаждение по участкам характеризуется более высокой производительностью, при этом расход энергии ниже расхода в прямоточном цикле охлаждения со смешанным хладагентом на 5%-10%；

（2）Учитывая достоинства каскадного цикла охлаждения и прямоточного цикла со смешанным хладагентом, данная технология различается от технологией охлаждения трех циклов простым технологическим процессом, высокой производительностью, низкими расходами на эксплуатацию；

（3）В процессе сжижения газа на основе охлаждения смешанным хладагентом с предварительным охлаждением пропаном, мощность единичного компрессора значительно уменьшается, требования к электросети уменьшаются；

（4）Капиталовложение в охлаждении пропаном ниже капиталовложения в спиральном теплообменнике в технологии MRC.

7.2.5 Shell-DMR

Как показано на рис.7.2.4, технология DMR заключается в сжижении газа разработана компанией Shell, на участке предварительного охлаждения применяются изопентан, бутан, пропан в качестве смешанного хладагента, температура предварительного охлаждения составляет -40℃.

范围操作条件下运行。目前,该工艺已在俄罗斯萨哈林 LNG 项目中得到首次应用。

На участке переохлаждения для сжижения применяются пропан, этилен, метан, азот в качестве смешанного хладагента, температура переохлаждения газа составляет −160℃, при данной технологии, количество технологического оборудования уменьшается, ловкость повышается, что позволяет работа в широких рабочих условиях.В настоящее время, данная технология первично распространяется на объект LNG в Сахалине России.

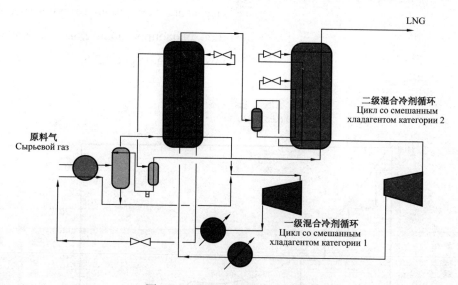

图 7.2.4 双混合冷剂工艺流程简图

Рис.7.2.4 Технологическая схема охлаждения двумя смешанным хладагентом

该工艺装置的特点:

(1)该工艺适合寒冷地区。冬季操作时较为节能。

(2)该工艺适合于水源缺乏的地区。

Данная технологическая установка характеризуется:

(1)Данная технология распространяется в холодные районы.Эксплуатация в зимний период является более экономной.

(2)Данная технология распространяется в районы с недостатком водоснабжением.

7.2.6 阶式制冷工艺

经典的阶式制冷循环工艺能耗低,技术成熟,最早的基地型 LNG 生产厂——阿尔及利亚的 Camel 工厂和美国阿拉斯加的 Kenai 工厂采用

7.2.6 Каскадное охлаждение

Типичная технология каскадного цикла охлаждения характеризуется низким расходом энергии, готовой технологией, первоначально

了这种液化工艺。阶式制冷采用三种制冷介质分别为丙烷段(-38℃)、乙烯段(-85℃)和甲烷段(-160℃)串联而成,为了使实际间操作温度尽可能贴近原料气的冷却曲线,减少熵增,提高制冷效率,工艺流程实现了9个温度级。冷却曲线见图7.2.5。

распространялась на заводах LNG в базе -заводе Camelв Алжире и заводе Kenai в Аляске США. Технология каскадного охлаждения состоит трех частей последовательно, т.е.три хладагента, соответственно:участок пропана (-38℃), участок этилена (-85℃), участок метана (-160℃), технологический процесс осуществляется при 9 классах температуры в целях совпадения реальной рабочей температуры с кривой охлаждения сырьевого газа, уменьшения энтропии, повышения холодопроизводительности.Кривая охлаждения указана на рис.7.2.5.

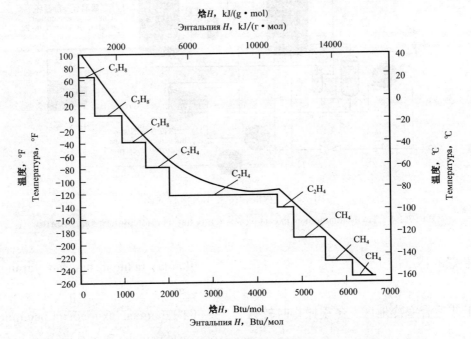

图7.2.5　9段式循环冷却曲线

Рис.7.2.5　Кривая 9-каскадного цикла охлаждения

该制冷工艺主要应用于基本负荷型天然气液化装置,主要优点是热效率高、能耗低(0.3~0.34kW·h/m³),制冷剂为纯物质,无配比问题,系统较为独立,容易调节,技术成熟;但机械设备多、流程和控制系统复杂、初投资大,操作维护不便。

Данная технология охлаждения в основном распространяется на установках сжижения газа с основной нагрузкой, основными достоинствами являются высокий тепловой коэффициент и низкий расход энергии (0,3-0,34кВ· ч/м³), хладагент является чистым веществом без соразмерением, система характеризуется независимостью,

随着 LNG 技术的发展，阶式制冷循环暴露出了它固有的缺点：机组多（3 台压缩机）、投资费用高、流程十分复杂，在这种情况下，通过不断的优化改造，出现了具有代表性的两种三循环工艺：AP-X 工艺流程、多级单组分冷剂制冷工艺流程，该类工艺适用于大型或特大型 LNG 工厂。

7.2.7 AP-X 工艺

该工艺是 APCI 公司对阶式制冷工艺及 $C_3/$MRC 工艺的基础上改进而来，以扩大单线生产能力，它包括三个制冷循环：丙烷制冷用于预冷天然气混合冷剂循环，混合冷剂制冷系统提供天然气液化的冷量，氮膨胀制冷循环提供过冷用冷量。相比 $C_3/$MRC 工艺，减少了丙烷和混合冷剂的用量。并分担了混合冷剂压缩机约 40% 的电负荷。该工艺已在卡塔尔计划 2008 年投建的 Qatargas Ⅱ 项目的 4 号和 5 号生产线上被采用，单生产线能力 $780×10^4$t/a，流程图见图 7.2.6。

удобным регулированием, готовой технологией; но недостатками являются большое количество механизмов, сложный процесс, сложная система управления, большое капиталовложение, неудобная эксплуатация и обслуживание.

Вслед за развитием технологии LNG, появлялись постоянные недостатки каскадного охлаждения: большое количество агрегатов (3 компрессора), высокое капиталовложение, сложный процесс, при этом, путем постоянного улучшения, появлялись две типичные трехцикловые технологий: процесс технологии AP-X, процесс многокаскадной однокомпонентной технологии охлаждения хладагентом, указанные технологии распространяются на крупном или сверхмощном заводе LNG.

7.2.7 Технология AP-X

Данная технология модифицирована компанией APCI на основе технологии каскадного охлаждения и технологии $C_3/$MRC для единичной производительности, включая 3 цикла охлаждения: охлаждение пропаном предназначено для смешанного хладагента с предварительным охлаждением газа, система охлаждения смешанным хладагентом обеспечивает холодом для сжижения газа, цикл расширения для охлаждения азотом обеспечивает переохлаждение холодом. Технология AP-X различается от технологии $C_3/$MRC пониженным расходом пропана и смешанного хладагента. И разделяет 40% электронагрузки для компрессора смешанного хладагента. Данная технология была распространена на производственных линиях № 4 и № 5 объекта Qatargas Ⅱ, планируемого строить в 2008г., единичная производительность составила $780×10^4$т/г, технологическая схема указана на рис.7.2.6.

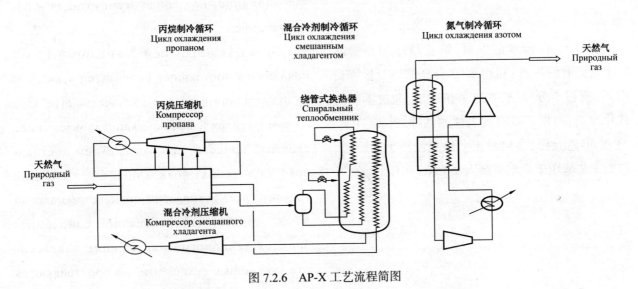

图 7.2.6　AP-X 工艺流程简图

Рис.7.2.6　Технологическая схема технологии AP-X

7.2.8　多级单组分冷剂制冷工艺

为实现中国大型 LNG 工厂装备国产化,克服国产单台压缩机最大运行能力($100×10^4$m³/d)的限制,CPECC 西南分公司在经典阶式制冷工艺的基础上,自主开发了多级单组分冷剂制冷工艺专利技术,并成功应用于湖北 $500×10^4$m³/d 天然气液化国产化示范工程,目前已经顺利投产并满负荷运行。

7.2.8　Многокаскадная однокомпонентная технология охлаждения хладагентом

Основывая на технологии типичной каскадного охлаждения, Юго-западный филиал КНИСК в целях осуществления отечественного производства устройств на крупных заводах LNG в Китае, отмена ограничения максимальной производительности единичного компрессора ($100×10^4$м³/сут.), самостоятельно разработал монопольную многокаскадную однокомпонентную технологию охлаждения хладагентом, которая удачно распространена на отечественный показательный объект сжижения газа, производительностью $500×10^4$м³/сут., и вводит в эксплуатацию под полной нагрузкой в настоящее время.

多级单组分冷剂制冷工艺将压缩机总功率为分摊到了 3 台压缩机上,并采用 7 台管壳式蒸发器实现了对绕管式换热器的代替,实现了 LNG 厂设备的国产化。流程图见图 7.2.7。

Общая мощность компрессора распределяется на 3-х компрессорах при многокаскадной однокомпонентной технологии охлаждения, применяются 7 кожухотрубчатых испарителей вместо спиральных теплообменников для отечественного производства устройств на заводах LNG.Технологическая схема указана на рис.7.2.7.

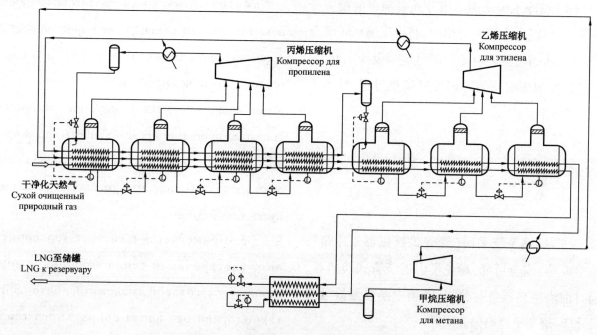

图 7.2.7 多级单组分冷剂制冷工艺流程

Рис.7.2.7 Технологический процесс многокаскадной однокомпонентной технологии охлаждения хладагентом

该工艺有如下主要特点:

(1)本工艺为改进型阶式制冷工艺,具有能耗低的特点,在甲烷制冷系统中采用了以甲烷为主的配方冷剂,添加乙烯和氮气提高制冷效率;

(2)本工艺所采用的制冷压缩机等关键设备均基于中国已成熟的技术,有利于缩短建设周期;

Данная технология характеризуется следующими:

(1)Данная технология является моделированной каскадной, характеризуется низким расходом энергии, с целью повышения холодопроизводительности, опирая на метан, в системе применяется хладагент с этиленом и азотом;

(2)Ключевые устройства в данной технологии, как компрессоры охлаждения, производятся на основе китайской готовой технологии, что сокращает срок строительства;

（3）本工艺由于采用了丙烯、乙烯、甲烷三级制冷系统,降低了制冷压缩机的单机功率,可减小压缩机启动时对电网的冲击,有利于实现装置大型化;

（4）制冷系统采用单组分或者简单的配方冷剂策略,与混合冷剂工艺相比,制冷压缩机压缩介质简单,压缩机正常启动后即可达到设计工况,无须混合冷剂压缩机的冷剂反复调整过程,减少了冷剂排放量;

（5）换热系统采用"管壳式换热器+冷箱",技术成熟、安全可靠,避免了引进绕管式换热器,同时前端换热器负荷分担,冷箱中换热器数量少尺寸小,避免了冷箱偏流问题。

7.2.9　各工艺流程的对比分析

根据上述天然气液化技术工艺流程介绍,本文对目前国际主要的 LNG 工艺流程进行对比分析,见表 7.2.1。

（3）Данная технология позволяет снижение производительности единичного компрессора охлаждения, уменьшение удара на электросеть при запуске компрессора, осуществления производства крупных устройств в связи с применением системы охлаждения пропаном, этиленом, метаном.

（4）Применяется в системе охлаждения однокомпонентный хладагент или простой рецепт, по сравнению с технологией смешанным хладагентом, среда компрессии компрессора охлаждения проще, нормально запустив, компрессор достигает проектного режима работы, регулирует процесс без хладагентов от компрессоров смешанных хладагентов, что уменьшает объем выпуска хладагентов;

（5）Применяется в системе теплообмена «Кожухотрубчатый теплообменник + холодильник» с готовой, надежной, безопасной технологией без ввода спирального теплообменника, одновременно распределяются нагрузки переднего теплообменника, в холодильнике, количество и размер теплообменников не большие, что избегает деривации в холодильнике.

7.2.9　Сравнение и анализ технологических процессов

В данном тексте указано сравнение текущих основных международных технологических процессов LNG, см.таблицу 7.2.1.

表 7.2.1　四种液化工艺的比较

Таблица 7.2.1　Сравнение 4-х технологий сжижения

项目 Пункт	多级单组分冷剂制冷工艺 Многокаскадная однокомпонентная технология охлаждения хладагентом	带丙烷预冷的混合冷剂工艺（C₃/MRC） Технология охлаждения смешанным хладагентом с предварительным охлаждением пропаном（C₃/MRC）	单级混合冷剂制冷工艺（SMRC） Однокаскадная технология охлаждения смешанным хладагентом（SMRC）	PRICO
主要设备及数量 Основное оборудование и количество	3台压缩机,7台管壳式换热器和1台绕管式换热器 3 компрессора, 7 кожухотрубчатых теплообменников, 1 спиральный теплообменник	2台压缩机,4台管壳式换热器和1台绕管式换热器 2 компрессора, 4 кожухотрубчатых теплообменника, 1 спиральный теплообменник	1台压缩机、1台板翅式换热器或绕管式换热器 1 компрессор, 1 пластинчато-ребристый теплообменник или спиральный теплообменник	1台压缩机,1台透平膨胀机,1台板翅式换热器 1 компрессор, 1 турбоэкспандер, 1 пластинчато-ребристый теплообменник
冷剂种类 Тип хладагентов	CH₄、C₂H₄、C₃H₈、	N₂、CH₄、C₂H₄、C₃H₈、	N₂和C₁~C₅烃类 N₂ и углеводороды C₁-C₅	N₂和C₁~C₅烃类 N₂ и углеводороды C₁-C₅
液化能耗 Расход энергии при сжижения	约0.3kW/kg LNG	约0.31kW/kg LNG	约0.35kW/kg LNG	约0.38kW/kg LNG
液化装置规模 Мощность установки сжижения	500×10⁴~800×10⁴m³/d	200×10⁴~500×10⁴m³/d	50×10⁴~300×10⁴m³/d	10×10⁴~100×10⁴m³/d
优点 Преимущество	①产能大,单位能耗低;②能耗最小;③各制冷循环系统与天然气液化系统相互独立,相互影响少、操作稳定、适应性强、技术成熟 ① Высокая производительность, низкий удельный расход энергии;② Минимальный расход энергии;③ Циркуляционные системы охлаждения независимы от систем сжижения газа без значительного взаимного действия, с надежной работой, высокой адаптируемостью, готовой техникой	①分段后制冷效率更高,能耗较低;②操作稳定、对环境的适应性强;③单台压缩机功率显著降低,启动时对电网的冲击小。④混合制冷剂组分可以部分从天然气本身提取与补充 ① Выполнив каскадирование, холодопроизводительность повышается, расход энергии снижается;② Надежная эксплуатация, высокая адаптируемость к окружающей среде. ③ Производительность единичного компрессора значительно уменьшается, низкий удар на электросеть при запуске. ④ Часть составов смешанного хладагента извлекается и дополняется из газа	①机组设备少、流程简单、投资省;②管理方便;③制冷剂的纯度要求不高;④混合制冷剂组分可以部分从天然气本身提取与补充 ① Небольшое количество устройств, простой технологический процесс, низкое капиталовложение;② Удобный контроль;③ Невысокая чистота хладагентов;④ Часть составов смешанного хладагента извлекается и дополняется из газа	①设备少,自动控制简单,投资低;②运行灵活,适应性强,安全性高;③制冷剂的纯度要求不高;④混合制冷剂组分可以部分从天然气本身提取与补充 ① Небольшое количество устройств, простое автоматическое управление, низкое капиталовложение;② Свободная эксплуатация, высокая адаптируемость, высокая безопасность;③ Невысокая чистота хладагента;④ Часть составов смешанного хладагента извлекается и дополняется из газа

项目 Пункт	多级单组分冷剂制冷工艺 Многокаскадная одно-компонентная технология охлаждения хлада-гентом	带丙烷预冷的混合冷剂工艺（C₃/MRC） Технология охлаждения смешанным хладагентом с предварительным охлаждением пропаном（C₃/MRC）	单级混合冷剂制冷工艺（SMRC） Однокаскадная технология охлаждения смешанным хладагентом（SMRC）	PRICO
缺点 Недостаток	①流程复杂，所需压缩机组或设备多，初期投资大；②附属设备多 ① Сложный процесс, большое количество необходимых компрессоров или устройств, высокое капиталовложение на начальном этапе；② Большое количество подсобного оборудования.	项目建设地缺水时，不宜采用该工艺。 Данная технология не распространяется на строительной площадке объекта с недостаточным водоснабжением. 投资较MRC工艺略高10%～20% Капиталовложение выше капиталовложения в технологии MRC на 10%-20%	①单级制冷剂的循环能耗比级联式液化流程高；②一般高10%～15%；混合制冷剂的合理配比难确定 ① Расход энергии однокаскадного охлаждения выше расхода каскадного сжижения； ② В обычных случаях, выше на 10%-15%；подходящая композиция смешанного хладагента трудно определяется	能耗高、运行成本高 Высокий расход энергии, высокие расходы на эксплуатацию

7.3 主要工艺设备的选用

7.3.1 冷剂压缩机

用于天然气液化装置的制冷剂压缩机，应充分考虑到所压缩的气体是易燃、易爆的危险介质，要求压缩机的轴密封具有良好的气密性，电气设施和驱动电动机具有防爆装置。还应充分考虑低温对压缩机构材料的影响，因为很多材料在低温下将失去韧性，发生冷脆破坏。另外，如果工艺介质处于低温环境下循环，润滑油将发生冻结而导致换热器无法工作，因此被压缩的工艺介质不能含有润滑油。

7.3 Выбор основного технологического оборудования

7.3.1 Компрессор хладагентов

Для компрессора хладагентов, распространяющегося на установки сжижения газа, следует полностью учесть взрывопожароопасность среды компрессии, в связи с этим, уплотнение вала компрессора должно иметь высокую уплотнительность, электроустройство и приводной электромотор выполняются в взрывозащищенном исполнении.А также учесть влияние на материалы компрессора под низкой температурой, так как происходит холодноломка материалов из-за потери ковкости при низкой температуре.Кроме того,

在天然气液化流程中常用往复式压缩机和离心式压缩机。往复式压缩机通常用于处理量较小的液化装置；而离心式压缩机主要用于大型液化装置。

7.3.1.1　离心压缩机的特点

（1）流量大：离心式压缩机中的气体流动是连续的，其流通截面较大，同时叶轮转速很高，故流量很大，进气量在 5000m³/min 以上。

（2）转速高：离心式压缩机的转子只做旋转运动，转动惯量小，且与静止部件无接触，这不仅减少了摩擦，而且大大提高了转速。

（3）结构紧凑：机组质量及占地面积都比同一气量的活塞压缩机小。

（4）运转可靠：由于转动部件与静止部件不直接接触摩擦，因而运转平稳、排气均匀、易损件少，一般可连续运转 1 年以上，且无须备用机组，维修量小。

происходит замерзание смазочного масла, что приводит к невозможности работы теплообменника при циркуляции технологической среды в низкой температуре, в связи с этим, в сжимаемой среде содержание смазочного масла не допускается.

Распространяются в процессе сжижения газа возвратно-поступательный компрессор и центробежный компрессор. Первый в основном распространяется на установки сжижения низкой производительности; а второй в основном распространяется на установки сжижения высокой производительности.

7.3.1.1　Особенность центробежного компрессора

（1）Высокий расход: в центробежном компрессоре, газ непрерывно течет, поэтому сечение потока большое, кроме того, скорость вращения лопастного колеса высокая, и расход высокий, в связи с этим, приток воздуха составляет выше 5000м³/мин.

（2）Высокая скорость вращения: ротор центробежного компрессора выполняет только вращательное движение с малым моментом инерции без контакта с неподвижными деталями, что не только уменьшает трение, но и значительно повышает скорость вращения.

（3）Компактная конструкция: масса агрегата и площадь отвода земель ниже параметров поршневого компрессора одинаковой производительности.

（4）Надежная эксплуатация: в связи с непрямым контактом и трением вращающих деталей с неподвижными деталями, допускаются надежная эксплуатация, равномерный сброс, малое количество изношенных деталей, что позволяет

（5）单级压力比低：当排气压力高于50MPa时，只能使用活塞式压缩机。

（6）效率略低：由于离心式压缩机中气流速度较高，致使能量损失较大，故效率较活塞式压缩机略低。

（7）安全措施要求高：由于离心式压缩机转速高、功率大、因此一旦发生事故，后果比较严重，因此需有一系列的紧急安全保障设施。离心式压缩机结构图见图7.3.1。

непрерывную работу на более год без резервного агрегата，объем работ по ремонту также оказывается малым.

（5）Низкое отношение давлений при однокаскадном сжижении：при давлении сброса выше 50МПа，применяется только поршневой компрессор.

（6）Более низкая производительность：производительность центробежного компрессора ниже производительности поршневого компрессора в связи с высокой скоростью течения потока в центробежном компрессоре и большой потерей энергии.

（7）Строгие требования к предохранительным мерам：происходит серьезное последствие при аварии центробежного компрессора в связи с высокой скоростью вращения，высокой мощностью，при этом，следует принять серию аварийные меры по обеспечению безопасности.Конструкция центробежного компрессора указана на рис.7.3.1.

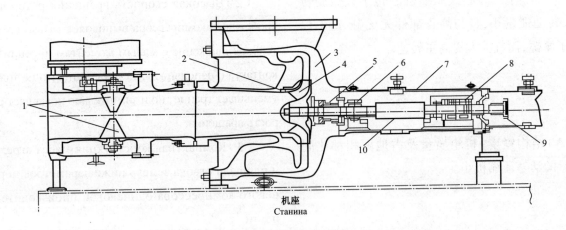

机座
Станина

图 7.3.1　离心压缩机结构

1—进口导流器；2—叶轮密封；3—机壳；4—叶轮；5—轴封；6—轴承；7—轴承盒；8—推力轴承；9—联轴器；10—主轴

Рис.7.3.1　Конструкция центробежного компрессора

1 -Входной направляющий аппарат；2 -Уплотнение лопастного колеса；3 -Корпус；4 -Лопастное колесо；

5 -Концевое уплотнение；6 -Подшипник；7 -Корпус буксы；8 -Упорный подшипник；9 -Муфта；10-Основной вал

7.3.1.2　压缩机的驱动型式

冷剂压缩机的驱动形式可分为电机驱动、活塞式燃气发动机和燃气涡轮机(透平)驱动。活塞式燃气发动机一般用作活塞式压缩机的原动机,燃气透平机一般用作离心式压缩机的原动机,电动机通用于两种压缩机。采用何种驱动形式需要根据工程的具体情况合理选用,在投资、生产周期、运转时间、运行费用等方面进行优化比选。下面对燃气涡轮机(透平)驱动和电机驱动两种形式进行比较。比选方案见表 7.3.1。

7.3.1.2　Тип привода компрессора

Привод компрессора хладагентов разделяется на привод электродвигателем, привод поршневым газовым двигателем и привод газотурбиной (турбиной). Как правило, поршневой газовый двигатель работает первичным двигателем поршневого компрессора, а газотурбина работает первичным двигателем центробежного компрессора, электродвигатель работает для двух компрессоров. Применение привода зависит от конкретных условий объекта, со сравнением капиталовложения, цикла производства, продолжительности работы, расходов на эксплуатацию и т.д. Сравнение привода газотурбиной (турбиной) с приводом электродвигателем указано ниже. Сравнение приводов компрессора указано в таблице 7.3.1.

表 7.3.1　压缩机驱动设备比选

Таблица 7.3.1　Сравнение приводов компрессора

比较项目 Предметы	方案 1 Вариант 1	方案 2 Вариант 2
	电驱 Электрический привод	燃气透平 Газовая турбина
外形尺寸 Габаритные размеры	较小 Относительно маленькие	较大 Относительно большая
供电要求 Требования к электроснабжению	35kV、UPS 电源 Питание 35кВ, ИБП	380V、UPS 电源 Питание 380В, ИБП
各方案中涉及的配套设备 Комплектующее оборудование, касающееся в вариантах	(压缩机、电机、齿轮箱,底架,油站和控制系统)、35kV 变电站 (компрессор, электродвигатель, коробка передач, подставка, маслостанция, система управления), ПС 35кВ	(压缩机、燃气轮机、齿轮箱,底架油站和控制系统) (компрессор, газотурбина, коробка передач, подставка, маслостанция, система управления)

续表

продолжение табл

比较项目 Предметы		方案 1 Вариант 1	方案 2 Вариант 2
		电驱 Электрический привод	燃气透平 Газовая турбина
配套系统 Комплектующая система	工艺系统 Технологическая система	有 Наличие	有 Наличие
	燃料气系统 Система топливного газа	无 Отсутствие	有气质要求和调压要求 Наличие требований к качеству газа и регулированию давления
	启动系统 Пусковая система	软启动系统 Система мягкого запуска	燃气启动系统 Система запуска топливного газа
	润滑油系统 Система смазки	有 Наличие	分压缩机和发动机两部分 Разделяется на компрессор и двигатель
	排气系统 Система выпуска	无 Отсутствие	噪声大,有隔热及噪声控制要求 Большой шум, наличие требований к теплоизоляции и контроле шума
	控制系统 Система контроля	有 Наличие	有 Наличие
	供配电系统 Система электроснабжения и электрораспределения	10kV、380V、UPS	380V、UPS
适应性 Адаптируемость		超载时立即停机保护。 Следует остановить и защитить при перегрузке.	工况变化时,可不停机调整转速适应,调整范围大;允许每天超载 10% 连续运行 1h Допускается регулирование скорости вращения без останова при изменении рабочего режима, предел регулирования является широким;допускается непрерывная работа на 1ч при перегрузке на 10% каждый день
可靠性 Надежность		电动机结构简单,机组辅助系统少,可靠性高 Электродвигатель характеризуется простой конструкцией, малым количеством вспомогательных систем агрегата, высокой надежностью	发动机结构复杂,机组辅助系统多,可靠性略低,维护工作量大 Двигатель характеризуется сложной конструкцией, большим количеством вспомогательных систем агрегата, более низкой надежностью, большим объемом работ по ремонту
备件消耗 Расход запчастей		压缩机备品备件及维护保养费用低 Низкие расходы на запчасти компрессора и их техническое обслуживание	压缩机、发动机备品备件及维护保养费用高 Высокие расходы на запчасти компрессора, двигателя и их техническое обслуживание

比较项目 Предметы	方案 1 Вариант 1	方案 2 Вариант 2
	电驱 Электрический привод	燃气透平 Газовая турбина
能源消耗 Потребление энергии	电机效率高 Высокий коэффициент полезного действия электродвигателя	在不设余热回收系统的情况下,效率较低 Низкий коэффициент полезного действия при отсутствии системы утилизации теплоизбытков
	在 "每立方米燃料气价 / 每千瓦时电价" 大于 3 时,燃气发动机的运行成本高 Высокая стоимость эксплуатации газового двигателя, когда «цена за 1 м³ топливного газа / цена за 1 кВт-часа электроэнергии составляют более 3»	
设备投资 Капиталовложение оборудования	较小 Относительно маленькая	较大 Относительно большая

燃气透平驱动压缩机运行费用较低,但其投资和维修费用较高,且设备生产周期较长,供货周期需 18 个月以上。

Компрессор с газотурбинным приводом требует относительно небольших расходов на эксплуатацию, но для него инвестиционные расходы и расходы на техническое обслуживание относительно большие, производственный цикл оказывается относительно длительным, цикл поставки составляет более 18 месяцев.

7.3.2　主低温换热器

天然气液化装置主低温换热器常用绕管式换热器和板翅式换热器。主低温换热器性能的好坏直接关系着天然气液化装置的运行效果。螺旋缠绕式换热器热效率高,管束和壳体最高承受压力为 20MPa;板翅式换热器紧凑、质量轻、传热效率高,国内小型装置的液化工厂冷箱都用板翅式换热器,大中型基本负荷型液化装置的液化工厂冷箱都是用绕管式换热器。

7.3.2　Основной низкотемпературный теплообменник

Основной низкотемпературный теплообменник установки по сжижению природного газа обычно предусматривает спиральный трубчатый теплообменник и пластинчато-ребристый теплообменник.Эффективность функционирования установки по сжижению природного газа непосредственно зависит от характеристик основного низкотемпературного теплообменника.Спиральный трубчатый теплообменник характеризуется высоким тепловым коэффициентом полезного действия, пучки труб и корпус которого способны выдержать давление максимально 20МПа;пластинчато-ребристый теплообменник характеризуется компактностью, малой массой и высоким КПД теплопередачи, он используется для холодильников на небольших заводах по сжижению природного газа внутри страны, а для холодильников на крупных и средних заводах СПГ базовой нагрузки обычно применяется спиральный трубчатый теплообменник.

7.3.2.1 绕管式换热器

绕管式换热器是在芯筒与壳体之间的空间内将换热管以螺旋线形状交替缠绕而成,相邻两层螺旋状换热管的旋转方向相反,以提高换热系数,并且采用一定间距、一定形状的定距件使之保持一定的间距。若所有传热管均通过同一种介质,则为单通道螺旋绕管式换热器;若管内分别通过几种不同介质,而每种介质所通过的传热管均汇集在各自的管板上,便构成了多通道绕管式换热器。

传热管的材料可根据压力、温度及介质的性质选定,每根管子为外径约 10~12mm 的钢管、不锈钢管、铜管或铝管。

7.3.2.1 Спиральный трубчатый теплообменник

Спиральный трубчатый теплообменник выполняется из теплообменных труб, навитых в виде спирали в пространстве между сердечником и корпусом, для повышения коэффициента теплообмена, спиральные теплообменные трубы в смежных слоях имеют противоположное направление навивки, а шаг между ними фиксируется дистанционирующей деталей с определенной формой.Если внутри теплообменных труб проходит одна и та же среда, то спиральный трубчатый теплообменник является одноходным;если внутри труб проходит несколько различных сред, каждая из них проходит по теплообменным трубам, и собирается в собственной трубной решетке, то является многоходным.

Материал теплообменных труб может определяться в зависимости от давления, температуры и свойств среды, каждая труба должна быть изготовлена из стали, нержавеющей стали, меди или алюминия с наружным диаметром около 10-12мм.

如图 7.3.2 所示,绕管式换热器制造时,先把有支撑臂的心轴和钻好孔的管板组件组装起来,安装在一个可以旋转的工装上,缠绕时把换热管的一端插入管板上一个确定好的孔,然后在心轴上以相同的螺旋角度缠绕,确保所有的换热管排列整齐。管端与孔板用特殊焊接工艺焊接。考虑到不同的换热温度不同,各组换热器有各自的心轴、星形支架、分配器和护套。换热管按照传热设计要求缠绕支架上。各组换热器通过特殊形状的支承杆自由悬挂在几个支承臂上,目的是为了在启动或停机时,温度变化比较大,确保管束和壳体之间热胀冷缩产生的应力最小。每组管束用护套包起来,上端与壳体密封焊接,以防止制冷剂的旁通,几组换热器管整体组装到外壳体内,形成一个完整换热器,换热器最终还需要安装到冷箱之内。

При изготовлении спирального трубчатого теплообменника, собрав дорн с опорным рычагом вместе с трубной решеткой с отверстиями, установить их на вращающееся технологическое оборудование, во время навивки вставить один конец теплообменной трубы в установленное отверстие трубной решетки, потом навить трубы на дорн под одним и тем же углом спирали, чтобы обеспечить упорядоченное расположение всех теплообменных труб.Сварка концов труб с диафрагмой выполняется с применением специальной технологии сварки.С учетом разных температур при различных видах теплообмена, каждый блок теплообмена имеет собственный дорн, звездообразную опору, дестрибьютор и защитный кожух.Теплообменная труба обвязывается на опоре в соответствии с требованиями к проектированию теплопередачи.Каждый блок теплообменника свободно навешивается на несколько опорных рычагов с помощью опорных брусьев особой формы, в целях обеспечения наименьшего напряжения от теплового расширения и сжатия между пучком и корпусом при сравнительно большом изменении температур во время запуска или остановки.Завернув каждую группу трубного пучка в защитный кожух, герметично сварить верхний конец с корпусом во избежание перепуска хладагента, затем собрать несколько групп теплообменных труб в целое внутри кожуха, и получается цельный теплообменник, который должен окончательно установиться в холодильнике.

图 7.3.2　绕管式换热器结构图

Рис.7.3.2　Конструктивная схема спирального трубчатого теплообменника

与板翅式换热器相比,绕管式换热器有其独特的地方。它最显著的特点是牢固结实、可靠性高、无机械损坏和管路泄露。绕管式换热器对 LNG 产量的潜在影响如下:

（1）由于出口喷嘴气体喷出速度过快而使导管振动,引发金属摩擦。可以通过改进输出喷嘴,以减缓天然气速度。

По сравнению с пластинчато-ребристым теплообменником, спиральный трубчатый теплообменник обладает собственными особенностями.Он характеризуется прочностью, высокой надежностью, отсутствием механического отказа и утечки из трубопровода.На производительность LNG спиральный трубчатый теплообменник оказывает следующие потенциальные влияния:

（1）Вибрация трубы, вызванная слишком большой скоростью выброса газа из головки форсунки на выходе, приводит к трению металла.Для замедления скорости выброса природного газа, допускается улучшение головки форсунки на выходе.

（2）注入流的冲击能量过大，导致入口分流板受损。可以通过将导管加固，以改变其振荡频率，但是，如果这样导致管束下垂则会使情况更糟。

（3）停机和启动造成制冷剂冷凝管泄露。可以通过增加入口喷嘴的尺寸来降低气体速度，也可在系统设计时，考虑导管裕量，以便一定比例导管封堵后还保持全产能生产。

目前仅有 APCI 和 Linde AG 两家公司生产的绕管式换热器在大中型 LNG 工厂有应用业绩，因为这样的设备对生产技能要求很高，因此做大中型基本负荷型液化厂设计时，需要考虑绕管式换热器的投资和交货周期。

近年来，LNG 液化技术的发展，导致对大型 LNG 生产线设备的需求增加，以前最大规模的绕管式换热器直径为 4.6m，最大重量约 310t，随着生产、船运和运输设备的改进，APCI 已经将换热器的直径增大至 5m，总重约 430t，这些大型换热器与大型压缩机驱动机一起，使得新 LNG 液化厂的产能在现有设备能力的基础上进一步提高。

（2）Слишком большая ударная энергия закачиваемого флюида вызывает повреждение распределительной плиты на входе.Допускается изменение частоты вибрации труб путем их крепления, однако, в таком случае провисание трубного пучка приводит к ухудшению ситуации.

（3）Остановка и пуск вызывают утечку из конденсационной трубы хладагента.Можно увеличить размер головки форсунки на входе для снижения скорости газа, а также учесть припуск труб при проектировании системы, чтобы поддержать производство с полной производственной мощностью после закупорки труб в определенной пропорции.

В настоящее время, только спиральные трубчатые теплообменники, произведенные компанией APCI и компанией Linde AG, применяются на крупных и средних заводах LNG, потому что такое оборудование имеет очень высокое требование к производственным навыкам, поэтому, необходимо учесть капиталовложение и срок доставки спирального трубчатого теплообменника при проектировании крупных и средних заводов СПГ базовой нагрузки.

В последние годы, развитие техники сжижения LNG приводит к повышению спроса на оборудование для крупных производственных линий LNG, в прошлом самый крупномасштабный теплообменник имеет диаметр 4,6м, максимальную массу около 310т, по мере улучшения производственного, воднотранспортного и транспортного оборудования, Компания APCI увеличила диаметр теплообменников до 5м, общий вес до 430т, такие крупные теплообменники и приводы

7.3.2.2 板翅式换热器

如图 7.3.3 所示,板翅式换热器是一种新型的紧凑式换热器,其结构紧凑、质量轻、传热效率高。板翅式换热器最先用于空分制氧。近几年来,在产品结构、翅片规格、生产工艺和设计、科研等方面都有了较大发展,应用范围也日趋广泛。目前,中国已经能够生产多种规格的板翅式换热器,不仅可满足对流、错流、错逆流和多股流换热,而且可实现气—液、气—气、液—液之间的冷却、冷凝、和蒸发换热等过程,广泛用于空分、石油化工、航空、车辆和船舶等方面。

компрессоров позволяют производственной мощности нового завода по сжижению природного газа дальше увеличиваться на основе имеющейся мощности оборудования.

7.3.2.2 Пластинчато-ребристый теплообменник

Являясь компактным теплообменником нового типа, пластинчато-ребристый теплообменник характеризуется компактной конструкцией, малой массой и высоким КПД теплопередачи, как показано на рис 7.3.3.Пластинчато-ребристый теплообменник прежде.всего используется для производства кислорода по методу воздушной сепарации.В последние годы, конструкция, спецификация ребер, технология производства, проектирование и научное исследование получили большое развитие, в связи с этим, область применения становится шире с каждым днем.Теперь, предприятия в Китае могут производить различные типы пластинчато-ребристых теплообменников, которые распространяются не только на конвективный теплообмен, теплообмен с перекрестным током, противоточный теплообмен с перекрестным током и многопоточный теплообмен, но и на реализацию теплообмена при охлаждении, конденсации и испарении между средами газ – жидкость, газ – газ, жидкость – жидкость, они широко используются в воздушной сепарации, нефтехимической промышленности, авиации, автомобилях, суднах и т.д.

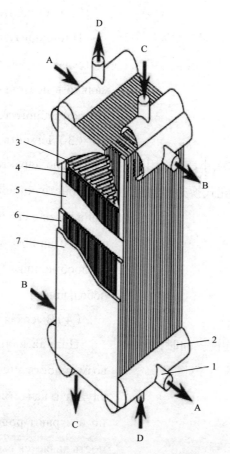

图 7.3.3 板翅式换热器结构图

1—接管；2—封头；3—导流翅片；4—传热翅片；5—隔板；6—封条；7—侧板

Рис.7.3.3 Конструктивная схема пластинчато-ребристого теплообменника

1—Штуцер；2—Заглушка；3—Ребро обратного потока；4—Теплопередающее ребро；5—Перегородка；

6—Уплотнительная лента；7—Боковая пластина

板翅式换热器的特点如下：

（1）传热效率高,温度控制性好。

翅片的特殊结构,使流体形成强烈湍流,从而有效降低热阻,提高传热效率。其传热系数也比列管式换热器高 5～10 倍。传热效率与功耗比低,可精确控制介质温度。

Специфика пластинчато-ребристого теплообменника заключается в следующем：

（1）высокий КПД теплопередачи, хорошая регулируемость температуры.

Специальная конструкция ребер позволяет флюиду образовать сильную турбулентность, вследствие этого эффективно уменьшается тепловое сопротивление, повышается КПД теплопередачи.Его коэффициент теплопередачи в 5-10 раз больше, чем у трубчатого теплообменника.Отношение КПД теплопередачи к потере мощности оказывается низким, в связи с этим, температура среды может точно регулироваться.

（2）结构紧凑。

传热面积密度可高达 $17300m^2/m^3$，一般为管壳式换热器的 $6\sim10$ 倍，最大可达几十倍。

（3）轻巧，经济性好。

翅片很薄，而结构很紧凑、体积小、又可用铝合金制造，因而重量很轻（可比管壳式换热器降低 80% ），故成本低。

（4）可靠性高。

全钎焊结构，杜绝了泄漏可能性。同时，翅片兼具传热面和支撑作用，故强度高。

（5）灵活性及适应性强。

两侧的传热面积密度可以相差一个数量级以上，以适应两侧介质传热的差异，改善传热表面利用率；可以组织多股流体换热（可达 12 股，这意味着工程、隔热、支撑和运输的成本消耗降低），每股流的流道数和流道长都可不同；最外侧可布置空流道（绝热流道），从而最大限度地减少整个换热器与周围环境的热交换。

（2）Компактная конструкция.

Площадь теплообмена на единицу объема составляет $17300м^2/м^3$, обычно в 6-10 раз, максимально в несколько десятков раз больше, чем у кожухотрубного теплообменника.

（3）Легкость, значительная экономичность.

Ребро характеризуется тонкостью, компактной конструкцией, малым объемом, малой массой в связи с его изготовлением из алюминиевого сплава（на 80% меньше, чем у кожухотрубного теплообменника）, поэтому расходы оказываются небольшими.

（4）Высокая надежность.

Полная паяная конструкция ликвидирует возможность утечки.При этом, ребра не только служат в качестве поверхности теплопередачи, но и играют роль в поддержке, поэтому прочность является высокой.

（5）Высокая гибкость и приспособляемость.

Площади теплообмена на единицу объема на обеих сторонах могут различаться на один порядок и более, чтобы применяться к разности теплопередачи сред на обеих сторонах, улучшается коэффициент полезного использования поверхности теплопередачи;допускается реализация теплообмена между многими потоками флюидов （12 потоков, это значит расходы на строительство, теплоизоляцию, поддержку и транспорт уменьшаются）, сумма и длина проходного канала для каждого флюида могут быть разными;допускается установка пустого проходного канала（теплоизоляционного канала）на самом наружной стороне, тем самым, максимально уменьшается теплообмен между целым теплообменником и окружающей средой.

7.3.2.3 两种换热器的优缺点比较

7.3.2.3 Сравнение преимуществ и недостатков двух типов теплообменников

绕管式换热器与板翅式换热器的比较见表 7.3.2。

Сравнение спирального трубчатого теплообменника и пластинчато-ребристого теплообменника приведено в таблице 7.3.2.

表 7.3.2 两种换热器的优缺点对比表

Таблица 7.3.2 Сравнение преимуществ и недостатков двух типов теплообменников

名称 Наименование	优点 Преимущество	缺点 Недостаток
板翅式换热器 Пластинча-то-ребристый теплообмен-ник	（1）非专有技术,有很多供货商,造价低。 （2）单位换热面积大,设计紧凑,节约空间。 （3）单套装置重量较轻,体积小,对运输到边远地点难度低。 （4）压降小,有利于冷剂压缩机节能。 （5）冷箱总成模块化,减少了建造时间,并能较理想地适合任何规模的 LNG 厂 （1）Несобственная техника, наличие многих поставщиков, низкая стоимость. （2）Большая единичная площади теплообмена, компактная конструкция, экономия пространства. （3）Небольшая масса одиночного комплекта установки, малый объем, низкая степень трудности перевозки в глубинку. （4）Небольшое падение давления,выгодное для энергосбережения компрессора хладагента. （5）Модуляризация холодильника в сборе уменьшает время постройки, идеально сообразуется к заводу LNG любого масштаба	（1）可以通过并联达到产能,但需要增加管线、阀门和仪表数量。 （2）流道狭小,对污垢和阻塞极为敏感,结垢以后清洗比较困难,因此要求介质比较干净,要求上游设置过滤器。 （3）如果换热器制冷剂发生相变,易出现两相流分配不均的问题。低负荷时换热效率低。 （4）耐压不如绕管;泄漏后难维修。 （5）抗温度变化冲击能力弱;温度突变易造成钎焊破裂; （6）不能耐高温,操作不应超过 60℃以上。 （7）流道狭小,容易引起堵塞而增大压降;当换热器结垢以后,清洗比较困难,因此要求介质比较干净。 （8）铝板翅式换热器的隔板和翅片都很薄,要求介质对铝不腐蚀,若腐蚀而造成内部串漏,则很难修补。 （1）Допускается параллельное подключение для достижения производственной мощности, но требуется увеличение количества трубопроводов, клапанов и приборов. （2）Являясь узким, проходной канал очень чувствительный к накипи и заграждению, при накипеобразовании трудно очистить, поэтому среда должна быть чистой, предусматривается фильтр в верховой части. （3）Легко возникает неравномерное распределение двухфазного потока при фазовом превращении хладагента теплообменника.Низкий КПД теплообмена при низкой нагрузке. （4）Сопротивление давлению хуже, чем у спирального трубчатого теплообменника; трудно ремонтировать после утечки. （5）Незначительная стойкость к удару при изменении температуры;скачок температуры легко вызывает разрыв напайки; （6）Нестойкий к высоким температурам, температура при работе не должна превышать 60℃ и более. （7）Узкий проходной канал легко вызывает закупорку и увеличивает падение давления;при накипеобразовании теплообменника трудно очистить, поэтому среда должна быть чистой. （8）У алюминиевого пластинчато-ребристого теплообменника очень тонкие перегородки и ребра, поэтому среда не должна иметь коррозийную активность по отношению к алюминию, в случае коррозии, трудно исправлять внутреннюю утечку

名称 Наименование	优点 Преимущество	缺点 Недостаток
绕管式换热器 Спиральный теплообменник	（1）可建造成很大的尺寸，避免因为多套设备增加管线。 （2）承压能力强，不容易泄漏，使用寿命长。 （3）只需要一个制冷剂主入口，从而减少了潜在的各相分配问题 （1）Размеры могут быть большими, во избежание добавления трубопровода для многих комплектов оборудования. （2）Высокое сопротивление давлению, надежная герметичность, длительная наработка. （3）Требует только одного главного входа хладагента, вследствие этого, уменьшаются потенциальные вопросы распределения каждой фазы	（1）被 APCI 和 LINDE 所垄断，设备投资高；辅助钢结构投资较高。 （2）体积大，运输不方便，供货周期长。 （3）管部和壳部均存在潜在的压降大 （1）Компании APCI и LINDE монополизируют производство такого типа, поэтому требуются большие капиталовложения в оборудование；капиталовложения во вспомогательную металлоконструкцию также оказываются большими. （2）Большой объем, неудобный для транспорта, длительный срок поставки. （3）Наличие потенциального падения давления в трубопроводах и корпусе

7.4 重要控制回路和联锁说明

7.4 Важные контуры регулирования и блокировка

7.4.1 高压制冷剂 J—T 阀流量控制回路

7.4.1 Контур регулирования расхода клапана J—T хладагента высокого давления

此回路控制高压制冷剂流经冷箱内的流量，改变该 J—T 阀的开度将改变整个冷剂循环的循环量，该 J—T 阀的开度由控制室控制。

Данный контур предназначается для регулирования расхода хладагента высокого давления, проходящего через холодильник, изменения количества циркулирующего хладагента путем изменения подъема клапана J—T, регулирование которого выполняется ПУ.

7.4.2 BOG 切断阀

此紧急切断阀由 ESD 系统触发,在停车或事故时隔断 LNG 罐区 BOG 到液化单元。

7.4.2 Отсечный клапан BOG

Данный отсечный клапан, приводимый в действие системой ESD, отсекает BOG в РП LNG от блока сжижения при остановке или в аварийных случаях.

7.4.3 天然气流量和 LNG 温度串级回路

此回路控制装置的 LNG 产品的流量。给定一个流量设定值,阀门自动调节以维持该设定流量。LNG 的温度设定改变,计算输出值,将重新设定天然气的流量值。如果测得的工艺温度低于 LNG 温度的设定值,流量控制将缓慢增加。反之,流量缓慢减小流量。

7.4.3 Каскадный контур управления расходом природного газа и температурой LNG

Данный контур предназначается для регулирования расхода LNG в установке. Клапан автоматически регулируется для поддержки установленного значения расхода. Вновь установить значение расхода природного газа в случае изменения установленного значения температуры LNG и расчета выходного значения. Расход медленно увеличивается, в случае, когда измеренная технологическая температура ниже, чем установленное значение температуры LNG. Напротив, расход медленно уменьшается.

7.4.4 低温分离器温度控制回路

该回路控制进入低温分离器气体的温度,当从冷箱进入低温分离器的气体温度低于设定值,一部分热气通过此调节阀与冷气混合进入低温分离器,使温度达到设定值。

7.4.4 Контур регулирования температуры низкотемпературного сепаратора

Данный контру предназначается для регулирования температуры газа, поступающего в низкотемпературный сепаратор, в случае, когда температура газа, поступающего из холодильника в низкотемпературный сепаратор, ниже, чем установленное значение, часть горячего воздуха через регулирующий клапан смешается с холодным воздухом и поступает в низкотемпературный сепаратор, чтобы температура достигла установленного.

7.4.5 氮气组分自动回路

7.4.5 Автоматический контур управления компонентом азота

此回路是将氮气补充到循环冷剂的手动阀门。当操作人员希望向混合冷剂中补充氮气时，在 DCS 中输入阀门开度和补充时间，当计时器计时结束以后，阀门关闭。当冷剂压缩机停机时，阀门联锁关闭。但是压缩机不运行时，如有需要，阀门应该开启，如果压缩机入口吸入罐压力过高，阀门关闭，在压力没有恢复正常范围时不允许开启此阀。

Данный контур представляет собой клапан с ручным приводом, предназначающийся для добавления азота в циркулирующий хладагент. В случае, когда оператор хочет добавить азот в смешанный холодильный агент, ввести подъем клапана и время добавления в DCS, клапан выключается после завершения расчета времени счетчиком времени.Блокировка клапана выключается при остановке компрессора хладагента. Однако, когда компрессор не работает, при необходимости, клапан должен включаться, в случае, если давление во всасывающем резервуаре на входе компрессора слишком высокое, клапан выключается, запрещается включать данный клапан, пока давление не придет в норму.

7.4.6 压缩机出口管停机切断阀

7.4.6 Отсечный клапан выходной трубы компрессора при остановке

冷箱和冷剂压缩机出口之间的隔离切断阀。当压缩机停机时该阀门关闭。由操作人员在 DCS 控制，只有在切断阀两端的差压满足条件时才允许打开此阀。

Представляет собой отсечный клапан между холодильником и выходом компрессора хладагента.Данный клапан выключается при остановке компрессора.Оператор управляет данным клапаном в DCS, допускается включать его только в случае, если разность давлений на обоих концах отсечного клапана удовлетворяет условиям.

7.4.7 压缩机入口管停机切断阀

冷箱和冷剂压缩机入口之间的隔离阀门。它是一个小直径阀门，做平衡压力使用。当压缩机停机时阀门关闭，由操作人员在 DCS 操作开启此阀，使冷箱的出气压力与冷剂压缩机入口平衡。

7.4.8 甲烷补充手动控制回路

此回路是将甲烷补充到循环冷剂的手动阀门。当操作人员希望向混合冷剂中补充甲烷时，在 DCS 中输入阀门开度和补充时间，当计时器计时结束以后，阀门关闭。当冷剂压缩机停机时，阀门联锁关闭。但是压缩机不运行时，如有需要，阀门应该开启，如果压缩机入口吸入罐压力过高，阀门关闭，在压力没有恢复正常范围时不允许开启此阀。

7.4.7 Отсечный клапан входной трубы компрессора при остановке

Представляет собой отсечный клапан между холодильником и входом компрессора хладагента.Являясь клапаном с малым диаметром, предназначается для выравнивания давлений.Клапан выключается при остановке компрессора, включение данного клапана выполняется оператором с помощью DCS для выравнивания давления на выходе холодильника и давления на входе компрессора хладагента.

7.4.8 Контур ручного регулирования добавления метана

Данный контур представляет собой клапан с ручным приводом, предназначающийся для добавления метана в циркулирующий хладагент.В случае, когда оператор хочет добавить метан в смешанный холодильный агент, ввести подъем клапана и время добавления в DCS, клапан выключается после завершения расчета времени счетчиком времени.Блокировка клапана выключается при остановке компрессора хладагента.Однако, когда компрессор не работает, при необходимости, клапан должен включаться, в случае, если давление во всасывающем резервуаре на входе компрессора слишком высокое, клапан выключается, запрещается включать данный клапан, пока давление не придет в норму.

7.4.9　压缩机入口吸入罐手动放空阀

此阀门是一个中控室手动阀门,用来降低低压冷剂的压力。操作人员可在 DCS 输入阀门的开度。在开工时冷剂压缩机的入口压力可能过高以至机器不能正常启动,在这种情况下,用该阀降低入口压力使机组启动。

7.4.10　压缩机一级出口空冷器温度控制回路

此回路控制压缩机一级出口空冷器出口温度,通过控制空冷器变频电动机来实现。

7.4.11　压缩机一级出口分离罐液位控制

此回路控制 V-402 的液位。阀门通过调节罐底部管线的冷剂流量来维持罐的恒定液位。由操

7.4.9　Ручной клапан сброса всасывающего резервуара на входе компрессора

Являясь клапаном с ручным приводом в ЦПУ, данный клапан предназначается для снижения давления хладагента низкого давления. Оператор может вводить подъем клапана в DCS. В начале работы давление на входе компрессора хладагента может быть слишком высоким, что вызывает невозможность нормальной работы оборудования, в таком случае, допускается снижение давления на входе данным клапаном в целях пуска агрегата.

7.4.10　Контур регулирования температуры АВО на выходе первой ступени компрессора

Данный контур предназначается для регулирования температуры на выходе АВО на выходе первой ступени компрессора, что осуществляется путем управления электродвигателем с частотным преобразователем АВО.

7.4.11　Контур регулирования уровня жидкости в разделительной емкости на выходе первой ступени компрессора

Данный контур предназначается для регулирования уровня жидкости в V-402.Поддержка

作人员调节它的设定值以使压缩机一级出口分离罐和二级出口分离罐的液位平衡。

7.4.12 低压防喘振控制

该阀门为冷剂压缩机低压部分提供防喘振保护,由 C-401 机组控制系统来控制,维持一级入口的流量,防止喘振。防喘振系统的设备必须由压缩机厂家或与压缩机厂家进行详细设计后确定。从主控室或机组控制系统盘上能紧急打开此阀。

7.4.13 高压冷剂停机切断阀

此阀门隔离冷剂二级分离罐和冷箱的高压冷剂蒸汽。当冷剂压缩机停机、液化单元的 ESD 触发或冷箱温度过高时,该阀门关闭。

postоянного уровня жидкости в резервуаре выполняется путем регулирования клапаном расхода хладагента в трубопроводе на дне уравнительного резервуара.Оператор регулирует установленное значение для уравновешивания уровней жидкости в разделительных емкостях на выходе первой и второй ступеней компрессора.

7.4.12 Управление защитой от помпажа низкого давления

Данный клапан защищает часть низкого давления компрессора хладагента от помпажа под управлением системы управления агрегатом C-401, и поддерживает расход на входе первой ступени во избежание помпажа.Оборудование системы защиты от помпажа должно определяться компрессорным заводом или после детального проектирования вместе с компрессорным заводом.С БЩУ или щита управления системы управления агрегатом можно аварийно включать данный клапан.

7.4.13 Отсечный клапан хладагента высокого давления при остановке

Данный клапан предназначается для разделения паров хладагента высокого давления в разделительной емкости хладагента второй ступени и холодильнике.Данный клапан должен выключаться в случае остановки компрессора хладагента, запуска ESD блока сжижения или слишком высокой температуры холодильника.

7.4.14 冷剂压缩机二级入口流量控制回路

该阀门为冷剂压缩机高压部分提供防喘振保护,由冷剂压缩机机组控制系统来控制,维持二级入口的流量,防止喘振。防喘振系统的设备由压缩机厂家确定。从主控室或机组控制系统盘上能紧急打开此阀。

7.5 主要操作要点

7.5.1 控制参数

天然气液化装置的主要有以下几点关键的控制参数:

（1）干净化天然气进板翅式换热器的温度;

（2）低温重烃分离器操作温度;

（3）稳定一级冷剂分离罐和二级冷剂分离罐的液面;

（4）稳定冷箱出口 LNG 的温度;

（5）维持冷箱夹层的氮气压力。

7.4.14 Контур регулирования расхода на входе второй ступени компрессора хладагента

Данный клапан защищает часть высокого давления компрессора хладагента от помпажа под управлением системы управления агрегатом компрессора хладагента, и поддерживает расход на входе второй ступени во избежание помпажа.Оборудование системы защиты от помпажа должно определяться компрессорным заводом.С БЩУ или щита управления системы управления агрегатом можно аварийно включать данный клапан.

7.5 Основные положения при эксплуатации

7.5.1 Контрольные параметры

Установка по сжижению природного газа в основном характеризуется следующими ключевыми контрольными параметрами:

（1）Температура сухого очищенного газа на входе пластинчато-ребристого теплообменника;

（2）Рабочая температура низкотемпературного сепаратора тяжелых углеводородов;

（3）Стабилизация уровня жидкости в разделительных емкостях первой и второй ступеней;

（4）Стабилизация температуры LNG на выходе холодильника;

（5）Поддержание давления азота в прослое холодильника.

7.5.2 操作要点

（1）板翅式换热器为钎焊设备，操作温度不宜超过 60℃以上；

（2）稳定 LNG 出冷箱温度为 -160℃，以维持 LNG 节流后的气化率低；

（3）LNG 冷箱的预冷和开车过程中，为防止温差应力对板翅式换热器的破坏，需严格控制降温速度在 0.5℃/min。

7.5.2 Основные положения при эксплуатации

（1）Пластинчато-ребристый теплообменник представляет собой припаянное оборудование, поэтому рабочая температура не должна превышать 60℃ и более；

（2）Стабильная температуры LNG на выходе холодильника должна быть -160℃, чтобы поддерживать низкий КПД газификации после дросселирования LNG；

（3）В процессе предварительного охлаждения и пуска в ход холодильника LNG, скорость расхолаживания должна быть 0,5℃ /мин.во избежание повреждения пластинчато-ребристого теплообменника от температурного напряжения.

8 凝析油处理

凝析油稳定是降低凝析油的蒸发损耗、确保储存安全采取的一种工艺方法。将凝析油在一定的压力、温度条件下处理,使部分轻组分分离出来并加以收集和利用,使其符合产品规格要求的工艺方法称为凝析油稳定。

8.1 工艺方法简介

对于凝析油的处理,通常包含凝析油稳定处理和凝析油脱硫处理。

凝析油稳定的深度通常用稳定原油的饱和蒸汽压衡量,有关规范规定:稳定原油在最高储存温度下饱和蒸汽压设计值不宜超过当地大气压的0.7倍。

由于 H_2S 毒性很大又极具腐蚀性,为了保证设备管线的安全平稳运行,应控制凝析油中的 H_2S 含量以不造成输送管线或输送设备腐蚀为

8 Подготовка конденсата

Стабилизация конденсата является одним технологическим методом, предназначенным для снижения потерь от испарения и обеспечения безопасности во время хранения.В условиях определенного давления и температуры выполняется подготовка конденсата для выделения, сбора и использования частичных легких компонентов, чтобы их качество соответствовало требованиям стандарта продукции, данная технология называется стабилизацией конденсата.

8.1 Краткое описание технологического метода

Подготовка конденсата разделена на стабилизацию и обессеривание конденсата.

Обычно применяется давление насыщенного пара стабилизированной сырой нефти для определения глубины стабилизации конденсата, по правилам:проектное давление насыщенного пара стабилизированной сырой нефти в условии макс.температуры хранения составляет не более на 0,7 раза местного атмосферного давления.

Из-за того, что H_2S имеет сильную токсичность и коррозийность, так что следует контролировать содержание H_2S в конденсате по

原则。通过气提之后的凝析油，H_2S 含量不大于 50mg/L，不会对输送设施造成腐蚀影响。凝析油中另一种酸性成分为 CO_2，与水结合对金属产生强烈腐蚀，但无毒性，因而对凝析油中 CO_2 含量没有限制。H_2S 和 CO_2 的常压沸点处于 C_2 和 C_3 之间，因而任何凝析油稳定方法均能在一定程度上降低凝析油内 H_2S 含量。若酸性凝析油的含硫量较高（如 2000mg/kg），经闪蒸稳定后，H_2S 含量仍然很高，可采用塔底注入天然气或经重沸器的加热汽提，从而降低凝析油中 H_2S 的含量。

含硫凝析油需要稳定时，凝析油脱硫和凝析油稳定应统筹考虑、合理设置。

8.1.1 气提脱硫后的凝析油产品指标

温度：50℃；

凝析油中 H_2S 含量：≤ 50mg/L；

汽提后气田水 H_2S 含量：≤ 5mg/L。

принципу без оказания коррозийного воздействия на экспортный трубопровод или средства транспортировки для обеспечения безопасной и стабильной эксплуатации трубопроводов оборудования. Содержание H_2S в конденсате после отпарки составляет не более 50 мг/л, оно не приводит к коррозийности средств транспортировки. Другой кислотный элемент в конденсате называется CO_2, который обладает сильной коррозийностью к металлу после контакта с водой, но не имеет токсичность, так что содержание CO_2 в конденсате безгранично. Температура кипения H_2S и CO_2 при атмосферном давлении находится между C_2 и C_3, поэтому любой метод стабилизации конденсата может снижать содержание H_2S в конденсате. Если содержание серы в кислотном конденсате довольно высоко (например: 2000мг/кг), содержание H_2S также очень высоко после стабилизации мгновенным испарением, тогда применяется закачка природного газа в зумпфе колонны или нагревание и отпарка через ребойлер для снижения содержания H_2S в конденсате.

Предусмотрена едино и установлена рационально технология обессеривания и стабилизация конденсата при необходимости стабилизации серосодержащего конденсата.

8.1.1 В показатели конденсата после обессеривания отпаркой входят

Температура：50℃；

Содержание H_2S в конденсате：≤ 50 мг/л；

Содержание H_2S в промысловой воде после стрипперования：≤ 5 мг/л.

8.1.2　汽提稳定后的凝析油产品指标

温度：40℃；

Reid 蒸汽压：≤ 66.7 kPa（37.8℃时）；

凝析油的处理方法有降压闪蒸法、加热闪蒸法、分馏法、多级闪蒸 + 分馏稳定法（表 8.1.1）。

8.1.2　В показатели конденсата после стабилизации отпаркой входят:

Температура：40℃；

Давление пара Reid： ≤ 66,7кПа（при 37, 8℃）；

Методы подготовки конденсата разделены на метод мгновенного испарения при снижении давления, метод мгновенного испарения при нагревании, метод фракционирования и метод многоступенчатого мгновенного испарения + фракционирования（Таблице 8.1.1.）

表 8.1.1　凝析油稳定方法的比较

Таблица 8.1.1　Сравнение методов стабилизации конденсатов

比较项目 Предметы	加热闪蒸法 Метод мгновенного испарения при нагревании	降压闪蒸法 Метод мгновенного испарения при снижении давления	分馏法 Метод фракционирования
稳定效果 Эффективность стабилизации	效果较差 Относительно плохая эффективность	效果较差 Относительно плохая эффективность	效果较好 Относительно хорошая эффективность
流程复杂程度 Сложность процесса	流程简单，增加换热器和加热炉 Простой процесс，добавление теплообменника и нагревательной печи	流程简单，需要的设备种类和数量少 Процесс прост，требуется малое количество видов оборудования	流程较复杂，增加换热器和稳定塔 Процесс довольно сложен，добавление теплообменника и стабилизатора
操作的难易程度 Сложность эксплуатации	操作简单，对负荷波动的适应能力较强 Эксплуатация проста，приспособляемость к колебаниям нагрузки довольно сильна	操作简单，对负荷波动的适应能力强 Эксплуатация проста，приспособляемость к колебаниям нагрузки сильна	操作较复杂，对负荷波动适应能力较差 Эксплуатация довольно сложна，приспособляемость к колебаниям нагрузки довольно плоха
装置的一次投资 Однократное капиталовложение в установку	投资较低 Объем капиталовложений относительно мал	投资低 Объем капиталовложений мал	投资较高 Объем капиталовложений относительно высок
主要设备的国产化程度 Уровень локализации производства основного оборудования	国内完全可以解决 Самообеспечение внутренней страной	国内完全可以解决 Самообеспечение внутренней страной	国内完全可以解决 Самообеспечение внутренней страной

8.1.2.1 降压闪蒸法

降压闪蒸法指凝析油进入容器中进行一次或多次降压，以便脱除易挥发性轻烃，从而达到稳定凝析油的目的。流程如图8.1.1所示。

8.1.2.1 Метод мгновенного испарения при снижении давления

Метод мгновенного испарения при снижении давления -конденсат поступает в сосуд для проведения однократного или многократного снижения давления, чтобы было легко выделить легкоиспаряемые легкие углеводороды и выполнена стабилизация конденсата., Технологический процесс показан на рис.8.1.1.

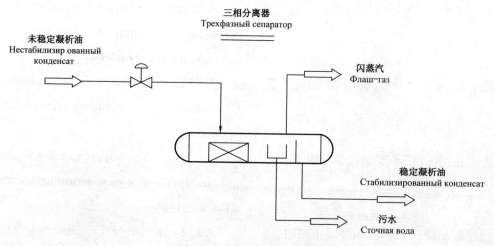

图 8.1.1　降压闪蒸法工艺流程

Рис.8.1.1　Технологический процесс методом мгновенного испарения при снижении давления

未稳定凝析油经调压后进入三相分离器进行闪蒸，闪蒸压力、温度根据进料组成、压力和温度而定。三相分离器底部的油相经采样合格后进入稳定凝析油储罐储存，分离器上部的闪蒸汽根据压力进入燃料气系统，分离器底部的水相进入含油污水系统进行处理。当一次降压闪蒸凝析油不合格，则采用多次降压闪蒸。

После регулирования давления, нестабилизированный конденсат подается в трехфазный сепаратор для мгновенного испарения, давления и температура мгновенного испарения определяются по составу, давлению и температуре приемного материала.Сделав качественный отбор проб, масляная фаза в нижней части трехфазного сепаратора подается в резервуар для хранения стабилизированного конденсата, флаш-газ в верхней части сепаратора поступает в систему топливного газа по давлению, водяная фаза в нижней части сепаратора поступает в систему маслянистой сточной воды для подготовки.Если

降压闪蒸法的主要优点：流程简单、设备少、操作简单、施工周期短；主要缺点：分离效果较差。

若具备以下条件,宜选用降压闪蒸法工艺：

（1）原油中轻组分 C_1—C_4 含量在 2%（质量分数）以下。

（2）只要求稳定深度,不要求轻组分收率。

（3）当稳定凝析油饱和蒸汽压要求不高时,可采用降压闪蒸法工艺。

8.1.2.2　加热闪蒸法

加热闪蒸法指凝析油在一定压力条件下进入闪蒸罐,在压力不变的情况下,在容器中加热,进行一次或多次闪蒸以便脱除易挥发性轻烃,从而达到稳定凝析油的目的。流程如图 8.1.2 所示。

конденсат является некачественным после однократного мгновенного испарения при снижении давления, то следует применять многократное мгновенное испарение при снижении давления.

Основные преимущества метода мгновенного испарения при снижении давления:простой процесс, малое количество оборудования, простая эксплуатация, короткий срок эксплуатации; Основные недостатки:плохая эффективность сепарации.

Следует выбрать метод мгновенного испарения при снижении давления при соответствии следующим требованиям:

（1）Содержание легких компонентов C_1—C_4 в сырой нефти составляет менее 2%（весовой процент）.

（2）Только требуется стабилизация глубины, не требуется коэффициент выхода легких компонентов.

（3）Если требуется невысокое давление насыщенного пара стабилизированного конденсата, то применяется метод мгновенного испарения при снижении давления.

8.1.2.2　Метод мгновенного испарения при нагревании

Метод мгновенного испарения при нагревании заключается в том, что конденсат подается в флаш-испаритель под определенным давлением, он нагревается в сосуде при постоянном давлении для проведения однократного или многократного мгновенного испарения, чтобы выделение легкоиспаряемых легких углеводородов было легко, также был получен стабильный конденсат.Технологический процесс показан на рис.8.1.2.

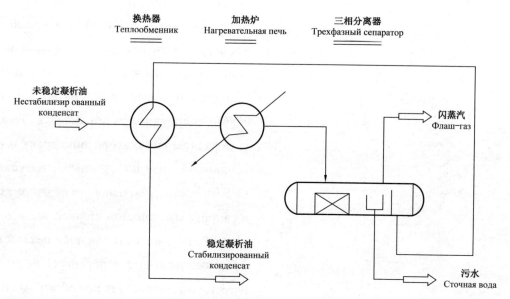

图 8.1.2　加热闪蒸法典型工艺流程

Рис.8.1.2　Типовой технологический процесс методом мгновенного испарения при нагревании

闪蒸（平衡汽化）一般为进料以某种方式被加热至部分汽化，经过减压设施，在一个容器的空间内，于一定的温度和压力下，气液两相迅速分离，得到相应的气相和液相产物。平衡状态下，油品中所有的组分都同时存在于气液两相中，而两相中的每一个组分都处于平衡，因此这种分离是比较粗略的。

未稳定凝析油首先与稳定后的凝析油换热，然后加热至稳定温度再进入闪蒸罐进行闪蒸，闪蒸罐采用三相分离器，闪蒸压力、温度根据进料组成、压力和温度而定。三相分离器底部的油相与未稳定凝析油换热后外输或进入稳定凝析油储罐储存，三相分离器产生的闪蒸汽进入燃料气系统，三相分离器底部的水相进入含油污水系统进行处理。若一次加热闪蒸凝析油不合格，可采用多次加热闪蒸。

Мгновенное испарение (равновесное испарение)заключается в том, что приемный материал нагревается по какому-то способу до частичного испарения, через устройство для снижения давления он подается в сосуд для быстрой сепарации паровой/жидкостной фаз в условиях определенной температуры и давления, чтобы получить их соответствующие продукты.Все компоненты в нефтепродукте одновременно существуют в паровой/жидкостной фазах в стабильных условиях, каждый компонент в двух фазах также является стабильным, поэтому, данное выделение является относительно приблизительным.

Прежде всего выполняется теплообмен нестабилизированного конденсата со стабилизированным конденсатом, затем после нагрева до стабильной температуры, нестабилизированный конденсат подается в флаш-испаритель для мгновенного испарения, флаш-испаритель составлен из трехфазного сепаратора, давления и температура мгновенного испарения определяются по составу, давлению и температуре приемного

加热闪蒸稳定方法的主要优点：流程简单，设备少，操作简单，施工周期短；主要缺点：能耗较高，分离效果较差。

若具备以下条件，宜选用加热闪蒸法工艺：

（1）凝析油中轻组分 C_1—C_4 含量大于 2%（质量分数）。

（2）当有余热可以利用时，即使凝析油中轻组分含量低于 2%（质量分数），可考虑采用加热闪蒸法工艺。

（3）只要求稳定深度，不要求轻组分收率。

（4）当稳定凝析油饱和蒸汽压要求不高时，可采用加热闪蒸法工艺。

материала.После теплообмена масляной фазы в нижней части трехфазного сепаратора со стабилизированным конденсатом, осуществляется экспорт или подача в резервуар для хранения стабилизированного конденсата, флаш-газ в трехфазном сепараторе поступает в систему топливного газа по давлению, водяная фаза в нижней части трехфазного сепаратора поступает в систему маслянистой сточной воды для подготовки.Если конденсат является некачественным после однократного мгновенного испарения при нагревании, то следует применять многократное мгновенное испарение при нагревании.

Основные преимущества метода мгновенного испарения при нагревании:простой процесс, малое количество оборудования, простая эксплуатация, короткий срок эксплуатации.Основные недостатки:большой расход энергии, плохая эффективность сепарации.

Следует выбрать метод мгновенного испарения при нагревании при соответствии следующим требованиям:

（1）Содержание легких компонентов C_1—C_4 в конденсате составляет больше 2% (весовой процент).

（2）При наличии теплоизбытков для использования, хотя содержание легких компонентов в конденсате составляет менее 2% (весовой процент), применение метода мгновенного испарения при нагревании также разрешено.

（3）Только требуется стабилизация глубины, не требуется коэффициент выхода легких компонентов.

（4）Если требуется невысокое давление насыщенного пара стабилизированного конденсата, то применяется метод мгновенного испарения при нагревании.

8.1.2.3　分馏法

分馏法指利用凝析油中轻、重组分挥发度不同的特点,采用分馏原理将凝析油中轻组分脱除,从而达到稳定凝析油的目的。图8.1.3为分馏法的工艺流程。

8.1.2.3　Метод фракционирования

Метод фракционирования заключается в том, что выделить легкие компоненты в конденсате путем фракционирования с помощью различных летучестей у легких и тяжелых компонентов конденсата для обеспечения стабилизации конденсата.Технологический процесс методом фракционирования показан на рис.8.1.3.

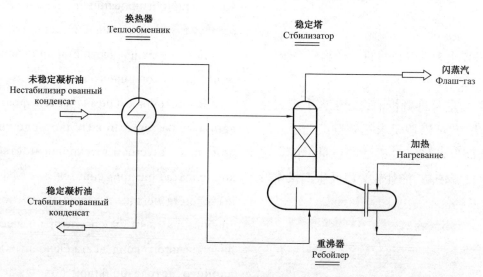

图 8.1.3　分馏法工艺流程

Рис.8.1.3　Технологический процесс методом фракционирования

分馏为在每一个气液接触级内,由下而上的较高温度和较低轻组分浓度的气相与由上而下的较低温度和较高轻烃组分浓度的液相互接触进行传质和传热,这样既可以得到纯度较高的产品,而且可以得到相当高的收率,这样的分离效果显然优于平衡汽化和简单蒸馏。

Фракционирование -массоперенос и теплопередача, которые выполнены между газовой фазой с довольно высокой температурой снизу вверх и довольно низкой концентрацией легких компонентов и жидкой фазой с довольно низкой температурой сверху вниз и довольно высокой концентрацией компонентов легких углеводородов в каждой ступени парового/жидкого контакта.Применяется данная технология не только для получения продуктов с высоким степенью чистоты, но и для обеспечения относительно высокого коэффициента выхода, очевидно, что эффективность

未稳定凝析油首先与稳定塔底的稳定凝析油进行换热,然后进入稳定塔。可用导热油或蒸汽给重沸器提供热源,保证塔底温度。稳定凝析油冷至约40℃后,进入储罐储存或外输。

从稳定塔顶出来的气体可进入燃料气系统。

分馏法是目前各种凝析油稳定工艺中较为复杂的一种方法,它可以按要求把轻重组分很好地进行分离,从而保证稳定凝析油的质量。该方法的主要缺点:投资较高、能耗较高以及生产操作较复杂。

若具备以下条件,宜选用分馏稳定工艺:

(1)凝析油中轻组分 C_1—C_4 含量大于 2%(质量分数)。

(2)当有余热可以利用,同时严格要求稳定凝析油的饱和蒸汽压时,即使原油中轻组分含量低于 2%(质量分数),也可考虑采用分馏稳定工艺。

выделения намного лучше, чем эффективности равновесного испарения и простой перегонки.

Нестабилизированный конденсат подается в стабилизатор только после теплообмена со стабилизированным конденсатом в нижней части стабилизатора.Применяется теплопередающее масло или пар для предоставления ребойлеру источника тепла и обеспечения температуры в нижней части стабилизатора.Охладившись до температуры 40℃, стабилизированный конденсат подается в резервуар для хранения или экспорта.

Газ из верхней части стабилизатора поступает в систему топливного газа.

В настоящее время, метод фракционирования является относительно сложным методом, используемым в технологии стабилизации конденсата, он применяется для эффективного выделения легких и тяжелых компонентов по требованиям, чтобы обеспечить качество стабилизированного конденсата.Основные недостатки данного метода:большой объем капиталовложений, высокий расход энергии и относительно сложная эксплуатация.

Следует выбрать метод стабилизации фракционированием при соответствии следующим требованиям:

(1)Содержание легких компонентов C_1—C_4 в конденсате составляет больше 2% (весовой процент).

(2)При наличии теплоизбытков для использования и строгом соответствии давлению насыщенного пара стабилизированного конденсата, хотя содержание легких компонентов в сырой нефти составляет менее 2% (весовой процент), применение метода стабилизации фракционированием также разрешено.

8.2 多级闪蒸 + 分馏工艺

8.2.1 工艺流程和设计参数

8.2.1.1 工艺流程

（1）闪蒸部分。

含水凝析油进入凝析油缓冲罐,分离出的含水凝析油调压后进入凝析油预加热器,加热的含水凝析油混合后进入凝析油三相分离器。分离出的闪蒸汽回收利用。

（2）脱盐部分。

分离出的凝析油经泵增压进入凝析油脱盐预加热器,加热掺入新鲜水混后进入脱盐罐。经过脱水脱盐后的凝析油分为两股,一股经空冷器冷却从塔顶进入凝析油稳定塔,另一股与塔底合格凝析油换热后从塔中部进入凝析油稳定塔。

（3）分馏稳定部分。

塔底通入蒸汽或燃料气,凝析油中所含轻烃绝大部分自塔顶分馏出来;塔底凝析油与未稳定凝析油经过三级换热后,进入稳定凝析油缓冲罐,

8.2 Технология многоступенчатого мгновенного испарения газа + фракционирования

8.2.1 Технологический процесс и проектные параметры

8.2.1.1 Технологический процесс

（1）Мгновенное испарение газа.

Водосодержащий конденсат поступает в буферную емкость конденсата, затем выделенный водосодержащий конденсат поступает в предварительный подогреватель конденсата после регулирования давления, после этого нагретый водосодержащий конденсат поступает в трехфазный сепаратор конденсата.Выделенный флаш-газ утилизируется.

（2）Обессоливание.

Выделенный конденсат после повышения давления насосом поступает в предварительный подогреватель для обессоливания конденсата, затем смешавшись со свежей водой, поступает в резервуара обессоливания.Обезвоженный и обессоленный конденсат разделяется на два потока, один поток сверху поступает в стабилизатор конденсата после охлаждения в АВО, другой со средней части входит в стабилизатор конденсата после теплообмена с нижним качественным конденсатом.

（3）Стабилизация фракционированием.

Пар или топливный газ подается со дна колонны, большинство легких углеводородов в конденсате фракционируется сверху колонны;

最后经空冷器冷却后储存或外输。分离出的闪蒸汽回收利用。

（4）酸水气提部分。

脱盐罐中分离出的含盐水及凝析油三相分离器分离出的含硫气田水调压后一同进入酸水缓冲罐缓冲，经缓冲罐后含硫气田水后分为两股从塔顶和塔中部进入气提塔，塔底通入蒸汽或燃料气。气田水中所含 H_2S 绝大部分被携带出塔顶，塔顶气去硫黄回收装置；塔底气田水(不含 H_2S)经气田水转输泵增压后进入气田水处理装置。

对于闪蒸汽的去处有以下方案：（1）若闪蒸汽量较小，则可进入燃料气系统；（2）若闪蒸汽量较大，流程中具有脱盐工艺，则凝析油稳定塔的压力可提高，则可进入脱硫闪蒸塔；（3）若闪蒸汽量较大，流程中不具有脱盐工艺，则凝析油处理塔的压力较低，则可增压进入脱硫吸收塔。凝析油脱盐工艺有两种工艺：（1）电脱盐工艺（2）水洗工艺。若供水条件较好，可采用水洗方式；若缺水，外排水限制严格，则采用电脱盐方式。

после трехступенного теплообмена с нестабильным конденсатом, нижний конденсат поступает в буферную емкость стабильного конденсата, хранится или транспортируется после окончательного охлаждения в АВО. Выделенный флаш-газ утилизируется.

(4) Отгонка кислой воды.

Выделенная из резервуара обессоливания вода с содержанием солей и выделенная из трехфазного сепаратора конденсата серосодержащая промысловая вода после регулирования давления совместно поступают в буферную емкость кислотной воды, после этого серосодержащая промысловая вода разделяется на два потока, которые поступают в отпарную колонну соответственно сверху и со средней части, пар или топливный газ подается со дна колонны. Большинство H_2S в промысловой воде выходит с верха колонны, верхний газ поступает в установку получения серы; нижняя промысловая вода (без H_2S) после повышения давления перекачивающим насосом поступает в установку очистки промысловой воды.

Существуют следующие варианты по очистке флаш-газа: (1) при малом объеме флаш-газа, флаш-газ поступает в систему топливного газа; (2) при большом объеме флаш-газа и наличии технологии обессоливания, допускается повысить давление в стабилизаторе конденсата для подачи флаш-газа в флаш-тауэр обессеривания; (3) при большом объеме флаш-газа и отсутствии в процессе технологии обессоливания, давление в стабилизаторе конденсата отказывается низким, при этом допускается повысить давление для подачи флаш-газа в абсорбер обессеривания. Технология обессоливания конденсата разделяется

8.2.1.2　工艺参数

（1）加热炉的加热温度和三相分离器的操作温度由凝析油的进料温度和组成确定。三相分离器的操作温度应与凝析油外输温度结合确定,取两者较大值。

（2）三相分离器操作压力就是闪蒸压力,应根据工艺计算结果、凝析油进料压力和闪蒸汽进入燃料气系统的压力要求来确定。三相分离器的操作压力宜满足闪蒸汽进入燃料气系统的要求。

（3）分馏稳定宜采用不完全塔的简单蒸馏法,因凝析油稳定装置本身能耗是装置经济与否的关键,推荐采用不完全塔的简易分馏法。只有提馏段的简易分馏法由于没有外回流,故能耗低于精馏法。

на два вида:（1）технология электрообессоливания;（2）технология промывки водой.Выбирается метод водной промывки при хороших условиях водоснабжения;и выбирается метод электрообессоливания при недостатке воды и строгом ограничении внешнего водоотвода.

8.2.1.2　Технологические параметры

（1）Температура нагрева нагревательной печи и рабочая температура трехфазного сепаратора определяются по сумме температур подачи конденсата.Рабочая температура трехфазного сепаратора определяется в зависимости от температуры экспортного транспорта, следует принять большее значение среди них.

（2）Рабочее давление трехфазного сепаратора представляет собой давление мгновенного испарения газа, определяется по результатам технологического расчета, требованиям к давлению подачи конденсата и давлению флаш-газа при входе в систему топливного газа.Рабочее давление трехфазного сепаратора должно соответствовать требованиям к входу флаш-газа в систему топливного газа.

（3）Для стабилизации фракционированием следует принять вариант простой перегонки неполной в ректификационной колонне, в связи с тем, что экономичность установки стабилизации конденсата зависит от нее расхода энергии, рекомендуем применять вариант простой дефлегмации в неполной ректификационной колонны.В связи с отсутствия наружного орошения, расход энергии варианта простого фракционирования с отпарной секцией ниже, чем варианта ректификации.

（4）分馏稳定的操作压力、温度应根据工艺计算和油气输送和储存条件确定。

稳定塔的操作压力一般为 0.15～0.6MPa,操作温度应根据工艺计算确定,塔底操作温度一般为 150～220℃,塔顶操作温度为 70～110℃。

8.2.2 主要控制回路

8.2.2.1 原料凝析油系统压力控制

通常原料气凝析油系统压力控制调节阀设置在凝析油进装置管线上,采用单回路控制方式,用于调节整个原料气凝析油系统压力,保证装置处于一个压力平稳的环境中生产。

8.2.2.2 凝析油缓冲罐的液位控制

凝析油缓冲罐的液位控制采用单回路控制方式,调节阀位置通常设在出罐的凝析油管线上,根据凝析油缓冲罐液位设定值来进行自动调节,以确保凝析油处理装置流量平稳。

（4）Рабочее давление и температура стабилизации фракционированием должны определяться по результатам технологического расчета, условиям транспорта и хранения нефти и газа.

Рабочее давление стабилизатора обычно составляет 0,15-0,6МПа, рабочая температура определяется по результатам технологического расчета, рабочая температура дна колонны обычно составляет 150-220℃, рабочая температура верха колонны составляет 70-110℃.

8.2.2 Основные контуры регулирования

8.2.2.1 Регулирование давления в системе сырого конденсата

Регулирующий клапан для регулирования давления в системе сырого газа и конденсата с одноконтурным управлением, как правило, установлен на трубопроводе конденсата в установку, предназначается для регулирования давления целой системы сырого газа и конденсата, обеспечения работы установки под стабильным давлением.

8.2.2.2 Регулирование уровня жидкости в буферной емкости конденсата

Для уровня жидкости в буферной емкости конденсата применяется одноконтурное регулирование, регулирующий клапан, как правило, устанавливается на трубопроводе конденсата из буферной емкости, допускается автоматическое регулирование его положения по установленному значению уровня жидкости в буферной емкости, в целях обеспечения стабильного расхода установки подготовки конденсата.

8.2.2.3　凝析油缓冲罐闪蒸汽的压力控制

凝析油缓冲罐闪蒸汽的压力控制采用单回路控制方式,由于维持凝析油缓冲罐的压力主要是由闪蒸汽控制,调节阀位置通常设在闪蒸汽出口管线上,根据凝析油缓冲罐压力设定值来进行自动调节。

8.2.2.4　凝析油三相分离器的液位控制

凝析油三相分离器的液位控制采用单回路控制方式,调节阀位置通常设在出罐的凝析油管线上,根据凝析油缓冲罐液位设定值来进行自动调节,以确保凝析油处理装置流量平稳。

8.2.2.5　凝析油三相分离器闪蒸汽的压力控制

凝析油三相分离器闪蒸汽的压力控制采用单回路控制方式,由于维持凝析油三相分离器的压力主要是由闪蒸汽控制,调节阀位置通常设在闪蒸汽出口管线上,根据凝析油三相分离器压力设定值来进行自动调节。

8.2.2.3　Регулирование давления флаш-газа в буферной емкости конденсата

Для давления флаш-газа в буферной емкости конденсата применяется одноконтурное регулирование, в связи с тем, что поддержание давления в буферной емкости конденсата осуществляется регулированием флаш-газа, регулирующий клапан, как правило, устанавливается на выходном трубопроводе флаш-газа, допускается автоматическое регулирование его положения по установленному значению давления в буферной емкости конденсата.

8.2.2.4　Регулирования уровня жидкости в трехфазном сепараторе конденсата

Для уровня жидкости в трехфазном сепараторе конденсата применяется одноконтурное регулирование, регулирующий клапан, как правило, устанавливается на трубопроводе конденсата из буферной емкости, допускается автоматическое регулирование его положения по установленному значению уровня жидкости в буферной емкости, в целях обеспечения стабильного расхода установки подготовки конденсата.

8.2.2.5　Регулирование давления флаш-газа в трехфазном сепараторе конденсата

Для давления флаш-газа в трехфазном сепараторе конденсата применяется одноконтурное регулирование, в связи с тем, что поддержание давления в трехфазном сепараторе конденсата осуществляется регулированием флаш-газа, регулирующий клапан, как правило, устанавливается на выходном трубопроводе флаш-газа, допускается автоматическое регулирование его положения по установленному

8.2.2.6 凝析油稳定塔的液位控制

凝析油稳定塔的液位控制采用单回路控制方式,调节阀位置设在凝析油稳定塔底管线上,根据凝析油稳定塔液位设定值来进行自动调节。

8.2.3 主要工艺设备的选用

(1)凝析油加热器采用列管式换热器,管程为导热油,壳程为凝析油,传热效率较高,设备简单,技术成熟。

(2)凝析油三相分离器,内设挡板及波纹板,能有效加强分离,气、油、水分离效果较好。

(3)凝析油稳定塔采用浮阀塔,分离效果好、操作弹性大,是吸收解吸工艺过程常用的塔类型。

(4)含 H_2S 气田水量较小,汽提气用量也较小,酸水气提塔推荐采用填料塔。

значению давления в трехфазном сепараторе конденсата.

8.2.2.6 Регулирование уровня жидкости в стабилизаторе конденсата

Для уровня жидкости в стабилизаторе конденсата применяется одноконтурное регулирование, регулирующий клапан, как правило, устанавливается на трубопроводе на дне стабилизатора конденсата, допускается автоматическое регулирование его положения по установленному значению уровня жидкости в стабилизаторе конденсата.

8.2.3 Выбор основного технологического оборудования

(1)Для нагревателя конденсата применяется трубчатый теплообменник, теплопередающее масло поступает в трубное пространство, а конденсат в межтрубное пространство, он характеризуется высоким КПД теплопередачи, простым оборудованием и развитой технологией.

(2)Трехфазный сепаратор конденсата с встроенными перегородками и гофрированными пластинами характеризуется хорошим эффектом разделения газа, нефти и воды.

(3)Для стабилизатора конденсата применяется колонна с плавающим клапаном, она характеризуется хорошим эффектом разделения и большой оперативной гибкостью, представляет собой часто употребляемый тип колонны в технологическом процессе абсорбции и десорбции.

(4)В связи с малым объемом промысловой воды с содержанием H_2S и малым объемом отдувочного газа, рекомендуем применять насадочную колонну для отпарной колонны кислой воды.

（5）对于闪蒸汽增压，因气量较小、压比较大，采用燃气发动机驱动往复式压缩机。

（6）依据出口压力要求和流量情况，凝析油泵采用离心泵，气田水泵采用离心泵。

（7）破乳剂加注装置采用成型橇装设备，由厂家成套供货。

（8）电脱盐系统采用成型橇装设备，由厂家成套供货。

8.2.4　主要操作要点

8.2.4.1　凝析油缓冲罐

操作要点：控制好凝析油进装置管线上压力控制调节阀，保证装置处于一个压力平稳的环境中生产；控制好凝析油缓冲罐的液位，以确保凝析油处理装置流量平稳；由于维持凝析油缓冲罐的压力主要是由闪蒸汽控制，通过控制好设在闪蒸汽出口管线上调节阀，控制凝析油缓冲罐压力，确保闪蒸效果。

（5）В связи с малым объема газа и высоким давлением, для повышения давления флаш-газа применяется поступательно-возвратный компрессор с приводом от газового двигателя.

（6）По требованиям к выходному давлению и расходу, насосы для конденсата и промысловой воды должны быть центробежными.

（7）Установка закачки деэмульгатора представляет собой блочно-комплектное устройство, поставляемое в комплекте заводом.

（8）Для системы электрообессоливания применяется блочно-комплектное устройство, поставляемое в комплекте заводом.

8.2.4　Основные положения при эксплуатации

8.2.4.1　Буферная емкость конденсата

Основные положения при эксплуатации заключаются в том, что хорошо управлять регулирующим клапаном для управления давлением в трубопроводе конденсата в установку для обеспечения работы установки под стабильным давлением; хорошо управлять уровнем жидкости в буферной емкости конденсата для обеспечения стабильного расхода установки подготовки конденсата; в связи с тем, что поддержание давления в буферной емкости конденсата осуществляется преимущественно регулированием флаш-газа, управлять давлением в буферной емкости конденсата путем управлением регулирующим клапаном, установленным на выходном трубопроводе флаш-газа, для обеспечения хорошего эффекта мгновенного испарения.

8.2.4.2 凝析油三相分离器

操作要点：由气相出口调节阀控制好闪蒸汽三相分离器的压力；通过增加闪蒸汽压缩机的吸入量或对闪蒸汽进行调压放空，降低闪蒸汽系统压力。通过液相出口调节阀调节三相分离器烃相液位；通过醇腔出口调节阀调节三相分离器醇相液位。通过调节阀的旁通，调节闪蒸汽出换热器温度。

8.2.4.3 凝析油稳定塔

操作要点：通过导热油流量调节阀控制好塔底温度，通过调节阀控制塔顶压力，通过塔底液位调节阀控制塔底液位；通过凝析油缓冲罐烃相出口调节阀、三相分离器烃相出口调节阀优先控制进塔烃液流量，调节好进料量。

8.2.4.2 Трехфазный сепаратор конденсата

Основные положения при эксплуатации: управлять давлением в трехфазном сепараторе флаш-газа с помощью регулирующего клапана на выходе газовой фазы；снижать давление системы флаш-газа путем увеличения объема всасывания компрессора флаш-газа или регулирования давления и сброса флаш-газа.Регулировать уровень углеводородной фазы в трехфазном сепараторе регулирующим клапаном на выходе жидкой фазы；регулировать уровень спиртовой фазы в трехфазном сепараторе регулирующим клапаном на выходе спиртовой полости.Регулировать температуру флаш-газа из теплообменника путем байпасирования регулирующего клапана.

8.2.4.3 Стабилизатор конденсата

Основные положения при эксплуатации: управлять температурой дна колонны регулирующим клапаном расхода теплопередающего масла, управлять давлением верха колонны регулирующим клапаном, управлять уровнем жидкости на дне колонны регулирующим клапаном уровня жидкости на дне колонны；прежде всего управлять расходом углеводородной жидкости, входящей в колонну, и регулировать объем подачи с использованием регулирующих клапанов на выходах углеводородной фазы буферной емкости конденсата и трехфазного сепаратора.

9 硫黄回收

当处理含硫天然气时,天然气处理厂中的主要工艺装置除脱硫脱碳、脱水装置外,通常还有硫黄回收装置及尾气处理装置(当排放要求较高时)。硫黄回收装置通常是为了综合利用及满足环保的要求而设置的。从脱硫装置出来的酸气主要含有 H_2S、CO_2 和 H_2O 以及少量烃类等,为了能够满足当地的环境保护要求,应尽可能多地回收酸气中的硫。

9.1 工艺方法简介和选择

目前广泛使用的硫回收方法是克劳斯法(Claus Process)。该法是氧化、催化制硫的一种工艺方法。

克劳斯法于1890年左右提出,1938年工业化,其后发展十分迅速,在燃烧炉火嘴、合成催化剂、空气配比反馈控制系统以及热力管道和液硫

9 Получение серы

При подготовке серосодержащего газа, кроме установки обессеривания и обезуглероживания и установки осушки газа, основные технологические установки на ГПЗ, как правило, включают в себя установку получения серы и установку очистки хвостового газа (при наличии высоких требований к выбросам).Как правило, установка получения серы предусматривается с целью утилизации и удовлетворения требований к охране окружающей среды.Кислый газ из установки обессеривания преимущественно содержит H_2S, CO_2, H_2O и малое количество углеводородов, поэтому следует получить серу из кислого газа по мере возможности, в целях удовлетворения местных требований к охране окружающей среды.

9.1 Краткое описание и выбор технологического метода

В настоящее время широко применяемый метод получения серы представляет собой процесс Клауса.Процесс Клауса является одним из технологических методов получения серы окислением и катализом.

Данный метод Клаус был разработан в 1890 году, был индустриализирован в 1938 году, после этого он быстро развивается в части горелки печи

系统布局等方面有了长足的进展,是最经济实用、成熟可靠的硫黄回收工艺方法。二级常规克劳斯装置硫回收率因受热力学因素和动力学平衡反应的限制,随进料气中 H_2S 含量的高低和处理量的不同,可达到 90%~95%(三级常规克劳斯装置回收率为 93%~97%),克劳斯装置尾气经焚烧后排放仍存在 SO_2 污染问题。由于对 SO_2 排放限制日趋严格,国外从 20 世纪 60 年代起环境法规要求处理能力较大的克劳斯装置的硫回收率达到 98%、99% 甚至超过 99.5%,为此开发了许多尾气处理工艺方法,如克劳斯延伸类工艺。

сжигания, синтезирования катализатора, системы управления с обратной связью соотношением воздуха, а также размещения тепловой сети и системы жидкой серы, представляет собой самый экономический полезный надежный технологический метод.Коэффициент получения серы традиционной установки Клауса второй ступени ограничивается термодинамическими факторами и динамической равновесной реакцией, может достигать 90%-95% (93%-97% для обычной установки Клауса третьей ступени)по мере изменения содержания H_2S во входном газе и производительности, после сжигания хвостовой газ из установки Клауса все еще может привести к загрязнению SO_2.По мере постепенного ужесточения требований к выбросам SO_2, начиная с 1960-х годов ХХ века за границей законы об охране окружающей среды предусматривали, что коэффициент получения серы установки Клауса с большой производительностью должен достигать 98%,99% и даже свыше 99,5%, в связи с этим, были разработаны многие технологические методы очистки хвостового газа, как модифицированные процессы Клауса.

9.1.1   硫性质及硫黄回收工艺原理

9.1.1.1   硫黄的性质及标准

(1)固体硫黄的性质。

硫黄在常温下为黄色固体,结晶形硫黄为斜方晶硫,又称正交晶硫或 α 硫;升温至 95.6℃时则转变为单斜晶硫,又称 β 硫;二者均是 8 原子环,但排列形式和间距不同。无定形硫主要是弹性硫,它是液硫注入冷水中形成的。不溶硫是指不溶于二硫化碳的硫黄,也称聚合硫、白硫或 ω 硫,主要

9.1.1   Свойства серы и технология получения серы

9.1.1.1   Свойства серы и стандарт

(1)Свойства твердой серы.

Сера представляет собой твердое вещество желтого цвета при комнатной температуре, кристаллическая сера представляет собой ромбическую серу, также называется орторомбической или α-серой;она превращается в моноклинную серу или β-серу в при повышении температуры

用作橡胶制品的硫化剂。20℃下固体硫黄的密度：正交晶 $2070kg/m^3$；单斜晶 $1960kg/m^3$；硫黄粉尘爆炸极限 $35g/m^3$。

（2）液态硫黄的性质。

液态硫黄的密度：120℃下为 $1806kg/m^3$，140℃下为 $1788kg/m^3$，160℃下为 $1771kg/m^3$。101.325kPa 下沸点为 444.6℃。在液硫性质中特别值得注意的是其黏度随温度变化而发生不规则变化，如图 9.1.1 所示。

液硫在温度达 160℃左右时，其分子急剧聚合形成 μ 硫而与 S_8 成平衡，相应地其黏度亦急剧升高，至 187℃达到最大值；此后，随温度升高硫分子又迅速裂解而黏度迅速下降。因此，为避开液硫的高黏度区，硫黄回收装置过程气及液硫的保温伴热蒸汽宜采用 0.25～0.40MPa（g）的低压蒸汽。

до 95,6℃;обе они являются восьмичленными кольцами, но отличаются расположением и расстоянием между атомами.Аморфная сера в основном представляет собой пластическую серу, образуется при вливании жидкой серы в холодную воду.Под нерастворимой серой понимается сера, нерастворимая в сероуглероде, также называется полимерной серой, белой серой или ω-серой, применяется преимущественно в качестве сульфидизатора для резиновых изделий.Плотность твердой серы при температуре 20℃:ромбической серы $2070кг/м^3$;моноклинной серы $1960кг/м^3$;предел взрыва серной пыли составляет $35г/м^3$.

（2）Свойства жидкой серы.

Плотность жидкой серы: $1806кг/м^3$ при температуре 120℃,$1788кг/м^3$ при температуре 140℃,$1771кг/м^3$ при температуре 160℃.Точка кипения при 101,325кПа составляет 444,6℃.Стоит отметить, что вязкость жидкой серы беспорядочно изменяется по мере изменения температуры, как показано на рис.9.1.1.

Молекулы жидкой серы могут резко полимеризоваться и образовать μ-серу, которая балансируется с S_8, при температуре примерно 160℃, ее вязкость соответственно резко повышается и достигает максимума 187℃;после этого, по мере повышения температуры высокосернистые молекулы быстро расщепляются и вязкость быстро снижается.В связи с этим, в качестве технологического газа установки получения серы и обогревающего пара жидкой серы применяется пар низкого давления 0,25-0,40МПа（изб.）в целях избежания зоны высокой вязкости жидкой серы.

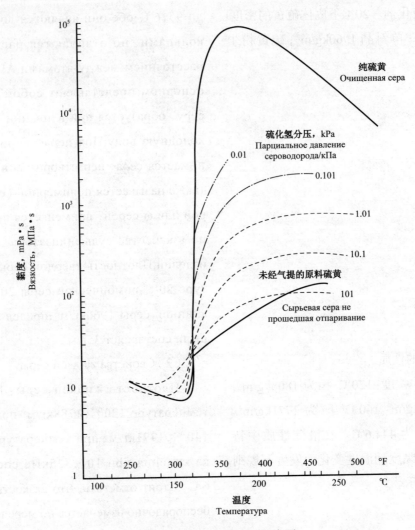

图 9.1.1 液硫黏度—温度图

Рис.9.1.1 Вязкостно-температурная характеристика жидкой серы

（3）气态硫黄的性质。

气相状态下的元素硫有多种组分,在不同的温度条件下,气相中平衡的硫组分构成是不同的。在高温热反应段生成的硫主要以 S_2 形态存在,在低温催化反应段主要以 S_8 形态存在。平衡时气相中各种硫组分组成比例与温度的关系如图 9.1.2 所示。

（3）Свойства газообразной серы.

Элементарная сера в газовой фазе имеет многие молекулы, при разных температурах структура равновесных молекул серы в газовой фазе отказывается различной.В высокотемпературной зоне тепловой реакции образуется сера преимущественно в виде S_2, в низкотемпературной зоне каталитической реакции образуется сера в виде S_8.Зависимость различных молекул серы в газовой фазе от температур при равновесии как показана на рис.9.1.2.

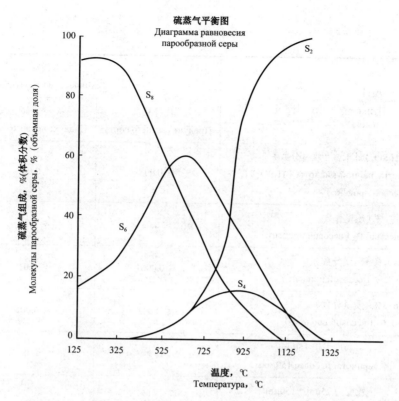

硫蒸气平衡图
Диаграмма равновесия
парообразной серы

图 9.1.2　平衡时气相中各硫组分间的比例

Рис.9.1.2　Соотношение между молекулами серы в газовой фазе при равновесии

（4）硫黄相关标准。

硫黄质量控制指标见表 9.1.1。

（4）Соответствующие показатели серы.

Контрольные показатели качества серы приведены в таблице 9.1.1.

表 9.1.1　中国工业硫黄质量指标

Таблица 9.1.1　Показатели качества технической серы в Китае

项目 Пункт		技术指标 Технические показатели		
		优等品 Продукт высшего сорта	一等品 Продукт первого сорта	合格品 Годный продукт
硫,%（质量分数） Сера,（%）（весовой процент）		≥ 99.95	≥ 99.50	≥ 99.00
水分,%（质量分数） Влага, %（весовой процент）	固体硫黄 Твердая сера	≤ 2.0	≤ 2.0	≤ 2.0
	液体硫黄 Жидкая сера	≤ 0.10	≤ 0.50	≤ 1.00
灰分,%（质量分数） Зольность, %（весовой процент）		≤ 0.03	≤ 0.10	≤ 0.20

项目 Пункт		技术指标 Технические показатели		
		优等品 Продукт высшего сорта	一等品 Продукт первого сорта	合格品 Годный продукт
酸度 [以硫酸(H_2SO_4)计], %（质量分数） Кислотность [по количеству серной кислоты (H_2SO_4)], % （весовой процент）		≤ 0.003	≤ 0.005	≤ 0.02
有机物, %（质量分数） Органическое вещество, %（весовой процент）		≤ 0.03	≤ 0.30	≤ 0.80
砷(As), %（质量分数） Мышьяк (As), %（весовой процент）		≤ 0.0001	≤ 0.01	≤ 0.05
铁(Fe), %（质量分数） Железо (Fe), %（весовой процент）		≤ 0.003	≤ 0.005	—
筛余物 [a], %（质量 分数） Остаток на сите[a], % （весовой процент）	粒度大于 150μm зернистость более 150 мкм	≤ 0	≤ 0	≤ 3.0
	粒度为 75μm～150μm Зернистость в пределах 75 мкм ～150 мкм	≤ 0.5	≤ 1.0	≤ 4.0

[a] 表中的筛余物指标仅用于粉状硫黄。

[a] Остаток на сите в таблице распространяется на порошкообразную серу.

9.1.1.2 硫黄回收基本原理

硫黄回收普遍采用克劳斯法,是一种氧化催化制硫的工艺方法。经改良后的克劳斯法应用广泛。近几十年来,在工艺流程、设备设计、催化剂的选择、自控系统、材质和防腐技术等方面都取得了较大的进展。

（1）克劳斯反应。

1883 年英国化学家 C.F.Claus 开发了 H_2S 氧化制硫的方法,即:

9.1.1.2 Основные положения получения серы

Для получения серы обычно применяется процесс Клауса, под ним понимается технологический метод получения серы окислением и катализом, усовершенствованный процесс Клауса широко применяется.В последние десятки лет, технологический процесс, проектирование оборудования, выбор катализатора, система автоматического управления, материалы и технология защиты от коррозии получили большое развитие.

（1）Процесс Клауса.

В 1883 году метод получения серы из H_2S был изобретен английским химиком Карлом Фридрихом Клаусом, то есть:

$$H_2S + \frac{1}{2}O_2 \rightarrow \frac{1}{n}S_n + H_2O + 205kJ/mol \quad (9.1.1)$$

式（9.1.1）称为克劳斯反应，该反应由于是强放热反应而很难维持合适的反应温度，只能借助于限制处理量来获得 80%～90% 的转化率。

20 世纪 30 年代，德国法本公司将原型克劳斯工艺改革为两段反应：热反应段（主燃烧炉内的反应）及催化反应段（催化反应器内的反应）。这一重大改进使之获得广泛应用，通常称为改良克劳斯工艺。

① 主燃烧炉内的反应。

在热反应段即燃烧炉内 1/3 的 H_2S 氧化成 SO_2 后，2/3 的 H_2S 与生成的 SO_2 吸收部分热量反应生成硫，主反应如下：

$$H_2S + \frac{3}{2}O_2 \rightarrow SO_2 + H_2O + 518.9kJ/mol \quad (9.1.2)$$

$$H_2S + \frac{1}{2}SO_2 \rightarrow \frac{3}{4}S_2 + H_2O - 4.75kJ/mol \quad (9.1.3)$$

事实上，在燃烧炉内除主反应外还有复杂的副反应，包括酸气中烃类的氧化反应、H_2S 裂解反应以及有机硫（COS 及 CS_2）的生成反应等。

烃类氧化反应：

$$H_2S + \frac{1}{2}O_2 \rightarrow \frac{1}{n}S_n + H_2O + 205кДж/моль \quad (9.1.1)$$

Вышеуказанная формула называется реакцией Клауса, являясь экзотермической, реакция Клауса с трудностью поддерживает подходящую температуру реакции, и получает 80%-90% коэффициента конверсии только путем ограничения производительности.

В 1930-е годы XX века, процесс Клауса был модифицирован в двухстадийный Немецкой компанией "Фарбен": зона тепловой реакции (реакция в главной печи сжигания) и зона каталитической реакции (реакция в каталитическом реакторе). Такое крупное усовершенствование позволяет процессу Клауса получать широкое применение, чаще рассматривают как усовершенствованный процесс Клауса.

① Реакция в главной печи сжигания.

В зоне тепловой реакции, то есть в печи сжигания после окисления 1/3 H_2S в SO_2, поглощая часть тепла, 2/3 H_2S реагирует с полученной SO_2 и образует серу, главная реакция как ниже следует:

$$H_2S + \frac{3}{2}O_2 \rightarrow SO_2 + H_2O + 518.9кДж/моль \quad (9.1.2)$$

$$H_2S + \frac{1}{2}SO_2 \rightarrow \frac{3}{4}S_2 + H_2O - 4.75кДж/моль \quad (9.1.3)$$

На самом деле, кроме главной реакции в печи сжигания также появится сложная побочная реакция, как реакция окисления углеводородов в кислом газе, реакция расщепления H_2S и реакция образования органической серы(COS и CS_2) и т.д.

Реакция окисления углеводородов:

$$CH_4 + \frac{3}{2}O_2 \rightarrow CO + 2H_2O \qquad (9.1.4)$$

相应地有水煤气转化反应：

$$CO + H_2O \rightarrow CO_2 + H_2 \qquad (9.1.5)$$

H_2S 裂解反应：

$$H_2S \rightarrow H_2 + \frac{1}{2}S_2 \qquad (9.1.6)$$

有机硫生成反应相当复杂，文献中提出了多种 COS 及 CS_2 的生成反应，从热力学的角度看，下述两个反应是最有利的反应：

$$CH_4 + 4S_1 \rightarrow CS_2 + 2H_2S \qquad (9.1.7)$$

$$CH_4 + SO_2 \rightarrow COS + H_2O + H_2 \qquad (9.1.8)$$

但很难说式（9.1.7）及式（9.1.8）就是燃烧炉内生成 CS_2 及 COS 的主导反应。此外，还有如下反应：

$$H_2S + CO_2 \rightarrow COS + H_2O \qquad (9.1.9)$$

$$H_2S + COS \rightarrow CS_2 + H_2O \qquad (9.1.10)$$

在硫蒸汽冷凝过程中还有不同硫分子的转换反应以及硫分子与溶解的 H_2S 在液硫中生成多硫化氢的反应：

$$3S_2 \rightarrow S_6 \qquad (9.1.11)$$

$$4S_2 \rightarrow S_8 \qquad (9.1.12)$$

$$H_2S + S_n \rightarrow H_2S_{n+1} \qquad (9.1.13)$$

如果酸气中含有 NH_3，则燃烧炉内还有 NH_3 的氧化反应。

$$CH_4 + \frac{3}{2}O_2 \rightarrow CO + 2H_2O \qquad (9.1.4)$$

Соответствующая реакция конверсии водяного газа：

$$CO + H_2O \rightarrow CO_2 + H_2 \qquad (9.1.5)$$

Реакция расщепления：

$$H_2S \rightarrow H_2 + \frac{1}{2}S_2 \qquad (9.1.6)$$

Реакция образования органической серы является достаточно сложной, литературы предусматривают многообразные реакции органической COS и CS_2, с точки зрения термодинамики, следующие две реакции являются наивыгоднейшими：

$$CH_4 + 4S_1 \rightarrow CS_2 + 2H_2S \qquad (9.1.7)$$

$$CH_4 + SO_2 \rightarrow COS + H_2O + H_2 \qquad (9.1.8)$$

Однако, трудно сказать, что формула（9.1.7）и формула（9.1.8）представляют собой ведущие реакции образования CS_2 и COS в печи сжигания. Кроме этого, еще существуют следующие реакции：

$$H_2S + CO_2 \rightarrow COS + H_2O \qquad (9.1.9)$$

$$H_2S + COS \rightarrow CS_2 + H_2O \qquad (9.1.10)$$

В процессе конденсации парообразной серы еще существуют реакция конверсии разных молекул серы и реакция образования многосернистого водорода в жидкой сере молекулами и растворенным H_2S：

$$3S_2 \rightarrow S_6 \qquad (9.1.11)$$

$$4S_2 \rightarrow S_8 \qquad (9.1.12)$$

$$H_2S + S_n \rightarrow H_2S_{n+1} \qquad (9.1.13)$$

В печи сжигания также существует реакция окисления NH_3, в случае наличия NH_3 в кислом газе.

② 在催化反应器中的化学反应。

在催化反应段是余下的 H_2S 与 SO_2 在催化剂上继续反应,并释放部分热量,其主反应是:

$$H_2S + \frac{1}{2}SO_2 \rightarrow \frac{3}{2n}S_n + H_2O + 48.05kJ/mol \quad (9.1.14)$$

此处应当注意的是催化段生成硫(主要为 S_8,也有 S_6)的式(9.1.14)反应是放热反应,但热反应段生成 S_2 的式(9.1.3)反应却是微吸热反应。

由于燃烧炉生成了有机硫,为了提高装置的转化率及硫收率,需在催化段使其水解转化为 H_2S:

$$COS + H_2O \rightarrow H_2S + CO_2 \quad (9.1.15)$$

$$CS_2 + 2H_2O \rightarrow 2H_2S + CO_2 \quad (9.1.16)$$

从反应动力学角度看,随着反应温度降低,克劳斯反应的速率也逐渐变慢,低于350℃时的反应速率已不能满足工业要求,而此温度下的理论转化率(假定达到平衡)也仅 80%～85%。鉴此,必须使用催化剂加速反应,以求在尽可能低的温度下达到尽可能高的转化率。催化剂虽不能改变最终的平衡组成,但却大大缩短了达到平衡的时间,从而使低温催化反应具有工业价值:

② Химическая реакция в каталитическом реакторе.

Остаточные H_2S и SO_2 продолжают реагировать на катализаторе в зоне каталитической реакции, и выделяют часть теплоты, главная реакция как ниже показано:

$$H_2S + \frac{1}{2}SO_2 \rightarrow \frac{3}{2n}S_n + H_2O + 48.05kJ/mol \quad (9.1.14)$$

Здесь необходимо обратить внимание на то, что реакция образования серы(преимущественно в виде S_8, и S_6) в каталитической зоне по формуле (9.1.14) является экзотермической, но реакция образования S_2 в зоне тепловой реакции по формуле (9.1.3) является эндотермической.

В связи с образованием органической серы в печи сжигания, она должна гидролизоваться и превращаться в H_2S в каталитической зоне с целью повышения коэффициента конверсии установки и коэффициента получения серы:

$$COS + H_2O \rightarrow H_2S + CO_2 \quad (9.1.15)$$

$$CS_2 + 2H_2O \rightarrow 2H_2S + CO_2 \quad (9.1.16)$$

С точки зрения кинетики реакции, скорость реакции Клауса постепенно снижается по мере снижения температуры реакции, скорость реакции при температуре ниже 350℃ уже не может удовлетворять промышленным требованиям, теоретический коэффициент конверсии при этой температуре только составляет 80%-85% (предположим, что реакция пришла к равновесие).В связи с этим, для ускорения реакции необходимо применять катализатор, чтобы получить максимальный коэффициент конверсии при возможно низшей температуре.Хотя катализатор не может изменять окончательный равновесный состав, но он значительно сокращает время достижения

$$H_2S + \frac{1}{2}O_2 \rightarrow \frac{1}{x}S_x + H_2O \qquad (9.1.17)$$

从式（9.1.17）看，O_2 的化学当量过剩并不能增加转化率，因为多余的 O_2 将和 H_2S 反应而生成 SO_2，而不是生成元素硫。然而，提高空气中的 O_2 含量和酸气中的 H_2S 的含量则有利于增加转化率，这些原理已经被应用于新工艺的开发，如氧基回收工艺（COPE 法）。

降低硫蒸汽分压有利于平衡向右边移动，而且硫蒸汽本身又远比过程气中其他组分容易冷凝，这就是工艺装置上两级转化器之间设置硫冷凝器的原因。同时，从过程气中分离硫蒸汽也能相应地降低其硫露点，使下一级转化器可以在更低的温度下操作。

催化反应是在转化器内的催化剂床层上进行克劳斯反应。从理论上讲，反应温度越低则转化率越高。但是，实际上反应温度低到一定限度后，由于受到硫露点的影响，会有大量液硫沉积在催化剂表面使之失去活性。因此，催化转化反应的温度一般均控制在 $170\sim350℃$。

равновесия, тем самым, позволяет каталитической реакции при низких температурах обладать промышленной ценностью:

$$H_2S + \frac{1}{2}O_2 \rightarrow \frac{1}{x}S_x + H_2O \qquad (9.1.17)$$

По уравнению（9.1.17）, избыток химического эквивалента O_2 не может увеличить коэффициент конверсии, потому что, избыточный O_2 реагирует с H_2S с образованием SO_2, а не элементарной серы. Однако, увеличение содержания O_2 в воздухе и содержания H_2S в кислом газе благоприятствует повышению коэффициента конверсии, эти принципы уже использовались в разработке новых технологий, как технология получения оксогрупп（метод COPE）.

Причина установки конденсатора серы между конвертерами двух ступеней на технологической установке заключается в том, что снижение парциального давления парообразной серы способствует смещение равновесия вправо, и парообразная сера легко конденсируется по сравнению с прочими компонентами в технологическом газе. При этом, парообразная сера, выделенная из технологического газа, может соответственно снижать точку росы серы, позволять конвертеру последующей ступени работать при более низких температурах.

Каталитическая реакция представляет собой реакцию Клауса, происходящую в слое катализатора в конвертере. С теоретической точки зрения, чем ниже температура реакция, тем выше коэффициент конверсии. Однако на самом деле под воздействием точки росы серы, большое количество жидкой серы, оставшись на поверхности катализатора, потеряет активность при снижения температуры реакции до определенного предела.

理想的克劳斯反应要求过程气中 H₂S∶SO₂（摩尔比）=2∶1，才能获得高的转化率，因此，必须控制好进反应炉空气量。

Поэтому, как правило, температура каталитической реакции конверсии должна быть в пределах 170-350℃.

Идеальная реакция Клауса требует того, что соотношение H₂S∶SO₂ (молярное соотношение) в технологическом газе должно быть 2∶1, так можно получить высокий коэффициент конверсии, поэтому необходимо хорошо регулировать объем воздуха в реакционную печь.

（2）反应温度与转化率的关系。

（2）Отношение между температурой реакции и коэффициентом конверсии.

不同反应温度下 H₂S 转化为硫蒸汽的理论转化率与温度的关系如图 9.1.3 所示：

Зависимость теоретического коэффициента конверсии H₂S в парообразную серу при разных температурах реакции от температур приведена на рис.9.1.3：

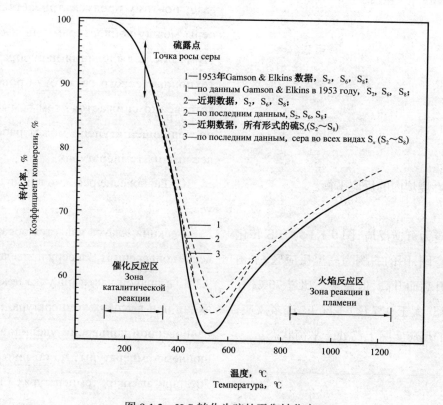

图 9.1.3　H₂S 转化为硫的平衡转化率

Рис.9.1.3　Коэффициент равновесной конверсии H₂S в серу

① 当反应温度接近硫黄露点时，收率可达到 99% 以上。

① Когда температура реакции приближается к точке росы серы, коэффициент получения может достигать 99% и более.

a. 高温区转化为微吸热反应,转化率随温度升高而升高。

b. 催化反应区为放热反应,转化率随温度降低而升高。

c. 在低温反应区,降低反应产物硫蒸汽分压有助于催化反应进行,同时硫蒸汽本身比过程气中其他组分容易冷凝,所以在两级反应器之间需设置硫冷凝器。同时,由于从过程气中分离硫蒸汽后也相应地降低了硫露点,从而使下一级反应器可以在更低温度下操作。

② 克劳斯燃烧炉内的反应平衡。

克劳斯反应为可逆反应,图 9.1.3 为 H_2S 转化为硫的平衡示意图,图的右侧为高温反应区,平衡转化率随温度升高而升高,但通常不超过 70%;在燃烧炉内的高温(大于 927℃)工况下,许多反应,尤其是生成硫的反应实际上已处于平衡状态。

③ 克劳斯工艺催化段的反应平衡。

a.Конверсия в зоне высоких температур является эндотермической реакцией, коэффициент конверсии увеличивается с повышением температуры.

b.Экзотермическая реакция происходят в зоне каталитической реакции, коэффициент конверсии увеличивается с понижением температуры.

c.В низкотемпературной зоне реакции, снижение парциального давления парообразной серы, являющейся продуктом реакции, способствует каталитической реакции, и парообразная сера легко конденсируется по сравнению с прочими компонентами в технологическом газе, поэтому предусматривается конденсатор серы между конвертерами двух ступеней.При этом, после выделения парообразной серы из технологического газа точка росы серы соответственно снижается, тем самым, конвертер последующей ступени может работать при более низких температурах.

② Равновесие реакции в печи сжигания Клауса.

Реакция Клауса является обратимой, равновесие конверсии H_2S в серу приведено на рисунке 9.1.3, в правой части рисунка показана зона реакции при высоких температурах, коэффициент равновесной конверсии увеличивается с повышением температуры, но обычно не превышает 70%;при высоких температурах (выше 927℃)в печи сжигания, многие реакции, особенно реакция образования серы в действительности находятся в состоянии равновесия.

③ Равновесие реакции в каталитической зоне процесса Клауса.

催化段内的反应比燃烧炉要简单得多,主要是生成硫黄的反应和有机硫的水解反应。从平衡而言,生成硫的反应平衡常数随温度的下降而急剧上升,所以应选用低温下高活性的催化剂以提高转化率。至于有机硫的水解反应,虽然在低温下有较高的平衡常数,但由于催化剂的动力学性能,反应不得不在较高的温度下进行以提高其水解率。

Реакция в каталитической зоне значительно проще, чем в печи сжигания, в основном представляет собой реакцию образования серы и реакцию гидролиза органической серы.С точки зрения равновесия, константа равновесия реакции образования серы стремительно увеличивается с понижением температуры, поэтому следует применять высокоактивный катализатор при низких температурах для увеличения коэффициента конверсии.Насчет реакции гидролиза органической серы, хотя константа равновесия сравнительно высокая при низких температурах, но реакции приходится происходить при более высоких температурах для увеличения коэффициента гидролиза в зависимости от динамических характеристик катализатора.

9.1.2 常规克劳斯工艺

9.1.2 Традиционный процесс Клауса

9.1.2.1 流程描述

由于克劳斯反应的要求和进料酸气的多样性,产生了各种各样的工艺流程。目前通常将酸气全部进入主燃烧炉的克劳斯法称为直流法,部分酸气进入主燃烧炉的克劳斯法称为分流法。在克劳斯法硫黄回收工艺中,主燃烧炉后都有若干级催化转化器,图9.1.4为三级常规克劳斯工艺。

9.1.2.1 Краткое описание процесса

Благодаря требованиям к процессу Клауса и различным видам кислых газов приемных материалов, появились разнообразные технологических процессы.В настоящее время, процесс Клаус, при котором кислый газ полностью поступает в главную печь сжигания называется прямоточным, процесс Клауса, при котором часть кислого газа поступает в главную печь сжигания называется разветвленным.В технологии получения серы методом Клауса за главной печью сжигания имеется каталитический конвертер разного уровня, традиционный трехступенчатый процесс Клауса показан на рис.9.1.4.

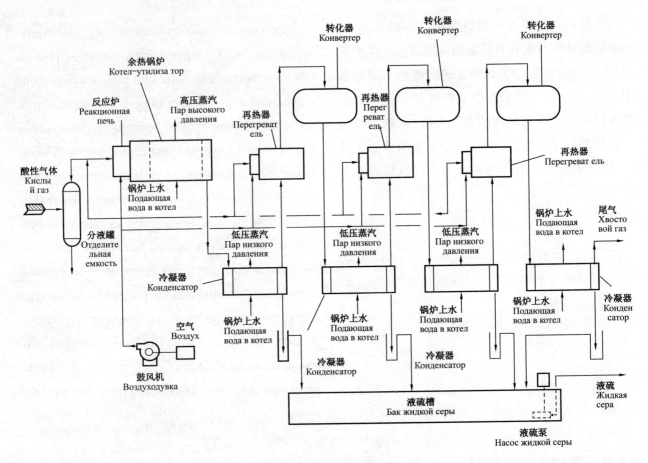

图 9.1.4　常规克劳斯工艺

Рис.9.1.4　Традиционный процесс Клауса

从脱硫单元送来的压力为 70kPa（g）的酸气和从尾气处理单元送来的压力为 80kPa（g）的酸气经酸气分离器分离酸水后，与送入主燃烧炉燃烧器的空气按一定配比在炉内进行克劳斯反应，其反应温度为 1109℃，在此条件下约 60% 的 H₂S 转化为元素硫。自主燃烧炉出来的高温气流经余热锅炉后降温至 316℃，进入一级硫黄冷凝冷却器冷却至 170℃，过程气中绝大部分硫蒸汽在此冷凝分离。自一级硫黄冷凝冷却器出来的过程气进入一级再热炉，采用燃料气进行再热升温至 260℃后进入一级反应器，气流中的 H₂S 和 SO₂ 在催化剂床层上继续反应生成元素硫，绝大部分有机硫在此进行水解反应，出一级反应器的过程气温度将升至 340℃左右，进入二级硫黄冷凝冷却器冷却至170℃，分出其中冷凝的液硫，自二级硫黄冷凝冷却器出来的过程气进入二级再热炉，采用燃料气

Кислый газ давлением 70кПа（изб.）из блока обессеривания и кислый газ давлением 80кПа（изб.）из блока очистки хвостового газа подаются в сепаратор кислого газа для выделения кислотной воды, затем смешиваются с воздухом из горелки главной печи сжигания по определенному соотношению компонентов для проведения процесса Клауса, температура реакции составляет 1109℃, при этом около 60% H₂S превращается в элементарную серу.Высокотемпературный поток газа из главной печи сжигания подается в котел-утилизатор для снижения температуры до 316℃, затем поступает в конденсатор-холодильник серы 1-ой ступени для охлаждения до температуры 170℃, большинство парообразной серы выделено конденсацией.Технологический газ из

进行加热升温至220℃进入二级反应器,气流中的 H₂S 和 SO₂ 在催化剂床层上继续反应生成元素硫,出二级反应器的过程气温度将升至 245℃进入三级硫黄冷凝冷却器冷却至170℃,分出其中冷凝的液硫后,自三级硫黄冷凝冷却器的过程气进入三级再热炉,采用燃料气进行加热升温至200℃后进入三级反应器,气流中的 H₂S 和 SO₂ 在催化剂床层上继续反应生成元素硫,出三级反应器的过程气温度将升至207℃进入四级硫黄冷凝冷却器冷却至170℃,分出其中冷凝的液硫后,尾气至尾气处理单元。

конденсатора-холодильника серы 1-ой ступени входит в перегревательную печь 1-ой ступени, перегревается топливным газом до температуры 260℃, после этого поступает в реактор 1-ой ступени, H_2S и SO_2 в потоке газа продолжают реагировать с образованием элементарной серы в слое катализатора, где подавляющее большинство органической серы гидролизуется, технологический газ из реактора 1-ой ступени с повышением температуры до примерно 340℃, войдя в конденсатора-холодильника серы 2-ой ступени, охлаждается до 170℃, выделяется из которого конденсационная жидкая сера, технологический газ из конденсатора-холодильника серы 2-ой ступени входит в перегревательную печь 2-ой ступени, перегревается топливным газом до температуры 220℃, после этого поступает в реактор 2-ой ступени, H_2S и SO_2 в потоке газа продолжают реагировать с образованием элементарной серы в слое катализатора, технологический газ из реактора 2-ой ступени с повышением температуры до примерно 245℃, войдя в конденсатора-холодильника серы 3-ей ступени, охлаждается до 170℃, выделяется из которого конденсационная жидкая сера, технологический газ из конденсатора-холодильника серы 3-ей ступени входит в перегревательную печь 3-ей ступени, перегревается топливным газом до температуры 200℃, после этого поступает в реактор 3-ей ступени, H_2S и SO_2 в потоке газа продолжают реагировать с образованием элементарной серы в слое катализатора, технологический газ из реактора 3-ей ступени с повышением температуры до примерно 207℃, войдя в конденсатора-холодильника серы 4-ой ступени, охлаждается до 170℃, выделяется из которого конденсационная жидкая сера, хвостовой газ поступает в блок очистки хвостового газа.

从各级冷凝器分离出来的液硫分别进入各级液硫封,经各级液硫封的液硫自流入脱气池,脱除液硫中的 H_2S 后进入液硫池,再用液硫泵将其送至硫黄成型单元。

四级冷凝器产生的 0.8MPa（g）155℃的锅炉水,可为余热锅炉、一级、二级、三级冷凝器和尾气处理装置的余热锅炉提供锅炉上水;余热锅炉、一级、二级、三级冷凝器产生的低压饱和蒸汽可为本装置提供保温、伴热蒸汽,剩余的蒸汽进入全厂低压蒸汽系统管网,供其他装置使用。

三级常规克劳斯工艺,硫收率为95%,为了满足工厂总硫回收率为99.8%的要求,硫黄回收装置的尾气需要进入尾气处理装置进行再处理。

9.1.2.2　工艺特点

（1）本单元设计采用分流法常规三级转化克劳斯工艺,由于进单元的酸气浓度较低,酸气部分进入主燃烧炉,50%的酸气分流进入主燃烧炉余热锅炉出口管线,主燃烧炉的温度达 1100℃,可确保稳定燃烧。

Жидкая сера, выделяемая из конденсаторов разных ступеней отдельно поступают в гидрозатворы жидкой серы разных ступеней, затем жидкая сера течет в дегазационный бассейн для выделения H_2S жидкой серы в зумпфе жидкой серы, потом применяется насос жидкой серы для транспортировки в блок формования серы.

Котловая вода из конденсатора 4-ой ступени с давлением 0,8МПа（ман.）и температурой 155℃ может применяться в качестве питательной воды котла-утилизатора, конденсаторов 1-ой, 2-ой, 3-ей ступеней и котла-утилизатора установки очистки хвостового газа;насыщенный пар низкого давления из котла-утилизатора, конденсаторов 1-ой, 2-ой, 3-ей ступеней может применяться в качестве обогревающего пара для данной установки, избыточный пар поступает во всезаводскую сеть трубопроводов системы пара низкого давления для прочих установок.

Традиционный трехступенчатый процесс Клауса, имеющий коэффициент получения серы 95%, предусматривает, что хвостовой газ из установки получения серы должен поступать в установку очистки хвостового газа для повторной подготовки, чтобы общий коэффициент получения серы завода составил 99,8%.

9.1.2.2　Особенности технологии

（1）Данный блок предусматривает прямоточный процесс Клауса с трехступенчатой конверсией, в связи с низкой концентрацией кислого газа в блок, часть кислого газа входит в главную печь сжигания, разветвленный поток 50% кислого газа поступает в выходной трубопровод котла-утилизатора главной печи сжигания, температура главной печи сжигания достигает 1100℃ для обеспечения стабильного сжигания.

（2）设置三级再热炉作为三级反应器的入口物料的调温手段，一级、二级、三级再热炉以燃料气作为热源，调温灵活可靠，易于控制。

（3）为充分利用热源，本单元产生的低压饱和蒸汽可为装置的设备、管线进行伴热，还有部分剩余蒸汽进入全厂低压蒸汽管网。

（4）本装置采用活性高，有机硫水解率高、床层阻力低的催化剂，总转化率和硫收率均较高。

（5）充分考虑装置运行的安全性，在主燃烧炉、一级、二级、三级再热炉上设置氮气吹扫管线，在主燃烧炉、一级、二级、三级再热炉上设置调温蒸汽管线，以及在各级反应器上设置降温氮气/蒸汽管线。

（6）为使设备和管线紧凑，以减少占地面积，节约投资，设备采用阶梯式布置。

（2）Устанавливается перегревательная печь 3-ей ступени для регулирования температуры материалов на входе реактора 3-ей ступени, для перегревательных печей 1-ой, 2-ой, 3-ей применяется топливный газ в качестве источника тепла, регулирование температуры признано гибким, надежным, легкоуправляемым.

（3）Для полного использования источника тепла, насыщенный пар низкого давления из данного блока может обогревать оборудование и трубопроводы, часть избыточного пара поступает во всезаводскую сеть трубопроводов пара низкого давления.

（4）Данная установка предусматривает применение катализатора, характеризующегося высокой активностью, высоким коэффициентом гидролиза органической серы и низким сопротивлением слоя, обладает высоким общим коэффициентом конверсии и коэффициентом получения серы.

（5）С полным учетом безопасности эксплуатации установки, главная печь сжигания и перегревательные печи 1-ой, 2-ой, 3-ей предусматривают трубопроводы для продувки азотом и трубопроводы пара для регулирования температуры, реакторы всех ступеней предусматривают трубопроводы азота / пара для понижения температуры.

（6）Предусматривается ступенчатое расположение оборудования для обеспечения компактности оборудования и трубопроводов, уменьшения занимаемой площади и экономия капиталовложения.

9.1.3 克劳斯延伸类工艺

9.1.3.1 MCRC 工艺

（1）流程介绍。

MCRC 工艺是由加拿大 Delta 公司开发的，将常规克劳斯过程和低温克劳斯过程结合在一起的工艺过程(转化级数通常采用四级或三级)，其效率相当于常规克劳斯过程和低温克劳斯过程联合的总效率，通常三级转化 MCRC 法硫回收率为98.5%～99.2%，四级转化 MCRC 法硫回收率为99.3%～99.4%，如图 9.1.5 所示。

9.1.3 Модифицированный процесс Клауса

9.1.3.1 Процесс MCRC

（1）Краткое описание процесса.

Процесс MCRC был разработан Канадской компанией Delta, представляет собой технологический процесс (число ступеней конверсии, как правило, принимается равным 4 или 3), соединяющий традиционный процесс Клауса с низкотемпературным процессом Клауса, его коэффициент равен сумме коэффициента традиционного процесса Клауса и коэффициента низкотемпературного процесса Клауса, коэффициент получения серы процесса MCRC с трехступенчатой конверсией, как правило, составляет 98,5%-99,2%, коэффициент получения серы процесса MCRC с четырехступенчатой конверсией составляет 99, 3%-99,4%, смотрите на рисунок 9.1.5.

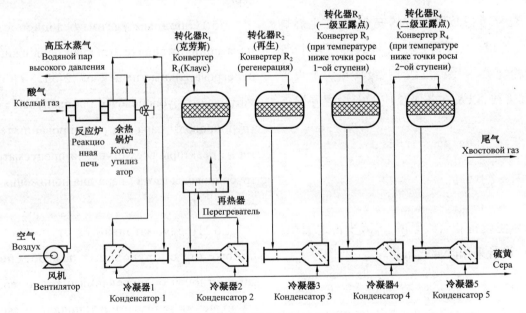

图 9.1.5 四级转化 MCRC 工艺流程

Рис.9.1.5 Технологический процесс MCRC с четырехступенчатой конверсией

MCRC 工艺应用了低温克劳斯技术,最后一级或两级转化器中过程气是在硫蒸汽露点温度下反应,使实际转化率能接近理论计算值,MCRC 装置再生热源为上游克劳斯反应段经分硫和再热后的过程气,无须单独的再生系统和补充再生能量,中国石油、中国石化都引进了该技术。

自主燃烧炉出来的高温气流经余热锅炉冷却后进入冷凝器 1 冷却,分离出液硫后经高温掺和阀调至所需的反应温度,进入转化器 R_1,在 R_1 内进行常规克劳斯反应,并使 CS_2 和 COS 充分水解。转化器 R_1 出来的过程气经冷凝器 2 冷凝后,经过再热器进行加热,进入转化器 R_2(为便于叙述,假设 R_2 处于再生态,而转化器 R_3、R_4 则处于吸附态)。在此反应器中,上一周期吸附在催化剂上的液硫逐步汽化,从而使催化剂除硫再生,并进行常规克劳斯反应。出转化器 R_2 的过程气经冷凝器 3 冷却除硫后,不经再热直接进入转化器 R_3,在其内进行低温克劳斯反应。出转化器 R_3 的过程气进入冷凝器 4,冷却分离出液硫后进入转化器 R_4,同样在其内发生低温克劳斯反应,出转化器 R_4 的过程气进入冷凝器 5 冷却分离出液硫后进入液硫捕集器,从捕集器出来的尾气送入尾气焚烧炉焚烧,焚烧后的废气通过烟囱排放。

Процесс MCRC представляет собой технологию низкотемпературного процесса Клауса, технологический газ в конвертере последней ступени или конвертерах последних двух ступеней реагирует при температуре точки росы парообразной серы, что позволяет фактическому коэффициенту конверсии приближаться к теоретическому расчетному значению, для установки MCRC источник регенерированного тепла представляет собой технологический газ, полученный после выделения серы и перегрева в верховой зоне реакции Клауса, не требуются отдельная система регенерации и дополнительная регенерация энергии, данная технология была заимствована КННК и СИНОПЕК.

Высокотемпературный поток газа из главной печи сжигания, охладившись в котле-утилизаторе, поступает в конденсатор 1, после выделения жидкой серы и регулирования его температуры до необходимой для реакции с помощью высокотемпературного смесительного клапана поступает в конвертер R_1, где происходит традиционная реакция Клауса, CS_2 и COS полностью гидролизуются.Технологический газ из конвертера R_1, конденсируясь в конденсаторе 2 и нагревшись в перегревателе, поступает в конвертер R_2(для удобства описания, предположим, что конвертер R_2 находится в режиме регенерации, конвертеры R_3 и R_4 находятся в режиме адсорбции).В данном реакторе жидкая сера, абсорбированная катализатором в предыдущей ступени, постепенно превращается в пар, тем самым катализатор регенерируется с удалением серы, даже и идет стандартная реакция Клаус.После охлаждения в конденсаторе 3 и обессеривания, технологический газ из конвертер R_2 без промперегрева

本装置低温克劳斯段的转化器 R_3、R_4、R_5 和相应的冷凝器 3、冷凝器 4、冷凝器 5 通过三个三通切换阀程序控制,自动切换操作。

（2）工艺特点。

① 过程气在硫蒸汽露点温度下进行反应,可使硫回收率得到大幅提高。

② 低温克劳斯反应段催化剂的再生热源可为上游克劳斯反应段经分硫和再热后的过程气,无须单独设置再生系统和补充再生能量,流程简单,占地少,操作和维修都十分方便。

③ 在低温克劳斯反应段,过程气的切换采用特制夹套三通阀自动程序控制,切换灵敏,切换时间短,操作过程平稳可靠。

прямо поступает в конвертер R_3, где происходит низкотемпературная реакция Клауса. Технологический газ из конвертера R_3 входит в конденсатор 4, охладившись и выделив жидкую серу, поступает в конвертер R_4, где тоже происходит низкотемпературная реакция Клауса, технологический газ из конвертера R_4 входит в конденсатор 5, охладившись и выделив жидкую серу, поступает в уловитель жидкой серы, хвостовой газ из уловителя входит в печь дожига хвостового газа, после сжигания выбрасывается через дымовую трубу.

Допускается управление конвертерами R_3, R_4, R_5 на зоне низкотемпературной реакции Клауса данной установки и соответствующими конденсаторами 3,4,5 с применением трех трехходовых переключающих клапанов с автоматическим переключением,

（2）Особенности технологии.

① Технологический газ реагирует при температуре точки росы парообразной серы, в связи с этим, коэффициент получения серы значительно увеличивается.

② Источник регенерированного тепла для катализатора в зоне низкотемпературной реакции Клауса представляет собой технологический газ, полученный после выделения серы и перегрева в верховой зоне реакции Клауса, не требуются отдельная система регенерации и дополнительная регенерация энергии, данная технология характеризуется простым процессом, малой занимаемой площадью, удобной для эксплуатации и ремонта.

③ Переключение технологического газа в зоне низкотемпературной реакции Клауса выполняется путем автоматического программного

④ 为满足高转化率的要求,设置高精度、高灵敏度的 H_2S/SO_2 在线分析仪反馈控制系统。

⑤ 过程气的再热采用燃料气再热炉,操作控制灵活、可靠。

⑥ 为提高硫回收率和充分利用热源,在综合考虑装置的稳定性的前提下,三级、四级硫黄冷凝冷却器产生 0.10MPa(g)低压蒸汽并空冷后经装置内循环重复利用,余热锅炉和一级、二级硫黄冷凝冷却器通过锅炉上水直接产生 0.60MPa(g)蒸汽至系统。可减少整个锅炉水的系统的负担,既保证了装置的稳定性,又实现了能量的合理利用。

9.1.3.2 Clinsulf-SDP 工艺

由 Linde 公司开发的亚露点工艺,于 20 世纪 90 年代问世,集常规克劳斯反应与低温克劳斯反应于一体,其核心是使用了带内置取热盘管的等温反应器,它的硫收率为 99.4%~99.6%。

управления с помощью трехходового клапана специально изготовленной рубашкой, характеризуется гибким и коротким временем, плавным и надежным процессом.

④ Предусматривается система управления с обратной связью поточного анализатора H_2S/SO_2 с высокой точностью и чувствительностью для удовлетворения требований к высокому коэффициенту конверсии.

⑤ Для промперегрева технологического газа применяется перегревательная печь топливного газа, оперативное управление признано гибким и надежным.

⑥ Для повышения коэффициента получения серы и полного использования источника тепла, с комплексным учетом стабильности установки, пар низкого давления 0,10МПа (ман.)из конденсаторов-холодильников серы 3-ей и 4-ой ступеней повторно используется путем внутренней циркуляции установки после воздушного охлаждения, пар давлением 0,60МПа (изб.), полученный из котла-утилизатора, конденсаторов-холодильников серы 1-ой, 2-ой ступеней путем подачи воды в котел, поступает в систему.Уменьшение нагрузки целой системы котловой воды не только обеспечивает стабильность установки, но и осуществляет рациональное использование энергии.

9.1.3.2 Технология процесса Clinsulf-SDP

Технология процесса Clinsulf-SDP была разработана Компанией Linde в 1990-е годы 20-ого века, объединяющий традиционную и низкотемпературную реакцию Клауса, основывается на изотермическом реакторе с встроенным нагревательным змеевиком, коэффициент получения серы составляет 99,4%～99,6%.

（1）Краткое описание процесса.

Установка получения серы Clinsulf-SDP в Филиале в Дяньцзян Чунцинского генерального ГПЗ состоит из части термической конверсии и части каталитической конверсии: для части термической конверсии применяется запатентованная технология Клауса, модифицированная Компанией Amoco, а для части каталитической конверсии применяется технология процесса Clinsulf-SDP（ниже точки росы）с двумя реакторами Linde AG. Технологический процесс показан на рис.9.1.6.

（1）流程介绍。

中国重庆天然气净化总厂垫江分厂 Clinsulf-SDP 硫黄回收装置由热转化和催化转化两部分组成：热转化部分采用 Amoco 公司的改良的克劳斯专利技术，催化转化部分采用的是 Linde AG 的两反应器 Clinsulf-SDP（亚露点）技术。图 9.1.6 是其工艺流程图。

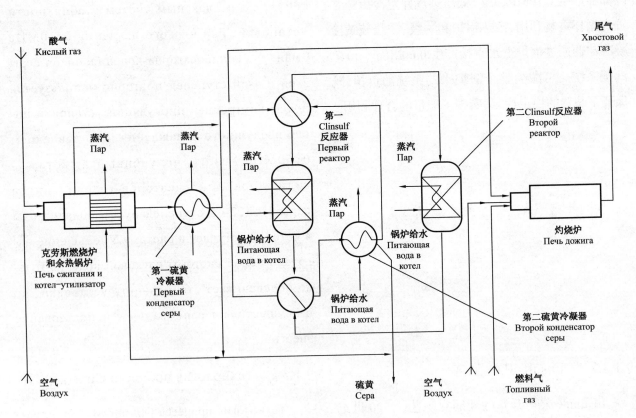

图 9.1.6　Clinsulf-SDP 硫黄回收工艺

Рис.9.1.6　Процесс получения серы методом Clinsulf-SDP при температурах ниже точки росы

Clinsulf-SDP 法 比 其 他 亚 露 点 工 艺，如 MCRC、Sulfreen 等流程都简单，仅用两级冷凝器和两个反应器，一个反应器处于"热"态，进行常规克劳斯反应，一个反应器处于"冷"态，进行低温克劳斯反应，每个反应器内催化剂床层有"绝热"和"等温"两段，绝热段有助于加速转化，等温段有利于提高转化率，但等温反应器比较昂贵。

催化转化段有两个反应器，一个处于"热"态进行常规克劳斯反应并使催化剂上吸附的硫逸出，另一个处于"冷"态进行低温克劳斯反应，两个反应器定期切换。反应器如图 9.1.7 所示。每个反应器内实际上有两个反应段，上段为绝热反应段，下段为等温反应段。绝热反应段有助于在较高的温度下使有机硫转化并可得到较高的反应速率，等温反应段则可保证较高的转化率。

По сравнению с прочими процессами Клауса при температурах ниже точки росы, как процессы MCRC, Sulfreen, процесс Clinsulf-SDP признается простым, только применяет двухступенчатый конденсатор и два реактора, один из них находится в горячем состоянии, где происходит стандартная реакция Клауса, другой находится в холодном состоянии, где происходит реакция Клауса при низких температурах, в каждом реакторе слой катализатора разделяется на две зоны «теплоизоляционную» и «изотермическую», зона теплоизоляционная способствует ускорению конверсии, зона изотермическая способствует увеличению коэффициента конверсии, но изотермический реактор сравнительно дорог.

В зоне каталитической конверсии устанавливаются два реактора, один из них находится в горячем состоянии, где происходит реакция Клауса при комнатной температуре и адсорбированная сера уходит из катализатора, а другой находится в холодном состоянии, где происходит реакция Клауса при низких температурах, оба они периодически переключаются.Реактор как показано на рис.9.1.7.В каждом реакторе имеются две реакционные зоны, в верхней происходит адиабатическая реакция, а в нижней происходит изотермическая реакция.Зона адиабатической реакции способствует конверсии органической серы при более высоких температурах и получению более высокой скорости реакции, зона изотермической реакции обеспечивает более высокий коэффициент конверсии.

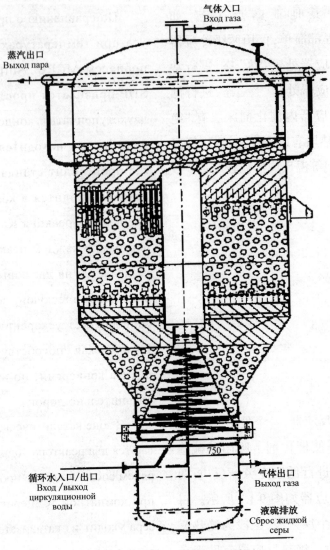

气体入口
Вход газа

蒸汽出口
Выход пара

750

循环水入口/出口
Вход /выход
циркуляционной
воды

气体出口
Выход газа

液硫排放
Сброс жидкой
серы

图 9.1.7 Clinsulf-SDP 反应器

Рис.9.1.7 Реактор Clinsulf-SDP

（2）工艺原理。

① "热态" 反应器的工艺原理。

经一级再热器加热至 255℃ 的过程气从顶部进入反应器，并在第一层 200mm 高的 Al_2O_3 催化剂上发生常规克劳斯反应，反应放出大量的热，过程气温度升高至 350℃，然后进入第二层 TiO_2 催化剂床层，在 TiO_2 催化剂的作用下，过程气中的 COS 和 CS_2 高效水解。过程气流经绝热段后进入第三层及第四层等温段，在此，通过催化剂床层内的冷却盘管不断取走反应热，将过程气出口温度控制在硫露点以上 30℃，过程气在此等温条

（2）Технологический принцип.

① Технологический принцип реактора, находящегося "в горячем состоянии".

После нагрева до 255℃ в перегревателе 1-ой ступени технологический газ сверху входит в реактор, где на первом слое катализатора Al_2O_3 высотой 200мм происходит стандартная реакция Клауса с выделением большого количества тепла, температура технологического газа повышается до 350℃, после этого технологический газ поступает в второй слой катализатора TiO_2, под которого воздействием COS и CS_2 в технологическом

件下持续进行克劳斯反应,这一级的转化率高达 90%。冷却盘管中产生中压蒸汽,蒸汽首先进入蒸汽包中,然后通过空冷器的冷却返回到催化剂床层冷却盘管内,从而维持冷却剂的自然循环。过程气从热态反应器出来后进入二级硫冷凝器降温至 131℃,将其中的绝大部分硫蒸汽冷凝成液硫流至液硫总管,而过程气则流至二级再热器升温至 198℃左右后,进入"冷态"反应器。

② "冷态"反应器的工艺原理。

过程气经二级再热器升温至 198℃后,从顶部进入反应器,并在第一层 200mm 高的 Al_2O_3 催化剂上发生常规克劳斯反应,使反应温度适当上升并进入第二层 TiO_2 催化剂床层,与热态反应器不同的是,因温度较低,过程气在此并未发生 COS 和 CS_2 水解反应。过程气从绝热段出来后进入第三层及第四层等温段,在此,通过催化剂床层内的冷却盘管不断取走反应热,将过程气出口温度控制在略高于硫露点的 125℃,过程气在此等温条件下持续进行克劳斯反应,并可达到较大的平衡转

газе гидролизуются с высокой эффективностью. Поток технологического газа через зону адиабатической реакции поступает в третий и четвертый слой зоны изотермической реакции, после этого, охлаждающий змеевик в слое катализатора непрерывно поглощает теплоту реакции, чтобы температура технологического газа на выходе поддерживалась на 30℃ выше точки росы серы, технологический газ продолжает реакцию Клауса при таких изотермических условиях, коэффициент конверсии в этой ступени достигает 90%.Пар среднего давления из охлаждающего змеевика сначала поступает в паросборник, охладившись в АВО, возвращается в охлаждающий змеевик слоя катализатора, тем самым, поддерживается естественная циркуляция хладагента.Технологический газ из реактора, находящегося в горячем состоянии, поступает в конденсатор среы 2-ой, чтобы температура понижалась до 131℃, подавляющая часть парообразной серы конденсируется в виде жидкой серы и притекает в магистраль жидкой серы, а технологический газ поступает в реактор, находящийся в холодном состоянии, после повышения температуры до 198℃ в перегревателе 2-ой ступени.

② Технологический принцип реактора, находящегося "в холодном состоянии".

После нагрева до 198℃ в перегревателе 2-ой ступени технологический газ сверху входит в реактор, где на первом слое катализатора Al_2O_3 высотой 200мм происходит стандартная реакция Клауса, чтобы температура реакции соответственно повышалась, после этого технологический газ поступает в второй слой катализатора TiO_2, но отличается от реактора, находящегося в горячем состоянии, COS и CS_2 в технологическом газе здесь не гидролизуются по причине

化率;同时,生成的元素硫不断吸附在催化剂上,这一级的转化率仍可达90%。冷却盘管中产生100kPa的蒸汽,蒸汽进入蒸汽包中,并通过空冷器的冷却返回到催化剂床层冷却盘管内,从而维持冷却剂的自然循环。过程气从"冷态"反应器出来,直接进入灼烧炉进行灼烧后经气烟囱排入大气。

③ "冷态"反应器的再生。

"冷态"反应器的催化剂上吸附元素硫达到一定量后,其吸附能力大大降低,影响反应器催化剂的活性。为恢复催化剂的活性,本装置设计成可将两台反应器进行切换操作,即将在"热态"状况下运行了一段时间的反应器切换为"冷态",将在"冷态"状况下运行了一段时间的反应器切换为"热态"。这样,从"冷态"切换为"热态"的反应器在硫露点之上运行,吸附于催化剂床层中的硫便解吸出来,从而得以再生。反应器的切换是通过两只四通阀来完成的,而四通阀切换的时间则通过进入燃烧炉的空气累积量来自动控制。

низкой температуры.Технологический газ через зону адиабатической реакции поступает в третий и четвертый слой зоны изотермической реакции, где охлаждающий змеевик в слое катализатора непрерывно поглощает теплоту реакции, чтобы температура технологического газа на выходе поддерживалась немного выше точки росы серы 125℃, технологический газ продолжает реакцию Клауса при таких изотермических условиях, и достигает более высокого коэффициента равновесной конверсии;при этом, полученная элементарная сера непрерывно абсорбируется катализатором, коэффициент конверсии в этой ступени достигает 90%.Пар с давлением 100КПа из охлаждающего змеевика сначала поступает в паросборник, охладившись в АВО, возвращается в охлаждающий змеевик слоя катализатора, тем самым, поддерживается естественная циркуляция хладагента.Технологический газ из реактора, находящегося в холодном состоянии, прямо входит в печь дожига, после дожига выбрасываются в атмосферу через дымовую трубу.

③ Регенерация реактора, находящегося "в холодном состоянии".

Адсорбционная способность катализатора в реакторе, находящегося "в холодном состоянии", значительно понижается после адсорбции определенного количества элементарной серы, что влияет на активность катализатора в реакторе.Для восстановления активности катализатора, данная установка предусматривает переключение между двумя реакторами, то есть реактор, работающий некоторое время при горячем режиме, переключается в холодный режим, реактор, работающий некоторое время при холодном режиме, переключается в горячий режим.Так, реактор с переключением режима с холодного в горячий работает при температуре выше точки росы, сера, абсорбированная слоем катализатора, десорбируется и регенерирует.Переключение между реакторами осуществляется с применением двух четырехходовых клапанов, с учетом накопленного объема воздуха в печи сжигания автоматически регулируется время переключения четырехходовым клапаном.

9.1.3.3　Supper Claus 工艺

（1）工艺流程介绍。

SupperClaus 工艺由荷兰 Comprimo 公司、VEG 气体研究所和 Utrecht 大学合作开发的超级克劳斯硫回收工艺,1988 年实现工业化,在世界范围内已建成 90 多套装置,硫回收率可达 99% 以上。工艺流程如图 9.1.8 所示。

9.1.3.3　Технология процесса Supper Claus

（1）Краткое описание технологического процесса.

Технология процесса SupperClaus представляет собой технологию получения серы методом Суперклауса, была разработана Голландской компанией Comprimo, исследовательским институтом газа VEG и университетом Utrecht, была индустриализирована в 1988 году, свыше 90 комплектов установок были построены по всему миру, их коэффициент получения серы может достигать 99% и более.Технологический процесс приведен в рисунке 9.1.8.

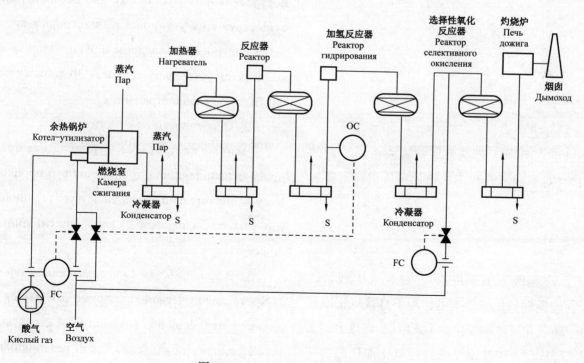

图 9.1.8　SupperClaus 工艺的流程图

Рис.9.1.8　Схема технологического процесса SupperClaus

该工艺是在二级常规 Claus 装置反应器后，设置装有选择性氧化催化剂的第三反应器，尾气中的 H_2S 与配入 O_2 进行氧化为元素硫和 H_2O 的反应，这是热力学上可进行完全的反应，H_2S 转化率达 85% 以上，总硫收率为 99%，称为超级克劳斯 -99 工艺。若对二级 Claus 装置催化反应器出来的尾气进行加氢反应，将硫化物加氢或水解为 H_2S，再进入选择性氧化反应器进行反应，总硫收率可达到 99.5%，即称其为超级克劳斯 -99.5 工艺。超级克劳斯工艺可用于新建装置或现有装置的改造，现已建成投产 30 套装置，在建 30 套，得到了较快的推广应用。

（2）工艺特点。

超级克劳斯工艺克服了常规克劳斯工艺的局限性，对影响硫转化率的瓶颈条件进行了重大改良：

① 在超级克劳斯反应段，过程气中残余的 H_2S 在选择性氧化催化剂的作用下直接氧化成元素硫。该氧化反应不受化学平衡限制，在热力学上可进行完全，关键技术是选择性氧化催化剂的使用。选用的超级克劳斯催化剂能将克劳斯尾气中

Данная технология предусматривает реактор 3-ей ступени с катализатором селективного окисления после реактора установки традиционного процесса Клауса 2-ой ступени, H_2S в хвостовом газе окисляется до элементарной серы в присутствии O_2, потом реагирует с H_2O, такая реакция по термодинамике может полностью совершаться, коэффициент конверсии H_2S достигает 85% и более, общий коэффициент получения серы составляет 99%, поэтому она называется технологией процесса Суперклауса-99.При гидрогенизации хвостового газа из каталитического реактора установки Клауса 2-ой ступени, сульфиды гидрируются или гидролизуются до сероводорода, замет реакция происходит в реакторе селективного окисления, общий коэффициент получения серы может достигать 99,5%, поэтому называется технологией процесса Суперклауса-99,5.Технология процесса Суперклауса может использоваться в построения новой установки или реконструкции существующих установок, в настоящее время были построены и введены в эксплуатацию 30 комплектов установок, строятся 30 комплектов, она быстрое распространяется.

（2）Особенности технологии.

Технология процесса Суперклауса, преодолев ограниченность традиционного процесса Клауса, значительно усовершенствует ограниченные условия, влияющие на коэффициент конверсии серы:

① В зоне реакции Суперклауса остаточный H_2S в технологическом газе прямо окисляется до элементарной серу под воздействием катализатора селективного окисления.Такой реакция окисления не подвергается ограничению химическому

85% 以上的 H_2S 直接氧化成元素硫,其对过程气中水汽作用不敏感,不会促进硫蒸汽与水气发生克劳斯逆反应。因此,从第三级克劳斯反应器出口的过程气可直接进入超级克劳斯反应段从而省去了其硫黄冷凝冷却器,简化了工艺流程。

② 超级克劳斯催化剂对生成元素硫具有很高的选择性,允许超级克劳斯反应器采用过量空气操作(一般确保超级克劳斯反应器出口的 O_2 为 0.5%~2%)而产生的 SO_2 量很少,加之其上游克劳斯反应段采用 H_2S 过量操作,抑制了尾气中 SO_2 含量,因此装置的总回收率大幅度的提高,高达 99.2%。

③ 主燃烧炉的空气/酸气配比调整。

超级克劳斯改良了常规克劳斯工艺的主燃烧炉的空气/酸气配比控制。超级克劳斯工艺则采用高 H_2S/SO_2 比率操作,其主燃烧炉的空气/酸气配比是基于进入超级克劳斯反应段的过程气中 H_2S 浓度指标来控制的(一般确保进入超级克劳斯

равновесию, по термодинамике может полностью совершается, ключевая технология представляет собой применение катализатора селективного окисления. Выбираемый катализатор Суперклауса может непосредственно окислять 85% и более H_2S в хвостовом газе процесса Клауса до элементарной серы, нечувствителен к водяному пару в технологическом газе, не способствует обратной реакции Клауса между парообразной серой и водяным паром. Таким образом, технологический газ из выхода реактора Клауса 3-ей ступени может прямо поступать в зону реакции процесса Суперклауса, тем самым, не требуется входа в конденсатор-холодильник серы, упрощается технологический процесс.

② Катализатор процесса Суперклауса характеризуется высокой селективностью по отношению к элементарной сере, позволяет реактору Суперклауса работать в присутствии избыточного воздуха (обычно O_2 на выходе реактора Суперклауса составляет в пределах 0, 5%-2%), чтобы образуется очень малое количество SO_2, к тому же верховая зона реакции Клауса работает в присутствии избыточного H_2S, контролирующего содержание SO_2 в хвостовом газе, поэтому общий коэффициент получения серы установки значительно увеличивается до 99,2%.

③ Регулирование соотношения воздуха к кислому газу в главной печи сжигания.

Технология процесса Суперклауса усовершенствует регулирование соотношения воздуха к кислому газу в главной печи сжигания в традиционном процессе Клауса. Процесс Суперклауса выполняется при высоким соотношении

反应段的过程气中 H_2S 浓度为 0.8%～1.5%），当 H_2S 浓度过高时，自动增加主燃烧炉空气量，反之则减少空气量。这样，空气对酸性气配比调节具有更大的灵活性。

9.1.3.4　CBA 工艺

（1）流程介绍。

四级转化冷床吸附（Cold Bed Adsorption，简称 CBA）工艺的硫回收率可达 99.2%。

从脱硫单元来的酸气经酸气分离器分离出酸水，再经酸气预热器加热后，进入主燃烧炉与主风机送来的经空气预热器加热后的空气按一定配比在炉内进行克劳斯反应，其反应温度为 1206℃。酸水收集到酸水压送罐中，利用氮气定期压送到脱硫装置酸水回流罐，如图 9.1.9 所示。

H_2S/SO_2, соотношение воздуха к кислому газу в главной печи сжигания регулируется на основе показателя концентрации H_2S, входящего в зону реакции Суперклауса（обычно концентрация H_2S, входящего в зону реакции Суперклауса составляет в пределах 0,8%-1,5%）, при слишком высокой концентрации H_2S, автоматически увеличивается объем воздуха в главной печи сжигания, наоборот уменьшается.Так, регулирование соотношения воздуха к кислому газу характеризуется большой гибкостью.

9.1.3.4　Технология процесса СВА

（1）Краткое описание процесса.

Представляет собой технологию поглощения в холодном слое четырехступенчатой конверсии（Cold Bed Adsorption, далее СВА）, ее коэффициент получения серы может достигать 99,2%.

Кислый газ из блока обессеривания, выделив кислой воды в сепараторе кислого газа и нагревшись в подогревателе кислого газа, поступает в главную печь сжигания, где он по определенному соотношению реагирует с воздухом, подаваемым главным вентилятором и нагретым подогревателем воздуха, температура реакции Клауса составляет 1206℃ .Кислая вода собрана в напорную емкость кислой воды, регулярно подается под давлением азота в оросительную емкость кислой воды установки обессеривания газа, как показывается в рисунке 9.1.9.

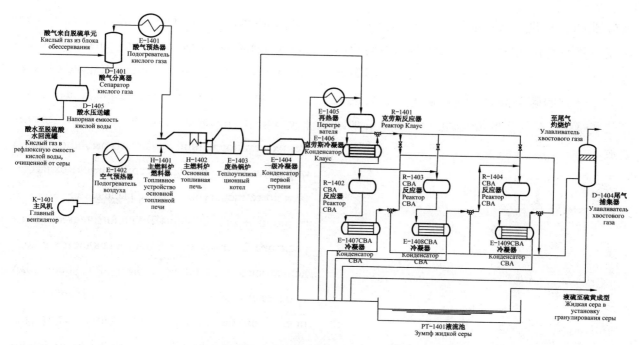

图 9.1.9　CBA 工艺流程示意图

Рис.9.1.9　Схема технологического процесса CBA

自主燃烧炉出来的 1206℃ 高温气流经余热锅炉后温度降至 420℃，再经一级冷凝冷却器冷却至 162℃，其中大部分硫蒸汽被冷凝下来。自一级冷凝器出来的过程气进入再热器，升温至 218℃ 后与余热锅炉出来的小部分 420℃ 过程气混合至 241℃，进入克劳斯反应器，气流中的 H₂S 和 SO₂ 在催化剂床层上反应生成元素硫，克劳斯反应器的过程气温度升至 344℃ 左右。为便于叙述，假设克劳斯反应器 2 处于再生态，而克劳斯反应器 3、克劳斯反应器 4 处于吸附态。再生初期，自克劳斯反应器 1 出来的过程气通过三通切换阀直接进入 CBA 一级反应器克劳斯反应器 2，催化剂床层上吸附的液硫逐步汽化。当达到规定的再生温度后则进入克劳斯硫黄冷凝冷却器冷却至 127℃，分出其中冷凝的液硫。出 CBA 一级反应器的过程气进入一级 CBA 硫黄冷凝冷却器冷却，分出其中冷凝的液硫后不经再热直接进入 CBA 二级反应器，过程气在其中进行低温克劳斯反应。出 CBA 二级反应器的过程气进入二级 CBA 硫黄冷凝冷却器冷却，分出其中冷凝的液硫后进入 CBA 三级

Поток газа с высокой температурой 1206℃ из главной печи сжигания подается в котел-утилизатор для снижения температуры до 420℃, затем поступает в конденсатор-холодильник 1-ой ступени для охлаждения до температуры 162℃, большинство парообразной серы конденсируется. Технологический газ из конденсатора 1-ой ступени поступает в перегреватель, после повышения температуры до 218℃ смешивается с небольшой частью технологического газа с температурой 420℃ из котла-утилизатора, чтобы температура повышается до 241℃, после этого поступает в реактор Клаус, H₂S и SO₂ в потоке газа реагируют в слое катализатора с образованием элементарной серы, при этом температура технологического газа из реактора Клауса повышается до примерно 344℃. (для удобства описания, предположим, что реактор Клауса 2 находится в режиме регенерации, реакторы Клауса 3 и 4 находятся в режиме адсорбции). В начале регенерации,

反应器,在其中进行低温克劳斯反应。出 CBA 三级反应器的过程气进入三级 CBA 硫黄冷凝冷却器冷却,分出其中冷凝的液硫后进入液硫捕集器将其中携带的硫黄液滴及硫雾捕集下来后进入尾气焚烧炉。焚烧后的废气通过 100m 高的烟囱排放。

装置低温段的一级、二级、三级 CBA 反应器和三台硫黄冷凝冷却器通过七个切换阀程序控制,切换操作。

технологический газ из реактора Клауса 1 через трехходовой переключающий клапан прямо поступает в реактор 1-ой ступени Клауса СВА 2, адсорбционная жидкая сера в слое катализатора постепенно превращается в пар.После достижения установленной температуры, поступив в конденсатор-холодильник серы Клауса, охлаждается до температуры 127℃ с выделением конденсационной жидкой серы.Технологический газ из реактора 2-ой ступени СВА охлаждается в конденсаторе-холодильнике серы 1-ой ступени СВА с выделением конденсационной жидкой серы, после этого без промперегрева прямо входит в реактор 2-ой ступени СВА, где происходит низкотемпературная реакция Клауса.Технологический газ из реактора 2-ой ступени СВА охлаждается в конденсаторе-холодильнике серы 2-ой ступени СВА с выделением конденсационной жидкой серы, после этого входит в реактор 3-ей ступени СВА, где происходит низкотемпературная реакция Клауса.Технологический газ из реактора 3-ей ступени СВА охлаждается в конденсаторе-холодильнике серы 3-ей ступени СВА с выделением конденсационной жидкой серы, затем поступает в улавливатель жидкой серы, где серные капли и серный туман улавливаются, после этого входит в печь дожига хвостового газа.После сжигания, отработанный газ выбрасывается через дымовую трубу высотой 100м.

Программное управление и переключение реакторов 1-ой, 2-ой, 3-ей ступеней СВА и трех конденсаторов-холодильников серы в низкотемпературной зоны установки выполняются семью переключающими клапанами.

（2）工艺特点。

CBA 由一床的克劳斯反应段加三个后续的低温克劳斯反应段组成。冷床吸附工艺的主要特点如下。

① 硫收率较高。

② 系统蒸汽有效利用。

装置上产生的各种蒸汽，都被充分利用。装置有 3 个蒸汽集管：3.3MPa 的饱和蒸汽、0.40MPa 的饱和蒸汽和 0.1MPa 的饱和蒸汽。

③ 点火程序先进。

④ 再生热源为上游克劳斯反应段反应器出口过程气本身，无须单独的再生系统和补充再生热量，流程简单，占地少，操作和维修均十分方便。

⑤ 采用活性高，有机硫水解率高的催化剂，总转化率和硫收率均高。该催化剂孔隙体积大，硫容量高，床层阻力低。

（2）Особенности технологии.

CBA состоит из зоны реакции Клауса с одним слоем и трех последующих низкотемпературных зон реакции.Технология поглощения в холодном слое характеризуется следующими основными особенностями.

① Высокий коэффициент получения серы.

② Эффективное использование пара системы.

Пар, образовавшийся в установке, в полной мере используется.Установка имеет 3 коллектора, предназначенные соответственно для насыщенного пара 3,3МПа, насыщенного пара 0,40МПа, насыщенного пара 0,1МПа.

③ Передовой порядок воспламенения.

④ Источник регенерированного тепла представляет собой технологический газ из выхода реактора во верховой зоне реакции Клауса, не требуются отдельная система регенерации и дополнительная регенерация энергии, данная технология характеризуется простым процессом, малой занимаемой площадью, удобной для эксплуатации и ремонта.

⑤ Применяется катализатор, характеризующийся высокой активностью, высоким коэффициентом гидролиза органической серы, обладает высоким общим коэффициентом конверсии и коэффициентом получения серы.Данный катализатор характеризуется большой пористой емкостью, высокой вместимостью серы и низким сопротивлением слоя.

⑥ 过程气切换采用特制夹套三通阀自动程序控制,切换灵敏,切换时间短,操作过程平稳可靠。

⑦ 酸气和空气均经过预热器加热后,进入主燃烧炉,可保证在进料酸气浓度较低时仍能维持燃烧炉稳定燃烧。

⑧ 酸气预热器、空气预热器和再热器产生的高压凝结水,直接用作一级硫黄冷凝冷却器的锅炉给水补充水,减少了装置的锅炉给水用量。

9.1.3.5 CPS 硫黄回收工艺

(1)工艺流程介绍。

CPS 硫黄回收工艺为中国自主开发的一种高硫收率的低温克劳斯硫黄回收工艺,其收率可达99.2%。

下面以中国石油西南油气田净化总厂万州分厂 CPS 硫黄回收装置为例介绍其工艺流程,工艺流程见图9.1.10。

⑥ Переключение технологического газа выполняется путем автоматического программного управления с помощью трехходового клапана с специально изготовленной рубашкой, характеризуется гибким и коротким временем, плавным и надежным процессом.

⑦ Поступление кислого газа и воздуха в главную печь сжигания после нагрева в подогревателе может обеспечивать, что устойчивое горение печи сжигания поддерживается при низкой концентрации подаваемого кислого газа.

⑧ Конденсированная вода высокого давления, образовавшаяся в подогревателе кислого газа, подогревателе воздуха и перегревателе, прямо используется для подпитки котла конденсатора-холодильника серы 1-ой ступени, тем самым, уменьшается расход питательной воды котла установки.

9.1.3.5 Технология получения серы CPS

(1)Краткое описание технологического процесса.

Технология получения серы CPS представляет собой самостоятельно разработанную Китаем технологию получения серы методом Клауса при низких температурах с высоким коэффициентом получения серы 99,2%.

Взяв в пример установку получения серы CPS в филиале в Ваньчжоу генерального ГПЗ Компании «Юго-западные нефтяные и газовые месторождения» при КННК, описывается технологический процесс, показанный на рис.9.1.10.

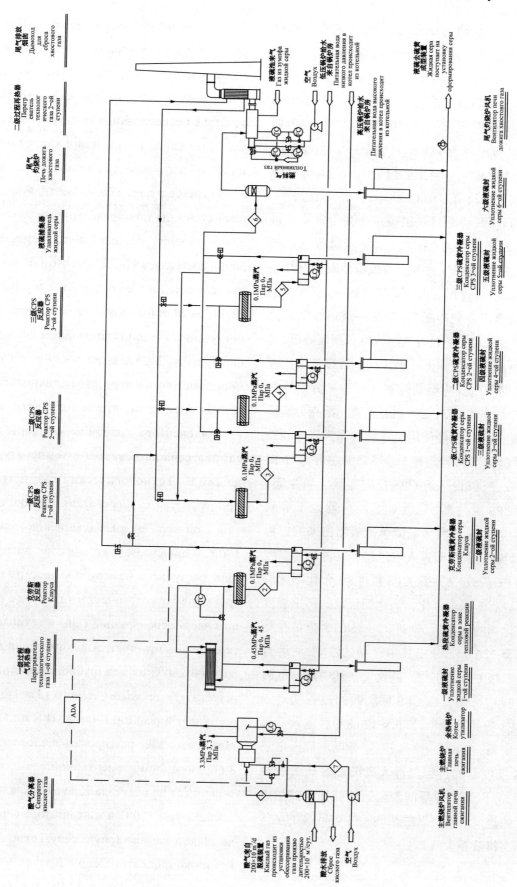

图 9.1.10　CPS 硫黄回收工艺流程示意图

Рис.9.1.10　Схема технологического процесса получения серы CBA

装置由一个热力反应段、一床常规克劳斯反应段加三个后续的低温克劳斯反应段组成。从脱硫单元送来的压力为 80kPa（g）的酸气经酸气分离器分离酸水后进入主燃烧炉燃烧器与从主燃烧炉风机送来的空气按一定配比在炉内进行克劳斯反应，其反应温度为 974℃，在此条件下约 68% 的 H_2S 转化为元素硫。自主燃烧炉出来的高温气流经余热锅炉后降至 330℃，然后进入一级过程气再热器的管程，将来自热段硫黄冷凝冷却器的过程气从 170℃ 加热至 280℃。从一级过程气再热器管程出来的过程气进入热段硫黄冷凝器冷却至 170℃ 进入一级过程气再热器的壳程，过程气中绝大部分硫蒸汽在此冷凝分离；从一级过程气再热器壳程出来 280℃ 的过程气进入克劳斯反应器，气流中的 H_2S 和 SO_2 在催化剂床层上继续反应生成元素硫，克劳斯反应器的过程气经过克劳斯硫黄冷凝器冷却至 170℃，分离出元素硫。出克劳斯硫黄冷凝器的过程气经使用尾气烟气作为热源的二级过程气再热器后，温度升至 344℃ 左右。（下面为便于叙述，假设一级 CPS 反应器处于再生态，而二级 CPS 反应器、三级 CPS 反应器处于吸附态）。再生初期，自克劳斯硫黄冷凝器出来的过程气通过两通通调节阀进入二级过程气再热器温度达到 344℃ 后，进入一级 CPS 反应器，催化剂床层上吸附的液硫逐步汽化。当达到规定的再生温度进行催化剂的再生后，则进入一级 CPS 硫黄冷凝器冷却至 126.8℃，分出其中冷凝的液硫，然后直接进入二级 CPS 反应器，过程气在其中进行低温克劳斯反应。出二级 CPS 反应器的过程气进入二级 CPS 硫黄冷凝器冷却至 126.8℃ 后进入三级 CPS 反应器，在其中进行低温克劳斯反应。出三级 CPS 反应器的过程气进入三级 CPS 硫黄冷凝器冷却，分出其中冷凝的液硫经液硫捕集器后进入尾气灼烧炉。焚烧后的烟气通过 95m 高的尾气排放烟囱排放至大气。

Установка состоит из зоны тепловой реакции, зоны стандартной реакции Клауса с одним слоем и трех последующих низкотемпературных зон реакции.Кислый газ давлением 80кПа（изб.）из блока обессеривания поступает в сепаратор кислого газа для выделения кислотной воды, затем входит в горелку главной печи сжигания, смешивается с воздухом из вентилятора главной печи сжигания по определенному соотношению для проведения реакции Клауса, температура реакции составляет 974℃, при этом около 68% H_2S превращается в элементарную серу.Высокотемпературный поток газа из главной печи сжигания поступает в котел-утилизатор для снижения температуры до 330℃, затем поступает в трубчатое пространство перегревателя технологического газа 1-ой ступени, чтобы технологический газ из конденсатора-холодильника серы в секции самонагрева нагревается с температуры 170℃ до 280℃.Технологический газ из трубчатого пространства перегревателя технологического газа 1-ой ступени, охладившись до температуры 170℃ в конденсаторе серы в зоне тепловой реакции, поступает в межтрубное пространство перегревателя технологического газа, где подавляющая часть парообразной серы в технологическом газе конденсируется;технологический газ температурой 280℃ из межтрубного пространства перегревателя технологического газа 1-ой ступени поступает в реактор Клауса, H_2S и SO_2 в потоке газа продолжает реагировать в слое катализатора с образованием элементарной серы, технологический газ из реактора Клауса, охладившись до температуры 170℃ в конденсаторе серы Клауса, выделяет элементарную серу.Технологический газ из конденсатора серы Клауса нагревается до температуры около 344℃ в перегревателе технологического газа 2-ой ступени с применением хвостового газа и дыма в качестве источника тепла. （Для удобства описания, предположим, что реактор CPS 1-ой ступени находится в режиме регенерации, реакторы CPS 2-ой и 3-ей ступеней находятся в режиме адсорбции）.В начале регенерации, технологический газ из конденсатора серы Клауса через двухходовой регулирующий клапан поступает в перегреватель технологического газа 2-ой ступени, после повышения температуры до 344℃ поступает в реактор CPS 1-ой ступени, где адсорбционная жидкая сера в слое катализатора постепенно превращается в пар. После регенерации катализатора при достижении установленной температуры регенерации, охлаждается до температуры 126,8℃ в конденсаторе серы CPS 1-ой ступени, выделив конденсационную жидкую серу, прямо поступает в реактор CPS 2-ой ступени, где происходит низкотемпературная реакция Клауса.Технологический газ из реактора CPS 2-ой ступени,охладившись до температуры 126,8℃ в конденсаторе серы CPS 2-ой ступени, поступает в реактор CPS 3-ей ступени, где происходит низкотемпературная реакция Клауса.Технологический газ из реактора CPS 3-ей ступени, охладившись в конденсаторе серы CPS 3-ей ступени, выделив конденсационную жидкую серу, через улавливатель жидкой серы поступает в дожигательную печь хвостового газа.После сжигания дым выбрасывается в атмосферу через дымоход высотой 95м.

Программное управление и переключение реакторов CPS 1-ой,2-ой,3-ей ступеней и трех конденсаторов серы CPS в низкотемпературной зоне установки выполняются тремя трехходовыми переключающими клапанами, тремя двухходовыми переключающими клапанами и одной двухходовой клапаном-бабочкой.

本装置低温段的一级、二级、三级 CPS 反应器和三台 CPS 硫黄冷凝器通过三个三通切换阀、三个两通切换阀和一个两通蝶阀程序控制,切换操作。

主燃烧炉产生约 3.3MPa（g）、241℃的饱和蒸汽将冷凝器产生的约 0.1MPa（g）的饱和蒸汽通过蒸汽喷射器升压为 0.45MPa（g）的饱和蒸汽，和 E-1403 产生的 0.45MPa（g）的饱和蒸汽混合，进入系统管网。

自冷凝器分离出来的液硫经液硫封自流入液硫池，脱除液硫中的 H₂S 后，再通过液硫泵将其送至液硫成型单元。

（2）CPS 工艺特点。

① 应用低温克劳斯技术，有效避免了同类工艺不经预冷就切换从而导致切换期间硫黄回收率降低和 SO₂ 峰值排放的问题，确保了装置高的硫黄回收率。

② 先将克劳斯反应器出口的过程气经克劳斯硫黄冷凝器冷却至 126.8℃，分离出其中绝大部分硫蒸汽后，再利用尾气灼烧炉的烟气加热至再生需要的温度后进入再生反应器。进入再生反应器中的硫蒸汽含量低，不仅有利于克劳斯反应向生成元素硫的方向进行，最大限度地提高硫回收率，而且解决了过程气 H₂S 与 SO₂ 比值在线分析仪的堵塞问题。可确保在线分析仪长期可靠运行。

Образовавшийся в главной печи сжигания насыщенный пар давлением 3,3МПа（изб.）и температурой 241℃ с помощью пароструйного инжектора повышает давление образовавшегося в конденсаторе насыщенного пара давлением 0,1МПа（изб.）до 0,45МПа（изб.），полученный насыщенный пар давлением 0,45МПа（изб.）смешается с образовавшимся в E-1403 насыщенным паром 0,45МПа（изб.）и поступает в сеть трубопроводов системы.

Выделенная жидкая сера из конденсатора через гидрозатвор жидкой серы сама течет в зумпф жидкой серы, после удавления H₂S из жидкой серы, подается насосом жидкой серы в блок формования жидкой серы.

（2）Особенности технологии CPS.

①Применение низкотемпературного процесса Клауса эффективно избегает низкого коэффициента получения серы в период переключения, вызванного переключением без предварительного охлаждения в подобном процессе и выброса SO₂ при пиковом значении, обеспечивает высокий коэффициент получения серы у установки.

② Технологический газ из выхода реактора Клауса, охладившись до температуры 126,8℃ в конденсаторе серы Клауса, выделяет подавляющую часть парообразной серы, после этого нагревается до температуры, необходимой для регенерации, дымом из печи дожига хвостового газа, потом поступает в регенеративный реактор. Низкое содержание парообразной серы в регенеративном реакторе не только способствует смещению равновесия реакции Клауса в сторону образования элементарной серы, максимальному увеличению коэффициента получения серы, но и устраняет закупорку поточного анализатора соотношения H₂S/SO₂ в технологическом газе.Ввиду

③ 采用活性高,有机硫水解率高的催化剂,总转化率和硫收率均高。该催化剂孔隙体积大,硫容量高,床层阻力低。

④ 过程气切换采用特制夹套三通阀自动程序控制,切换灵敏,切换时间短,操作过程平稳可靠。

⑤ 为充分利用装置余热,余热锅炉设计产生中压饱和蒸汽用于驱动蒸汽喷射器以回收低低压饱和蒸汽进入全厂低压蒸汽管网。

того обеспечена долговременная надежная работа поточного анализатора.

③ Применяется катализатор, характеризующийся высокой активностью, высоким коэффициентом гидролиза органической серы, обладает высоким общим коэффициентом конверсии и коэффициентом получения серы.Данный катализатор характеризуется большой пористой емкостью, высокой вместимостью серы и низким сопротивлением слоя.

④ Переключение технологического газа выполняется путем автоматического программного управления с помощью трехходового клапана с специально изготовленной рубашкой, характеризуется гибким и коротким временем, плавным и надежным процессом.

⑤ Для полного использования теплоизбытка, котел-утилизатор предусматривает применение насыщенного пара среднего давления для приведения в действие пароструйного инжектора, чтобы полученный пар низкого давления поступал во всезаводскую сеть трубопроводов пара низкого давления.

9.1.4 工艺方法选择

应根据装置规模和环保要求确定需要达到的硫黄回收率,进而选择适当的工艺方法。

9.1.4.1 硫黄回收率及排放标准

传统的克劳斯装置硫黄回收率较低,理论上低于97%,假定原料气中烃含量为1%,采用正常的

9.1.4 Выбор технологического метода

Следует определять требуемый коэффициент получения серы по мощности установки и требованиям к охране окружающей среды, и далее выбирать подходящий технологический метод.

9.1.4.1 Коэффициент получения серы и норма выброса

Традиционная установка Клауса имеет более низкий коэффициент получения серы, теоретически

再热方式和操作条件,对不同 H_2S 含量的原料气,其反应器级数与硫黄回收率的关系见表 9.1.2。

ниже 97%, предположим, что содержание углеводородов в сырьевом газе составляет 1%, при применении обычного метода перегрева и нормальных рабочих условиях, для сырьевого газа с разными содержаниями H_2S, отношение между числом ступеней реактора и коэффициентом получения серы приведено в таблице 9.1.2.

表 9.1.2　克劳斯装置 H_2S 含量、反应器级数和硫回收率的关系

Таблица 9.1.2　Отношение между содержанием H_2S в установки Клауса, числом ступеней реакции и коэффициентом получения серы

原料气中 H_2S 含量 Содержание H_2S сырьевого газа %（干基） % (на сухой основе)	计算的硫回收率,% Расчетный коэффициент получения серы, %		
	两级转化 Двухступенчатая конверсия	三级转化 Трехступенчатая конверсия	四级转化 Четырехступенчатая конверсия
20	92.7	93.8	95.0
30	93.1	94.4	95.7
40	93.5	94.8	96.1
50	93.9	95.3	96.5
60	94.4	95.7	96.7
70	94.7	96.1	96.8
80	95.0	96.4	97
90	95.3	96.6	97.1

由于世界各国对克劳斯装置尾气 SO_2 排放的环保要求日趋严格,现已形成了一些克劳斯装置与尾气处理联为一体的克劳斯组合工艺,如超级克劳斯(SupperClaus)、等温亚露点(Clinsulf-SDP)工艺等。表 9.1.3 列举了几种克劳斯组合工艺方法及其工艺步骤和总硫收率,其工艺步骤顺序以罗马字表示。

По мере постепенного ужесточения требований к выбросам хвостового газа SO_2 установки Клауса по всему миру, в настоящее время были разработаны некоторые совмещенные технологии Клауса, объединяющие установки Клауса и очистки хвостового газа, как процесс Суперклаус (SupperClaus), изотермический процесс Клауса при температурах ниже точки росы(Clinsulf-SDP) и т.д.В таблице 9.1.3 приведены несколько совмещенных технологических методов Клауса и их технологическая последовательность и общий коэффициент получения серы, последовательность выражается в латинских шрифтах.

表 9.1.3　克劳斯组合工艺方法及其工艺步骤

Таблица 9.1.3　Совмещенные технологические методы Клауса и их технологические этапы

方法 Метод	低温克劳斯反应 Низкотемпературная реакция Клауса	所有 S→H₂S Все S→H₂S	有机 S→H₂S Органическая сера → H₂S	急冷除水 Осушка резким охлаждением	吸收 H₂S Абсорбция H₂S	H₂S 直接氧化 Прямое окисление H₂S	所有 S→SO₂ Все S→SO₂	总硫收率,% Общий коэффициент получения серы,%
冷床吸附法(CBA) Процесс поглощения в холодном слое (CBA)	I							99
高收率低温克劳斯(CPS) Процесс Клауса при низких температурах с высоким коэффициентом получения (CPS)	I							99
超低温反应吸附法(CBA 的延伸)(ULTRA) Процесс адсорбции при сверхнизких температурах (расширение CBA) (ULTRA)	IV	I		II			III	> 99.8
低温克劳斯(MCRC) Процесс Клауса при низких температурах (MCRC)	I							99
等温亚露点 Изотермический процесс Клауса при температурах ниже точки росы (Clinsulf SDP)	1.							99
一种提高了收率的克劳斯工艺(ER Claus) Процесс Клауса с повышенным коэффициентом получения серы (ER Claus)	I							98
氧化还原克劳斯工艺(PRO Claus) Окислительно-восстановительный процесс Клауса (PRO Claus)			I			II		99
克劳斯尾气经加氢还原及 H₂S 直接氧化工艺(EURO Claus) Процесс Клауса гидрирования Клаусового хвостового газа и прямого окисления H₂S (EURO Claus)			I			II		99.5

续表

продолжение табл

方法 Метод	低温克劳斯反应 Низкотемпературная реакция Клауса	所有 S → H₂S Все S → H₂S	有机 S → H₂S Органическая сера → H₂S	急冷除水 Осушка резким охлаждением	吸收 H₂S Абсорбция H₂S	H₂S 直接氧化 Прямое окисление H₂S	所有 S → SO₂ Все S → SO₂	总硫收率, % Общий коэффициент получения серы, %
超级克劳斯 99 Процесс Суперклауса-99 （SupperClaus99）						I		99
超级克劳斯 99.5 Процесс Суперклауса-99,5 （SupperClaus99.5）			I			II		99.5
克劳斯加尾气处理 （Claus+SCOT） Процесс Клауса + очистка хвостового газа （Claus+SCOT）	I		II	III				> 99.8

注:（1）表中这些工艺均有一级常规克劳斯工艺。

（2）PRO Claus 和 EURO Claus 工艺在水解有机硫的同时将 SO₂ 还原为硫或 H₂S。

Примечание:（1）Технологии, приведенные в таблице, включают в себя традиционный процесс Клауса 1-ой ступени.

（2）Технологии PRO Claus и EURO Claus, гидролизуя органической серу, восстанавливают SO₂ до серы или H₂S.

中国国家环境保护总局已决定将天然气净化厂的 SO₂ 排放作为特殊污染源来制定相应的排放标准,对不同规模的硫黄回收装置规定了相应的硫回收率最低限值,见表 9.1.4。

Китайское государственное управление по охране окружающей среды решило разработать соответствующие стандарты выброса с применением выброса SO₂ ГПЗ в качестве специального источника загрязнения, установило соответствующий минимальный коэффициент получения серы для установок получения серы с различной производительностью.

表 9.1.4　天然气净化厂硫黄回收装置硫回收率最低限值

Таблица 9.1.4　Низший предел коэффициента получения серы установки получения серы на ГПЗ

硫黄回收装置设计规模 C, t/d Расчетная мощность установки получения серы C, т/сут.	硫回收率, % Коэффициент получения серы, %
$1 \leqslant C \leqslant 10$	88.0
$10 < C \leqslant 20$	94.0
$20 < C \leqslant 50$	98.0
$50 < C \leqslant 200$	99.0
$C > 200$	99.8

新建硫黄回收装置在选择工艺方法时,应根据硫黄回收装置设计规模来确定需要达到的硫黄回收率,再选择合适的硫黄回收工艺。从表 9.1.4 可以看出,设计潜硫量在 200t/d 以上时,要求硫回收率应达到 99.8% 以上,目前能达到这么高收率的成熟工艺通常为克劳斯加反应 SCOT 尾气处理工艺。当设计潜硫量在 50～200t/d 时,要求收率达到 99.0% 以上,可供选择的工艺方法较多,有 CBA、CPS、MCRC、SupperClaus、Clinsulf-SDP 等工艺。

9.1.4.2 硫黄回收方案选择

目前,普遍采用的硫黄回收及其尾气处理工艺流程组合有以下三种方案。

(1)方案 1:常规克劳斯。

常规克劳斯工艺目前广泛使用,是最经济实用、成熟可靠的工艺方法。因受热力学平衡和动力学因素的限制,硫回收率通常只能达到 90%～97%,影响硫黄回收率的原因如下:

При выборе технологического метода для новопостроенной установки получения серы, следует определять требуемый коэффициент получения серы по расчетной мощности установки, затем выбирать подходящий технологический метод.Из таблицы 9.1.4 видно, что когда расчетное потенциальное содержание серы составляет 200т/сут.и более, коэффициент получения серы должен достигать 99,8% и более, в настоящее время зрелая технология процесса Клауса + очистки хвостового газа SCOT обычно способна достигать такого высокого коэффициента получения серы.В случае, если расчетное потенциальное содержание серы составляет в пределах 50～200т/сут., коэффициент получения серы должен достигать 99,0% и более, имеются многие выбираемые технологические методы, как CBA, CPS, MCRC, SupperClaus, Clinsulf-SDP и т.д.

9.1.4.2 Выбор варианта получения серы

В настоящее время, повсеместно применяются следующие три варианта сочетания технологических процессов получения серы и очистки хвостового газа.

(1)Вариант 1 :традиционный процесс Клауса.

В настоящее время технология «нормальный Клаус» пользуется широкой распространенностью, являясь самым экономичным, эффектным и надежным методом.Коэффициент получения серы, как обычно, достигает только 90%-97% в связи с ограничением термодинамического равновесия и кинетических факторов, ниже приведены причины, влияющие на коэффициент получения серы:

① 由于克劳斯反应受到热力学的限制,硫的转化反应不可能完全,过程气中仍存有少量的 H_2S、SO_2,限制了硫的转化率。

② 克劳斯反应要产生一定量的水汽,随着水汽含量的增加,相应降低 H_2S、SO_2 的浓度,影响了克劳斯反应的平衡,阻碍了硫的生成,限制了硫的转化率。

③ 由于酸气中 CO_2 和烃类的存在,则过程气中会形成 COS 和 CS_2,必须使之发生水解反应,为此,第一反应器的温度必须控制在 $300 \sim 340℃$,高温虽然有利于水解反应,但是不利于克劳斯反应的进行,限制了硫的转化率。

④ 常规克劳斯工艺硫的转化率对空气和酸性气的配比失常非常敏感,若不能保持 H_2S:$SO_2=2:1$ 的最佳比例,将导致硫的转化率降低。

由于硫黄的回收率较低,而目前的环保要求较高,现在单纯的常规克劳斯工艺已基本不再使用,通常需要和还原吸收类的尾气处理工艺联合使用。

① В связи с тем, что реакция Клауса подвергнется термодинамическому ограничению, реакция конверсии серы не может быть полной, в технологическом газе все еще имеется небольшое количество H_2S, SO_2, что ограничивает коэффициент конверсии серы.

② В реакции Клауса образуется определенное количество водяного пара, концентрации H_2S, SO_2 соответственно уменьшаются с увеличением содержания водяного пара, что влияет на равновесие реакции Клауса, препятствует образованию серы, ограничивает коэффициент конверсии серы.

③ COS и CS_2 образуются в технологическом газе в связи с наличием CO_2 и углеводородов в кислом газе, они должны гидролизироваться, поэтому, температура первого реактора должна удерживаться в пределах $300 \sim 340℃$, хотя высокая температура способствует гидролизу, но не способствует проведению реакции Клауса, тем самым, ограничивает коэффициент конверсии серы.

④ Коэффициент конверсии серы по традиционному процессу Клауса очень чувствителен к необычному соотношению воздуха к кислому газу, поэтому коэффициент конверсии серы уменьшается в случае невозможности удерживания оптимального соотношения H_2S:$SO_2=2:1$.

В связи с низким коэффициентом получения серы и высокими требованиями к охране окружающей среды, в настоящее время простой традиционный процесс Клауса почти не отдельно применяется, а применяется совместно с технологией очистки хвостового газа восстановлением и абсорбцией.

（2）方案2：克劳斯延伸类工艺。

克劳斯延伸类工艺的硫回收率都在99%左右，比较常用的有低温克劳斯工艺MCRC、Clinsulf-SDP工艺和CBA工艺以及超级克劳斯工艺。这些都是常规克劳斯工艺的新发展，其工艺流程简单，操作方便、可靠，皆克服了常规克劳斯工艺的局限性，兼有硫黄回收和尾气处理的双重功能。对于中等规模的装置，SO_2的排放量小，能满足相关标准和环保的要求，有利于环境保护。可采用低温克劳斯工艺MCRC、Clinsulf-SDP工艺和超级克劳斯工艺和CBA工艺。

（3）方案3：常规克劳斯＋还原吸收类尾气处理。

若硫黄回收装置的规模大，SO_2排放量较大，对大气的污染大，用常规克劳斯和克劳斯延伸类工艺不能满足相关标准和环保的要求。则采用常规克劳斯＋还原吸收类尾气处理工艺，其硫黄回收率最高，可达到99.8%，但流程长，设备多，操作复杂，基建投资和操作运行费用都高。

（2）Вариант 2 :модифицированные процессы Клауса.

Коэффициент получения серы по модифицированным процессам Клауса составляет примерно 99%, чаще используются технология процесса Клауса при низких температурах MCRC, технология процесса Clinsulf-SDP, технология процесса CBA и технология процесса Суперклауса.Эти технологии представляют собой новое развитие традиционного процесса Клауса, характеризуются простыми технологическими процессами, удобностью и надежностью, преодолевают ограниченность традиционного процесса Клауса, имеют двойную функцию получения серы и очистки хвостового газа.Для установки со средней мощностью, небольшой объем выброса SO_2 соответствует соответствующим стандартам и требованиям к охране окружающей среды, благоприятствует охране окружающей среды.Допускается применение технологии процесса Клауса при низких температурах MCRC, технологии процесса Clinsulf-SDP, технологии CBA и технология процесса Суперклауса.

（3）Вариант 3 :традиционный процесс Клауса + очистка хвостового газа восстановлением и абсорбцией.

В случае, если установка получения серы характеризуется большой мощностью, большим объемом выброса SO_2 и большим загрязнением атмосферы, применение традиционного процесса Клауса и модифицированных процессов Клауса не может соответствовать соответствующим стандартам и требованиям к охране окружающей среды.Тогда применяется технология традиционного процесса Клауса + очистки хвостового газа восстановлением и абсорбцией, характеризуется максимальным коэффициентом получения серы （достигает 99,8%），длинным технологическим процессом，потреблением многого оборудования，сложной операцией，высокими капиталовложениями в основное строительство и высокими расходами на эксплуатацию.

9.2 常规克劳斯工艺

本章以常规克劳斯工艺为例,介绍硫黄回收装置的设计参数、控制回路、工艺设备、常见问题等。其他的克劳斯延伸类工艺如 MCRC 工艺、CBA 工艺、CPS 等工艺,各种工艺的流程略有不同,主要设备略有不同,但控制回路大致相同。

9.2.1 工艺流程和设计参数

9.2.1.1 工艺流程选择

流程描述相见 9.1.2 节。

（1）直流法与分流法的选择。

主燃烧炉的基本条件是要维持足够高的炉温,以维持稳定燃烧。一般认为 1000℃左右是维持稳定燃烧的最低温度。

9.2 Традиционный процесс Клауса

Взяв в пример традиционный процесс Клауса，настоящий раздел предусматривает расчетные параметры установки получения серы，контуры регулирования，технологическое оборудования и часто встречающиеся проблемы.Другие модифицированные процессы Клауса，как MCRC，CBA и CPS，незначительно отличаются друг от друга технологическим процессом，основным оборудованием，но их контуры управления в общем одинаковы.

9.2.1 Технологический процесс и проектные параметры

9.2.1.1 Выбор технологического процесса

Краткое описание технологического процесса конкретно приведено в пункте 9.1.2.

（1）Выбор между прямоточным и разветвленным процессами Клауса.

Главная печь сжигания пригодна для обеспечения достаточно высокой температуры печи и стабилизации сжигания Обычно считается，что температура 1000℃ является минимальной температурой для обеспечения стабильного сжигания.

直流法可利用主燃烧炉进行高温反应提高硫回收率,还有利于最大限度地回收高能位热量,只要能达到维持稳定燃烧的足够温度,就应采用直流法。当酸气中含有戊烷或更重的烃类时,不能采用分流法,以避免重烃进入转化器,影响催化剂活性。

一般认为,当原料气 H_2S 含量在 50% 以上应采用直流法。H_2S 含量约为 40%~50% 时,可选用原料气和 / 或酸气预热,提高进炉温度的直流法。H_2S 含量约为 15%~40%,全部酸气进炉无法保证稳定燃烧时,采用部分酸气进炉的分流法。酸气进炉量由计算炉温确定,在保证炉温的条件下尽可能加大酸气进炉量,且进主燃烧炉的酸气不能少于全部酸气的三分之一。若原料气 H_2S 浓度在 15% 以下,采用通常的分流法已不可能,这时可采用直接氧化法、硫循环法。

Применяется главная печь сжигания в прямоточном процессе Клауса для проведения высокотемпературной реакции, чтобы коэффициент получения серы повысился, кроме того, прямоточный процесс Клауса действительно способен максимально регенерировать тепло высокой энергии, если температура достаточна для стабильного сжигания, то применение прямоточного процесса Клауса разрешается.Если обнаружены пентан или более тяжелые углеводороды в кислом газе, то применение разветвленного процесса Клауса запрещено в избежании влияния на активность катализатора из-за входа тяжелых углеводородов в конвертер.

Обычно, применяется прямоточный процесс Клауса, когда содержание H_2S в сырьевом газе составляет больше 50%.Когда содержание H_2S составляет около 40%-50%, применяется прямоточный процесс Клауса, в котором использовать сырьевой газ и/или кислый газ для подогрева и повышения входной температуры.Если полный объем кислого газа после входа в печь не может обеспечить стабильное сжигание, когда содержание H_2S составляет около 15%-40%, то применяется разветвленный процесс Клауса, в котором частичный кислый газ поступает в печь.Объем входа кислого газа в печь вычисляется по температуре печи, обеспечивая температуры печи, по возможности увеличить объем входа кислого газа в печь, и объем входа кислого газа в главную печь сжигания должен быть не менее 1/3 общего объема кислого газа.Если концентрация H_2S в сырьевом газе составляет ниже 15%, применение обычного разветвленного процесса Клауса не возможно, при этом следует применять прямое окисление и круговорот серы.

克劳斯延伸类工艺也是如此。

（2）再热方法的选择。

在选择工艺流程时,需要认真考虑过程气的再热方法,即各级转化器入口气流的加热方法。通常使用的再热法有间接加热法、酸气或燃料气再热炉法和热气旁通法。

① 间接加热法,此法采用外部热源或过程气作热源,通过换热器加热需再热的气体。特点是不向过程气引入任何物质,不影响 H_2S 转化率。缺点是换热器总传热系数低,投资较热气旁通法高。

② 热气旁通法,此法用掺入系统本身的高温过程气提高需再热气体的温度。其特点是设备简单,仅有一个特殊的阀门,操作、控制,灵活方便。但由于未经除硫的过程气进入下游转化器,一方面提高了过程气硫露点,使转化器操作温度不得不提高;另一方面过程气中反应产物元素硫浓度的提高将影响 H_2S 的继续转化,两者都使可能达到的转化率下降。故此法适用于规模不大,硫回收率要求不很严格的情况。

Такой процесс так же, как и модифицированный процесс Клауса.

（2）Выбор процесса повторного подогрева.

При выборе технологического процесса, следует внимательно определить процесс повторного подогрева технологического газа, то есть процесс нагрева потока газа на входе конвертера разной ступени.Распространенные процессы повторного подогрева:процесс косвенного подогрева, процесс перегревательной печью кислого или топливного газа и процесс байпаса горячего потока.

① Процесс косвенного подогрева.Применяется внешний источник тепла или технологический газ в качестве источника тепла в процессе косвенного подогрева, затем с помощью теплообменника нагревать газ, требующий подогрева. Преимущество заключается в том, что добавление материала в технологический газ не нужно, не будет влиять на коэффициент конверсии H_2S. Недостаток заключается в том, что коэффициент общей теплопередачи теплообменника низок, по сравнению с процессом байпаса горячего потока, его объем капитальных вложений относительно большой.

② Процесс байпаса горячего потока заключается в том, что применяется высокотемпературный технологический газ в системе для повышения температуры газа, требующего повторного подогрева.Преимущество:оборудование простое, только имеется один специальный клапан, его эксплуатация и управление гибкое и удобное.Однако в связи с тем, что технологический газ без обессеривания поступает в низовой конвертор, с одной стороны, точка росы серы повышается, рабочей температуре конвертора придется повышаться;со другой стороны, повышение

③再热炉法,此法用进料酸气或燃料气在再热炉中燃烧,需再热的气体与高温烟气混合。再热炉法具有操作灵活方便,适应性强的特点,但控制系统较复杂,采用酸气再热炉时更是如此。再热炉产生的烟气中 H_2S 对克劳斯化学平衡亦有不利影响,N_2、CO_2 等也稀释了过程气,降低了 H_2S、SO_2 的分压,并增大了尾气处理装置的负荷。

9.2.1.2　工艺参数选择

(1)主燃烧炉的操作温度。

主燃烧炉操作温度由进炉酸气组成和主燃烧炉热损失决定。为保证稳定燃烧,应使主燃烧炉在大约 1000℃以上操作。

(2)余热锅炉出口温度。

为了尽量回收热能和避免高温硫化腐蚀,直流法克劳斯余热锅炉出口温度一般为 280～350℃,通常不应使元素硫在余热锅炉中冷凝。

содержания элементарной серы в продукте реакции технологического газа влияет на продолжение конверсии H_2S, обе они вызывают уменьшение достижимого коэффициента конверсии. Поэтому, данный процесс пригоден для небольшого объёма и нестрогого требования к коэффициенту получения серы.

③Процесс перегревательной печью, применяется кислый газ приемного материала или топливный газ для сжигания в перегревательной печи, газ, требующий подогрева смешивается с высокотемпературным дымом.Особенности процесса перегревательной печью:эксплуатация удобна, приспособляемость высота, но система управления относительно сложна, особенно при использовании перегревательной печи кислого газа.H_2S в дыме из перегревательной печи оказывает плохое влияние на химическое равновесие Клауса.N_2, CO_2 и другие компоненты разбавляют технологический газ, снижают парциальное давление H_2S, SO_2, также повышают нагрузку установки очистки хвостового газа.

9.2.1.2　Выбор технологических параметров

(1)Рабочая температура главной печи сжигания.

Рабочая температура главной печи сжигания зависит от компонентов кислого газа в печь и тепловой потери главной печи сжигания.Главная печь сжигания должна работать при температуре выше 1000℃ для стабилизации сжигания.

(2)Температура на выходе котла-утилизатора.

Для того, чтобы выполнить по возможности рекуперацию тепла и избегать от сернистой коррозии из-за высокой температуры, температура

（3）催化转化器进口温度。

为了提高 H_2S 转化为元素硫的平衡转化率，希望反应温度尽可能低。但常规克劳斯反应温度受露点限制，当转化器操作温度接近露点时，元素硫即会在催化剂上沉积，从而使催化剂活性降低。转化器操作温度通常应比过程气硫露点高30℃以上。

（4）冷凝器出口温度。

出冷凝器过程气无论是至下一级转化器还是出装置，都希望其中的元素硫尽可能少。由于硫蒸汽分压随温度上升而急剧升高，冷凝器出口温度通常应控制在170℃以下。其下限值为硫凝固温度（约120℃）。为减轻再热负荷，前几级冷凝器出口温度应与其下游转化器操作温度联系起来考虑，可略高一些。另外，通常前几级冷凝器均产生稍高压力的蒸汽供脱硫装置再生塔重沸器使用。为此，冷凝器出口温度也不可能太低。末级冷凝器可产生用于保温的蒸汽，这时末级冷凝出口温度大致在140℃左右。若尾气中元素硫含量要求得很严格，则末级冷凝器宜采用锅炉给水或其他介质冷却。

на выходе котла-утилизатора прямоточным процессом Клауса составляет 280-350℃, обычно, конденсация элементарной серы должна быть выполнена не в котел-утилизаторе.

（3）Температура на входе каталитического конвертера.

Температура реакции должна быть по возможности низкой для повышения коэффициента конверсии H_2S на элементарную серу.Но температура реакции типового процесса Клауса ограничена точкой росы, когда рабочая температура катализатора составляет около точки росы, элементарная сера будет осаждаться на катализаторе для снижения его активности.Обычно, рабочая температура конвертера должна быть выше температуры точки росы серы в технологическом газе на 30℃ .

（4）Температура на выходе конденсатора.

Содержание элементарной серы должно быть по возможности меньше, несмотря на то, что технологический газ из конденсатора поступает в конвертер последующей ступени либо выходит из установки.Парциальное давление парообразной серы стремительно повышается с повышением температуры, в связи с этим, температура на выходе конденсатора, как обычно, должна быть ниже 170℃ .Ее нижний предел является температурой замерзания серы（ около 120℃).Для понижения нагрузки перегрева, температура на выходах конденсаторов предыдущих ступеней может быть немного выше с учетом рабочей температуры низовых конвертеров.Кроме этого, в конденсаторах предыдущих ступеней обычно образуется пар немого высокого давления, который может применяться для ребойлера регенерационной колонны установки обессеривания.Вследствие этого, температура на выходе конденсатора не должна быть слишком низкой. В конденсаторе последней ступени образуется пар для теплозащиты, при этом, температура на выходе конденсатора последней ступени составляет примерно 140℃ .В случае наличия строгих требований к содержанию элементарной серы в хвостовом газе, для охлаждения конденсатора последней ступени должна применяться питательная вода котла или другая среда.

（5）Температура транспорта жидкой серы.

Жидкая сера характеризуется особой вязкостно-температурной характеристикой, вязкость жидкой серы является минимальной при температурах в пределах 130-155℃ .Точка замерзания серы составляет около 120℃ .Температура транспорта жидкой серы должна быть в пределах 130-155℃ , не выше 155℃ .Для снижения расходов энергии и потерь серы, вызванных сублимацией, следует хранить и транспортировать серу при температуре около 130℃ .

（5）液硫输送温度。

由于液硫具有独特的黏度—温度特性,温度为 130～155℃时,液硫黏度最小。硫的凝固点约120℃。液硫输送温度以 130～155℃为好,不宜超过 155℃。为降低能耗和硫的升华损失,可在130℃左右储存和输送液硫。

9.2.2 主要控制回路

9.2.2.1 酸气分离器液位控制

酸气分离器中,酸气夹带的液体被分离。收集的液体由液位控制逻辑控制酸气分离器液位控制阀的开度,然后将液体排放进酸水压送罐。这些仪表还要维持酸气分离器中的最低液位以避免酸气窜入酸水压送罐。

9.2.2 Основные контуры регулирования

9.2.2.1 Регулирование уровня жидкости в сепараторе кислого газа

Жидкость, содержащаяся в кислом газе, выделяется в сепараторе кислого газа.Контур регулирования уровня логически управляет подъемом клапана управления уровнем жидкости в сепараторе кислого газа, чтобы собираемая жидкость сбрасывалась в напорную емкость кислой воды. Эти приборы должны поддерживать минимальный уровень жидкости в сепараторе кислого газа во избежания входа кислого газа в напорную емкость кислой воды.

9.2.2.2 风机控制

气/风比率控制的空气由单独的风机提供,风机工作是否稳定,直接影响比率控制效果。

当风机选用离心式风机时,可不设空气总管压力调节系统,此时,考虑到风机出口压力有一定变化,为确保空气流量测量精度,应设置空气流量的温度、压力补偿。为防止离心式风机进入喘振区,应设置按风机总管流量控制空气防空防喘振调节系统,该系统正常时调节阀关闭,当空气流量接近喘振流量限时,调节器自动开启放空调节阀以维持风机最低流量运转。

9.2.2.3 主燃烧室空气流量控制

给进入主燃烧室的酸气配给恰当比例的空气量,是硫黄回收装置操作的关键。配入的空气总量除超级克劳斯控制 H_2S 含量外,其他大多数工艺通常要求按尾气中的 H_2S/SO_2 为2/1来配风。空气量过剩,将使 H_2S 过多地氧化成 SO_2 和在催化剂上生成硫酸盐,降低硫黄收率;空气量不足,将造成催化剂积碳并引起硫黄不纯。

9.2.2.2 Регулирование вентилятора

Отдельный вентилятор обеспечивает воздухом с регулированием соотношением газа и воздуха, стабильная работа вентилятора прямо влияет на эффект регулирования соотношением.

Не предусматривается система регулирования давления в магистрали воздуха в случае применения центробежного вентилятора, при этом, с учетом наличия определенного изменения давления на выходе вентилятора, предусматривается компенсация температуры и давления потока воздуха для обеспечения точности измерения расхода воздуха.Предусматривается противопомпажная система регулирования с управлением сбросом воздуха по расходу в магистрали вентилятора с целью предотвращения поступления центробежного вентилятора в помпажную зону, регулирующий клапан выключается при нормальном состоянии системы, в случае, когда расход воздуха приближается к пределу помпажного расхода, регулятор автоматически включает регулирующий клапан сброса для поддерживания работы вентилятора при минимальном расходе.

9.2.2.3 Регулирование расхода воздуха в главной камере сжигания

Главное в эксплуатации установки получения серы является обеспечением входящего в главную камеру сжигания кислого газа воздухом в соответствующей пропорции.Для процесса Суперклауса следует регулировать содержание H_2S в общем подаваемом воздухе, а для большинства прочих технологий, следует подавать воздух по соотношению H_2S/SO_2 в хвостовом газе 2/1.Избыток воздуха вызывает, что H_2S чрезмерно окисляется до SO_2 и в катализаторе образуются

根据燃烧器的不同,配风控制方案也多种多样,有两路空气控制的,有三路控制的。

(1)两路控制。

到主燃烧室的空气量是通过空气供给管线上的两路调节阀,分为主路和支路空气进行自动调节。主路空气控制根据酸气流量进行自动调节,支路空气控制根据反馈信号进行自动调节,通过主路和支路的相互调节,从而保证支路在最佳控制状态。

(2)三路控制。

到主燃烧室的空气量通过空气供给管线上的三路调节阀,进行自动调节,气风比例是根据总酸气量进行温度、压力补偿后与三路空气流量进行比例控制。第一、第二、第三路调节阀设计通过能力,分别为空气总量的 60%、25%、15%,第一个空气流量调节器是定流量调节,根据操作负荷,人为设定在大约是空气总量的 60%。第二个空气流量调节器是保持空气和酸气配比值的调节。第三个空气流量调节器是反馈调节,由安装在装置尾气管线上的 H_2S/SO_2 在线分析仪反馈的信号来调节,它随酸气的组成变化而变化。

сульфаты, тем самым, коэффициент получения серы уменьшается; недостаточное количество воздуха вызывает нагарообразование на катализаторе и образование нечистой серы.

По различным горелкам, имеются разнообразные варианты управления подачей воздуха, как двухканальное и трехканальное.

(1) Двухканальное управление.

Количество воздуха в главную камеру сжигания автоматически регулируется по магистрали и ответвлению двухходовым регулирующим клапаном, установленным на трубопроводе. Управление воздухом в магистрали автоматически регулируется по расходу кислого газа, управление воздуха в ответвлении автоматически регулируется по сигналу образной связи, взаимное регулирование магистрали и ответвления обеспечивает нахождение ответвления в лучшем состоянии управления.

(2) Трехканальное управление.

Количество воздуха в главную камеру сжигания автоматически регулируется трехходовым регулирующим клапаном, установленным на трубопроводе, соотношение газа и воздуха регулируется пропорционально с расходом воздуха в трех каналах после компенсации температуры и давления по общему объему кислого газа. Проектная пропускная способность регулирующего клапана на первом, втором и третьем каналах составляет соответственно 60%, 25%, 15%, первый регулятор расхода воздуха выполняет регулирование с постоянным расходом, следует искусственно устанавливать проектную пропускную способность в 60% общего количества воздуха по эксплуатационной нагрузке. Второй регулятор расхода воздуха выполняет регулирование расхода с поддержанием соотношения воздуха и

该方案比较复杂,设备投资相对较高。优点在于开工烘炉,系统升降温时,可选择25%进行空气调节控制,操作方便,增加了系统灵活性和控制的准确性。

9.2.2.4　主燃烧炉联锁保护系统

主燃烧炉联锁保护系统主要是防止酸气流量超低时,影响燃烧炉的正常燃烧。当酸气流量降为零时(酸气紧急放空),应立即截断空气,以防止空气进入反应器造成系统积存的硫黄燃烧,使催化剂损伤。当燃烧炉的余热锅炉液位超低时,为防止炉管烧坏,也应即时停止反应炉的进料。将以上联锁信号引入联锁装置,紧急截断酸气和空气,以保证装置的安全。

кислого газа. Третий регулятор расхода воздуха выполняет регулирование с помощью сигнала обратной связи поточного анализатора H_2S/SO_2 на трубопроводе хвостового газа, сигнал обратной связи изменяется с изменением компонентов кислого газа.

Настоящий вариант более сложен, капиталовложения в оборудование является сравнительно высокими. Преимущество заключается в разогреве печи, следует выбирать 25% для кондиционирования при повышении и понижении температуры системы, операция признается простой, тем самым, увеличиваются гибкость системы и точность регулирования.

9.2.2.4　Блокирующая защитная система главной печи сжигания

Блокирующая защитная система главной печи сжигания в основном предназначается для предотвращения влияния на нормальное сжигание в печи при слишком низком расходе кислого газа. Когда расход кислого газа уменьшается до нуля (аварийный сброс кислого газа), следует немедленно отсекать воздух во избежание сжигания накопленной в системе серы, вызванного поступлением воздуха в реактор и вызывающего повреждение катализатора. При слишком низком уровне жидкости в котле-утилизаторе печи сжигания, следует немедленно прекращать подачу материала в реакционную печь во избежание прогара труб печи. Вышеперечисленные сигналы блокировки введены в установку блокировки для аварийного отсечения кислого газа и воздуха, тем самым, обеспечивается безопасность установки.

主燃烧炉燃烧器上设置的火焰检测器,一方面用于程序点火,另方面用于正常生产的监视酸气燃烧熄火,火焰检测器应能适应燃料气和酸气两种介质的燃烧。

9.2.2.5 废热锅炉液位控制

废热锅炉液位通过流量控制器进行初步控制以便维持稳定的锅炉进水量。如果液位升高或低于设定点,液位控制器调节流量控制器的设定点以恢复正常设定点的液位。

如果热负荷突然发生变化,液位控制器应密切观察液位变化。如果热负荷突然增加,废热锅炉中的首先影响是在液体中产生蒸汽泡。这些气泡会导致水相的总密度降低,显示液位升高,该现象被称为"锅炉泡涨"。如果发生这种情况,液位控制器会要求减少锅炉进水流量,但这是不正确的。为避免出现这种情况,比较废热锅炉产蒸汽量是否变化,在液位和蒸汽量都增加的情况下,液位会识别出是"锅炉泡涨",并且将增加至废热锅炉的锅炉进水量。

Горелка главной печи сжигания предусматривает детектор пламени, который, с одной стороны, применяется для программного воспламенения, со другой стороны, применяется для наблюдения за гашением пламени сжигания кислого газа при нормальном производстве, он может приспособляться к двум средам, как топливному газу и кислому газу.

9.2.2.5 Регулирование уровня жидкости в котле-утилизаторе

Предварительное регулирование уровня жидкости в котле-утилизаторе осуществляется регулятором расхода с целью поддержания стабильного количества питающей воды котла.В случае, если уровень жидкости выше или ниже установленного значения, регулятор уровня жидкости регулирует установленное значение регулятора расхода для восстановления уровня жидкости при нормальном установленном значении.

Регулятор уровня жидкости должен тесно наблюдать за изменением уровня жидкости, в случае неожиданного изменения тепловой нагрузки.Неожиданное увеличение тепловой нагрузки в первой очереди влияет на образование паровых пузырей в жидкости в котле-утилизаторе.Эти пузыри могут вызывать уменьшение общей плотности водной фазы, повышение уровня жидкости, такое явление называется "набухание воды в котле".При таком случае, регулятор уровня жидкости требует уменьшать расход питающей воды котла, но это неправильно.Во избежание возникновения такой ситуации, следует сопоставлять количество образовавшегося в котле-утилизаторе пара и проверять на изменение, "набухание воды в котле" может быть идентифицировано при увеличении уровня жидкости и количества пара, уровень жидкости увеличивается до объема пита- ющей воды котла котла-утилизатора.

9.2.2.6　再热炉燃料气和空气控制

再热炉燃烧所需的燃料气量,由反应器入口温度来控制。燃料气燃烧用的空气量是根据流量比例控制器按燃料气化学当量计算提供,适用于燃料气再热工况。

9.2.2.7　反应器入口温度的调节

通过对反应器的入口温度控制,使过程气得到催化转化的最佳效果。反应器入口和出口气体温差,标志着催化转化反应的程度。一旦发现温差显著下降时,应适当增加反应器入口温度,将液硫从催化剂表面除去。

当反应器入口温度过高时,调节再热炉燃料气串级调节器,降低燃料气用量,同时调整风量,使其等当量燃烧;当反应器入口温度过低时,应提高燃料气用量。此法适用于燃料气再热工况。

9.2.2.6　Регулирование топливного газа и воздуха в перегревательной печи

Объем топливного газа, Необходимый для сжигания перегревательной печи, регу- лируется по температуре на входе реактора. Объем воздуха для сжигания топливного газа обеспечивается пропорциональным регулято- ром расхода по расчету химического эквива- лента, применяется к рабочему режиму пере- грева топливного газа.

9.2.2.7　Регулирование температуры на входе реактора

Регулирование температуры на входе реак- тора позволяет технологическому газу получать лучший эффект каталитической конверсии.Раз- ность температур на входе и выходе реактора обозначает степень каталитической конверсии. В случае значительного уменьшения разно- сти температур, следует надлежащим образом повышать температуру на входе реактора для удаления жидкой серы с поверхности катализа- тора.

При слишком высокой температуре на вхо- де реактора, следует регулировать каскадный регулятор топливного газа в перегревательной печи, уменьшать расход топливного газа, при этом регулировать количество воздуха для эк- вивалентного сжигания;следует увеличивать объем топливного газа при слишком низкой температуре на входе реактора.Такой метод применяется к режиму перегрева топливного газа.

通常硫黄回收装置包括空气流量控制、酸气压力控制、反应器入口温度控制等回路,并设置多重联锁保护装置,以保障人员和装置的安全。

9.2.3 主要工艺设备的选用

9.2.3.1 燃烧炉

燃烧炉也称反应炉,是克劳斯硫黄回收工艺中最重要的设备。主燃烧炉是提供酸气和空气燃烧反应的场所,控制至反应炉的空气对硫黄回收很重要。

(1)燃烧炉的作用。

使原料酸气中 1/3 体积的 H_2S 转化为 SO_2,使过程气中 H_2S 和 SO_2 摩尔比保持为 2 : 1;

使进料气中烃类、NH_3 等组分在燃烧过程中转化为 CO_2、N_2 等惰性组分;

将所有其他硫黄混合物转换成更易于硫黄回收的化合物;

维持安全和稳定的反应温度。

(2)燃烧炉结构。

燃烧炉可以单独设置,也可以与废热锅炉一起组合成一个组合体。对于规模在 30t/d 的小型硫黄回收装置,多采用比较经济的组合式设备。燃烧炉的结构如图 9.2.1 所示。

Установка получения серы обычно включает в себя контур управления расходом воздуха, контур регулирования давления кислого газа, контур регулирования температуры на входе реактора, предусматривает мульти-защита с блокировкой для обеспечения безопасности персонала и установки.

9.2.3 Выбор основного технологического оборудования

9.2.3.1 Печь сжигания

Печь сжигания, называемая также «реакционной печью», является важнейшим оборудованием в технологии получения серы процессом Клауса.Главная печь сжигания является местом для сжигания кислого газа и воздухом, контроль объема входа воздуха в реакционную печь очень важен для получения серы.

(1)Функции печи сжигания.

Конверсия H_2S от 1/3 объема в сырьевом кислом газе в SO_2, обеспечение 2 : 1 молярного отношения между H_2S и SO_2 в технологическом газе;

В процессе сжигания конверсия углеводородов, NH_3 и других компонентов в CO_2, N_2 и другие инертные компоненты;

Конверсия всех серных смесей в соединение, которое способно для получения серы;

Обеспечение безопасной и стабильной температуры реакции.

(2)Конструкция печи сжигания.

Печь сжигания либо устанавливается отдельно, либо с котлом-утилизатором в качестве одного блока.Обычно для малой установки получения серы производительностью 30т/сут.применяется более энергоэкономичное комбинированное обо-рудование.Конструкция печи сжигания как пока-зана на рис.9.2.1.

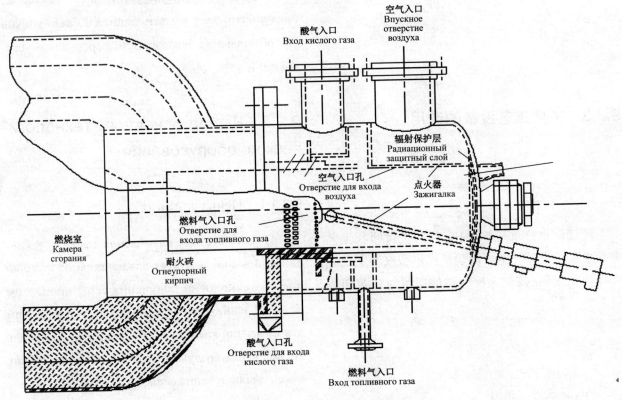

图 9.2.1　燃烧炉结构示意图

Рис.9.21　Конструктивная схема печи сжигания

其操作温度根据工艺条件的不同而有很大的变化,一般其范围为 980～1540℃。由于操作温度高,故要求在金属壳里面设置有 2～3 层耐火材料浇注料或耐火砖,通常称为耐火内衬和隔热(保温)防护层,壳体与防护层之间形成的闭塞空间进一步改善了绝热效果。在常见的环境条件下,隔热系统的设计应使金属外壳温度保持在 150～340℃的范围,设计温度时既要防止过程气发生冷凝,也要避免高温气体直接与金属外壳直接接触发生高温硫化腐蚀。同时,还应设置遮雨棚,避免下雨时炉壳温度下降过大,造成设备腐蚀。

Рабочая температура сильно зависит от тех-нологических условий, ее предел: 980-1540℃ .В связи с высокой рабочей температурой, в метал-лическом корпусе предусматриваются 2-3 слоя огнестойкого материала или огнеупорные кирпи-чи, обычно называются огнеупорной футеровкой и теплоизоляционным（утеплительным）защит-ным слоем, между корпусом и защитным слоем образуется невентилируемое пространство, тем самым, улучшается эффект теплоизоляции.При типичных условиях окружающей среды, система теплоизоляции должна быть спроектирована та-ким образом, чтобы температура металлического корпуса удерживалось в пределах 150-340℃,

主燃烧炉可分为燃烧器和反应室两部分。燃烧器需根据不同的酸气进料专门设计,使酸气中的 H_2S 及其他可燃杂质进行当量燃烧而出口烟气中不含氧。反应室通常为卧式钢壳圆筒,内衬耐火及隔热材料,后部设花墙以减轻对其后余热锅炉管板的热辐射。由于高温克劳斯反应速度很快,设计反应室时,一般取过程气的停留时间为 1s 左右。

9.2.3.2 废热锅炉

废热锅炉从主燃烧炉出口的高温气流中回收热量并产生蒸汽,使过程气的温度降至下游设备所要求的温度,一般在反应气体的硫露点以上。废热锅炉高温气流入口侧管束的管口应加陶瓷保护套管,入口侧管板上应加耐火保护层,如图 9.2.2 所示。通常,小型克劳斯装置的主燃烧炉和废热锅炉组合为一个整体。对于大型克劳斯装置(大于 30t/d),采用与废热锅炉分开的外反应炉则更为

проектная температура способна не только предотвращать конденсацию технологического газа, но и избегать сернистой коррозии при высоких температурах, вызванной прямым контактом высокотемпературного газа с металлическим корпусом.При этом, предусматривается навес от дождя во избежание коррозии оборудования, вызванной чрезмерным понижению температуры корпуса печи во время дождя.

Главная печь сжигания разделена на 2 части: горелка и реакторная камера.Горелка должна быть специально спроектирована по различным подаваемым объемам кислого газа, чтобы H_2S и другая горючая примесь в кислом газе эквивалентно сгорали, дым на выходе не содержал кислород.Реакционная камера обычно представляет собой горизонтальный цилиндр со стальным корпусом, для футеровки применяется огнеупорный и теплоизоляционный материал, на задней части устанавливается ажурная ограда для уменьшения теплового излучения по отношению к задней трубной решетке котла-утилизатора.В связи с большой скоростью реакции Клауса при высоких температурах, при проектировании реакционной камеры, время выдержки при получении технологического газа обычно устанавливается в примерно 1 сек.

9.2.3.2 Котел-утилизатор

Котел-утилизатор получает теплоту из высокотемпературного потока газа из выхода главной печи сжигания и образуется пар, чтобы температура технологического газа понижалась до необходимой для низового оборудования, обычно выше точки росы серы в реагирующем газе.Отверстие пучка труб со стороны входа высокотемпературного потока котла-утилизатора предусматривает

经济。图9.2.3为带蒸汽包废热锅炉结构示意图。

керамическую защитную гильзу, трубная решетка со стороны входа предусматривает огнеупорное покрытие, как в рисунке 9.2.2.В общем, главная печь сжигания и котел-утилизатор малой установки Клауса объединены в одном блоке. Если крупная установка Клауса производительностью составляет более 30т/сут., то применяется внешний реактор, который отделен от котла-утилизатора для обеспечения энергосбережения. В рисунке 9.2.3 показана конструктивная схема котла-утилизатора с паросборником.

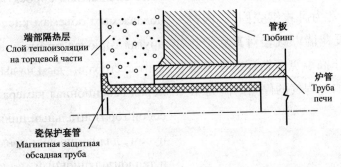

图 9.2.2 炉管高温气流入口侧加套管保护示意图

Рис.9.2.2 Схема защитной обсадной трубы на входе высокотемпературного потока газа печной трубы

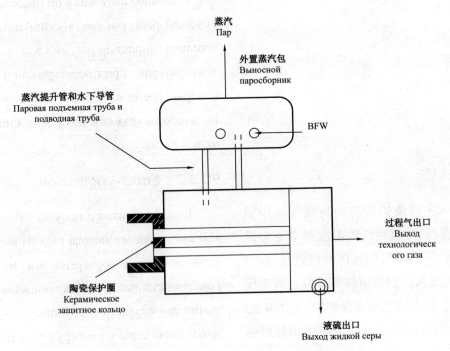

图 9.2.3 带蒸汽包废热锅炉结构示意图

Рис.9.2.3 Конструктивная схема котла-утилизатора с паросборником

废热锅炉采用卧式安装以保证将全部管子浸没在水中。为便于液硫的流动和减少积硫,废热锅炉按过程气流动方向应有一定的坡度(通常为1°),出口管箱设有与液硫出口夹套管底平的垫层。

9.2.3.3 反应器

克劳斯装置反应器主要是提供一个克劳斯过程气催化反应的场所,使过程气中的 H_2S 和 SO_2 在其催化剂床层上继续反应生成元素硫。同时,在反应器(通常为第一级反应器)内装填水解催化剂,使过程气中的 COS、CS_2 等有机硫化物水解为 H_2S 和 CO_2。通常有卧式反应器和立式反应器两种。一般来说,应优先选择卧式转化器,它布置灵活,操作简便,并可缩小占地面积。

由于转化有机硫及硫露点等问题,催化转化段需要两级或更多级数、为了提高硫黄的收率,反应器设计的反应操作温度逐级降低。大型装置的各级反应器可安装独立的反应器,中小型装置可将其组合在一个容器内并以隔板隔开以节省设备投资。由于催化反应放出的热量有限,因此克劳斯反应通常使用绝热式反应器,过程气以 $300\sim1000/h$ 的空速由上而下通过 $0.8\sim1.5m$ 的催化剂床层,反应热被过程气带出。每级反应器后通过硫黄冷凝冷却器使过程气中的硫蒸汽冷凝而

Для котла-утилизатора применяется горизонтальный монтаж, чтобы все трубы утоплены в воде.Для удобства течения жидкой серы и уменьшения накопления серы, котел-утилизатор предусматривает определенный наклон по направлению течения технологического газа (обычно 1°), трубная камера на выходе предусматривает подстилку, которая и низ рубашки на выходе жидкой серы находятся в одном уровне.

9.2.3.3 Реактор

Реактор установки Клауса является местом, которое обеспечивает каталитическую реакцию для процесса Клауса, чтобы реакция H_2S и SO_2 в технологическом газе продолжилась на их слое катализатора для образования элементарной серы.Одновременно, катализатором гидролиза полностью заполнен реактор (обычно реактор первой ступени), чтобы COS, CS_2 и другие органические сульфиты в технологическом газе гидролизованы в H_2S и CO_2.Обычно, реактор разделяется на 2 типа:горизонтальный и вертикальный.В общем, в первую очередь следует выбрать горизонтальный реактор, его расположение просто, эксплуатация удобна, площадь отвода земель сокращена.

В связи с конверсией органической серы и точкой росы серы, секция каталитической конверсии предусматривает две ступени или более, для увеличения коэффициента получения серы, проектная температура реакции реактора должна ступенчато понижаться.Допускается отдельно устанавливать реакторы всех ступеней крупногабаритной установки, для средне-и малогабаритной установок допускается устанавливать их в одной емкости и отделять их перегородками

回收,从而降低硫蒸汽的分压,有利于下一级催化反应向生成硫的方向进行。

为 экономии капиталовложений в оборудование. Каталитическая реакция выделяет ограниченную теплоту, в связи с этим, процесс Клауса обычно предусматривает адиабатический реактор, технологический газ сверху вниз проходит через слой катализатора высотой 0,8-1,5 м с воздушной скоростью 300-1000/ч, теплота реакции вынесена технологическим газом.Технологический газ через реактор каждой ступени поступает в конденсатор-холодильник серы, где парообразная сера конденсируется, тем самым, понижается парциальное давление парообразной серы, чтобы равновесие каталитической реакции смещалось в сторону образования серы.

　　在反应器的进出口及催化剂床层的上、中、下部位设有热电偶,通过各点温度显示,可以判断反应器的操作状况是否正常。各级反应器入口过程气的温度通过再热手段控制和调节。每级反应器的入口温度根据催化剂的性能以及预计的出口过程气温度和硫露点来确定。离开反应器的过程气温度较其硫露点高8℃。通常一级转化的入口温度为232~249℃,转化温升44~100℃;二级转化入口温度为199~221℃,转化温升14~33℃;三级转化入口温度为188~210℃,转化温升3~8℃。

На входе и выходе реактора и в верхней, средней и нижней частях слоя катализатора предусматриваются термопары, может определяться нормальный режим работы реактора по показанию температуры.Следует путем перегрева регулировать температуру технологического газа на входах реакторов всех ступеней.Температура на входах реакторов всех ступеней зависит от характеристик катализатора, ожидаемой температуры технологического газа на выходе и точки росы серы.Температура технологического газа из реактора на 8℃ выше точки росы серы.Как обычно, температура на входе конвертора 1-ой ступени составляет в пределах 232-249℃, повышение температуры при конверсии 44-100℃;температура на входе конвертора 2-ой ступени составляет в пределах 199-221℃, повышение температуры при конверсии 14-33℃;температура на входе конвертора 3-ей ступени составляет в пределах 188-210℃, повышение температуры при конверсии 3-8℃.

反应器内壁应有耐酸隔热层,以防止钢材腐蚀过大和床层温升过高甚至升温对设备造成的损坏。外部保温良好,避免因温度过低导致元素硫冷凝。液硫排出口和吹扫放空口应设在设备的最低点。为了保证气体均匀地自上而下通过催化剂层,防止过程气直接冲击催化剂床层,可在进口设置挡板和进口分配器,否则过程气容易将催化剂吹成深坑,过程气将通过阻力小的部分从而导致短路,使催化反应失去作用。图 9.2.4 为反应器结构示意图。

На внутренней стенке реактора предусматривается кислотостойкий теплоизоляционный слой с целью предотвращения значительной коррозии стали, значительного повышения температуры слоя и повреждения оборудования, вызванного повышением температуры.Имеется хорошая наружная теплоизоляция во избежание конденсации элементарной серы при слишком низкой температуре.Выход жидкой серы и сбросный выход продувки должны устанавливаться в самой низкой точке оборудования.Допускается устанавливать отбойник и дестрибютор на входе, чтобы газ равномерно сверху вниз проходил через слой катализатора во избежание непосредственного удара о слой катализатора технологическим газом, иначе катализатор легко разрушаться в виде ямы технологическим газом, технологический газ проходит через часть с небольшим сопротивлением, что вызывает короткое замыкание и неэффективную каталитическую реакцию.В рисунке 9.2.4 показана конструктивная схема реактора.

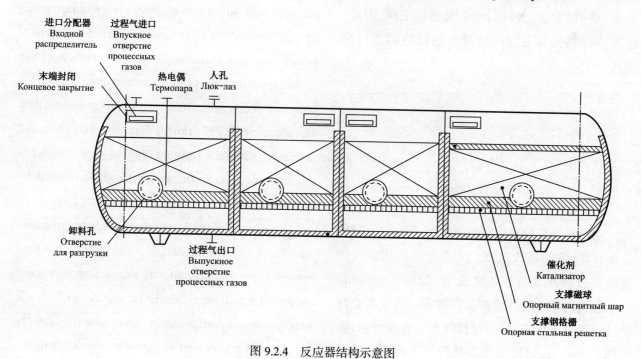

图 9.2.4　反应器结构示意图

Рис.9.2.4　Конструктивная схема реактора

9.2.3.4 冷凝器

硫黄回收装置中冷凝器的作用是将反应器中生成的元素硫蒸汽冷凝为液态硫并从过程气中分离除去,以降低硫蒸汽在过程气中的分压,这样既能防止硫积存在催化剂上,提高反应器单程转化率。过程气冷却及硫蒸汽冷凝所析出的热量则用以生产低压蒸汽或预热锅炉进料水。目前应用最广的是卧式管壳式冷凝器。

应当注意的是,在冷凝冷却器内除发生硫蒸汽转化为液硫的相变外,事实上还发生了不同硫分子间的转化,主要是 S_2 转化为 S_8 及 S_6。此外,液硫的黏度大约在 160℃ 因硫分子的聚合而急剧上升,至 187℃ 达到峰值,然后又迅速下降,因此,冷凝冷却器操作温度应当避开这段液硫的高黏度区。

克劳斯装置的硫冷凝器兼有元素硫的冷凝和分离作用,同时回收热能。壳程产生低压蒸汽供脱硫装置重沸器及本装置设备、管道保温使用。产生蒸汽的硫冷凝器应按蒸汽发生器的要求进行设计。通常为卧式,并向过程气出口方向倾斜,坡度约为 1%。在过程气出口处设金属丝网除雾器以回收液硫雾滴,减少液硫携带量。换热管一般

9.2.3.4 Конденсатор

Конденсатор установки получения серы предназначается для конденсации парообразной элементарной серы, образовавшейся в реакторе, в виде жидкой серы и выделения нее из технологического газа с целью понижения парциального давления парообразной серы в технологическом газе, так можно предотвратить накопление серы в конденсаторе и увеличить коэффициент конверсии реактора за один цикл.Количество теплоты, выделяемое при охлаждении технологического газа и конденсации парообразной серы, применяется для производства пара низкого давления или подогрева питающей воды котла.Теперь, широко используется горизонтальный кожухотрубный конденсатор.

Следует отметить, что в конденсатор-холодильник происходит фазовое превращение парообразной серы в жидкую, кроме этого, на самом деле еще происходит превращение между различными молекулами серы, преимущественно превращение S_2 в S_8 и S_6.Кроме этого, в связи с полимеризацией молекул серы, вязкость жидкой серы стремительно увеличивается при температуре около 160℃, достигает пикового значения при температуре 187℃, потом быстро уменьшается, поэтому, рабочая температура конденсатора-холодильника должна быть вне пределов повышенной вязкости жидкой серы.

Конденсатор серы установки Клауса предназначается для конденсации и сепарации элементарной серы, в то же время, утилизации тепловой энергии.Пар низкого давления, образовавшийся в межтрубном пространстве, применяется для теплозащиты ребойлера установки обессеривания, оборудования и трубопроводов данной установки.

用 ϕ38mm×3.5mm 或 ϕ32mm×3.5mm 无缝钢管。规模较小的硫冷凝器通常把汽水分离空间直接设在壳体的上部。出口管箱下部宜有蒸汽夹套。液硫出口的设计应保证液硫流尽且便于清扫。为减少硫雾生成,一般推荐的最大总传热系数为 68.1W/ ($m^2 \cdot K$)。

在实际设计中,可根据具体情况,将各级硫冷凝器设计成独立设备或组合在一个壳体内的组合设备。

丝网除雾器设计气速按下式计算:

$$v = k \frac{\rho_L - \rho_G}{\rho_G} \qquad (9.2.1)$$

式中 v——气速,m/s;

ρ_L,ρ_G——分别为液硫和过程气的密度,kg/m^3;

Конденсатор серы, где образуется пар, должен быть спроектирован по требованиям к парогенератору. Обычно является горизонтальным, с наклоном примерно 1% в сторону выхода технологического газа. На выходе технологического газа предусматривается сетчатый тумансниматель для извлечения капель тумана жидкой серы и уменьшения количества жидкой серы. Для теплообменной трубки обычно применяется стальная бесшовная труба ϕ38мм×3.5мм или ϕ32мм×3.5мм Маломасштабный конденсатор серы, как обычно, предусматривает установку пространства для пароводяной сепарации прямо на верхней части корпуса. В нижней части трубной камеры на выходе предусматривается паровая рубашка. Выход жидкой серы должен быть спроектирован таким образом, чтобы жидкая серы могла быть полностью выпущена, и удобным для очистки. Для уменьшения образования туманообразной серы, рекомендуемый максимум общего коэффициента теплопередачи обычно составляет 68,1 Вт/ ($м^2 \cdot K$).

В процессе фактического проектирования, конденсаторы каждой ступени могут быть спроектированы в виде отдельного оборудования или комбинированного оборудования в одном корпусе в зависимости от конкретной ситуации.

Проектная скорость газа для сетчатого тумансниматателя рассчитывается по формуле (9.2.1):

$$v = k \frac{\rho_L - \rho_G}{\rho_G} \qquad (9.2.1)$$

Где v——Скорость газа, м/сек.;

ρ_L, ρ_G——Соответственно плотность жидкой серы и технологического газа, кг/$м^3$;

k——系数,k 值与液滴直径、液体黏度等因素有关。当采用高效型丝网时,可取 $k=0.061$。

9.2.3.5　再热炉

再热炉的作用是将冷凝分离出液硫后的过程气加热到进入反应器所要求的温度,再热炉通常由炉头和炉身组成,在炉身内过程气的停留时间一般为 $0.1\sim0.3s$。

再热炉的再热方式一般有热气体旁通法(高温掺合法)、过程气换热法、在线燃料气燃烧法、在线酸气燃烧法、蒸汽加热法等。

高温掺合法具有温度调节灵活,容易操作,设备简单,投资和操作成本均较低等优点。但高温气流中由于含有大量硫蒸汽,未经冷凝分离而进入催化反应段,不利于总转化率的提高,而且对掺合管和掺合阀的材质要求严格,制作较困难。此外,掺合工艺操作灵活性差,通常操作弹性不超过 30%,而且只用于调节一级转化器的入口温度。

k——Коэффициент.Значение k зависит от диаметра капли, вязкости жидкости.При применении высокоэффективной сетки, принимается $k=0,061$.

9.2.3.5　Перегревательная печь

Перегревательная печь предназначается для нагрева технологического газа до температуры, необходимой для входа в реактор, после конденсации и выделения жидкой серы, она, как обычно, состоит из головки и корпуса печи, в корпусе печи технологический газ останавливается примерно 0,1-0,3 сек.

Перегревательная печь имеет следующие методы перегрева:метод байпаса горячего газа (метод смешения при высоких температурах), метод теплообмена технологическим газом, метод сжигания поточного топливного газа, метод сжигания поточного кислого газа, метод нагрева паром.

Метод смешения при высоких температурах характеризуется гибкостью регулирования температуры, легкостью, простым оборудованием, низкими капиталовложениями и расходами на эксплуатацию.Однако, высокотемпературный поток газа содержит большое количество парообразной серы, поэтому поступление в зону каталитической реакции без конденсации и сепарации не способствует увеличению общего коэффициента конверсии, к тому же требования к материалам смешивающей трубы и смешивающего клапана оказываются строгими, изготовление является более трудным.Кроме этого, технология смешения характеризуется плохой оперативной гибкостью, как обычно, гибкость не превышает 30%, применяется только для регулирования температуры на входе реактора 1-ой ступени.

换热器再热方式特点是操作简便,不影响总转化率。但由于换热器效率低,设备较庞大,操作弹性受到很大限制。因此,这种方式只适合于调节中小型装置二级转化器的入口温度,且在装置负荷量变化较大时不宜采用。

在线燃料气燃烧法是目前工业装置上应用最普通的再热方式,尤其适合于大型装置。这种再热方式对总转化率有一定影响,但开工迅速,调节入口温度较灵活可靠,有利于提高转化率。但在线燃烧炉对过程气有一定稀释作用,且有导致催化剂中毒或污染的危险,因此对燃料气和空气的配风要求很高。在线燃料气燃烧再热炉结构示意见图9.2.5。

在线酸气燃烧法相对在线燃料气燃烧法控制较困难。蒸汽加热法投资较低,开工迅速,操作灵活性大等优点,但要求工厂必须有等级匹配的蒸汽供应。

Метод перегрева теплообменником характеризуется простой операцией, не влияет на общий коэффициент конверсии.Однако, оперативная гибкость значительно подвергается ограничению низкого КПД теплообменника и больших габаритов оборудования.Поэтому, такой метод применяется только для регулирования температуры на входе конвертора 2-ой ступени средне-и малогабаритных установок, не должен применяться при большом изменении нагрузки.

Метод сжигания поточного топливного газа представляет собой самый обычный метод перегрева, применяемый для промышленных установок в настоящее время, особе для крупногабаритных установок.Такой метод перегрева оказывает определенное влияние на общий коэффициент конверсии, но характеризуется быстрым вводом в действие, гибкостью и надежностью регулирования температуры, способствует увеличению коэффициента конверсии.Поточная печь сжигания может разбавить технологический газ, привести к отравлению катализатора или загрязнению, поэтому требования к подаче топливного газа и воздуха являются очень высокими.Конструкция перегревательной печи методом сжигания поточного топливного газа показана на рис.9.2.5.

Метод сжигания поточного кислого газа характеризуется трудностью управления по сравнению с методом сжигания поточного топливного газа.Метод нагрева паром характеризуется низкими капиталовложениями, быстрым вводом в действие, большой оперативной гибкостью, но требует от завода снабжения пара соответствующего класса.

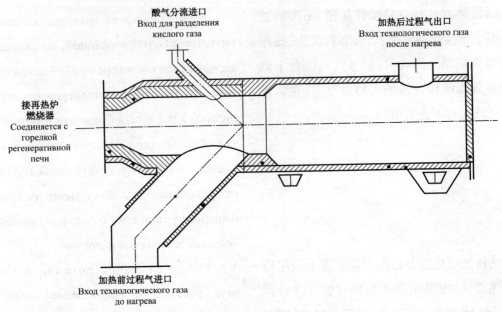

图 9.2.5 在线燃烧再热炉结构示意图

Рис.9.2.5 Конструктивная схема перегревательной печи методом сжигания поточного топливного газа

9.2.3.6 捕集器

捕集器的作用是从末级冷凝器出口气流中进一步回收硫雾。大多数工业装置的捕集器采用金属丝网型,当气速为 1.5～4.1m/s 时,平均捕集效率可达 97% 以上,尾气中硫雾含量约为 $0.56g/m^3$。

9.2.3.7 风机

风机的作用是为燃烧炉内酸气中 1/3 的 H_2S 转化为 SO_2 提供所需的空气,同时也提供再热炉燃烧燃料气所需的空气。

在硫黄回收装置中,风机一般采用电动机或蒸汽驱动的多机离心式鼓风机,为提高硫黄回收装置运行的可靠性,风机常采用一用一备方式。

9.2.3.6 Улавливатель

Улавливатель предназначается для дальнейшего извлечения туманообразной серы из потока газа из выхода конденсатора последней ступени. Для большинства промышленных установок улавливатель является сетчатым, средний коэффициент улавливания при скорости газа 1,5-4,1м/сек.достигает 97% и более, содержание туманообразной серы в хвостовом газе составляет около 0,56 г/м³.

9.2.3.7 Вентилятор

Вентилятор предназначается для подачи необходимого воздуха для превращения 1/3 H_2S в кислом газе в печи сжигания в SO_2, в то же время, для подачи необходимого воздуха для сжигания топливного газа в перегревательной печи.

В качестве вентилятора для установки получения серы обычно применяется многоступенчатая центробежная воздуходувка с приводом

离心风机属于恒压风机,空气的压缩过程通常是在几个工作叶轮(或称几级)在离心力的作用下进行的,工作的主参数是风压,输出的风量随管道和负载的变化而变化,风压变化不大。鼓风机相对罗茨鼓风机而言,具有风量大效率高,运行平稳,噪声较小等优点。

罗茨鼓风机属于恒流量容积式风机,具有结构简单体积小,制造方便价格便宜等特点,其工作的主参数是风量,输出的压力随管道和负载的变化而变化,风量变化很小,输送的风量与转数成比例,压缩过程通常是把气体由吸入的一侧输送到排出的一侧,由于周期性的吸气、排气和瞬时等容压缩造成气流速度和压力的脉动,因而会产生较大的气体动力噪声。

离心鼓风机的外形与离心泵相像,蜗壳形通道的截面为圆形,通常鼓风机的外壳直径与宽度之比较大,叶轮上叶片的数目较多,以适应大的风量;由于气体密度小,因此转速较高才能达到较大的风压。单级离心鼓风机结构示意图如图9.2.6所示。

от электродвигателя или пара, для повышения надежности работы установки получения серы, вентиляторы предусматривают "один в работе, один в резерве".Центробежный вентилятор принадлежит вентилятору постоянного напряжения, процесс сжатия воздуха проводит под действием центробежной силы, возникающей при вращении нескольких рабочих колес (или которой ступени), основной параметр работы является давлением воздуха, подаваемое количество дутья изменяется по мере изменения трубопровода и нагрузки, давление воздуха незначительно изменяется.Относительно воздуходувки Рутса, воздуходувка характеризуется большим количеством дутья, высоким КПД, стабильным движением и низким уровнем шума.

Воздуходувка Рутса принадлежит объемной воздуходувке с постоянной производительностью, характеризуется простой конструкцией, малым объемом, удобностью изготовления и низкой стоимостью, основной параметр работы является количеством дутья, давление изменяется с изменением трубопровода и нагрузки, подаваемое количество дутья незначительно изменяется, пропорционально числу оборотов, в процессе сжатия газ подается со стороны всасывания в сторону выпуска, периодическое всасывание и выпуск и мгновенное изохорное сжатие вызывают пульсацию скорости и давления потока газа, в связи с этим, образуется более большой газодинамический шум.

Внешний вид центробежной воздуходувки похож на центробежного насоса, сечение спирального прохода является круглым, как обычно, диаметр кожуха воздуходувки больше, чем ширина, лопастное колесо имеет большое количество лопаток, чтобы приспособляться к большему количеству дутья;в связи с малой плотностью, большое давление воздуха достигается только при более высокой скорости вращения.Схема одноступенчатой центробежной воздуходувки показана в рисунке 9.2.6.

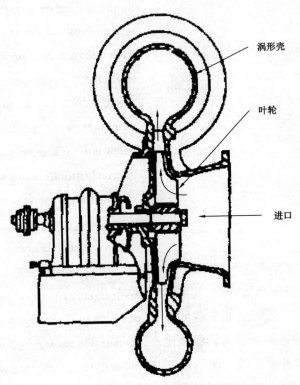

图 9.2.6　单级离心鼓风机结构示意图

Рис.9.2.6　Одноступенчатая центробежная воздуходувка

涡形壳

叶轮

进口

风机中有一固定的导轮(扩散圈)。单级离心鼓风机的出口表压多在 30kPa 以内,多级离心鼓风机,可达 0.3MPa。

В вентиляторе имеется одно неподвижное направляющее колесо (диффузионное кольцо). Избыточное давление на выходе одноступенчатой центробежной воздуходувки преимущественно составляет ниже 30кПа, а на выходе многоступенчатой центробежной воздуходувки может достигать 0,3МПа.

9.2.3.8　液硫封

通过液硫封来密封硫黄回收装置的过程气,防止有毒的过程气溢出,并允许液硫流出并进入液硫储存系统。

9.2.3.8　Гидрозатвор жидкой серы

Гидрозатвор жидкой серы предназначается для герметизации технологического газа установки получения серы во избежание утечки токсичного технологического газа, позволяет жидкой сере вытекать и входить в систему хранения жидкой серы.

常用的液硫封为立式管状型,分里、中、外三层,里层为进液硫管线,中层为液硫储管,外层为蒸汽保温,其底部为外层和中层接合封闭断面。液硫封结构示意见图9.2.7。

Часто употребляемый гидрозатвор жидкой серы является вертикальным трубчатым, разделяется на внутренний, средний и наружный слой, внутренний слой -входной трубопровод жидкой серы, средний слой -трубопровод для хранения жидкой серы, наружный слой -теплоизоляция паром, в нижней части имеется разрез соединения наружной и средней слоев. Конструкция гидрозатвора жидкой серы показана на рис.9.2.7.

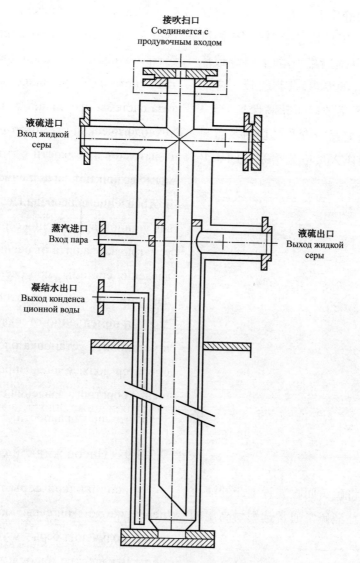

图 9.2.7 液硫封结构示意图

Рис.9.2.7 Конструктивная схема гидрозатвора жидкой серы

从过程气中冷凝下来的液硫通过排硫管进入液硫封的储硫管,储硫管内有一定高度的液硫柱,该液硫柱产生一定静压力,从而可以密封过程气,防止过程气溢出,而达到某一高度的液硫可以流出并进入液硫储存系统。

液硫封高度产生的静压力应大于系统过程气的压力。当系统过程气压力超过液封压力时,过程气仍会冲破液封,并从液封罐中溢出,将导致环境污染和人员中毒事故的发生。因此,较先进的硫黄回收装置通常设置系统回压超高保护,当系统回压超高时,自动保护程序应及时切断装置进料,装置联锁。此时操作人员应分析系统回压升高的原因,及时排除故障。

9.2.3.9 液硫泵

液硫泵的作用是将硫黄回收装置生产的液硫转送至硫黄成型装置。液硫泵通常选用耐高温的浸没式离心泵。

Жидкая сера, образовавшаяся при конденсации технологического газа, через выпускную трубу серы поступает в трубопровод для хранения серы гидрозатвора жидкой серы, где имеется столб жидкой серы с определенной высотой, за счет данного столба жидкой серы образуется статическое давление для герметизации технологического газа во избежание утечки, а жидкая сера, достигающая определенной высоты, может вытекать и входить в систему хранения жидкой серы.

Статическое давление, образовавшееся за счет высоты гидрозатвора жидкой серы, должно быть больше, чем давление технологического газа системы.Когда давление технологического газа системы превышает давление гидрозатвора, технологический газ может прорвать гидрозатвор и вытекает из емкости с гидрозатором, тем самым, возникают загрязнение окружающей среды и отравление персонала.Поэтому, более передовая установка получения серы, как обычно, предусматривает защита от очень высокого обратного давления системы, при очень высоком обратном давлении программа автоматической защиты должна немедленно отсекать подачу материала в установку, установка блокируется.При этом, оператор должен анализировать причины повышения обратного давления системы и немедленно устранить неисправности.

9.2.3.9 Насос жидкой серы

Насос жидкой серы предназначается для перекачки жидкой серы, образовавшейся в установке получения серы, в установку формования серы.В качестве насоса жидкой серы обычно применяется термостойкий погружной центробежный насос.

9.2.3.10 酸气分离罐

酸气分离器的作用就是采用重力分离,将脱硫装置来的酸气中的水分分离出来或在脱硫再生装置带液严重时分离酸气中携带的溶液,防止水或溶液进入主燃烧器。

9.2.4 主要操作要点

9.2.4.1 主燃烧炉

燃烧炉的主要控制参数和操作要点有燃烧炉的温度、风气配比和燃烧炉的正常启停。

燃烧炉的温度控制非常重要:一是影响炉内的燃烧和各种热化学反应;二是影响后面反应器的反应负荷;三是影响硫黄回收率。

在燃料气烘炉和升温时,由于燃料气中可燃物浓度高,热值大,可能会造成燃烧炉超温,这时应根据实际需要及时加入降温蒸汽,保证燃烧炉的温度在设计上限以下。

9.2.3.10 Разделительная емкость кислого газа

Сепаратор кислого газа предназначается для сепарации влаги из кислого газа из установки обессеривания или сепарации жидкости из кислого газа при наличии большого количества жидкости в установках обессеривания и регенерации во избежание входа воды или жидкости в главную горелку.

9.2.4 Основные положения при эксплуатации

9.2.4.1 Главная печь сжигания

Основные контрольные параметры печи сжигания и основные положения при эксплуатации являются температурой печи сжигания, соотношением воздуха и газа и нормальным пуском и остановкой печи сжигания.

Управление температурой печи сжигания является очень важным, во-первых, влияет на сжигание в печи и разнообразные термохимические реакции;во-вторых, влияет на нагрузку реакции следующего реактора;в-третьих, влияет на коэффициент получения серы.

При разогреве печи топливным газом и повышении температуры, высокое содержание горючего вещества в топливном газе и большая теплотворная способность могут привести к перегреву печи сжигания, в это время следует немедленно подать пар для снижения температуры по фактической потребности, обеспечить, что температура печи сжигания должна быть ниже проектного верхнего предела.

在进酸气后,由于受酸气浓度的限制,一般燃烧炉的温度不会出现超温现象;当酸气浓度过低时,燃烧炉的温度会下降,甚至低于燃烧炉温度的设计下限,这时会出现燃烧不完全,火焰不稳定等现象。当出现这种情况时,一是应根据实际情况,调整脱硫操作,在保证产品气的条件下,提高酸气质量及 H_2S 浓度;二是调整硫黄回收工艺操作,改直流法为分流法操作;三是在分流法操作都无法保证燃烧温度的情况下,可以加入一部分燃料气,以提高炉膛温度。当酸气浓度提高后,应及时停止加入燃料气,恢复正常操作。

9.2.4.2　余热锅炉

废热锅炉的控制参数主要是液位和蒸汽压力。

废热锅炉的操作要点包括废热锅炉的暖锅操作、废热锅炉的连续排污和间断排污及废热锅炉的正常启停。

冷态下废热锅炉启用前必须进行暖锅操作,主要是为了防止废热锅炉管板及管束受到高温热气体的冲击。同时,避免来自主燃烧炉的过程气中水蒸汽冷凝成液态水。为了排出废热锅炉中悬浮物,应对废热锅炉进行连续排污。间断排污(也称为定期排污)主要是排除炉水中的固体杂质。

После подачи кислого газа, обычно не возникает перегрев печи сжигания в зависимости от концентрации кислого газа;при слишком низкой концентрации кислого газа, температура печи сжигания понижается, даже ниже проектного нижнего предела температуры печи сжигания, при этом возникают неполное сгорание, нестационарные пламенна.При такой ситуации, во-первых, следует регулировать операцию обессеривания по реальной обстановке, повысить качество кислого газа и и концентрацию H_2S в условиях обеспечения подготовленного газа;во-вторых, регулировать технологическую операцию получения серы, изменить прямоточный процесс Клауса на разветвленный;во-третьих, следует подать часть топливного газа для повышения температуры в топке печи, в случае невозможности обеспечения температуры сжигания разветвленным процессом Клауса. Следует немедленно прекратить подачу топливного газа и возобновить работу после увеличения концентрации кислого газа.

9.2.4.2　Котел-утилизатор

Контрольные параметры котла-утилизатора являются уровнем жидкости и давлением пара.

Основные положения при эксплуатации котла-утилизатора включают в себя подогрев, непрерывную продувку и продувку с перерывами котла-утилизатора, нормальный пуск и остановку котла-утилизатора.

Необходимо подогреть котел-утилизатор, находящийся в холодном состоянии, перед его вводом в эксплуатацию во избежание ударов высокотемпературным газом о трубную решетку и пучок котла-утилизатора.В то же время, предотвращаются конденсация водяного пара, содержащегося в технологическом газе из главной печи

9.2.4.3 反应器

反应器的控制参数主要包括反应器的入口温度、反应器床层温度和床层温升。

反应器的操作要点包括反应器的入口温度控制、转化率、催化剂的装填和反应器的正常启用、临时停用和正常停用。

催化剂装填时应严格按照装置要求进行,装填后采用大风量吹扫催化剂粉层,防止积留粉层堵塞液硫管道。

9.2.4.4 冷凝冷却器

冷凝冷却器的控制参数主要包括冷凝汽却器的液位控制和压力控制。

冷凝冷却器的操作要点包括冷凝冷却器的操作与废热锅炉基本相同。主要是控制冷凝冷却器的压力和液位平稳操作,防止出现剧烈的波动。

сжигания, и переход в жидкое состояние.Пред-усматривается непрерывная продувка котла-ути-лизатора для выпуска взвесей из него.Продувка с перерывами（также называется периодической продувкой）в основном предназначается для уда-ления твердых примесей из котловой воды.

9.2.4.3 Реактор

Контрольные параметры реактора преиму-щественно включают в себя:температуру на вхо-де реактора, температуру слоя реактора и повы-шение температуры слоя.

Основные положения при эксплуатации ре-актора включают в себя:управление температу-рой на входе реактора, коэффициент конверсии, заполнение катализатором, нормальный ввод в эксплуатацию, временную остановку и нормаль-ную остановку.

Заполнение катализатором должно выпол-ниться строго по требованиям установки, по-сле заполнения следует продуть слой порошка катализатора большим количеством воздуха во избежание закупорки трубопровода жидкой серы накопленным порошкам.

9.2.4.4 Конденсатор-холодильник

Основные контрольные параметры конден-сатора включают в себя управление уровнем жид-кости и давления в конденсаторе.

Основные положения при эксплуатации конденсатора почти одинаковы как у кот-ла-утилизатора.Преимущественно предусма-тривается управление давлением и уровнем жидкости в конденсаторе, чтобы они были стабильными, во избежание возникновения резких колебаний.

9.2.4.5 再热炉

再热炉的控制参数主要包括再热炉的温度和燃料气的流量及配风。

再热炉的操作要点：再热炉的燃料气和空气应等化学当量（100%）或次化学当量（95%）配风。配风过多，会使反应器里的催化剂硫酸盐化；配风过少，会使催化剂床层积炭，都会影响催化剂的活性。

再热炉的点火操作通常采用自动控制程序进行，其操作要点与主燃烧炉基本相同。

9.2.4.6 液硫捕集器

捕集器的主要控制参数和操作是在启运前进行全面检查，开夹套蒸汽进口阀，检查夹套保温效果（用固体硫黄接触保温蒸汽表面看是否融化），停产期间应检查捕集器顶部捕雾网是否排列整密。

定期检查捕集器及其相邻管线的温度是否控制在规定范围内，检查有无硫黄不熔化堵塞管线，保温蒸汽是否通畅，捕集器是否正常。

9.2.4.5 Перегревательная печь

Основные контрольные параметры перегревательной печи включают в себя температуру перегревательной печи, расход топливного газа и подачу воздуха.

Основные положения при эксплуатации:подача воздуха в перегревательную печь выполняется по соотношению топливного газа и воздуха равно（100%）или ниже（95%）химического эквивалента.Подача слишком большого количества воздуха приводит к сульфатации катализатора в реакторе;подача слишком небольшого количества воздуха приводит к отложению углерода на поверхности слоя катализатора, обе ситуации влияют на активность катализатора.

Как обычно, применяется автоматический контроллер для зажигания перегревательной печи, основные положения при эксплуатации почти одинаковы как у главной печи сжигания.

9.2.4.6 Улавливатель жидкой серы

Основные контрольные параметры улавливателя и основная операция представляют собой полную проверку до его ввода в эксплуатацию, включение впускного клапана пара из рубашки, проверку эффекта теплоизоляции рубашки(путем наблюдения за плавлением при соприкосновении твердой серы с поверхностью теплоизоляционного пара), проверку сетчатого тумансннимателя, находящегося на верхней части улавливателя, на расположение в определенном порядке.

Следует регулярно проверять температуру улавливателя и смежных трубопроводов на нахождение в установленных пределах, проверять на наличие закупорки трубопровода неплавящейся серой, проверять на свободное прохождение

теплоизоляционного пара и нормальность улавливателя.

9.2.4.7　主风机

风机的控制参数主要包括：风机的出口压力，
风机的空气流量；风机的电流，前后轴承温度，有
油冷却器的还应注意油温油压等；

风机的操作要点：风机的检查、启运和停运；

9.2.4.7　Главный вентилятор

Контрольные параметры в основном вентилятора включают в себя давление на выходе
вентилятора, расход воздуха;ток вентилятора,
температуры переднего и заднего подшипников,
давление и температуру масла при наличии мас-
ляного холодильника;

Основные положения при эксплуатации вентилятора включают в себя проверку, ввод в эксплуатацию и остановку вентилятора;

9.2.4.8　液硫封

液封罐在操作时应注意：

（1）液封罐投运前应排尽夹套蒸汽管线上的
冷凝水；

（2）硫黄回收装置首次开产前应封装液硫封，
检查液硫封无过程气排出后才能正常启用；

（3）硫黄回收装置停产时直至确认液硫封无
液硫流出才能关闭夹套蒸汽进口阀；蒸汽冷凝水
排完后，关夹套蒸汽出口阀；

（4）停产检修时应检查液硫封前的沉渣包过
滤情况，防止系统杂质堵塞液硫封。

9.2.4.8　Гидрозатвор жидкой серы

Следует обращать внимание на следующее
при эксплуатации гидрозатвора жидкой серы:

（1）Следует полностью сливать конденсационную воду из трубопровода пара из рубашки
перед вводом гидрозатвора жидкой серы в эксплуатацию;

（2）Необходимо герметизировать гидрозатвор жидкой серы перед первым вводом в экспу-
атацию установки получения серы, допускается
ввод в эксплуатацию только после подтверждения отсутствия утечки технологического газа из
гидрозатвора жидкой серы;

（3）При остановке установки получения
серы, допускается выключение впускного клапана пара из рубашки только после подтверждения
отсутствия утечки жидкой серы из гидрозатвора
жидкой серы;выключить выпускной клапан пара
из рубашки после полного выпуска парового конденсата;

（4）При остановке для осмотра и ремонта,
следует проверить состояние фильтрации пакета
осадка на передней части гидрозатвора жидкой

9.2.4.9　液硫泵

液硫泵的控制参数主要包括液硫泵的出口压力、液硫池的液位。

液硫泵的操作要点：液硫泵属于离心泵的一类，其操作同离心泵，此处不再重复，应注意的是应检查其保温效果良好。

9.2.4.10　酸气分离罐

酸气分离罐主要是控制好酸气分离罐的液位，并做好排酸水操作。在正常生产期间，应控制好酸水液位在设定值，防止液位过高联锁或酸气带液进入主炉事故的发生。

серы во избежание закупорки гидрозатвора жидкой серы примесями.

9.2.4.9　Насос жидкой серы

Контрольные параметры насоса жидкой серы в основном включают в себя давление на выходе насоса жидкой серы и уровень жидкости в зумпфе жидкой серы.

Основные положения при эксплуатации насоса жидкой серы:насос жидкой серы принадлежит центробежному, эксплуатация одинакова как у центробежного насоса, поэтому здесь не будет повторяться, следует обратить внимание на проверку эффекта теплоизоляции.

9.2.4.10　Разделительная емкость кислого газа

По отношению к разделительной емкости кислого газа преимущественно следует управлять уровнем жидкости в разделительной емкости кислого газа и хорошо выполнять работу по выпуску кислой воды.В период нормальной эксплуатации, следует управлять уровнем кислой воды, чтобы она находилась на установленном уровне, во избежание возникновения блокировки при слишком высоком уровне или поступления кислого газа в главную печь с жидкостью.

10 尾气处理

从硫黄回收装置出来的尾气含有 N_2、CO、CO_2、H_2、H_2O，未反应的 H_2S、SO_2、CS_2、COS 以及硫蒸汽和夹带的液硫等。因为反应平衡限制和部分硫损失，使克劳斯装置硫黄回收率很难超过 96%～97%。随着各个国家日趋严格的环保要求，含有少量硫的尾气未经进一步的工艺处理是不允许直接排放的。各国主要是根据硫回收装置规模、原料气中 H_2S 含量等来决定是否需要设置尾气处理装置以减少 SO_2 的排放。

10.1 概述

20 世纪 70 年代以来克劳斯工艺技术出现了很多新进展，尾气处理工艺也因此得到了发展。在这段时间，陆续有一批尾气处理工艺实现了工业化，它们大体分为还原吸收工艺和氧化吸收工艺。

10 Очистка хвостового газа

Хвостовой газ из установки получения серы содержит N_2, CO, CO_2, H_2, H_2O, непрореагировавшие H_2S, SO_2, CS_2, COS, а также парообразную серу и жидкую серу. В связи с ограничением равновесия реакции и потерей части серы, коэффициенту получения серы установки Клауса трудно превысить 96%-97%.По мере постепенного ужесточения требований к охране окружающей среды во всех странах, запрещается непосредственный сброс хвостового газа, содержащего малое количество серы, без дальнейшей технологической очистки.Все страны определяют необходимость устройства установки очистки хвостового газа в соответствии с мощностью установки получения серы, содержанием H_2S в сырьевом газе.

10.1 Общие сведения

В 1970-е годы XX века технология процесс Клауса получила новый прогресс, тем самым, технология очистки хвостового газа получила развитие.За это время, группа технологий очистки хвостового газа последовательно была индустриализирована, они в основном разделяются на восстановительно-абсорбционную технологию и окислительно-абсорбционную технологию.

10.1.1 还原吸收工艺

还原吸收工艺特点是先把尾气中的含硫化合物全部还原为 H_2S,通过胺液吸收 H_2S,并将胺液再生得含 H_2S 气体返回克劳斯装置。克劳斯硫回收加还原吸收法尾气处理工艺的总硫回收率可达 99.8%～99.9%,但投资相对较高,故还原吸收法适用于硫产量较高的克劳斯装置,以及环境保护要求较严的地区。目前世界上该工艺使用较多,不少公司有自己的还原吸收法技术。目前,比较常用的还原吸收法有 SCOT 法、HCR 法、RAR 法。

10.1.2 氧化吸收法

氧化吸收法的特点是先将尾气中的含硫化合物全部氧化为 SO_2,然后再用溶液(或溶剂)吸收 SO_2,最终以硫酸盐、亚硫酸盐或 SO_2 的形式回收。原则上用于处理烟道气 SO_2 的方法均可应用。这类方法主要包括 CANSOLV 工艺、SOP 制酸工艺和碱法 SO_2 脱除工艺。

10.1.1 Восстановительно-абсорбционный процесс

Восстановительно-абсорбционный процесс характеризуется тем, что полное восстановление серосодержащего соединения в хвостовом газе до H_2S проводит в первую очередь, потом H_2S абсорбируется аминным раствором, после регенерации аминного раствор содержащий H_2S газ возвращается в установку Клауса.Общий коэффициент получения серы по технологии получения серы Клауса в сочетании с технологией очистки хвостового газа восстановительно-абсорбционным методом может достигать 99,8%-99,9%, но капиталовложения являются сравнительно высокими, поэтому такой процесс применяется только для установки Клауса с высокой производительностью серы и в районах с высокими требованиями к охране окружающей среды.В настоящее время данный процесс чаще используется в мире, немалое количество компанией имеет собственную восстановительно-абсорбционный процесс.Теперь, чаще применяются еще процессы SCOT, HCR, RAR.

10.1.2 Окислительно-абсорбционный процесс

Окислительно-абсорбционный процесс характеризуется тем, что полное окисление серосодержащего соединения в хвостовом газе до SO_2 проводит в первую очередь, потом SO_2 абсорбируется раствором (или растворителем), окончательно он возвращается в виде сульфатов, сульфитов или SO_2.В принципе допускается применение всех методов очистки SO_2 в дымовом газе. Такие методы в основном включают в себя технологию CANSOLV, технологию производства кислоты SOP, технологию удаления SO_2 щелочным методом.

10.2 工艺方法简介

10.2 Краткое описание о технологии

10.2.1 标准还原吸收工艺

10.2.1 Стандартная восстановительно-абсорбционная технология

10.2.1.1 流程介绍

标准还原吸收工艺作为尾气处理还原吸收法中最主要，也是应用较广泛的一种方法，20世纪70年代初由荷兰 Shell 公司开发，总硫黄回收率可达 99.8% 以上，工艺流程如图 10.2.1 所示。

10.2.1.1 Краткое описание процесса

Стандартная восстановительно-абсорбционная технология является самым основным и более широко используемым методом из восстановительно-абсорбционных методов очистки хвостового газа, разработана голландской компанией Shell в начале 70-ых годов прошлого века, общий коэффициент получения серы может достигать до 99,8% и более, технологический процесс как показан на рис.10.2.1.

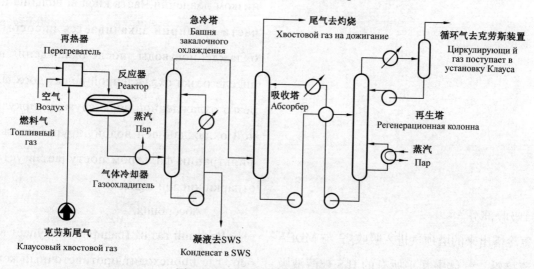

图 10.2.1　标准还原吸收工艺流程

Рис.10.2.1　Процесс стандартной восстановительно-абсорбционной технологии

标准还原吸收工艺包括还原部分、吸收部分、溶液再生部分、溶液保护部分及尾气焚烧部分。

Стандартная восстановительно-абсорбционная технология включает в себя восстановление, абсорбцию, регенерацию раствора, защиту раствора и дожигания хвостового газа.

（1）还原部分。

从硫黄回收装置来的尾气被蒸汽加热至280℃后进入到装有还原催化剂的反应器反应,过程气中绝大部分的硫化物还原为 H_2S;同时,COS、CS_2 等有机硫水解成 H_2S,然后进入废热锅炉。在废热锅炉中,过程气被冷却到170℃,与气田水处理装置的尾气和酸水汽提装置的酸气一起进入急冷塔,在塔内与冷却水逆流接触,被进一步冷却到40℃。冷却后的气体进入低压脱硫部分。急冷塔底的酸水一部分先被急冷水泵加压,再经急冷水冷却器、急冷水后冷器冷却后作急冷塔的循环冷却水,另一部分经过滤器过滤后送至酸水汽提装置。

（2）吸收部分。

从急冷塔出来的塔顶气进入吸收塔,与 MDEA 贫液逆流接触。气体中几乎所有的 H_2S 被溶液吸收,仅有部分 CO_2 被吸收。从吸收塔顶出来的排放气经焚烧炉焚烧后排放。

（1）Восстановление.

Хвостовой газ из установки получения серы после нагрева паром до температуре 280℃ поступает в реактора с восстановительным катализатором и реагирует, подавляющее большинство сульфидов в технологическом газе восстанавливается до H_2S;при этом, COS, CS_2 и другая органическая сера гидролизуются до H_2S, потому поступает в котел-утилизатор.Технологический газ охлаждается до температуры 170℃ в котле-утилизаторе, совместно с хвостовым газом из установки очистки промысловой воды и кислым газом из установки отпарки кислой воды поступает в градирню, где происходит противоточный контакт с охлаждающей водой, и дальше охлаждается до температуры 40℃.Охлажденный газ поступает в обессеривание при низком давлении.Часть кислой воды на нижней части градирни закачивается насосом резко охлажденной воды, после охлаждения в охладителе резко охлажденной воды, доохладителе резко охлажденной воды служит циркуляционной охлаждающей водой, другая часть после фильтрации фильтром поступает в установку отпарки кислой воды.

（2）Абсорбция.

Верхний газ из градирни поступает в абсорбер, где происходит противоточный контакт с бедным раствором MDEA.Почти все H_2S в газе было абсорбировано раствором, CO_2 была абсорбирована только частично.Сбросный газ из верха абсорбера сбрасывается после дожигания в печи дожига.

（3）溶液再生部分。

从吸收塔底部出来的 MDEA 富胺液经富胺液泵进入贫 / 富胺液换热器与再生塔底出来的 MDEA 贫胺液换热后进入再生塔上部，与塔内自下而上的蒸汽逆流接触进行再生，解析出 H_2S 和 CO_2 气体。再生热量由塔底重沸器提供。MDEA 热贫胺液自再生塔底部引出，经贫胺液泵进入贫 / 富胺液换热器与 MDEA 富胺液换热后经过滤系统除去溶液中的机械杂质和降解产物后再分别经贫胺液空冷器、贫胺液后冷器换热，温度降至 40℃后进入吸收塔，完成整个溶液系统的循环。

由再生塔顶部出来酸性气体分别经再生塔顶空冷器冷至 55℃后，再进入酸气分液罐，分离出酸性冷凝水后的酸气在 0.08MPa（g）下送至硫黄回收装置。分离出的酸性冷凝水由酸水回流泵送至再生塔顶部作回流。

（3）Регенерация раствора.

Насыщенный раствор MDEA из дна абсорбера через насос насыщенного раствора поступает в теплообменник бедного и насыщенного аминного раствора, где происходит теплообмен с бедным раствором MDEA из регенерационной колонны, после этого поступает в верхнюю часть регенерационной колонны, где происходят контакт с противотечением пара снизу доверху и регенерация, тем самым выделяются газы H_2S и CO_2. Теплота для регенерации снабжается донным ребойлером. Горячий бедный раствор MDEA из дна регенерационной колонны через насос бедного раствора поступает в теплообменник бедного и насыщенного аминного раствора, где происходит теплообмен с насыщенным раствором MDEA, после этого поступает в систему фильтрования для удаления механических примесей и продуктов деструкции из раствора, охлаждается до температуры 40℃ последовательно в АВО бедного аминного раствора и доохладителе бедного аминного раствора, при этом циркуляция целой системы раствора завершается.

Кислый газ из верха регенерационной колонны, охладившись до температуры 55℃ в АВО на верхней части регенерационной колонны, поступает в сепаратор кислого газа, отделив кислую конденсационную воду, кислый газ подается в установку получения серы под давлением 0, 08МПа（изб.）. Отделенная конденсационная вода подается на верх регенерационной колонны рефлюксным насосом кислой воды в качестве рефлюкса.

（4）溶液保护部分。

MDEA 溶液配制罐、MDEA 储罐均采用氮气密封，以避免溶液发生氧化变质。

（5）尾气焚烧部分。

从吸收塔塔顶出来的排放气和来自硫黄回收装置液硫池的抽出气体以及脱水装置来的再生废气分别进入焚烧炉进行焚烧，焚烧后的气体（烟道气）温度为 600℃左右。从焚烧炉出来的烟气进入余热锅炉进一步冷却回收热量，冷却后的烟道气温度为 300℃左右，通过烟囱排放。

10.2.1.2　工艺特点

（1）通过在线燃烧炉次化学当量燃烧产生还原气，并将硫黄回收尾气加热至 280℃后在加氢还原反应器中将所有硫化物还原为 H_2S。

（2）装置设有完全独立的溶液再生系统，使装置之间避免相互影响，利于操作和安全平稳运行。

（3）本装置为了清洁溶液，设置了溶液预过滤器、活性炭过滤器和溶液后过滤器，以除去溶液中固体杂质及降解产物。

（4）Защита раствора.

Резервуар приготовления раствора MDEA, резервуар для хранения MDEA герметизируются азотом во избежание окислительной порчи раствора.

（5）Дожигание хвостового газа.

Сбросный газ из верха абсорбера, откачиваемый газ из зумпфа жидкой серы установки получения серы и регенерированный отработанный газ из установки осушки газа соответственно поступают в печь дожига, температура газа（дымового газа）после дожигания составляет примерно 600℃. Дымовой газ из печи дожига поступает в котел-утилизатор для дальнейшего охлаждения и утилизации тепла, охлажденный дымовой газ с температурой около 300℃ сбрасывается через дымоход.

10.2.1.2　Особенности технологии

（1）Образуя восстановительный газ при массе ниже химического эквивалента, поточная печь сжигания нагревает хвостовой газ из установки получения серы до температуры 280℃, потом все сульфиды восстанавливаются до H_2S в реакторе гидрирования и восстановления.

（2）Для установки предусматривается полностью независимая система регенерации раствора во избежание взаимодействия между установками, способствует безопасной и стабильной эксплуатации.

（3）Для очистки раствора, данная установка предусматривает верхний фильтр раствора, Фильтр на основе активированного угля и тонкий фильтр раствора, чтобы удалить твердые примеси и продукты деградации из раствора.

（4）本装置的溶液配制罐和储罐用氮气保护，以防止溶液接触空气氧化变质，从而降低了溶液起泡及损失。

（5）本装置分别设置有过程气余热锅炉、焚烧炉余热锅炉发生低压蒸汽，既保证了装置的稳定性，又实现了能量的合理利用。

（6）为提高硫回收率和充分利用热源，在综合考虑装置的稳定性的前提下，三级、四级硫黄冷凝冷却器产生 0.10MPa（g）低压蒸汽并空冷后经装置内循环重复利用，余热锅炉和一级、二级硫黄冷凝冷却器通过锅炉上水直接产生 0.60MPa（g）蒸汽至系统。可减少整个锅炉水的系统的负担。

（7）本装置对来自酸水汽提装置的酸气与过程气混合后进入急冷塔冷却，再进入吸收塔脱硫，最后经焚烧后排放，减少了 SO_2 的排放。

10.2.2　Cansolv 工艺

10.2.2.1　流程介绍

Cansolv 工艺是康索夫科技（北京）有限公司（壳牌公司旗下全资子公司）的专利技术，如图 10.2.2 所示，分为洗涤—吸收部分和再生净化部分，

（4）Резервуар приготовления раствора данной установки и резервуар для хранения раствора предусматривают защиту азотом во избежание окислительной порчи раствора, вызванной контактом с воздухом, тем самым уменьшается возможность пенообразования раствора и потери.

（5）Данная установка соответственно предусматривает котел-утилизатор технологического газа, котел-утилизатор печи дожига для производства пара низкого давления, таким образом, не только обеспечивается стабильность установки, но и осуществляется рациональное использование энергии.

（6）Для повышения коэффициента получения серы и полного использования источника тепла, с комплексным учетом стабильности установки, пар низкого давления 0,10МПа（изб.）из конденсаторов-холодильников серы 3-ей и 4-ой ступеней повторно используется путем внутренней циркуляции установки после воздушного охлаждения, пар давлением 0,60МПа（изб.）, полученный из котла-утилизатора, конденсаторов-холодильников серы 1-ой, 2-ой ступеней путем подачи воды в котел, поступает в систему. Уменьшается нагрузку целой системы котловой воды.

（7）Кислый газ из установки отпарки кислой воды, смешавшись с технологическим газом, поступает в градирню для охлаждения, затем подается в абсорбер для обессеривания, сбрасывается после дожигания для уменьшения выбросов SO_2.

10.2.2　Технология Cansolv

10.2.2.1　Краткое описание процесса

Технология Cansolv представляет собой запатентованную технологию ООО Научно-технической компании "Кансофу"（Пекин）（она является

与标准还原吸收法不同的是，Cansolv 工艺不需要
将尾气加氢还原，可直接采用专利溶剂选择性吸
收 SO_2，含 SO_2 的富胺液通过加热汽提使吸收反
应逆转，从而解析出高浓度的 SO_2 气体。再生后
的贫胺液可重新用于吸收 SO_2，解吸出的 SO_2 可
送回回收装置生产硫黄。

стопроцентной дочерней компанией при компании Роял Датч Шелл），разделяется на часть промывания-абсорбции и часть регенерации-очистки, как показано на рис.10.2.2, отличается от стандартной восстановительно-абсорбционной технологии тем, что технология Cansolv не требует восстановления хвостового газа в присутствии водорода, может прямо проводить селективную абсорбцию SO_2 патентованным растворителем, нагрев и отпарка содержащего SO_2 насыщенного аминного раствора позволяют реакции абсорбции реверсироваться, тем самым, выделяется высококонцентрированный газ SO_2. Регенерированный бедный аминный раствор может повторно использоваться для абсорбции SO_2, выделенный SO_2 подается в установки получения для производства серы.

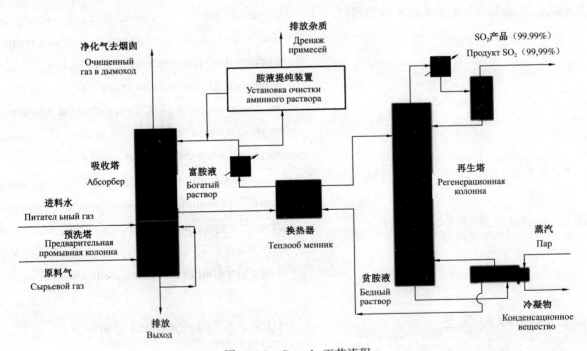

图 10.2.2　Cansolv 工艺流程

Рис.10.2.2　Технологический процесс Cansolv

Cansolv 工艺主要可分为洗涤—吸收部分和
再生净化部分。

Технология Cansolv в основном разделена на часть промывки-абсорбции и часть регенерации-и-очистки.

（1）洗涤—吸收部分。

进入本装置的工艺气体在水喷淋预洗涤器中急冷并饱和,同时去除小颗粒灰尘和大部分强酸,预洗器中的洗液 pH 值很低,以保持强酸性条件,这样可防止 SO_2 与水反应,确保 SO_2 以气态形式进入吸收塔。经过预洗、过滤后的烟气进入吸收段,在吸收段的规整填料上,与贫胺液进行多级逆流接触,其中的 SO_2 与胺吸收剂发生如下反应:

$$R_1R_2NH^+-R_3-NR_4R_5+SO_2+H_2O \rightarrow$$

$$R_1R_2NH^+-R_3-NH^+R_4R_5+HSO_3^- \quad （10.2.1）$$

烟气中剩余的强酸与胺吸收剂发生如下反应:

$$R_1R_2N-R_3-NR_4R_5+HX \rightarrow$$

$$R_1R_2NH^+-R_3-NR_4R_5+X^- \quad （10.2.2）$$

式中的 X^- 表示强酸离子,如 Cl^-、NO_3^-、F^- 及 SO_4^- 等。X^- 的存在可提高吸收液的抗氧化能力及降低再生能耗,这是其他湿法工艺所不具备的特性之一。吸收段具有很高的传质效率,可使吸收剂的 SO_2 负荷最大化。由于贫胺液对 SO_2 的选择吸收能力远高于其他种类的吸收剂,所以 Cansolv 工艺吸收剂的循环量要低得多,从而大大降低了系统运行能耗。此外,在整个吸收过程中,贫胺液不挥发,加热不分解,化学品消耗量很低（每年补充 5%～10%）。

（1）Часть промывки-абсорбции.

Технологический газ, который поступает в данную установку, будет охлажден и насыщен в устройстве для предварительной промывки при орошении водой, одновременно, мелкозернистые пыли и большинство сильной кислоты будут устранены, очень низкая величина PH промывочной жидкости в устройстве для предварительной промывки способна для обеспечения условия сильной кислоты, для того, чтобы предотвращать реакцию SO_2 с водой и SO_2 поступила в абсорбер в виде газообразного состояния.Выполняв предварительную промывку и фильтрацию, дымовой газ поступает в секцию абсорбции для многоступенчатого контакта противотечения с бедным аминным раствором на структурированной насадке, реакция SO_2 с аммиачным абсорбером показана внизу:

$$R_1R_2NH^+-R_3-NR_4R_5+SO_2+H_2O \rightarrow$$

$$R_1R_2NH^+-R_3-NH^+R_4R_5+HSO_3^- \quad （10.2.1）$$

Реакция сильной кислоты, остаточная в дымовом газе с аммиачным абсорбером:

$$R_1R_2N-R_3-NR_4R_5+HX \rightarrow$$

$$R_1R_2NH^+-R_3-NR_4R_5+X^- \quad （10.2.2）$$

где:X^- сильный кислотный ион, как Cl^-, NO_3^-, F^- и SO_4^- и т.д.X может повышать противоокислительную способность абсорбирующей жидкости и снижать расход энергии при регенерации, у других мокрых методов нет такой особенности. Секция абсорбции имеет высокий коэффициент массопередачи для максимизации нагрузки SO_2 в абсорбенте.Благодаря тому, что способность бедного аминного раствора к абсорбции SO_2 намного сильнее чем способности других абсорбентов, поэтому циркулирующий объём абсорбента

（2）再生—净化部分。

吸收 SO_2 后的富胺液通过贫/富胺液换热器加热后进入再生塔。再生塔的再沸器采用低压蒸汽为热源加热收集在塔底的贫胺液,使贫胺液中的水气化产生水蒸汽,用以汽提富胺液,使其中的 SO_2 解吸。SO_2 解吸反应如下：

$$R_1R_2NH^+-R_3-NH^+R_4R_5+HSO_3 \rightarrow$$

$$R_1R_2NH^+-R_3-NR_4R_5+SO_2+H_2O^- \quad （10.2.3）$$

再生塔出来的贫胺液经过贫/富胺液换热器冷却后,返回吸收塔循环使用。在每次吸收循环期间,有 $3\%\sim5\%$ 的贫胺液进入胺净化装置,以清除溶液中聚积的"热稳定性盐"（硫酸盐、硝酸盐、硫代硫酸盐、氯化物等）,约 10% 的富胺液循环至传统的过滤装置,以除去富集的微粒;从再生塔解析出来的高浓度 SO_2 经冷凝器冷却后送回硫黄回收装置。

технологии Cansolv также намного низкий, это значительно снизило расход энергии при эксплуатации системы.Кроме того, бедный аминный раствор не улетучивается в полном процесса абсорбции, не распадается при нагреве, расход химических средств является низким（ежегодно добавить около 5%-10%）.

（2）Часть регенерации-очистки.

После абсорбции SO_2, насыщенный аминовый раствор подается в регенерационную колонну через теплообменник бедного-богатого раствора.В ребойлере регенерационной колонны применяется пар низкого давления в качестве источника тепла для нагрева бедного аминного раствора, который собран в нижней части колонны, вода в бедном аминном растворе была парообразованна для отпарки насыщенного аминного раствора, чтобы SO_2 в них десорбирован.Десорбция SO_2 показана внизу:

$$R_1R_2NH^+-R_3-NH^+R_4R_5+HSO_3 \rightarrow$$

$$R_1R_2NH^+-R_3-NR_4R_5+SO_2+H_2O^- \quad （10.2.3）$$

После охлаждения в теплообменнике бедного-богатого раствора, бедный аминный раствор из регенерационная колонна обратно подается в абсорбер для повторного использования.В течение каждого абсорбционного цикла,3%-5% бедного аминного раствора подается в установку очистки аминного раствора для удаления из раствора "термостойких солей"（как сернокислой соли, азотнокислой соли, тиосульфатов, хлоридов）, примерно 10% насыщенного аминного раствора подается в традиционный фильтр для удаления обогащенных частиц;выделенный высококонцентрированный SO_2 из регенерационной колонны, охладившись в конденсаторе, обратно подается в установку получения серы.

10.2.2.2　工艺特点

（1）Cansolv 装置排放废气中 SO_2 浓度可变化范围大（100～500mg/m³），可以通过控制进入吸收塔的烟气和溶液的温度等来实现；

（2）Cansolv 装置循环量较低，装置能耗小；

（3）工艺流程相对简单，相比于标准还原吸收工艺，减少了在线燃烧炉、加氢催化还原反应器等设备；

（4）设置胺液净化单元用于去除吸收剂中的杂质，保证吸收能力的最大化和吸收剂补充量的最小化；

（5）本装置压降较小，预洗涤段和吸收段总压降不大于 5kPa；

（6）装置总回收率可达到 99.99%。

10.2.3　SOP 制酸工艺

10.2.3.1　流程介绍

SOP 酸性气制硫酸工艺是奥地利 P＆P 公司的专有技术，该工艺硫回收效率可达 99.95%。SOP 酸性气湿法制酸工艺适用于处理各种各样的

10.2.2.2　Особенности технологии

（1）Предел изменения концентрации SO_2 в отработанном газе установки Cansolv большой（100-500мг/м³）, осуществляется путем контроля температуры дыма и раствора, которые подаются в абсорбер;

（2）Установка Cansolv характеризуется низким циркулирующим объемом и небольшим потреблением энергии;

（3）Технологический процесс является сравнительно простым, по сравнению с стандартной восстановительно-абсорбционной технологией убраны поточная печь сжигания, реактор каталитического гидрирования и восстановления и другое оборудование;

（4）Предусматривается блок очистки аминного раствора, он предназначается для удаления примесей из абсорбента и обеспечения максимизации абсорбционной способности и минимизации объема добавляемого абсорбента;

（5）Падение давления в данной установке является сравнительно малым, общее падение давление в секции предварительного промывания и секции абсорбции ≤5 кПа;

（6）Общий коэффициент получения установки достигает 99,99%.

10.2.3　Технология производства кислоты SOP

10.2.3.1　Краткое описание процесса

Технология производства серной кислоты из кислого газа SOP представляет собой собственную технологию Австрийской компании P＆P, при

含硫废气体,将废气中的硫化物回收为商品级的浓硫酸,同时进行热量回收,工艺流程见图 10.2.3 所示。

SOP 酸性气制硫酸工艺采用先进的两转两凝工艺,将高浓度 H_2S 产生的 SO_2 完全转化成 SO_3,进而冷凝回收成需要的硫酸,主要包括以下过程:

(1)热氧化。气体通过燃烧将硫元素氧化转化成 SO_2 反应式为:

$$H_2S + \frac{3}{2}O_2 \rightarrow SO_2 + H_2O$$
$$S + O_2 \rightarrow SO_2$$

(2)催化转化。气体在催化剂和热交换交替轮转,最多可经过 4 次催化床和换热冷却,每一次催化都将 SO_2 转化成 SO_3,反应式为:

$$SO_2 + \frac{1}{2}O_2 \rightarrow SO_3$$

(3)冷凝制酸。催化反应气控温大约 $260\sim280℃$ 送入玻璃管冷凝器冷凝产生硫酸,其反应为:

помощи которой коэффициент получения серы достигает 99,95%. Технология производства кислоты из кислого газа мокрым процессом SOP распространяется на обработку разнообразных серосодержащих отработанных газов, предусматривает утилизацию сульфидов из отработанных газов в качестве товарной концентрированной серной кислоты, в то же время утилизацию тепла, технологический процесс показан на рис.10.2.3.

Технология производства кислоты из кислого газа SOP представляет собой передовую технологию с двухступенчатой конверсией и двухступенчатой конденсацией, может полностью превращать SO_2, полученный из высококонцентрированного H_2S, в SO_3, тем самым, конденсировать его до требуемой серной кислоты, технологический процесс заключается в следующем:

(1)Термическое окисление:химическое уравнение при окислении элемента серы путем сжигания газов для инверсии в SO_2:

$$H_2S + \frac{3}{2}O_2 \rightarrow SO_2 + H_2O$$
$$S + O_2 \rightarrow SO_2$$

(2)Каталитическое превращение:газ подается поочерёдно в катализатор и теплообмен, максимум обработан через 4 раза слой катализатора и теплообмен для охлаждения, в каждом катализе выполнено превращение SO_2 в SO_3, уравнение показано внизу:

$$SO_2 + \frac{1}{2}O_2 \rightarrow SO_3$$

(3)Производство кислоты конденсацией: Газ каталитической реакции подается в стеклянный трубчатый конденсатор при температуре около 260-280 ℃ для производства серной кислоты, химическое уравнение:

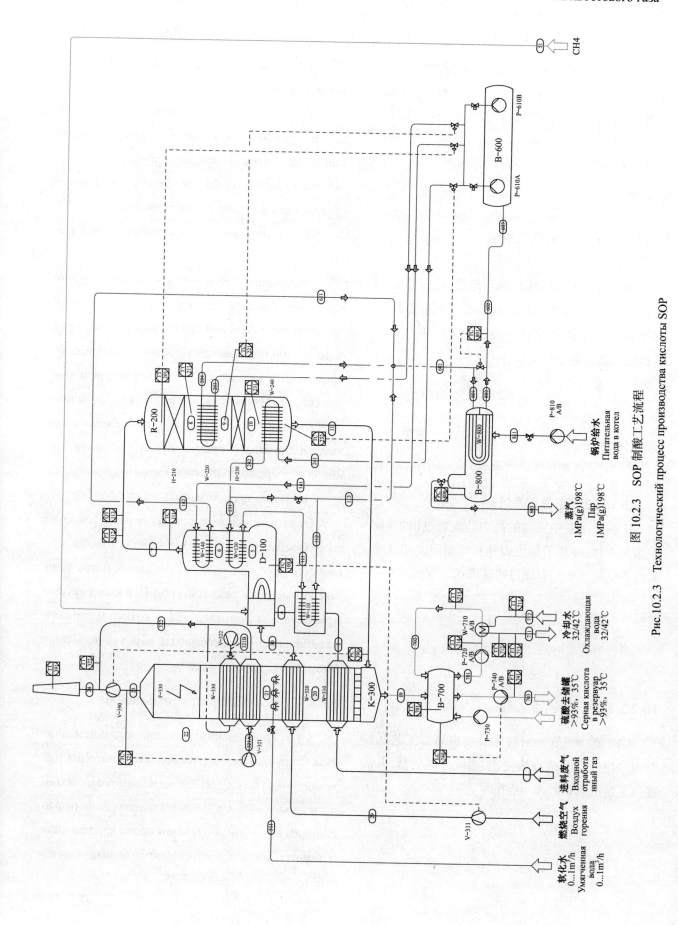

图 10.2.3 SOP 制酸工艺流程

Рис.10.2.3 Технологический процесс производства кислоты SOP

$$SO_3+H_2O \rightarrow H_2SO_4$$

（4）二次转化冷凝。在较高的排放要求下，一次冷凝气可通过二级转化将残留的 SO_2 进一步转化成 SO_3，随后冷凝制酸以满足严苛的环保要求。

（5）SOP 工艺盐换热系统。

SOP 工艺采用热熔盐作为热媒，热容量大，反应热快速迁移，能够实现高效的反应温度控制，从而保证 SO_2 向 SO_3 的高转化率。盐系统带有夹套，通过低压蒸汽避免盐凝固。

（6）SOP 工艺蒸汽系统。

从热交换器中回流的高温盐流通过锅炉时产生蒸汽，同时冷却了盐流以达到控制温度的目的。蒸汽系统可产生饱和或过热蒸汽送入管网利用。

10.2.3.2　工艺特点

（1）璃冷凝管密封技术。使得高温工艺气与低温的反应空气进行热交换，回收冷凝热量，大幅提高系统能量回收率，达 76%。

$$SO_3+H_2O \rightarrow H_2SO_4$$

（4）Вторичная конверсия и конденсация:по более высоким требованиям к сбросу, остаточный SO_2 в однократном конденсационном газе может превращаться в SO_3 путем двухступенчатой конверсии, затем он конденсируется для производства кислоты, чтобы соответствовать строгим требованиям к охране окружающей среды.

（5）Система теплообмена солей технологии SOP.

Технология SOP предусматривает применение горячих расплавленных солей в качестве теплоносителя с большой теплоемкостью, быстрый перенос теплоты реакции осуществляет высокоэффективное управление температурой реакции, тем самым, обеспечивается высокий коэффициент превращения SO_2 в SO_3.Система теплообмена солей имеет две рубашки, предусматривает предотвращение затвердевания соли паром низкого давления.

（6）Паровая система технологи SOP.

Обратный поток высокотемпературной соли из теплообменника проходит через котел, где образуется пар, при этом, охлаждается поток соли для управления температурой.Паровая система пригодна для производства и транспортировки насыщенного или перегретый пар для использования в сети трубопроводов.

10.2.3.2　Особенности технологии

（1）Герметизация стеклянной конденсационной трубки Данная технология пригодна для теплообмена между высокотемпературным технологическим газом и низкотемпературным реагирующим воздухом, получения тепла конденсации и значительно повышения коэффициента получения энергии системы до 76%.

（2）白金催化剂可以直接将 H_2S、SO_2、CS_2 等转化为 SO_3，五氧化二钒催化剂只能将 SO_2 转为 SO_3。白金催化剂在 250℃开始反应，一级转化率最高可达 99.5%。五氧化二钒催化剂反应起始温度 370℃以上，转化效率低。

（3）进气压力低（15kPa），系统压降小（最大 6kPa），能耗低。催化剂使用寿命长，为 5~10 年。催化剂性能保持较好。

（4）采用高效翅片换热器及热熔盐换热，设备尺寸小，换热器耐压要求低，近似常压运行。

（5）高压静电除雾，冷凝后尾气中 SO_3 含量小于 $5mg/m^3$，设备无腐蚀，系统运行安全。

10.2.4　碱法 SO_2 脱除工艺

碱法 SO_2 脱除工艺又称为烟气脱硫工艺，国外发达国家在 20 世纪中期开始实施烟气脱硫（FGD），至 80 年代已基本普及烟气脱硫技术，FGD 技术已趋成熟、稳定，相关环境政策及标准明确、完善。烟气脱硫技术属于氧化类的尾气脱硫

（2）Платиновый катализатор использован для прямого превращения H_2S, SO_2, CS_2 и других компонентов в SO_3, а пятиокись ванадия только превращает SO_2 в SO_3. Платиновый катализатор начинает реагировать при температуре 250℃, максимальный коэффициент конверсии первой ступени составляет 99,5%. Пятиокись ванадия начинает реагировать при температуре выше 370℃, коэффициент конверсии низок.

（3）Давление на входе низко（15кПа）, перепад давления низок（макс. перепад составляет 6кПа）, расход энергии низок. Наработка катализатора длина, 5-10 лет. Свойства катализатора относительно хороши.

（4）Использованы высокоэффективный теплообменник с ребристой поверхностью и теплообменник для горячих расплавленных солей, маленький размер оборудования, низкое требование к сопротивлению давления теплообменника, их эксплуатация осуществлена под атмосферным давлением.

（5）Устранение запотевания выполнено с помощью статического электричества с высоким напряжением, SO_3 в хвостовом газе после конденсации составляет менее $5мг/м^3$, не обнаружена коррозия в оборудовании, эксплуатация системы является безопасной.

10.2.4　Технология удаления SO_2 щелочным методом

Технология удаления SO_2 щелочным методом, называемая по другом технологией обессеривания дымовых газов, внешние развитые страны с середины XX века уже начали использовать технологию обессеривания дымовых газов（FGD）которая распространена в 80-е годы XX века, тогда терминология FGD уже стала популярной и стабильной соответствующие экологические политики и

技术,尾气需全部转化为 SO_2 后才能处理。根据脱硫反应物和脱硫产物的存在状态可分为湿法、干法、和半干法。目前已工业化的主要烟气脱硫技术有循环流化床法、石灰石 / 石膏法以及双碱法。

10.2.4.1 循环流化床法

如图 10.2.4 所示,焚烧炉灼烧后的烟气经冷却至 160℃以下后,从底部进入脱硫塔,经脱硫塔底文丘里结构加速后与加入的消石灰、循环灰及水发生反应,除去烟气中的 SO_2 等气体。烟气中夹带的吸收剂和脱硫灰,在通过脱硫塔下部的文丘里管时,受到气流的加速而悬浮起来,形成激烈的湍动状态,使颗粒与烟气之间具有很大的相对滑落速度,颗粒反应界面不断摩擦、碰撞更新,从而极大地强化了气固间的传热、传质。同时为了达到最佳的反应温度,通过向脱硫塔内喷水,使烟气温度冷却到 70℃左右。

стандарты были определены и совершенны. Технология обессеривания дымовых газов принадлежит технологии обессеривания окисленного хвостового газа, данный хвостовой газ должен быть полностью превращены в SO_2 для очистки. По состояниям реагирующего вещества для обессеривания и продуктов обессеривания разделены на мокрый, сухой и полусухой методы.В настоящее время, основные индустриальные технологии обессеривания дымовых газов разделены на технологию циркулирующего кипящего слоя, известняковый/известковый метод и двойной щелочной метод.

10.2.4.1 Технология циркулирующего кипящего слоя

Как показано на рис.10.2.4, дымовой газ, дожжённый в печи дожига, охлаждается до 160℃ и менее, потом поступает в колонну обессеривания с дна, вступает в реакцию с добавленной гашеной известью, циркуляционной золой и водой после ускорения через конструкцию Вентури на дне колонны обессеривания для очистки дымового газа от SO_2 и другого газа.Абсорбент и обессеренная зола в дымовом газе суспензируются под действием ускорения воздушного потока при прохождении через трубу Вентури в нижней части колонны обессеривания, образуется жестокое состояние турбулентного движения, чтобы возникла очень большая относительная скорость скольжения между частицами и дымовыми газами, поверхности реакции частиц непрерывно терлись, сталкивались и обновлялись, тем самым максимально усилена теплопередача, массопередача между газовой и твердой фазами.Одновременно, с целью достижения оптимальной температуры реакции, дымовой газ охлаждается до температуры примерно 70℃ путем впрыска воды в колонну обессеривания.

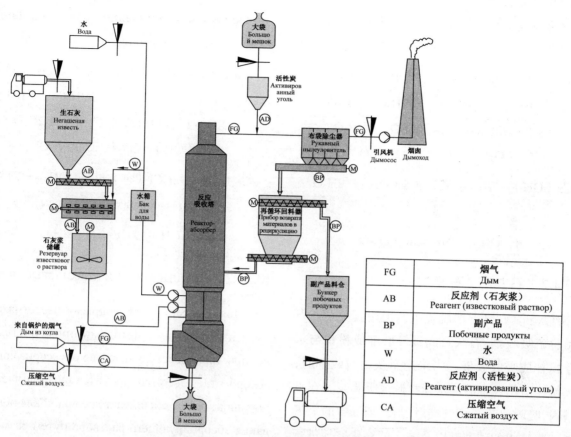

图 10.2.4 循环硫化床工艺流程

Рис.10.2.4 Технологический процесс в ЦКС (циркулирующий кипящий слой)

携带大量吸收剂和反应产物的烟气从脱硫塔顶部侧向下行进入脱硫除尘器,进行气固分离,经气固分离后的烟气含尘量不超过 200mg/m³。为了降低吸收剂的耗量,大部分收集到的细灰及反应混合物返回脱硫塔进一步反应,只有一小部分被认为不再具有吸收能力的较粗颗粒被作为脱硫副产物排到电厂脱硫灰库。

最后经除尘器净化后的烟气经引风机排入烟囱。

Дымовой газ с абсорбентами и продуктами реакции в большом количестве, нисходящий по боковому направлению с верха колонны обессеривания, поступает в устройство обессеривания и обеспыливания для проведения сепарации газа от твердого вещества, содержание пыли в дымовом газе после сепарации газа от твердого вещества не превышает 200мг/м³.В целях снижения расхода абсорбентов, большая часть собранных тонких зол и реагирующих смесей возвращается в колонну обессеривания для дальнейшей реакции, только небольшая часть более грубых частиц, которая считается отсутствием абсорбционной способности в качестве побочных обессеренных продуктов, выпускается на склад обессеренных зол электростанции.

В конце концов, дымовой газ, очищенный пылеуловителем, выпускается в дымовую трубу через дымосос.

该脱硫工艺的主要化学反应式为：

$$Ca（OH）_2+SO_2=CaSO_3 \cdot 1/2 H_2O+1/2H_2O$$

$$Ca（OH）_2+SO_3=CaSO_4 \cdot 1/2H_2O+1/2H_2O$$

$$CaSO_3 \cdot 1/2H_2O+1/2O_2=CaSO_4 \cdot 1/2H_2O$$

$$Ca（OH）_2+CO_2=CaCO_3+H_2O$$

$$2Ca（OH）_2+2HCl=CaCl_2 \cdot Ca（OH）_2 \cdot 2H_2O$$

（高温）

$$Ca（OH）_2+2HF=CaF_2+2H_2O$$

10.2.4.2 石灰石 / 石膏法

石灰石 / 石膏湿法脱硫工艺采用石灰石或石灰做脱硫吸收剂，石灰石经破碎磨细成粉状与水混合搅拌成吸收浆液。当采用石灰为吸收剂时，石灰粉经消化处理后加水搅拌制成吸收浆。在吸收塔内，吸收浆液与烟气接触混合，烟气中的二氧化硫与浆液中的碳酸钙以及鼓入的氧化空气进行化学反应被脱除，最终反应产物为石膏。脱硫后的烟气经除雾器除去细小液滴，经换热器加热升温后排入烟囱。脱硫石膏浆经脱水装置脱水后回收。吸收浆液可以循环利用。

石灰石 / 石膏湿法烟气脱硫工艺的主要化学反应式如下。

Основные химические уравнения данной технологии обессеривания:

$$Ca（OH）_2+SO_2=CaSO_3 \cdot 1/2 H_2O+1/2H_2O$$

$$Ca（OH）_2+SO_3=CaSO_4 \cdot 1/2H_2O+1/2H_2O$$

$$CaSO_3 \cdot 1/2H_2O+1/2O_2=CaSO_4 \cdot 1/2H_2O$$

$$Ca（OH）_2+CO_2=CaCO_3+H_2O$$

$$2Ca（OH）_2+2HCl=CaCl_2 \cdot Ca（OH）_2 \cdot 2H_2O$$

（при высокой температуре）

$$Ca（OH）_2+2HF=CaF_2+2H_2O$$

10.2.4.2 Известняковые и известковые методы

Для обессеривания мокрыми известняковыми и известковыми методами применяется известняк или известь в качестве обессеривающего абсорбента, известняк дробится и измельчается в порошок, потом смешивается с водой для образования абсорбирующего раствора путем размешивания.При применении извести в качестве абсорбента, в порошкообразную известь добавляется вода для образования абсорбирующего раствора путем размешивания после гашения.В абсорбере, абсорбирующий раствор контактирует и смешивается с дымовым газом, двуокись серы из дымового газа, и карбонат кальция из растворав ступают в реакцию с продуваемым воздухом для окисления и удаляются, окончательный продукт реакции представляет собой гипс.Обессеренный дымовой газ очищается от мелких капель через брызгоуловитель, выпускается в дымовую трубу после повышения температуры под действием теплообменника. Обессеренное гипсовое тесто улавливается после удаления воды установкой осушки газа.Абсорбирующий раствор может использоваться циклически.

Основные химические уравнения в процессе обессеривания мокрыми известняковыми и известковыми методами заключаются в следующем.

吸收过程：

$$SO_2+H_2O \rightarrow H_2SO_3$$

中和反应：

$$CaCO_3+H_2SO_3 \rightarrow CaSO_3+CO_2+H_2O$$

氧化反应：

$$CaSO_3+1/2\ O_2 \rightarrow CaSO_4$$

结晶过程：

$$CaSO_3+1/2\ H_2O \rightarrow CaSO_3 \cdot 1/2\ H_2O$$

结晶过程：

$$CaSO_4+2H_2O \rightarrow CaSO_4 \cdot 2H_2O$$

Процесс абсорбции：

$$SO_2+H_2O \rightarrow H_2SO_3$$

Реакция нейтрализации：

$$CaCO_3+H_2SO_3 \rightarrow CaSO_3+CO_2+H_2O$$

Реакция окисления：

$$CaSO_3+1/2\ O_2 \rightarrow CaSO_4$$

Процесс кристаллизации：

$$CaSO_3+1/2\ H_2O \rightarrow CaSO_3 \cdot 1/2\ H_2O$$

Процесс кристаллизации：

$$CaSO_4+2H_2O \rightarrow CaSO_4 \cdot 2H_2O$$

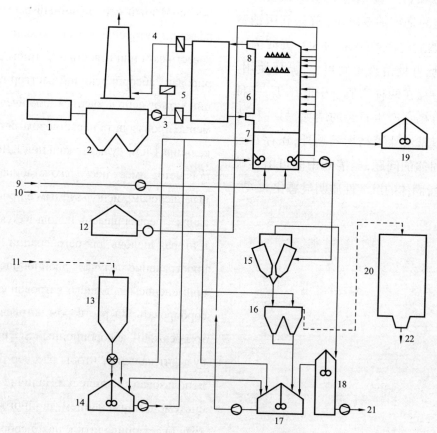

图 10.2.5 石灰石 / 石膏法工艺流程

1—锅炉；2—电力除尘器；3—待净化烟气；4—净化烟气；5—气—气换热器；6—吸收塔；7—持液槽；8—除雾器；9—氧化用空气；
10—工艺过程用水；11—粉状石灰石；12—工艺过程用水；13—粉状石灰石贮仓；14—石灰石中和剂贮箱；15—水力旋转流分离器；
16—皮带过滤机；17—中间贮箱；18—溢流贮箱；19—维修用塔槽贮箱；20—石膏贮仓；21—溢流废水；22—石膏

Рис.10.2.5 Технологический процесс известняковых и известковых методов

1—Котел；2—Электрический пылеуловитель；3—Дымовой газ, ждущий очистки；4—Очищенный дымовой газ；5—Возду-
хо-воздушный теплообменник；6—Абсорбер；7—Сборный бак；8—Брызгоуловитель；9—Воздух для окисления；10—Вода для
технологического процесса；11—Порошкообразный известняк；12—Вода для технологического процесса；13—Склад порошко-
образного известняка；14—Бак для хранения нейтрализующего агента известняка；15—Гидроциклонный сепаратор；16—Леточ-
ный фильтр；17—Промежуточный бак для хранения；18—Бак для хранения вытекающего потока；19—Бак колонны для ремонта；
20—Склад гипса；21—Переливающая сточная вода；22—Гипс

10.2.4.3 双碱法

双碱法是为了克服石灰石/石膏法中结垢的缺点而发展起来的脱硫技术,其工艺流程如图10.2.6。烟气在塔中与溶解的碱(亚硫酸钠或氢氧化钠)溶液相接触,烟气中的 SO_2 被吸收掉。因此,避免了在塔内结垢;脱硫废液再与第二碱(通常为石灰石或石灰)反应,使溶液得到再生,再生后的吸收液可循环利用,同时产生亚硫酸钙(或硫酸钙)不溶性沉淀。根据脱硫过程中所使用不同的第一碱(吸收用)和第二碱(再生用),双碱法有多种组合。最常用的是钙钠双碱法:首先利用钠碱溶液吸收 SO_2,然后将吸收下来的 SO_2 沉淀为不溶性的亚硫酸钙,并使溶液得到再生,循环使用。在双碱法系统中存在两种物质会引起结垢,一种是 SO_4^{2-} 与溶解的 Ca^{2+} 产生石膏的结垢,另一种为碳酸盐结垢。双碱法除了结垢问题外,还存在会生成不易沉淀固体的问题,当溶液中的可溶性硫酸盐浓度过高时,固体的沉淀性质明显恶化。

10.2.4.3 Двойной щелочной метод

Двойной щелочной метод является технологией обессеривания, развитой для преодоления недостатка - накипеобразования в известняковых и известковых методах, его технологический процесс показан на рис.10.2.6.Дымовой газ контактирует с растворенным щелочным раствором (сульфитом натрия или гидроокисью натрия) в колонне, SO_2 в дымовом газе абсорбируется.В связи с этим, предотвращено накипеобразование в колонне;потом обессеренный отработанный раствор вступает в реакцию с второй щелочью (как правило, является известняком или известью), чтобы раствор регенерирован, абсорбирующий раствор после регенерации может использоваться циклически, и одновременно производить нерастворимый осадок-сульфит кальция (или сульфат кальция).Двойной щелочной метод имеет несколько комбинаций по различным щелочам, используемым в процессе обессеривания (первая щелочь используется для абсорбции и вторая щелочь для регенерации).Наиболее распространение получает двойной щелочной метод с применением кальциево-натровой соли:сначала абсорбировать SO_2 раствором натриевой щелочи, потом осаждать абсорбционный SO_2 в нерастворимый сульфит кальция, чтобы раствор регенерирован и использован циклически.Наличие двух веществ в системе с применением двойного щелочного метода будет приводить к накипеобразованию, одна образованная накипь-SO_4^{2-}и растворенный Ca^{2+}производят гипс, другая - карбонатная накипь.По отношению к двойному щелочному методу, имеются не только проблема накипеобразования, но и проблема образования трудно осаждаемого твердого вещества, когда концентрация растворимых сульфатов в растворе слишком высокая, свойство осаждения твердого вещества значительно ухудшено.

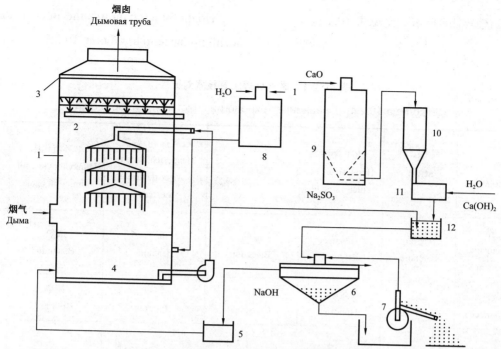

图 10.2.6 双碱法工艺流程

1—吸收塔；2—喷淋装置；3—除雾装置；4—瀑布幕；5—缓冲箱；6—浓缩器；7—过滤器；8—Na₂CO₃吸收液；9—石灰仓；
10—中间仓；11—熟化器；12—石灰反应器

Рис.10.2.6 Технологический процесс двойного щелочного метода

1—Ректификационная колонна；2—Спринклерная установка；3—Тумануловитель；4—Пелена водопада；5—Буферный
ящик；6—Концентратор；7—Фильтр；8—Абсорбирующий раствор Na₂CO₃；9—Бункер извести；10—Промежуточный бун-
кер；11—Аппарат для гашения；12—Реактор извести

10.2.5 尾气工艺评价

天然气净化厂脱硫尾气排放 SO₂ 具有排放总量小，浓度较高，压力低，灼烧前的组分复杂等特点，要进行治理通常可采用四类技术：标准还原吸收工艺、Cansolv 工艺、SOP 制酸工艺和烟气脱硫工艺。这几类技术均可实现净化厂尾气 SO₂ 达标排放，各种工艺各有利弊，各有其适宜的工况。

10.2.5 Оценка технологии очистки хвостового газа

SO₂, выходящий из обессеренного хвостового газа на ГПЗ характеризуется небольшим количеством выброса, более высокой концентрацией, низким давлением, сложными компонентами перед обзоливанием и т.д., чтобы проводить упорядочение, как правило, применять четыре вида технологий: стандартная абсорбционно-восстановительная технология, технология Cansolv, технология производства кислоты SOP и технология обессеривания хвостовых газов.Эти технологии могут осуществлять выброс хвостовых газов SO₂ с ГПЗ, достигающий показателей, каждая технология имеет свои плюсы и минусы, свой годный рабочий режим.

几种工艺详细的技术对比见表 10.2.1。

Подробное сравнивание нескольких технологий приведено в таблице 10.2.1.

表 10.2.1 尾气处理工艺技术对比表

Таблица 10.2.1 Сравнение технологий очистки хвостового газа

技术名称 Название технологий	SCOT	SOP 制酸 Производст во кислоты SOP	Cansolv	石灰石 / 石膏法 Известняковые и известковые методы	循环流化床 Циркулирую щий кипящий слой	双碱法 Двойной ще-лочной метод
技术成熟度 Уровень технологиче-ской готовности	成熟 Высший	成熟 Высший	成熟 Высший	成熟 Высший	成熟 Высший	成熟 Высший
流程的复杂性 Сложность процесса	复杂 Сложная	简单 Простая	复杂 Сложная	简单 Простая	简单 Простая	简单 Простая
总硫收率 Общий коэффициент получения серы	99.9%	99.95%	99.99%	99.92%	99.95%	99.98%
装置投资 Капиталовлож ение в установку	高 Высокое	中 Среднее	中 Среднее	低 Низкое	低 Низкое	低 Низкое
年运行成本 Годовая эксплуатацио нная себестоимость	较高 Более высо-кая	低 Низкая	低 Низкая	低 Низкая	低 Низкая	低 Низкая
操作弹性 Оперативная гибкость	较大 Относите льно большая	大 Большая	较大 Относительно большая	大 Большая	大 Большая	大 Большая
装置占地 Потребная площадь пола под установку	大 Большая	小 Небольшая	大 Большая	较小 Относительно маленькая	小 Небольшая	小 Небольшая
SO_2 排放浓度 Концентрация сброса SO_2 （ mg/m³ ）	≤500	≤300	≤300	≤500	≤400	≤300
固液污染物 Твердо-жидкие за-грязнения	无 Нет	无 Нет	污水 Сточная вода 少量固废 Небольшое количество твер-дых отходов	有少量废水 Имеется неболь-шое количество сточных вод 副产品石膏 Побочный продукт -гипс	粉尘、灰渣 Пыль , шлакозола	石膏 гипс

技术名称 Название технологий	SCOT	SOP 制酸 Производст во кислоты SOP	Cansolv	石灰石 / 石膏法 Известняковые и известковые методы	循环流化床 Циркулирую щий кипящий слой	双碱法 Двойной ще-лочной метод
清洁生产 Чистое производство	好 Хорошее	好 Хорошее	较好 Лучшее	差 Плохое	较差 Худшее	较差 Худшее
操作 Эксплуатация	灵活、可靠 Гибкая, надежная	灵活、可靠 Гибкая, надеж-ная	灵活、可靠 Гибкая, надеж-ная	灵活、可靠 Гибкая, надежная	灵活、可靠 Гибкая, надеж-ная	灵活、可靠 Гибкая, надежная

由表 10.2.1 可以看出,标准还原吸收工艺在天然气净化领域国内外应用最广,适合在大型天然气净化厂应用。

Из таблицы 10.2.1 явствует, что стандартная абсорбционно-восстановительная технология наиболее широко используется в области очистки природного газа в стране и за рубежом, пригодит-ся для использования на крупных заводах очист-ки природного газа.

10.3 标准还原吸收工艺

10.3 Стандартная абсорбци-онно-восстановительная техно-логия

10.3.1 工艺流程与工艺参数

10.3.1 Технологический процесс и технологический параметр

10.3.1.1 工艺流程

标准还原吸收工艺作为尾气处理还原吸收法中最主要、也是应用较广泛的一种方法,20 世纪70 年代初由荷兰 Shell 公司开发,总硫黄回收率可达 99.8% 以上。

10.3.1.1 Технологический процесс

Стандартная абсорбционно-восстанови-тельная технология является самым основным и более широко используемым методом из абсорб-ционно-восстановительных методов очистки хво-стового газа, разработана голландской компанией Shell в начале 70-ых годов прошлого века, общий коэффициент получения серы может достигать до 99.8% и более.

标准还原吸收工艺包括还原部分、吸收部分、溶液再生部分、溶液保护部分及尾气焚烧部分。流程如图 10.3.1 所示。

Стандартная восстановительно-абсорбционная технология включает в себя восстановление, абсорбцию, регенерацию раствора, защиту раствора и дожигания хвостового газа.Процесс преведен в рисунке 10.3.1.

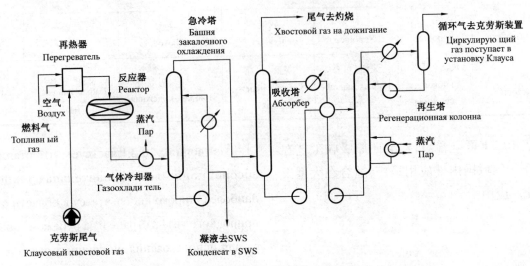

图 10.3.1　标准还原吸收工艺流程

Рис.10.3.1　Процесс стандартной абсорбционно-восстановительной технологии

（1）还原部分。

从硫黄回收装置来的尾气被蒸汽加热至 280℃后进入到装有还原催化剂的反应器反应，过程气中绝大部分的硫化物还原为 H_2S；同时，COS、CS_2 等有机硫水解成 H_2S，然后进入废热锅炉。在废热锅炉中，过程气被冷却到 170℃，与气田水处理装置的尾气和酸水汽提装置的酸气一起进入急冷塔，在塔内与冷却水逆流接触，被进一步冷却到 40℃。冷却后的气体进入低压脱硫部分。急冷塔底的酸水一部分先被急冷水泵加压，再经急冷水冷却器、急冷水后冷器冷却后作急冷塔的循环冷却水，另一部分经过滤器过滤后送至酸水汽提装置。

（1）Восстановление.

Хвостовой газ из установки получения серы после нагрева паром до температуре 280℃ поступает в реактора с восстановительным катализатором и реагирует, подавляющее большинство сульфидов в технологическом газе восстанавливается до H_2S;при этом, COS, CS_2 и другая органическая сера гидролизуются до H_2S, потому поступает в котел-утилизатор.Технологический газ охлаждается до температуры 170 ℃ в котле-утилизаторе, совместно с хвостовым газом из установки очистки промысловой воды и кислым газом из установки отпарки кислой воды поступает в градирню, где происходит противоточный контакт с охлаждающей водой, и дальше охлаждается до температуры 40 ℃ .Охлажденный газ поступает в обессеривание при низком давлении.Часть кислой воды на нижней части градирни закачивается

（2）吸收部分。

从急冷塔出来的塔顶气进入吸收塔，与MDEA 贫胺液逆流接触。气体中几乎所有的 H_2S 被溶液吸收，仅有部分 CO_2 被吸收。从吸收塔顶出来的排放气经焚烧炉焚烧后排放。

（3）溶液再生部分。

从吸收塔底部出来的 MDEA 富胺液经富胺液泵进入贫 / 富胺液换热器与再生塔底出来的 MDEA 贫胺液换热后进入再生塔上部，与塔内自下而上的蒸汽逆流接触进行再生，解析出 H_2S 和 CO_2 气体。再生热量由塔底重沸器提供。MDEA 热贫液自再生塔底部引出，经贫胺液泵进入贫 / 富胺液换热器与 MDEA 富胺液换热后经过滤系统除去溶液中的机械杂质和降解产物后再分别经贫胺液空冷器、贫胺液后冷器换热，温度降至 40℃后进入吸收塔，完成整个溶液系统的循环。

насосом резко охлажденной воды, после охлаждения в охладителе резко охлажденной воды, доохладителе резко охлажденной воды служит циркуляционной охлаждающей водой, другая часть после фильтрации фильтром поступает в установку отпарки кислой воды.

（2）Абсорбция.

Верхний газ из градирни поступает в абсорбер, где происходит противоточный контакт с бедным раствором MDEA.Почти все H_2S в газе было абсорбировано раствором, CO_2 была абсорбирована только частично.Сбросный газ из верха абсорбера сбрасывается после дожигания в печи дожига.

（3）Регенерация раствора.

Насыщенный раствор MDEA из дна абсорбера через насос насыщенного раствора поступает в теплообменник бедного и насыщенного аминного раствора, где происходит теплообмен с бедным раствором MDEA из регенерационной колонны, после этого поступает в верхнюю часть регенерационной колонны, где происходят контакт с противотечением пара снизу доверху и регенерация, тем самым выделяются газы H_2S и CO_2.Теплота для регенерации снабжается донным ребойлером. Горячий бедный раствор MDEA из дна регенерационной колонны через насос бедного раствора поступает в теплообменник бедного и насыщенного аминного раствора, где происходит теплообмен с насыщенным раствором MDEA, после этого поступает в систему фильтрования для удаления механических примесей и продуктов деструкции из раствора, охлаждается до температуры 40℃ последовательно в ABO бедного аминного раствора и доохладителе бедного аминного раствора, при этом циркуляция целой системы раствора завершается.

由再生塔顶部出来酸性气体分别经再生塔顶空冷器冷至55℃后,再进入酸气分液罐,分离出酸性冷凝水后的酸气在0.08MPa（g）下送至硫黄回收装置。分离出的酸性冷凝水由酸水回流泵送至再生塔顶部作回流。

（4）溶液保护部分。

MDEA溶液配制罐、MDEA储罐均采用氮气密封,以避免溶液发生氧化变质。

（5）尾气焚烧部分。

从吸收塔塔顶出来的排放气和来自硫黄回收装置液硫池的抽出气体以及脱水装置来的再生废气分别进入焚烧炉进行焚烧,焚烧后的气体(烟道气)温度为600℃左右。从焚烧炉出来的烟气进入余热锅炉进一步冷却回收热量,冷却后的烟道气温度为300℃左右,通过烟囱排放。

10.3.1.2　设计参数

标准还原吸收工艺详细设计参数详见表10.3.1。

Кислый газ из верха регенерационной колонны, охладившись до температуры 55 ℃ в АВО на верхней части регенерационной колонны, поступает в сепаратор кислого газа, отделив кислую конденсационную воду, кислый газ подается в установку получения серы под давлением 0,08МПа（изб.）.Отделенная конденсационная вода подается на верх регенерационной колонны рефлюксным насосом кислой воды в качестве рефлюкса.

（4）Защита раствора.

Резервуар приготовления раствора MDEA, резервуар для хранения MDEA герметизируются азотом во избежание окислительной порчи раствора.

（5）Дожигание хвостового газа.

Сбросный газ из верха абсорбера, откачиваемый газ из зумпфа жидкой серы установки получения серы и регенерированный отработанный газ из установки осушки газа соответственно поступают в печь дожига, температура газа（дымового газа）после дожигания составляет примерно 600℃. Дымовой газ из печи дожига поступает в котел-утилизатор для дальнейшего охлаждения и утилизации тепла, охлажденный дымовой газ с температурой около 300℃ сбрасывается через дымоход.

10.3.1.2　Проектные параметры

Подробные проектные параметры стандартной абсорбционно-восстановительной технологии приведены в таблице 10.3.1.

表 10.3.1 关键参数表

Таблица 10.3.1 Критические параметры

参数 Параметр	数值 Значение
在线炉出口温度，℃ Температура на выходе из главной печи，℃	230～290
加氢反应器出口温度，℃ Температура на выходе из реактора гидрирования，℃	260～320
过程气余热锅炉出口问题，℃ Температура на выходе из котла-утилизатора технологического газа，℃	170
急冷塔出口温度，℃ Температура на выходе из башни закалочного охлаждения，℃	40
急冷塔出口 H_2 含量，% Содержание H_2 на выходе из башни закалочного охлаждения，%	＞2 Больше 2
吸收塔出口 H_2S 含量，mg/L Содержание H_2S на выходе из абсорбера，mg/L	≤250（根据控制指标确定） ≤250（Определяется по показателям контроля）
酸气负荷 Нагрузка кислого газа	0.1～0.2
尾气余热锅炉出口温度，℃ Температура на выходе из котла-утилизатора хвостового глаза，℃	350
贫液进吸收塔温度，℃ Температура бедного раствора при входе в абсорбер，℃	40

10.3.2 主要控制回路

尾气处理装置涉及的工艺操作仪表逻辑控制回路有单回路控制、串级控制回路、比值控制回路等。为避免某些参数处于不正常状态时造成事故的发生，通常设有联锁控制回路。

10.3.2 Главный контур регулирования

В состав контура логического управления технологического эксплуатационного прибора, касающегося установки очистки хвостового газа, входят одноконтурное регулирование, контур каскадного регулирования, контур регулирования соотношения и т.д.Обычно устанавливается контур сблокированного управления во избежание возникновения аварий, когда некоторые параметры находятся в ненормальном состоянии.

10.3.2.1 在线燃烧炉燃料气和空气的配比控制回路

在线燃烧炉需进行次化学当量燃烧制造还原性气体,因此必须严格控制空气、燃料气的配比,这项任务由配比调节完成。实际操作中,只要改变空气燃料气配比器的值,空气流量调节器就自动调节至所需要的空气量。

10.3.2.2 加氢反应器入口温度串级控制回路

在标准型的 SCOT 工艺中,进入加氢还原反应器的尾气温度必须严格控制,需要通过在线燃烧炉加热升温至 280～300℃,温度过高或过低均会造成钴/钼催化剂不能充分发挥作用而导致加氢后尾气中 SO_2 浓度急剧上升。因此设置反应器入口温度调节回路是必要的。

反应器入口温度是和进在线燃烧炉的燃料气压力串级调节来实现的。在线燃烧炉燃料气压力调节可以克服较小的干扰因素保持反应器入口的温度不变。

10.3.2.1 Контур регулирования соотношения топливного газа и воздуха в главной печи сжигания

Необходимо проводить неполное горение при недостатке кислорода для производства восстановительного газа в главной печи сжигания, поэтому следует строго управлять соотношением воздуха и топливного газа, эта задача выполняется регулированием соотношения.В фактических операциях, если изменяется величина дозатора соотношения воздуха и топливного газа, то регулятор подачи воздуха автоматически регулирует до требуемого количества воздуха.

10.3.2.2 Контур каскадного регулирования температуры на входе в реактора гидрирования

В стандартной технологии SCOT, следует строго управлять температуры хвостового газа, входящего в реактор гидрирования и восстановления, необходимо повышать температуру до 280-300℃ путем нагревания главной печью сжигания, слишком высокая или низкая температура будет приводить к резкому подъему концентрации SO_2 в хвостовом газе после гидрирования из-за того, что кобальтовый / молибденовый катализатор не может полностью играть роль.Вследствие чего, установка контура регулирования температуры на входе в реактор оказывается необходимой.

Осуществляется регулирование температуры на входе в реактор путем каскадного регулирования давления топливного газа в главную печь сжигания. Регулирование давления топливного газа в главной печи сжигания позволяет преодолевать небольшие возмущающие факторы и выдерживать температуру на входе в реактор постоянной.

当工艺上的变动较大时,在线燃烧炉燃料气压力调节已无能为力,反应器入口温度逐渐偏离设定值,温度调节器输出变化并作为在线燃烧炉燃料气压力调节的外给定,使在线燃烧炉燃料气压力调节器动作:调节燃料气压力(实质上是流量),使反应器的温度到设定值。燃料气压力调节阀是气开阀。

由于仪表从测量到调节有一个滞后的过程,对生产不利,所以当硫黄回收装置尾气量变化较大时,将串级应置于手动,较快地增加或减少温度调节器,正常后投入自动。

10.3.2.3 重沸器蒸汽流量控制回路

再生塔顶温度控制采用串级控制回路,通过控制重沸器蒸汽流量的方法控制再生塔顶温度,重沸器蒸汽流量控制为调节回路,蒸汽流量调节阀为气开式。

Регулирование давления топливного газа в главной печи сжигания бессильно при большом изменении технологии, температура на входе в реактор постепенно отклоняется от заданного значения, выходная температура регулятора температуры изменяется и используется в качестве наружного заданного значения регулирования давления топливного газа в главной печи сжигания, чтобы регулятор давления топливного газа в главной печи сжигания действовал :регулировать давление топливного газа (по сущности - расход),чтобы температура реактора достигла заданной.Клапан регулирования давления топливного газа является клапаном с пневмоуправлением.

Поскольку прибор имеет процесс запаздывания от измерения до регулирования, это не благоприятствует производству, постольку следует устанавливать каскад в ручное положение, быстрее увеличивать или уменьшать регулятор температуры при большом изменении объема хвостового газа из установки получения серы, восстанавливая нормальное состояние, вводить в автоматическое положение.

10.3.2.3 Контур регулирования расхода пара для ребойлера

Для регулирования температуры верха регенерационной колонны применяется контур каскадного регулирования, регулируется температура верха регенерационной колонны путем регулирования расхода пара из ребойлера, регулирование расхода пара из ребойлера - контур регулирования, клапан регулирования расхода пара -клапан с пневмоуправлением.

10.3.2.4 联锁控制回路

当尾气装置中进在线燃烧炉尾气低流量,或进在线燃烧炉燃料气低压力,或进在线燃烧炉空气低流量,或硫黄回收装置联锁停车时,装置会自动打开进入尾气灼烧炉联锁阀,关闭进在线燃烧炉空气、燃料气、蒸汽联锁阀。

10.3.3 主要工艺设备的选用

10.3.3.1 在线燃烧炉

在标准还原吸收工艺的流程上,在线燃烧炉是一个非常重要的设备,它具有使过程气升温到加氢还原所需的温度,同时通过次化学当量燃烧提供加氢还原所需的还原性气体(H_2+CO)。设备结构类似硫黄回收装置再热炉。

操作此设备时应记录进炉燃料气压力、进炉空气流量、进炉蒸汽流量,检查火焰是否正常,各连接处、密封处是否有泄漏,炉温、炉压是否正常,是否有震动等。

10.3.2.4 Контур сблокированного управления

Установка будет автоматически открывать блокировочный клапан печи дожига хвостового газа, закрывать блокировочный клапан для воздуха, топливного газа, пара, входящего в главную печь сжигания при низком расходе хвостового газа в главную печь сжигания, или низком давлении топливного газа в главную печь сжигания, или низком расходе воздуха в главную печь сжигания из установки очистки хвостового газа, или блокированной остановке установки получения серы.

10.3.3 Выбор основного технологического оборудования

10.3.3.1 Главная печь сжигания

Главная печь сжигания является очень важным оборудованием в процессе абсорбционно-восстановительной технологии, она имеет необходимую температуру для гидрирования и восстановления путем повышения температуры технологического газа, и одновременно подает необходимые восстановительные газы (H_2+CO) для гидрирования и восстановления путем неполного горения при недостатке кислорода.Конструкция оборудования подобна перегревательной печи установки получения серы.

При эксплуатации данного оборудования следует записывать давление топливного газа в печь, расход воздуха в печь, расход пара в печь, проверять нормальность пламени, наличие или отсутствие утечки в месте уплотнения, нормальность температуры печи, давления печи, наличие или отсутствие сотрясения и т.д.

10.3.3.2 尾气灼烧炉

在尾气灼烧炉中,通过热和催化作用将 H_2S(还有其他形式的硫)灼烧成 SO_2。绝大多数尾气热灼烧炉是在负压下进行自然引风操作,它们通过风门来控制燃烧;催化灼烧则采用强制通风,在正压下操作,以便于控制空气量。

为了保护钢材不被高温损坏,尾气灼烧炉与烟囱管线都有耐火材料衬里。因为操作温度低,对耐火材料要求没克劳斯装置部分的燃烧炉那么高。通常,尾气灼烧炉的最高操作温度为 1095℃。尾气灼烧炉和烟囱用的是能抗 1205℃的耐火衬里,而且一层就足够了。除在火焰损坏很严重的地方应使用高氧化铝含量(大于 60%)的耐火衬里外,1205℃或以上温度都使用浇铸而成的绝热耐火材料衬里。

烟囱可以设计为独立式、牵拉式或井架式。烟囱类型的选择由所需烟囱的高度、直径、风速和(或)特定的安装地点和地震资料来决定的,独立式烟囱在高度不超过 76m 时普遍使用,而高度超过 107m 的烟囱应用井架式设计,并用钢筋混凝土

10.3.3.2 Печь дожига хвостового газа

H_2S превращается в SO_2 (еще имеется другая форма серы) путем обзоливания под тепловым и каталитическим действием в печи дожига хвостового газа.Для огромного большинства печей дожига хвостового газа выполняется операция естественной вентиляции под отрицательным давлением, они управляют горением с помощью заслонки;для каталитического сгорания применяется принудительная вентиляция, эксплуатация под положительным давлением в целях управления количеством воздуха.

Печь дожига хвостового газа и дымовая труба имеют футеровки из огнеупорных материалов для защиты стальных материалов от повреждения высокой температурой.Требование к огнеупорным материалам не так высоко, как в печи дожига хвостового газа установки Клауса в результате низкой эксплуатационной температуры.Как обычно, максимальная рабочая температура печи дожига составляет 1095℃.Используемая футеровка для печи дожига хвостового газа и дымовой трубы является огнеупорной, стойкой к температуре 1205 ℃, и имеется один слой достаточно.Кроме того, что в местах, очень сильно поврежденных пламенем должна применяться огнеупорная футеровка с высоким содержанием окиси алюминия (более 60%), при температуре 1205℃ или более используется футеровка из литых теплоизоляционных огнеупорных материалов.

Дымовая труба может проектироваться в виде отдельно стоящем, тяговом или фермы.Выбор типа дымовых труб определяется по высоте, диаметру потребной дымовой трубы и/или специальному месту монтажа и данным о землетрясении,

加固地基。烟囱气速由所允许的压降决定,典型的速率为 12~ 30m/s。

大多数政府都要求对从尾气灼烧炉和烟囱系统出来的气质进行周期性的监测。所以,安装烟囱时应在适当的高度位置设置平台、取样口和烟道气分析仪(测量烟道气中 SO_2 的总量)。

10.3.3.3 余热锅炉

余热锅炉通常发生低压饱和水蒸气。蒸汽压力与全厂低压蒸汽系统一致。低压蒸汽一般供胺液再生塔重沸器使用。当工厂有 2.5MPa 蒸汽系统或余热锅炉蒸汽产量不小于 4t/h 时,余热锅炉可发生 2.5MPa 蒸汽。

余热锅炉设计除应执行锅炉设计规范外,还应注意防止高温硫化腐蚀。同时,换热管流速不宜过高,一般总传热系数不高于 56.8W/($m^2 \cdot K$)。

отдельно стоящая дымовая труба получает широкое распространение при высоте не выше 76м, а когда высота превышает 107м, должна применяться дымовая труба фермового типа, и укрепляется фундамент железобетоном.Скорость газов в дымовой трубе определяется по допустимому перепаду давления, типичная скорость составляет 12-30м/с.

Большинство правительств требуют проведения периодического контроля за качеством газов из печи дожига хвостового газа и системы дымовых труб.В связи с этим, следует устанавливать платформу, отверстие для отбора пробы и анализатор дымовых газов (для измерения общего количества SO_2 в дымовых газах) на подходящей высоте при монтаже дымовой трубы.

10.3.3.3 Котел-утилизатор

Как правило, котел-утилизатор производит насыщенный водяной пар низкого давления. Давление пара совпадает с всезаводской системой пара низкого давления.Обычно пар низкого давления предназначается для ребойлера регенерационной колонны аминного раствора.Котел-у-тилизатор может производить пара 2,5МПа когда существует система пара 2,5МПа на заводе или производительность котла-утилизатора составляет не менее 4т пара в час.

Следует не только исполнять правила проектирования котла, но и обращать внимание на предотвращение высокотемпературной сероводородной коррозии при проектировании котла-у-тилизатора.Наряду с этим, скорость течения в теплообменной трубе не должна быть слишком высокой, как обычно, общий коэффициент теплопередачи не превышает 56,8Вт/($м^2 \cdot K$).

10.3.3.4 冷凝器

尾气处理装置的冷凝器与硫黄回收装置的冷凝器相似。壳程产生低压蒸汽供脱硫装置重沸器及本装置设备、管道保温使用。产生蒸汽的冷凝器应按蒸汽发生器的要求进行设计,通常为卧式。换热管一般用 $\phi38mm \times 3.5mm$ 或 $\phi32mm \times 3.5mm$ 无缝钢管。出口管箱下部根据需要宜有蒸汽夹套。一般推荐的最大总传热系数为 $68.1W/(m^2 \cdot K)$。

10.3.3.5 加氢反应器

反应器的任务是将尾气中各种形态的硫转化为 H_2S。在此过程中,SO_2 与元素硫均是加氢反应,有机硫主要是水解反应。设备结构同硫黄回收装置反应器。

反应器催化剂床层必须有合适的温度,从而提高水解加氢转化效率。通过控制在线燃烧炉燃料气是流量来实现反应器入口温度的控制。

10.3.3.4 Конденсатор

Конденсатор установки очистки хвостового газа сходен с конденсатором установки получения серы. Пар низкого давления, образовавшийся в межтрубном пространстве, применяется для теплозащиты ребойлера установки обессеривания, оборудования и трубопроводов данной установки. Конденсатор, производящий пар, должен проектироваться по требованию к парогенератору, обычно является горизонтальным. Для теплообменной трубки обычно применяется стальная бесшовная труба $\phi38 \times 3,5$ или $\phi32 \times 3,5$. Нижняя часть трубной камеры на выходе должна быть оборудована паровой рубашкой по потребности. Как обычно, рекомендуемый максимум общего коэффициента теплопередачи составляет $68,1 Вт/(m^2 \cdot K)$.

10.3.3.5 Реактор гидрирования

Задача реактора заключается в превращении серы разных форм в хвостовом газе в H_2S. В этом процессе, SO_2 и элементарная сера-реакция гидрирования, органическая сера-реакция гидролиза в основном. Конструкция оборудования одинакова с реактором установки получения серы.

Слой катализатора реактора должен иметь подходящую температуру, тем самым, повышается эффективность превращения путем гидролиза и гидрирования. Осуществляется регулирование температуры на входе в реактор путем регулирования расхода топливного газа в главную печь сжигания.

10.3.3.6 吸收塔、再生塔

尾气处理装置用到的吸收塔和再生塔为板式塔,通常采用的是浮阀塔盘,它具有处理能力大、操作弹性大、塔板效率高、压力降小、气体分布均匀、结构简单等优点。由于对塔盘的密封要求不是很高,故制造和安装都较为容易。对于大直径的塔类设备,塔内件的焊接安装应特别关注,因制造过程中塔内件需在热处理之前焊于塔体上,经热处理后会产生变形,需要采取措施控制变形量,避免出现塔盘安装不到位等问题。

因原料天然气中含有 H_2S 等酸性介质,故塔体材质的选择不但要考虑操作温度、操作压力、介质腐蚀性、制造及经济合理等综合因素,还要考虑 H_2S 可能引起的应力腐蚀开裂(SSC)和氢诱发裂纹(HIC)等因素。通常采用的材料有碳素钢、低合金钢以及不锈钢等,塔盘材料多选用不锈钢,用于壳体的材料通常要进行超声检测。设备要进行整体热处理,焊缝应作硬度检查。

10.3.3.6 Абсорбер, регенерационная колонна

Абсорбер и регенерационная колонна, используемые для установки очистки хвостового газа являются каскадными колоннами, как правило, применяется клапанная тарелка, обладающая такими преимуществами, как большая работоспособность, большая эксплуатационная гибкость, высокая эффективность тарелки колонны, небольшой перепад давления, равномерное распределение газов, простая конструкция и т.д.Изготовление и монтаж оказываются более легкими, поскольку требование к уплотнению тарелки колонны не является очень высоким. Для оборудования колонного типа с большим диаметром, следует обращать особое внимание на сварку и монтаж деталей в колонне, потому что деталь в колонне должна быть приварена к корпусу колонны перед термообработкой в процессе изготовления, образуется деформация после термообработки, необходимо принимать меры для управления величиной деформации во избежание возникновения проблемы такой, как не установлено на место.

При выборе материала колонны следует не только учитывать рабочую температуру, рабочее давление, коррозийность среды, изготовление, экономическую рациональность и другие комплексные факторы, но и учитывать сероводородное коррозионное растрескивание под напряжением (SSC), водородное растрескивание (HIC) и другие факторы, потому что сырьевой природный газ содержит H_2S и другие кислые среды. Как правило, принимаемые материалы включают в себя углеродистую сталь, низколегированную сталь и т.д., для материала тарелки колонны часто

10.3.3.7 急冷塔

急冷塔以循环水将经余热锅炉回收热量后的加氢尾气直接冷却降至常温,与此同时降低其水含量,还可以除去催化剂粉末及痕量的 SO_2。此塔一般为填料塔,填料塔具有结构简单、压力降小的优点。尾气从塔下部进入与上部喷淋而下的循环冷却水逆流接触后从塔顶出塔。

调整循环水的 pH 值,一般情况下通过加氨来调整。在紧急异常情况下,可以考虑采用加氢氧化钠来调整。

在正常情况下不采用加氢氧化钠调整 pH 值,一是配制氢氧化钠溶液时会放出大量热量,易造成灼伤;二是氢氧化钠呈强碱性,易与硫酸根离子、硫酸氢根离子生成钠盐,结晶物易堵塞设备管线;三是钠离子可能会影响 MDEA 溶液的活性。

выбирается нержавеющая сталь, для материалов, используемых для корпуса, обычно необходимо проводить ультразвуковой контроль.Для оборудования необходимо проводить целую термообработку, для сварных швов следует проверять твердость.

10.3.3.7 Башня закалочного охлаждения

В башнезакалочного охлаждения охлаждается гофрированный хвостовой газ после рекуперации тепла котлом-утилизатором до комнатной температуры циркуляционной водой, наряду с этим, снижается его содержание воды, и еще может удаляться крошка катализатора и следовое количество SO_2.Как обычно, данная колонна является насадочной колонной, обладающей такими преимуществами, как простая конструкция, небольшой перепад давления и т.д.Хвостовой газ поступает в нижнюю часть колонны и против потока контактирует с циркуляционной охлаждающей водой, брызгаемой сверху вниз, потом выходит из верха колонны.

Регулируется величина pH циркуляционной охлаждающей воды, в обычных условиях, осуществляется регулирование путем аммонификации.Учитывается регулирование путем добавления гидроксида натрия в аварийных и аномальных условиях.

Не применяется добавление гидроксида натрия для регулирования величины pH в нормальных условиях, потому что во-первых, будет выделяться большое количество тепла при приготовлении раствора гидроксида натрия, что легко вызывает ожог;во-вторых, гидроксид натрия относится к сильным основаниям, легко вступает в реакцию с SO_4^{2-}, HSO_4^- и образуют соль натрия, трубопровод оборудования легко закупоривается кристаллическим веществом;в-третьих, ион натрия может влиять на активность раствора MDEA.

10.3.3.8 酸气分离器

酸气分离器的作用就是利用重力分离,将冷却后的酸气中的水分分离出来。用酸水回流泵打回再生塔顶,保证一定的回流量,维持溶液中的水含量平衡,降低塔顶的酸气分压,同时减少酸气中溶液的夹带量;酸气则进入到硫黄回收单元进行转化回收。在设计上,再生压力一般由酸气的压力来控制,即酸气分离器的压力来控制,所以在操作酸气分离器应注意保持其压力平稳。同时还应平稳控制酸水回流量,防止出现大的波动,减小对再生塔顶温度的影响,保证再生系统的平稳运行。

10.3.3.9 过滤器

（1）溶液过滤器。

溶液过滤器的过滤原理与气体过滤分离器相似,溶液在容器内由外向内流过滤芯,在通过滤芯时大于设定精度的固体颗粒、硫化亚铁颗粒、粉尘和一些烃类等物质被滤芯拦截、吸附而停留在滤芯表面或滤芯内部。沉积到容器内部或滤芯上的固体颗粒和杂质,通过更换滤芯或定期清洗后去除。一般为方便检修,在滤芯拆卸端设置快开盲板。

10.3.3.8 Сепаратор кислого газа

Функциям сепаратора кислого газа является выделение влаги из охлажденного кислого газа под действием силы тяжести.Возвращать к верху регенерационной колонны с помощью насоса возврата кислой воды, обеспечивать определенный расход орошения, сохранять баланс содержания воды в растворе, снижать частичное давление кислого газа на вершине колонны, и одновременно уменьшать унос раствора в кислом газе; кислый газ поступает в блок получения серы для превращения и извлечения.В проекте, обычно регулируется давление регенерации по давлению кислого газа, то есть применяется давление сепаратора кислого газа для регулирования, поэтому следует обращать внимание на сохранение его стабильности давления при эксплуатации сепаратора кислого газа.Вместе с этим, следует плавно регулировать расход орошения кислой воды, предотвращать возникновение большого колебания, уменьшать влияние на температуру верха регенерационной колонны, обеспечивать стабильную работу системы регенерации.

10.3.3.9 Фильтр

（1）Фильтр раствора.

Принцип работы фильтра раствора сходен с принципом работы газового фильтра-сепаратора, раствор снаружи внутрь протекает через фильтрующий элемент в сосуде, при прохождении через фильтрующий элемент, твердые частицы, частицы сернистого железа, пыль, некоторые углеводороды и другие вещества, которые составляют больше установленной точности, преграждаются, абсорбируются фильтрующим элементом и остаются на поверхности или внутренней части

溶液过滤器的过滤精度不宜太高,否则滤芯容易堵塞。溶液预过滤器的过滤精度一般为25~50μm,溶液后过滤器的过滤精度一般为10~25μm。采购溶液过滤器时还应配过滤精度较低的开工滤芯。

袋式过滤器也常用作溶液过滤器,过滤器内部由金属内网支撑着滤袋,液体由入口流进,经滤袋过滤后流出,杂质则被拦截在滤袋中,滤袋可更换后继续使用。

尾气处理装置的溶液过滤器包括急冷水过滤器、胺液预过滤器和胺液后过滤器等。

（2）活性炭过滤器。

设置活性炭过滤器的目的是利用活性炭吸附以除去溶液中的均相杂质,如降解产物、有机酸、表面活性剂及溶解的烃类等。活性炭过滤器后必须再设置一个后过滤器以避免活性炭粉碎进入系统溶液。

фильтрующего элемента.Твердые частицы и примеси, осадившиеся на внутренней части сосуда или фильтрующем элементе, удаляются путем замены фильтрующего элемента или регулярной очистки. Как обычно, устанавливается быстрооткрывающаяся заглушка на съемном конце фильтрующего элемента для удобства ремонтного осмотра.

Точность фильтрации фильтра раствора не должна быть слишком высокой, а то фильтрующий элемент легко закупоривается.Как обычно, точность фильтрации предварительного фильтра раствора составляет 25-50мкм, точность фильтрации тонкого фильтра раствора составляет 10-25мкм.Следует закупать другой фильтрующий элемент с более низкой точностью фильтрации для начала работы при закупке фильтра раствора.

Мешочный фильтр всегда используется в качестве фильтра качества, во внутренней части фильтра металлическая внутренняя сетка поддерживает фильтрующий мешок, жидкость втекает во вход, вытекает после фильтрации через фильтрующий мешок, а примеси преграждаются фильтрующим мешком, фильтрующий мешок пригоден к дальнейшей эксплуатации после замены.

Фильтр раствора для установки очистки хвостового газа включает в себя фильтр закалочной воды, предварительный фильтр аминного раствора, тонкий фильтр аминного раствора и т.д.

（2）Фильтр на основе активированного угля.

Цель установки фильтра на основе активированного угля заключается в удалении гомогенной примеси в растворе путем адсорбции активированным углем, как катаболит, органическая кислота, поверхностный активатор, растворённые углеводороды и т.д.Должен быть установлен другой тонкий фильтр позади фильтра на основе активированного угля во избежание попадания мелких кусочков активированного угля в системный раствор.

活性炭过滤器过滤量不低于循环量的10%。

活性炭过滤器的基本结构有两种型式——堆放式和过滤筒式。堆放式活性炭过滤器是在筒体内的栅板上先铺一层厚度约200mm的瓷球，然后在瓷球上堆放活性炭，这种型式的处理量较大。过滤筒式活性炭过滤器则是将活性炭装在过滤筒内，这种型式的处理量相对较小，它可通过对过滤筒根数的增减来调节处理量的大小。

10.3.3.10　换热器

尾气装置换热设备根据结构的不同可分为板式换热器、管壳式换热器、套管换热器等，根据使用目的不同分为以下几类。

（1）贫/富胺液换热器。

在脱硫过程中，再生后的贫胺液由于温度比较高需要降温，而富胺液要再生则需升温，通过设置贫/富胺液换热器可以实现节能的目的。换热器当采用管壳式时，通常富胺液走管程，贫胺液走壳程，为了减轻设备腐蚀和减少富胺液中酸性组分的解析，富胺液出换热器的温度不应过高，一般控制在82~94℃，溶液流速应控制在0.6~1.2m/s。

Объем фильтрации фильтра на основе активированного угля составляет не ниже 10% от объема циркуляции.

Основная конструкция фильтра на основе активированного угля имеет два типа - тип укладки и барабанный тип.Фильтр на основе активированного угля типа укладки - сначала накладывать один слой фарфоровых шаров толщиной около 200мм на решетку в барабане, потом укладывать активированный уголь на фарфоровые шары, такой тип имеет относительно большую производительность.Барабанный фильтр на основе активированного угля-вставлять активированный уголь в фильтрующий барабан, такой тип имеет относительно малую производительность, для него может регулироваться величина производительности путем увеличения и уменьшения количества фильтрующих барабанов.

10.3.3.10　Теплообменник

Основное теплообменное оборудование установки очистки хвостового газа разделяется на пластинчатый теплообменник, кожухотрубчатый теплообменник, двухтрубный теплообменник и т.д.по разным конструкциям, разделяется на следующие типы по разным целям использования.

（1）Теплообменник бедного и насыщенного аминного раствора.

В процессе обессеривания, регенерированный бедный раствор требует снижения температуры из-за относительно высокой температуры, а регенерация насыщенного аминного раствора требует повышения температуры, путем установки теплообменника бедного и насыщенного аминного раствора может быть осуществлена цель экономии энергии.Как правило, насыщенный аминный раствор проходит через трубчатое

板式换热器作为一种新型高效的换热器逐渐应用到天然气净化装置，与管壳式换热器相比，板式换热器具有体积小，换热效率高；热损小，最小温差可达1℃，热回收率高；充分湍流，不易结垢；易清洗、易拆装、换热面积可灵活改变等特点，在化工行业应用越来越广泛。但其缺点也是相当突出的：密封垫片易老化导致泄漏、富胺液流道易堵塞。

（2）贫胺液冷却器。

为避免水冷器中热流介质温度过高导致冷却水的结垢问题，贫胺液冷却一般采用"空冷＋水冷"型式，以确保贫胺液温度在设计要求范围内。贫胺液水冷器通常采用管壳式换热器，冷却水走管程，贫胺液走壳程。冷却水返回凉水塔降温后循环利用。在日常操作中，通常调整循环水量来控制贫胺液温度。

пространство, бедный раствор проходит через междутрубное пространство при применении кожухотрубчатого теплообменника, для облегчения коррозии оборудования и уменьшения десорбции кислых компонентов в насыщенном аминном растворе, температура насыщенного аминного раствора при выходе из теплообменника не должна быть чрезмерно высокой, обычно контролироваться между 82-94℃, скорость течения раствора должна контролироваться в пределах 0,6-1,2м/с.

Пластинчатый теплообменник, являясь одним новым высокоэффективным теплообменником, постепенно распространяется на установку очистки природного газа, по сравнению с кожухотрубчатым теплообменником, пластинчатый теплообменник обладает такими особенностями, как малый объем, высокая эффективность теплообмена;малая тепловая потеря, минимальная температура до 1℃, высокий коэффициент рекуперации тепла;достаточное турбулентное течение, нелегкое накипеобразование;легкая промывка, легкая сборка и разборка, гибкое изменение площади теплообмена и т.д., получает все более широкое распространение в отраслях химической промышленности.Однако, его недостатки еще довольно заметные:легкое старение уплотнительное прокладки приводит к утечке, проходной канал насыщенного раствора легко закупоривается.

（2）Охладитель бедного раствора.

Во избежание накипеобразования охлаждающей воды в результате слишком высокой температуры среды теплового потока в водяном охладителе, для охлаждения бедного раствора обычно применяется способ "воздушное охлаждение+водяное охлаждение" с целью обеспечения того, что температура бедного раствора находится в требуемом диапазоне по проекту.Для водяного

（3）酸气冷却器。

为避免水冷器中热流介质温度过高导致冷却水的结垢问题,酸气冷却一般也采用"空冷 + 水冷"型式。酸气经空气冷却器后,有的还需要在酸气水冷器进一步冷却,以便使酸气中的水能有效分离出来。酸气水冷器采用管壳式换热器,冷却水走管程,酸气走壳程。在实际操作中,根据酸气量的大小来调整冷却水的用量,以达到最佳的冷却效果。通常冷却后的酸气控制在40℃,温度过高易造成酸气带水,过低则造成再生热损耗和动力消耗过大。

（4）重沸器。

重沸器的作用是用来提供足够的热量将富胺液加热到一定温度,使富胺液所吸收的酸性组分解吸分离出来。脱硫装置重沸器型式有釜式和热虹吸式两种,在热虹吸式重沸器中又分为卧式和立式两种型式,卧式换热面积大,立式换热面积小。

охладителя бедного раствора обычно применяется кожухотрубчатый теплообменник, охлаждающая вода проходит через трубчатое пространство, бедный раствор проходит через междутрубное пространство.Охлаждающая вода возвращается к градирне и циклически используется после снижения температуры.Как обычно, регулируется температура бедного раствора путем регулирования объема циркуляционной воды в повседневных операциях.

（3）Охладитель кислого газа.

Во избежание накипеобразования охлаждающей воды в результате слишком высокой температуры среды теплового потока в водяном охладителе, обычно применяется способ "воздушное охлаждение+водяное охлаждение".Кислый газ, через воздушной охладитель, частично требует дальнейшего охлаждения в водяном охладителе кислого газа для эффективного выделения воды из кислого газа.Для водяного охладителя кислого газа применяется кожухотрубчатый теплообменник, охлаждающая вода проходит через трубчатое пространство, кислый газа проходит через междутрубное пространство. В фактической операции, регулируется расход охлаждающей воды по объему кислого газа для достижения оптимального эффекта охлаждения. Обычно кислый газ после охлаждения контролируется в 40 ℃, чрезмерно высокая температура легко приводит к наличию воды в кислом газе, а чрезмерно низкая температура приводит к чрезмерно большой потере регенерированного тепла и расходу энергии.

（4）Ребойлер.

Ребойлер служит для снабжения достаточным теплом с целью нагревания насыщенного аминного раствора до определенной температуры, чтобы кислый состав, который абсорбировал насыщенный раствор, десорбирован и выделен.Типы ребойлера

釜式重沸器为非标设备,无标准图可供选用,需单独设计。在卧式热虹吸式重沸器中,再生塔底部塔板上的半贫胺液从集液箱流出,经一根降液管流到重沸器壳程的底部。溶液被加热后,成为气液混合物,由升气管离开重沸器,返回到再生塔内。在釜式重沸器中有蒸发空间,升气管内全为气相,出重沸器的贫胺液通常也返回到再生塔中。蒸汽在重沸器管程内换热后冷凝成凝结水返回凝结水系统。在壳程的溶液加热后重新回到再生塔,分离成两相,液相成为贫液,气相中包含的大部分水蒸气在再生塔内被冷却下来,少部分水蒸气和酸气从再生塔顶排出。在重沸器的操作中应根据富液量的大小随时调整蒸汽量,在调整蒸汽用量时应平稳操作,以保证再生塔内温度的平稳,不能引起较大的波动,从而影响贫液的再生质量和酸气量的平稳。

установки обессеривания газа могут быть разделены на котловой тип и термосифонный тип, типы термосифонного ребойлера подразделяются на горизонтальный тип и вертикальный тип, площадь теплообмена горизонтального типа - большая, площадь теплообмена вертикального типа - малая.Котел-ребойлер является нестандартным оборудованием, отсутствует стандартный чертеж для выбора, необходимо отдельно проектировать.В горизонтальном термосифонном ребойлере, полубедный раствор на донной тарелке регенерационной колонны вытекает из сборной коробки, течет на дно междутрубного пространства ребойлера через одну сливную трубу.Раствор становится газожидкостной смесью после нагревания, выходит из ребойлера через пароподнимающий патрубок, возвращается в регенерационную колонну.Существует пространство испарения в котле-ребойлере, все в пароподнимающем патрубке являются газовыми фазами, как обычно, бедный раствор из ребойлера тоже возвращается в регенерационную колонну.Пар превращается в конденсационную воду путем конденсации после теплообмена в трубчатом пространстве ребойлера, возвращается в систему конденсационной воды.Раствор в междутрубном пространстве снова возвращается в регенерационную колонну после нагревания, разделяется на две фазы, жидкая фаза становится бедным раствором, большая часть водяного пара, содержащаяся в газовой фазе, охлаждается в регенерационной колонне, небольшая часть водяного пара и кислый газ выпускаются с верха регенерационной колонны.Следует регулировать объем пара в любое время по величине объема насыщенного раствора при эксплуатации ребойлера, следует плавно проводить операцию при регулировании расхода пара, чтобы обеспечивать стабильность температуры в регенерационной колонне, не следует вызывать сравнительно большое колебание, тем самым, приводить к влиянию на качество регенерации бедного раствора и стабильность объема кислого газа.

10.3.4 主要操作要点

尾气处理装置的正常平稳运行受上游硫黄回收单元的影响颇大,若进入尾气装置的 H_2S 和 SO_2 超高,会严重影响尾气装置的运行。影响操作的主要因素有以下几方面。

10.3.4.1 进入尾气处理装置的 SO_2 量

若进入尾气装置的尾气中 SO_2 含量过高,还原气量不足以将其完全转化为 H_2S,导致 SO_2 穿透,含 SO_2 的尾气进入急冷塔,带来严重的影响:一是与急冷塔的循环冷却水作用生成亚硫酸(H_2SO_3),强酸性的 H_2SO_3 对整个冷却水系统造成严重的酸性腐蚀,大大降低急冷塔循环冷却水设备及管道的使用寿命;二是 SO_2 与 H_2S 在急冷塔内发生低温克劳斯反应,生成硫黄堵塞塔盘、泵等;三是急冷塔循环冷却水的 pH 值下降到一定程度, SO_2 气体和尾气中其他组分一起进入下游吸收再生段,与胺液反应生成不可再生的热稳定性盐,影响胺液的活性。这三点是尾气处理操作中必须避免的情况。这就要求上游的脱硫装置和硫黄回收装置操作尽量平稳,严格配风,采用活性高的催化剂,提高硫黄回收率,降低尾气处理装置负荷。

10.3.4 Основные положения при эксплуатации

Нормальная плавная работа установки очистки хвостового газа подвергается большему влиянию верхнего блока получения серы, если объем H_2S и SO_2, входящих в установку очистки хвостового газа оказывается сверхвысоким, что будет влиять на работу установки очистки хвостового газа. Основными факторами влияния на эксплуатацию являются.

10.3.4.1 Объем SO_2, входящий в установку очистки хвостового газа

Если содержание SO_2 в хвостовом газе, входящем в установку очистки хвостового газа, слишком высоко, объем восстановительного газа недостаточен для полного превращения его в H_2S, что приводит к прониканию SO_2, хвостовой газ с SO_2 поступает в башню закалочного охлаждения, оказывает серьезное влияние:во-первых, вступает в действие с циркуляционной охлаждающей водой из башни закалочного охлаждения и образует сернистую кислоту H_2SO_3, сильно кислая H_2SO_3 приводит к серьезной кислотной коррозии целой системы охлаждающей воды, значительно сокращает срок службы оборудования и трубопроводов циркуляционной охлаждающей воды из башни закалочного охлаждения;во-вторых, SO_2 вступает в низкотемпературную реакцию Клауса с H_2S в башне закалочного охлаждения, образует серу, вызванную закупоривание тарелки колонны, насоса и т.д.;в-третьих, величина pH циркуляционной охлаждающей воды из башни закалочного охлаждения снижается до определенной степени,

10.3.4.2 在线燃烧炉的制 H_2 量

当在线燃烧炉的制 H_2 量不足时，SO_2、S_6、S_8 等不能完全还原为 H_2S，导致上述问题同样的严重后果，因而 H_2 的足量制取是操作尾气装置的关键。

H_2 主要来源：

（1）由上游的硫黄回收装置产生；

（2）燃料气与来自主风机的空气在在线燃烧室内按次化学当量燃烧，产生含有还原性气体的高温烟气。

以某净化厂 SCOT 装置为例，硫黄回收装置尾气中 H_2 设计为 1.11%（体积分数），CO 为 0.19%（体积分数），共 1.30%（体积分数）。近三十年来的

сернистый газ поступает в низовую секцию абсорбции и регенерации вместе с другими компонентами в хвостовом газе, они вступают в реакцию с аминнымраствором и образуют нерегенерационные термостойкие соли, влияющие на активность аминного раствора.Следует избавиться от этих трех случаев в операции по очистке хвостового газа.Это требует плавной эксплуатации установки обессеривания и установки получения серы всеми силами, строгого дозирования воздуха, применения высокоактивного катализатора, повышения коэффициента получения серы, снижения нагрузки установки очистки хвостового газа.

10.3.4.2 Объем производства H_2 в главной печи сжигания

SO_2, S_6, S_8 и т.д.не могут полностью превращаться в H_2S путем восстановления при недостаточным объеме производства в главной печи сжигания, что вызывает одинаковые тяжелые последствия с вышеуказанной проблемой, в связи с этим, производство достаточного количества H_2 является основным звеном при эксплуатации установки очистки хвостового газа.

Основной источник H_2 :

（1）Исходит от верхней установки получения серы;

（2）Проводится неполное горение топливного газа и воздуха из главного вентилятора при недостатке кислорода в главной камере сгорания, производится высокотемпературный дымовой газ с восстановительным газом.

Беря установку SCOT на некотором ГПЗ в пример, проектировать содержание H_2 и CO в хвостовом газе от установки получения газа так,

生产表明,硫黄回收装置尾气中 H_2 含量在 3%(体积分数)左右,CO 含量在 2%(体积分数)左右,总量在 5% 左右,是尾气处理装置所须还原气的 2~4 倍。这样多的还原气体存在,不仅对还原反应十分有利,而且可以使在线燃烧炉少产生或不产生还原性气体。一般控制进加氢反应器过程气中还原气量为需用还原气量的 1.5~1.7 倍即可。

10.3.4.3 脱硫、硫黄回收装置操作平稳情况

(1)脱硫装置出现较大的波动。此时应注意硫黄回收装置主燃烧炉的风气比,空气量随酸气量的变化立即变化。如配风过少,可能使尾气中 H_2S 含量成倍增加,造成 SCOT 尾气总硫不合格。如配风过多,尾气中 SO_2 是成倍增加,还原气量跟不上,导致前面所述 SO_2 穿透现象。因此,出现酸气大的波动时,要精心操作,及时调整参数。

как содержание H_2 составляет 1,11%(объ. доля),содержание CO составляет 0,19%(объ. доля),всего 1,30%(объ.доля).Производство за последние 30 лет показывает,что в хвостовом газе от установки получения газа содержание H_2 составляет примерно 3%(объ.доля),содержание CO составляет примерно 2%(объ.доля),их общее содержание составляет примерно 5%,которое в 2-4 раза больше,чем необходимое количество восстановительного газа для установки получения серы.Наличие так многих восстановительных газов не только выгодно для реакции восстановления,но и позволяет,что главная печь сжигания производит мало восстановительных газов или не производит их.Как обычно,количество восстановительного газа в технологическом газе,входящем в реактор гидрирования,в 1,5-1,7 раз больше,чем потребное количество восстановительного газа,и этого достаточно.

10.3.4.3 Состояние плавной эксплуатации установок обессеривания,получения серы

(1)Для установки обессеривания возникает относительно большое колебание.При этом,следует обращать внимание на соотношение воздуха и газа в главной печи сжигания установки получения серы,количество воздуха немедленно изменяется с изменением количества кислого газа.Слишком мало воздуха может позволять кратное увеличение содержания H_2S в хвостовом газе,что приводит к негодности общей серы SCOT.Если слишком много воздуха,содержание SO_2 в хвостовом газе увеличивается кратно,количество восстановительного газа недостаточно,что приводит к явлению проникания SO_2,упомянутому выше.В связи с этим,следует тщательно управлять,своевременно регулировать параметры при возникновении большого колебания кислого газа.

（2）硫黄回收装置催化剂老化。虽然尾气中 H_2S/SO_2 控制在 2/1，但 SO_2 绝对值很高，导致加氢还原反应温升过大，这时应减少硫黄回收装置主燃烧炉的风气比，同时提高吸收再生段的贫胺液循环量。

（3）加氢还原反应器进口尾气中含 O_2。反应器入口气流中出来的氧将和氢生成水，会引起还原气的额外消耗。通常每 0.1%（体积分数）的 O_2 还会产生 15℃的额外温升。因此克劳斯尾气中的 O_2 含量不得大于 0.1%（体积分数），硫黄回收装置燃料气（酸气）再热炉、尾气处理装置在线燃烧炉的配风要防止过剩 O_2 的出现。

10.3.4.4 吸收再生段溶液浓度

由于进出尾气处理装置的气流温度上的差异，导致进出水系统的水量不平衡，使胺的浓度发生变化，装置常出现的情况是溶液的浓度下降，调节方法如下：

（2）Возникает старение катализатора для установки получения серы. Абсолютное значение SO_2 очень высоко, хотя H_2S/SO_2 в хвостовом газе контролируется в 2/1, что приводит к слишком большому повышению температуры реакции гидрирования и восстановления, в это время следует уменьшать соотношение воздуха и газа в главной печи сжигания установки получения серы, и одновременно увеличивать количество циркулирующего бедного раствора в секции абсорбции и регенерации.

（3）Хвостовой газ на входе в реактор гидрирования и восстановления содержит O_2.С водородом кислород из потока на входе в реактор образует воду, это вызовет дополнительный расход восстановительного газа. Как правило, каждый 0,1% (об.доля) O_2 еще вызывает дополнительное повышение температуры-15℃ .Ввиду этого, содержание O_2 в хвостовом газе Клауса не должно быть больше 0,1% (об.доля), следует предотвращать возникновение избытка O_2 при дозировании воздуха для перенагревательной печи топливного газа(кислого газа)установки получения серы, главной печи сжигания установки очистки хвостового газа.

10.3.4.4 Концентрация раствора в секции абсорбции и регенерации

Разница между температурами входящего и выходящего потока из установки очистки хвостового газа вызывает небаланс объема воды системы впуска и выпуска воды, чтобы концентрация аминов изменилась, для установки часто возникающей ситуацией является падение концентрации раствора, метод регулирования заключается в следующем:

（1）当胺浓度低于设计值时，可以将酸气分离罐内的一部分酸水引至酸水汽提装置，同时检查胺浓度下降的原因，按参数调整。

（2）当胺浓度低于设计值时，可以适当降低出冷却塔的过程气温度；或提高出吸收塔的过程气温度，并使后者温度高于前者。

降低出急冷塔的过程气温度的操作方法：

（1）加大冷却塔的酸水循环量，降低冷却塔内温度，降低出冷却塔过程气中水气含量。

（2）降低酸水温度，通过开大酸水后冷器的冷却水量或增大启运酸水空冷器的台数（若有变频，还可以调整频率），以降低冷却塔内温度。

提高出吸收塔的过程气温度的操作方法：

（1）保证排放尾气总硫合格的前提下，降低吸收塔的贫胺液循环量，以适当提高吸收塔内温度，增大出吸收塔的过程气中的水分含量。

（1）Когда концентрация аминов составляет ниже проектного значения, направлять часть кислой воды из разделительной емкости кислого газа на установку отпарки кислой воды, и одновременно обнаруживать причину падения концентрации аминов, регулировать по параметрам.

（2）Когда концентрация аминов составляет ниже проектного значения, надлежащим образом снижать температуру технологического газа, выходящего из градирни;или повышать температуру технологического газа, выходящего из абсорбера, чтобы вторая температура из них выше первой.

Метод операции по снижению температуры технологического газа, выходящего из башни закалочного охлаждения:

（1）Увеличивать объем циркулирующей кислой воды в градирне, снижать температуру в градирне, снижать содержание воды и пара в технологическом газе, выходящем из градирни.

（2）Снижать температуру кислой воды, снижать температуру в градирне путем увеличения объема охлаждающей воды из доохладителя кислой воды или увеличения количества рабочих воздушных охладителей кислой воды（еще можно регулировать частоту в случае наличия преобразования частоты）.

Метод операции по повышению температуры технологического газа, выходящего из абсорбера:

（1）Уменьшать количество циркулирующего бедного раствора в абсорбере на основе обеспечения годности общей серы в выхлопном хвостовом газе, чтобы должным образом повышать температуру в абсорбере, увеличивать содержание влаги в технологическом газе, выходящем из абсорбера.

（2）在保证排放尾气总硫合格的前提下，适当提高进吸收塔的贫胺液温度，通过关小贫胺液后冷器的冷却水量或减少启运酸水空冷器的台数（若有变频，还可以调整频率），以适当提高吸收塔内温度，增大出吸收塔的过程气中的水汽含量。

当装置出现溶液浓度过高时，其调节方法如下：

（1）可向系统中加入低压蒸汽凝结水。

（2）可以适当提高出冷却塔的过程气温度，或降低出吸收塔的过程气温度，并使后者温度低于前者温度。

10.3.4.5　贫胺液再生效果

贫胺液的再生质量主要取决于再生温度。当溶液再生质量不好时，贫胺液中酸气含量就高，酸气分压相应就高，使溶液吸收变差，导致废气中总硫上升。可通过增大重沸器热负荷（即加大蒸汽气提量）来保证再生质量。

（2）Должным образом повышать температуру бедного раствора, входящего в абсорбер на основе обеспечения годности общей серы в выхлопном хвостовом газе, снижать температуру в градирне уменьшать объем охлаждающей воды из доохладителя бедного раствора или уменьшать количество рабочих воздушных охладителей кислой воды（еще можно регулировать частоту в случае наличия преобразования частоты）, чтобы должным образом повышать температуру в абсорбере, увеличивать содержание воды и пара в технологическом газе, выходящем из абсорбера.

При возникновении слишком высокой концентрации раствора в установке, метод регулирования заключается в следующем:

（1）Добавлять конденсационную воду пара низкого давления в систему.

（2）Должным образом повышать температуру технологического газа, выходящего из градирни, или снижать температуру технологического газа, выходящего из абсорбера, чтобы вторая температура из них ниже первой температуры.

10.3.4.5　Эффект регенерации бедного раствора

Качество регенерации бедного раствора в основном зависит от температуры регенерации. Когда качество регенерации раствора оказывается плохим, содержание кислого газа в бедном растворе - высокое, соответственно частичное давление кислого газа - высокое, что приводит к ухудшению абсорбции раствора, повышению общей серы в отработанном газе. Качество регенерации может обеспечиваться путем увеличения тепловой нагрузки ребойлера（т.е.увеличения объема пара для отпарки）.

11 硫黄成型

为满足工业硫黄产品要求,需设置硫黄成型装置对硫黄回收装置产生的液体硫黄进行成型、包装。

11.1 工艺方法简介和选择

硫黄成型工艺通常分为大块成型工艺、结片工艺和造粒工艺。

11.1.1 大块成型工艺

大块成型工艺是自然冷却固化工艺。常用的固化方式是将液硫浇注于露天场地或池子中,自然冷却后逐层堆积,根据需要再进行破碎后外运销售。

11.1.2 结片工艺

结片工艺将液硫生成片状硫黄,根据硫黄成型设备结构形式不同,可以分为带式结片工艺和转鼓结片工艺。

11 Формование серы

Следует предусмотреть установку формования серы для формования и расфасовки жидкой серы от установки получения серы с целью обеспечения требования к производству промышленной серы.

11.1 Краткое описание и выбор технологического метода

Как обычно, технология формования серы разделяется на формование блоков, формование пластинчатой серы и гранулирование.

11.1.1 Формование блоков

Формование блоков является технологией естественного охлаждения и затвердевания.Употребительный способ затвердевания:заливать серую серу на открытую площадку или в бассейн, проводить послойную укладку после естественного охлаждения, потом дробить по потребности и транспортировать наружу для продажи.

11.1.2 Формование пластинчатой серы

Формование пластинчатой серы характеризуется превращением жидкой серы в пластинчатую серу, может разделяться на формование пластинчатой серы на поверхности ленты и формование пластинчатой серы на поверхности барабана по различным конструктивным формам оборудования для формования серы.

11.1.2.1 带式结片工艺

带式结片工艺是向旋转带(不锈钢或橡胶传送带)上喷洒一层薄薄的液硫进行成型的。旋转带下面喷冷却水使硫黄快速冷却和固化,但冷却水与硫黄不直接接触。固化的薄层硫黄在离开旋转带时用刮刀剥离。

11.1.2.2 转鼓结片工艺

转鼓结片工艺是将液硫通过带有一排小孔的液硫分布管比较均匀地喷洒到旋转的转鼓表面上,在夹套转鼓内层通入循环冷却水冷却,循环冷却水与硫黄不直接接触,循环冷却水将130~150℃的液硫冷却、固化成型并冷却至65℃左右,然后用刮刀将固体硫黄片剥离转鼓表面。可调节转鼓的转速来控制产品硫黄厚度(通常约4mm)。

11.1.2.1 Формование пластинчатой серы на поверхности ленты

Формование пластинчатой серы на поверхности ленты характеризуется распрыскиванием жидкой серы на поверхность движущейся ленты (нержавеющей ленты или резиновой конвейерной ленты) с образованием одного тонкого слоя для проведения формования.Разбрызгивать охлаждающую воду под поворотной лентой для быстрого охлаждения и затвердевания серы , но охлаждающая вода не контактирует с серой напрямую.Скребками снимать отвержденный тонкий слой серы при отходе от поворотной ленты.

11.1.2.2 Формование пластинчатой серы на поверхности барабана

Формование пластинчатой серы на поверхности барабана выполняется так, как равномерно распрыскивать жидкую серу на поверхность вращающегося барабана через трубу распределения жидкой серы с рядом маломерных отверстий, охлаждать её под действием циркуляционной охлаждающей воды в барабане с рубашкой, при этом циркуляционная охлаждающая вода не контактирует с серой напрямую, потом охлаждать серу с температурой 130-150℃ циркуляционной охлаждающей водой, затвердевая и охлаждая до температуры примерно 65℃ , затем скребками снимать слой твердой пластинчатой серы с поверхности барабана.Толщина подготовленной серы регулируется путем регулирования скорости вращения барабана (обычно составляет примерно 4мм).

该工艺由中国石油集团工程设计有限责任公司西南分公司（原四川石油设计院）于 20 世纪 60 年代开发并广泛应用于国内天然气净化厂及炼油厂的中小型硫黄生产装置。

Данная технология разработана Юго-западным филиалом КНИК (первоначальное имя: Сычуаньский нефтяной проектный институт) в 60-ых годах нынешнего века и широко используется для малогабаритных установок производства серы на ГПЗ и НПЗ внутри страны.

11.1.3 造粒工艺

造粒工艺相对粉尘少，可连续作业，颗粒比较规整，是目前世界上硫黄成型的主流工艺。造粒工艺通常被分为钢带造粒工艺、空气造粒工艺、水造粒工艺和滚筒造粒（造粗粒）工艺。

11.1.3 Гранулирование

Технология гранулирования характеризуется небольшим объемом пыли, возможностью непрерывной работы, упорядоченностью частицы, является ведущей технологией формования серы в мире в настоящее время.Как обычно, гранулирование разделяется на гранулирование на стальной ленте, воздушное гранулирование, водяное гранулирование и гранулирование в барабанных грануляторах (формование крупных гранул)

11.1.3.1 钢带造粒工艺

钢带造粒工艺的生产过程是将液硫通过布料器均匀分布在布料器下方匀速移动的钢带上，同时将循环冷却水连续喷淋在钢带下面，使钢带上的物料在移动过程中得以快速冷却、固化，从而达到造粒成型的目的。

11.1.3.1 Гранулирование на стальной ленте

Производственный процесс гранулирования на стальной ленте:с помощью распределителя равномерно размещая жидкую серу на равномерно движущуюся стальную ленту под распределителем, непрерывно распрыскивать циркуляционную охлаждающую воду под стальную ленту, чтобы материалы на стальной ленте могли быть охлаждены и затвердеть быстро в процессе движения, в результате чего осуществлено гранулирование серы.

11.1.3.2 空气造粒工艺

空气造粒工艺的生产过程是将液硫从塔顶部向下滴落（通常经雾化喷嘴均匀喷洒），空气自塔底吹向塔顶，液态硫在塔内下降过程中被上升的空气冷却、固化，在塔底收集固体硫黄颗粒。

11.1.3.2 Воздушное гранулирование

Производственный процесс воздушного гранулирования:жидкая сера падает в виде капель с верха колонны вниз (как правило, проводится равномерное распрыскивание с помощью форсункираспылителя), воздух подается от дна колонны до верха колонны, жидкая сера охлаждается восходящим воздухом и затвердеет в процессе падения, твердые серные гранулы собираются на дне колонны.

11.1.3.3 水造粒工艺

水造粒工艺的生产过程是使液硫喷入 / 滴入水槽或水塔内,液硫在水中冷却、固化,然后过滤分离出粒状硫黄。水造粒工艺生产能力大,最高可达 2000t/d,投资相对较低,但主要问题是产品含水量高,达不到相关标准,对工艺水质量要求较高,并存在腐蚀问题。

11.1.3.3 Водяное гранулирование

Производительный процесс водяного гранулирования:жидкая сера впрыскивается или капает в танк или водонапорную башню, жидкая сера охлаждается и затвердевает в воде, потом выделяется зернистая сера путем фильтрации. Технология водяного гранулирования характеризуется большой производительностью, максимум которой может достигать 2000т/сут., относительно низкими инвестициями, но основными проблемами являются высокое содержание воды в продукте , недостижение стандартов, высокое требование к качеству технологической воды и наличие коррозии.

11.1.3.4 滚筒造粒工艺

滚筒造粒工艺也称造粗粒工艺或回转造粒工艺,是让液硫在固体硫黄颗粒上逐层固化,以增大粒径。这种成型技术是小颗粒的"母体"硫黄在造粒器内上下翻滚,逐层粘上熔硫并在冷却介质中凝固,随着这个过程不断重复,颗粒的大小增至要求的尺寸,此工艺使用除盐水或空气作冷却介质。滚筒造粒工艺产品坚硬且无空洞及构造缺陷,单列生产线最高可达 1100t/d,占地少,故适用于产量大的情况。

11.1.3.4 Гранулирование в барабанных грануляторах

Гранулирование в барабанных грануляторах тоже называется формованием крупных гранул или ротационным гранулированием.Гранулирование в барабанных грануляторах характеризуется послойным затвердеванием жидкой серы на твердых серных гранулах для увеличения размера гранул.Такая технология формования состоит в том, что мелкозернистая сера - "исходное вещество" перекатывается вверх и вниз в грануляторе, к ней послойно приклеивается расплавленная сера, и она затвердеет в охлаждающей среде, с повторением этого процесса, размер зерна увеличивается до требуемого размера, в данной технологии применяется обессоленная вода или воздух в качестве охлаждающей среды.Гранулированный продукт в барабанных грануляторах характеризуется твердым без пустоты и структурного дефекта, максимальная производительность однорядной производственной линии может достигать 1100т/сут, потребная площадь пола небольшая, поэтому она распространяется на условия с большой производительностью.

11.2 工艺流程

硫黄成型装置通常包含硫黄成型和硫黄储存及输送设施。图 11.2.1 是硫黄成型装置的总工艺流程示意图。

11.2 Технологический процесс

Как обычно, установка формования серы включает в себя устройства формования, хранения и транспортировки серы.

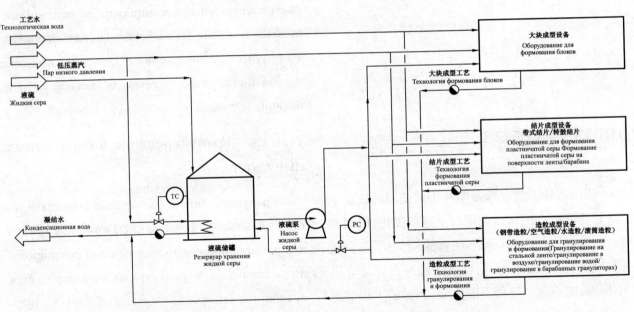

图 11.2.1   硫黄成型装置总工艺流程示意图

Рис.11.2.1   Общий технологический процесс установки формования серы

从硫黄回收装置来的液硫输送至硫黄成型装置的液硫储罐储存,液硫储罐的规模根据液硫的储存时间确定,生产时用液硫泵将液硫输送至硫黄成型设备。根据不同成型工艺,选用不同的成型设备。液硫泵通常考虑一台备用。

Жидкая сера от установки получения серы транспортируется в резервуар жидкой серы установки формования серы для хранения, размер резервуара жидкой серы определяется по времени хранения жидкой серы, при производстве жидкая сера подается в оборудование для формования

天然气净化厂硫黄储存设施的容量,应根据硫黄产量和运输条件综合考虑,以汽车运输固体硫黄为主的天然气净化厂,硫黄储存设施的总容量宜为20天的硫黄产量。硫黄产量小的天然气净化厂宜采用固体袋装仓库存放;硫黄产量大的天然气净化厂宜采用液硫罐储存和固体袋装仓库存放相结合的方式,液硫罐储量宜为硫黄储存设施总容量的50%。特殊要求的除外。

серы с помощью насоса жидкой серы.Выбирается различное формовочное устройство по различным технологиям формования.Обычно учитывать, что один насос жидкой серы - резервный.

Следует комплексно учитывать объем устройства хранения серы на ГПЗ по производительности серы и транспортным условиям, на ГПЗ, который опирается на автомобильный транспорт твердой серы, общий объем устройства ранения серы должен быть равен производительности серы в 20 суток.Для ГПЗ с небольшой производительностью серы следует применять способ хранения твердых сер, упакованных в мешки на складе;для ГПЗ с большой производительностью серы следует применять способ хранения в резервуарах жидкой серы в сочетании с хранением твердых сер, упакованных в мешки на складе, объем резервуара жидкой серы должен составлять 50% от общего объема устройства хранения серы.За исключением особых требований.

11.3　主要设备及操作要点

11.3　Основное оборудование и основные положения при эксплуатации

11.3.1　大块成型方法

11.3.1　Оборудование для формования блоков серы

一种方法是在液硫处理量小时,采用装盒子的办法,即将液硫浇在盒子里,待其自然冷却固化后取出块状硫黄。

При небольшой производительности серы, применяется метод заливки в коробку, то есть заливать жидкую серу в коробку, вынимать блочную серу после ее естественного охлаждения и затвердевания.

另一种方法是建一座大型液硫浇注场地,四周可设围堰或利用挡板逐层固化,将液硫浇在场地上(约10cm厚),待其自然冷却固化后,用推土机将硫黄破碎后从场地上推出来,根据需要再进行二次破碎、称量、包装或直接装车运输。

Другой метод состоит в том, что создавать одну крупную площадку заливки жидкой серы, вокруг нее устанавливать перемычку или использовать перегородку для послойного затвердевания, заливать жидкую серу на площадку (толщиной около 10см), после ее естественного охлаждения и затвердевания, дробить и выдвигать серу с площадки при помощи бульдозеров, потом проводить вторичное дробление, взвешивание, упаковку или прямую погрузку и перевозку по потребности.

11.3.2　结片设备

11.3.2　Оборудование для формования пластинчатой серы

11.3.2.1　带式结片机

带式结片机是20世纪60年代初期至中期在西欧和北美发展起来的。欧洲片状成型机是由瑞典山特维克(Sandvik)公司开发,使用旋转不锈钢带。北美片状成型机由加拿大卡尔加里(Calgary)的温纳尔德—埃利索尔普(Vennard&Ellithorpe Ltd)公司开发,使用橡胶带。

11.3.2.1　Ленточный шуппен-аппарат

Ленточная формовочная машина развивалась в Западной Европе и Северной Америке в начале-середине 60-ых годов 20-ого века.Европейская листоформовочная машина разработана Шведской компанией Сандвик (Sandvik), с применением поворотной ленты из нержавеющей стали. Северо-Американская листоформовочная машина разработана Канадской компанией Vennard & Ellithorpe в городе Калгари (Calgary), с применением резиновой ленты.

11.3.2.2　转鼓结片机

转鼓结片机由中国石油集团工程设计有限责任公司西南分公司(原四川石油设计院)开发的。该设备于20世纪60年代开始,常用于小规模的装置中。转鼓结片机的单台处理能力有2t/h和4t/h两种。

11.3.2.2　Барабанный шуппен-аппарат

Барабанный шуппен-аппарат разработан Юго-западным филиалом КНИК (первоначальное имя:Сычуаньский нефтяной проектный институт).Данное оборудование часто используется в мелкомасштабной установке с начала 60-ых годов 20-ого века.Работоспособность одного барабанного шуппен-аппарата имеет два вида: 2т/ч и 4т/ч.

11.3.3 造粒设备

常用的造粒设备有钢带造粒设备、空气造粒设备、水造粒设备和滚筒造粒设备。不同的造粒设备在产品硫黄外观性能、颗粒强度、处理规模、设备大小、投资额、操作成本、维护工作量、机械化作业难易程度、占地面积、公用消耗、环境污染等方面差异甚大。

11.3.3.1 钢带造粒设备

在中国,现常用的钢带造粒机主要有三普（Sunup）CF 型回转带式冷凝造粒机和山特维克旋转成型机（Sandvik rotoform Process）。

（1）三普（Sunup）CF 型回转带式冷凝造粒机。

三普（Sunup）CF 型回转带式冷凝造粒机是由南京三普（Sunup）造粒装备有限公司开发的。南京三普（Sunup）造粒装备有限公司是国内从事粉体后处理技术和设备开发、研究和制造的高新技术专业化公司。该公司从 1995 年开始生产 CF 型回转带式冷凝造粒机,单台最大处理能力为 6t/h,至今已生产 CF 型回转带式冷凝造粒机 300 余台,

11.3.3 Оборудование для гранулирования

Употребительным оборудованием для гранулирования являются оборудование для гранулирования со стальной лентой, оборудование для воздушного гранулирования, оборудование для водяного гранулирования и барабанное оборудование для гранулирования.Существует большая разница между различными аппаратами для гранулирования в внешнем виде и свойстве подготовленной серы, прочности частицы, производительности, размере оборудования, капиталовложении, эксплуатационной себестоимости, объем работы по обслуживанию, степени сложности механизированной работы, потребной площади пола, коммунальным потреблении, загрязнении окружающей среды и других областях.

11.3.3.1 Гранулятор со стальной лентой

В Китае, теперь наиболее распространенными грануляторами со стальной лентой в основном являются ротационный ленточный гранулятор-конденсатор типа CF маркой Саньпу（Sunup）и вращающееся формовочное устройство маркой Сандвик（Sandvik rotoform Process）.

（1）Ротационный ленточный гранулятор-конденсатор типа CF маркой Саньпу（Sunup）.

Ротационный ленточный гранулятор-конденсатор типа CF маркой Sunup разработан ООО Нанкинской компанией по производству оборудования для гранулирования «Саньпу（Sunup）».Нанкинская компания по производству оборудования для гранулирования «Саньпу（Sunup）» является ново-высокотехнологической специализированной

主要在化工行业使用,硫黄成型方面也有二十几台使用经验。

三普(Sunup)CF 型回转带式冷凝造粒机的布料器两端密封为对称式全内置机械密封,其优点为内置式机械密封处于良好的伴热状态,其密封的可靠性与寿命显著提高。对称式结构,根据流程配置需要,可选择布料器两端中的任一端或两端同时进料的方式。对称式全内置机械密封结构的密封无故障时间不小于 6 个月。钢带采用奥地利 Berndorf 公司无接头环形钢带,出厂前整体处理;机身结构为积木式组合结构,机身更有利于设备的维护、检修和运输;冷却换热方式为水冷与风冷组合的双向换热方式。其优点为双向换热更能适应工艺条件和环境温度的变化,操作弹性大,物料冷凝固化快。

компанией, занимающейся разработкой, исследованием, изготовлением оборудования и технологии последующей обработки порошков.Данная компания начала производство ротационных ленточных грануляторов-конденсаторов типа CF с 1995 года, максимальная производительность одного гранулятора-конденсатора составляет 6т/ч, до сих пор уже произвела более 300 ротационных ленточных грануляторов-конденсаторов типа CF, в основном используемых в химической промышленности, а также имеет опыт эксплуатации более двадцати в области формования серы.

Уплотнения на двух концах распределителя ротационного ленточного гранулятора-конденсатора типа CF маркой Саньпу (Sunup) представляют собой полностью встроенные симметричные механические уплотнения, их преимущество состоит в том, что встроенное механическое уплотнение находится в хорошем тепло-попутном состоянии, надежность и срок службы его уплотнений заметно повышаются.О симметричной конструкции, может выбираться любой из двух концов распределителя или два конца для одновременной подачи по необходимости планировки процессов.Время без неисправности уплотнений в полностью встроенной симметричной механическо-уплотняющей конструкции должно быть не менее 6 месяцев.Для стальной ленты применяется бесконечная кольцевая стальная лента Аврийской компании Berndorf, проводится целая обработка перед выпуском с завода;для конструкции корпуса машины применяется штабельная сборка, таким образом, корпус машины выгоднее для обслуживания, ремонтного осмотра и транспорта оборудования;способ охлаждения и теплообмена-способ двухстороннего теплообмена с

三普（Sunup）CF型回转带式冷凝造粒机成型的产品硫黄，厚度平均约5mm，平面宽50～100mm不等，形状、大小不定，含水量小于0.5%，堆密度约1200kg/m³，脆度小于1.0%，休止角在30° 通过严格控制工艺，其生产的产品硫黄质量完全可以达到工业硫黄（GB/T 2449.1—2014）的优等品。

（2）山特维克旋转成型机。

山特维克旋转成型机是采用不锈钢带成型生产半球形产品硫黄。液硫从一个预处理器加到鼓式成型机，硫黄通过一加热的产品通道至计量杆。当转鼓外壳的一排孔通过计量杆时，液硫便喷淋到钢带上面被冷却、固化成型。为使半球状固体硫黄易于剥离钢带，在钢带上涂有脱膜剂。

водяным охлаждением и воздушным охлаждением.Его преимущество заключается в более сильной приспособляемости к изменению технологических условий и температуры окружающей среды с помощью двухстороннего теплообмена, большой эксплуатационной гибкости, быстрой конденсации и затвердевании.

Для подготовленной серы, формованной ротационным ленточным гранулятором-конденсатором типа CF маркой Саньпу（Sunup）, ее средняя толщина составляет примерно 5мм, ширина плоскости оказывается неравной, которая находится в диапазоне от 50 до 100мм, форма и размер не определяются, содержание составляет менее 0,5%, объёмная плотность составляет примерно 1200кг/м³, хрупкость составляет менее 1,0%, угол естественного откоса составляет 30°, качество подготовленной серы, произведенной компанией Саньпу（Sunup）вполне может достигать кондиции продукта высшего сорта промышленной серы（GB/T 2449.1—2014）путем строго управления технологией.

（2）Вращающаяся формовочная машина маркой Сандвик.

Вращающаяся формовочная машина маркой Сандвик характеризуется формованием и производством полусферической серы с помощью ленты из нержавеющей стали.Жидкая сера поступает в барабанную формовочную машину из одного устройства предварительной обработки, сера доходит до измерительной рейки через один нагретый канал продуктов.Когда один ряд отверстий в кожухе барабана проходит через измерительную рейку, жидкая сера разбрызгивается на поверхность стальной серы для формования путем охлаждения и затвердевания.Чтобы легко снимать полусферическую твердую серу с стальной ленты, покрывать стальную ленту смазкой для форм.

造粒机机头的线速度与旋转钢带的线速度是相互匹配的($v_1=v_2$),以保证均一的产品颗粒。为达此目的,用带有小孔的转鼓分布器代替扇形液硫分布器,将液体硫黄呈小滴状喷淋到运动着的钢带上。

山特维克旋转成型机生产的产品硫黄为规整均匀半球形颗粒,属于优等品(GB/T 2449.1—2014),外形像对半切开的豌豆,即呈带有一个平面的半球体状,在颗粒上部中间有一个小酒窝或洞。其产品硫黄的外观较漂亮。半球形颗粒产品硫黄的含水量小于0.5%,脆度小于1.0%,休止角在30°,宽松时堆密度为1080kg/m³,紧凑时为1290kg/m³。

山特维克旋转成型机采用的布料器两端密封为非对称式一内置一外置机械密封,密封无故障时间7~10天。钢带为瑞典山特维克公司开口钢带,需现场焊接、焊缝处须局部加工处理。冷却换热方式为水冷单向换热方式。

Линейная скорость головки гранулятора и линейная скорость поворотной стальной ленты согласовываются друг с другом ($v_1=v_2$)для обеспечения гомогенной подготовленной частицы. Для достижения этой цели, заменять секторный распределитель жидкой серы барабанным распределителем с маломерными отверстиями, чтобы разбрызгивать жидкую серу на движущуюся стальную ленту в виде капель.

Подготовленная сера, произведенная вращающейся формовочной машиной маркой Сандвик, являясь упорядоченной равномерной полусферической частицей, относится к первосортному продукту (GB/T 2449.1—2014), внешний вид похож на полурезанный горох, то есть является полусферической формой с одной плоскостью, в середине верхней части частицы существует одна малая ямочка или дырка.Внешность такой подготовленной серы более красивой.Содержание воды в подготовленной сере в виде полусферической частицы составляет менее 0,5%, хрупкость составляет менее 1,0%, угол естественного откоса составляет 30° , объёмная плотность в неплотном состоянии составляет 1080кг/м³ , в плотным состоянии составляет 1290кг/м³.

Уплотнения на двух концах распределителя, используемого для вращающейся формовочной машиной маркой Сандвик, представляют собой несимметричные механические уплотнения:одно из них является встроенным, другое является выносным, время без неисправности уплотнений составляет 7-10 суток.Стальная лента - разрезная стальная лента Шведской компании Сандвик, необходимо проводить сварку на месте, местную обработку в сварных швах.Способ охлаждения и теплообмена:односторонний теплообмен с водяным охлаждением.

11.3.3.2 空气造粒设备

第一个采用空气造粒装置的是芬兰的奥托肯帕·奥依公司,该装置于 1962 年建在柯柯拉,于 1977 年停用。另外使用该法的两套装置建在日本。

除了奥托肯帕法以外,其他用于大规模生产的称为波兰式工艺(Polish Process)设备。波兰式造粒设备于 1966 年在波兰丹诺布切克首先用于一个规模为 15×10^4t/a 的试验工厂,后于 1973 年用于格但斯克的锡亚柯帕硫黄总站(规模为 50×10^4t/a)。20 世纪 80 年代初,加拿大有 5 套装置使用该设备法。这些装置的生产能力为 $35 \times 10^4 \sim 120 \times 10^4$t/a,全部使用单个造粒塔。

空气造粒塔产出的硫黄颗粒直径在 $1 \sim 6$mm,含水量小于 0.5%,堆密度 1100 kg/m³,脆度小于 1.0%,休止角小于 25°。

目前仅有三套早先建成的硫黄成型装置采用空气造粒(大型冷却塔)生产硫黄丸粒产品。

11.3.3.2 Оборудование для воздушного гранулирования

Финская компания является первой компанией «Оттокенпа · Ои», использующей установку воздушного гранулирования, которая создана в городке Кокора в 1692 году, выведена из эксплуатации в 1977 году.Кроме того, два комплекта установок с применением данного метода созданы в Японии.

Кроме метода Оттокенпа, другие, используемые для крупномасштабного производства, называются Польским технологическим оборудованием(Polish Process).Польское оборудования для гранулирования использовано на испытательном заводе с масштабом 15×10^4т/год в городе Данобучек Польши, потом использовано на генеральной станции по производству серы «Сиякопа»(масштаб составляет 50×10^4т/год)в городе Гданьск в 1973 году.В начале 80-ых годов 20-ого века, использован метод с применением данного оборудования для 5 комплектов установок в Канаде.Производительность этих установок — от 35×10^4-120×10^4 т/год, для всех применяется отдельная башня для гранулирования.

Диаметр серной гранулы, произведенной с помощью башни для воздушного гранулирования находится в диапазоне от 1мм до 6мм, содержание воды составляет менее 0,5%, объемная плотность составляет 1100кг/м³, хрупкость составляет менее 1,0%, угол естественного откоса составляет менее 25°.

В настоящее время,для только трех комплектов установок формования серы, построенных в прежние времена, произведен продукт зернистой серы с применением воздушного гранулирования(крупной градирни).

从目前掌握的信息看,国内尚未有应用空气造粒处理液体硫黄的装置。近年来,也未再见到国外厂商采用空气造粒工艺技术建设硫黄成型装置的报道。

11.3.3.3 水造粒设备

在世界范围内,现使用水造粒生产硫黄常用的是 Devco Wet 水造粒。

世界上,近年有十多套硫黄成型装置应用了水造粒工艺。特别是对于大规模硫黄造粒生产线,对产品硫黄含水量要求不高时,水造粒工艺十分可取。

11.3.3.4 滚筒造粒设备

GX 滚筒造粒是由 Enersul 集团公司从实际的硫黄成型工艺操作中获得的专利技术,于 1977 年首次公布,它的基础是肥料成粒技术和 TVA 尿素涂硫实验(TVA experiments on sulphur coating of urca),标准的 GX 法(Procor Gx Process)装置已经设计出来,生产能力在 10~60t/h。

Еще отсутствует установка с применением воздушного гранулирования для обработки жидкой серы внутри страны на основе информации, имевшейся на момент.В последние годы, больше не видели сообщение о применении технологии воздушного гранулирования для создания установки формования серы зарубежным изготовителем.

11.3.3.3 Оборудование для водяного гранулирования

Теперь наиболее широкое распространение получает водяное гранулирование Devco Wet для производства серы технологией водяного гранулирования в мировом масштабе.

В мире существуют больше десятка комплектов установок формования серы с применением водяного гранулирования за последние годы. Когда требование к содержанию воды в подготовленной сере оказывается невысоким, водяное гранулирование очень подходящее, и особенно для крупномасштабной производственной линии гранулирования серы.

11.3.3.4 Барабанное оборудование для гранулирования

Гранулирование в барабанных грануляторах GX является запатентованной технологией, полученной корпорацией Enersul из практических технологических операций по формованию серы. Впервые появилось в 1977 году, его основой являются технология гранулирование удобрений и испытание на покрытие мочевины серой TVA (TVA experiments on sulphur coating of urca), установка с применением стандартного метода GX (Procor Gx Process)уже спроектирована с производительностью 10-60т/ч.

GX 法也有良好的业绩。到 20 世纪 90 年代已在世界各地运用此工艺建成了 13 套生产装置，总的生产能力超过 200×10⁴t/a。至 2002 年 10 月，Enersul 集团公司又向希腊的 NAPC、德国的美孚、卡塔尔的 Qapco、Qatargas 和 Rasgas、台湾的 Formosa Petrochemicals、南非的 SASOL 及伊朗的 South Pars1 和 South Pars2&3 等出售了 GX 滚筒造粒设备。

GX 滚筒造粒设备有 GXM1 滚筒造粒和 GXM2 滚筒造粒两种形式，处理能力分别可达到 550t/d 和 1100t/d。

Метод GX тоже имеет хорошее достижение. До 90-ых годов 20-ого века уже созданы 13 комплектов производственных установок посредством данной технологии во всех местах мира, общая производительность превысила 200×10^4т/год.Вплоть до октября 2002 года, корпорация Enersul еще продала барабанное оборудование для гранулирования GX таким компаниям, как Греческая компания «NAPC», Немецкая компания «Мобил», Катарские компании «Qapco», «Qatargas» и «Rasgas», Тайваньская компания «Formosa Petrochemicals», Южноафриканская компания «SASOL», а также Иранские компании «South Pars1» и «South Pars2&3» и т.д.

Барабанное оборудование для гранулирования GX имеет два типа - гранулирование в барабанных грануляторах GXM1 и гранулирование в барабанных грануляторах GXM2, производительность по переработке может достигать 550т/сут.и 1100т/сут.

12 空气氮气站

为全厂各装置净化空气、工厂风、氮气用气要求,需设置空气氮气站。

12.1 工艺原理

天然气地面工程天然气处理厂中,空气氮气站为辅助公用设施,为全厂各装置提供净化空气、工厂风、氮气。仪表用净化空气为全厂所有气动调节阀及气动切断阀提供仪表用风;工厂风为设备、管道和地坑等吹扫提供工厂风;氮气主要用于工艺装置开、停工时吹扫置换系统内的氧气或烃类,正常操作时,胺液和甘醇储罐需用少量的氮气作保护气;燃烧器火焰监视器、看火孔等需用部分氮气作为冷却气;因此,空气氮气站对整个天然气处理厂安全和稳定的运行,有着重要作用。

12 Станция воздуха и азота

Следует устанавливать станцию воздуха и азота для обеспечения всезаводских установок очищенным воздухом, техническим воздухом и азотом.

12.1 Технологический принцип

Станция воздуха и азота на ГПЗ в наземном обустройстве является вспомогательным коммунальным хозяйством, обеспечивает всезаводские установки очищенным воздухом, техническим воздухом и азотом.Функция очищенного воздуха для прибора заключается в снабжении всезаводских всех пневматических регулирующих клапанов и пневматических отключающих клапанов воздухом для прибора;а функция технического воздуха заключается в снабжении оборудования, трубопроводов и приямков и т.д.техническом воздухом для продувки;азот в основном используется для продувки и вытеснения кислорода или углеводородов в системе при начале, прекращении работы технологической установки, для резервуаров аминного раствора и гликоля необходимо использовать небольшое количество азота в качестве защитного газа при нормальной эксплуатации;для детектора факела горелки, смотрового отверстия и т.д.необходимо использовать часть азота в качестве охлаждающего газа;поэтому, станция воздуха и азота играет важный роль для безопасной и стабильной эксплуатации целого ГПЗ.

空气氮气站由空气压缩系统、空气净化系统、制氮系统几部分组成。原料来源于环境空气,最终产品为工厂风、净化空气和氮气。产品的技术参数如下。

（1）工厂风。

工厂风压力：0.80MPa（g）；

温度：常温。

（2）净化空气（仪表风）。

净化空气压力：0.70MPa（g）；

净化空气露点：最低环境温度 -10℃［0.70MPa（g）条件下］；

温度：常温。

（3）氮气。

产品氮气压力：0.6MPa（g）；

产品氮气压力露点：最低环境温度 -10℃；

产品氮气纯度：99.5%；

温度：常温。

空气压缩系统是利用空气压缩机将环境空气增压到 1.0～0.85MPa（g）,核心设备为空气压缩机。空气压缩机通常选用微油螺杆式空压机,空压机冷却方式分为空冷或者水冷,根据不同的操作环境选择冷却方式。环境空气经进气阀进入压缩机,压缩至所需压力经排气管,进入缓冲罐,再进入下游空气净化系统。

Станция воздуха и азота состоит из компрессорной системы, системы очистки воздуха, системы производства азота.Сырье исходит из окружающего воздуха, конечными продуктами являются технический воздух, очищенный воздух и азот.Технические параметры продукта заключаются в следующем:

（1）Технический воздух.

Давление технического воздуха: 0,80МПа（изб.）;

Температура:Комнатная.

（2）Очищенный воздух（воздух для КИП и А）.

Давление очищенного воздуха: 0,70МПа（изб.）;

Точка росы очищенного воздуха:Минимальная температура окружающей среды составляет -10℃［при условии 0,70 МПа（изб.）］;

Температура:Комнатная.

（3）Азот.

Давление подготовленного азота: 0,6МПа（изб.）;

Точка росы и давление подготовленного азота:Минимальная температура окружающей среды составляет -10℃;

Степень чистоты подготовленного азота: 99,5%;

Температура:Комнатная.

Компрессорная система увеличивает давление окружающего воздуха до 1,0-0,85МПа（изб.）с помощью воздушного компрессора, центральным оборудованием является воздушный компрессор.Как обычно, выбирается масляный воздушный винтовой компрессор, способ охлаждения воздушного компрессора разделяется на воздушное охлаждение или водяное охлаждение, выбирается способ охлаждения по разным условиям работы.Окружающий воздух поступает в компрессор через впускной клапан, сжимается до потребного давления и поступает в буферную емкость через выпускную трубу, потом поступает в низовую систему очистки воздуха.

空气净化系统是将上游压缩空气经过分子筛脱水后,空气中的水露点达到所需产品净化空气水露点的要求。空气净化系统的核心设备一般选用无热再生吸附式干燥器,由程序自动控制。吸附剂为分子筛吸附剂,通过固体吸附方式吸收压缩空气中的水分。压缩空气经干燥器干燥后再通过后置过滤器除去固体杂质后即为净化空气。一部分净化空气进入净化空气储罐,再进入净化空气管网;另一部分作为制氮原料进入制氮系统。

变压吸附制氮系统是将净化空气通过碳分子筛的选择性吸附,最终产生所需纯度的氮气。碳分子筛分离空气的原理,利用空气中氧和氮在碳分子筛微孔中的不同扩散速度,或不同的吸附力或两种效应同时起作用。在吸附平衡条件下,碳分子筛对氧、氮吸附量接近。但由于氧扩散到分子筛微孔隙中的速度比氮的扩散速度快得多,因此,通过适当的控制,在远离平衡条件的时间内,使氧分子吸附于碳分子筛,而氮分子则在气相中得到富集。同时,碳分子筛吸附氧的容量,因其分压升高而增大,因其分压下降而减少。这样,碳分子筛在加压时吸附,减压时解吸出氧的成分,形成循环操作,达到分离空气的目的,最终产生所需纯度的产品氮气。

Система очистки воздуха позволяет, что точка росы по влаге воздуха достигает до потребной точки росы по влаге подготовленного очищенного воздуха после осушки верхнего сжатого воздуха газа молекулярными ситами.Как обычно, выбирается осушитель адсорбционный безнагревной в качестве центрального оборудования системы очистки воздуха, автоматически управляемый программой.Адсорбентом является молекулярное сито, адсорбирующее влагу из сжатого воздуха способом адсорбции на твёрдом адсорбенте.Сжатый воздух становится очищенным воздухом после осушки осушителем и удаления твердой примеси тонким фильтром.Часть сжатого воздуха поступает в резервуар очищенного воздуха, потом входит в сеть трубопроводов очищенного воздуха;другая часть поступает в систему производства азота в качестве сырья для производства азота.

Система генератора азота PSA производит азот с потребной чистотой путем избирательной адсорбции очищенного воздуха на углеродных молекулярных ситах.Принцип разделения воздуха углеродными молекулярными ситами заключает в применении разных скоростей диффузии кислорода и азота из воздуха в ячейках углеродных молекулярных сит или разных адсорбционных сил, или одновременном воздействием двух эффектов. При балансных условиях адсорбции углеродные молекулярные сита адсорбируют кислород, приблизительный к азоту по количеству.Однако, в связи с тем, что скорость диффузии кислорода в микропорах сита составляет гораздо больше, чем скорость азота, в пределах промежутка дальнего времени от балансных условий можно применить подлежащие мероприятия управления, чтобы молекулы кислорода адсорбировались в молекулярном сите, а молекулы азота-в газовой фазе.При этом количество адсорбируемых молекул кислорода повышается с увеличением парциального давления и наоборот. Таким образом, углеродное молекулярное сито адсорбирует при увеличении давления, десорбирует компонент кислорода при уменьшении давления, образуется циклическая работа для достижения цели разделения воздуха, окончательно производится подготовленный азот с потребной чистотой.

12.2 工艺流程

环境中的空气首先经过空气压缩机的进气阀进入空气压缩机,经增压后进入压缩空气缓冲罐稳压,然后经过前置过滤器过滤杂质、再经过下一级前置过滤器过滤掉油分。此时,压缩空气分为两部分:一部分作为工厂风进入工厂风储罐,再进入全厂管网供全厂使用(在寒冷地区,为避免管道冻堵,工厂风需经干燥净化处理后再进入全厂使用);一部分进入无热再生吸附式干燥器干燥,除去水分后再经过后置过滤器,过滤掉分子筛粉尘,产生合格的净化空气产品。净化空气去向分为两部分:一部分净化空气产品进入净化空气储罐,再经过管网供全厂气动调节阀及气动切断阀使用;一部分净化空气作为制氮气原料气进入变压吸附制氮橇块,经过橇块碳分子筛选择性吸附后,产生符合使用纯度要求的氮气产品。

12.2 Технологический процесс

Воздух в окружающей среде поступает в воздушный компрессор через его впускной клапан в первую очередь, после нагнетания входит в буферную емкость сжатого воздуха для стабилизации давления, потом фильтруется примесь предварительным фильтром, затем фильтруется масло предварительным фильтром последующей ступени.В это время, сжатый воздух разделяется на две части, одна часть поступает резервуар технического воздуха в качестве технического воздуха, потом поступает в всезаводскую сеть трубопроводов для использования на всем заводе (в холодном районе, технический воздух должен поступать на весь завод для использования после осушки и очистки).Одна часть поступает в осушитель адсорбционный безнагревной для осушки.Удалив влаги, отфильтровывать пыль молекулярных сит, производить годный продукт -очищенный воздух, направление которого разделяется на две части.Одна часть очищенного воздуха поступает в резервуар очищенного воздуха,потом используется для всезаводских пневматических регулирующих клапанов и пневматических отключающих клапанов через сеть трубопроводов.Одна часть очищенного воздуха поступает в блок генератора азота PSA в качестве сырьевого газа для производства азота, после селективной абсорбции углеродным молекулярными ситами блока, образует азотный продукт, соответствующий требованиям к чистоте для использования.

12.3 主要设备及操作要点

12.3.1 空氮站主要设备

空氮站主要设备有螺杆式空气压缩机、缓冲罐、压缩空气净化设备(包括前置过滤器、后置过滤器、无热再生吸附式干燥橇)、变压吸附制氮橇、工厂风储罐、净化空气储罐、氮气储罐。由于设备自动化程度高,设备的启停简单便捷。

12.3.2 操作要点

12.3.2.1 装置开车

首次开车指新装置竣工后的开车。首次开车必须完成开车前各项准备后方可进行。

12.3 Основное оборудование и основные положения при эксплуатации

12.3.1 Основное оборудование на станции воздуха и азота

Основным оборудованием на станции воздуха и азота являются винтовой воздушный компрессор, буферная емкость, оборудование для очистки сжатого воздуха (включая предварительный фильтр, тонкий фильтр, осушитель адсорбционный безнагревной), блок генератора азота psa, резервуар технического воздуха, резервуар очищенного воздуха, резервуар азота. В связи с тем, что оборудование имеет высокую степень автоматизации, его пуск и стоп оказываются простыми и удобными.

12.3.2 Основные положения при эксплуатации

12.3.2.1 Пуск установки

Первый пуск значит пуск после достройки новой установки.Следует провести первый пуск после выполнения всех подготовок перед пуском.

当装置处于首次开车状态时,必须根据专门制定的"预试车方案"进行管道设备的吹扫和耐压试验、单机试车、气密性试验等一系列生产前的准备工作。

（1）开车准备。

① 施工记录资料齐全、准确,其中管道安装资料必须按规定的内容在单线图上或在相应的表格中逐项填写。按照工艺流程对照图纸,检查和验收系统内所有设备、管道、阀门、分析取样点及仪表、电气、支架、平台等是否符合要求。

② 各制造厂家产品合格证书或复验报告符合要求,所有工艺设备和机动设备必须资料齐全:产品合格证、使用说明书、设备结构图等。

③ 所有机动设备和管道必须在施工人员和操作人员共同参与下进行单机试运,确认试运合格,并填写试运记录。

④ 检查所有阀门、安全阀、法兰、接头、温度计、液位计、压力表、人孔等是否处于良好的开工状态。

При первичном пуске установки, необходимо провести продувку трубопроводов и испытание под давлением, опробование отдельного оборудования, испытание на герметичность т.д.в соответствии с специально разработанным "Решением по предварительному опробованию установки".

（1）Подготовка к пуску.

① Записи и данные о строительстве должны быть комплектованы и точны, среди них, надо заполнять данные о монтаже трубы на однопроводной схеме или соответствующем бланке по пунктам в соответствии с указанным содержанием.В соответствии с технологическим процессом сопоставлять чертёж, проверять и принять то, что все оборудование, трубопроводы, клапаны, точки анализа и выбора пробы, приборы, электричества, опоры и площадки и другие в системе соответствовали требованиям.

② Сертификаты продукции или отчеты повторной проверки всяких производителей отвечают требованиям, все технологические и механические оборудования должны иметь полные данные:Сертификат соответствия изделия;Инструкция по эксплуатации;Конструктивная схема оборудования и т.д.

③ Следует проводить отдельную опытную эксплуатацию ко всем механическим оборудованиям и трубам при совместном участии строителей и операторов, утверждать опытную эксплуатацию годной и заполнять записи об опытной эксплуатации.

④ Следует проверять, что все клапаны, предохранительные клапаны, фланца, соединения, термометры, уровнемеры, манометры и горловины находятся в хорошем состоянии начала работы.

⑤ 检查确认工艺流程是否畅通,各阀门及盲板是否处于开工状态。

⑥ 检查各机动设备用润滑油、润滑脂是否符合要求,备料是否齐全。

⑦ 检查装置用水、电是否达到开工要求。

⑧ 检查自控仪表调试工作是否全部完成。报警及联锁整定值静态调试合格,自动分析仪表的样气配制合格;集散系统各有关装置的校线及接地电阻测试符合规定,硬件和软件系统经检查及考核达到规定的标准;显示仪表、记录仪表准确、灵敏、可靠。

⑨ 设备的继电调整和绝缘试验已合格。

⑩ 编程逻辑控制器保护装置的软件检查测试合格,联锁报警器完备、可靠。

⑪ 化验分析设施已备齐待用。各类备品、备件、专用工、器具等已备齐。

⑤ Следует проверять и утверждать бесперебойность технологического процесса и состояние начала работы всех клапанов и заглушек.

⑥ Следует проверять соответствие смазки, тавота всех механических оборудований, и полность их заготовки.

⑦ Следует проверять, что вода, электричество, используемые для установки, достигают ли требований, относящихся к началу работы.

⑧ Следует проверять, что все работы по наладке приборов КИПиА выполнены ли.Статическая наладка установленных значений сигнализации и блокировки должна удовлетворять требованиям, приготовление газовой пробы для автоматических аналитических приборов должно удовлетворять требованиям;сверка проводов и испытание сопротивлений заземления всех соответствующих блоков распределенной системы должны соответствовать правилам, система аппаратного и программного обеспечения должна достигать установленных стандартов по проверке и контролю;индикаторные приборы, регистрирующие приборы должны быть точными, чувствительными и надежными.

⑨ Регулировка реле и изоляционное испытание оборудования уже соответствуют требованиям.

⑩ Проверка и испытание программного обеспечения защитного устройства программируемого логического контроллера соответствуют требованиям, блокированный сигнализатор должен быть полным и надежным.

⑪ Устройство лабораторного анализа полностью подготовлено к употреблению.Разнообразные запасные продукты и части, специальные инструменты и аппаратуры готовы.

⑫ 安全消防设施,包括安全阀、安全罩、盲板、避雷及防静电设施、防毒、防尘、事故急救设施、消火栓、可燃气体监测仪、火灾报警系统,经专业主管部门检查合格。

⑬ 设备、机器、管道、阀门、电气设备、仪表等以文字、代号将位号、名称、介质、流向标记合格。

⑭ 生产指挥系统的通信已经畅通。

⑮ 机、电、仪修理设施,装置区的生活卫生设施已交付使用。

⑯ 工艺卡片、工艺规程、安全规程、分析规程、机械维修规程、岗位操作规程及试车方案等技术资料已批准、颁发。

⑰ 各级试车指挥组织已经建立,操作人员配齐,考试合格,就位上岗。

⑱ 以岗位责任制为中心的各项制度已建立,各种挂图、挂表、原始记录、试车专用表格、考核记录等准备齐全。

⑫ Охранно-пожарные устройства, включая предохранительный клапан, предохранительный кожух, заглушку, устройства защиты от молнии и статического электричества, устройство защиты от токсических веществ и пыли, устройства аварийного спасения, пожарный кран, детектор горючих газов, систему пожарной сигнализации, должны быть годны после проверки специальным ведомством.

⑬ Номер позиции, наименование, среда, направление течения для оборудования, машины, трубопровода, клапана, электрооборудования и прибора отмечены годно буквами и кодами.

⑭ Беспрепятственная связь системы управления производством уже осуществлена.

⑮ Ремонтное хозяйство механического оборудования, электрооборудования и приборов КИП, бытовые и санитарные сооружения в зоне установок уже сданы в эксплуатацию.

⑯ Технические материалы, как технологические карты, технологические правила, правила безопасности, правила анализа, правила ремонта механизмов, правила эксплуатации на посту и проекты опробования, уже утверждены и выданы.

⑰ Организации управления опробованием всех ступеней уже созданы, полностью укомплектованы операторами, которые занимают своё место и исполняют свой долг после прохождения экзаменов.

⑱ Различные режимы вокруг постовой ответственной системы уже созданы, разнообразные стенные карты и таблицы, исходные записи, специальные бланки для опробования, записи о проверке и т.д.полностью подготовлены.

⑲ 工作通道和装置区域内的障碍物、异物已完全清理干净。

（2）水压试验。

设备的水压试验在制造厂内进行。

（3）空气吹扫。

空气吹扫的目的在于清除系统内的铁锈、焊渣、积尘等机械杂质。吹扫前应卸下计量孔板、计量仪器和调节阀，吹扫过程中，调节阀、过滤器、机泵均走旁通或加临时短节。利用工厂氮气或工厂自用压缩空气（工厂风）吹扫装置。空气吹扫采用局部吹扫方式，即用胶管分别向各部分引风，将储气罐进行吹扫。吹扫的原则是高处进空气，低处排放，以设备为中心，向四周所属管线逐一吹扫，吹扫压力不得大于引流容器和管道的设计压力。吹扫应严格按吹扫流程进行，注意逐台设备逐条管线吹扫，各设备、管道中"死角"要一一吹扫，直至吹扫空气中无异物为止。可用白色靶板插入排放口，检查白色靶板是否有污染点，直到无污染点出现为吹扫合格。

⑲ Препятствия и инородные вещества в рабочем канале и зоне установок уже полностью удалены.

（2）Гидравлическое испытание.

Гидравлическое испытание оборудования проводится на заводе-изготовителе.

（3）Продувка воздухом.

Целью продувки воздухом является устранением механической примеси внутри системы, как ржавчина, шлак сварки, стоялые пыли. Следует снимать мерную диафрагму, измерительный прибор и регулирующий клапан перед продувкой, в процессе продувки, регулирующий клапан, фильтр, насос агрегата должны проходить через обходный канал или для них добавляется временный ниппель. Применяется технический азот или собственный сжатый воздух（технический воздух）для продувки установки. Принцип продувки: впуск воздуха сверху и выпуск снизу, продуть все трубопроводы поштучно с оборудованием в центре, давление продувки в местах низкого давления не должно превышать рабочее давление. Принцип продувки: впускать воздух сверху, выпускать снизу, по порядку проводить продувку соответствующих трубопроводов со всех сторон вокруг оборудования, давление продувки не должно быть больше проектного давления дренажной емкости и трубопровода. Следует проводить продувку строго по процессу продувки, обращать внимание на продувку трубопровода по порядку, продувать «мёртвый угол» в каждом оборудовании и трубопроводе до отсутствия нежелательного предмета в продувочном воздухе. Вставлять белый щит в выпускное отверстие, проверять наличие загрязненной точки на белом щите, когда на щите отсутствует загрязненная точка, продувка считается годной.

任何系统在吹扫结束后,都要仔细检查是否恢复正常线路,临时管线是否拆除,或临时拆下部件是否重新安上。

（4）气密性试验。

在首次开车以前或者检修后开车以前,应用氮气或工厂风对所有的设备和管线或者检修拆过的管件、设备等进行最后的气密性试验。以保证阀门及法兰连接正确不泄漏等,其目的是消除一些重大的疏忽。管线和设备的气密性试验压力应为设计压力。可根据不同设计压力系统分别进行气密性试验,按水压试验分高、中、低压系统分别进行气密试验,逐一向系统引入工厂风,缓慢升压,达到规定试验压力,稳压 10min 后,用已准备好的肥皂水检查设备、法兰、阀门焊缝及各连接处,检查是否气密,发现泄漏要卸压处理。

（5）其他。

① 尽量将阀门密封面上的油脂清洗干净;

② 空气吹扫时应将装有分子筛的设备隔离。

Для любой системы следует тщательно проверять, что восстановлена ли нормальная линия, демонтирован ли временный трубопровод, или перемонтированы временные снятые части после завершения продувки любой системы.

（4）Испытание на герметичность.

Перед первым пуском машины или перед пуском после ремонта, проводить конечное испытание на герметичность ко всему оборудованию и трубопроводам или разобранным фитингам и оборудованию при ремонте с помощью азота или технического воздуха.Чтобы обеспечить правильное соединение и отсутствие утечки клапана и фланца, устранить возможные серьезные недосмотры.Давление испытания на герметичность трубопровода и оборудования - проектное давление.Соответственно проводить испытание на герметичность по разным системам проектного давления, проводить испытание на герметичность по системам высокого давления, среднего давления, низкого давления в гидравлическом испытании. По порядку вводить технический воздух в систему, медленно повышать давление до установленного испытательного давления, после выдержки 10мин.под этим давлением, проверять сварной шов и каждое соединение оборудования, фланца и клапана с помощью подготовленной мыльной воды, проверять герметичность, необходимо проводить сброс давления в случае обнаружения утечки.

（5）Прочие.

① Стараться очищать уплотняющую поверхность клапана от масла;

② Следует изолировать оборудование с молекулярными ситами при продувке воздухом.

12.3.2.2 开车程序

（1）开车前的检查。

可参照上述开车准备，下列步骤必须进行：

① 检查确认装置所有新安装的工艺设备和机动设备必须资料齐全，所有新安装或在检修中动焊的工艺管线和设备必须经过强度试压检漏合格，强度试压应严格依照有关规范执行，并且留有详细记录。

② 所有机动设备和管线必须在机修检修人员和操作人员共同参与下进行单机试运，确认试运合格后，填写试运记录。

③ 检查确认工艺流程畅通，所有阀门、安全阀、盲板、人孔、法兰、接头、温度计、压力表、液位计和各仪表测量元件等处于良好的待开工状态。

④ 检查确认机动设备用润滑油、润滑脂必须适宜可靠，备料齐全。

12.3.2.2 Процесс пуска

（1）Проверка перед пуском.

Следующие шаги обязательны по вышеуказанной подготовке к пуску:

① Следует проверять и подтверждать, что все новое технологическое и механическое оборудование, ново смонтированное, должно иметь полные данные, все технологические трубопроводы и оборудование, ново смонтированные или посредством сварки в ремонтном осмотре, должны проходить испытание на прочность под давлением и герметичность, испытание на прочность под давлением должно выполняться строго по соответствующим правилам и оставлять подробные записи.

② Для всего механического оборудования и трубопроводов следует проводить опробование отдельных агрегатов при совместном участии ремонтных рабочих и операторов, после подтверждения соответствия опробования требованиям, заполнять запись об опробовании.

③ Следует проверять и подтверждать, что технологический процесс оказывается бесперебойным, все клапаны, предохранительные клапаны, заглушки, горловины, фланцы, соединения, термометры, манометры, уровнемеры и измерительные элементы каждого прибора и т.д.находятся в хорошем состоянии готовности к вводу в эксплуатацию.

④ Следует проверять и подтверждать, что смазочное масло и тавот для механического оборудования должны быть подходящими и надежными, заготовка должна быть полной.

⑤检查确认装置用水、电已引入装置，达到开工要求。

⑥检查确认所有仪表控制回路、显示仪表、记录仪必须准确、灵敏、可靠。

⑦检查确认灭火器材完好齐备。

⑧检查确认装置区域内障碍物、异物清理干净，确保工作通道畅通无阻。

⑨检查确认接地系统。

（2）开车。

检查确认所有开工前的准备工作全部完成，各边界条件齐备、通讯可靠；与厂调度室联系供气时间；接到厂调度室供气通知后，操作人员做好开工生产准备。

在开车前准备工作确认完成后，可按以下顺序开车：

①接通装置动力能源。

在接通装置动力能源时，应按领导的书面命令进行。在供应电能时应遵守领导批准的电力装置安全技术手册。

②开启空气压缩机

具体的操作方法见供货商提供的操作手册。

⑤ Следует проверять ввод в установку воды и электричества, используемых для установки, а также достижение требований, относящихся к началу работы.

⑥ Следует проверять и подтверждать, что все контуры управления приборами, индикаторные приборы и регистрирующие приборы должны быть точными, чувствительными и надежными.

⑦ Следует проверять и подтверждать исправность и полноту средств пожарного тушения.

⑧ Следует проверять и подтверждать, что препятствия и посторонние предметы удалены, обеспечивать бесперебойность рабочего прохода.

⑨ Следует проверять и подтверждать систему заземления.

（2）Пуск.

Следует проверять и подтверждать выполнение подготовительных работ к пуску, обеспечивать граничные условия и бесперебойность связи; согласовывать о времени подачи воздуха с диспетчерской, после получения сообщения из диспетчерской о подаче газа, все работники должны подготовиться к эксплуатации.

После подтверждения выполнения подготовительных работ к пуску, можно проводить пуск по следующим порядкам:

① Включать источник энергии установки.

При подключении силовой энергии, следует провести по письменному разрешению.При электроснабжении следует соблюсти справочник технической безопасности, который утвержден руководством.

② Включение воздушного компрессора

Конкретные методы эксплуатации смотрите справочник, предоставленный поставщиком.

③ 待空压机运行平稳后,开启 PSA 制氮系统

具体的操作方法见供货商提供的操作手册。

④ 开液氮系统
具体的操作方法见供货商提供的操作手册。

③ Включать систему производства азота PSA после стабильной эксплуатации воздушного компрессора.

Конкретные методы эксплуатации смотрите справочник, предоставленный поставщиком.

④ Включать систему жидкого азота

Конкретные методы эксплуатации смотрите справочник, предоставленный поставщиком.

13 天然气凝液和凝析油产品的储存

处理厂产生的天然气凝液及凝析油产品在外输或装车外运前通常需设置储罐进行储存。

13.1 工艺原理

13.1.1 天然气凝液和凝析油产品（稳定凝析油）标准

天然气凝液（NGL），也叫轻烃，可分离为4种产品：乙烷、丙烷、丁烷或者丙丁烷混合物（液化石油气 LPG）及稳定轻烃或轻油（C_{5+}）。中国液化石油气产品标准参见 GB 11174—2011，技术要求详见表 13.1.1。稳定轻烃按蒸汽压范围分为稳定轻烃 I 号和稳定轻烃 II 号，稳定轻烃 I 号和稳定轻烃 II 号产品标准参见 GB 9053—2013，技术要求详见表 13.1.2。稳定凝析油的饱和蒸汽压低于当地大气压的 0.7 倍。

13 Хранение газокон-денсатной жидкости и конденсата

Как обычно, перед экспортом через трубопровод или транспортом в цистернах продукты газоконденсатной жидкости и конденсата в ГПЗ хранят в резервуарах.

13.1 Технологический принцип

13.1.1 Стандарт газоконденсатной жидкости и конденсата (стабильного конденсата)

Легкий углеводород может разделяться на 4 вида продуктов:этан, пропан и бутан, или пропан-бутановая смесь (Сжиженный нефтяной газ LPG) и стабильный легкий углеводород или легкое масло (C_{5+}).Китайский стандарт продукции сжиженных нефтяных газов приведен в GB 11174—2011, технические требования подробно приведены в таблице 13.1.1.Стабильный легкий углеводород разделяется на стабильные легкие углеводороды № 1 и № 2 по диапазону давлений пара, стандарт продукции стабильных легких углеводородов № 1 и № 2 приведен в GB 9053—2013, технические требования подробно приведены в таблице 13.1.2.Давление насыщенного пара стабильного конденсата составляет ниже 70% от местного атмосферного давления.

表 13.1.1　液化石油气产品标准

Таблица 13.1.1　Стандарт продукции сжиженных нефтяных газов

项目 Пункт	商品丙烷 Товарный пропан	商品丙烷、 丁烷混合物 Товарная пропан-бутано- вая смесь	商品丁烷 Товарный бутан
37.8℃时蒸汽压，kPa Давление пара при 37,8℃, кПа	≤1430	≤1380	≤485
组分 Компонент C₃烃类组分，%（体积分数） Углеводородный компонент C₃ （объемная доля）/ %	≥95.0	—	—
C₄及C₄以上烃类组分，%（体积分数） Углеводородный компонент C₄ и более （объемная доля）/%	≤2.5	—	—
（C₃+C₄）烃类组分，%（体积分数） Углеводородный компонент（C₃+C₄） （объемная доля）/ %	—	≥95	≥95
C₅及C₅以上烃类组分，%（体积分数） Углеводородный компонент C₅ и более （объемная доля）/%	—	≤3	≤2
残留物 Остаток 蒸发残留物，mL/100mL Остаток после выпаривания, мЛ/100мЛ	≤0.05		
铜片腐蚀（40℃，1h），级 Коррозия медной пластинки（40℃, 1ч）/ класс	≤1		
总硫含量，mg/m³ Содержание общей серы, мг/м³	≤343		
硫化氢(需满足下列要求之一） Сероводород（необходимо удовлетворять одному из следующих требований）	无		
乙酸铅法 Метод с применением ацетата свинца	Нет		
层析法，mg/m³ Хроматографический метод /（мг/м³）	≤10		
游离水 Свободная вода	无 Нет		

表 13.1.2　稳定轻烃标准

Таблица 13.1.2　Стандарт стабильных легких углеводородов

名称 Наименование	质量指标 Качественные показатели	
	稳定轻烃Ⅰ号 Стабильные ЛУ № 1	稳定轻烃Ⅱ号 Стабильные ЛУ № 2
饱和蒸汽压, kPa Давление насыщенного пара, кПа	74～200	夏＜74 Летом＜74
		冬＜88 Зимой ＜88
馏程: 10% 蒸发温度, ℃ Фракционный состав: 10% температуры испарения, ℃	≥135	≥35
90% 蒸发温度, ℃ 90% температуры испарения, ℃	≤190	≤150
终馏点, ℃ Температура конца кипения, ℃ 60℃蒸发率, % Коэффициент испарения при 60℃, %	实测 Измеренное	≤190
铜片腐蚀 Коррозия медной пластинки	一级 Класс Ⅰ	一级 Класс Ⅰ
硫含量, % Содержание серы, %	≤0.05	≤0.1
颜色,赛波特比色号 Цвет, номер цвета на колориметре Сейболта	≤25	
机械杂质及水分 Механическая примесь и влага	无 Нет	无 Нет

13.1.2　天然气凝液和凝析油产品（稳定凝析油）储存

13.1.2　Хранение газоконденсатной жидкости и конденсата（ стабильного конденсата

13.1.2.1　天然气凝液储存

13.1.2.1　Хранение газоконденсатной жидкости

液化石油气储存方法按工艺分目前有三种：常温压力储存、低温压力储存和低温常压储存。按储存方式又可分为储罐储存、地层储存和固态储存。目前常用采用常温压力液态储罐储存。

В настоящее время, способы хранения сжиженных нефтяных газов разделяются на хранение под давлением при комнатной температуре, хранение под давлением при низкой температуре и хранение под постоянным давлением при низкой температуре по технологии.А также разделяются

稳定轻烃储存目前多为储罐储存。对于稳定轻烃Ⅰ号产品采用常温压力储罐储存；对于稳定轻烃Ⅱ号产品可采用常压密闭容器储存，严禁用常压容器充装稳定轻烃Ⅰ号产品。

（1）常温压力储存。

轻烃储存目前多采用常温压力储罐储存。常用的储罐有球罐和卧式罐。储罐形式的选择主要取决于单罐的容积大小和加工条件。通常采用常温压力储存。

（2）低温压力储存。

这种储存方式是根据当地气温情况将液化石油气降到某一适合温度下储存,其储存压力较常温压力储存低。优点是储罐壁薄,使投资、耗钢量少,虽然需要制冷设备,但工艺过程比低温常压储存简单,运行可靠,运行费用较少,虽然需要制冷设备。如丙烷在 +48℃ 时,饱和蒸汽压为 1.569MPa,而在 0℃ 时只有 0.366MPa。就单个体罐而言两者比较,低温压力储存可节省 40% 左右。

на хранение в резервуарах, хранение в пластах и хранение в твердом состоянии по режиму хранения.В настоящем, часто применяется хранение в жидком состоянии под давлением при комнатной температуре в резервуарах.

Для стабильных легких углеводородов часто применяется хранение в резервуарах в настоящий момент.Для продукции стабильных легких углеводородов № 1 применяется хранение под давлением при комнатной температуре;для продукции стабильных легких углеводородов № 2 применяется хранение в герметических сосудах постоянного давления, запрещается применять сосуд постоянного давления для загрузки стабильных легких углеводородов № 1.

（1）Хранение под давлением при комнатной температуре.

Для легких углеводородов, теперь часто применяется хранение под давлением при комнатной температуре в резервуарах.Употребительными резервуарами являются сферический резервуар и горизонтальный резервуар.В основном выбор формы резервуар зависит от размера объема одиночного резервуара и условий обработки.Обычно применяется хранение под давлением при комнатной температуре.

（2）Хранение под давлением при низкой температуре.

Этот способ хранения характеризуется снижением сжиженных нефтяных газов до некоторой подходящей температуры для хранения по местным условиям температуры воздуха, его давление хранения ниже, чем при хранении под давлением при комнатной температуре.Преимущество заключается в том, что стенка резервуара тонка, таким образом, капиталовложение и потребление

据计算,当储存规模在 1000t 以上,对于北方地区,制冷系统运行时间较短,常年运行费用少,采用低温压力储存更为经济。低温压力储存的工作原理与直接冷却式低温常压储存相似,其冷却系统一般用水作冷媒。

（3）低温常压储存。

低温常压储存是指液化石油气在低温（如丙烷在 -42.7℃）下,其饱和蒸汽压力接近常压的情况下的储存方式。此时将液化石油气储存在薄壁容器中,可减少投资和钢材耗量,但是需要制冷设备和耐低温钢材,罐壁需要保温,管理费用较高,通常当单罐储量超过 2000t 时才考虑使用。低温常压储罐一般为拱顶盖双层壁的圆筒形钢罐。低温常压储存是将液化石油气首先冷却至储罐设计温度后进入常压储罐。为防止周围大气通过绝热层传入热量使罐内液化石油气升高温度,必须将这

стали оказываются небольшими, хотя требуется холодильное оборудование, но технологический процесс более простой, чем хранение под постоянным давлением при низкой температуре, эксплуатация оказывается надежной, эксплуатационные затраты относительно небольшие, хотя требуется холодильное оборудование.Например, при +48℃, давление насыщенного пара составляет 1,569МПа, а при 0℃ составляет только 0,366МПа. В отношении одиночного резервуара, по сравнению двух способов хранения, хранение под давлением при низкой температуре может экономить около 40%.По расчету, когда масштаб хранения превышает 1000т, в северных районах время работы системы охлаждения относительно короткое, ежегодные эксплуатационные затраты оказываются малыми, способ хранения под давлением при низкой температуре более экономным.Принцип хранения под давлением при низкой температуре подобен принципу хранения под давлением при низкой температуре путем непосредственного охлаждения, для его системы охлаждения обычно применяется вода в качестве охлаждающего агента.

（3）Хранение под постоянным давлением при низкой температуре.

Хранение под постоянным давлением при низкой температуре означает способ хранения при условии того, что давление насыщенного пара сжиженного нефтяного газа приближено к постоянному давлению при низкой температуре（например, пропан находится при -42,7℃.В это время хранение сжиженных нефтяных газов в тонкостенных сосудах позволяет уменьшить расход капиталовложения и стальных материалов, но требует холодильного устройства и низкотемпературных

部分热量通过冷却方式带走,以保证低温储存罐正常工作,使罐内温度和压力保持稳定。

стальных материалов, стенки резервуара требуют теплозащиты, управленческие издержки оказываются относительно высокими, как обычно, учитывается использование только когда запас хранения в одном резервуаре превышает 2000т. Обычно резервуар под постоянным давлением при низкой температуре представляет собой цилиндрический стальной резервуар со сводчатой крышей и двойной стенкой.Хранение под постоянным давлением при комнатной температуре выполняется так, как сжиженный нефтяной газ поступает в резервуар постоянного давления после охлаждения до проектной температуры резервуара в первую очередь.Во избежание повышения температуры сжиженного нефтяного газа в результате теплопередачи окружающим воздухом через теплоизоляционный слой, следует уносить эту часть тепла способом охлаждения для обеспечения нормальной работы резервуара низкотемпературного хранения, чтобы сохранять стабильность температуры и давления в резервуаре.

13.1.2.2 常温压力液化石油气储存

(1)大于 100m³ 的液化石油气宜采用球形储罐,小于 100m³ 液化石油气采用卧式储罐。液化石油气储罐的充装系数 0.9。

(2)液化石油气储罐个数不宜少于 2 个。当储存装置与生产装置不在同一地点时,宜设置单独的不合格储罐,其容量不宜小于液化石油气产品 1d 的产量。

13.1.2.2 Хранение сжиженных нефтяных газов под давлением при комнатной температуре

(1)Для сжиженного нефтяного газа более 100м³ должен применяться сферический резервуар, для сжиженного нефтяного газа менее 100м³ должен применяться горизонтальный резервуар. Коэффициент наполнения резервуара сжиженного нефтяного газа составляет 0,9.

(2)Количество резервуаров сжиженного нефтяного газа не должно быть меньше 2.Следует устанавливать отдельный негодный резервуар, вместимость которого не должна быть меньше производительности сжиженного нефтяного газа в сутки, когда установка для хранения и производственная установка не находятся в одном месте.

（3）液化石油气的储存天数应符合下列规定：

① 管线输送：储存天数为 5~7d。

② 铁路运输：储存天数为 10~15d。

③ 公路运输：储存天数为 5~7d。

（4）液化石油气的日产量，应为装置年开工天数的平均日产量。

（5）液化石油气储罐的设计压力应根据液化石油气的蒸汽压确定。液化石油气在 50℃ 的饱和蒸汽压值加上 0.18MPa，若此值大于 1.77MPa，则取实际值；若此值小于 1.77MPa，则取储罐的设计压力为 1.77MPa。

（6）进入液化石油气储罐的温度不应高于 40℃。

（7）液化石油气储罐应设置压力、温度和液位指示仪表。储罐应设置独立的高液位报警器，并将压力和液位信号传至中心控制室。

（8）液化石油气储罐应采用反射型和直视型液位计，液位计应设置阀门。

（ 3 ）Число суток хранения сжиженного нефтяного газа должно соответствовать следующим правилам：

① Трубопроводный транспорт：число суток хранения составляет 5-7 суток.

② Железнодорожный транспорт：число суток хранения составляет 10-15 суток.

③ Автодорожный транспорт：число суток хранения составляет 5-7 суток.

（ 4 ）Ежедневная производительность сжиженного нефтяного газа должна являться средней ежедневной производительностью по числу суток работы установки за год.

（ 5 ）Проектное давление резервуара сжиженного нефтяного газа должна определяться по давлению пара сжиженного нефтяного газа. Значение давления насыщенного пара сжиженного нефтяного газа при 50℃ плюс 0,18МПа, если данное полученное значение составляет больше 1,77МПа, то следует принимать фактическое значение；если данное полученное значение составляет меньше 1,77МПа, то следует принимать проектное давление резервуара - 1,77МПа.

（ 6 ）Температура на входе в резервуара сжиженного нефтяного газа не должна быть выше 40℃ .

（ 7 ）Резервуар сжиженного нефтяного газа должен быть оборудован приборами-указателями температуры, давления и уровня.Резервуар должен быть оборудован независимым сигнализатором высокого уровня, который передает сигнал давления и давления в ЦПУ.

（ 8 ）Для резервуара сжиженного нефтяного газа должен применяться отражающий уровнемер и уровнемер прямого видения, для уровнемера должен устанавливаться клапан.

（9）不小于 50m³ 液化石油气储罐的进出口管线上应设置远程操纵阀或自动关闭阀。

（10）液化石油气储罐宜设置切水装置,污水应密闭排至指定地点,并采取防冻保温措施。

（11）液化石油气储运系统阀门及管路附件的设计压力应不小于 2.5MPa,阀门应选用液化石油气专用阀门。

13.1.2.3 稳定轻烃储存

（1）稳定轻烃 II 号在常压储存下应选用浮顶罐或浮舱式内浮顶罐储存,稳定轻烃 I 号应选用球罐或卧式罐储存。球形罐或卧式罐充装系数宜取 0.9。内浮顶罐充装系数如下:

① 罐容积不小于 1000m³ 时,宜取 0.9;

② 罐容积小于 1000m³ 时,宜取 0.85。

（9）Должен устанавливаться клапан дистанционного управления или самозапирающийся клапан на входном и выходном трубопроводах резервуара сжиженного нефтяного газа не менее 50м³.

（10）Для резервуара сжиженного нефтяного газа должен устанавливаться водоотделитель, следует герметически отводить сточные воды в назначенное место и принимать профилактические меры против смерзания.

（11）Проектное давление клапанной и трубопроводной арматуры в системе хранения и транспорта сжиженных углеводородных газов должно быть больше или равно 2,5МПа, следует выбирать специальный клапан для сжиженного нефтяного газа.

13.1.2.3 Хранение стабильного легкого углеводорода

（1）При комнатной температуре следует выбирать резервуар с плавающей крышей или резервуар с понтоном и внутренней плавающей крышей для хранения стабильного легкого углеводорода № 2, следует выбирать сферический резервуар или горизонтальный резервуар для хранения стабильного легкого углеводорода № 1.Коэффициент наполнения сферического резервуара или горизонтального резервуара следует принимать 0,9, коэффициент наполнения резервуара с внутренней плавающей крышей заключается в следующем:

① Вместимость резервуара составляет не менее 1000м³, следует принимать 0,9;

② Вместимость резервуара составляет менее 1000м³, следует принимать 0,85.

（2）每个产品储罐个数不宜少于2个。当储存装置与生产装置不在同一地点时，宜设置单独的储罐，其容量不宜小于轻烃产品1d的产量。

（3）稳定轻烃的储存天数应符合下列规定：

① 管线输送：储存天数为5～7d。

② 铁路运输：储存天数为10～15d。

③ 公路运输：储存天数为5～7d。

（4）稳定轻烃的日储量，应为装置年开工天数的平均日产量。

（5）稳定轻烃的储存温度不应高于40℃。稳定轻烃Ⅰ号进入储罐的温度不应超过40℃，稳定轻烃Ⅱ号进入储罐的温度不应超过38℃

（6）稳定轻烃储罐宜设置切水装置，污水应密闭排至指定地点，并采取防冻保温措施。

13.1.2.4   凝析油产品储存

（1）稳定凝析油储存宜采用浮顶罐，储罐个数不宜少于2个。当稳定凝析油储存设施与生产装

（2）Количество резервуаров для каждого продукта не должно быть меньше 2.Следует устанавливать отдельный резервуар, вместимость которого не должна быть меньше производительности продукта легкого углеводорода в сутки, когда установка для хранения и производственная установка не находятся в одном месте.

（3）Число суток хранения стабильного легкого углеводорода должно соответствовать следующим правилам：

① Трубопроводный транспорт:число суток хранения составляет 5-7 суток.

② Железнодорожный транспорт:число суток хранения составляет 10-15 суток.

③ Автодорожный транспорт:число суток хранения составляет 5 -7 суток.

（4）Ежедневный запас стабильного легкого углеводорода должен являться средней ежедневной производительностью по числу суток работы установки за год.

（5）Температура хранения стабильного легкого углеводорода не должна быть выше 40 ℃. Температура стабильного легкого углеводорода № 1 при входе в резервуар не должна превышать 40℃, температура стабильного легкого углеводорода № 2 при входе в резервуар не должна превышать 38℃.

（6）Для резервуара стабильного легкого углеводорода должен устанавливаться водоотделитель, следует герметически отводить сточные воды в назначенное место и принимать профилактические меры против смерзания.

13.1.2.4   Хранение продукта конденсата

（1）Следует применять резервуар с плавающей крышей для хранения стабильного конденсата,

置不在同一地点时,宜设置单独的事故油罐,且事故油罐的容量不宜小于稳定凝析油 1d 的产量。

（2）储罐的充装系数取 0.9。

（3）储存天数。

① 管线输送:凝析油储存天数为 5～7d。

② 铁路运输:应根据运输距离、地理位置、凝析油产量及其在铁路运输中所处的地位等因素综合确定。

③ 公路运输:储存天数为 5～7d。

（4）罐体宜采取保温措施。

（5）若凝析油凝点低于当地最冷月平均气温不足 5℃,储罐宜设置加热盘管或热油循环方式加热。

（6）采用加热盘管或热油循环方式加热时,油罐内油品加热保温的热负荷宜按油罐对外散热量确定,油罐散热流量可按下式计算:

количество резервуаров не должно быть меньше 2.Следует устанавливать отдельный аварийный резервуар, вместимость которого не должна быть меньше производительности стабильного конденсата в сутки, когда установка для хранения стабильного конденсата и производственная установка не находятся в одном месте.

（2）Коэффициент наполнения резервуара принимать 0,9.

（3）Число суток хранения.

① Трубопроводный транспорт:число суток хранения конденсата составляет 5-7 суток.

② Железнодорожный транспорт:следует комплексно определять в зависимости от дальности транспортирования, географического положения, объема производства конденсата и места, где находится он в железнодорожном транспорте, и других факторов.

③ Автодорожный транспорт:число суток хранения составляет 5-7 суток.

（4）Для корпуса резервуара следует принимать отеплительное мероприятие.

（5）Следует устанавливать нагревательный змеевик или применять способ циркуляции горячего масла для нагревания резервуара, если точка конденсации конденсата ниже местной средней температуры воздуха наиболее холодного месяца на 5℃ и менее.

（6）При нагревании нагревательным змеевиком или способом циркуляции горячего масла, тепловая нагрузка для нагревания и теплозащиты нефтепродуктов в резервуаре должна определяться по внешней теплоотдаче от резервуара, теплоотдача от резервуара вычисляется по формуле (13.1.1):

$$\Psi=(K_1A_1+K_2A_2+K_3A_3)(t_{av}-t_{amb}) \qquad (13.1.1)$$

式中　Ψ——油罐散热流量，W；

　　　A_1，A_2，A_3——油罐罐壁、罐底和罐顶的表面积，m^2；

　　　K_1，K_2，K_3——油罐罐壁、罐底和罐顶的总传热系数，W/（$m^2 \cdot \mathcal{C}$）；

　　　t_{av}——罐内油品平均温度，$\mathcal{C}$；

　　　t_{amb}——罐外环境温度(取最冷月平均温度)，$\mathcal{C}$。

13.2　工艺流程

对于天然气处理厂而言，天然气凝析油和凝析油产品储存通常放在罐区，一并储存。土库曼斯坦气田无液化石油气产品，有丙烷、未稳定凝析油和稳定凝析油，故罐区设置丙烷储存、未稳定凝析油储存、稳定凝析油储存，另外在罐区设置了污油储存。各类罐中，在同类罐之间要进行倒罐。

13.2.1　未稳定凝析油流程

凝析油稳定装置来的未稳定凝析油由管道送至未稳定凝析油储罐储存，在未稳定凝析油储罐中闪蒸、分水。闪蒸出的含硫油气经放空管道进入全厂低压放空火炬，罐内分离出的污水进入给

$$\Psi=(K_1A_1+K_2A_2+K_3A_3)(t_{av}-t_{amb}) \qquad (13.1.1)$$

Где　Ψ——теплоотдача от резервуара, Вт；

　　A_1, A_2, A_3——поверхностные площади стенки, дна и верха резервуара, $м^2$；

　　K_1, K_2, K_3——общие коэффициенты теплопередачи стенки, дна и верха резервуара, Вт/（$м^2 \cdot \mathcal{C}$）；

　　t_{av}——средняя температура нефтепродуктов в резервуаре, $\mathcal{C}$；

　　t_{amb}——температура окружающей среды вне резервуара（принимая среднюю температуру наиболее холодного месяца）, $\mathcal{C}$.

13.2　Технологический процесс

Для ГПЗ, как обычно, газовый конденсат и продукт конденсатов совместно хранятся в РП. Отсутствует продукт сжиженного нефтяного газа на м/р Туркменистана, присутствуют пропан, нестабильный конденсат и стабильный конденсат, поэтому предусмотрено хранение пропана, нестабильного конденсата и стабильного конденсата в РП, кроме того, предусмотрено хранение загрязненной нефти в РП. Для разнообразных резервуаров следует проводить перекачку между однородными резервуарами.

13.2.1　Процесс нестабильного конденсата

Нестабильный конденсат из установки стабилизации конденсата подается в резервуар нестабильного конденсата для хранения через трубопровод, в котором проводится мгновенное

排水系统。未稳定凝析油由未稳定凝析油补充泵输送至凝析油稳定装置。

13.2.2 凝析油流程

凝析油稳定装置来的凝析油产品由管道输送至凝析油罐储存。罐内分离出的污水进入检修污水排放系统。凝析油由凝析油外输泵输送至凝析油外输装置。为了方便凝析油输送灵活性,根据需要增设凝析油汽车系统,将凝析油经装车泵装车后外运。

13.2.3 丙烷流程

外购的丙烷采用罐车运送至罐区,经泵输送至丙烷罐储存。卸车时,丙烷罐通过管道将丙烷罐的气相和罐车的气相连同。丙烷储罐的放空气经放空管道接入全厂的高压放空系统。储存的丙烷由丙烷泵输至轻烃装置补充丙烷。脱烃装置中可通过管道将装置内的丙烷返输回丙烷罐。

испарение, выделение воды.Испаренный серосодержащий нефтяной газ поступает в всезаводский сбросный факел низкого давления через сбросный трубопровод, сточные воды, выделенной из резервуара, поступают в систему водоснабжения и канализации.Нестабильный конденсат подается в установку стабилизации конденсата насосом-подпитки нестабильного конденсата.

13.2.2 Процесс конденсата

Продукт конденсатов из установки стабилизации конденсата подается в резервуар конденсата для хранения через трубопровод.Сточные воды, отделенные из резервуара, поступают в систему канализации сточных вод для ремонта. Конденсат подается в установку экспорта конденсата насосом экспорта конденсата.Для удобства гибкого транспорта конденсата, дополнительно установлена автомобильная система конденсата по потребности, чтобы конденсат транспортирован наружу после погрузки погрузочным насосом.

13.2.3 Процесс пропана

Покупной пропан транспортируется на РП с помощью цистерны, подается насосом в резервуар пропана для хранения.Для резервуара пропана, газовая фаза в резервуаре пропана сообщается с газовой фазой в цистерне через трубопровод при разгрузке.Сбросный газ из резервуара пропана подключается к всезаводской сбросной системе высокого давления через трубопровод. Хранимый пропан подается в установку легкого углеводорода насосом пропана для подпитки пропана.Пропан в установке очистки газа от углеводородов может обратно транспортироваться в резервуар пропана через трубопровод.

13.2.4 污油流程

脱硫装置的含硫含油污水输送至污油罐储存。凝析油稳定装置的废污油输送至污油罐储存。凝析油稳定装置的废污油经管道输送至污油储罐储存。含硫含油污水和废凝析油在污油罐内混合并闪蒸稳定,闪蒸汽经放空管道进入全厂低压放空系统,含硫污水经管道输至凝析油稳定装置。储存的污油由污油泵输至凝析油稳定装置。

13.2.5 倒罐流程

原料油罐可利用倒罐泵经管道相互倒罐。凝析油罐可利用倒罐泵经管道相互倒罐。丙烷罐可利用进泵管道经丙烷泵相互倒罐。污油罐可利用管道经污油泵相互倒罐。

13.2.4 Процесс загрязненной нефти

Серосодержащие нефтесодержащие сточные воды из установки обессеривания транспортируется в резервуар загрязненной нефти для хранения.Отработанная загрязненная нефть из установки стабилизации конденсата транспортируется в резервуар загрязненной нефти для хранения.Отработанная загрязненная нефть установки стабилизации конденсата транспортируется в резервуар загрязненной нефти для хранения через трубопровод.Серосодержащие нефтесодержащие сточные воды и отработанные конденсаты смешиваются и стабилизируются путем мгновенно испарения в резервуаре загрязненной нефти, флаш-газ поступает в ввсезаводскую сбросную систему низкого давления через сбросный трубопровод, серосодержащие сточные воды транспортируются в установку стабилизации конденсата через трубопровод.Хранимая загрязненная нефть транспортируется в установку стабилизации конденсата насосом загрязненной нефти.

13.2.5 Процесс перекачки между резервуарами

Для резервуара сырой нефти взаимная перекачка между резервуарами проводится перекачивающим насосом через трубопровод.Для резервуара конденсата взаимная перекачка между резервуарами проводится перекачивающим насосом через трубопровод.Для резервуара пропана взаимная перекачка между резервуарами проводится насосом пропана через трубопровод, входящий в насос.Для резервуара загрязненной нефти взаимная перекачка между резервуарами проводится насосом загрязненной нефти через трубопровод.

13.3 主要设备及操作要点

罐区主要设备有未稳定凝析油储罐、稳定凝析油储罐、丙烷储罐。

13.3.1 未稳定凝析油储罐

未稳定凝析油含有轻组分,防止轻组分损失,储罐通常采用球罐。球罐用于储存气体或液体,通常是在环境温度和内压的条件下操作并运行。球罐具有表面积小、单位容积的耗钢量低、储存量大、占地面积小等优点。

13.3.1.1 球罐分类

球罐可按不同方式分类,如按储存温度、结构形式等。按储存温度分类:球罐一般用于常温、低温及深冷球罐。

13.3 Основное оборудование и основные положения при эксплуатации

Основным оборудованием на РП являются резервуар нестабильного конденсата, резервуар стабильного конденсата, резервуар пропана.

13.3.1 Резервуар нестабильного конденсата

Нестабильный конденсат содержит легкие компоненты, обычно применяется сферический резервуар во избежание потери легких компонентов.Сферический резервуар предназначен для хранения газа или жидкости, обычно используется и работает при температуре окружающей среды под внутренним давлением.Сферический резервуар обладает такими преимуществами, как небольшая поверхностная площадь, низкое потребление стали на единицу объема, большой объем хранения, небольшая потребная площадь пола и т.д.

13.3.1.1 Классификация сферических резервуаров

Сферические резервуары классифицируются разными методами, например, по температуре хранения, конструктивному оформлению и т.д.Классификация по температуре хранения:обычно

（1）常温球罐。

如液化石油气（LPG）、氨、煤气、氧、氮等球罐。一般说这类球罐的压力较高，取决于液化气的饱和蒸汽压或压缩机的出口压力。常温球罐的设计温度大于 -20℃。

（2）低温球罐。

这类球罐的设计温度不高于 -20℃，一般不低于 -100℃，压力属于中等（视该温度下液化气的饱和蒸汽压而定）。

（3）深冷球罐。

设计温度在 -100℃ 以下，往往在介质液化点以下储存，压力不高，有时为常压。由于对保冷要求高，常采用双层球壳。目前国内使用的球罐，设计温度一般在 -40～50℃。

сферический резервуар используется в качестве сферического резервуара комнатной температуре, низкотемпературного сферического резервуара и криогенного сферического резервуара.

（1）Сферический резервуар комнатной температуры.

Например, сферические резервуары для хранения сжиженных углеводородных газов （LPG）, аммиака, газов, кислорода, азота и т.д.Вообще говоря, давление такого сферического резервуара относительно высокое, зависит от давления насыщенного пара сжиженного углеводородного газа и давления на выходе из компрессора.Проектная температура для сферического резервуара комнатной температуры составляет больше-20℃.

（2）Низкотемпературный сферический резервуар.

Проектная температура для такого резервуара составляет ниже или равна -20℃, обычно не ниже -100℃, давление относится к среднему （определяется в зависимости от давления насыщенного пара сжиженного углеводородного газа при данной температуре）.

（3）Криогенный сферический резервуар.

Проектная температура составляет ниже-100℃, часто проводится хранение ниже точки сжижения среды, давление не высоко, иногда составляет атмосферное давление.Часто применяется двухслойная сферическая оболочка ввиду высокого требования к холодоизоляции.В настоящее время, обычно проектная температура для сферического резервуара, используемого внутри страны, составляет от -40℃ до 50℃.

按结构形式分类：按形状分有圆球形、椭球形、水滴形或上述几种形式的混合。圆球形按分瓣方式分为橘瓣式、足球瓣式、混合式三种。目前球形罐的主要形式有橘瓣式球罐和混合式球罐，对于公称容量小于 1000m³，通常采用橘瓣式的。圆球形按支撑方式分为支柱式、裙座式两大类。

13.3.1.2 球罐结构特点

如图 13.3.1 所示，球罐的结构并不复杂，但它的制造和安装较之其他形式储罐困难，主要原因是它的壳体为空间曲面，压制成型，安装组对及现场焊接难度较大。而且，由于球罐绝大多数是压力容器，它盛装的物料又大部分是易燃、易爆物，且装载量大，一旦发生事故，后果不堪设想。国内外球罐的事故事例很多，有些造成重大的人身财产损失。按其事故原因，重点需要考虑结构设计的合理性和施工安装的质量可靠性。

Классификация по конструктивному оформлению:по форме делятся на сферические, эллиптические, каплевидные или смешанные резервуары вышеуказанными несколькими формами.Сферические резервуары разделятся на резервуары типа лепестков мандарина, резервуары типа лепестков футбольного мяча, резервуары смешанного типа по разрезной форме.В настоящее время, основной тип сферического резервуара включает в себя тип лепестков мандарина и смешивающий тип, когда номинальный объем быть менее 1000м³, обычно применяется тип лепестков мандарина.Сферические резервуары разделятся на два типа - резервуары стоечного типа и типа юбки по форме опоры

13.3.1.2 Конструктивная особенность сферического резервуара

Как показано на рис.13.3.1, конструкция сферического резервуара не сложна, но его изготовление и монтаж труднее по сравнению с резервуарам другого типа, основная причина состоит в том, что его оболочка представляет собой пространственную кривую поверхность, профилированную прессованием, монтаж пары и сварка на месте высокотрудны.К тому же, в связи с тем, то огромное большинство сферических резервуаров являются напорными емкостями, материалы в них являются огнеопасными и взрывоопасными веществами по большей части, и их вместимость оказывается большой, невозможно предусмотреть последствия в случае возникновения аварии.Имеется много примеров аварий о сферических резервуарах в стране и за рубежом, несколько приводит к серьезной потере физического лица и имущества.По причинам аварий, следует тщательно учитывать рациональность проектирования конструкции и надежность качества работ по строительству и монтажу.

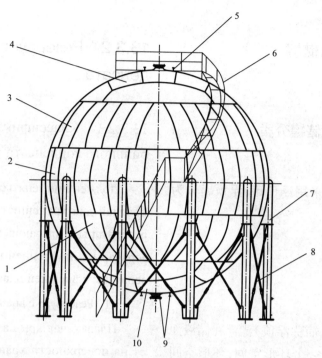

图 13.3.1 球罐简图

1—下温带；2—赤道带；3—上温带；4—上极；5—安全附件；6—梯子平台；7—支柱；8—拉杆；9—接管、人孔；10—下极

Рис.13.3.1   Упрощенная схема сферического резервуара

1—нижний умеренный пояс；2—экваториальный пояс；3—верхний умеренный пояс；4—верхний полюс；5—предохранительная арматура；6—лестничная платформа；7—стойка；8—тяга；9—патрубок, люк-лаз；10—нижний полюс

13.3.1.3 球罐操作要点

未稳定凝析油储罐操作注意事项如下：

（1）凝析油装置检修时，未稳定凝析油通过泵送入未稳定凝析油球罐。

（2）当储罐装满系数达到 0.83 时，通知打开另一个球罐的入口阀，关闭已充满球罐入口管线上的阀门，切换至另一个罐，当两个罐均充满后，通知装置停止输送未稳定凝析油。

13.3.1.3 Основные положения при эксплуатации сферического резервуара

Замечание по эксплуатации резервуара нестабильного конденсата заключается в следующем：

（1）Нестабильный конденсат подается насосом в сферический резервуар нестабильного конденсата при ремонтном осмотре установки для конденсата.

（2）Когда коэффициент наполнения резервуара достигает 0,83, сообщать об открытии клапана на входе в другой сферический резервуар, закрытии клапана на входном трубопроводе наполненного сферического резервуара, переключении в другой сферический резервуар, после наполнения двух резервуаров, сообщать об остановки установки для прекращения подачи нестабильного конденсата.

13.3.2 稳定凝析油储罐

13.3.2.1 稳定凝析油储罐分类

稳定凝析油储存宜采用浮顶罐,浮顶罐分为外浮顶罐和内浮顶罐。

（1）外浮顶罐。

这种储罐的浮动顶(简称浮顶)漂浮在储液面上。浮顶与罐壁之间有一个环形空间,环形空间中有密封元件,浮顶与密封元件一起构成了储液面上的覆盖层,随着储液上下浮动,使得罐内的储液与大气完全隔开,减少储液储存过程中的蒸发损耗,保证安全,减少大气污染。

浮顶的形式有双盘式(图 13.3.2)、单盘式(图 13.3.3)、浮子式等。浮顶罐的使用范围,在一般情况下,原油、汽油、溶剂油以及需控制蒸发损耗及大气污染,控制放出不良气体,有着火危险的液体化学品都可采用浮顶罐。浮顶罐按需要可采用二次密封。

13.3.2 Резервуар стабильного конденсата

13.3.2.1 Классификация резервуаров стабильного конденсата

Должен применяться резервуар с плавающей крышей для хранения стабильного конденсата, резервуары с плавающей крышей делятся на резервуары с внутренней плавающей крышей и резервуары с внешней плавающей крышей.

（1）Резервуар с внешней плавающей крышей.

Плавающая крыша такого резервуара плавает на поверхности хранимой жидкости.Имеется одно кольцевое пространство между плавающей крышей и стенкой резервуара, в котором имеется уплотняющий элемент, плавающая крыша и уплотняющий элемент совместно образуют покров над поверхностью хранимой жидкости, вслед за колебанием вверх-вниз хранимой жидкости, хранимая жидкость в резервуаре полностью отделяется от атмосферы, таким образом, уменьшается потеря от испарения хранимой жидкости в процессе хранения, обеспечивается безопасность, уменьшается загрязнение атмосферы.

Плавающие крыши делятся на двухдисковые （рис.13.3.2）, однодисковые （рис.13.3.3）, поплавковые и т.д.О сфере применения резервуаров с плавающей крышей, в обычных обстоятельствах, может применяться резервуара с плавающей крышей для сырой нефти, бензина, сольвента и жидких химикатов с опасностью воспламенения, необходимостью управления потерей от испарения, управления выделением плохого газа.Для резервуара с плавающей крышей может применяться вторичное уплотнение по мере необходимости.

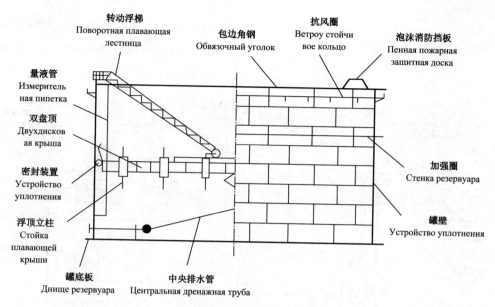

图 13.3.2 双盘式浮顶储罐

Рис.13.3.2 Резервуар с двухдисковой плавающей крышей

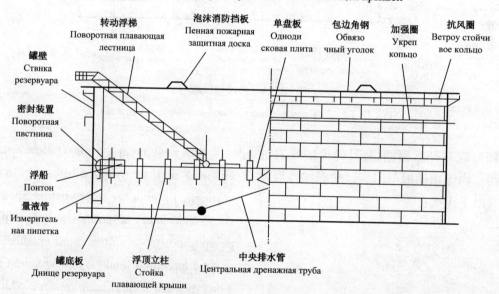

图 13.3.3 单盘式浮顶储罐

Рис.13.3.3 Резервуар с однодисковой плавающей крышей

（2）内浮顶储罐。

内浮顶储罐是在固定顶储罐内部再加上一个浮动顶盖。主要由罐体、内浮盘、密封装置、导向和防转装置、静电导线、通气孔、高低位液体报警器等组成,见图 13.3.4。

（2）Резервуар с внутренней плавающей крышей.

Резервуар с внутренней плавающей крышей характеризуется прибавлением одной плавающей крыши к внутренней части резервуара со стационарной крышей.В основном состоит из корпуса резервуара, внутреннего плавающего диска, уплотняющего устройства, направляющего устройства и антиповоротного устройства,

электростатического провода, отдушника, сигна-
лизатора высокого и низкого уровня жидкости и
т.д.См.Рис.13.3.4.

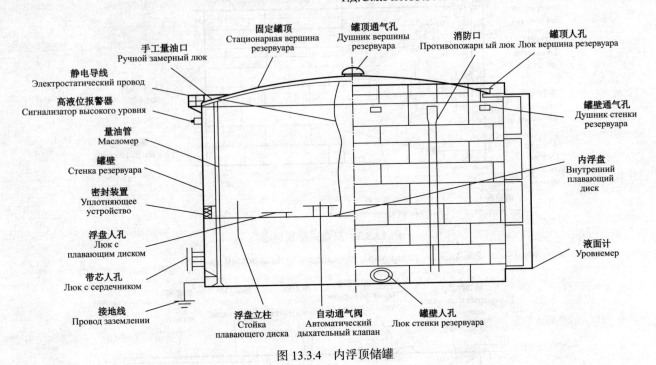

图 13.3.4 内浮顶储罐

Рис.13.3.4 Резервуар с внутренней плавающей крышей

内浮顶储罐与外浮顶储罐,其储液的收发过程是相同的。内浮顶储罐与固定顶储罐和外浮顶储罐比较有以下优点:

① 大量减少蒸发损耗。

② 由于液面上有浮动顶覆盖,储液与空气隔离,减少空气污染和着火爆炸危险,易于保证储液质量。特别适用于储存高级汽油和喷气燃料以及有毒易污染的液体化学品。

Для резервуара с внутренней плавающей крышей и резервуара с внешней плавающей крышей, их процесс поглощения хранимой жидкости оказывается одинаковым.По сравнению с резервуаром со стационарной крышей и резервуаром с внешней плавающей крышей резервуара с внутренней плавающей крышей обладает преимуществами такими, как:

① В количестве уменьшена потеря от испарения.

② В связи с тем, что поверхность жидкости покрыта плавающей крышей, хранимая жидкость изолирована от воздуха, уменьшено загрязнение воздуха, опасность воспламенения и возникновения взрыва, легко для обеспечения качества хранимой жидкости.И особенно пригодится для хранения бензина высшего класса и реактивного топлива, а также ядовитых жидких химикатов, легко загрязняющих.

③ 易于将已建固定顶储罐改造为内浮顶储罐，并取消呼吸阀、阻火器等附件，投资少、经济效益明显。

④ 因有固定顶，能有效防止风砂、雨雪或灰尘污染储液，在各种气候条件下保证储液的质量，有"全天候储罐"之称。

⑤ 在密封效果相同情况下，与外浮顶储罐相比，能进一步降低蒸发损耗，这是由于固定顶盖的遮挡以及固定顶与内浮盘之间的气相层甚至比双盘式浮顶具有更为显著的隔热效果。

⑥ 内浮顶储罐的内浮盘与外浮顶储罐上部敞开的浮盘不同，不可能有雨、雪荷载，内浮盘上荷载少、结构简单、轻便，可以省去浮盘上的中央排水管、转动浮梯等附件，易于施工和维护。密封部分的材料可以避免日光照射而老化。

③ Имеется легкость для преобразования построенного резервуара со стационарной крышей в резервуар с внутренней плавающей крышей, и отменены дыхательный клапан, огнепреградитель и другая принадлежность, капиталовложение оказывается небольшим, экономическая эффективность заметна.

④ В результате наличия стационарной крыши, может быть эффективно защищена хранимая жидкость от загрязнения летучим песком, дождем, снегом или пылью, может быть обеспечено качество хранимой жидкости при разнообразных климатических условиях, он известен как "Всепогодный резервуар".

⑤ При условии наличия одинакового эффекта уплотнения, по сравнению с резервуаром с внешней плавающей крышей, может быть осуществлено дальнейшее уменьшение потери от испарения, дело в том, что покров стационарной крыши и газофазный слой между стационарной крышей и внутренним плавающим диском имеют более заметный эффект теплоизоляции, чем двухдисковая плавающая крыша.

⑥ Внутренний плавающий диск резервуара с внутренней плавающей крышей отличается от открытого плавающего диска на верхней части резервуара с внешней плавающей крышей, невозможно наличие дождевой, снеговой нагрузки, на внутреннем плавающем диске имеется немного нагрузки, конструкция оказывается простой, легкой для экономии центральной дренажной трубы, поворотной плавающей лестницы и другой принадлежности, удобной для производства работы и технического обслуживания.Материалы уплотняющей части может избавляться от старения из-за солнечного облучения.

国内外内浮盘的材料除了碳钢和不锈钢外还有铝合金板、硬泡沫塑料、各种复合材料以及它们之间的组合。随着内浮顶储罐的发展,内浮盘的形式、结构发展也很快,并有专门制造生产各种形式浮盘和内浮盘的专业制造商或公司。

В стране и за рубежом не только углеродистая сталь и нержавеющая сталь, но и легированный алюминиевый лист, жёсткий пенопласт, разнообразные композиционные материалы, а также их комбинация могут быть использованы в качестве материала внутреннего плавающего диска.С развитием резервуара с внутренней плавающей крышей, форма, конструкция внутреннего плавающего диска тоже очень быстро развиваются,и имеются специальные предприятия или компании, специализирующиеся по изготовлению и производству разнотипных плавающих дисков и внутренних плавающих дисков.

13.3.2.2　操作要点

向汽车罐车充装时按下列顺序操作:

(1)当汽车罐车首次充装时,由于汽车罐车充满空气,应首先对罐车进行氮气置换:用胶管将氮气吹扫头和汽车罐车上的吹扫头连接,然后打开氮气吹扫头上的阀门,开始氮气置换。应对汽车罐车进行多次氮气置换,直至槽车内氧气含量小于2%(体积分数);

(2)将装车鹤管液相接口接到汽车罐车的液相接口上;

(3)将装车鹤管气相接口接到汽车罐车的气相接口上;

(4)关闭储罐入口管线上的手动阀和气缸阀;

13.3.2.2　Основные положения при эксплуатации

Выполняется наполнение автомобильной цистерны по следующему порядку:

(1)Следует сначала проводить вытеснение азотом при первом наполнении автомобильной цистерны из-за наполнения автомобильной цистерны воздухом:соединять штуцер продувки азотом с продувочным штуцером автомобильной цистерны посредством трубки, потом открывать клапан на штуцере продувки азотом, начинать вытеснение азотом.Следует проводить многократное замещение азотом для автом.цистерны до содержания кислорода в цистерне менее 2%(объ. доля);

(2)Следует соединять жидкофазный интерфейс погрузочного рукава с жидкофазным интерфейсом автомобильной цистерны;

(3)Следует соединять газофазный интерфейс погрузочного рукава с газофазным интерфейсом автомобильной цистерны;

(4)Следует закрывать ручной клапан и клапан цилиндра на входном трубопроводе резервуара;

（5）打开储罐出口管线上的手动阀和气缸阀；

（6）打开储罐凝析油进口管线上的气缸阀；

（7）打开装车泵的进口管线上的阀门；

（8）打开装车泵去装车鹤管的阀门；

（9）打开装车鹤管气、液相管线上的阀门；

（10）启动进口管线阀门已打开的装车泵，并打开泵出口管线的阀门；

（11）当接到汽车罐车装满通知或储罐低液位报警时，应立即停止装车泵；

（12）关闭装车泵出口管线阀门和储罐出口管线上的手动阀和气缸阀；

（13）关闭储罐气体进口管线上的手动阀和气缸阀；

（14）关闭装车泵进口管线的阀门；

（15）关闭鹤管气液相进出口阀门，将鹤管气相上的胶管接到气相管线的吹扫头上，放出封闭管段内的余气；

（16）拆除鹤管与槽车连接，收回鹤管。

（5）Следует открывать ручной клапан и клапан цилиндра на выходном трубопроводе резервуара；

（6）Следует открывать клапан цилиндра на входном трубопроводе конденсата резервуара；

（7）Следует открывать клапан на входном трубопроводе погрузочного насоса；

（8）Следует открывать клапан погрузочного насоса в погрузочный рукав；

（9）Следует открывать клапаны на газофазном, жидкофазном трубопроводах погрузочного рукава；

（10）Следует запускать погрузочный насос, клапан на входном трубопроводе которого уже открыт, и открывать клапан на выходном трубопроводе насоса；

（11）Получив сообщение о наполнении автомобильной цистерны или сигнализацию о низком уровне в резервуаре, следует немедленно останавливать погрузочный насос；

（12）Следует закрывать ручной клапан и клапан цилиндра на выходном трубопроводе погрузочного насоса и выходном трубопроводе резервуара；

（13）Следует закрывать ручной клапан и клапан цилиндра на входном трубопроводе газа резервуара；

（14）Следует закрывать клапан на входном трубопроводе погрузочного насоса；

（15）Следует закрывать клапаны на входе и выходе газовых и жидких фаз из рукава, присоединять газофазную трубку рукава к продувочному штуцеру газофазного трубопровода, выпускать остаточный газ в закрытом участке трубопровода.

（16）Следует снимать соединение рукава с цистерной, возвращать рукав.

13.3.3　丙烷和液化石油气储罐

丙烷和液化石油气储罐通常采用常温压力液化石油气储存。大于 100m³ 的丙烷和液化石油气宜采用球罐，小于 100m³ 的丙烷和液化石油气采用卧式储罐。球罐在前面已叙述，下面叙述卧式储罐，在土库曼斯坦中通常用丙烷用来补充脱烃装置的冷剂，用量均小于 100m³，用卧式储罐装置丙烷。

丙烷储罐操作要点如下。

13.3.3.1　丙烷储罐接受丙烷操作顺序

（1）将卸车软管液相接口接到汽车罐车的液相接口上；

（2）将卸车气相接口接到汽车罐车的气相接口上；

（3）关闭储罐出口管线上的手动阀；

（4）打开丙烷罐入口管线和气相线上的手动阀；

13.3.3　Резервуары пропана и сжиженного нефтяного газа

Чаще всего применяется хранение сжиженного нефтяного газа под давлением при комнатной температуре для резервуаров пропана и сжиженного нефтяного газа.1）Для пропана и сжиженного нефтяного газа более 100м³ должен применяться сферический резервуар, для пропана и сжиженного нефтяного газа менее 100м³ должен применяться горизонтальный резервуар. Сферический резервуар уже описан на вышеуказанном тексте, ниже перечислен горизонтальный резервуар, чаще всего применяется пропан для добавления хладагента в установку очистки газа от углеводородов в Туркменистане, расход составляет менее 100м³, используется горизонтальный резервуар для хранения пропана.

Основные положения при эксплуатации резервуара пропана заключается в следующем:

13.3.3.1　Последовательность выполнения операций по приему пропана в резервуар пропана

（1）Следует соединять жидкофазный интерфейс разгрузочного рукава с жидкофазным интерфейсом автомобильной цистерны;

（2）Следует соединять газофазный интерфейс разгрузочного рукава с газофазным интерфейсом автомобильной цистерны;

（3）Следует закрывать ручной клапан на выходном трубопроводе резервуара;

（4）Следует открывать ручные клапаны на входном трубопроводе и газофазном трубопроводе резервуара пропана;

（5）打开卸车泵 P-30202/A、P-30202/B 泵的进口管线上的阀门；

（6）打开卸车气、液相管线上的阀门；

（7）启动进口管线阀门已打开的卸车泵，并打开泵出口管线的阀门；

（8）当丙烷罐装至 85% 时，应立即停止卸车泵；

（9）关闭卸车泵入口管线阀门和储罐入口管线上的手动阀；

（10）关闭储罐气线上的手动阀；

（11）关闭卸车泵进口管线的阀门；

（12）关闭卸车软管气液相进出口阀门，将气相上的胶管接到气相管线的吹扫头上，放出封闭管段内的余气；

（13）拆除软管与槽车连接，收回软管。

13.3.3.2　丙烷储罐接收从脱水脱烃装置来的丙烷

（1）关闭储罐出口管线上的手动阀；

（2）打开丙烷罐入口管线和气相线上的手动阀；

（5）Следует открывать клапаны на входных трубопроводах разгрузочных насосов Р-30202/А、Р-30202/В；

（6）Следует открывать клапаны на газофазном, жидкофазном трубопроводах разгрузочного рукава；

（7）Следует запускать разгрузочный насос, клапан на входном трубопроводе которого уже открыт, и открывать клапан на выходном трубопроводе насоса；

（8）Следует немедленно останавливать разгрузочный насос при наполнении резервуара до 85%；

（9）Следует закрывать клапан на входном трубопроводе разгрузочного насоса и ручной клапан на входном трубопроводе резервуара；

（10）Следует закрывать ручной клапан на газовой линии резервуара；

（11）Следует закрывать клапан на входном трубопроводе разгрузочного насоса；

（12）Следует закрывать клапаны на входе и выходе газовых и жидких фаз из разгрузочного рукава, присоединять газофазную трубку к продувочному штуцеру газофазного трубопровода, выпускать остаточный газ в закрытом участке трубопровода；

（13）Следует снимать соединение рукава с цистерной, возвращать рукав.

13.3.3.2　Получение пропана от установки осушки и очистки газа от углеводородов в резервуар пропана

（1）Следует закрывать ручной клапан на выходном трубопроводе резервуара；

（2）Следует открывать ручные клапаны на входном трубопроводе и газофазном трубопроводе резервуара пропана；

（3）打开卸车泵 P-30202/A 泵的进口管线上的阀门；

（4）打开脱水脱烃装置气、液相管线上的阀门；

（5）启动进口管线阀门已打开的卸车泵，并打开泵出口管线的阀门；

（6）当丙烷罐装至 85%时，应立即停止卸车泵；

（7）关闭卸车泵入口管线阀门和储罐入口管线上的手动阀；

（8）关闭储罐气线上的手动阀；

（9）关闭卸车泵进口管线的阀门；

（10）关闭脱水脱烃装置气液相进出口阀门。

13.3.4 污油储罐

污油储罐采用卧式储罐，主要操作要点如下：

（1）污油储存依罐的序号装存入污油罐，污油的储存通过手动完成。

（3）Следует открывать клапан на входном трубопроводе разгрузочного насоса Р-30202/А；

（4）Следует открывать клапаны на газофазном, жидкофазном трубопроводах установок осушки газа и очистки газа от углеводородов；

（5）Следует запускать разгрузочный насос, клапан на входном трубопроводе которого уже открыт, и открывать клапан на выходном трубопроводе насоса；

（6）Следует немедленно останавливать разгрузочный насос при наполнении резервуара до 85%；

（7）Следует закрывать клапан на входном трубопроводе разгрузочного насоса и ручной клапан на входном трубопроводе резервуара；

（8）Следует закрывать ручной клапан на газовой линии резервуара；

（9）Следует закрывать клапан на входном трубопроводе разгрузочного насоса；

（10）Следует закрывать клапаны на входе и выходе газовых и жидких фаз из установок осушки газа и очистки газа от углеводородов.

13.3.4 Резервуар загрязненной нефти

Для резервуара загрязненной нефти применяется горизонтальный резервуар, основные положения при эксплуатации заключаются в следующем：

（1）Погружать загрязненную нефть в резервуар загрязненной нефти для хранения по порядковому номеру резервуара, вручную выполнять хранение загрязненной нефти.

（2）污油的输出首先确定要输出的罐中污油是储存了1d的（使介质沉降，达到污油和水分离作用）后，方可对此罐内的污油输出。将污油输至凝析油稳定装置处理是通过污油泵（泵为1用1备）完成的。对污油的输出，也是依罐的序号卸存污油罐。污油的输出是通过手动阀门完成的。

13.3.5　倒罐

在对一个储罐检修或其他需要对一个储罐倒空的情况下，需要进行倒罐作业。倒罐时应关闭凝析油或丙烷进出装置的阀门。

（1）打开储罐出口管线上的阀门，以倒罐泵进行倒罐；P-30201/A作为事故凝析油倒罐泵，P-30202/A作为丙烷倒罐泵。

（2）打开相互倒罐的两储罐的气体管线上的阀门，将两储罐的气相连通；

（2）Для экспорта загрязненной нефти, сначала определять, что загрязненная нефть в резервуаре, которая должна быть экспортирована, уже сохранена на 1 день (осаждать среду для достижения сепарации загрязненной нефти от воды), потом можно экспортировать загрязненную нефть из данного резервуара.Транспортировка загрязненной нефти в установку стабилизации конденсата для обработки выполняется насосом загрязненной нефти (два насоса：один рабочий, один резервный).Для экспорта загрязненной нефти, тоже проводится погрузка и разгрузка по порядковому номеру резервуара.Выход загрязненной нефти выполняется ручным клапаном.

13.3.5　Перекачка между резервуарами

Когда требуется ремонт резервуара или опорожнение резервуара с другой целью, следует выполнить перекачку между резервуарами.Следует закрывать клапаны для ввода и вывода конденсата или пропана из установки при перекачке между резервуарами.

（1）Следует открывать клапан на выходном трубопроводе резервуара, проводить перекачку между резервуарами посредством перекачивающего насоса；P-30201/A используется в качестве аварийного перекачивающего насоса конденсата, P-30202/A используется в качестве перекачивающего насоса пропана.

（2）Следует открывать клапаны на газопроводах двух резервуаров, между которыми проводится перекачка, чтобы газовые фазы в двух резервуарах сообщены.

（3）按启泵程序启动倒罐泵，经倒罐线进行倒罐作业；

（4）倒罐作业完成后，关闭储罐出口管线上的阀门，停止倒罐泵；

（5）关闭储罐气体管线上的阀门；

（6）关闭倒罐泵出口管线上的阀门；

（7）关闭倒罐线上的阀门，完成倒罐作业。

（3）Следует запускать перекачивающий насос по порядку запуска насоса, проводить работу по перекачке между резервуарами с помощью перекачивающего насоса;

（4）Следует закрывать клапаны на выходных трубопроводах резервуаров, останавливать перекачивающий насос после завершения работы по перекачке между резервуарами;

（5）Следует закрывать клапан на газопроводе резервуара;

（6）Следует закрывать клапан на выходном трубопроводе перекачивающего насоса;

（7）Следует закрывать клапан на перекачивающем трубопроводе, выполнять операцию по перекачке между резервуарами.

14 火炬及放空系统

14 Факельно-сбросная система

火炬及放空系统是以一种安全、可控、有效的方式将可燃废气燃烧净化的装置,要求生产装置正常或事故排放时能够及时通过火炬及放空系统排放燃烧,并满足严格的环保要求。天然气处理厂火炬的主要作用是将工厂放空的可燃气体进行燃烧处理以降低对环境的污染。它是保障工厂安全生产不可或缺的设施之一。从环境保护和安全上考虑,可燃气体应尽量通过火炬系统排放,含硫化氢等有毒性的可燃气更是如此。

Факельно-сбросная система является установкой горения и очистки горючих отработанных газов безопасным, управляемом, эффективным способом, требуется возможность своевременного выброса и горения через факельно-сбросную систему при нормальном или аварийном выбросе из производственной установки, а также удовлетворение строгих требований по охране окружающей среды.Основная функция факела на ГПЗ заключается в горении сбросных горючих газов на заводе для снижения загрязнения окружающей среды.Он представляет собой одно из незаменимых устройств для обеспечения безопасного производства на заводе.С учетом охраны окружающей среды и безопасности, следует стараться выбрасывать горючий газ через факельную систему, и особенно токсичный горючий газ с сероводородом и т.д.

14.1 工艺原理

14.1 Технологический принцип

火炬及放空系统主要是在工厂开车、停车以及紧急事故情况下,放空的原料气、净化气、酸气通过高压、低压火炬进行燃烧处理,将 H_2S 和烃类、有机硫等转化为 SO_2 和 CO_2 排放,以减小大气污染。

Факельно-сбросная система характеризуется горением сбросного сырьевого газа, очищенного газа, кислого газа через факел В.Д.или Н.Д.и превращением H_2S и углеводородов, органической серы в SO_2 и CO_2 для выброса, чтобы уменьшено загрязнение атмосферы при запуске, остановке, а также в аварийной ситуации на заводе.

按照火炬系统的压力等级,火炬及放空系统可分为高压火炬及放空系统、低压火炬及放空系统;按照火炬处理排放气体组成的不同可分为无消烟设施的火炬、有消烟设施的火炬;按照火炬头结构不同可分为常规火炬头、音速火炬头(音速火炬又有很多种升级产品如多头火炬即变量孔设计的孔达火炬头);按照火炬支撑方式不同可分为自支承式火炬、拉绳式火炬和塔架火炬。一些不同类型的火炬见图 14.1.1 和图 14.1.2。

Факельно-сбросные системы могут делиться на факельно-сбросные системы В.Д.и Н.Д.по классу давления факельной системы;могут делиться на факел с устройством устранения дыма и факел без устройства устранения дыма по разным составам газа, обработанного и выброшенного из факела;могут делиться на обычный факельный оголовок и факельные оголовок со звуковой скоростью (факел со звуковой скоростью имеет многообразные модернизированные продукты , например:факельный оголовок с множественными насадками является факельным оголовком Коанда с проектированием отверстий переменного сечения)по разным структурам факельного оголовка;могут делиться на самонесущий факел, факел с оттяжками, факел с опорной башней по разным опорным конструкциям.Некоторые разнотипные факелы приведены на рис.14.1.1 и рис.14.1.2.

图 14.1.1 常规地面塔架火炬

Рис.14.1.1 Обычный наземный факел с опорной башней

图 14.1.2 多头火炬头

Рис.14.1.2 Мультигорелочный факельный оголовок

火炬及放空系统一般设有高压放空系统和低压放空系统,高压、低压火炬各 1 座。火炬系统包括火炬头、密封装置、火炬筒体、气液分液罐、塔架等静设备及凝液回收泵等动设备和公用配管系统、电气系统、自控仪表系统、点火系统等部分。

火炬点火系统一般采用高空电点火和地面内传火两种点火方式,两者互为备用,高空电点火采用全自动的点火方式。

Для факельно-сбросной системы, как обычно, предусмотрены сбросные системы В.Д.и Н.Д., факел В.Д.и факел Н.Д.- 1 шт.В состав факельной системы входят:факельный оголовок, уплотняющее устройство, факельный ствол, газожидкостная отделительная емкость, опорная башня и другое статическое оборудование, а также насос для утилизации конденсата и другое динамическое оборудование, общая система прокладки трубопроводов, электросистема, система КИП и А, система зажигания.

Для системы факельного зажигания, обычно применяются два способа зажигания:высотное электрическое зажигание и внутренне-огненная передача на земле, два способа резервируются друг другом, для высотного электрического зажигания применяется полноавтоматический способ зажигания.

14.2　工艺流程

14.2　Технологический процесс

火炬及放空系统工艺流程简图如图 14.2.1 所示。

Технологическая схема факельно-сбросной системы показана на рис.14.2.1.

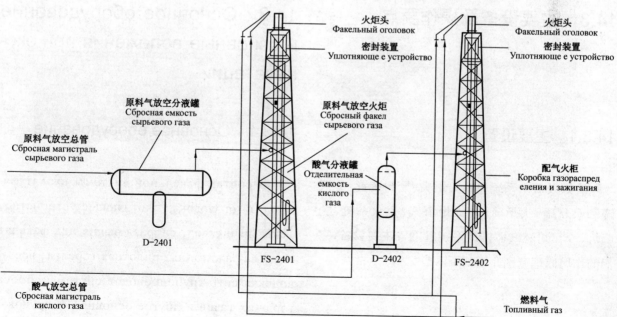

图 14.2.1　火炬及放空系统工艺流程简图

Рис.14.2.1　Технологическая схема факельно-сбросной системы

由工艺装置排出的原料气、净化气经放空管网至卧式原料气放空分液罐、分离出其中的油、水等杂质后送至原料气放空火炬燃烧后排放。

从脱硫单元、尾气处理单元等排出的酸气，通过酸气放空管网至酸气分液罐，分离出液态物质后，送至酸气火炬燃烧后排放。

从燃料气系统引接燃料气至火炬，在火炬下部分为电点火、内传火、长明灯进入火炬。

14.3 主要设备及操作要点

14.3.1 主要设备

火炬及放空系统包括火炬头、密封装置、分液罐和水封罐、火炬筒体、火炬塔架、点火系统、长明灯、全厂可燃气体排放系统管网等主要设备，它们的作用原理分别介绍如下。

Сырьевой газ, очищенный газ, выпущенный из технологической установки подается в горизонтальную сбросно-отделительную емкость сырьевого газа через сеть сбросных трубопроводов, после выделения масла, воды и другой примеси из них, подается в сбросную коробку зажигания сырьевого газа для горения и выброса.

Кислый газ, выпущенный из блока обессеривания, блока очистки хвостового газа и т.д., подается в отделительную емкость кислого газа через сеть сбросных трубопроводов кислого газа, после выделения жидкого вещества, подается в коробку зажигания кислого газа для горения и выброса.

Подводить топливной газ из системы топливного газа к факелу, в нижней части факела–электрическое зажигание, внутренне-огненная передача, пилотная горелка входит в факел.

14.3 Основное оборудование и основные положения при эксплуатации

14.3.1 Основное оборудование

В состав факельной системы входят факельный оголовок, уплотняющее устройство, факельный ствол, опорная башня лдя факела, система зажигания, пилотная горелка, всезаводская сеть трубопроводов системы сброса горючих газов и другое основное оборудование.

14.3.1.1 火炬头

火炬头又称为火炬气燃烧器,设于高架火炬顶端,其作用是保证在不同排放工况下安全地燃烧掉放空气体。出口处带稳火器的火炬头及其周围的若干个引火、点火设施和长明灯是它的基本构成。根据消烟的需要,还可能有中心蒸汽喷管和(或)环状蒸汽喷管。燃烧器形式有单点火燃烧器和多燃烧器。

火炬头应满足装置正常操作和开停工时无烟燃烧的要求。

全厂紧急事故最大排放工况火炬头出口的马赫数应不大于0.5,无烟燃烧时火炬头出口的马赫数宜取0.2;处理酸性气体的火炬头出口马赫数宜不大于0.2。

处理酸性气体的火炬头宜设置防风罩。

除酸性气火炬外宜使用蒸汽控制烟雾生成,对酸性气火炬,寒冷地区的火炬及低温条件下使用的火炬可采用压缩空气控制烟雾生成。

14.3.1.1 Факельный оголовок

Факельный оголовок тоже называется горелка факельного газа, его функция заключается в обеспечении безопасного сжигания сбросных газов при разных режимах сброса. Его основной конструкцией являются факельный оголовок с стабилизатором пламени на выходе и несколько запальных, зажигательных приспособлений и пилотная горелка вокруг него. По необходимости устранения дыма, еще может быть оборудован центральным пароструйным соплом и(или) кольцевым пароструйным соплом. Вид горелки: единичная запальная горелка и мультигорелка.

Факельный оголовок должен удовлетворять требованиям по бездымному сжиганию при нормальной эксплуатации, пуске и остановке установки.

Число Маха на выходе факельного оголовка в режиме максимального аварийного сброса на всем заводе должно быть меньше или равно 0,5, число Маха на выходе факельного оголовка при бездымном сжигании следует принимать равным 0,2 ;число Маха на выходе из факельного оголовка для обработки кислого газа должно быть не более 0,2.

Факельный оголовок для обработки кислого газа должен быть оборудован ветрозащитным кожухом.

Кроме факела кислого газа, должен применяться пар для управления образованием дыма, для факела кислого газа, используемого в холодном районе и при низкой температуре может применяться сжатый воздух для управления образованием дыма.

消烟蒸汽的压力宜控制在 0.7～1.0MPa；消烟压缩空气的压力不宜低于 0.7MPa。

火炬头出口计算条件：

（1）视排放气体为理想气体；

（2）火炬出口处的排放气体允许线速度与声波在该气体中的传播速度的比值——马赫数，按下述原则取值：全厂紧急事故最大排放工况火炬头出口的马赫数应不大于 0.5，无烟燃烧时火炬头出口的马赫数宜取 0.2；处理酸性气体的火炬头出口马赫数宜不大于 0.2。

火炬头出口有效截面积应按下式计算：

$$A = 3.047 \times 10^{-6} \frac{q_{m}}{\rho_{v} M_{a}} \sqrt{\frac{M_{a}}{kT}} \qquad (14.3.1)$$

式中　A——火炬头出口有效截面积，m^2；

M_{a}——火炬头出口马赫数；

q_{m}——气体质量流程，kg/h；

ρ_{v}——操作条件下的气体密度，kg/m^3；

k——排放气体的绝热指数；

T——排气气体的温度，K。

Следует контролировать давление пара для устранения дыма в диапазоне от 0,7 до 1,0МПа; давление сжатого воздуха для устранения дыма не должно быть ниже 0,7МПа.

Расчетные условия на выходе из факельного оголовка：

（1）Смотреть сбросный газ как идеальный газ；

（2）Соотношение допустимой линейной скорости сбросного газа на выходе из факела к скорости распространения акустической волны в данном газе - число Маха, принимать значение по нижеизложенному принципу：число Маха на выходе из факельного оголовка в режиме максимального аварийного сброса на всем заводе должно быть меньше или равно 0,5, число Маха на выходе факельного оголовка при бездымном сжигании следует принимать равным 0,2；число Маха на выходе факельного оголовка для обработки кислого газа должно быть меньше или равно 0,2.

Площадь живого сечения выхода факельного оголовка должна вычисляться по формуле （14.3.1）：

$$A = 3.047 \times 10^{-6} \frac{q_{m}}{\rho_{v} M_{a}} \sqrt{\frac{M_{a}}{kT}} \qquad (14.3.1)$$

Где　A——площадь живого сечения выхода из факельного оголовка, $м^2$；

M_{a}——число Маха на выходе из факельного оголовка；

q_{m}——Массовый расход газа, кг/ч；

ρ_{v}——Плотность газа в рабочих условиях, $кг/м^3$；

k——Адиабатический показатель выхлопных газов；

T——Температура выхлопных газов, K.

消烟蒸汽可按下式计算,压缩空气消耗量可取蒸汽量的 1.2～2 倍：

$$G_{st} = q_{cm}\left(0.68 - \frac{10.8}{M_c}\right) \quad （14.3.2）$$

式中　G_{st}——消烟蒸汽用量,kg/h;

　　　q_{cm}——排放气体中的碳氢化合物的质量流量,kg/h;

　　　M_c——排放气体中碳氢化合物的平均分子量。

14.3.1.2　密封装置

在火炬气低负荷运行期间,空气进入火炬塔内与进入的火炬气混合可能产生潜在的爆炸可能性。有两种常见的机械密封,通常位于或低于火炬头,它用于减少防止空气渗入火炬塔中所需要的连续吹扫的气量。

（1）滞止型密封——分子封。

分子封又称为气封罐,它的作用是防止火炬点火或装置停运时发生回火或爆炸,保证火炬系统安全。分子封防止回火或爆炸的原理是：利用气体扩散原理,当火炬处于停工或放空量过小的运行状时,从火炬筒体进口管道上连续通入相对分子质量比空气小的气体(如甲烷或氮气)。这些气体聚集在分子封内,维持微正压,阻止空气从火炬顶部流入火炬筒,从而避免在系统内部形成爆炸型气体混合物。

По отношению к пару для устранения дыма вычислять по формуле（14.3.2）, расход сжатого воздуха можно принимать равному значению, которое в 1,2-2 раза больше расхода пара：

$$G_{st} = q_{cm}\left(0.68 - \frac{10.8}{M_c}\right) \quad （14.3.2）$$

Где　G_{st}——расход пара для устранения дыма, кг/ч;

　　　q_{cm}——массовый расход углеводородов в сбросных газах, кг/ч;

　　　M_c——средний молекулярный вес углеводородов в сбросных газах.

14.3.1.2　Уплотняющее устройство

Воздух поступает в факельную колонну и смешивается с поступающим факельным газом, что дает потенциальную возможность взрыва в период движения факельного газа при низкой нагрузке.Имеется два распространенных механических уплотнений, которые обычно уплотнение находится или ниже факельного оголовка, предназначено для уменьшения объема газа непрерывной продувки, необходимого для предотвращения проникновения воздуха в факельную колонну.

（1）Уплотнение типа застоя – молекулярный затвор.

Молекулярный затвор тоже называется баллоном с газовым затвором, его функция заключается в предотвращении розжига факела или возникновения отпуска или взрыва при остановке установки, обеспечении безопасности факельной системы.Принцип предотвращения отпуска или взрыва молекулярным затвором заключается в непрерывном впуске газа（например, пропан или азот）с относительной молекулярной массой меньше воздуха во входной трубопровод факельного ствола по принципу газовой диффузии, когда факел находится в состоянии остановки или эксплуатации при объеме сброса меньше нормы. Эти газы собираются в молекулярном затворе, поддерживают положительное микродавление, удерживают проникновение воздуха в факельный ствол с верха факела во избежание образования газовоздушной взрывопожароопасной смеси в системе.

分子封特点如下：

保证不让空气倒流进入火炬筒体内部,绝对杜绝回火或爆炸。

Особенностями молекулярного затвора являются:

Обеспечение отсутствие возникновения обратного течения воздуха в факельный ствол, абсолютное исключение возникновения отпуска или взрыва.

不含氧且露点低于环境温度的任何气体均可作为分子封的密封气体。

Отсутствие содержания кислорода и использование любого газа с точкой росы ниже температурой окружающей среды в качестве уплотняющего газа молекулярного затвора.

分子封的密封气耗量少,无运动件,安全可靠。

Небольшой расход уплотняющего газа, отсутствие движущейся детали, безопасность и надежность.

分子封结构如图 14.3.1 所示。

Конструкция молекулярного затвора показана на рис.14.3.1.

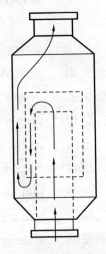

图 14.3.1 分子封结构示意图

Рис.14.3.1 Схема конструкции молекулярного затвора

（2）速度型密封——速度封。

渗入的空气进入，穿过火炬头紧靠在火炬塔的内侧，速度密封是一个锥形头部障碍物，并带有一个或多个折流板，它们迫使空气离开火炬塔内壁，在那里遇到集中的吹扫气流并被冲出火炬头。这种密封型式通常把经过火炬头的吹扫气速度减到 0.5～1.00mm/s，这就保持了氧气浓度低于密封要求的 4%～8%（近似于产生可燃混合物所要求的限制含氧浓度的 50%）。速度封的结构示意图详见图 14.3.2。

（2）Уплотнение скоростного типа - скоростное уплотнение.

Проникающий воздух поступает, проходит через внутреннюю стороны факельного оголовка вплотную к факельной колонне, скоростное уплотнение является одним заграждением с конической носовой частью и одним или несколькими дефлекторами, которые вынуждают воздух выходить из внутренней стенки факельной колонны, где воздух встречается с централизованным продувочный газовым потоком и выбрасывается из факельного оголовка.Обычно такое уплотняющее исполнение позволяет уменьшение скорость продувочного газа, проходящего через факельный оголовок, до 0,5-1,00мм/с, это сохраняет, что концентрация кислорода составляет ниже 4%-8%, требуемой уплотнением（приближена к 50% от ограниченной огкислородсодержащей концентрации, необходимой для образования горючей смеси）.Конструкция скоростного уплотнения подробно показана на рис.14.3.2.

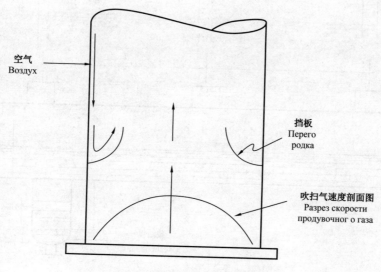

图 14.3.2　速度封结构示意图

Рис.14.3.2　Схема конструкции скоростного уплотнения

14.3.1.3 分液罐和水封罐

（1）分液罐。

卧式分液罐分为单流式（图 14.3.3）和双流式（图 14.3.4）两种。

14.3.1.3 Отделительная емкость и баллон с гидрозатвором

（1）Отделительная емкость.

Горизонтальные отделительные емкости делятся на два вида - однопоточные（рис.14.3.3）и двухпоточные（рис.14.3.4）.

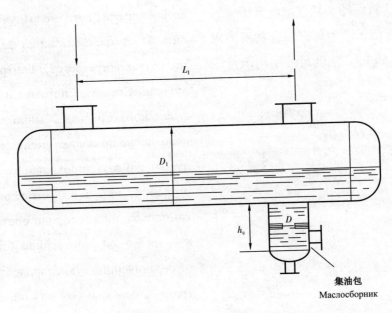

集油包
Маслосборник

图 14.3.3　单流式分液罐示意图

Рис.14.3.3　Схема однопоточной отделительной емкости

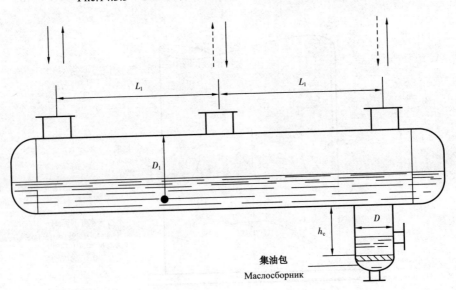

集油包
Маслосборник

图 14.3.4　双流式分液罐示意图

Рис.14.3.4　Схема двухпоточной отделительной емкости

立式分液罐的构造如图 14.3.5 所示。

Структура вертикальной отделительной емкости показана на рис.14.3.5.

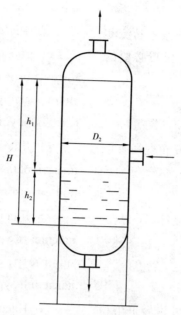

图 14.3.5 立式分液罐示意图

Рис.14.3.5 Схема вертикальной отделительной емкости

分液罐作用是将放空气体中可能夹带的可燃液体分离出来,以防止形成火雨。分离器的设计应能将 300~600μm 的液滴完全分离出来。另外对于甲类、乙类液体排放时,由于状态条件变化,可能释放出可燃气体。这些气体如不经分离,会从污油系统扩散出来,成为火灾隐患。故在这类液体放空时应先进入分离器,使气液分离后再分别引入各自的放空系统。

① 含凝结液的可燃性气体(C₅ 及 C₅₊) 排放管道宜每 1000~1500m 进行一次分液处理。

Функция отделительной емкости заключается в выделении горячей жидкости из сбросного газа во избежание образования огневого дождя. Сепаратор должен проектироваться так, как имеет возможность полного выделения капель от 300мкм до 600мкм.Кроме того, может быть высвобожден горючий газ в результате изменения состояния и условия при выбросе жидкости.Эти газы диффундируют из системы загрязненной нефти, становятся скрытой угрозой пожара в случае отсутствия проведения сепарации.Поэтому такая жидкость должна поступать в сепаратор в первую очередь при сбросе, потом соответственно подводиться к свой сбросной системе после разделения газа от жидкости.

① Для трубопровода выпуска горючего газа с конденсатом (C₅ и C₅₊)следует проводить отделение жидкости один раз через каждые 1000-1500м.

② 凝结液应送入全厂轻污油罐或生产装置进行回收利用。

③ 对于含有在环境温度下呈固态或不易流动液态组分的火炬排放气体的分液罐,设置必要的加热设施。

④ 计算分液罐尺寸时,被分离液滴直径宜取600μm。

⑤ 分液罐应设液位计、液相温度计、压力表、高低压和高低液位报警。

⑥ 凝结液输送泵宜人工启泵,并设置低液位连锁停泵。

⑦ 分液罐的容积应为气液分离所需的容积和火炬气连续排放 20~30min 所产生的凝结液所需的容积之和。

⑧ 卧式分液罐内最高液面之上气体流动的截面积(沿罐的径向)应不小于入口管道横截面的 3 倍。

⑨ 立式分液罐内气相空间的高度应不小于分液罐内径,且不小于1m;最高液位距入口管低应不小于入口管直径,且不小于0.3m。

② Конденсат должен транспортироваться в всезаводский резервуар легкой загрязненной нефти или производственную установку для утилизации.

③ Для отделительной емкости сбросного газа из факела с составами, твердыми или нелегко текучими жидкими при температуре окружающей среды, устанавливается необходимое нагревательное устройство.

④ Диаметр отделенной капли следует принимать 600мкм при расчете размера отделительной емкости.

⑤ Для отделительной емкости следует устанавливать уровнемер, жидкофазный термометр, манометр, сигнализацию о высоком и низком давлении, уровне.

⑥ Насосперекачки конденсационной жидкости следует вручную запускать, и устанавливать блокированную остановку насоса при низком уровне.

⑦ Объем отделительной емкости должен быть равен сумме необходимого объема для газожидкостной сепарации и необходимого объема конденсационной жидкости, произведённой в результате непрерывного сброса факельного газа на 20-30мин.

⑧ Площадь сечения течения газа над максимальным уровнем в горизонтальной отделительной емкости (по радиальному направлению емкости) должна быть больше или равна значению, которое в 3 раза больше, чем площадь поперечного сечения входного трубопровода.

⑨ Высота газофазного пространства в вертикальной отделительной емкости должна быть меньше или равна внутреннему диаметру отделительной емкости, и не менее 1м;расстояние от максимального уровня до низа входного трубопровода должно быть больше или равно диаметру входного трубопровода, и не менее 0,3м.

⑩ 分液罐的形式应依据容器及火炬气排放系统设计的经济性选择,采用卧式分液罐时其长度与直径的比值宜取 2.5~6.0。

⑪ 分液罐气体进出通道的形式可分为下列之一:

卧式罐:气体从罐轴线垂直上部一段进入另一端排出,气体入口与排出口宜朝向邻近的罐封头端。

卧式罐:气体从罐轴线垂直上部两端进入中间排出,气体入口宜朝向邻近的罐封头端。

立式罐:气体从罐体径向进入从罐体垂直轴线顶部排出,采用挡板保证气体流向向下。

立式罐:气体从罐体径向切线进入从罐体垂直轴线顶部排出。

⑫ 分液罐的设计压力不得低于 350kPa,外压不得低于 30kPa。

⑬ 卧式分液罐应设置集液包,集液包结构尺寸:

a. 集液包直径宜为 500~800mm,不宜大于分液罐直径的 1/3,但不宜小于 300mm;

⑩ Форма отделительной емкости должна быть выбрана по экономичности проектирования сосуда и системы сброса факельного газа, при применении горизонтальной отделительной емкости отношение ее длины к диаметру следует принимать равным 2,5-6,0.

⑪ Формы входного и выходного канала газа из отделительной емкости могут делиться на следующие:

Горизонтальная емкость:газ входит в другой конец из вертикального верхнего участка оси емкости для выброса, вход и выход газа должны быть обращены к соседнему концу крышки емкости.

Горизонтальная емкость:газ входит в середину из вертикальных верхних двух концов оси емкости для выброса, вход и выход газа должны быть обращены к соседнему концу крышки емкости.

Вертикальная емкость:газ входит в емкость по радиусу емкости и выпускается из верха вертикальной оси емкости, применяется защитная доска для обеспечения течения газа вниз.

Вертикальная емкость:газ входит по радиальной касательной линии емкости и выпускается из верха вертикальной оси емкости.

⑫ Проектное давление отделительной емкости не должно быть ниже 350кПа, наружное давление не должно быть ниже 30кПа.

⑬ Для горизонтальной отделительной емкости следует устанавливать жидкосборник, конструктивный размер жидкосборника:

a.Диаметр жидкосборника должен составлять 500-800мм, не должен быть больше 1/3 диаметра отделительной емкости, но не должен быть меньше 300мм;

b. 集液包高度(集液包封头切线至罐壁距离)不宜小于500mm。

⑭ 分液罐的人孔设置应符合下列要求：

a. 卧式罐筒体长度小于6000mm时,应设置1个人孔;筒体长度不小于6000mm时,应设2个人孔;人孔宜设在罐体端部并尽量靠近罐的底部。

b. 立式分液罐应在靠近底部的罐壁上设置1个人孔。

⑮ 卧式分液罐尺寸的计算。

计算公式来自API 521《Pressruing-relieving and Depressureing System》和SH-3009《石油化工可燃性气体排放系统设计规范》

卧式分液罐的直径按下式通过试算确定,当满足$D_{sk} \leqslant D_k$时,假定的D_k即为卧式分液罐的直径:

$$D_{sk} = 0.0115 \times \sqrt{\frac{(a-1)q_v T}{(b-1)p\phi U_c}} \qquad (14.3.3)$$

式中 D_{sk}——试算的卧式分液罐直径,m;

a——罐内液面高度与罐直径比值;

q_v——入口气体流量,Nm³/h;

b. Высота жидкосборника（расстояние от касательной линии крышки жидкосборника до стенки резервуара）не должна быть меньше 500мм.

⑭ Люк-лаз для отделительной емкости должен быть установлен по следующим требованиям：

a. Следует устанавливать один люк-лаз когда длина обечайки горизонтальной емкости меньше 6000мм；следует устанавливать 2 люка-лаза когда длина обечайки равна или больше 6000мм；люк-лаз должен устанавливаться на конце емкости и всемерно приближаться к дну емкости.

b. Для вертикальной отделительной емкости следует устанавливать один люк-лаз на стенке емкости, приближенной к дну.

⑮ Расчет размера горизонтальной отделительной емкости.

Расчетная формула исходит из API 521 «Pressruing-relieving and Depressureing System» и SH-3009 «Норм проектирования системы сброса горючих газов в нефтехимической промышленности».

Диаметр горизонтальной отделительной емкости определяется путем предварительного исчисления по формуле（14.3.3）, при удовлетворении $D_{sk} \leqslant D_k$, условный диаметр D_k составляет диаметр горизонтальной отделительной емкости:

$$D_{sk} = 0.0115 \times \sqrt{\frac{(a-1)q_v T}{(b-1)p\phi U_c}} \qquad (14.3.3)$$

Где D_{sk}——диаметр горизонтальной отделительной емкости путем предварительного исчисления, м;

a——отношение высоты уровня в емкости к диаметру емкости;

q_v——расход газа на входе, Нм³/ч;

b——罐内液体截面积与罐总截面积比值;

p——操作条件下的气体压力(绝压),kPa;

φ——系数,宜取 2.5~3.0;

U_c——液滴沉降速度,m/s。

卧式分液罐进出口距离按下式计算:

$$L_k = \phi D_k \qquad (14.3.4)$$

式中 L_k——气体入口至出口的距离,m;
D_k——假定的分液罐直径,m。

⑯ 卧式分液罐直径的核算。

按式(14.3.3)计算 出卧式分液罐的直径后,应按下式对其进行核算,分液罐的直径应满足下式核算结果及"卧式分液罐内最高液面之上气体流动的截面积(沿罐的径向)应不小于入口管道横截面的 3 倍"的规定:

$$卧式分液罐直径 \geqslant 1.13 \times \sqrt{\frac{q}{v_c} + \frac{q_1}{\phi D_k}} \qquad (14.3.5)$$

式中 q——操作状态下入口气体体积流量,m/s;

q_1——分液罐内储存的凝结液量,m³;

b—— отношение площадь сечения жидкости в емкости к общей площади сечения емкости;

p—— давление газа при рабочем условии (абсолютное давление), кПа;

φ—— коэффициент, следует принимать равным 2,5-3,0;

U_c—— скорость осаждения капель, м/с.

Расстояние между входом и выходом горизонтальной отделительной емкости вычисляется по формуле (14.3.4) :

$$L_k = \phi D_k \qquad (14.3.4)$$

Где L_k—— расстояние от входа до выхода газа, м;
D_k—— условный диаметр отделительной емкости, м.

⑯ Учет диаметра горизонтальной отделительной емкости.

Вычислив диаметр горизонтальной отделительной емкости по формуле (14.3.3), следует проводить его учет по формуле (14.3.5), диаметр отделительной емкости должен удовлетворять результатам учета по формуле (14.3.5)и правилам-"Площадь сечения течения газа над максимальным уровнем в горизонтальной отделительной емкости (по радиальному направлению емкости)должна быть больше или равна значению, которое в 3 раза больше, чем площадь поперечного сечения входного трубопровода":

Диаметр горизонтальной отделительной

$$емкости \geqslant 1.13 \times \sqrt{\frac{q}{v_c} + \frac{q_1}{\phi D_k}} \qquad (14.3.5)$$

Где q—— объемный расход газа на входе в рабочем состоянии, м/с;

q_1—— Объем конденсатной жидкости в отделительной емкости, м³;

v_c——卧式分液罐内气体水平均流动的临
界流速,m/s,其值可由图 14.3.6 查得。

v_c——критическая скорость горизонтального течения газа в горизонтальной отделительной емкости, м/с; ее значение может быть найдено на рис. 14.3.6.

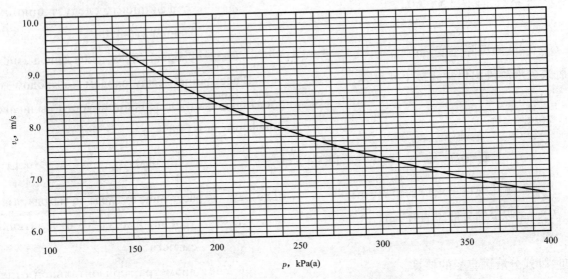

图 14.3.6 卧式分液罐内气体水平流动临界速度

Рис.14.3.6 Критическая скорость горизонтального течения газа в горизонтальной отделительной емкости

⑰ 立式分液罐的直径按下式计算:

⑰ Диаметр вертикальной отделительной емкости вычисляется по формуле (14.3.6):

$$D_k = 0.0128 \times \sqrt{\frac{q_v T}{p U_c}} \qquad (14.3.6)$$

$$D_k = 0.0128 \times \sqrt{\frac{q_v T}{p U_c}} \qquad (14.3.6)$$

(2) 水封罐。

水封罐是将生产装置与火炬系统有效隔离的安全设备。它的水封高度应根据排放系统在正常生产是能阻止火炬回火,在事故排放时排放气体能冲破水封排入火炬所需控制的压力确定。通常天然气净化厂火炬头设置了分子封时,可以不再设置水封罐。

(2) Баллон с гидрозатвором.

Баллон с гидрозатвором является предохранительным оборудованием для эффективного отделения производственной установки от факельной системы. Его высота гидрозатвора должна определяться по необходимому контрольному давлению, под которым сбросная система может препятствовать отпуску в факеле при нормальном производстве, сбросный газ может прорывать гидрозатвор и выпускаться в факел при аварийном сбросе.Как обычно, может не устанавливаться баллон с гидрозатвором когда факельный оголовок оборудован молекулярным затвором на ГПЗ.

14.3.1.4　火炬筒体

（1）高架火炬通过火炬筒体将可燃气体送至高空，火炬筒体按气支撑结构可分为支承式、拉绳式和塔架式三种。

（2）火炬筒体的直径应由压力降计算来确定。不同压力的排放管道接到同一个火炬筒体时，应核算不同排放系统同时排放的工况，保证压力较低系统的排放不受阻碍。

（3）火炬筒体底部应设有积存雨水、凝液、锈渣等空间，并设置手孔、排污孔、凝液排出口及液位计。

（4）火炬高度的计算

火炬高度的确定应符合下列规定：

按受热点的允许辐射强度计算火炬高度；按表 14.3.1 确定允许的辐射强度。太阳的辐射热强度约为 0.79～1.04kW/m²，对允许暴露时间的影响很小。

14.3.1.4　Факельный ствол

（1）Высотный факел подает горючий газ на высоту через факельный ствол, факельные стволы могут разделяться на несущие стволы, стволы с оттяжками и стволы с опорной башней по опорной конструкции.

（2）Диаметр факельного ствола должен определяться по расчету перепада давления.Когда выпускные трубопроводы с разными давлениями присоединяются к одному и тому же факельному стволу, должен проводиться учет режима одновременного сброса из разных сбросных систем, обеспечивается освобождение сброса из системы с более низким давлением от препятствия.

（3）Следует устанавливать пространство для накопления дождевой воды, конденсационной жидкости, ржавчины и т.д., и устанавливать горловину, продувочное отверстие, отверстие для отвода конденсационной жидкости и уровнемер на дне факельного ствола.

（4）Расчет высоты факела

Высота факела должна определяться по следующим правилам：

Вычисляется высота факела по допустимой интенсивности излучения в точке нагрева;определяется допустимая интенсивность излучения по таблице 14.3.1.Интенсивность теплового излучения солнца составляет примерно 0,79-1,04кВт/м², оказывает небольшое влияние на допустимое время экспозиции.

表 14.3.1　火炬设计允许辐射热强度（未计太阳辐射热）

Таблица 14.3.1　Допустимая интенсивность теплового излучения при проектировании факела
（не вычислено тепло солнечного излучения）

允许辐射热强度 q, kW/m² Допустимая интенсивность теплового излучения q, кВт/м²	条件 Условия
1.58	操作人员需要长期暴露的任何区域 Зона, в которой оператор долго находится под открытым небом

允许辐射热强度 q, kW/m² Допустимая интенсивность теплового излучения q, кВт/м²	条件 Условия
3.16	原油、液化石油气、天然气凝析也储罐或其他挥发性物料储罐 Резервуары сырой нефти, сжиженного нефтяного газа, газового конденсата или других летучих материалов
4.73	没有遮蔽物,但操作人员穿有合适的工作服,在紧急关头需要停留几分钟的区域 Зона, в которой нет прикрытия, но оператор носит подходящие спецодежды, в аварийных условиях нужно оставаться несколько минут
6.31	没有遮蔽物,但操作人员穿有合适的工作服,在紧急关头需要停留 1min 的区域 Зона, в которой нет прикрытия, но оператор носит подходящие спецодежды, в аварийных условиях нужно оставаться 1 минута
9.46	有人通行,但是暴露时间必须限制在几秒之内能安全撤离的任何场所, 如火炬下地面或附近塔、设备的操作平台。除挥发性物料储罐以外的设备和设施 Любое место, через которое проходят некоторые люди, но время экспозиции должно быть ограничено до нескольких секунд и может проводиться безопасная эвакуация, например, земля под факелом или рабочая платформа ближней колонны, оборудования.Оборудование и соору- жение кроме резервуара летучих материалов

注: 当 q 大于 6.3kW/m² 时,操作人员不能迅速撤离的塔上或其他高架结构平台,梯子应该设在背离火炬的一侧。

Примечание:когда значение q составляет больше 6,3кВт/м², лестница должна быть установлена на стороне отклонения от факела на колоннах или других платформах с высотной конструкцией, где оператор не может быстро эвакуироваться.

按 GB/T 3840—1991 对按允许辐射强度计算出的火炬高度进行核算。如不符合要求,应增加火炬高度进行核算,知道满足大气污染物的排放标准的要求为止。

计算公式来自 API 521《Pressruing-relieving and Depressureing System》和 SH-3009《石油化工可燃性气体排放系统设计规范》。

① 火焰产生的热量计算:

$$Q_f = 2.78 \times 10^{-4} H_y q_m \qquad (14.3.7)$$

式中 Q_f——火焰产生的热量,kW;

H_y——排放气体的低发热值,kJ/kg。

Проводится учет высоты факела, вычисленной по допустимой интенсивности излучения в соответствии с GB/T 3840—1991.В случае несоответствия требованиям, следует увеличивать высоту факела для проведения учета, пока не удовлетворяет нормам сброса атмосферных загрязнений.

Расчетная формула исходит из API 521 «Pressruing-relieving and Depressureing System» и SH-3009 «Норм проектирования системы сброса горючих газов в нефтехимической промышленности».

① Расчет тепла, произведенного пламенем:

$$Q_f = 2.78 \times 10^{-4} H_y q_m \qquad (14.3.7)$$

Где Q_f——тепло, произведенное пламенем, кВт;

H_y——низшая теплотворность сбросного газа, кДж/кг.

② 火焰长度计算。

当火炬头出口气体马赫数 $M_a \geq 0.2$ 时，按下式计算：

$$L_f = 118 D_{fl} \quad (14.3.8)$$

式中 L_f——火焰长度，m；
D_{fl}——火炬头出口直径，m。

当火炬头出口气体马赫数 $M_a \geq 0.2$ 时，按下式计算：

$$L_f = 23 D_{fl} \ln M_a + 155 D_{fl} \quad (14.3.9)$$

③ 火炬高度按下式计算：

$$h_s = \sqrt{\frac{\varepsilon Q_f}{4\pi K} - (X - X_c)^2} - Y_c \quad (14.3.10)$$

式中 h_s——火炬高度，m；
ε——热辐射系数；
K——允许的火炬热辐射强度，kW/m²；
X——火炬筒体中心线至计算点的水平距离，m；
X_c——在风速作用下火焰中心的水平位移，m，根据 E_r^{13}/D_{fl}^2 和 $L_f/3$ 的值从图14.3.7查取；
Y_c——在风速作用下火焰中心的垂直位移，m，根据 E_r^{13}/D_{fl}^2 和 $L_f/3$ 的值从图14.3.8查取。

② Расчет длины пламени.

Когда число Маха для газа на выходе из факельного оголовка составляет не менее 0,2, проводится вычисление по формуле (14.3.8):

$$L_f = 118 D_{fl} \quad (14.3.8)$$

Где L_f——длина пламени, м；
D_{fl}——диаметр выхода из факельного оголовка, м.

Когда число Маха для газа на выходе из факельного оголовка составляет не менее 0,2, проводится вычисление по формуле (14.3.9):

$$L_f = 23 D_{fl} \ln M_a + 155 D_{fl} \quad (14.3.9)$$

③ Высота факела вычисляется по формуле (14.3.10):

$$h_s = \sqrt{\frac{\varepsilon Q_f}{4\pi K} - (X - X_c)^2} - Y_c \quad (14.3.10)$$

Где h_s——высота факела, м；
ε——коэффициент теплового излучения；
K——допустимая интенсивность теплового излучения факела, кВт/м²；
X——горизонтальное расстояние от центральной линии факельного ствола до расчетной точки, м；
X_c——горизонтальное смещение центра пламени под воздействием скорости ветра, м, которое может быть найдено на рис.14.3.7 по значениям E_r^{13}/D_{fl}^2 и $L_f/3$；
Y_c——вертикальное смещение центра пламени под воздействием скорости ветра, м, которое может быть найдено на рис.14.3.8 по значениям E_r^{13}/D_{fl}^2 и $L_f/3$.

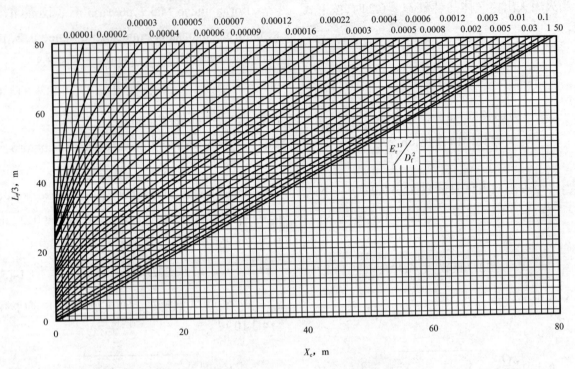

图 14.3.7　火焰中心的水平位移

Рис.14.3.7　Горизонтальное смещение центра пламени

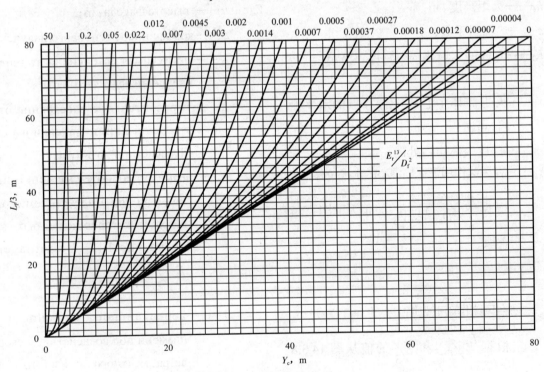

图 14.3.8　火焰中心的垂直位移

Рис.14.3.8　Вертикальное смещение центра пламени

④ 热辐射系数 ε 按下式计算：

$$\varepsilon = 5.846 \times 10^{-3} H_v^{0.2964} \left(\frac{100}{R_H}\right)^{1/16} \left(\frac{30}{D_R}\right)^{1/16} \quad (14.3.11)$$

式中　H_v——排放气体的体积低发热值，kJ/Nm³；

　　　R_H——空气湿度百分数；

　　　D_R——火焰中心至受热点的距离，m。

⑤ 火焰中心至受热点的距离按下式计算：

$$D_R = \sqrt{\frac{\varepsilon Q_f}{4\pi K}} \quad (14.3.12)$$

⑥ 空气与排放气体的动量比值 E_r 按下式计算：

$$E_r = \frac{\rho_a v_w^2}{\rho_e v_e^2} \quad (14.3.13)$$

式中　ρ_a——空气密度，kg/m³；

　　　ρ_e——排放气体出口处的密度，kg/m³；

　　　v_w——火炬出口处风速，m/s，最大取 8.9m/s；

　　　v_e——排放气体出口速度，m/s。

14.3.1.5　火炬塔架

（1）塔架用于支撑火炬系统、有单架式和捆绑式，现多采用钢结构塔架支撑。

④ Коэффициент теплового излучения ε вычисляется по формуле（14.3.11）：

$$\varepsilon = 5.846 \times 10^{-3} H_v^{0.2964} \left(\frac{100}{R_H}\right)^{1/16} \left(\frac{30}{D_R}\right)^{1/16} \quad (14.3.11)$$

Где　H_v——низшая объемная теплотворность сбросного газа，кДж/Нм³；

　　　R_H——процент влажности воздуха；

　　　D_R——расстояние от центра пламени до точки нагрева，м.

⑤ Расстояние от центра пламени до точки нагрева вычисляется по формуле（14.3.12）：

$$D_R = \sqrt{\frac{\varepsilon Q_f}{4\pi K}} \quad (14.3.12)$$

⑥ Отношение количества движения между воздухом и сбросным газом вычисляется по формуле（14.3.13）：

$$E_r = \frac{\rho_a v_w^2}{\rho_e v_e^2} \quad (14.3.13)$$

Где　ρ_a——плотность воздуха，кг/м³；

　　　ρ_e——плотность сбросного газа на выходе，кг/м³；

　　　v_w——скорость ветра на выходе из факела（максимум принимать равным 8,9），м/с；

　　　v_e——скорость сбросного газа на выходе，м/с.

14.3.1.5　Опорная башня для факела

（1）Опорная башня используется для поддержания факельной системы，делится на однорамочный тип и привязочный тип，теперь чаще всего применяется опорная башня с стальной конструкцией.

（2）钢塔架的附属设计应满足下列要求：

① 应分节设置梯子平台。采用直梯时,每节直梯高度宜为 5～10m;

② 钢塔架应按相关规范设置航空障碍灯;

③ 最高层平台应有满足火炬头检修的面积及通道,并宜设置便于吊装火炬头的设施。

（3）用于燃烧碳氢化合物的火炬头出口至塔架顶层的距离不宜小于 7m,燃烧酸性气、纯氢气等低热值的火炬头出口至钢塔架顶层的距离不宜小于 5m。

14.3.1.6　点火系统

产生长明火焰的系统。通常由燃料气供给管道、火源、引火设施等部分组成,不同点火系统的差别主要在于火源与引火设施的不同。

火炬点火引火设施指点火系统中用以点燃长明灯的设施,可分为火源和引火设施两部分。目前,天然气净化厂火炬通常用电点火器作为火源。电点火器可设在火炬头外侧或地面。当电点火器设在地面时,用内传焰管将火焰引至火炬顶部,以

（2）Проектирование подсобного хозяйства стальной опорной башни должно удовлетворять следующим требованиям：

① Следует устанавливать лестничную платформу по секциям.Высота каждой секции вертикальной лестницы должна составлять 5-10м при применении вертикальной лестницы;

② Для стальной опорной башни следует устанавливать авиационный заградительный огонь по соответствующим правилам;

③ Верхняя платформа должна иметь площадь и проход, удовлетворяющие требованиям к ремонтному осмотру факельного оголовка, и должна быть оборудована устройством, удобным для подъема факельного оголовка.

（3）Расстояние от выхода факельного оголовка для сгорания углеводородов до верхнего слоя опорной башни не должно быть меньше 7м, расстояние от выхода факельного оголовка для сгорания кислого газа, чистого водорода и другого низкокалорийного топлива до верхнего слоя стальной опорной башни не должно быть меньше 5м.

14.3.1.6　Система зажигания

Является системой, производящей неугасимее пламя.обычно состоит из трубопровода снабжения топливным газом, источника огня, запального устройства и т.д., разница между разными системами зажигания в основном заключается в отличии источника огня от запального устройства.

Под зажигательным запальным устройством факела подразумевается устройство для зажигания пилотной горелки в системе зажигания, которое может разделяться на две части - источник огня и запальное устройство.В настоящее время,

点燃长明灯。在地面的点火器没有耐高温的要求，且维修方便。较大规模的天然气净化厂，一般同时考虑火炬顶部电点火和地面电点火两套措施。

内传焰的点火引火设施由燃料气、空气预混合、电点火和密闭传焰三部分组成。通常设点火控制盘，并不布置在火炬附近的地面上。盘上设点火用燃料气控制阀和压缩空气控制阀，相应的限流孔板和压力表(用于是燃料气与空气混合并达到爆炸范围)，以及升压变压器(或压电陶瓷电源)等组成，可实现程序控制自动点火。

点火室位置可在火炬以下的地面，也可以在火炬头附近。前者在点火室点燃火种，靠火焰锋面传播将火种密封传至火炬顶点点燃长明灯，此方式要求较严格地控制燃料气和空气流量，使混合气体达到爆炸范围，优点是点火设备在地面，不

для факела на ГПЗ чаще всего применяется электрозапальник в качестве источника огня.Электрозапальник может устанавливаться на внешней стороне факельного оголовка или на поверхности земли.Когда электрозапальник установлен на поверхности земли, подводить пламя к верху факела с помощью трубопровода внутренней передачи пламени для розжига пилотной горелки.Запальник на поверхности земли не требует стойкости к высокой температуре, и удобен для ремонта.Теперь для ГПЗ с большим масштабом, как обычно одновременно учитывать два комплекта устройств - устройство электрического зажигания на верхе и устройство электрического зажигания на поверхности земли.

Зажигательное запальное устройство для внутренней передачи пламени состоит из трех частей:предварительного смешивания топливного газа и воздуха, электрического зажигания и закрытой передачи пламени.Обычно устанавливается панель управления зажиганием, и не устанавливается на поверхности земли вблизи факела. На панели устанавливаются клапан управления топливным газом и клапан управления сжатым воздухом, соответствующая ограничительная диафрагма и манометр (используется для смешивания топливного газа и воздуха, а также достижения предела взрыва), а также повышающий трансформатор (или пьезокерамическое питание)и т.д., может быть осуществлено автоматическое зажигание с программным управлением.

Камера зажигания может находиться на поверхности земли под факелом, тоже может находиться вблизи факельного оголовка.Первый способ из них характеризуется зажиганием источника огня в камере зажигания, закрытой передачей

受高温影响,且维修方便。后者将控制盘设在地面而点火室设在火炬顶火炬头下部,在高处点燃点火燃烧后,将火焰引向长明灯并使其点燃。石油化工采用此种方式较多,如今设计的天然气净化厂也多用此种方式。其优点是采用引射式燃烧器点火,不需要压缩空气。缺点是包括高压电极在内点火器在高空需要耐受火炬的热辐射高温,维修较困难。

火炬点火设施可设置一套地面内传焰电点火器,采用现场手动点火可以点燃每台长明灯,长明灯保持燃烧,保证任何时候排放都能及时可靠点燃可燃排放气。为了提高火炬点火的方便和及时可靠,火炬设施还需另设自动点火装置,长明灯熄灭后可自动点燃引燃枪,再点燃对应的长明灯。

источника огня на верх факела путем распространения фронта пламени для розжига пилотной горелки, такой метод требует более строго управления расходом топливного газа и воздуха, чтобы смешанный газ достиг предела взрыва, преимуществом является то, что зажигательное оборудование находится на поверхности земли, не подвергается влиянию высокой температуры, и удобно для ремонта.Второй способ из них характеризуется том, что устанавливать панель управления на поверхности земли, а устанавливать камеру зажигания в нижней части факельного оголовка на верхе факела, подводить пламя к пилотной горелке для розжига его после зажигания и горения на высоте.Чаще всего применяется такой способ в нефтехимической промышленности, теперь на проектном ГПЗ тоже часто используется такой способ. Его преимуществом является то, что применяется инжекторная горелка для зажигания, не требуется сжатый воздух.Недостаток является то, что запальник, в том числе высоковольтный электрод, должен выдерживать высокую температуру теплового излучения факела на высоте, ремонт труден.

Для зажигательного устройства факела может устанавливаться один комплект наземного электрозапальника с внутренней передачей пламени, может зажигаться каждая пилотная горелка ручным розжигом на месте, пилотная горелка поддерживает горение, обеспечивает возможность своевременного и надежного зажигания горючих сбросных газов при сбросе в любое время.Для повышения удобства, своевременности и надежности факельное зажигания, факельное устройство должно быть дополнительно оборудовано установкой автоматического зажигания, которая может автоматически зажигать инжектор запального пламени после гашения пилотной горелки, потом зажигать соответствующую пилотную горелку.

14.3.1.7 节能型长明灯

长明灯是设在火炬头处的经常被点燃着的小火种,由点火引火设施点燃,它的作用是及时点燃从火炬排除的放空气。为保证在不同风向下及时点燃放空气,对于较大的火炬筒通常在火炬头周围均布若干个长明灯。

14.3.1.8 全厂可燃性气体排放系统管网

(1)管网工艺设计。

① 应从火炬头开始反算全厂可燃性气体排放系统管网装置边界处的各节点的排放背压,各节点的背压应低于该点的允许背压;管道摩阻损失采用下式计算:

$$\frac{fL}{d} = \frac{1}{m_2^2}\left(\frac{p_1}{p_2}\right)^2\left[1-\left(\frac{p_2}{p_1}\right)^2\right]-\ln\left(\frac{p_1}{p_2}\right)^2 \quad (14.3.14)$$

管线出口马赫数可用下式求出:

$$m_2 = 3.23\times10^{-5}\frac{W}{p_2 d^2}\left(\frac{ZT}{K_a M}\right)^{0.5} \quad (14.3.15)$$

14.3.1.7 Энергоэкономичная пилотная горелка

Пилотная горелка является малым источником огня, установленным на месте факельного оголовка и способным остаться зажженной, зажигается зажигательным запальным устройством, ее функция заключается в своевременном зажигании сбросного газа из факела.Как обычно, для относительно большого факельного ствола равномерно распределяются несколько пилотных горелок вокруг факельного оголовка с целью обеспечения своевременного зажигания сбросного газа в различных направлениях ветра.

14.3.1.8 Всезаводская сеть трубопроводов системы сброса горючих газов

(1)Технологическое проектирование сети трубопроводов.

① Следует проводить обратное вычисление сбросного противодавления в каждой узловой точке на границе установок всезаводской сети трубопроводов системы сброса горючих газов, противодавление в каждой узловой точке должно быть ниже допустимого противодавления в данной точке;потеря на трение трубопровода вычисляется посредством формулы (14.3.14):

$$\frac{fL}{d} = \frac{1}{m_2^2}\left(\frac{p_1}{p_2}\right)^2\left[1-\left(\frac{p_2}{p_1}\right)^2\right]-\ln\left(\frac{p_1}{p_2}\right)^2 \quad (14.3.14)$$

Число Маха на выходе из трубопровода может вычисляться по формуле (14.3.15):

$$m_2 = 3.23\times10^{-5}\frac{W}{p_2 d^2}\left(\frac{ZT}{K_a M}\right)^{0.5} \quad (14.3.15)$$

式中 m_2——管线出口马赫数,无量纲,对于直接放空至大气的管道,出口马赫数不大于0.5;

对于放空至密闭系统的管道,出口马赫数取0.5~0.7;

W——气体流量,kg/h;

p_1——管线入口压力,kPa(a);

p_2——管线出口压力,kPa(a);

d——管线内径,m;

Z——气体压缩因子,无量纲;

T——绝对温度,K;

K_a——绝热系数,无量纲;

M——气体摩尔质量,kg/kmol;

L——管线当量长度,m;

f——莫氏摩擦系数,无量纲。

② 排放系统管网的马赫数不应大于0.7;可能出现凝结液的可燃性气体排放管道末端的马赫数不宜大于0.5。

③ 全厂可燃性气体排放系统管网压力应保持不低于1kPa。

(2)管道设计。

① 可燃性气体排放管道的敷设应符合下列要求:

a. 管道应架空敷设;

Где m_2——число Маха на выходе из трубопровода, размерное.Для трубопровода непосредственного сброса в атмосферу, число Маха на выходе составляет не больше 0,5.

Для трубопровода сброса в закрытую систему, число Маха на выходе принимать 0,5-0,7;

W——расход газа, кг/ч;

p_1——давление на входе в трубопровод, кПа(а);

p_2——давление на выходе из трубопровода, кПа(а);

d——внутренний диаметр трубопровода, м;

Z——фактор сжимаемости газа, размерный;

T——абсолютная температура, К;

K_a——адиабатический коэффициент, размерный;

M——молярная масса газа, кг/кмоль;

L——эквивалентная длина трубопровода, м;

f——коэффициент трения Мооса, размерный.

② Число Маха для сети трубопроводов сбросной системы не должно быть больше 0,7; число Маха на конце сбросного трубопровода горючего газа с возможностью возникновения конденсационной жидкости не должно быть больше 0,5.

③ Давление сети трубопроводов всезаводской системы сброса горючих газов должно быть не ниже 1кПа.

(2)Проектирование трубопроводов

① Прокладка сбросного трубопровода горючего газа должна соответствовать следующим требованиям:

a.Для трубопроводов должна применяться воздушная прокладка;

b. 新建工程管道应采用自然补偿,扩建、改建工程管道应采用自然补偿,且补偿器宜水平安装;

c. 管道坡度不应小于千分之二,管道应坡向分液罐;管道沿线出现低点,应设置分液罐或集液罐;

d. 管道支架应由上方接入总管,支管与总管应成45°斜接;

e. 管道宜设管托或垫板;管道公称直径不小于 DN800mm 时,滑动管托或垫板应采取减小摩擦系数的措施;

f. 管道有震动、跳动的可能时,应在适当位置采取径向限位措施。

② 可燃性气体排放管道应设吹扫措施。吹扫介质应优先选用氮气,无氮气时也可以选用蒸汽。

③ 可燃性气体排放管道应进行应力计算,应力计算温度应符合下列规定:

b.Для трубопроводов в новопостроенном объекте должна применяться естественная компенсация, для трубопроводов в объектах расширения, реконструкции должна применяться естественная компенсация, и компенсатор должен монтироваться горизонтально;

c.Уклон трубопровода не должен быть меньше 0,002, наклон трубопровода должен быть обращенным к отделительной емкости;вдоль линии трубопровода возникает низшая точка, следует устанавливать отделительную емкость или сборник жидкости;

d.Опора трубопровода должна сверху включаться в магистраль, между ответвлением и магистралью должно проводиться косое соединение с углом 45° градусов;

e.Для трубопровода следует устанавливать подушку или подкладку;когда номинальный диаметр трубопровода составляет не мелее DN800мм, следует принимать меры по снижению коэффициента трения при сдвигании подушки или подкладки;

f.Следует принимать меры по радиальному ограничению на подходящих местах когда трубопровод имеет возможность сотрясения, биения.

② Для сбросного трубопровода горючего газа следует устанавливать мероприятие по продувке.Следует преимущественно выбирать азот в качестве продувочной среды, при отсутствии азота выбирать пар.

③ Для сбросного трубопровода горючего газа следует проводить расчёт напряжения, температура для расчёта напряжения должна соответствовать следующим правилам:

a. 高温排放管道取各项排放条件中的最高排放温度；

b. 常温排放管道采用蒸汽吹扫时取 120℃；

c. 低温排放管道取各项排放条件中的最低排放温度。

④ 有凝结液的可燃性气体排放管道对固定管架的水平推力取值，不应小于表 14.3.2 的数值。当固定管架上有几根有凝结液的可燃性气体排放管道时，水平推力的作用点应分别考虑，推力值不应叠加。

а.Для сбросного трубопровода при высокой температуре принимать максимальную температуру сброса среди всех условий сброса；

b.Для сбросного трубопровода при комнатной температуре принимать равной 120 ℃ когда применяется продувка паром.

с.Для сбросного трубопровода при низкой температуре принимать минимальную температуру сброса среди всех условий сброса.

④ Значение горизонтального распора сбросного трубопровода горючего газа с конденсационной жидкостью к неподвижной опоре трубопровода не должно быть меньше значения в таблице 14.3.2.При наличии нескольких сбросных трубопроводов горючего газа с конденсационной жидкостью на неподвижной опоре трубопровода, точки приложения горизонтального распора следует соответственно учитывать, значение распора не должно быть наложено.

表 14.3.2　固定管架水平推力

Таблица 14.3.2　Горизонтальный распор к неподвижной опоре трубопровода

管道公称直径，mm Номинальный диаметр трубопровода，мм	固定管架的推力，t Горизонтальный распор к неподвижной опоре трубопровода，т
200	1.9
250	2.3
300	3.2
400	5.7
500	9.0
≥600，<1000	13.0
≥1000	15.0

⑤ 排放管道中凝结液的凝固点不低于该地区最冷月平均温度在 10℃ 以内时，宜对管道进行保温；凝结液的凝固点高于该地区最冷月平均温度 10℃ 以上时，管道应进行保温并设伴热措施。

⑤ Следует проводить теплоизоляцию трубопроводов когда точка затвердевания конденсационной жидкости в сбросном трубопроводе равна или выше средней температуры наиболее холодного месяца в данном районе на 10℃ и менее；следует

⑥ 分期投产的可燃性气体排放管道在前期设计时,应预留后期管道的敷设位置及有关接口。

14.3.2 火炬装置的自动控制

火炬装置设有长明灯和火炬燃烧状态监测、燃料气和空气流量调节等自动控制等点。

14.3.2.1 长明灯和火炬燃烧状态监测

为了保证火炬系统的安全运转,在长明灯上设置热电偶测温,温度达到低限时报警。现场点火器上有长明灯的燃烧状态指示灯,并从点火器上引出长明灯的开关状态信号到控制室的 DCS 系统。

在控制室设置电视监视器,及时观测火炬的燃烧情况及消烟情况,可从火焰的颜色和高低等来判断火炬的燃烧程度。从火焰长度的变化也可看出火炬气流量的变化,从而也反映出有关装置的运行情况。

проводить теплоизоляцию трубопровода и устанавливать меры по попутному электронагреву когда точка затвердевания конденсационной жидкости составляет выше средней температуры наиболее холодного месяца в данном районе на 10℃ и более.

⑥ Должны быть предусмотрены места прокладки и соответствующие соединения трубопроводов на позднем этапе при предпроектировании сбросных трубопроводов горючего газа, введенных в эксплуатацию по этапам.

14.3.2 Автоматическое управление факельной установкой

Установлены такие точки на факельной установке, как точка наблюдения за состоянием горения пилотной горелки и факела, точка регулирования расхода топливного газа и воздуха и другие точки автоматического управления.

14.3.2.1 Наблюдение за состоянием горения пилотной горелки и факела

Для обеспечения безопасной работы факельной системы, должна устанавливаться термопара для измерения температуры на пилотной горелке, проводится сигнализация при достижении низкого предела температуры.На местном запальнике установлена лампа индикации состояния горения пилотной горелки, которая выводит сигнал о режиме включения и выключения пилотной горелки из запальника в систему DCS в ПУ.

Устанавливается телевизионный монитор в ПУ для своевременного наблюдения за состояние горения факела и устранения дыма, может быть определена степень горения факела по цвету и высоте пламени и т.д.По изменению длины пламени тоже можно замечать изменение расхода газового потока из факела, которое может тем самым отражать эксплуатационное состояние соответствующей установки.

14.3.2.2 燃料气和空气流量调节

　　燃料气用于引火和长明灯,空气的作用是引火。火炬装置投入运行时,首先要引燃长明灯。通过调节空气和燃料气流量比例用点火器产生火花,以便迅速可靠地引燃长明灯。虽然生产装置的开停车是预知的,但是生产装置的事故是难以预测的。为了维持生产装置的正常运行和事故的迅速排出,长明灯的燃灭是十分关键的,故设置了燃料气流量定值调节系统,燃料气管道上还设有压力检测仪表。

14.3.2.2 Регулирование расхода топливного газа и воздуха

　　Топливный газ используется для воспламенения и пилотной горелки, воздух используется для воспламенения.Следует сначала воспламенять пилотную горелку при вводе факельной установки в эксплуатацию.Запальник дает искру путем регулирования соотношения расходов между воздухом и топливным газом для быстрого и надежного воспламенения пилотной горелки. Аварии на производственной установке трудно предугадать, хотя пуск и остановка производственной установки могут быть предвидены. Горение и гашение пилотной горелки являются очень ключевыми для сохранения нормальной работы производственной установки и быстрой ликвидации аварии, поэтому установлена система стабилизирующего регулирования расхода топливного газа, еще установлен прибор для измерения давления на трубопроводе топливного газа.

14.3.2.3 吹扫气体的检测控制

　　为了防止空气进入火炬筒体内发生爆炸事故,火炬头与火炬筒之间安装密封装置,通入密封气体维持其正压进行密封。装置正常生产时火炬管网系统处于正压,空气侵入的可能性比较小。但当火炬气流量减小到一定值,火炬气先热后紧接着被冷却以及由于夜晚比白天的气温低时,火炬气中的重组分发生冷凝作用,有可能产生真空,引起空气从筒体顶端倒流入筒体内,或当火炬气

14.3.2.3 Контроль и управление продувочным газом

　　Монтируется уплотняющее устройство между факельным оголовком и факельным ствола во избежание возникновения взрыва в результате поступления воздуха в факельный ствол, впускается уплотняющий газ для поддержания его положительного давления, под которым проведено уплотнение.Сеть трубопроводов факела находится под положительным давлением при нормальной

中夹带有氧气时,在一定条件下将会造成火炬系统内达到爆炸极限范围。此时,若遇到燃着的长明灯或有其他足够能量的火源时,即将发生爆炸或产生回火。因此,火炬头出口要保持一定流量吹扫气体。

在吹扫气体管道上设置压力调节阀和孔板,还设置压力检测仪表,压力应低于定值时报警。

14.3.2.4 分液罐和水封罐的检测控制

分液罐和水封罐是火炬系统正常运行必不可少的设备,它们的运行状况也要能够在控制室监视,主要根据罐内介质的液位、温度、压力参数判断它们的运行情况。

работе установки, вероятность проникновения воздуха оказывается очень малой.Однако, когда расход факельного газа снижается до определенного значения, факельный газ сначала нагревается и вслед за тем охлаждается, а также температура воздуха ночью ниже, чем днем, тяжелые компоненты в факельном газе конденсируются, что имеет возможность образования вакуума, приводит к обратному течению воздуха в ствол с верха ствола, или когда факельный газ содержит кислород, это будет вызывать достижение предела взрыва в факельной системе при определенных условиях.При этом, будет возникать взрыв или отпуск при встрече с зажженной пилотной горелкой или наличии другого источника огня с достаточной энергией.В связи с этим, следует поддерживать определенный расход продувочного воздуха на выходе факельного оголовка.

Устанавливается клапан регулирования давления и диафрагма на трубопроводе продувочного газа, еще устанавливается прибор для измерения давления, должна проводиться сигнализация когда давление составляет ниже установленного значения.

14.3.2.4 Контроль и управление отделительной емкостью и баллоном с гидрозатвором

Отделительная емкость и баллон с гидрозатвором являются необходимым оборудованием для нормальной работы факельной системы, их эксплуатационное состояние тоже должно быть наблюдена в ПУ, которое определяется в основном в зависимости от параметров уровня, температуры, давления среды в емкости и баллоне.

14.3.2.5 航标灯的控制

火炬的防空标志和灯光保护按有关规定执行。航标灯的启动要求自动控制,并将其运行信号送到控制室内。

14.3.3 火炬装置的操作要点

14.3.3.1 火炬装置的正常操作

工厂在正常运转时,原料气、净化气和酸气不排放到火炬,但是原料气火炬和酸气火炬的引火嘴必须一直点着,保证无论何时排放原料气,净化气和酸气都能及时进行燃烧处理。为了防止火炬顶部空气逆流,必须不断向原料气火炬和酸气火炬烟囱的密封装置送入燃料气。

14.3.3.2 原料气放空火炬的操作

在工厂开车、停车及紧急事故情况下,由工厂排出的原料气,净化空气通过放空管道,送至原料气分液罐,将气体中油、水或溶液分离下来,然后将气体送至高压火炬进行燃烧处理。

14.3.2.5 Управление авиационным заградительным огнем

Знак ПВО и световая защита факела выполняются по соответствующим правилам.Требуется, что автоматически управлять запуском авиационного заградительного огня, и подавать его эксплуатационный сигнал в ПУ.

14.3.3 Основные положения при эксплуатации факельной установки

14.3.3.1 Нормальная эксплуатация факельной установки

Сырьевой газ, очищенный газ и кислый газ не выпускаются в факел при нормальной эксплуатации на заводе, но запальные сопла факела сырьевого газа и факела кислого газа должны всегда остаться зажженными, обеспечивается своевременное сгорание сырьевого газа, очищенного газа и кислого газа когда угодно проводится сброс.Необходимо непрерывно подавать топливный газ в уплотняющие устройства дымовых труб факела сырьевого газа и факела кислого газа во избежание обратного течения воздуха в верхней части факела.

14.3.3.2 Эксплуатация сбросного факела сырьевого газа

Сырьевой газ, очищенный воздух, выбрасываемый заводом, подается в отделительную емкость сырьевого газа, из газа выделяется нефть, вода или раствор, потом газ подается в факел В.Д.для сгорания при пуске, остановке и аварийных условиях на заводе.

现场点火程序如下(以某天然气净化厂为例):

(1)确认燃料气已供至火炬的分子封。

(2)由排泄阀确认燃料气和空气。

(3)由设置在点火箱上的观察孔,确认按变压器的按钮开关时是否产生火花。

引火嘴点火顺序如下:

(1)打开点火器阀 A1(阀 A2、阀 A3 应关闭)。

(2)打开点火器阀 B1(阀 B2、阀 B3 应关闭)。

(3)打开装置用空气阀把 PC-2406 的压力调整至 0.1MPa。

(4)打开燃料气阀把燃料气压力调整再至 0.1MPa。

(5)用空气和燃料气混合气体吹扫火嘴 2~3min。

(6)按变压器按钮,用观察孔观察是否点火。

(7)根据上述操作进行火嘴点火。

(8)若点不着火,应反复(5)、(6)的操作;如反复操作仍点不着火时,可控制空气阀(改变空气压力反复进行点火)。

Порядок зажигания на месте заключается в следующем (взять некоторый ГПЗ в пример):

(1) Подтверждается, что топливный газ уже подан в молекулярный затвор факела.

(2) Подтверждаются топливный газ и воздух выпускным клапаном.

(3) Подтверждается возникновение искры при нажатии на кнопочный включатель трансформатора смотровым отверстием, установленным на камере зажигания.

Порядок зажигания запального сопла заключается в следующем:

(1) Следует открывать клапан А1 запальника (клапаны А2 и А3 должны быть закрыты).

(2) Следует открывать клапан В1 запальника (клапаны В2 и В3 должны быть закрыты).

(3) Следует открывать воздушный клапан для устройства и регулировать давление РС-2406 до 0,1МПа.

(4) Следует открывать клапан топливного газа и регулировать давление топливного газа до 0,1МПа.

(5) Следует продувать сопло смесью воздуха и топливного газа в течение 2-3мин.

(6) Следует нажимать на кнопку трансформатор, наблюдать за состоянием зажигания через смотровое отверстие.

(7) Следует зажигать сопло по вышеуказанным операциям.

(8) Следует повторять операции (5), (6), если не удается зажигание;следует управлять воздушным клапаном (изменять давление воздуха и повторять операции по зажиганию)если все-таки не удается зажигание после повторения операций.

（9）点火后边关闭点火嘴A1。

（10）用上述的方法使B2、B3引火嘴点火。如果B2、B3全部着火就关闭工厂风空气阀C和燃料气阀D，1号、2号、3号火嘴应保持燃烧状态。为了防止火炬烟囱顶部空气逆流，必须不断向高压火炬和低压火炬的分子封送入燃料气。

14.3.3.3 酸气放空火炬的操作

在工厂开车、停车、硫黄回收装置紧急停车情况下，酸气通过放空管将酸气送至酸气分液罐，将酸气中油、水或者溶液分离下来，然后酸气送至酸气火炬进行燃烧处理。

低压火炬点火程序与高压火炬相同，详见15.3.3.2。

14.3.4 雷雨天气下火炬装置的管理

在进入易发生雷雨等恶劣天气季节时，应及时收集当地气象信息，做好信息沟通。

（9）Следует закрывать свечу зажигания A1 после зажигания.

（10）Выполняется розжиг запальных сопел B2 и B3 вышеуказанным методом. Следует закрывать воздушный клапан технического воздуха C и клапан топливного газа D в случае воспламенения B2 и B3, сопла № 1, 2, 3 должны сохраняться в состоянии горения. Необходимо непрерывно подавать топливный газ в молекулярные затворы факела В.Д. и факела Н.Д. во избежание обратного течения воздуха в верхней части дымовой трубы факела.

14.3.3.3 Эксплуатация сбросного факела кислого газа

Кислый газ подается в отделительную емкость кислого газа через сбросный трубопровод, из кислого газа выделяется нефть, вода или раствор, потом кислый газ подается в факел кислого газа для сгорания при пуске, остановке на заводе и аварийной остановке установки получения серы.

Порядок зажигания факела Н.Д. подобен порядку зажигания факела В.Д., смотрите вышеуказанное связанное содержание в «Эксплуатации сбросного факела сырьевого газа».

14.3.4 Управление факельной установкой в грозовой погоде

Следует своевременно собирать местную метеорологическую информацию, выполнять информационное разделение, когда наступает суровая погода или сезон, в котором легко возникает гроза и т.д.

在脱硫装置正常生产过程中,当发生雷雨天气或大风天气等特殊情况时,为了保证火炬系统正常,应做好以下措施:

(1)当班人员随时观察火炬燃烧情况,防止熄火。

(2)当原料气放空时火炬熄灭时,当班人员应立即组织进行点火。假如,中控室自动点火无法点燃时,应检查电源盘开关闭合情况,确保电送至火炬装置,并再次在中控室自动点火;如仍无法点火,应立即安排人员到现场进行自动点火或利用内传火系统进行点火,直到火炬点燃为止。

(3)当放空火炬正常燃烧,装置出现瞬间失电,而主要动设备经延时再启动装置,来电后自动恢复运转,若原料气、产品气压力均正常,可以暂时不放空;装置失电超过延时再启动装置自投时间,按操作规程若不能及时恢复生产,原料气应通过放空阀正常放空,放空过程中应缓慢开启相关阀门,避免装置出现大幅度波动。此时,系统酸气通过正常放空程序放空至酸气火炬。

Когда появляются грозовая погода или погода с сильным ветром и другие особые ситуации в процессе нормальной работы установки обессеривания,для обеспечения нормального состояния факельной системы следует выполнять следующие меры:

(1)Дежурный персонал наблюдает за состоянием горения факела в любое время во избежание гашения.

(2)Дежурный персонал должен сразу организовывать зажигание при гашении факела в результате сброса сырьевого газа.При условии, если не удается автоматическое зажигание в ЦПУ, следует проверять состояние замыкания выключателя щита питания, обеспечивать передачу электроэнергии в факельную установку, и повторно проводить автоматическое зажигание в ЦПУ;если все еще невозможно зажигать, следует сразу отправлять сотрудников на место работы для проведения автоматического зажигания или выполнения автоматического зажигания с помощью системы внутренне-огненной передачи, пока факел не зажжется.

(3)Когда в установке возникает мгновенная потеря электроэнергии при нормальном горении сбросного факела, а основное динамическое оборудование автоматически возвращается в прежнее эксплуатационное состояние после поступления тока посредством устройства повторного пуска с выдержкой времени, если давление сырьевого газа, подготовленного газа нормально, может не проводиться сброс временно;время потери электроэнергии в установке превышает время автоматического включения устройства повторного пуска с выдержкой времени, если невозможно своевременно восстанавливать производство по правилам эксплуатации, сырьевой газ следует нормально сбрасывать через сбросный клапан, следует медленно открывать связанные клапаны в процессе сброса во избежание возникновения чрезмерного колебания в установке. При этом, кислый газ из системы сбрасывается в факел кислого газа по нормальному порядку сброса.

15 常用工艺计算软件

15 Общеупотребитель-ные программные обе-спечения для технологи-ческого расчета

在天然气处理厂的设计中通常要使用相关的计算软件。在工厂生产运行中,也可根据实际生产状况利用这些软件对过程和设备进行模拟,指导生产操作。

Чаще всего используются далее именуемые программные обеспечения для расчета в проектировании ГПЗ.Тоже может проводиться моделирование процессов и оборудования для руководства операциями производства с помощью этих программ по фактическому состоянию производства в процессе эксплуатации на заводе.

15.1 Aspen Hysys 软件

15.1 Программное обеспечение Aspen Hysys

Aspen Hysys 软件是流程模拟的软件,提供了一组功能强大的物性计算包,可以组织大型的处理过程。Aspen Hysys 软件包含了许多单元操作,比如分离器、换热器、混合器、泵、压缩机、膨胀机、阀门、管道、各种类型的塔器(蒸馏塔:吸收解吸、有再沸器的吸收塔、有回流的吸收塔,液—液萃取塔、常减压塔、精馏塔等)等,这些单元操作组成了流程。正确把物流和单元操作连接起来,就可以模拟石油、天然气、石化、化工方面的大量工艺过程。对于天然气处理厂,Aspen Hysys 软件具有以下功能:

Aspen Hysys является программным обеспечением моделирования процессов, предоставляет одну группу мощных расчетных пакетов физических свойств, может организовывать крупные процессы обработки.Aspen Hysys включает в себя много отдельных операций, например, сепаратор, теплообменник, смеситель, насос, компрессор, турбодетандер, клапан, трубопровод, разнотипные колонны (дистилляционная колонна:абсорбция и десорбция, абсорбционная колонна с ребойлером, абсорбционная колонна с обратным течением, колонна жидко-жидкостной кстракции, атмосферно-вакуумная колонна, ректификационная колонна и т.д.) и т.д., эти отдельные операции образуют процесс.Правильное соединение потоков с отдельными операциями позволяет моделировать множество технологических процессов в нефтяной, газовой, нефтехимической, химико-технологической промышленности.Для ГПЗ, программное обеспечение Aspen Hysys обладает следующими функциями:

（1）天然气脱水(甘醇或分子筛)的设计、优化;

（1）Проектирование, оптимизация （гликоля или молекулярного сита）для осушки газа;

（2）脱硫装置的设计、优化;

（2）Проектирование, оптимизация установки обессеривания;

（3）天然气轻烃回收装置设计、优化;

（3）Проектирование, оптимизация установки получения легкого углеводорода;

（4）乙二醇回收装置的设计、优化;

（4）Проектирование, оптимизация установки получения гликоля;

（5）甲醇回收装置的设计、优化;

（5）Проектирование, оптимизация установки получения метанола;

（6）凝析油稳定装置的设计、优化;

（6）Проектирование, оптимизация установки стабилизации конденсата;

（7）水合物形成预测;

（7）Прогнозирование образования гидрата;

（8）水露点、烃露点的控制;

（8）Управление точкой росы по влаге, точкой росы по углеводородам;

（9）油气的相图绘制及预测油气的反析点;

（9）Черчение фазовой диаграммы нефти, газа и прогнозирование точки обратной конденсации;

（10）物流的两相、三相分离;

（10）Двухфазная, трехфазная сепарация потоков;

（11）泵、压缩机的选型和计算;

（11）Выбор типа и расчет насоса, компрессора;

（12）任意塔的热力学和水力学计算;

（12）Термодинамический гидравлический расчет произвольной колонны;

（13）计算物流的物性参数。

（13）Расчет параметров физических свойств потоков.

当建立一个新的文件时,首先需要选择物流的组分,还可输入虚拟组分,然后选择合适的物性包。进入模拟环境后,根据需要添加物流和单元操作,组织流程,输入合理的参数,然后运行,就可以得到所需变量的值,如压力、温度、组成、热负荷等。

При создании одного нового документа, сначала необходимо выбрать компоненты логистики, еще можно ввести фиктивные компоненты, потом выбрать подходящий физический пакет.По необходимости добавить логистику и блочные операции, организовать процесс, ввести рациональные параметры после поступления в среду моделирования, потом вступить в эксплуатацию, тогда и можно получить необходимые переменные, например, давление, температуру, состав, тепловую нагрузку и т.д.

15.2 ProMax 软件

ProMax 软件由美国布莱恩研究与工程公司（BR&E）开发，可模拟关于天然气脱硫、天然气液化、天然气轻烃回收、硫黄回收等一系列天然气处理工艺。Promax 软件在天然气处理行业主要用于以下几个过程模拟：

15.2 Программное обеспечение ProMax

Программное обеспечение ProMax разработана Американской исследовательской инженерной компанией «Брайан» (BR&E), способна моделировать ряд технологий подготовки природного газа таких, как технологию обессеривания природного газа, технологию сжижения природного газа, технологию получения легких углеводородов, технологию получения серы и т.д. Программное обеспечение Promax в основном используется для моделирования следующих нескольких процессов в отрасли подготовки газа:

15.2.1 气体脱硫（碳）

ProMax 软件具有脱硫(碳)工艺中较为准确的实际工程数据，在模拟溶剂吸收法脱硫工艺中可采用的化学吸收溶剂有 MEA、DEA、TEA、MDEA、混合胺及碳酸钾盐等，物理溶剂有 DEPG、NMP 等；其次还可以模拟膜分离法脱碳的工艺。

15.2.1 Обессеривание (обезуглероживание) газа

Программное обеспечение ProMax обладает более точными фактическими инженерными данным в технологии обессеривания (обезуглероживания), используемыми химическими абсорбирующими растворителями являются MEA, DEA, TEA, MDEA, смешанный амин, карбонат калия и т.д., физическими растворителями являются DEPG, NMP и т.д.в моделировании технологии обессеривания методом абсорбции растворителями;во-вторых, тоже способна моделировать технологию обезуглероживания методом мембранной сепарации.

15.2.2　甘醇法脱水

ProMax 软件在脱水模拟中能够使用 EG、DEG、TEG 和甲醇。ProMax 软件几乎可以模拟任何关于脱水的单元,包括汽提塔,再生塔等;在 ProMax 软件中可以计算干天然气含水量,绘制水合物曲线相图,以及优化甘醇的循环流量。

15.2.2　Осушка газа гликолем

Для ProMax EG, DEG, TEG и метанол могут использоваться в моделировании осушки газа. Программное обеспечение ProMax способна моделировать почти любые блоки об осушке газа, включая отпарную колонну, регенерационную колонну и т.д.; в программном обеспечении ProMax могут выполниться вычисление содержания воды в сухим газе, черчение фазовой диаграммы гидрата, и оптимизация расхода циркулирующего гликоля.

15.2.3　硫黄回收与尾气净化

ProMax 软件可模拟多种硫黄回收及尾气净化工艺过程,例如 Claus, Selectox, SCOT, SUPERCLAUS 等。同时还可根据酸气中 H_2S 的含量来设定合理的工艺流程,如直流法、分流法、硫循环法、预热酸气法等。

15.2.3　Получение серы и очистка хвостового газа

Программное обеспечение ProMax может моделировать многообразные технологические процессы получения серы и очистки хвостового газа, например, Claus, Selectox, SCOT, SUPERCLAUS и т.д.В то же время она способна установить рациональные технологические процесса по содержанию H_2S в кислом газе, например, прямоточный процесс Клауса, разветвленный процесс Клауса, круговорот серы, способ подогрева кислого газа и т.д.

15.2.4　化学过程与反应器

ProMax 软件收录了 2300 多种纯组分,50 多种热力学方程,为化学过程提供了强大而灵活的反应器模型,包括平推流反应器,连续搅拌釜,转化率反应器,平衡反应器和 Gibbs 自由能反应器。

15.2.4　Химический процесс и реактор

Программное обеспечение ProMax включает более 2300 чистых компонентов, более 50 термодинамических уравнений в списки, предоставляет мощные и гибкие модели реакторов для химических

ProMax 软件不仅能进行复杂的化工工艺的模拟建模,还能对反应设备进行设计与校核,如吸收塔、硫黄冷凝器、换热器、分离器、管道系统等。

процессов, включая реактор с поршневым потоком, непрерывный реактор с мешалкой, реактор с преобразованием, равновесный реактор и реактор Гиббса.ProMax способна не только провести моделирование сложных технологий в химической промышленности, но и провести проектирование и эталонирование реакционных аппаратов, например, абсорбер, конденсатор серы, теплообменник, сепаратор, трубопроводная система и т.д.

15.2.5 换热器的设计与核算

ProMax 软件将模拟结果和用户提供的信息相互整合,可以设计计算各种换热器,如管壳式、翅片管、管板式等。ProMax 软件可提供与换热器计算软件 HTRI 的接口,可将 ProMax 软件的数据完全导入到 HTRI 中。

15.2.5 Проектирование и учет теплообменника

Программное обеспечение ProMax осуществляет интеграцию результатов моделирования и информации, поставленной пользователем, может спроектировать и рассчитать разнообразные теплообменники, как кожухотрубчатый теплообменник, теплообменник с ребристыми поверхностями, трубчато-пластинчатый теплообменник и т.д.Программное обеспечение ProMax может предоставить интерфейсы с расчетной программой HTRI теплообменника, полностью загрузить данные из программного обеспечения ProMax в HTRI.

15.2.6 各种塔板的水力学计算

ProMax 软件可以对板式塔、填料塔、塔内构件等进行设计和核算。

15.2.6 Гидравлический расчет разнообразных тарелок колонны

Программное обеспечение ProMax может осуществлять проектирование и учет каскадной колонны, насадочной колонны, элементов в колонне и т.д.

15.2.7 容器定型

ProMax 软件可以对两相或三相的立式或卧式的分离器进行设计和核算。

15.2.8 管道系统

ProMax 软件可对管道系统进行工艺模拟；可对管网系统定义环境温度、管道材质、保温层，计算经济流速、管道压降等。

15.3 Sulsim 软件

Sulsim 软件是 Sulphur Experts 公司全流程硫黄回收模拟软件。

Sulsim 软件采用交互式的图形界面使我们能够对硫黄回收的全流程和改进的克劳斯过程常用的单元操作，包括焚烧炉和其他一些尾气处理单元，做出完整的设定。交互式的设定功能允许在软件所支持的过程中增加或删除操作单元，通常这些过程包括改进克劳斯过程、亚露点克劳斯过程、选择性氧化以及多种尾气处理过程。

15.2.7 Типизация емкостей

Программное обеспечение ProMax может осуществлять проектирование и учет двухфазного или трехфазного или горизонтального сепаратора.

15.2.8 Трубопроводная система

Программное обеспечение ProMax может проводить технологическое моделирование трубопроводной системы;может определять температуру окружающей среды, материал трубопровода, теплоизоляционный слой для трубопроводной системы, рассчитывать экономную скорость течения, перепад давления трубопровода и т.д.

15.3 Программное обеспечение Sulsim

Программное обеспечение Sulsim представляет собой программное обеспечения моделирования целого процесса получения серы компании Sulphur Experts.

Программное обеспечение Sulsim позволяет нам выполнить полную настройку употребительных блочных операций в полном процессе получения серы и улучшенном процессе Клауса с применением интеракционного графического интерфейса, включая печь дожига и другие блоки очистки хвостового газа.Интеракционная функция настройки позволяет нам добавить или удалить оперативный блок в процессах, поддерживаемых программой, как обычно, эти процессы включает в себя улучшенный процесс Клауса,

在 Sulsim 软件中克劳斯反应炉以及下游工艺的任何点都支持多股进料,同时程序也支持工艺气体的循环操作。这使得我们能够对多种进料进行处理,如酸水脱除气、胺厂再生气、燃气以及尾气循环物流。软件采用序贯计算法严格计算从反应炉到焚烧炉或尾气处理单元的物料衡算和热量衡算。

Sulsim 软件使用的热力学的数据库包括了23 种分子,能满足大多数改进克劳斯硫回收过程。这些数据依据于可靠的文献资料、实验室和现场的实测数据,故模拟结果准确性好。在使用程序时,有多个计算模型可供选择。此外, Sulsim 软件能给出所有的 9 种硫气相形态,满足任何过程的模拟。

Sulsim 软件为用户提供了大量的表格供打印和保存,这些表格的内容可以根据用户的需要而选择性地输出数据。典型的输出数据包括:

процесс Клауса при температуре ниже точки росы, процесс селективного окисления и многообразные процессы очистки хвостового газа.

В программном обеспечении Sulsim , любая точка на реакционной печи Клауса и низовой технологии поддерживает многоструйную загрузку, и одновременно программа тоже поддерживает операцию по циркуляции технологического газа. Это позволяет нам провести обработку многообразных загружаемых продуктов, например, циркуляционное течение удаленного газа из кислой воды, регенерационного газа на заводе производства аминов, топливного газа и хвостового газа. Программное обеспечение строго рассчитывает материальный баланс и тепловой баланс от реакционной печи до печи дожига или блока очистки хвостового газа методом последовательных расчетов.

Банк термодинамических данных, используемый в программном обеспечении Sulsim, включает 23 элемента, может удовлетворять большинству улучшенных процессов получения Клауса.Эти данные основаны на надежных литературных материалах, лабораторных и инструментальных данных на месте, поэтому точность результатов моделирования оказывается хорошей.Существует несколько расчетных моделей для выбора при использовании программного обеспечения Sulsim.Кроме того, программное обеспечение Sulsim способна дать все 9 газообразных форм серы , удовлетворить моделированию любого процесса.

Программное обеспечение Sulsim предоставляет пользователю много таблиц для печати и хранения, содержание в этих таблиц может использоваться для селективного вывода данных по потребности пользователя.В состав типовых выводных данных входят:

（1）物料的总流量以及组分的组成百分比或组分摩尔流量。

（2）每一个单元操作的物料和能量衡算以及全过程的总衡算。

（3）一个单元操作的相关数据汇总，包括热负荷，单程和累计转化率，回收率，计算的流量、温度和露点，空气指标，硫的汽液相流量。

15.4 Amsim 软件

Amsim 软件是针对利用醇胺溶液，活化醇胺溶液（MDEA+Piperazine）或是物理溶剂来脱除天然气和液化石油气中的硫化氢（H_2S）、二氧化碳（CO_2）、氧硫化碳（COS）、二硫化碳（CS_2）和硫醇的过程的一个模拟软件。这个软件是在斯伦贝谢公司 20 年的实验室数据的基础上研发的。

Amsim 软件具有以下功能：

（1）按工艺要求对分离 H_2S、CO_2、COS、CS_2 和硫醇进行过程模拟；

（2）评估不同工艺流程和接触溶剂；

（1）Общий расход материалов и процентный состав компонента или молярный расход компонента.

（2）Материальный и энергетический баланс в каждой блочной операции и общий баланс в полном процессе.

（3）Сводка соответствующих данных в одной блочной операции, включает в себя: тепловую нагрузку, конверсию за один проход и суммарную конверсию, коэффициент получения, расчетный расход, температуру и точку росы, показатель воздуха, расход парожидкофазной серы.

15.4 Программное обеспечение Amsim

Программное обеспечение Amsim является одним программным обеспечением для моделирования процессов очистки природного газа и сжиженного нефтяного газа от сероводорода（H_2S）, двуокиси углерода（CO_2）, сероокиси углерода（COS）, двусернистого углерода（CS_2）и меркаптана растворами спиртоамина, активированными растворами спиртоамина（MDEA + Piperazine）или физическими растворителями. Это программное обеспечение разработано на основе 20-летних лабораторных данных Компании «Шлюмберже».

Программное обеспечение Amsim обладает следующими функциями：

（1）Проводится моделирование процессов выделения H_2S, CO_2, COS, CS_2 и меркаптана по технологическому требованию；

（2）Проводится оценка различных технологических процессов и контактных растворителей；

15　Общеупотребительные программные обеспечения для технологического расчета

（3）工艺参数的灵敏性分析；

（4）对现有工艺装置的诊断和改进；

（5）对酸性气体的分离的预测；

（6）对碳氢化合物的排放监视和模拟。

首先要选择计算模型、醇胺种类、原料类型。图 15.4.1 为典型的酸性气脱硫流程。

（3）Проводится анализ чувствительности технологических параметров；

（4）Проводится диагноз и улучшение существующих технологических установок；

（5）Проводится прогноз о сепарации кислого газа；

（6）Проводится мониторинг и моделирование сброса углеводородов.

Прежде всего необходимо выбрать расчетную модель, вид спиртоамина, тип сырья.Типовой 15.4.1 процесс обессеривания кислого газа указан на следующей рисунке.

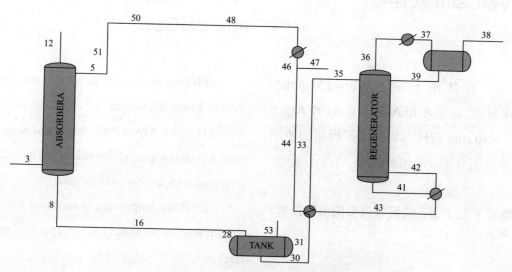

图 15.4.1　典型的酸性气脱硫流程

Рис.15.4.1　Типовой процесс обессеривания кислого газа

首先要输入原料气条件、吸收塔的塔盘数、操作条件，入吸收塔贫液的循环量、贫液浓度及质量、闪蒸塔的压力、再生塔的塔盘数及操作压力、热负荷、进料位置，运行后，即可得到图中各物流点的流体组成、压力温度条件及部分物性参数。在计算中可调整一些输入数据以得到更理想的结果。

Сначала необходимо вводить условия о сырьевом газе, количество тарелок абсорбера, рабочие условия, количество циркулирующего бедного раствора, входящего в абсорбер, концентрацию и качество бедного раствора, давление флаш-тауэра, количество тарелок и рабочее давление регенерационной колонны, тепловую нагрузку, загрузочное место, после ввода в эксплуатацию, и могут получиться состав флюида, давление и температура и частичные параметры

Amsim 软件的计算结果与实际操作基本可以吻合,但该软件对有机硫的吸收率计算结果不准。

физических свойств в каждой логистической точке на рисунке.Получаются более идеальные результаты путем регулирования некоторых вводных данных в расчете.

Результат расчета от программного обеспечения Amsim может в основном совпадать с фактической операцией;но данное программное обеспечение не может давать точный результат расчета коэффициента абсорбции органической серы.

15.5 VMGsim 软件

VMGsim 软件由加拿大 Virtual Materials Group 公司研发,其原理和 Aspen Hysys 和 Aspen Plus 一致, VMGsim 软件在提高模拟模型的使用和开发效率方面有了新的创新:

（1）集成了完全交互式流程模拟的最新技术;

（2）工业级强大的热力学物性数据库和物性计算;

（3）使用 Visio,窗体,脚本或网络浏览器进行图形化建模;

（4）将 Excel 作为一个单元操作或计算器而无缝嵌入到你的 VMGsim 模型中;

（5）将无机盐组分模拟如入模型。

15.5 Программное обеспечение VMGsim

VMGsim разработана Канадской компанией Virtual Materials Group, ее принцип согласован с Aspen Hysys и Aspen Plus, VMGsim дала новаторство в повышении эффективности использования и разработки аналоговая модель:

（1）Интегрирована новейшая техника моделирования полностью интеракционных процессов;

（2）Имеется мощный банк термодинамических данных о физических свойствах и расчет физических свойств на промышленном уровне;

（3）Проводится графическое моделирование с помощью Visio, формы, сценария или сетевого сканера;

（4）Excel должен быть заложен без зазора в твою модель VMGsim в качестве одного оперативный блок или арифмометра;

（5）Моделирование компонента неорганической соли должно быть заложено в модель.

VMGsim 软件应用主要有油气井口的物性计算(超临界状态),油气集输及掺输,稠油的储存及输送,天然气水合物的预测及抑制剂加入量的自动计算,油气储罐蒸发损失的预测计算,天然气三甘醇脱水,原油稳定工艺的计算,天然气液化工艺的计算,天然气浅冷及深冷分离计算,酸性气回注计算,天然气脱硫及脱 CO_2 的工艺计算,硫黄回收及尾气处理工艺的计算,管道及容器的卸压计算,超临界 CO_2 的长输管道计算等。

Программное обеспечение VMGsim в основном применяется для расчета физических свойств на устье нефтегазовой скважины (сверхкритическое состояние), сбора и транспорта газа, смешанного транспорта газа, хранения и транспорта густого масла, прогнозирования гидратов и автоматического расчета добавки ингибиторов, прогнозирования и расчета потери от испарения в нефтегазовых резервуарах, осушки газа ТЭГ, технологического расчета стабилизации сырой нефти, технологического расчета сжижения природного газа, расчета неглубокого и глубокого охлаждения природного газа, расчета обратной закачки кислого газа, технологического расчета обессеривания и очистки газа от CO_2, технологического расчета получения серы и очистки хвостового газа, расчета сброса давления трубопроводов и сосудов, расчета магистральных трубопроводов сверхкритического CO_2 и т.д.

15.6 Aspen Plus 软件

Aspen Plus 软件是基于稳态化工模拟、优化、灵敏度分析和经济评价的大型化工流程软件。它为用户提供了一套完整的单元操作模型,用于模拟各种操作过程,从炼油到非理想化学系统到含电解质和固体的工艺过程,从单个操作单元到整个工艺流程的模拟。

15.6 Программное обеспечение Aspen Plus

Программное обеспечение Aspen Plus представляет собой крупное программное обеспечение химико-технологических процессов на основе химико-технологическое моделирование в стационарном режиме, оптимизации, анализа чувствительности и экономической оценки.Оно предоставляет пользователю один комплект полной модели по блочной операции, используемый для моделирования разнообразных рабочих процессов, от нефтеперерабатывающих установок до неидеальных химических систем и процессов с участием электролитов и твердой фазы, от отдельного оперативного блока до целого технологического процесса.

Aspen Plus 软件具有工业上最适用而完备的物性系统,计算时可自动从数据库中调用基础物性进行传递物性和热力学性质的计算。同时,Aspen Plus 软件还提供了几十种用于计算传递物性和热力学性质模型的方法。

Aspen Plus 软件中有 50 多种单元操作模型,如混合、分割、换热、闪蒸、精馏、反应等,通过这些模型和模块的组合,能模拟用户所需要的流程。Aspen Plus 软件采用先进的数值计算方法,能使循环物料和设计规定迅速而准确地收敛。

Aspen Plus 软件根据模型的复杂程度,支持规模工作流。可以从简单的、单一的装置流程到巨大的、多个工程师开发和维护的整厂流程。

对于天然气处理厂,Aspen Plus 软件具有以下功能:

(1)用简单的设备模型,初步设计流程;

(2)用详细的设备模型,严格地计算物料和能量平衡;

Программное обеспечение Aspen Plus обладает самой полезной и совершенной системой физических свойств, которые пригодные в промышленности, способен автоматически выполнить вызов основных физических свойств из банка данных для расчета свойства передачи и термодинамического свойства.Одновременно, Aspen Plus еще предоставляет десятки методов расчета свойства передачи и термодинамического свойства.

Программное обеспечение Aspen Plus содержит более 50 моделей по блочным операциям, например, модели смешивания, разделения, теплообмена, мгновенного испарения, ректификации, реакции и т.д., может моделировать процессы, требуемые пользователем, посредством этих моделей и модульных комбинаций.Программное обеспечение Aspen Plus может выполнить быстрое и точное схождение циркулирующих материалов и проектных правил передовым методом численного расчета.

Программное обеспечение Aspen Plus поддерживает масштабный поток работ по степени сложности модели.От простого, единичного процесса в установке до крупных процессов на всем заводе, разработанных и обслуженных несколькими инженерами.

Для ГПЗ, программное обеспечение Aspen Plus обладает следующими функциями:

(1)Предварительное проектирование процессов простой моделью оборудования;

(2)Строгий расчет материальных и энергетических балансов подробной моделью оборудования;

（3）在线优化完整的工艺装置：确定装置操作条件，最大化任何规定的目标，如收率、能耗、物流纯度和工艺经济条件；

（4）混合、分离和组分分割计算；

（5）两相、三相和四相闪蒸计算；

（6）通用加热器、单一的换热器、严格的管壳式换热器、多股物流的热交换器计算；

（7）单级和多级压缩和透平计算；

（8）压力释放计算；

（9）板式塔、散堆和规整填料塔的设计和校核。

15.7　PRO/ Ⅱ软件

PRO/ Ⅱ软件是美国模拟科学公司（SimSci）开发的大型工艺流程模拟通用软件，主要用于新建装置设计、老装置的调优操作和技术改造。

PRO/ Ⅱ软件拥有完善的物性数据库、强大的热力学物性计算系统，以及40多种单元操作模块。他可以用于流程的稳态模拟、物性计算、设备设计、费用估算 /经济评价、环保评测以及其他计算。

（3）Онлайновая оптимизация целостной технологической установки：определение условий работа установки, максимизация любой установленной цели, например, коэффициент получения, расход энергии, степень чистоты потока и технологические экономические условия；

（4）Расчет смешивания, сепарации и разделения компонентов；

（5）Расчет двухфазного, трехфазного и четырехфазного мгновенного испарения；

（6）Расчет универсального нагревателя, единичного теплообменник, кожухотрубчатого теплообменника, многопоточного теплообменника；

（7）Расчет одноступенчатого, многоступенчатого компрессора и турбины；

（8）Расчет падения давления；

（9）Проектирование и эталонирование каскадной колонны, колонны с неупорядоченной насадкой и колонны с упорядоченной насадкой.

15.7　Программное обеспечение PRO/ Ⅱ

Программное обеспечение PRO/ Ⅱ представляет собой общее программное обеспечение для моделирования крупных технологических процессов, разработанное Американской научной компанией по моделированию（SimSci）, в основном предназначено для проектирования новых установок, регулирования, оптимизации и технической реконструкции старых установок.

Программное обеспечение PRO/ Ⅱ обладает совершенным банком данных о физических свойствах, мощной системой расчета термодинамических свойств и более 40 оперативных блоков.Оно

参考文献

中国石油天然气集团公司职业技能鉴定指导中心 .2011. 天然气净化操作工［M］. 北京: 石油工业出版社 .

《石油和化工工程设计工作手册》编委会 .2010. 气田地面工程设计［M］. 东营: 中国石油大学出版社 .

Литературы

Издание компании CNPC-профессиональные навыки для оценки руководящего центра, 2011. Работник выполняющий очистку природного газа［M］. Пекин: Издательство «Нефтяная промышленность».

Издательство редакционной коллегии «Руководство по инженерно-конструкторским работам связанным в нефтью и химической промышленностью», 2010. Поверхностные инженерно-конструкторские работы на газовых месторождениях［M］. Дунъин: Издательство Китайского Нефтяного Университета.